经济类专业学位联考数学高分一本通(附历年真题)

朱 杰 王 炎 吴晶雯 主编

上海交通大学出版社
SHANGHAI JIAO TONG UNIVERSITY PRESS

内容提要

全书按照考试大纲的要求分为微积分、线性代数、概率论 3 个部分，共 11 章。本书遵从由浅入深、简单易懂、精讲精练、突出重点的原则，按照章节将知识点和拿分知识点进行归类，帮助基础薄弱的考生尽快掌握大纲所要求的数学知识，同时，本书将讲、练、考有机结合，每章前面以讲为主，最后进行习题练习，查漏补缺。本书阐述的数学方法淡化了抽象和复杂的数学概念、定理，并同时注重解题思路与方法的准确、快捷，以适应经济类联考数学考试的特点与难点。

图书在版编目(CIP)数据

经济类专业学位联考数学高分一本通：附历年真题/朱杰，王炎，吴晶雯主编．—上海：上海交通大学出版社，2022.3

ISBN 978-7-313-26665-1

Ⅰ．①经…　Ⅱ．①朱…　②王…　③吴…　Ⅲ．①高等数学—研究生—入学考试—自学参考资料　Ⅳ．①O13

中国版本图书馆 CIP 数据核字(2022)第 037668 号

经济类专业学位联考数学高分一本通(附历年真题)

JINGJILEI ZHUANYE XUEWEI LIANKAO SHUXUE GAOFEN YIBENTONG (FU LINIAN ZHENTI)

主　　编：朱　杰　王　炎　吴晶雯
出版发行：上海交通大学出版社　　地　　址：上海市番禺路 951 号
邮政编码：200030　　电　　话：021-64071208
印　　制：上海新艺印刷有限公司　　经　　销：全国新华书店
开　　本：787 mm×1092 mm　1/16　　印　　张：28.25
字　　数：722 千字
版　　次：2022 年 3 月第 1 版　　印　　次：2022 年 3 月第 1 次印刷
书　　号：ISBN 978-7-313-26665-1
定　　价：90.00 元

前言

一、经济类专业学位联考总体情况

1. 试卷满分及考试时间

试卷满分为150分,考试时间为180分钟。

2. 答题方式

答题方式为闭卷笔试。不允许使用计算器。

3. 试卷内容与题型结构

数学基础:35小题,每小题2分,共70分。

逻辑推理:20小题,每小题2分,共40分。

写作:2小题,其中,论证有效性分析20分,论说文20分,共40分。

二、考试大纲与题型

1. 数学大纲

综合能力考试中的数学基础部分主要考查考生对经济分析常用数学知识的基本概念和基本方法的理解和应用。

试题涉及的数学知识范围:

(1) 微积分部分。涉及一元函数微分学与一元函数积分学;多元函数的偏导数与多元函数的极值。

(2) 概率论部分。涉及分布和分布函数的概念;常见分布;期望和方差。

(3) 线性代数部分。涉及线性方程组;向量的线性相关和线性无关;行列式和矩阵的基本运算。

2. 数学题型

经济类联考数学题型为35个单选题,答案5选1,题量较大;加上经济类联考综合卷还有逻辑和写作,对考生的熟练度和速度有比较高的要求。

三、复习建议

对于经济类联考数学,建议在有经验老师的指导下进行,有经验的老师会在知识点选择、内容难易度、选择题应试技巧等多方面给学生以指导。

我们建议复习分为以下三个阶段。

第一阶段:复习大学教材。教材可以选用如下教材:

(1)《高等数学》(同济第7版),高等教育出版社;

(2)《工程数学——线性代数》(同济6版),高等教育出版社;

(3)《概率论与数理统计》(浙大4版),高等教育出版社。

复习教材的目的为着重训练计算能力。至于如何使用教材,本书会在每个章节的开篇有具体的指导,明确哪些例题需要看,哪些习题需要做!

第二阶段:总结各个知识点的题型。

本书按照经济类联考各个章节要求全面总结了相关题型,选用了部分适合经济类联考难度的试题,让同学们可以开阔眼界,提升解题能力。

第三阶段:冲刺预测阶段。

这个阶段要求同学们卡时间做真题卷与模拟卷,提升做题速度,积累选择题应试技巧。

关于经济类联考更多信息与指导,可以通过我的新浪微博(考研数学朱杰老师)和微信公众号(朱杰考研)与我进一步交流。

朱　杰

目录

第1章　函数、极限与连续

1.1　考纲知识点分析及教材必做习题

表1-1　考纲知识点分析及教材必做习题

第一部分　函数、极限与连续					
考点	教材内容	考研要求	教材章节	必做例题	精做练习
函数	函数的概念	理解	§1.1	例5～例11	P16习题1-1：1，2，3，4，7，8，9，11，12，13
	函数的表示法	掌握			
	建立应用问题的函数关系	会(函数关系的建立局限于简单关系的构建，不涉及有明显专业背景的问题)			
	函数的有界性、单调性、周期性和奇偶性	了解			
	复合函数、分段函数的概念	理解			
	反函数、隐函数的概念	了解			
	基本初等函数的性质及其图形	掌握			
	初等函数的概念	了解(双曲函数和反双曲函数经济类联考考生不要求)			
函数的极限	函数极限、左极限、右极限的概念	理解	§1.3	例6	P33习题1-3：1，2，3，4
	函数的左极限、右极限与极限存在的关系	理解			
	极限性质及极限存在的两个准则	了解(书上证明不要求)	§1.6	例1～例4	P52习题1-6：1，2
	利用两个重要极限求极限的方法	掌握(要求考生会计算即可，无须掌握其证明)			
	极限的四则运算法则	掌握	§1.5	例1～例8	P45习题1-5：1，2，3，4，5

续 表

第一部分 函数、极限与连续					
考点	教材内容	考研要求	教材章节	必做例题	精做练习
无穷小与无穷大	无穷小量、无穷大量的概念	理解(注意区别无穷大与无界的关系)	§1.4		P37 习题 1-4:1, 4, 6
	无穷小量的比较方法	掌握	§1.7	例 1～例 5(例 1 和例 2 中出现的所有等价无穷小都要求熟记)	P55 习题 1-7:1, 2, 3, 4, 5
	用等价无穷小量求极限	会【重点】			
函数的连续性与间断点	函数连续性的概念(含左连续和右连续)	理解【重点】	§1.8	例 1～例 5	P61 习题 1-8:2, 3, 4, 5
	判别函数间断点的类型	会			
连续函数的运算与性质	连续函数的性质和初等函数的连续性	了解	§1.9	例 1～例 8	P65 习题 1-9:1, 3, 4, 5, 6
	闭区间上连续函数的性质[有界性、最大(小)值、介质定理]	理解	§1.10		P70 习题 1-10:1, 2, 3, 4, 5
总习题一	总结归纳本章的基本概念、定理、公式与方法				P70 总习题一:2, 3, 4, 5, 9, 10, 11

注:参考教材《高等数学》(同济 7 版)。

1.2　知识结构网络图

图 1-1 为知识结构网络图。

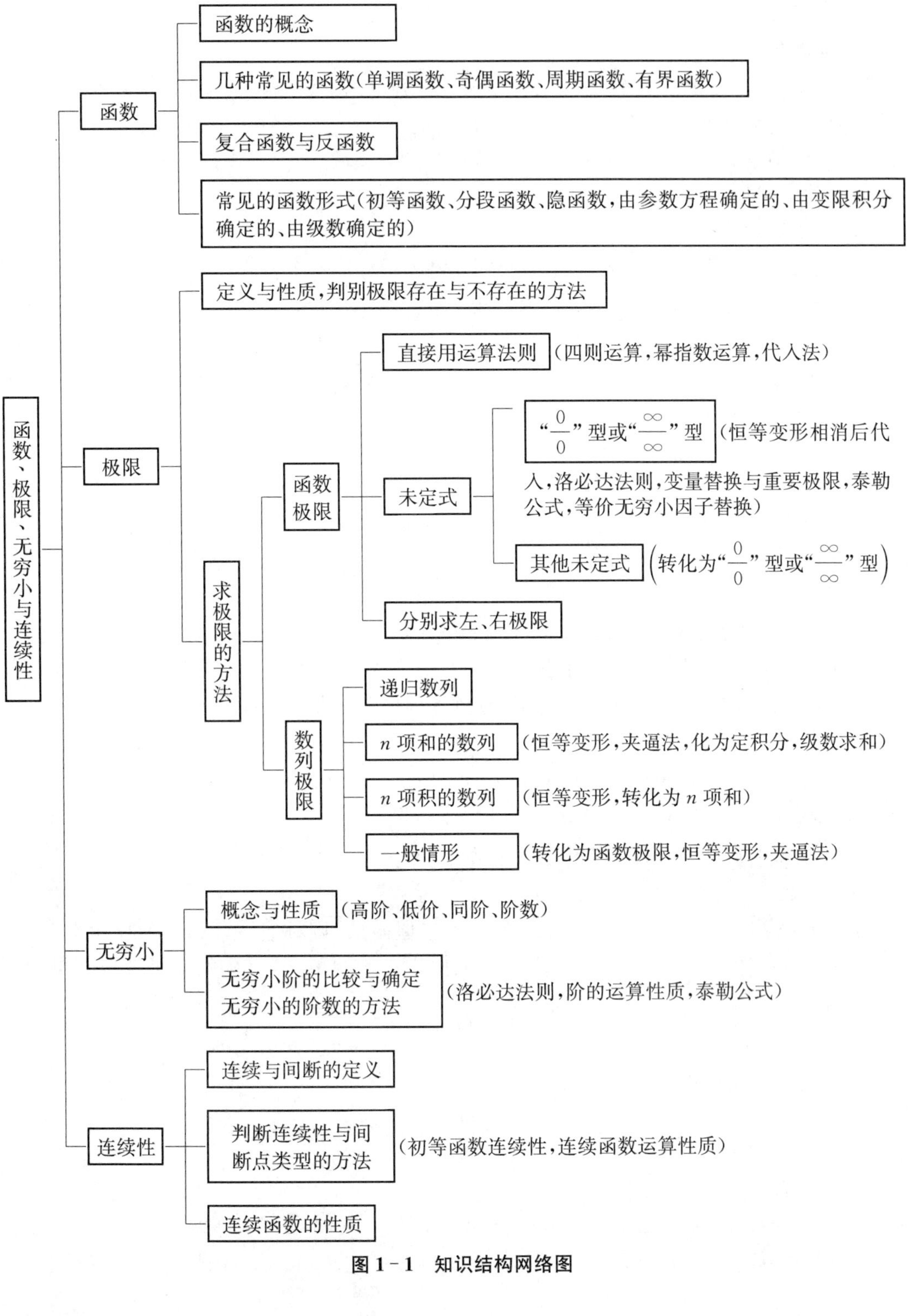

图 1-1　知识结构网络图

1.3 重要概念、定义和公式

1. 函数

1) 函数的定义

设 D 是一个非空的实数集,如果有一个对应规则 f,对每一个 $x \in D$,都能对应唯一的一个实数 y,则称这个对应规则 f 为定义在 D 上的一个函数,记以 $y=f(x)$,称 x 为函数的自变量,y 为函数的因变量或函数值,D 称为函数的定义域,并把实数集 $Z=\{y \mid y=f(x), x \in D\}$ 称为函数的值域。

2) 分段函数

如果自变量在不同的定义域取值范围内,函数不能用同一个表达式表示,而要用两个或两个以上的表达式来表示,则这类函数称为分段函数。

例如 $y=f(x)=\begin{cases} x+1, & x<-1 \\ x^2, & -1 \leqslant x \leqslant 1 \\ 5x, & x>1 \end{cases}$ 是一个分段函数,它有两个分段点,$x=-1$ 和 $x=1$。

又如 $f(x)=|x|=\begin{cases} x, & x \geqslant 0 \\ -x, & x<0 \end{cases}$,$f(x)=\operatorname{sgn} x=\begin{cases} 1, & x>0 \\ 0, & x=0 \\ -1, & x<0 \end{cases}$,也是分段函数,分段点都为 0。

由于分段点两侧的函数表达式不同,因此,讨论函数 $y=f(x)$ 在分段点处的极限、连续、导数等问题时,必须分别先讨论左、右极限,左、右连续性和左、右导数。需要强调的是,分段函数不是初等函数,不能用初等函数在定义域内皆连续这个定理。

3) 隐函数

形如 $y=f(x)$ 的函数称为显函数,由方程 $F(x, y)=0$ 确定的 $y=y(x)$ 称为隐函数,有些隐函数可以化为显函数(不一定为单值函数)。例如 $x^2+y^2=1$ 确定的隐函数为 $y=\pm\sqrt{1-x^2}$,而有些隐函数则不能化为显函数。

4) 反函数

如果 $y=f(x)$ 解出的 $x=\varphi(y)$ 是一个单值函数,则称它为 $f(x)$ 的反函数,记为 $x=f^{-1}(y)$,有时也用 $y=f^{-1}(x)$ 表示。根据定义域的不同,得到的反函数也有可能不同,例如 $y=x^2(x \geqslant 0)$,解出 $x=\sqrt{y}(y \geqslant 0)$,而 $y=x^2(x \leqslant 0)$ 解出 $x=-\sqrt{y}$ $(y \geqslant 0)$。

2. 基本初等函数

(1) 常值函数 $y=c$(c 为常数)。

(2) 幂函数 $y=x^\alpha$(α 为常数)。

(3) 指数函数 $y=a^x$(常数 $a>0$, $a \neq 1$),比如 $y=\mathrm{e}^x$(e 为自然常数)。

(4) 对数函数 $y=\log_a x$(常数 $a>0$, $a \neq 1$);常用对数 $y=\log_{10} x=\lg x$;自然对数 $y=$

$\log_e x = \ln x$。

(5) 三角函数 $y=\sin x$；$y=\cos x$；$y=\tan x$；$y=\cot x$；$y=\sec x$；$y=\csc x$。

(6) 反三角函数 $y=\arcsin x$；$y=\arccos x$；$y=\arctan x$；$y=\operatorname{arccot} x$。

关于基本初等函数的概念、性质及其图像非常重要，影响深远。例如以后经常会遇到 $\lim\limits_{x\to+\infty}\arctan x$；$\lim\limits_{x\to-\infty}\arctan x$；$\lim\limits_{x\to0^+}e^{\frac{1}{x}}$；$\lim\limits_{x\to0^-}e^{\frac{1}{x}}$；$\lim\limits_{x\to0^+}\ln x$ 等特殊的极限。这时，就需要利用 $y=\arctan x$，$y=e^x$，$y=\ln x$ 的图像来进行求解。

3. 复合函数与初等函数

1) 复合函数

设函数 $y=f(u)$ 的定义域为 U，$u=g(x)$ 定义域为 X，值域为 U^*。如果 $U^*\subset U$，则 $y=f[g(x)]$ 是定义在 X 上的一个复合函数，其中称 u 为中间变量。

2) 初等函数

由基本初等函数经过有限次四则运算和复合所构成的用一个分析表达式表示的函数称为初等函数。

4. 考试中常出现的非初等函数

1) 用极限表示的函数

(1) $y=\lim\limits_{n\to\infty}f_n(x)$。

(2) $y=\lim\limits_{t\to x}f(t, x)$。

2) 用变上、下限积分表示的函数

(1) $y=\int_0^x f(t)\mathrm{d}t$，其中 $f(t)$ 连续，则 $\frac{\mathrm{d}y}{\mathrm{d}x}=f(x)$。

(2) $y=\int_{\varphi_1(x)}^{\varphi_2(x)}f(t)\mathrm{d}t$，其中 $\varphi_1(x)$，$\varphi_2(x)$ 可导，$f(t)$ 连续，则 $\frac{\mathrm{d}y}{\mathrm{d}x}=f[\varphi_2(x)]\varphi_2'(x)-f[\varphi_1(x)]\varphi_1'(x)$。

5. 函数的几种性质

1) 有界性

设函数 $y=f(x)$ 在 X 内有定义，若存在正数 M，使 $x\in X$ 都有 $|f(x)|\leqslant M$，则称 $f(x)$ 在 X 上是有界的。

2) 奇偶性

设区间 X 关于原点对称，若对 $x\in X$，都有 $f(-x)=-f(x)$，则称 $f(x)$ 在 X 上是奇函数；若对 $x\in X$，都有 $f(-x)=f(x)$，则称 $f(x)$ 在 X 上是偶函数。奇函数的图像关于原点对称，偶函数的图像关于 y 轴对称。

3) 单调性

设 $f(x)$ 在 X 上有定义，若对任意 $x_1\in X$，$x_2\in X$，$x_1<x_2$ 都有 $f(x_1)<f(x_2)$ $[f(x_1)>f(x_2)]$，则称 $f(x)$ 在 X 上是单调增加的(单调减少的)；若对任意 $x_1\in X$，$x_2\in X$，$x_1<x_2$ 都有 $f(x_1)\leqslant f(x_2)$ $[f(x_1)\geqslant f(x_2)]$，则称 $f(x)$ 在 X 上是单调不减(单调不增)。

注意：有些书上把单调增加称为严格单调增加，把单调不减称为单调增加。

4) 周期性

设 $f(x)$ 在 X 上有定义,如果存在常数 $T\neq 0$,使得任意 $x\in X$, $x+T\in X$,都有 $f(x+T)=f(x)$,则称 $f(x)$ 是周期函数,称 T 为 $f(x)$ 的周期。

周期函数有无穷多个周期,一般我们把其中的最小正周期称为周期。

6. 极限的概念与基本性质

1) 极限的定义

(1) $\lim\limits_{n\to\infty} x_n=A$ (称数列 $\{x_n\}$ 收敛于 A)。

定义 1 任给 $\varepsilon>0$,存在正整数 N,当 $n>N$ 时,有 $|x_n-A|<\varepsilon$,则 $\lim\limits_{n\to\infty} x_n=A$。

(2) $\lim\limits_{x\to+\infty} f(x)=A$。

定义 2 任给 $\varepsilon>0$,存在正数 X,当 $x>X$ 时,有 $|f(x)-A|<\varepsilon$,则 $\lim\limits_{x\to+\infty} f(x)=A$。

(3) $\lim\limits_{x\to-\infty} f(x)=A$。

定义 3 任给 $\varepsilon>0$,存在正数 X,当 $x<-X$ 时,有 $|f(x)-A|<\varepsilon$,则 $\lim\limits_{x\to-\infty} f(x)=A$。

(4) $\lim\limits_{x\to\infty} f(x)=A$。

定义 4 任给 $\varepsilon>0$,存在正数 X,当 $|x|>X$ 时,就有 $|f(x)-A|<\varepsilon$,则 $\lim\limits_{x\to\infty} f(x)=A$。

(5) $\lim\limits_{x\to x_0} f(x)=A$。

定义 5 任给 $\varepsilon>0$,存在正数 δ,当 $0<|x-x_0|<\delta$ 时,就有 $|f(x)-A|<\varepsilon$,则 $\lim\limits_{x\to x_0} f(x)=A$。

(6) $\lim\limits_{x\to x_0^+} f(x)=A$。

定义 6 任给 $\varepsilon>0$,存在正数 δ,当 $0<x-x_0<\delta$ 时,就有 $|f(x)-A|<\varepsilon$,则 $\lim\limits_{x\to x_0^+} f(x)=A$。

(7) $\lim\limits_{x\to x_0^-} f(x)=A$。

定义 7 任给 $\varepsilon>0$,存在正数 δ,当 $-\delta<x-x_0<0$ 时,就有 $|f(x)-A|<\varepsilon$,则 $\lim\limits_{x\to x_0^-} f(x)=A$。

其中, $f(x_0+0)$ 称为 $f(x)$ 在 x_0 处右极限值, $f(x_0-0)$ 称为 $f(x)$ 在 x_0 处左极限值。

有时我们用 $\lim f(x)=A$ 表示上述 6 类函数的极限,它具有的性质,上述 6 类函数极限皆具有,有时我们把数列问题 $x_n=f(n)$ 转化为函数问题进行讨论,即把数列极限也看作这种抽象变量的极限特例,以便于讨论。

2) 极限的基本性质

定理 1(极限的唯一性) 设 $\lim\limits_{x\to x_0} f(x)=A$, $\lim\limits_{x\to x_0} f(x)=B$,则 $A=B$。

定理 2(极限的不等式性质) 设 $\lim\limits_{x\to x_0} f(x)=A$, $\lim\limits_{x\to x_0} g(x)=B$。

若存在 $\delta>0$,使得 $0<|x-x_0|<\delta$ 时,总有 $f(x)\geqslant g(x)$,则 $A\geqslant B$。

若 $A>B$,则存在 $\delta>0$ 使得 $0<|x-x_0|<\delta$ 时有 $f(x)>g(x)$;

反之, $A>B$,则 x 变化一定以后,有 $f(x)>g(x)$。

注意： 当 $g(x)\equiv 0$ 时，$B=0$ 情形也称为极限的保号性。

定理 3（极限的局部有界性）　设 $\lim\limits_{x\to x_0} f(x)=A$，则存在 $\delta>0$ 与 $M>0$，使得 $0<|x-x_0|<\delta$ 时，恒有 $|f(x)|<M$。

定理 4　设 $\lim f(x)=A$，$\lim g(x)=B$，则有

(1) $\lim[f(x)+g(x)]=A+B$。

(2) $\lim[f(x)-g(x)]=A-B$。

(3) $\lim[f(x)\cdot g(x)]=A\cdot B$。

(4) $\lim\dfrac{f(x)}{g(x)}=\dfrac{A}{B}(B\neq 0)$。

(5) $\lim[f(x)]^{g(x)}=A^B(A>0)$。

7. 无穷小

1) 无穷小的定义

定义 8　对于任给的正数 ε，总存在正数 δ（或正数 M）使得在 $0<|x-x_0|<\delta$（或 $|x|>M$）时，恒有 $|f(x)-f(x_0)|<\varepsilon$，则称 $f(x)$ 为无穷小，记为 $\lim\limits_{x\to x_0} f(x)=0$（或 $\lim\limits_{x\to\infty} f(x)=0$）。

注意： 无穷小与 x 的变化过程有关，如 $\lim\limits_{x\to\infty}\dfrac{1}{x}=0$，当 $x\to\infty$ 时，$\dfrac{1}{x}$ 为无穷小，而 $x\to x_0$ 或其他时，$\dfrac{1}{x}$ 不是无穷小。

2) 无穷大的定义

定义 9　任给 $M>0$，总存在 δ（或正数 X），当 $0<|x-x_0|<\delta$（或 $|x|>X$，即 x 趋于无穷）时，$|f(x)|>M$，则称 $f(x)$ 为无穷大。记为 $\lim\limits_{x\to x_0} f(x)=\infty$（或 $\lim\limits_{x\to\infty} f(x)=\infty$）。

3) 无穷小与无穷大的关系

在 x 的同一个变化过程中，若 $f(x)$ 为无穷大，则 $\dfrac{1}{f(x)}$ 为无穷小；若 $f(x)$ 为无穷小，且 $f(x)\neq 0$，则 $\dfrac{1}{f(x)}$ 为无穷大。

4) 无穷小与极限的关系

$\lim f(x)=A\Leftrightarrow f(x)=A+\alpha(x)$，其中 $\lim\alpha(x)=0$。

5) 两个无穷小的比较

设 $\lim f(x)=0$，$\lim g(x)=0$，且 $\lim\dfrac{f(x)}{g(x)}=l$，则有

(1) $l=0$，称 $f(x)$ 是比 $g(x)$ 高阶的无穷小，记为 $f(x)=o[g(x)]$。

(2) $l=\infty$，称 $g(x)$ 是比 $f(x)$ 低阶的无穷小，记为 $g(x)=o[f(x)]$。

(3) $l\neq 0$，称 $f(x)$ 与 $g(x)$ 是同阶无穷小。

(4) $l=1$，称 $f(x)$ 与 $g(x)$ 是等价无穷小，记为 $f(x)\sim g(x)$。

6) 常见的等价无穷小

当 $x\to 0$ 时：$\sin x\sim x$，$\tan x\sim x$，$\arcsin x\sim x$，$\arctan x\sim x$，$1-\cos x\sim\dfrac{1}{2}x^2$，

$e^x-1\sim x$，$\ln(1+x)\sim x$，$(1+x)^\alpha-1\sim\alpha x$。

7）无穷小的重要性质

有界变量乘无穷小仍是无穷小。

8. 求极限的方法

1）利用极限的四则运算和幂指数运算法则

即极限的基本性质的定理 4。

2）两个准则

准则 1 单调有界数列极限一定存在。

(1) 若 $x_{n+1}\leqslant x_n$（n 为正整数）又 $x_n\geqslant m$，则 $\lim\limits_{n\to\infty}x_n=A$ 存在，且 $A\geqslant m$。

(2) 若 $x_{n+1}\geqslant x_n$（n 为正整数）又 $x_n\leqslant M$，则 $\lim\limits_{n\to\infty}x_n=A$ 存在，且 $A\leqslant M$。

准则 2 （夹逼定理）设 $g(x)\leqslant f(x)\leqslant h(x)$，若 $\lim g(x)=A$，$\lim h(x)=A$，且 $\lim f(x)$ 存在，则

$$\lim f(x)=A。$$

3）两个重要极限

重要极限 1: $\lim\limits_{x\to0}\dfrac{\sin x}{x}=1$。

重要极限 2: $\lim\limits_{n\to\infty}\left(1+\dfrac{1}{n}\right)^n=e$（$n$ 为正整数）；$\lim\limits_{u\to\infty}\left(1+\dfrac{1}{u}\right)^u=e$；$\lim\limits_{v\to0}(1+v)^{\frac{1}{v}}=e$。

4）用无穷小重要性质和等价无穷小代换

即无穷小定义中的 6）和 7）。

5）用泰勒公式（比用等价无穷小更深刻）

当 $x\to0$ 时，

$$e^x=1+x+\frac{x^2}{2!}+\cdots+\frac{x^n}{n!}+o(x^n);$$

$$\sin x=x-\frac{x^3}{3!}+\frac{x^5}{5!}+\cdots+(-1)^n\frac{x^{2n+1}}{(2n+1)!}+o(x^{2n+1});$$

$$\cos x=1-\frac{x^2}{2!}+\frac{x^4}{4!}-\cdots+(-1)^n\frac{x^{2n}}{(2n)!}+o(x^{2n});$$

$$\ln(1+x)=x-\frac{x^2}{2}+\frac{x^3}{3}-\cdots+(-1)^{n-1}\frac{x^n}{n}+o(x^n);$$

$$\arctan x=x-\frac{x^3}{3}+\frac{x^5}{5}-\cdots+(-1)^n\frac{x^{2n+1}}{2n+1}+o(x^{2n+1});$$

$$\tan x=x+\frac{x^3}{3}+o(x^3);$$

$$(1+x)^\alpha=1+\alpha x+\frac{\alpha(\alpha-1)}{2!}x^2+\cdots+\frac{\alpha(\alpha-1)\cdots[\alpha-(n-1)]}{n!}x^n+o(x^n)。$$

6）洛必达法则

第一类：直接用洛必达法则。

（1）$\dfrac{0}{0}$ 型。

设① $\lim f(x)=0$，$\lim g(x)=0$；

② x 变化过程中，$f'(x)$，$g'(x)$ 皆存在；

③ $\lim \dfrac{f'(x)}{g'(x)}=A$（或 ∞）。则

$$\lim \frac{f(x)}{g(x)}=A\text{（或 }\infty\text{）。}$$

注意：如果 $\lim \dfrac{f'(x)}{g'(x)}$ 不存在且不是无穷大量情形，不能得出 $\lim \dfrac{f(x)}{g(x)}$ 也是不存在且不是无穷大量情形。

（2）$\dfrac{\infty}{\infty}$ 型。

设① $\lim f(x)=\infty$，$\lim g(x)=\infty$；

② x 变化过程中，$f'(x)$，$g'(x)$ 皆存在；

③ $\lim \dfrac{f'(x)}{g'(x)}=A$（或 ∞），则

$$\lim \frac{f(x)}{g(x)}=A\text{（或 }\infty\text{）。}$$

第二类：间接用洛必达法则“$0\cdot\infty$”型和“$\infty-\infty$”型。

例如 $\lim\limits_{x\to0^+} x\ln x=\lim\limits_{x\to0^+}\dfrac{\ln x}{\dfrac{1}{x}}=\lim\limits_{x\to0^+}\dfrac{\dfrac{1}{x}}{-\dfrac{1}{x^2}}=\lim\limits_{x\to0^+}(-x)=0$；

或 $\lim\limits_{x\to0}\left(\dfrac{1}{x}-\dfrac{1}{e^x-1}\right)=\lim\limits_{x\to0}\dfrac{e^x-1-x}{x(e^x-1)}$，由于 $e^x-1\sim x$，原式 $=\lim\limits_{x\to0}\dfrac{e^x-1-x}{x^2}=\lim\limits_{x\to0}\dfrac{e^x-1}{2x}=\lim\limits_{x\to0}\dfrac{x}{2x}=\dfrac{1}{2}$。

第三类：间接再间接用洛必达法则“1^∞”型、“0^0”型、“∞^0”型。

例如 $\lim\limits_{x\to x_0}[f(x)]^{g(x)}=\lim\limits_{x\to x_0}e^{g(x)\ln f(x)}=e^{\lim\limits_{x\to x_0}g(x)\ln f(x)}$。

7）利用导数定义求极限

基本公式：$\lim\limits_{\Delta x\to0}\dfrac{f(x_0+\Delta x)-f(x_0)}{\Delta x}=f'(x_0)$（如果存在）。

8）利用定积分定义求极限

基本公式：$\lim\limits_{n\to\infty}\dfrac{1}{n}\sum\limits_{k=1}^{n}f\left(\dfrac{k}{n}\right)=\int_0^1 f(x)\mathrm{d}x$（如果存在）。

9. 函数连续的概念

1）函数在一点连续的概念

定义 10　若 $\lim\limits_{x \to x_0} f(x)=f(x_0)$，则称 $f(x)$ 在点 x_0 处连续。

定义 11　设函数 $y=f(x)$，如果 $\lim\limits_{x \to x_0^-} f(x)=f(x_0)$，则称函数 $f(x)$ 在点 x_0 处左连续；如果 $\lim\limits_{x \to x_0^+} f(x)=f(x_0)$，则称函数 $f(x)$ 在点 x_0 处右连续。如果函数 $y=f(x)$ 在点 x_0 处连续，则 $f(x)$ 在 x_0 处既是左连续，又是右连续。

2）函数在区间内(上)连续的定义

如果函数 $y=f(x)$ 在开区间 (a, b) 内的每一点都连续，则称 $f(x)$ 在 (a, b) 内连续。

如果 $y=f(x)$ 在开区间内连续，在区间端点 a 右连续，在区间端点 b 左连续，则称 $f(x)$ 在闭区间 $[a, b]$ 上连续。

10. 函数的间断点及其分类

1）函数的间断点的定义

定义 12　如果函数 $y=f(x)$ 在点 x_0 处不连续，则称 x_0 为 $f(x)$ 的间断点。

2）函数的两类间断点

(1) 第一类间断点。设 x_0 是函数 $y=f(x)$ 的间断点，如果 $f(x)$ 在间断点 x_0 处的左、右极限都存在，则称 x_0 是 $f(x)$ 的第一类间断点。第一类间断点包括可去间断点和跳跃间断点。

若 x_0处左、右极限相等，且不等于 $f(x_0)$[或 $f(x_0)$无定义]，称 $x=x_0$ 为可去间断点。

若 x_0处左、右极限不相等，则称 $x=x_0$ 为跳跃间断点。

(2) 第二类间断点。第一类间断点以外的其他间断点统称为第二类间断点。常见的第二类间断点有无穷间断点和振荡间断点。

左右极限为无穷的间断点，则称 $x=x_0$ 为无穷间断点。

左右极限振荡不存在的间断点，则称 $x=x_0$ 为振荡间断点。

例如：$x=0$ 是 $f(x)=\dfrac{\sin x}{x}$ 的可去间断点，是 $f(x)=\dfrac{|x|}{x}$ 的跳跃间断点，是 $f(x)=\dfrac{1}{x}$ 的无穷间断点，是 $f(x)=\sin\dfrac{1}{x}$ 的振荡间断点。

11. 初等函数的连续性

初等函数连续性的基本结论如下：

(1) 在同一区间连续的函数的和、差、积及商(分母不为零)，在这一区间仍是连续的。

(2) 由连续函数经有限次复合而成的复合函数在定义区间内仍是连续函数。

(3) 在某一区间连续且单调的函数，其反函数在对应区间仍连续且单调。

(4) 基本初等函数在它的定义域内是连续的。

(5) 初等函数在它的定义区间内是连续的。

12. 闭区间上连续函数的性质

在闭区间$[a, b]$上连续的函数 $f(x)$，有以下几个基本性质，这些性质以后都要用到。

定理 5　(有界定理)如果函数 $f(x)$在闭区间$[a, b]$上连续,则 $f(x)$必在$[a, b]$上有界。

定理 6　(最大值和最小值定理)如果函数 $f(x)$在闭区间$[a, b]$上连续,则在这个区间上一定存在最大值M 和最小值m。

其中最大值M 和最小值m 的定义如下:

设 $f(x_0)=M$ 是区间 $[a, b]$ 上某点 x_0 处的函数值,如果对于区间 $[a, b]$ 上的任一点 x,总有 $f(x)\leqslant M$,则称 M 为函数 $f(x)$ 在 $[a, b]$ 上的最大值。同理可以定义最小值 m。

定理 7　(介值定理)如果函数 $f(x)$ 在闭区间 $[a, b]$ 上连续,且其最大值和最小值分别为 M 和 m,则对于介于 m 和 M 之间的任何实数 c,在 $[a, b]$ 上至少存在一个 ξ,使得

$$f(\xi)=c。$$

推论　如果函数 $f(x)$ 在闭区间 $[a, b]$ 上连续,且 $f(a)$ 与 $f(b)$ 异号,则在 (a, b) 内至少存在一个点 ξ,使得

$$f(\xi)=0。$$

这个推论也称零点定理。

1.4　典型例题精析

题型 1:　函数的概念与性质

【例 1】　(经济类)函数 $f(x)=\ln x-\ln(1-x)$ 的定义域是________。

(A) $(-1, +\infty)$　(B) $(0, +\infty)$　(C) $(1, +\infty)$　(D) $(0, 1)$　(E) $(-\infty, 1)$

【答案】　(D)。

【解析】　$\begin{cases}x>0\\1-x>0\end{cases}\Rightarrow x\in(0, 1)$,选(D)。

【例 2】　设 $f(x)=\begin{cases}x, & x>0\\1-x, & x<0\end{cases}$,则有________。

(A) $f(f(x))=(f(x))^2$　　(B) $f(f(x))=f(x)$

(C) $f(f(x))>f(x)$　　(D) $f(f(x))<f(x)$

(E) $f(f(x))\neq f(x)$

【答案】　(B)。

【解析】　**解法 1**　由 $f(x)=\begin{cases}x, & x>0\\1-x, & x<0\end{cases}$ 易知,当 $x\neq 0$ 时,$f(x)>0$。

又因 $f(f(x))=\begin{cases}f(x), & f(x)>0\\1-f(x), & f(x)<0\end{cases}$,$f(x)<0$ 的情况不存在,所以 $f(f(x))=f(x)$。

故正确选项为(B)。

解法 2　特殊值代入法。

取 $x=2$，则 $f(2)=2$，$f(f(2))=f(2)=2$，这时选项(A)(C)(D)都不成立。
故正确选项为(B)。

【例 3】 若 $f(x)=\max\{|x-2|, \sqrt{x}\}$，则函数 $f(x)$ 的最小值等于________。

(A) 0　　(B) $\frac{1}{2}$　　(C) 1　　(D) 2　　(E) $\sqrt{2}$

【答案】 (C)。

【解析】 本题考查了用分段函数表示绝对值函数、简单函数的图形及求函数的交点。

由 $\sqrt{x}$ 知 $f(x)$ 的定义域为 $x\geqslant 0$。当 $x\geqslant 0$ 时，$|x-2|$ 与 $\sqrt{x}$ 的关系如图 1-2 所示，显然，$f(x)$ 的最小值点是 $y=2-x$ 与 $y=\sqrt{x}$ 在 $[0, 2]$ 上交点的横坐标。$\begin{cases} y=\sqrt{x} \\ y=2-x \end{cases} \Rightarrow x^2-5x+4=0$，即 $(x-4)(x-1)=0$，因此有 $x=1\in[0, 2]$，$f(1)=\sqrt{1}=1$ 是 $f(x)$ 的最小值，故正确选项为(C)。

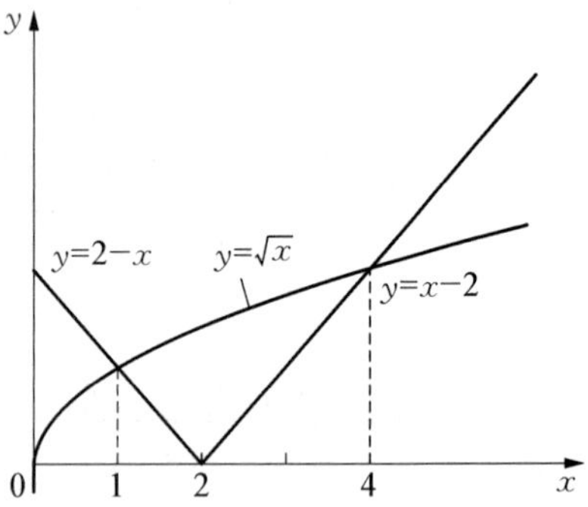

图 1-2

注意： 本题主要考查函数的概念与函数图像的描绘，需要读者体会数形结合的基本思想。

(1) 因 $y=\sqrt{x}$ 是单调递增函数，$f(x)$ 的最小值点一定是 $x=1$，而不是 $x=4$。

(2) $f(x)$ 的分段表达式为 $f(x)=\begin{cases} 2-x, & x\in[0, 1] \\ \sqrt{x}, & x\in(1, 4) \\ x-2, & x\in[4, +\infty) \end{cases}$。

题型 2：极限的概念与性质

【例 4】 (普研)设数列 x_n 与 y_n 满足 $\lim\limits_{n\to\infty} x_n y_n=0$，则下列判断正确的是________。

(A) 若 x_n 发散，则 y_n 必发散　　(B) 若 x_n 无界，则 y_n 必无界

(C) 若 x_n 有界，则 y_n 必为无穷小　　(D) 若 $\frac{1}{x_n}$ 为无穷小，则 y_n 必为无穷小

(E) 若 x_n 无界，则 y_n 也必无界

【答案】 (D)。

【解析】 **解法 1**　(A)(B)(C)(E)四项可举反例排除。

(A)项显然是不正确的，因为只需取数列 $y_n\equiv 0$，就排除了它。

若取数列 $x_n=\begin{cases} 2k-1, & n=2k-1 \\ 0, & n=2k \end{cases}$，$y_n=\begin{cases} 0, & n=2k-1 \\ 2k, & n=2k \end{cases}$ $(k=1, 2, \cdots)$ 便排除了(B)项。

对于(C)项，若数列 $x_n\equiv 0$，则 y_n 可为任何数列，所以(C)项也不正确。

对于(E)项，若 x_n 无界，取 $y_n\equiv 0$，显然排除(E)。

故只有(D)项是正确的。

解法 2　直接利用无穷小量的性质也可以推出(D)为正确选项。由 $y_n=(x_ny_n)\cdot\dfrac{1}{x_n}$ 及 $\lim\limits_{n\to\infty}x_ny_n=0$，$\lim\limits_{n\to\infty}\dfrac{1}{x_n}=0$ 可知 y_n 为两个无穷小之积，故 y_n 亦为无穷小，应选(D)。

注意：本题只给出一个条件 $\lim\limits_{n\to\infty}x_ny_n=0$，对数列 x_n 和 y_n 的限制在选项中给出。(A)与(C)容易被否定，因此，答错的大多选了(B)，表明对“无界”与“无穷大”的区别还不清楚。由前面的反例可以看到，两个无界变量的乘积可以是无穷小量。

本题考查考生对数列收敛概念的掌握以及运用举反例排除不正确选项的能力。

【例 5】　设 $\delta>0$，函数 $f(x)$ 在 $(a-\delta,\ a)$ 和 $(a,\ a+\delta)$ 内有定义，如果下面的条件成立，则让 $f(x)$ 在 a 点极限存在的条件是________。

(A) $\lim\limits_{x\to a-0}f(x)=\lim\limits_{x\to a+0}f(x)=A$，$A\neq\infty$($x$ 为有理数)

(B) $f(a-0)$ 和 $f(a+0)$ 都存在，并且 f 在 a 点有定义

(C) $f(x)$ 在 $(a-\delta,\ a)$ 和 $(a,\ a+\delta)$ 内可导

(D) $f(x)$ 在 $(a-\delta,\ a)$ 和 $(a,\ a+\delta)$ 内连续，并且单调有界

(E) A 为某一定数，$\lim\limits_{x\to 0}\dfrac{f(a+x)-A}{\sqrt[3]{x}}$ 存在

【答案】　(E)。

【解析】　对于(A)，当 $x\to a$，且 x 为无理数时，不能肯定有 $\lim\limits_{x\to a^-}f(x)=\lim\limits_{x\to a^+}f(x)=A$，故不能得到 f 在 a 点极限存在的结论。

对于(B)，不能得到 $f(a-0)=f(a+0)$，也不能肯定 f 在 a 点极限存在。

对于(C)，不能得出 f 在 $x=a$ 时可导，也不能得到 f 在 $x=a$ 处连续或有极限。

对于(D)，不能得到 f 在 $x=a$ 处必连续或有极限。

对于(E)，由已知极限 $\lim\limits_{x\to 0}\dfrac{f(a+x)-A}{\sqrt[3]{x}}$ 存在，可知 $\lim\limits_{x\to 0}[f(a+x)-A]=0$，或 $\lim\limits_{x\to 0}f(a+x)=A$，这意味着 f 在 a 点有极限。故本题应选(E)。

题型 3：求极限方法 1——两个重要极限

【例 6】　(经济类)极限 $\lim\limits_{x\to 0}\left(x\sin\dfrac{1}{x}+\dfrac{1}{x}\sin x\right)=$________。

(A) 1　　(B) 0　　(C) -1　　(D) 2　　(E) 不存在

【答案】　(A)。

【解析】　$\lim\limits_{x\to 0}\left(x\sin\dfrac{1}{x}+\dfrac{1}{x}\sin x\right)=\lim\limits_{x\to 0}\left(x\sin\dfrac{1}{x}\right)+\lim\limits_{x\to 0}\left(\dfrac{\sin x}{x}\right)=0+1=1$。故选(A)。

【例 7】　$\lim\limits_{x\to\infty}\dfrac{2x^2+1}{x+2}\sin\dfrac{2}{x}=$________。

(A) 0　　(B) 2　　(C) 4　　(D) 3　　(E) ∞

【答案】(C)。

【解析】 解法 1 $\lim\limits_{x\to\infty}\dfrac{2x^2+1}{x+2}\sin\dfrac{2}{x}=\lim\limits_{x\to\infty}\dfrac{2x^2+1}{x+2}\dfrac{2}{x}\cdot\dfrac{\sin\dfrac{2}{x}}{\dfrac{2}{x}}$

$$=\lim_{x\to\infty}\frac{2x^2+1}{x+2}\frac{2}{x}\cdot\lim_{x\to\infty}\frac{\sin\dfrac{2}{x}}{\dfrac{2}{x}}$$

$$=\lim_{x\to\infty}\frac{4x^2+2}{x^2+2x}=4。$$

解法 2 利用无穷小量等价代换定理。

当 $x\to\infty$ 时，$\sin\dfrac{2}{x}\sim\dfrac{2}{x}$，因此有

$$\lim_{x\to\infty}\frac{2x^2+1}{x+2}\sin\frac{2}{x}=\lim_{x\to\infty}\frac{2x^2+1}{x+2}\cdot\frac{2}{x}=\lim_{x\to\infty}\frac{4x^2+2}{x^2+2x}=4,$$

故正确选项为(C)。

注意：本题考查重要极限 $\lim\limits_{x\to0}\dfrac{\sin x}{x}=1$，$x\to\infty$ 时有理函数的极限以及极限的四则运算法则。

【例 8】 极限 $\lim\limits_{x\to\infty}\left(\dfrac{x-1}{x+1}\right)^x=$______。

(A) e^{-1}　　(B) e^{-2}　　(C) 1　　(D) 0　　(E) ∞

【答案】(B)。

【解析】 解法 1 $\lim\limits_{x\to\infty}\left(\dfrac{x-1}{x+1}\right)^x=\lim\limits_{x\to\infty}\left[\dfrac{(x-1)/x}{(x+1)/x}\right]^x=\lim\limits_{x\to\infty}\dfrac{\left(1-\dfrac{1}{x}\right)^x}{\left(1+\dfrac{1}{x}\right)^x}=\dfrac{e^{-1}}{e}=e^{-2}。$

解法 2 $\lim\limits_{x\to\infty}\left(\dfrac{x-1}{x+1}\right)^x=\lim\limits_{x\to\infty}\left[1+\left(\dfrac{-2}{x+1}\right)\right]^{\left(\frac{x+1}{-2}\right)\left(\frac{-2x}{x+1}\right)}=e^{-2}。$

题型 4：求极限方法 2——两个重要准则

【例 9】(普研)设对任意的 x，总有 $\varphi(x)\leqslant f(x)\leqslant g(x)$，且 $\lim\limits_{x\to\infty}[g(x)-\varphi(x)]=0$，则 $\lim\limits_{x\to\infty}f(x)$ ______。

(A) 存在且等于零　　(B) 存在但不一定为零

(C) 一定不存在　　(D) 不一定存在

(E) 以上选项均错误

【答案】 (D)。

【解析】 用排除法。令 $\varphi(x)=1-\dfrac{1}{x^2}$，$f(x)=1$，$g(x)=1+\dfrac{1}{x^2}$，显然

$$\varphi(x)\leqslant f(x)\leqslant g(x)\text{，且 }\lim_{x\to\infty}[g(x)-\varphi(x)]=\lim_{x\to\infty}\frac{2}{x^2}=0\text{。}$$

此时 $\lim\limits_{x\to\infty}f(x)=1$，故(A)和(C)都不正确。

为排除(B)和(E)，再令 $\varphi(x)=x-\dfrac{1}{x^2}$，$f(x)=x$，$g(x)=x+\dfrac{1}{x^2}$，显然 $\varphi(x)$、$f(x)$、$g(x)$ 满足题设全部条件，但 $\lim\limits_{x\to\infty}f(x)=\infty$，故应选(D)。

注意： 本题主要考察夹逼定理所适用的条件。本题很容易错选为(B)。这里应特别注意，由条件 $\lim\limits_{x\to\infty}[g(x)-\varphi(x)]=0$ 推不出夹逼定理中的条件 $\varphi(x)$ 和 $g(x)$ 极限存在且相等。

【例 10】 极限 $\lim\limits_{n\to\infty}\left(\dfrac{1}{2}\cdot\dfrac{3}{4}\cdot\dfrac{5}{6}\cdots\dfrac{2n-1}{2n}\right)=$________。

(A) 1　　(B) 2　　(C) $\dfrac{1}{2}$　　(D) ∞　　(E) 0

【答案】 (E)。

【解析】 令 $x_n=\dfrac{1}{2}\cdot\dfrac{3}{4}\cdot\dfrac{5}{6}\cdot\cdots\cdot\dfrac{2n-1}{2n}$，$y_n=\dfrac{2}{3}\cdot\dfrac{4}{5}\cdot\cdots\cdot\dfrac{2n}{2n+1}$，则 $0<x_n<y_n$，于是 $0<x_n^2<x_ny_n=\dfrac{1}{2n+1}$。

由夹逼定理可知 $\lim\limits_{n\to\infty}x_n^2=0$，于是原极限为 0，答案为(E)。

【例 11】 极限 $\lim\limits_{n\to\infty}\sum\limits_{k=1}^{n}\dfrac{k}{n^2+n+k}=$________。

(A) 1　　(B) 2　　(C) $\dfrac{1}{2}$　　(D) ∞　　(E) 0

【答案】 (C)。

【解析】 由放缩法对分母进行放大和缩小 $\dfrac{1+2+\cdots+n}{n^2+n+n}\leqslant\sum\limits_{k=1}^{n}\dfrac{k}{n^2+n+k}\leqslant\dfrac{1+2+\cdots+n}{n^2+n+1}$，而 $\lim\limits_{n\to\infty}\dfrac{1+2+\cdots+n}{n^2+2n}=\lim\limits_{n\to\infty}\dfrac{\frac{1}{2}n(n+1)}{n(n+2)}=\dfrac{1}{2}$；$\lim\limits_{n\to\infty}\dfrac{1+2+\cdots+n}{n^2+n+1}=\lim\limits_{n\to\infty}\dfrac{\frac{1}{2}n(n+1)}{n^2+n+1}=\dfrac{1}{2}$。

由夹逼定理可知 $\lim\limits_{n\to\infty}\sum\limits_{k=1}^{n}\dfrac{k}{n^2+n+k}=\dfrac{1}{2}$，故答案选择(C)。

【例 12】 设 $0<x_1<3$，$x_{n+1}=\sqrt{x_n(3-x_n)}$，若 $\lim\limits_{n\to\infty}x_n$ 存在，则 $\lim\limits_{n\to\infty}x_n=$ ________。

(A) 1　　(B) 2　　(C) $\frac{3}{2}$　　(D) $\sqrt{3}$　　(E) 0

【答案】 (C)。

【解析】 把 $x_{n+1}=\sqrt{x_n(3-x_n)}$ 两边取极限，得 $l=\sqrt{l(3-l)}$。

$l^2=3l-l^2$，$l=0$(舍去)，得 $l=\frac{3}{2}$，所以 $\lim\limits_{n\to\infty}x_n=\frac{3}{2}$，故答案选择(C)。

题型 5：求极限方法 3——极限四则运算与等价无穷小、泰勒公式

【例 13】 (经济类)极限 $\lim\limits_{x\to1}\frac{\tan(x^2-1)}{x^3-1}=$ ________。

(A) $\frac{1}{2}$　　(B) $\frac{1}{3}$　　(C) $\frac{2}{3}$　　(D) $\frac{3}{4}$　　(E) $\frac{1}{4}$

【答案】 (C)。

【解析】 $\lim\limits_{x\to1}\frac{\tan(x^2-1)}{x^3-1}=\lim\limits_{x\to1}\frac{x^2-1}{x^3-1}=\lim\limits_{x\to1}\frac{(x+1)(x-1)}{(x-1)(x^2+x+1)}=\lim\limits_{x\to1}\frac{x+1}{x^2+x+1}=\frac{2}{3}$。选(C)。

【例 14】 (普研)极限 $\lim\limits_{x\to\infty}x\sin\frac{2x}{x^2+1}=$ ________。

(A) 0　　(B) 2　　(C) 4　　(D) 3　　(E) ∞

【答案】 (B)。

【解析】 本题属于基本题型，直接用无穷小量的等价代换进行计算即可。

$\lim\limits_{x\to\infty}x\sin\frac{2x}{x^2+1}=\lim\limits_{x\to\infty}x\frac{2x}{x^2+1}=2$。故选(B)。

【例 15】 极限 $\lim\limits_{n\to\infty}\frac{\sqrt[3]{n^2+n+1}}{3n+1}\sin\sqrt{n^2+1}=$ ________。

(A) 1　　(B) -1　　(C) $\frac{1}{3}$　　(D) ∞　　(E) 0

【答案】 (E)。

【解析】 $\lim\limits_{n\to\infty}\frac{\sqrt[3]{n^2+n+1}}{3n+1}=\lim\limits_{n\to\infty}\frac{\sqrt[3]{\frac{1}{n}+\frac{1}{n^2}+\frac{1}{n^3}}}{3+\frac{1}{n}}=0$，$|\sin\sqrt{n^2+1}|\leqslant1$，

根据有界变量乘无穷小仍是无穷小，可知原式 $=0$，答案选择(E)。

【例 16】 (普研)极限 $\lim\limits_{x\to 0}\dfrac{x\ln(1+x)}{1-\cos x}=$______。

(A) 1　　(B) 2　　(C) $\dfrac{1}{2}$　　(D) -1　　(E) 0

【答案】 (B)。

【分析】 本题为 $\dfrac{0}{0}$ 未定式极限的求解,利用等价无穷小代换即可。

【解析】 $x\to 0$ 时,$\ln(1+x)\sim x$,$1-\cos x\sim\dfrac{1}{2}x^2$,则 $\lim\limits_{x\to 0}\dfrac{x\ln(1+x)}{1-\cos x}=\lim\limits_{x\to 0}\dfrac{x\cdot x}{\dfrac{1}{2}x^2}=2$,故答案选择(B)。

注意: 本题为求 $\dfrac{0}{0}$ 未定式极限的基本题型,应充分利用等价无穷小代换来简化计算。

【例 17】 计算极限 $\lim\limits_{x\to-\infty}\dfrac{\sqrt{4x^2+x+1}+x+1}{\sqrt{x^2+\sin x}}=$______。

(A) 1　　(B) 2　　(C) $\dfrac{1}{2}$　　(D) -1　　(E) 0

【答案】 (A)。

【解析】

解法 1

$$I=\lim_{x\to-\infty}\frac{-x\sqrt{4+\dfrac{1}{x}+\dfrac{1}{x^2}}+x+1}{-x\sqrt{1+\dfrac{\sin x}{x^2}}}=\lim_{x\to-\infty}\frac{-x\sqrt{4+\dfrac{1}{x}+\dfrac{1}{x^2}}+x+1}{-x}$$

$$=\lim_{x\to-\infty}\sqrt{4+\frac{1}{x}+\frac{1}{x^2}}-1-\lim_{x\to-\infty}\frac{1}{x}=2-1=1。$$

解法 2 抓大头:$I=\dfrac{-\sqrt{4}+1}{-1}=1$。选(A)。

注意: 抓大头方法,即是在计算一个关于指数函数或幂函数型极限时,通常采用的方法是找到分子分母的"大头",或者说变化最快的部分。一般不适合解答题求极限,也不适合指数为极限趋向变量有关的情形。

【例 18】 (普研)极限 $\lim\limits_{x\to 0}\dfrac{\sqrt{1+x}+\sqrt{1-x}-2}{x^2}=$______。

(A) 1　　(B) 0　　(C) $\dfrac{1}{2}$　　(D) $\dfrac{1}{4}$　　(E) $-\dfrac{1}{4}$

【答案】 (E)。

【解析】

解法 1 用洛必达法则

$$原式=\lim_{x\to 0}\frac{\dfrac{1}{2\sqrt{1+x}}-\dfrac{1}{2\sqrt{1-x}}}{2x}=\lim_{x\to 0}\frac{\sqrt{1-x}-\sqrt{1+x}}{4x\cdot\sqrt{1+x}\cdot\sqrt{1-x}}$$

$$=\lim_{x\to 0}\frac{\sqrt{1-x}-\sqrt{1+x}}{4x}=\lim_{x\to 0}\frac{-\dfrac{1}{2\sqrt{1-x}}-\dfrac{1}{2\sqrt{1+x}}}{4}=-\frac{1}{4}。$$

解法 2 用带皮亚诺余项泰勒公式。由于

$$\sqrt{1+x}+\sqrt{1-x}-2=\left[1+\frac{1}{2}x+\frac{\frac{1}{2}\left(-\frac{1}{2}\right)}{2!}x^2+o(x^2)\right]+$$

$$\left[1-\frac{1}{2}x+\frac{\frac{1}{2}\left(-\frac{1}{2}\right)}{2!}x^2+o(x^2)\right]-2$$

$$=-\frac{1}{4}x^2+o(x^2)。$$

故 $$原式=\lim_{x\to 0}\frac{-\frac{1}{4}x^2+o(x^2)}{x^2}=-\frac{1}{4}。$$

注意:(1) 显然解法 2 较解法 1 省力,一般地,若 $f(x)$ 和 $g(x)$ 在 $x=x_0$ 处易用间接求法按皮亚诺余项的泰勒公式展开,则用此法求 $\frac{0}{0}$ 型极限 $\lim\limits_{x\to 0}\dfrac{f(x)}{g(x)}$ 是方便的。

(2) 本题中切勿将分子写成 $(\sqrt{1+x}-1)+(\sqrt{1-x}-1)$,然后分别用等价无穷小替换:

$$\sqrt{1-x}-1\sim-\frac{1}{2}x,\quad \sqrt{1+x}-1\sim\frac{1}{2}x。$$

因为这样做,分子中的主要部分消失了!用皮亚诺余项的泰勒公式展开至 2 阶,可将 x^2 项显露出来,而用等价无穷小替换做不到这一点,希望考生切记。

【例 19】 (经济类)极限 $\lim\limits_{x\to 0}\left(\dfrac{1+x}{1-e^{-x}}-\dfrac{1}{x}\right)=$________。

(A) 0　　(B) 1　　(C) $\frac{1}{2}$　　(D) -1　　(E) $\frac{3}{2}$

【答案】 (E)。

【解析】 当 $x\to 0$ 时,$1-e^{-x}\sim x$。

$$\lim_{x\to 0}\left(\frac{1+x}{1-e^{-x}}-\frac{1}{x}\right)=\lim_{x\to 0}\frac{x+x^2-1+e^{-x}}{(1-e^{-x})x}=\lim_{x\to 0}\frac{x+x^2-1+e^{-x}}{x^2}$$
$$=1+\lim_{x\to 0}\frac{x-1+e^{-x}}{x^2}$$
$$=1+\lim_{x\to 0}\frac{x-1+1-x+\frac{1}{2}x^2+o(x^2)}{x^2}=1+\frac{1}{2}=\frac{3}{2}。$$

故答案选(E)。

【例 20】 (普研)设 $P(x)=a+bx+cx^2+dx^3$，当 $x\to 0$ 时，若 $P(x)-\tan x$ 是比 x^3 高阶的无穷小，则下列选项中错误的是________。

(A) $a=0$　　(B) $b=1$

(C) $c=0$　　(D) $d=\frac{1}{6}$

(E) 无法确定 a，b，c，d

【答案】 (D)。

【解析】 $P(x)-\tan x=a+(b-1)x+cx^2+\left(d-\frac{1}{3}\right)x^3+o(x^3)$，所以 $a=0$，$b=1$，$c=0$，$d=\frac{1}{3}$，选(D)。

题型 6：求极限方法 4——分段函数求极限

【例 21】 求函数 $f(x)=\begin{cases}\dfrac{\sin 2x}{x}, & x<0\\ \dfrac{x^2}{1-\cos x}, & x>0\end{cases}$ 在分段点处的极限为________。

(A) 1　　(B) 2　　(C) $\frac{1}{2}$　　(D) -1　　(E) 0

【答案】 (B)。

【解析】 (1) $f(0-0)=\lim_{x\to 0^-}\frac{\sin 2x}{x}=\lim_{x\to 0^-}2\cdot\frac{\sin 2x}{2x}=2$，

$$f(0+0)=\lim_{x\to 0^+}\frac{x^2}{1-\cos x}=\lim_{x\to 0^+}\frac{x^2}{\frac{1}{2}x^2}=2,$$

所以 $\lim_{x\to 0}f(x)=2$，故答案选择(B)。

【例 22】 求函数 $g(x)=\begin{cases}\dfrac{x^2-1}{x-1}, & x<1\\ x^2+\dfrac{1}{2}, & x\geqslant 1\end{cases}$ 在分段点处的极限为________。

(A) 1　　(B) 2　　(C) 不存在　　(D) $\frac{3}{2}$　　(E) 0

【答案】 (C)。

【解析】 $g(1-0)=\lim\limits_{x\to1^-}\dfrac{x^2-1}{x-1}=\lim\limits_{x\to1^-}(x+1)=2$；$g(1+0)=\lim\limits_{x\to1^+}\left(x^2+\dfrac{1}{2}\right)=\dfrac{3}{2}$；因为 $g(1-0)\neq g(1+0)$，故 $\lim\limits_{x\to1}g(x)$ 不存在，答案选择(C)。

【例 23】 (普研)极限 $\lim\limits_{x\to0}\left(\dfrac{2+e^{\frac{1}{x}}}{1+e^{\frac{4}{x}}}+\dfrac{\sin x}{|x|}\right)=$________。

(A) 1　　(B) 3　　(C) 不存在　　(D) ∞　　(E) 0

【答案】 (A)。

【解析】 由于式中有 $e^{\frac{1}{x}}$ 与 $|x|$，故应分别考虑左、右极限。

$$\lim_{x\to0^-}\left(\frac{2+e^{\frac{1}{x}}}{1+e^{\frac{4}{x}}}+\frac{\sin x}{(-x)}\right)=2-1=1,$$

$$\lim_{x\to0^+}\left(\frac{2e^{-\frac{4}{x}}+e^{-\frac{3}{x}}}{e^{-\frac{4}{x}}+1}+\frac{\sin x}{x}\right)=0+1=1,$$

$$所以,\lim_{x\to0}\left(\frac{2+e^{\frac{1}{x}}}{1+e^{\frac{4}{x}}}+\frac{\sin x}{|x|}\right)=1。$$

故答案选择(A)。

注意：(1) 考生的典型错误是将 $\lim\limits_{x\to0}\left(\dfrac{2+e^{\frac{1}{x}}}{1+e^{\frac{4}{x}}}+\dfrac{\sin x}{|x|}\right)$ 分成两个极限 $\lim\limits_{x\to0}\dfrac{2+e^{\frac{1}{x}}}{1+e^{\frac{4}{x}}}$ 和 $\lim\limits_{x\to0}\dfrac{\sin x}{|x|}$ 去讨论，而这两个极限都不存在，则答原题的极限不存在。要注意即使 $\lim\limits_{x\to a}f(x)$ 和 $\lim\limits_{x\to a}g(x)$ 均不存在，但 $\lim\limits_{x\to a}[f(x)+g(x)]$ 仍可能存在。

(2) 在某些情形需要通过分别求左、右极限而求得极限，如求分段函数在分界点处极限，又如函数中含有 $e^{\frac{1}{x}}$ 和 $\arctan\dfrac{1}{x}$ 的项，当 $x\to0^+$ 与 $x\to0^-$ 时，它们的左、右极限不相等，本例正是如此。极限存在的基本根据是 $\lim\limits_{x\to a}f(x)=A\Leftrightarrow\lim\limits_{x\to a+0}f(x)=\lim\limits_{x\to a-0}f(x)=A$。

题型 7： 求极限方法 5——洛必达法则

1) $\dfrac{0}{0}$ 与 $\dfrac{\infty}{\infty}$ 型

【例 24】 (经济类)极限 $\lim\limits_{x\to0}\dfrac{e^x+e^{-x}-2}{1-\cos x}=$________。

(A) 1　　(B) 2　　(C) $\dfrac{1}{2}$　　(D) -1　　(E) 0

【答案】 (B)。

【解析】 $\lim\limits_{x\to0}\dfrac{e^x+e^{-x}-2}{1-\cos x}=\lim\limits_{x\to0}\dfrac{e^x-e^{-x}}{\sin x}=\lim\limits_{x\to0}\dfrac{e^x+e^{-x}}{\cos x}=\dfrac{1+1}{1}=2$，所以选择(B)。

【例 25】 极限 $\lim\limits_{x\to0}\dfrac{\ln(\cos x)}{x^2}=$________。

(A) $-\dfrac{1}{2}$　(B) $-\dfrac{1}{3}$　(C) $-\dfrac{2}{3}$　(D) $\dfrac{1}{2}$　(E) $-\dfrac{1}{4}$

【答案】 (A)。

【解析】 $\lim\limits_{x\to0}\dfrac{\ln(\cos x)}{x^2}=\lim\limits_{x\to0}\dfrac{-\tan x}{2x}=-\dfrac{1}{2}$。故选(A)。

【例 26】 极限 $\lim\limits_{x\to0}\dfrac{e^{-\frac{1}{x^2}}}{x^{10}}=$________。

(A) 1　(B) 2　(C) $\dfrac{1}{10}$　(D) e^{-1}　(E) 0

【答案】 (E)。

【解析】 若直接用 $\dfrac{0}{0}$ 型洛必达法则 1，则得 $\lim\limits_{x\to0}\dfrac{\left(\dfrac{2}{x^3}\right)e^{-\frac{1}{x^2}}}{10x^9}=\lim\limits_{x\to0}\dfrac{e^{-\frac{1}{x^2}}}{5x^{12}}$（不好办了，分母 x 的次方数反而增加）。为了避免分子求导数的复杂性，我们先用变量替换，令 $\dfrac{1}{x^2}=t$，于是 $\lim\limits_{x\to0}\dfrac{e^{-\frac{1}{x^2}}}{x^{10}}=\lim\limits_{t\to+\infty}\dfrac{e^{-t}}{t^{-5}}=\lim\limits_{t\to+\infty}\dfrac{t^5}{e^t}\left(\dfrac{\infty}{\infty}\text{ 型}\right)=\lim\limits_{t\to+\infty}\dfrac{5t^4}{e^t}=\cdots=\lim\limits_{t\to+\infty}\dfrac{5!}{e^t}=0$。故答案选择(E)。

2) $\infty-\infty$ 和 $0\cdot\infty$ 型

【例 27】 (经济类)极限 $\lim\limits_{x\to0}\left(\dfrac{1}{x}-\dfrac{1}{\ln(1+x)}\right)=$________。

(A) 1　(B) $\dfrac{1}{2}$　(C) $-\dfrac{1}{2}$　(D) -1　(E) 0

【答案】 (C)。

【解析】 **解法 1**

$$\lim_{x\to0}\left(\frac{1}{x}-\frac{1}{\ln(1+x)}\right)=\lim_{x\to0}\frac{\ln(1+x)-x}{x\ln(1+x)}=\lim_{x\to0}\frac{\ln(1+x)-x}{x^2}$$
$$=\lim_{x\to0}\frac{\frac{1}{1+x}-1}{2x}=\lim_{x\to0}\frac{-\frac{1}{(1+x)^2}}{2}$$
$$=-\frac{1}{2}。$$

解法 2 已知 $\ln(x+1)=x-\dfrac{x^2}{2}+o(x^2)$，有

$$\lim_{x\to0}\left(\frac{1}{x}-\frac{1}{\ln(1+x)}\right)=\lim_{x\to0}\frac{\ln(1+x)-x}{x\ln(1+x)}=\lim_{x\to0}\frac{\ln(1+x)-x}{x^2}$$

$$=\lim_{x\to0}\frac{x-\frac{x^2}{2}+o(x^2)-x}{x^2}=\lim_{x\to0}\frac{-\frac{x^2}{2}+o(x^2)}{2x^2}=-\frac{1}{2}。选(C)。$$

【例 28】 (经济类)极限 $\lim\limits_{x\to0}\left(\frac{1}{x}-\frac{1}{e^x-1}\right)=$________。

(A) 0　　(B) $\frac{1}{2}$　　(C) 1　　(D) $\frac{3}{2}$　　(E) 2

【答案】 (B)。

【解析】 $\lim\limits_{x\to0}\left(\frac{1}{x}-\frac{1}{e^x-1}\right)=\lim\limits_{x\to0}\frac{e^x-1-x}{x(e^x-1)}=\lim\limits_{x\to0}\frac{e^x-1-x}{x^2}=\lim\limits_{x\to0}\frac{e^x-1}{2x}=\frac{1}{2}$，故选(B)。

3) "1^∞"型、"0^0"型和"∞^0"型

【例 29】 极限 $\lim\limits_{x\to+\infty}\frac{e^x}{\left(1+\frac{1}{x}\right)^{x^2}}=$________。

(A) e　　(B) $\frac{1}{e}$　　(C) 0　　(D) 1　　(E) $e^{\frac{1}{2}}$

【答案】 (E)。

【解析】 $\ln\left(1+\frac{1}{x}\right)=\frac{1}{x}-\frac{1}{2x^2}+o\left(\frac{1}{x^2}\right)$。$u(x)^{v(x)}$ 为幂指函数，$u(x)^{v(x)}$ 基本都要用到 $e^{v(x)\ln u(x)}$。

$$\lim_{x\to+\infty}\frac{e^x}{\left(1+\frac{1}{x}\right)^{x^2}}=\lim_{x\to+\infty}\frac{e^x}{e^{x^2\ln\left(1+\frac{1}{x}\right)}}=\lim_{x\to+\infty}e^{\left[x-x^2\ln\left(1+\frac{1}{x}\right)\right]}=e^{\frac{1}{2}}。故选(E)。$$

注意： 不能人为制造同一极限的自变量的先后顺序，同一变量的趋向具有同时性。

不然就会出现 $\lim\limits_{x\to+\infty}\frac{e^x}{\left(1+\frac{1}{x}\right)^{x^2}}=\lim\limits_{x\to+\infty}\frac{e^x}{\left[\left(1+\frac{1}{x}\right)^x\right]^x}=\lim\limits_{x\to+\infty}\frac{e^x}{e^x}=1$ 的情况。

【例 30】 (普研)极限 $\lim\limits_{x\to0}(\cos x)^{\frac{1}{\ln(1+x^2)}}=$________。

(A) $\frac{1}{\sqrt{e}}$　　(B) $\sqrt{e}$　　(C) 0　　(D) 1　　(E) 不存在

【答案】 (A)。

【解析】 1^∞ 型未定式，化为指数函数或利用公式 $\lim f(x)^{g(x)}=e^{\lim g(x)\ln f(x)}$ 进行计算求极限均可。

解法 1　$\lim\limits_{x\to 0}(\cos x)^{\frac{1}{\ln(1+x^2)}}=e^{\lim\limits_{x\to 0}\frac{1}{\ln(1+x^2)}\ln\cos x}$，而

$$\lim_{x\to 0}\frac{\ln\cos x}{\ln(1+x^2)}=\lim_{x\to 0}\frac{\ln\cos x}{x^2}=\lim_{x\to 0}\frac{\frac{-\sin x}{\cos x}}{2x}=-\frac{1}{2},$$

故原式 $=e^{-\frac{1}{2}}=\frac{1}{\sqrt{e}}$。选(A)。

解法 2　因为 $\lim\limits_{x\to 0}(\cos x-1)\cdot\frac{1}{\ln(1+x^2)}=\lim\limits_{x\to 0}\frac{-\frac{1}{2}x^2}{x^2}=-\frac{1}{2}$，

所以原式 $=e^{-\frac{1}{2}}=\frac{1}{\sqrt{e}}$。

题型 8：利用导数定义、定积分定义求极限

【例 31】　设 $f'(x_0)=2$，求 $\lim\limits_{\Delta x\to 0}\frac{f(x_0+3\Delta x)-f(x_0-2\Delta x)}{\Delta x}=$______。

(A) 1　　(B) 2　　(C) 10　　(D) 5　　(E) 0

【答案】　(C)。

【解析】　原式 $=\lim\limits_{\Delta x\to 0}\frac{[f(x_0+3\Delta x)-f(x_0)]-[f(x_0-2\Delta x)-f(x_0)]}{\Delta x}$

$$=3\lim_{\Delta x\to 0}\frac{f(x_0+3\Delta x)-f(x_0)}{3\Delta x}+2\lim_{\Delta x\to 0}\frac{f(x_0-2\Delta x)-f(x_0)}{(-2\Delta x)}$$

$=3f'(x_0)+2f'(x_0)=5f'(x_0)=10$。故答案选择(C)。

注意：导数定义作为标准极限的应用的两个要点：自变量有一个固定点 x_0，在固定点 x_0 的邻域函数有定义。

【例 32】　设曲线 $y=f(x)$ 与 $y=\sin x$ 在原点相切，则 $\lim\limits_{n\to\infty}nf\left(\frac{2}{n}\right)=$______。

(A) 1　　(B) 2　　(C) 不存在　　(D) $\frac{3}{2}$　　(E) 0

【答案】　(B)。

【解析】　由题设可知 $f(0)=0$，$f'(0)=(\sin x)'|_{x=0}=1$，于是

$$\lim_{n\to\infty}nf\left(\frac{2}{n}\right)=\lim_{n\to\infty}2\cdot\frac{f\left(\frac{2}{n}\right)-f(0)}{\frac{2}{n}-0}=2f'(0)=2。$$

故选(B)。

【例 33】 极限 $\lim\limits_{n\to\infty}\sum\limits_{k=1}^{n}\dfrac{n}{n^2+k^2}=$________。

(A) π　　(B) $\dfrac{\pi}{2}$　　(C) $\dfrac{\pi}{3}$　　(D) 0　　(E) $\dfrac{\pi}{4}$

【答案】 (E)。

【解析】 如果用夹逼定理中的方法来考虑 $\dfrac{n^2}{n^2+n^2}\leqslant\sum\limits_{k=1}^{n}\dfrac{n}{n^2+k^2}\leqslant\dfrac{n^2}{n^2+1^2}$，而 $\lim\limits_{n\to\infty}\dfrac{n^2}{n^2+n^2}=\dfrac{1}{2}$，$\lim\limits_{n\to\infty}\dfrac{n^2}{n^2+1^2}=1$。由此可见，无法再用夹逼定理，因此，我们改用定积分定义来考虑。

$$\lim_{n\to\infty}\sum_{k=1}^{n}\frac{n}{n^2+k^2}=\lim_{n\to\infty}\frac{1}{n}\sum_{k=1}^{n}\frac{1}{1+\left(\frac{k}{n}\right)^2}=\int_0^1\frac{\mathrm{d}x}{1+x^2}=\arctan x\Big|_0^1=\frac{\pi}{4}$$。故选(E)。

题型 9：无穷小与无穷大的比较

【例 34】 设数列 $\{a_n\}$ 为无穷小量，$\{b_n\}$ 是有界数列(对一切 n，$b_n\neq 0$)，则 $\{a_nb_n\}$________。

(A) 必是无穷大量　　(B) 有可能是无穷小量

(C) 不可能是无穷小量　　(D) 必是无界数列

(E) 无法判断

【答案】 (B)。

【解析】 因为无穷小量与有界变量的乘积仍为无穷小量，故本题只能选(B)。

【例 35】 当 $x\to3^-$ 时，下述选项中为无穷小量的是________。

(A) $e^{\frac{1}{x-3}}$　　(B) $\ln(3-x)$　　(C) $\sin\dfrac{1}{x-3}$　　(D) $\dfrac{x-3}{x^2-9}$　　(E) $\dfrac{1}{x-3}$

【答案】 (A)。

【解析】 本题考查无穷小量的概念和计算函数的极限。

解法 1 因为 $\lim\limits_{x\to3^-}e^{\frac{1}{x-3}}=0$，所以 $e^{\frac{1}{x-3}}$ 为无穷小量。故正确选项为(A)。

解法 2 用排除法。

因为 $\lim\limits_{x\to3^-}\ln(3-x)=-\infty$，$\lim\limits_{x\to3^-}\dfrac{x-3}{x^2-9}=\lim\limits_{x\to3^-}\dfrac{x-3}{(x-3)(x+3)}=\lim\limits_{x\to3^-}\dfrac{1}{x+3}=\dfrac{1}{6}$，$\lim\limits_{x\to3^-}\sin\dfrac{1}{x-3}=\sin(\infty)$ 不存在，$\lim\limits_{x\to3^-}\dfrac{1}{x-3}=-\infty$，故正确选项为(A)。

注意： $\lim\limits_{x\to3^+}e^{\frac{1}{x-3}}=+\infty$。

【例 36】 (普研)设当 $x\to0$ 时，$(1-\cos x)\ln(1+x^2)$ 是比 $x\sin x^n$ 高阶的无穷小，而

$x\sin x^n$ 是比 $e^{x^2}-1$ 高阶的无穷小，则正整数 n 等于________。

(A) 1　　(B) 2　　(C) 3　　(D) 4　　(E) 0

【答案】 (B)。

【解析】 $(1-\cos x)\ln(1+x^2)\sim\frac{1}{2}x^2\cdot x^2=\frac{1}{2}x^4$，$x\sin x^n\sim x\cdot x^n=x^{n+1}$，$e^{x^2}-1\sim x^2$，由 $\frac{1}{2}x^4=o(x^{n+1})$ 有 $n+1<4$，由 $x^{n+1}=o(x^2)$ 有 $n+1>2$。于是 $1<n<3$，即 $n=2$。应选(B)。

【例 37】 (普研)当 $x\to 0$ 时，$f(x)=x-\sin ax$ 与 $g(x)=x^2\ln(1-bx)$ 是等价无穷小量，则________。

(A) $a=1,\ b=-\frac{1}{6}$　　(B) $a=1,\ b=\frac{1}{6}$

(C) $a=-1,\ b=-\frac{1}{6}$　　(D) $a=-1,\ b=\frac{1}{6}$

(E) $a=-1,\ b=\frac{1}{3}$

【答案】 (A)。

【解析】 **解法 1**　因为 $\ln(1-bx)\sim -bx\ (x\to 0)$，利用洛必达法则得

$$\lim_{x\to 0}\frac{f(x)}{g(x)}=\lim_{x\to 0}\frac{x-\sin ax}{-bx^3}=\lim_{x\to 0}\frac{1-a\cos ax}{-3bx^2}。$$

由于 $f(x)$ 和 $g(x)$ 在 $x\to 0$ 时是等价无穷小量，所以 $\lim\limits_{x\to 0}(1-a\cos ax)=1-a=0$，即 $a=1$，从而

$$\lim_{x\to 0}\frac{f(x)}{g(x)}=\lim_{x\to 0}\frac{1-\cos x}{-3bx^2}=\lim_{x\to 0}\frac{\frac{1}{2}x^2}{-3bx^2}=-\frac{1}{6b}=1,$$

即 $b=-\frac{1}{6}$。

解法 2　根据泰勒公式得

$$f(x)=x-\sin ax=x-\left[ax-\frac{1}{6}(ax)^3+o(x^3)\right]=(1-a)x+\frac{a^3}{6}x^3-o(x^3),$$

$$g(x)=x^2\ln(1-bx)=x^2[(-bx)+o(x)]=-bx^3+o(x^3)。$$

由于 $f(x)$ 和 $g(x)$ 在 $x\to 0$ 时是等价无穷小量，所以

$$\begin{cases}1-a=0,\\ \frac{1}{6}a^3=-b,\end{cases}$$

即 $a=1$, $b=-\frac{1}{6}$，答案选择(A)。

题型10：连续性、间断点、连续函数的性质

【例38】 (经济类)设 $f(x)=\begin{cases} e^{-x}, & x<1 \\ a, & x\geqslant 1 \end{cases}$，$g(x)=\begin{cases} b, & x<0 \\ e^{x}, & x\geqslant 0 \end{cases}$，且 $f(x)+g(x)$ 在 $(-\infty,+\infty)$ 处处连续，则 a, b 的值为________。

(A) $a=e^{-1}$, $b=1$　　(B) $a=-e^{-1}$, $b=1$

(C) $a=-e^{-1}$, $b=-1$　　(D) $a=e^{-1}$, $b=-1$

(E) $a=2e^{-1}$, $b=1$

【答案】 (A)。

【解析】 可知

$$f(x)+g(x)=\begin{cases} b+e^{-x}, & x<0 \\ e^{x}+e^{-x}, & 0\leqslant x<1 \\ a+e^{x}, & x\geqslant 1 \end{cases}。$$

上式显然在 $x=0$ 处连续，则 $\lim\limits_{x\to 0^-}[f(x)+g(x)]=\lim\limits_{x\to 0^+}[f(x)+g(x)]=f(0)+g(0)$，所以 $\lim\limits_{x\to 0^-}(b+e^{-x})=b+e^{0}=2\Rightarrow b=1$。

在 $x=1$ 处连续，则 $\lim\limits_{x\to 1^-}[f(x)+g(x)]=\lim\limits_{x\to 1^+}[f(x)+g(x)]=f(1)+g(1)$，$\lim\limits_{x\to 1^-}(e^{x}+e^{-x})=\lim\limits_{x\to 1^+}(a+e^{x})\Rightarrow a+e=e+e^{-1}\Rightarrow a=e^{-1}$，故答案选择(A)。

【例39】 已知 $f(x)=\begin{cases} (\cos x)^{1/x^2}, & x\neq 0 \\ a, & x=0 \end{cases}$ 在 $x=0$ 处连续，则 $a=$________。

(A) 1　　(B) e^{2}　　(C) $e^{\frac{1}{2}}$　　(D) $e^{-\frac{1}{2}}$　　(E) 0

【答案】 (D)。

【解析】 $a=\lim\limits_{x\to 0}(\cos x)^{\frac{1}{x^2}}=\lim\limits_{x\to 0}[1+(\cos x-1)]^{\frac{1}{x^2}}=e^{\lim\limits_{x\to 0}\frac{1}{x^2}\ln[1+(\cos x-1)]}=e^{\lim\limits_{x\to 0}\frac{\cos x-1}{x^2}}$，

又 $\lim\limits_{x\to 0}\frac{\cos x-1}{x^2}=\lim\limits_{x\to 0}\frac{-\frac{1}{2}x^2}{x^2}=-\frac{1}{2}$，则 $a=e^{-\frac{1}{2}}$，故选(D)。

【例40】 (普研)设函数 $f(x)=\frac{x}{a+e^{bx}}$ 在 $(-\infty,+\infty)$ 内连续，且 $\lim\limits_{x\to-\infty}f(x)=0$，则常数 a, b 满足________。

(A) $a<0$, $b<0$　　(B) $a>0$, $b>0$

(C) $a\leqslant 0$, $b>0$　　(D) $a\geqslant 0$, $b<0$

(E) $a\in\mathbf{R}$, $b<0$

【答案】 (D)。

【解析】 由 $f(x)$ 连续，$a+e^{bx}\neq 0$ 有 $a\geqslant 0$；又由 $\lim\limits_{x\to-\infty}f(x)=0$，$\lim\limits_{x\to-\infty}e^{bx}=+\infty$ 有 $b<0$，故应选(D)。

【例 41】 若函数 $f(x)=\begin{cases}\dfrac{1}{x^3}\displaystyle\int_0^{3x}(e^{-t^2}-1)dt, & x\neq 0\\ a, & x=0\end{cases}$ 在 $x=0$ 点连续，则 $a=$ ________。

(A) -9　　(B) -3　　(C) 0　　(D) 1　　(E) 3

【答案】 (A)。

【解析】

$$\lim_{x\to 0}\frac{1}{x^3}\int_0^{3x}(e^{-t^2}-1)dt \xlongequal{\text{洛必达法则}} \lim_{x\to 0}\frac{3(e^{-9x^2}-1)}{3x^2} \xlongequal{\text{等价无穷小代换}} \lim_{x\to 0}\frac{-9x^2}{x^2}=-9。$$

故正确选项为(A)。

注意：本题是一道综合题，考查函数在一点连续的定义，计算函数的极限及变上限积分的导数。由 $x\to 0$ 时，$e^x-1\sim x$，故 $e^{-9x^2}-1\sim -9x^2$。

【例 42】 (普研)设函数 $f(x)=\lim\limits_{n\to\infty}\dfrac{1+x}{1+x^{2n}}$，讨论函数 $f(x)$ 的间断点，其结论为________。

(A) 不存在间断点　　(B) 存在间断点 $x=1$

(C) 存在间断点 $x=0$　　(D) 存在间断点 $x=-1$

(E) 存在间断点 $x=-1,\ 0,\ 1$

【答案】 (B)。

【解析】 $f(x)=\lim\limits_{n\to\infty}\dfrac{1+x}{1+x^{2n}}=\begin{cases}0, & x\leqslant -1\\ 1+x, & -1<x<1\\ 1, & x=1\\ 0, & x>1\end{cases}$。

因 $\lim\limits_{x\to-1^-}f(x)=\lim\limits_{x\to-1^+}f(x)=0=f(-1)$，但 $\lim\limits_{x\to 1^-}f(x)=2\neq 1=f(1)$，由此可知 $x=1$ 为 $f(x)$ 的间断点，故应选(B)。

注意：本题主要考查间断点的概念，在求解这种问题时应先求极限得到 $f(x)$ 的表达式，然后确定 $f(x)$ 的间断点。

【例 43】 (普研)设函数 $f(x)=\dfrac{1}{e^{\frac{x}{x-1}}-1}$，则________。

(A) $x=0$，$x=1$ 都是 $f(x)$ 的第一类间断点

(B) $x=0$，$x=1$ 都是 $f(x)$ 的第二类间断点

(C) $x=0$ 是 $f(x)$ 的第一类间断点，$x=1$ 是 $f(x)$ 的第二类间断点

(D) $x=0$ 是 $f(x)$ 的第二类间断点，$x=1$ 是 $f(x)$ 的第一类间断点

(E) $f(x)$ 是连续函数，不存在间断点

【答案】 (D)。

【解析】 要考查 $f(x)$ 在 $x=0$，1 处的极限或左、右极限。

因为 $\lim\limits_{x\to 0}(e^{\frac{x}{x-1}}-1)=0$，所以 $\lim\limits_{x\to 0}f(x)=\infty$，可知 $x=0$ 是 $f(x)$ 的第二类间断点，又 $\lim\limits_{x\to 1^+}e^{\frac{x}{x-1}}=+\infty$，$\lim\limits_{x\to 1^-}e^{\frac{x}{x-1}}=0$，故 $\lim\limits_{x\to 1^+}f(x)=0$，$\lim\limits_{x\to 1^-}f(x)=-1$。

所以 $x=1$ 是 $f(x)$ 的第一类间断点。因此应选(D)。

【例 44】 极限 $\lim\limits_{x\to 0}\arctan\left(\dfrac{\sin x}{x}\right)=$________。

(A) π　　(B) 1　　(C) ∞　　(D) 0　　(E) $\dfrac{\pi}{4}$

【答案】 (E)。

【解析】 因 $\lim\limits_{x\to 0}\dfrac{\sin x}{x}=1$，而函数 $y=\arctan u$ 在点 $u=1$ 连续，所以 $\lim\limits_{x\to 0}\arctan\left(\dfrac{\sin x}{x}\right)=\arctan\left(\lim\limits_{x\to 0}\dfrac{\sin x}{x}\right)=\arctan 1=\dfrac{\pi}{4}$。故选(E)。

题型 11：用介值定理讨论方程的根

【例 45】 五次代数方程 $x^5-5x-1=0$ 至少有一个根的区间是________。

(A) (0，1)　　(B) (1，2)　　(C) (2，3)　　(D) (3，4)　　(E) (4，5)

【解析】 由于函数 $f(x)=x^5-5x-1$ 是初等函数，因而它在闭区间 [1，2] 上连续，而 $f(1)=1^5-5\times 1-1=-5<0$，$f(2)=2^5-5\times 2-1=21>0$。由于 $f(1)$ 与 $f(2)$ 异号，故在(1，2)中至少有一点 x_0，使 $f(x_0)=0$。

就是说，五次代数方程 $x^5-5x-1=0$ 在区间(1，2)内至少有一个根，故选(B)。

题型 12：求极限的反问题

【例 46】 (经济类)已知函数 $f(x)=\begin{cases}\dfrac{e^{\sin x}-1}{\tan\dfrac{x}{2}}, & x>0\\ a e^{2x}, & x\leqslant 0\end{cases}$ 在 $x=0$ 处连续，则未知参数 $a=$________。

(A) 0　　(B) 1　　(C) 2　　(D) 3　　(E) 4

【答案】 (C)。

【解析】 用等价无穷小替代。

$$\lim_{x\to 0^+}\frac{e^{\sin x}-1}{\tan\dfrac{x}{2}}=\lim_{x\to 0^+}\frac{\sin x}{\dfrac{x}{2}}=2,\ \lim_{x\to 0^-}a e^{2x}=a，得 a=2。选(C)。$$

【例 47】 n 为正整数，a 为某实数，$a\neq 0$，且 $\lim\limits_{x\to+\infty}\dfrac{x^{1\,999}}{x^n-(x-1)^n}=\dfrac{1}{a}$，则 n 和 a 分别

为________。

(A) $n=a=1\,999$　　(B) $n=1\,999$, $a=2\,000$

(C) $n=2\,000$, $a=1\,999$　　(D) $n=a=2\,001$

(E) $n=a=2\,000$

【答案】 (E)。

【解析】 因已知极限存在,故分母中多项式最高次必为 1 999。又因

$$x^n-(x-1)^n=x^n-x^n+C_n^1x^{n-1}+\cdots-(-1)^n=C_n^1x^{n-1}+\cdots-(-1)^n。$$

由此可得 $n-1=1\,999$,故 $n=2\,000$,又该极限等于 $\frac{1}{a}$,则 $\frac{1}{a}=\frac{1}{C_n^1}=\frac{1}{C_{2\,000}^1}=\frac{1}{2\,000}$,得 $a=2\,000$。选(E)。

【例 48】 (普研)设 $\lim\limits_{x\to 0}\frac{\ln(1+x)-(ax+bx^2)}{x^2}=2$,则________。

(A) $a=1$, $b=-5/2$　　(B) $a=0$, $b=-2$

(C) $a=0$, $b=-5/2$　　(D) $a=1$, $b=-2$

(E) $a=0$, $b=-2$

【答案】 (A)。

【解析】 **解法 1**　用带皮亚诺余项泰勒公式。

$$\ln(1+x)-(ax+bx^2)=\left[x-\frac{x^2}{2}+o(x^2)\right]-(ax+bx^2)$$
$$=(1-a)x-\left(\frac{1}{2}+b\right)x^2+o(x^2)。$$

假设应有 $\begin{cases}(1-a)=0\\-\left(\frac{1}{2}+b\right)=2\end{cases}$,解得 $a=1$, $b=-5/2$。故应选(A)。

解法 2　用洛必达法则。

原式左边 $=\lim\limits_{x\to 0}\frac{\frac{1}{1+x}-a-2bx}{2x}=\lim\limits_{x\to 0}\frac{(1-a)-(a+2b)x-2bx^2}{2x(1+x)}$(若 $1-a\neq 0$,则原式极限为 ∞) $\xlongequal{(必有\ 1-a=0)}-\frac{1+2b}{2}=2\Rightarrow a=1$, $b=-5/2$。应选(A)。

【例 49】 (普研)已知 $\lim\limits_{x\to 0}\frac{\sin 6x+xf(x)}{x^3}=0$,求 $\lim\limits_{x\to 0}\frac{6+f(x)}{x^2}=$________。

(A) 0　　(B) 6　　(C) 36　　(D) 1　　(E) ∞

【答案】 (C)。

【解析】 **解法 1**　恒等变形后用洛必达法则。由于 $1-\cos x\sim\frac{1}{2}x^2$,

$$\lim_{x\to 0}\frac{6x+xf(x)}{x^3}=\lim_{x\to 0}\left[\frac{6x-\sin 6x}{x^3}+\frac{\sin 6x+xf(x)}{x^3}\right],$$

而
$$\lim_{x\to 0}\frac{6x-\sin 6x}{x^3}=\lim_{x\to 0}\frac{6-6\cos 6x}{3x^2}=36。$$

因此 $$\lim_{x\to 0}\frac{6+f(x)}{x^2}=\lim_{x\to 0}\frac{6x+xf(x)}{x^3}=\lim_{x\to 0}\frac{6x-\sin 6x}{x^3}+\lim_{x\to 0}\frac{\sin 6x+xf(x)}{x^3}$$。
$$=36。$$

解法 2(脱帽法)

$$\lim_{x\to 0}\frac{\sin 6x+xf(x)}{x^3}=0\Leftrightarrow\frac{\sin 6x+xf(x)}{x^3}=0+\alpha\Rightarrow f(x)=\frac{\alpha x^3-\sin 6x}{x},$$

$$\lim_{x\to 0}\frac{6+f(x)}{x^2}=\lim_{x\to 0}\left(\frac{6}{x^2}+\alpha-\frac{\sin 6x}{x^3}\right)=\lim_{x\to 0}\frac{6x-\sin 6x}{x^3}=\lim_{x\to 0}\frac{6(1-\cos 6x)}{3x^2}$$

$$=\lim_{x\to 0}\frac{6\cdot\frac{1}{2}\cdot(6x)^2}{3x^2}=36。$$

解法 3 本题是选择题,不妨选取特殊的 $f(x)$ 代入计算。由题设 $\lim\limits_{x\to 0}\frac{\sin 6x+xf(x)}{x^3}=0$ 可取 $f(x)$ 满足恒等式 $\frac{\sin 6x+xf(x)}{x^3}=0$,即用特例 $f(x)=-\frac{\sin 6x}{x}$ 代入即可。

注意:(1) 本题含有未给表达式的函数的极限问题,这一类问题的解法大体上就是本题中归纳的三种解法。

(2) 解此题最易犯的错误是不考虑 $f(x)$ 是否满足必要的条件而使用洛必达法则,结果花费不少时间还未必得到正确的结论。其次不少考生选(A),是认为 $0=\lim\limits_{x\to 0}\frac{\sin 6x+xf(x)}{x^3}=\lim\limits_{x\to 0}\frac{\frac{\sin 6x}{x}+f(x)}{x^2}=\lim\limits_{x\to 0}\frac{6+f(x)}{x^2}$,在这里,用 6 替换 $\frac{\sin 6x}{x}$ 是错误的。

【**例 50**】 若 $\lim\limits_{x\to 0}\frac{\sin x}{e^x-a}(\cos x-b)=5$,则 a, b 为______。

(A) $a=1$, $b=5$　　(B) $a=0$, $b=4$

(C) $a=0$, $b=-4$　　(D) $a=1$, $b=4$

(E) $a=1$, $b=-4$

【**答案**】 (E)。

【**解析**】 本题属于已知极限求参数的反问题。

根据结论:$\lim\frac{f(x)}{g(x)}=A$,① 若 $g(x)\to 0$,则 $f(x)\to 0$;② 若 $f(x)\to 0$,且 $A\neq 0$,则 $g(x)\to 0$。

因为 $\lim\limits_{x\to 0}\dfrac{\sin x}{e^x-a}(\cos x-b)=5$，且 $\lim\limits_{x\to 0}\sin x\cdot(\cos x-b)=0$，所以 $\lim\limits_{x\to 0}(e^x-a)=0$[否则根据上述结论(2)，原式极限是 0，而不是 5]，由 $\lim\limits_{x\to 0}(e^x-a)=\lim\limits_{x\to 0}e^x-\lim\limits_{x\to 0}a=1-a=0$ 得 $a=1$。

极限化 $\lim\limits_{x\to 0}\dfrac{\sin x}{e^x-1}(\cos x-b)\xlongequal{\text{等价无穷小}}\lim\limits_{x\to 0}\dfrac{x}{x}(\cos x-b)=1-b=5$，得 $b=-4$。因此，$a=1$，$b=-4$。

1.5　过关练习题精练

【习题 1】 下列函数中，非奇非偶的函数是________。

(A) $f(x)=3^x-3^{-x}$　　(B) $f(x)=\sqrt[3]{x}$

(C) $f(x)=x(1-x)$　　(D) $f(x)=\ln\dfrac{x+1}{x-1}$

(E) $f(x)=x^2\cos x$

【答案】 (C)。

【解析】 对于(C)，由 $f(-x)=-x(1+x)\neq f(x)$，$f(-x)\neq -f(x)$ 知 $f(x)=x(1-x)$ 非奇非偶。故本题应选(C)。

【习题 2】 设 $g(x)=e^x$，$f(x)=\begin{cases}1, & |x|<1\\ 0, & |x|=1\\ -1, & |x|>1\end{cases}$，则 $f(g(x))$，$g(f(x))$ 分别为________。

(A) $f(g(x))=\begin{cases}1, & |x|<1\\ 0, & |x|=1\\ -1, & |x|>1\end{cases}$；$g(f(x))=e^{f(x)}=\begin{cases}e, & |x|<1\\ 1, & |x|=1\\ e^{-1}, & |x|>1\end{cases}$

(B) $f(g(x))=\begin{cases}1, & |x|<1\\ 0, & |x|=1\\ -1, & |x|>1\end{cases}$；$g(f(x))=e^{f(x)}=\begin{cases}e^x, & |x|<1\\ 1, & |x|=1\\ e^{-x}, & |x|>1\end{cases}$

(C) $f(g(x))=\begin{cases}e, & x<0\\ 0, & x=0\\ e^{-1}, & x>0\end{cases}$；$g(f(x))=e^{f(x)}=\begin{cases}e, & |x|<1\\ 1, & |x|=1\\ e^{-1}, & |x|>1\end{cases}$

(D) $f(g(x))=\begin{cases}-1, & x<0\\ 0, & x=0\\ 1, & x>0\end{cases}$；$g(f(x))=e^{f(x)}=\begin{cases}e, & |x|<1\\ 1, & |x|=1\\ e^{-1}, & |x|>1\end{cases}$

(E) $f(g(x))=\begin{cases}1, & x<0\\ 0, & x=0\\ -1, & x>0\end{cases}$；$g(f(x))=e^{f(x)}=\begin{cases}e, & |x|<1\\ 1, & |x|=1\\ e^{-1}, & |x|>1\end{cases}$

【答案】 (E)。

【解析】 注意本题的 $g(x)$ 定义域为全数轴。

$$f(g(x))=\begin{cases}1, & |g(x)|<1\to e^x<1\to x<0\\0, & |g(x)|=1\to e^x=1\to x=0\\-1, & |g(x)|>1\to e^x>1\to x>0\end{cases};$$

$$g(f(x))=e^{f(x)}=\begin{cases}e, & |x|<1\\1, & |x|=1\\e^{-1}, & |x|>1\end{cases}$$ 。故选(E)。

【习题 3】 (2003 普研)设 $\{a_n\}$, $\{b_n\}$, $\{c_n\}$ 均为非负数列,且 $\lim\limits_{n\to\infty}a_n=0$, $\lim\limits_{n\to\infty}b_n=1$, $\lim\limits_{n\to\infty}c_n=\infty$, 则必有________。

(A) $a_n<b_n$ 对任意 n 成立

(B) $b_n<c_n$ 对任意 n 成立

(C) 极限 $\lim\limits_{n\to\infty}a_nc_n$ 不存在

(D) 极限 $\lim\limits_{n\to\infty}b_nc_n$ 不存在

(E) 极限 $\lim\limits_{n\to\infty}b_nc_n$ 存在

【答案】 (D)。

【解析】 **解法 1** 本题考查极限概念,极限值与数列前面有限项的大小无关,可立即排除(A)(B);而极限 $\lim\limits_{n\to\infty}a_nc_n$ 是 $0\cdot\infty$ 型未定式,可能存在也可能不存在,举反例说明即可;极限 $\lim\limits_{n\to\infty}b_nc_n$ 属 $1\cdot\infty$ 型,必为无穷大量,即不存在。

解法 2 用举反例法,取 $a_n=\dfrac{2}{n}$, $b_n=1$, $c_n=\dfrac{1}{2}n$ $(n=1, 2, \cdots)$, 则可立即排除(A)(B)(C)(E),因此正确选项为(D)。

注意:对于不便直接证明的问题,经常可考虑用反例,通过排除法找到正确选项。

【习题 4】 极限 $\lim\limits_{x\to0}\dfrac{e^{2x}-1-\ln(2+x)}{x}$ 等于________。

(A) $\dfrac{3}{2}$　　(B) 2　　(C) 0　　(D) 1　　(E) ∞

【答案】 (E)。

【解析】 因为 $\lim\limits_{x\to0}[e^{2x}-1-\ln(2+x)]=-\ln 2\neq0$, 所以选(E)。

【习题 5】 无穷大量与无穷小量的乘积必定是________。

(A) 无穷小量

(B) 有界变量

(C) 无穷大量

(D) 上述(A)(B)(C)都有可能

(E) 以上说法均错误

【答案】 (D)。

【解析】 选项(A)未必成立,如:当 $x\to0(x\neq0)$ 时, $\dfrac{1}{x}$ 为无穷大量,但 $x\cdot\dfrac{1}{x}=1$ 不是无穷小量。选项(B)未必成立,如:当 $x\to0(x\neq0)$ 时, $\dfrac{1}{x^2}$ 为无穷大量,但乘积 $x\cdot\dfrac{1}{x^2}=$

$\frac{1}{x} \to \infty (x \to 0)$ 不是有界变量。选项(C)未必成立，如：当 $x \to 0(x \neq 0)$ 时，无穷小量 x^2 与无穷大量 $\frac{1}{x}$ 的乘积仍为无穷小量。故本题应选(D)。

【习题 6】 函数 $f(x)=\begin{cases}4-x, & 0 \leqslant x \leqslant 1 \\ \dfrac{\sin(x-1)}{x-1}, & 1 < x \leqslant 3\end{cases}$ 在 $x=1$ 点间断是因为________。

(A) $f(x)$ 在 $x=1$ 点无定义

(B) $f(x)$ 在 $x=1$ 点的左极限不存在

(C) $f(x)$ 在 $x=1$ 点的右极限不存在

(D) $f(x)$ 在 $x=1$ 点的右、左极限都存在，但不相等

(E) $f(x)$ 在 $x=1$ 点的极限存在，但不等于 $f(1)$

【答案】 (D)。

【解析】 由 $\lim\limits_{x \to 1^-} f(x) = \lim\limits_{x \to 1^-}(4-x) = 3$，$\lim\limits_{x \to 1^+} f(x) = \lim\limits_{x \to 1^+} \dfrac{\sin(x-1)}{x-1} = 1$，知 $f(1+0)$，$f(1-0)$ 存在但不相等。故本题应选(D)。

【习题 7】 设 $f(x)=\begin{cases}\dfrac{g(x)}{x}, & x \neq 0 \\ 0, & x=0\end{cases}$，其中，$g(0)=0$，$g'(0)=1$，则 $x=0$ 是 $f(x)$ 的________。

(A) 连续而不可导点　　　　(B) 间断点

(C) 可导点　　　　(D) 连续性不能确定的点

(E) 以上结论均不正确

【答案】 (B)。

【解析】 $f(x)=\begin{cases}\dfrac{g(x)}{x}, & x \neq 0 \\ 0, & x=0\end{cases}$ 且 $g(0)=0$，$g'(0)=1$，则 $\lim\limits_{x \to 0} f(x) = \lim\limits_{x \to 0} \dfrac{g(x)-g(0)}{x-0} = g'(0) = 1 \neq f(0)=0$，即 $x=0$ 是 $f(x)$ 的间断点，故选择(B)。

【习题 8】 函数 $g(x)$ 在 $x=0$ 点的某领域内有定义，若 $\lim\limits_{x \to 0} \dfrac{x-g(x)}{\sin x} = 1$ 成立，则________。

(A) $g(x)$ 在 $x=0$ 点连续

(B) $g(x)$ 在 $x=0$ 点可导

(C) $\lim\limits_{x \to 0} g(x)$ 存在，但 $g(x)$ 在 $x=0$ 点不连续

(D) $x \to 0$ 时，$g(x)$ 是 x 的高阶无穷小量

(E) $x \to 0$ 时，$g(x)$ 是 x 的低阶无穷小量

【答案】 (D)。

【解析】 本题考查了重要极限 $\lim\limits_{x\to0}\dfrac{\sin x}{x}=1$，极限运算法则及无穷小量阶的比较。

解法 1 由题设 $\lim\limits_{x\to0}\dfrac{x-g(x)}{\sin x}=1$ 及 $\lim\limits_{x\to0}\sin x=0$ 有 $\lim\limits_{x\to0}[x-g(x)]=0$，从而 $\lim\limits_{x\to0}g(x)=0$。

$$\begin{aligned}\lim_{x\to0}\frac{g(x)}{x}&=\lim_{x\to0}\frac{g(x)}{\sin x}=-\lim_{x\to0}\frac{x-g(x)-x}{\sin x}\\&=-\lim_{x\to0}\left[\frac{x-g(x)}{\sin x}-\lim_{x\to0}\frac{x}{\sin x}\right]=-[1-1]=0。\end{aligned}$$

故正确选项为(D)。

解法 2 利用排除法。

由题设 $\lim\limits_{x\to0}\dfrac{x-g(x)}{\sin x}=1$ 及 $\lim\limits_{x\to0}\sin x=0$ 有 $\lim\limits_{x\to0}[x-g(x)]=0$，从而 $\lim\limits_{x\to0}g(x)=0$。$\lim\limits_{x\to0}g(x)$ 的存在与 $g(x)$ 在 $x=0$ 点是否有定义无关,因此,无法考查 $g(x)$ 在 $x=0$ 点的连续性和可导性,由此排除了(A)(B)(C),从而选(D)。

解法 3 特殊函数代入法。

取 $g(x)=x^2$，它满足题设条件,显然,它在 $x=0$ 点可导,排除(C)。又取 $g(x)=x^2\sin\dfrac{1}{x}$，它在 $x=0$ 点没有定义,因此它不连续,而且还不可导,排除(A)(B),从而选(D)。

【习题 9】 (普研)设函数 $f(x)$ 在 $(-\infty,+\infty)$ 内单调有界,$\{x_n\}$ 为数列,下列命题正确的是________。

(A) 若 $\{x_n\}$ 收敛,则 $\{f(x_n)\}$ 收敛　　(B) 若 $\{x_n\}$ 单调,则 $\{f(x_n)\}$ 收敛

(C) 若 $\{f(x_n)\}$ 收敛,则 $\{x_n\}$ 收敛　　(D) 若 $\{f(x_n)\}$ 单调,则 $\{x_n\}$ 收敛

(E) 以上说法均错误

【答案】 (B)。

【解析】 在选项(B) 中,因为数列 $\{x_n\}$ 单调,考虑到 $f(x)$ 是一个单调有界函数,所以数列 $\{f(x_n)\}$ 不仅单调,而且有界,从而收敛。故选(B)。

若 $f(x)=\begin{cases}-1, & x\leqslant0\\1, & x>0\end{cases}$，$x_n=(-1)^n\dfrac{1}{n}$，则$\{x_n\}$收敛于 0，$\{f(x_n)\}$不收敛,(A)错。

【习题 10】 已知 $\lim\limits_{x\to+\infty}3xf(x)=\lim\limits_{x\to+\infty}(4f(x)+5)$，且 $\lim\limits_{x\to+\infty}f(x)=0$，则极限 $\lim\limits_{x\to\infty}xf(x)=$________。

(A) 0　　(B) 5　　(C) $\dfrac{5}{3}$　　(D) 1　　(E) ∞

【答案】 (C)。

【解析】　$\lim\limits_{x\to+\infty} f(x)=0$，则 $\lim\limits_{x\to+\infty}(4f(x)+5)=5$，于是 $\lim\limits_{x\to+\infty} 3xf(x)=3\lim\limits_{x\to+\infty} xf(x)=\lim\limits_{x\to+\infty}(4f(x)+5)=5$，所以，$\lim\limits_{x\to+\infty} xf(x)=\dfrac{5}{3}$。

【习题 11】　极限 $\lim\limits_{x\to0}(\cos^2x)^{\cot^2x}=$________。

(A) 0　　(B) ∞　　(C) e^{-2}　　(D) 1　　(E) e^{-1}

【答案】　(E)。

【解析】　$\lim\limits_{x\to0}(\cos^2x)^{\cot^2x}=\lim\limits_{x\to0}(1-\sin^2x)^{\frac{\cos^2x}{\sin^2x}}=\lim\limits_{x\to0}[1+(-\sin^2x)]^{\frac{-\cos^2x}{(-\sin^2x)}}=\mathrm{e}^{-1}$，答案选(E)。

【习题 12】　极限 $\lim\limits_{x\to0}\left(\dfrac{2}{1+\mathrm{e}^{\frac{1}{x}}}+\dfrac{\sin x}{|x|}\right)=$________。

(A) 0　　(B) 1　　(C) 2　　(D) 3　　(E) ∞

【答案】　(B)。

【解析】　由于式中有 $\mathrm{e}^{\frac{1}{x}}$ 与 $|x|$，故应分别考虑左、右极限。

$\lim\limits_{x\to0^-}\left(\dfrac{2}{1+\mathrm{e}^{\frac{1}{x}}}+\dfrac{\sin x}{-x}\right)=2-1=1$，$\lim\limits_{x\to0^+}\left(\dfrac{2}{1+\mathrm{e}^{\frac{1}{x}}}+\dfrac{\sin x}{x}\right)=0+1=1$。

所以 $\lim\limits_{x\to0}\left(\dfrac{2}{1+\mathrm{e}^{\frac{1}{x}}}+\dfrac{\sin x}{|x|}\right)=1$。

【习题 13】　极限 $I=\lim\limits_{x\to+\infty}\dfrac{\sqrt{x}+\sqrt[3]{3x}+\sqrt[4]{4x}}{\sqrt{2x+1}}=$________。

(A) $\sqrt{3}$　　(B) 2　　(C) $\sqrt{2}$　　(D) 1　　(E) $\dfrac{1}{\sqrt{2}}$

【答案】　(E)。

【解析】　利用抓大头方法，由于 $x\to+\infty$，分子最大头是 $\sqrt{x}$，分母最大头是 $\sqrt{2x}$，故 $I=\dfrac{1}{\sqrt{2}}$。

【习题 14】　极限 $\lim\limits_{n\to\infty}\dfrac{3^{n+1}-2^n}{2^{n+1}+3^n}=$________。

(A) 1　　(B) 2　　(C) 3　　(D) 4　　(E) ∞

【答案】　(C)。

【解析】　分子、分母用 3^n 除之，原式 $=\lim\limits_{n\to\infty}\dfrac{3-\left(\dfrac{2}{3}\right)^n}{2\left(\dfrac{2}{3}\right)^n+1}=3$。

注意：主要用当 $|r|<1$ 时，$\lim\limits_{n\to\infty} r^n=0$。

【习题 15】 设 $a\neq 0$，$|r|<1$，极限 $\lim\limits_{n\to\infty}(a+ar+\cdots+ar^{n-1})=$________。

(A) $\dfrac{a}{1-r}$　　(B) a　　(C) ar^n　　(D) $\dfrac{a}{r^n}$　　(E) ∞

【答案】 (A)。

【解析】 $\lim\limits_{n\to\infty}(a+ar+\cdots+ar^{n-1})=\lim\limits_{n\to\infty} a\dfrac{1-r^n}{1-r}=\dfrac{a}{1-r}$。

特例 求 $\lim\limits_{n\to\infty}\left[\dfrac{2}{3}-\left(\dfrac{2}{3}\right)^2+\left(\dfrac{2}{3}\right)^3-\cdots+(-1)^{n+1}\left(\dfrac{2}{3}\right)^n\right]$，

取 $a=\dfrac{2}{3}$，$r=-\dfrac{2}{3}$，可知原式 $=\dfrac{\dfrac{2}{3}}{1-\left(-\dfrac{2}{3}\right)}=\dfrac{2}{5}$。

【习题 16】 (普研)设 $a\neq\dfrac{1}{2}$，极限 $\lim\limits_{n\to\infty}\ln\left[\dfrac{n-2na+1}{n(1-2a)}\right]^n=$________。

(A) $1+2a$　　(B) a　　(C) $1-2a$　　(D) $1-a$　　(E) $\dfrac{1}{1-2a}$

【答案】 (E)。

【解析】 由于 $\ln\left[\dfrac{n-2na+1}{n(1-2a)}\right]^n=\ln\left[1+\dfrac{1}{n(1-2a)}\right]^n=n\ln\left[1+\dfrac{1}{n(1-2a)}\right]$，

利用等价无穷小因子代换，有 $\ln\left[1+\dfrac{1}{n(1-2a)}\right]\sim\dfrac{1}{n(1-2a)}(n\to\infty)$。

于是原式 $=\lim\limits_{n\to\infty} n\ln\left[1+\dfrac{1}{n(1-2a)}\right]=\lim\limits_{n\to\infty}\dfrac{n}{n(1-2a)}=\dfrac{1}{1-2a}$，故选择(E)。

【习题 17】 (普研)极限 $\lim\limits_{x\to 0}\dfrac{3\sin x+x^2\cos\dfrac{1}{x}}{(1+\cos x)\ln(1+x)}=$________。

(A) 0　　(B) $\dfrac{3}{2}$　　(C) 3　　(D) 1　　(E) ∞

【答案】 (B)。

【解析】 **解法 1** 这个极限虽是 $\dfrac{0}{0}$ 型，但分子、分母分别求导数后的极限不存在，因此不能用洛必达法则。

$$\text{原式}=\lim_{x\to 0}\frac{1}{1+\cos x}\left[\frac{3\dfrac{\sin x}{x}+x\cos\dfrac{1}{x}}{\dfrac{\ln(1+x)}{x}}\right]=\frac{3}{2}\text{，故选择(B)。}$$

解法 2　这是 $\frac{0}{0}$ 型极限。先用等价无穷小因子替换：$\ln(1+x)\sim x(x\to 0)$，得

$$\text{原式}=\lim_{x\to 0}\frac{3\sin x+x^2\cos\frac{1}{x}}{(1+\cos x)x}=\frac{1}{2}\lim_{x\to 0}\frac{3\sin x}{x}+\frac{1}{2}\lim_{x\to 0}x\cos\frac{1}{x}=\frac{3}{2}\text{，故选择(B)。}$$

【习题 18】　极限 $\lim_{n\to\infty}\frac{\frac{1}{n}-\sin\frac{1}{n}}{\sin^3\frac{1}{n}}=$______。

(A) 0　　(B) $\frac{1}{6}$　　(C) 3　　(D) 1　　(E) $\frac{1}{2}$

【答案】　(B)。

【解析】　考虑 $x=\frac{1}{n}$，$x\to 0$，

$$\lim_{x\to 0}\frac{x-\sin x}{\sin^3 x}\xlongequal{\text{等价无穷小代换}}\lim_{x\to 0}\frac{x-\sin x}{x^3}=\lim_{x\to 0}\frac{1-\cos x}{3x^2}=\lim_{x\to 0}\frac{\sin x}{6x}=\frac{1}{6}\text{。}$$

所以原式 $=\frac{1}{6}$。

【习题 19】　设 $a>0$，$b>0$，都为常数。求 $\lim_{x\to+\infty}x(a^{\frac{1}{x}}-b^{\frac{1}{x}})=$______。

(A) 0　　(B) $\frac{b}{a}$　　(C) $\frac{a}{b}$　　(D) 1　　(E) $\ln\frac{a}{b}$

【答案】　(E)。

【解析】　原式 $=\lim_{x\to+\infty}\frac{a^{\frac{1}{x}}-b^{\frac{1}{x}}}{\frac{1}{x}}\xlongequal{t=\frac{1}{x}}\lim_{t\to 0^+}\frac{a^t-b^t}{t}$ $\left(\frac{0}{0}\text{ 型,利用洛必达法则}\right)$

$$=\lim_{t\to 0^+}(a^t\ln a-b^t\ln b)$$

$$=\ln a-\ln b$$

$$=\ln\frac{a}{b}(a>0,\ b>0)\text{。}$$

故答案选择(E)。

【习题 20】　极限 $I=\lim_{x\to\infty}x\left[\left(1+\frac{1}{x}\right)^x-\mathrm{e}\right]=$______。

(A) 0　　(B) $\frac{\mathrm{e}}{2}$　　(C) $-\frac{\mathrm{e}}{2}$　　(D) 1　　(E) $\frac{\mathrm{e}}{3}$

【答案】　(C)。

【解析】 **解法 1** 利用洛必达法则。

$$I \xlongequal{y=\frac{1}{x}} \lim_{y\to 0}\frac{(1+y)^{\frac{1}{y}}-\mathrm{e}}{y}=\lim_{y\to 0}\frac{(1+y)^{\frac{1}{y}}\dfrac{\frac{y}{1+y}-\ln(1+y)}{y^2}}{1}$$

$$=\lim_{y\to 0}(1+y)^{\frac{1}{y}}\lim_{y\to 0}\frac{\frac{y}{1+y}-\ln(1+y)}{y^2}$$

$$=\mathrm{e}\lim_{y\to 0}\frac{\frac{1}{(1+y)^2}-\frac{1}{1+y}}{2y}$$

$$=\frac{\mathrm{e}}{2}\lim_{y\to 0}\frac{-1}{(1+y)^2}=-\frac{\mathrm{e}}{2}。$$

解法 2 利用泰勒展开。

$$I=\lim_{x\to\infty}x\left[\mathrm{e}^{x\ln\left(1+\frac{1}{x}\right)}-\mathrm{e}\right]=\lim_{x\to\infty}x\left[\mathrm{e}^{x\left(\frac{1}{x}-\frac{1}{2x^2}+o\left(\frac{1}{x^2}\right)\right)}-\mathrm{e}\right]$$

$$=\lim_{x\to\infty}x\left[\mathrm{e}^{1-\frac{1}{2x}+o\left(\frac{1}{x}\right)}-\mathrm{e}\right]=\mathrm{e}\lim_{x\to\infty}x\left[\mathrm{e}^{-\frac{1}{2x}+o\left(\frac{1}{x}\right)}-1\right]$$

$$=\mathrm{e}\lim_{x\to\infty}x\left[1-\frac{1}{2x}+o\left(\frac{1}{x}\right)-1\right]=-\frac{\mathrm{e}}{2}。故选(C)。$$

注意: 利用泰勒展开在大多数情形下能简便解答极限问题,读者务必掌握。

【习题 21】 (普研)极限 $\lim\limits_{n\to\infty}\left(\dfrac{\sin\frac{\pi}{n}}{n+1}+\dfrac{\sin\frac{2\pi}{n}}{n+\frac{1}{2}}+\cdots+\dfrac{\sin\pi}{n+\frac{1}{n}}\right)=$________。

(A) 0　　(B) ∞　　(C) $\dfrac{1}{\pi}$　　(D) 1　　(E) $\dfrac{2}{\pi}$

【答案】 (E)。

【解析】 极限可表示为 $\lim\limits_{n\to\infty}\sum\limits_{k=1}^{n}\dfrac{\sin\frac{k\pi}{n}}{n+\frac{1}{k}}$。

因为 $\dfrac{1}{n+1}\sum\limits_{k=1}^{n}\sin\dfrac{k\pi}{n}\leqslant\sum\limits_{k=1}^{n}\dfrac{\sin\frac{k\pi}{n}}{n+\frac{1}{k}}\leqslant\dfrac{1}{n}\sum\limits_{k=1}^{n}\sin\dfrac{k\pi}{n}$,而 $\lim\limits_{n\to\infty}\dfrac{1}{n}\sum\limits_{k=1}^{n}\sin\dfrac{k\pi}{n}=\int_0^1\sin\pi x\,\mathrm{d}x=\dfrac{2}{\pi}$,$\lim\limits_{n\to\infty}\dfrac{1}{n+1}\sum\limits_{k=1}^{n}\sin\dfrac{k\pi}{n}=\lim\limits_{n\to\infty}\left(\dfrac{n}{n+1}\right)\left(\dfrac{1}{n}\sum\limits_{k=1}^{n}\sin\dfrac{k\pi}{n}\right)=\dfrac{2}{\pi}$,由夹逼定理可

知，$\lim\limits_{n\to\infty}\sum\limits_{k=1}^{n}\dfrac{\sin\dfrac{k\pi}{n}}{n+\dfrac{1}{k}}=\dfrac{2}{\pi}$。故选(E)。

【习题 22】 (普研)设当 $x\to 0$ 时，$e^x-(ax^2+bx+1)$ 是 x^2 高阶的无穷小，则________。

(A) $a=\dfrac{1}{2},\ b=1$　　(B) $a=1,\ b=1$

(C) $a=-\dfrac{1}{2},\ b=-1$　　(D) $a=-1,\ b=1$

(E) $a=-\dfrac{1}{2},\ b=1$

【答案】 (A)。

【解析】 **解法 1** 利用极限的四则运算法则。由题设可得

$$0=\lim_{x\to 0}\frac{e^x-(ax^2+bx+1)}{x^2}=-a+\lim_{x\to 0}\frac{e^x-1-bx}{x^2}$$

$$\Leftrightarrow a=\lim_{x\to 0}\frac{e^x-1-bx}{x^2}。$$

于是

$$\lim_{x\to 0}\frac{e^x-1-bx}{x}=\lim_{x\to 0}\frac{e^x-1-bx}{x^2}\cdot x=\lim_{x\to 0}a\cdot x=0$$

$$\Leftrightarrow 0=\lim_{x\to 0}\frac{e^x-1}{x}-b\Leftrightarrow b=\lim_{x\to 0}\frac{e^x-1}{x}=1。$$

再求 a，由洛必达法则可得

$$a=\lim_{x\to 0}\frac{e^x-1-x}{x^2}=\frac{1}{2}\lim_{x\to 0}\frac{e^x-1}{x}=\frac{1}{2}。\text{故选(A)。}$$

解法 2 用洛必达法则。由

$$\lim_{x\to 0}\frac{e^x-(ax^2+bx+1)}{x^2}=\lim_{x\to 0}\frac{e^x-2ax-b}{2x}=0,\text{有}$$

$$\lim_{x\to 0}(e^x-2ax-b)=1-b=0\Rightarrow b=1。$$

又由 $\lim\limits_{x\to 0}\dfrac{e^x-2ax-b}{2x}=\lim\limits_{x\to 0}\dfrac{e^x-2a}{2}=\dfrac{1-2a}{2}=0\Rightarrow a=\dfrac{1}{2}$。应选(A)。

【习题 23】 设 $\lim\limits_{x\to 1}\dfrac{x^2+ax+b}{\sin(x^2-1)}=3$，则 a 和 b 分别为________。

(A) $a=2,\ b=1$　　(B) $a=1,\ b=1$

(C) $a=4,\ b=-5$　　(D) $a=-1,\ b=-1$

(E) $a=-4,\ b=-5$

【答案】 (C)。

【解析】 由题设可知 $\lim\limits_{x\to 1}(x^2+ax+b)=0$,可得 $1+a+b=0$,再由洛必达法则得

$$\lim_{x\to 1}\frac{x^2+ax+b}{\sin(x^2-1)}=\lim_{x\to 1}\frac{2x+a}{2x\cos(x^2-1)}=\frac{2+a}{2}=3。$$

$a=4$,$b=-5$,故选择(C)。

第 2 章　一元函数微分学

2.1　考纲知识点分析及教材必做习题

表 2-1　考纲知识点分析及教材必做习题

第二部分　一元函数微分学					
考　点	教 材 内 容	考研要求	教材章节	必做例题	精做练习
导数的定义与概念	导数的概念、可导性与连续性之间的关系	理解	§2.1	例 1～例 10	P83 习题 2-1：3，4，6，7，8，12，13，16，17，18，19
	导数的几何意义与经济意义（含边际与弹性的概念）	了解			
	求平面曲线的切线方程和法线方程	会			
函数的求导法则	基本初等函数的导数公式	掌握	§2.2	例 1～例 14（双曲函数与反双曲函数的导数不要求）	P95 习题 2-2：2，3，5，6，7，8，10，11
	导数的四则运算法则，复合函数的求导法则				
	求分段函数、反函数、隐函数的导数	会			
高阶导数	高阶导数的概念	了解	§2.3	例 1～例 8（记住例 4，5 结论可直接使用）	P100 习题 2-3：1，12（选做）
	简单函数的高阶导数	会			
函数方程的求导计算	隐函数方程所确定的导数	会	§2.4	例 1～例 5	P108 习题 2-4：1，2，3，4
函数的微分	微分的概念，导数与微分之间的关系	了解	§2.5	例 1～例 6	P120 习题 2-5：3，4
	一阶微分形式的不变性				
	函数的微分	会			
总习题二	总结归纳本章的基本概念、基本定理、基本公式和基本方法				P122 总习题二：1，2，3，6，7，8，9，14
微分中值定理	罗尔定理、拉格朗日中值定理、泰勒定理	理解	§3.1	无	P132 习题 3-1：1，2，4，5，6
	柯西中值定理	了解			
洛必达法则	利用洛必达法则求未定式极限的方法	掌握【重点】	§3.2	例 1～例 10	P137 习题 3-2：1，4（选做）

续 表

第二部分 一元函数微分学					
考 点	教 材 内 容	考研要求	教材章节	必做例题	精做练习
泰勒公式	麦克劳林展开式	掌握(仅限用于计算极限问题)	§ 3.3	例 3	P143 习题 3-3：10
函数的单调性与曲线的凹凸性	函数单调性的判别方法	掌握	§ 3.4	例 1～例 6	P150 习题 3-4：1，2，3，4，9，10，13，14，15
	函数极值的概念	了解			
	用导数判断函数的凹凸性，求函数图形的拐点以及水平、铅直和斜渐近线	会		例 7～例 12	
函数的极值与最值	函数极值、最大值、最小值的求法及其应用	掌握【重点】	§ 3.5	例 1～例 4，例 6～例 7	P161 习题 3-5：1，2，3，6，7，8，9
函数图形	描绘函数的图形	会	§ 3.6	例 1～例 3	P167 习题 3-6：1，4
总习题三	总结归纳本章的基本概念、基本定理、基本公式、基本方法				P181 总习题三：2，4，10，20

注：所用教材为《高等数学》(同济 7 版)。

2.2 知识结构网络图

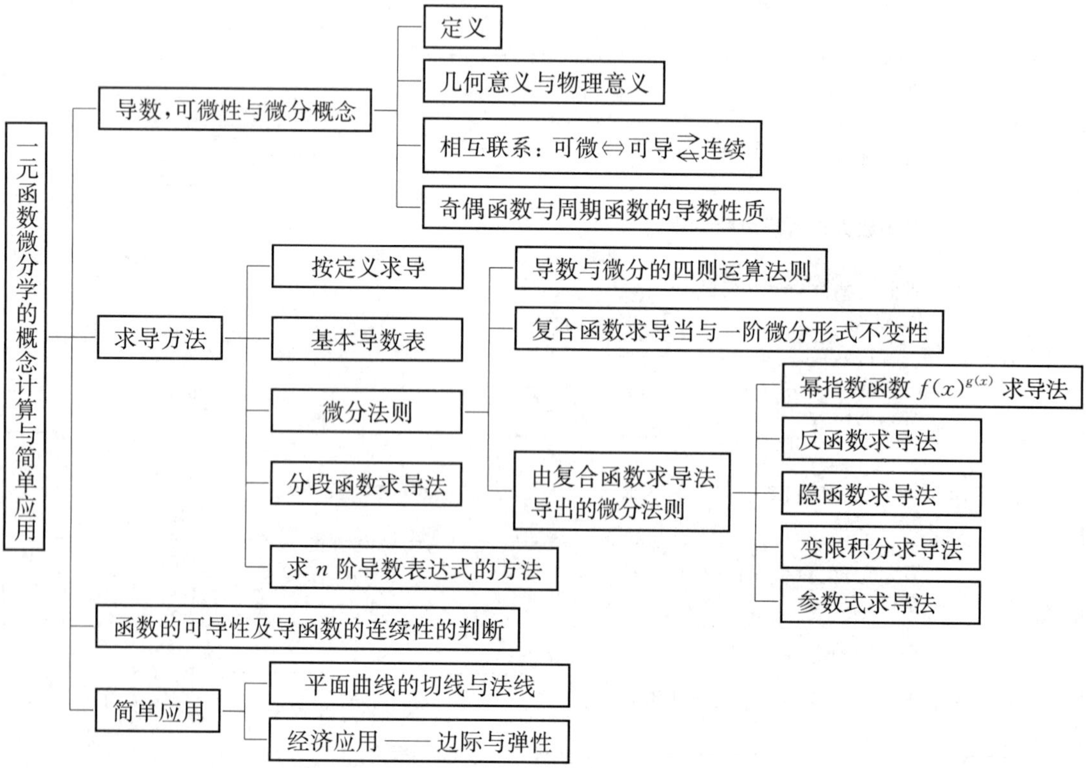

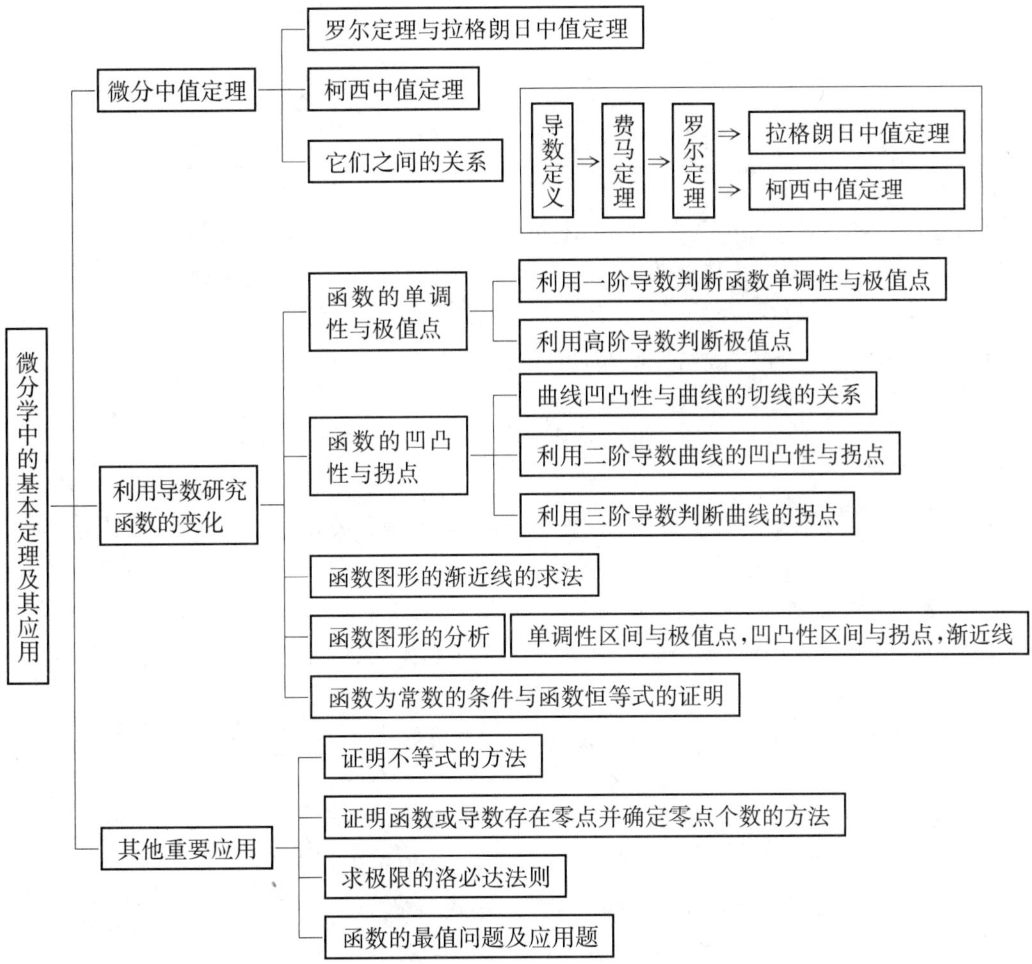

图 2-1　知识结构网络图

2.3　重要概念、定理和公式

1. 导数与微分概念

1) 导数的定义

设函数 $y=f(x)$ 在点 x_0 的某邻域内有定义,自变量 x 在 x_0 处有增量 Δx,相应的函数增量为 $\Delta y=f(x_0+\Delta x)-f(x_0)$。如果极限 $\lim\limits_{\Delta x\to 0}\dfrac{\Delta y}{\Delta x}=\lim\limits_{\Delta x\to 0}\dfrac{f(x_0+\Delta x)-f(x_0)}{\Delta x}$ 存在,则称此极限值为函数 $f(x)$ 在 x_0 处的导数(也称微商)。

记作 $f'(x_0)$ 或 $y'\Big|_{x=x_0}$、$\dfrac{\mathrm{d}y}{\mathrm{d}x}\Big|_{x=x_0}$、$\dfrac{\mathrm{d}f(x)}{\mathrm{d}x}\Big|_{x=x_0}$ 等,并称函数 $y=f(x)$ 在点 x_0 处可导。如果上面的极限不存在,则称函数 $y=f(x)$ 在点 x_0 处不可导。

导数定义的另一等价形式,令 $x=x_0+\Delta x$, $\Delta x=x-x_0$,则 $f'(x_0)=\lim\limits_{x\to x_0}\dfrac{f(x)-f(x_0)}{x-x_0}$。

同时引进单侧导数概念。

右导数：$f'_{+}(x_0)=\lim\limits_{x\to x_0^+}\dfrac{f(x)-f(x_0)}{x-x_0}=\lim\limits_{\Delta x\to 0^+}\dfrac{f(x_0+\Delta x)-f(x_0)}{\Delta x}$。

左导数：$f'_{-}(x_0)=\lim\limits_{x\to x_0^-}\dfrac{f(x)-f(x_0)}{x-x_0}=\lim\limits_{\Delta x\to 0^-}\dfrac{f(x_0+\Delta x)-f(x_0)}{\Delta x}$。

则有 $f(x)$ 在点 x_0 处可导 $\Leftrightarrow f(x)$ 在点 x_0 处左、右导数皆存在且相等。

2) 导数的几何意义与物理意义

几何意义：如果函数 $y=f(x)$ 在点 x_0 处导数 $f'(x_0)$ 存在，则在几何上 $f'(x_0)$ 表示曲线 $y=f(x)$ 在点 $(x_0, f(x_0))$ 处的切线的斜率。

切线方程：$y-f(x_0)=f'(x_0)(x-x_0)$。

法线方程：$y-f(x_0)=-\dfrac{1}{f'(x_0)}(x-x_0)(f'(x_0)\neq 0)$。

物理意义：设物体做直线运动时，路程 s 与时间 t 的函数关系为 $s=f(t)$，如果 $f'(t_0)$ 存在，则 $f'(t_0)$ 表示物体在时刻 t_0 的瞬时速度。

3) 函数的可导性与连续性之间的关系

如果函数 $y=f(x)$ 在点 x_0 处可导，则 $f(x)$ 在点 x_0 处一定连续，反之不然，即函数 $y=f(x)$ 在点 x_0 处连续，却不一定在点 x_0 处可导。

例如，$y=f(x)=|x|$，在 $x_0=0$ 处连续，却不可导。

连续、可导、可微之间的关系如图 2－2 所示。

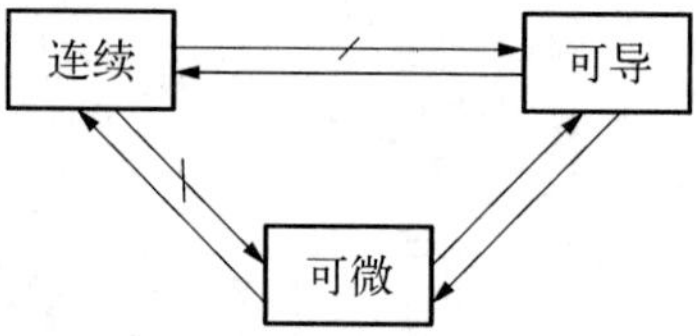

图 2－2　连续、可导和可微之间的关系

4) 微分的定义

设函数 $y=f(x)$ 在点 x_0 处有增量 Δx 时，如果函数的增量 $\Delta y=f(x_0+\Delta x)-f(x_0)$ 有如下的表达式：$\Delta y=A(x_0)\Delta x+o(\Delta x)(\Delta x\to 0)$，其中 $A(x_0)$ 与 Δx 无关，$o(\Delta x)$ 是 $\Delta x\to 0$ 时比 Δx 高阶的无穷小，则称 $f(x)$ 在 x_0 处可微，并把 Δy 中的主要线性部分 $A(x_0)\Delta x$ 称为 $f(x)$ 在 x_0 处的微分，记以 $\mathrm{d}y\,|_{x=x_0}$ 或 $\mathrm{d}f(x)\,|_{x=x_0}$，我们定义自变量的微分 $\mathrm{d}x$ 就是 Δx。

5) 微分的几何意义

$\Delta y=f(x_0+\Delta x)-f(x_0)$ 是曲线 $y=f(x)$ 在点 x_0 处相应于自变量增量 Δx 的纵坐标 $f(x_0)$ 的增量，微分 $\mathrm{d}y\,|_{x=x_0}$ 是曲线 $y=f(x)$ 在点 $M_0(x_0, f(x_0))$ 处切线的纵坐标相应的增量(见图 2－3)。

6) 可微与可导的关系

$f(x)$ 在 x_0 处可微 $\Leftrightarrow f(x)$ 在 x_0 处可导，且 $\mathrm{d}y\,|_{x=x_0}=A(x_0)\Delta x=f'(x_0)\mathrm{d}x$。

一般地，$y=f(x)$ 则 $\mathrm{d}y=f'(x)\mathrm{d}x$，所以导数 $f'(x)=\dfrac{\mathrm{d}y}{\mathrm{d}x}$ 也称为微商，就是微分之商的含义。

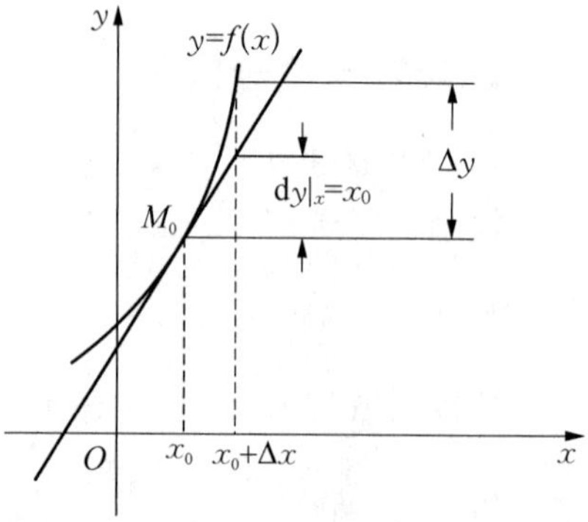

图 2－3　微分的几何意义

7) 高阶导数的概念

如果函数 $y=f(x)$ 的导数 $y'=f'(x)$ 在点 x_0 处仍是可导的，则把 $y'=f'(x)$ 在点 x_0 处

的导数称为 $y=f(x)$ 在点 x_0 处的二阶导数，记以 $y''|_{x=x_0}$，或 $f''(x_0)$，或 $\left.\frac{\mathrm{d}^2y}{\mathrm{d}x^2}\right|_{x=x_0}$ 等，也称 $f(x)$ 在点 x_0 处二阶可导。

$y=f(x)$ 的 $n-1$ 阶导数的导数称为 $y=f(x)$ 的 n 阶导数，记作 $y^{(n)}$、$f^{(n)}(x)$、$\frac{\mathrm{d}^ny}{\mathrm{d}x^n}$ 等，这时也称 $y=f(x)$ 是 n 阶可导。

2. 导数与微分计算

1）导数与微分表

$(c)'=0$　（c 为常数）　　　　$\mathrm{d}(c)=0$　（c 为常数）

$(x^\alpha)'=\alpha x^{\alpha-1}$　（α 为实常数）　　　　$\mathrm{d}x^\alpha=\alpha x^{\alpha-1}\mathrm{d}x$　（α 为实常数）

$(\sin x)'=\cos x$　　　　$\mathrm{d}\sin x=\cos x\,\mathrm{d}x$

$(\cos x)'=-\sin x$　　　　$\mathrm{d}\cos x=-\sin x\,\mathrm{d}x$

$(\tan x)'=\sec^2 x$　　　　$\mathrm{d}\tan x=\sec^2 x\,\mathrm{d}x$

$(\cot x)'=-\csc^2 x$　　　　$\mathrm{d}\cot x=-\csc^2 x\,\mathrm{d}x$

$(\sec x)'=\sec x\tan x$　　　　$\mathrm{d}\sec x=\sec x\tan x\,\mathrm{d}x$

$(\csc x)'=-\csc x\cot x$　　　　$\mathrm{d}\csc x=-\csc x\cot x\,\mathrm{d}x$

$(\log_a x)'=\frac{1}{x\ln a}(a>0,\ a\neq 1)$　　　　$\mathrm{d}\log_a x=\frac{\mathrm{d}x}{x\ln a}(a>0,\ a\neq 1)$

$(\ln x)'=\frac{1}{x}$　　　　$\mathrm{d}\ln x=\frac{1}{x}\mathrm{d}x$

$(a^x)'=a^x\ln a(a>0,\ a\neq 1)$　　　　$\mathrm{d}a^x=a^x\ln a\,\mathrm{d}x(a>0,\ a\neq 1)$

$(\mathrm{e}^x)'=\mathrm{e}^x$　　　　$\mathrm{d}\mathrm{e}^x=\mathrm{e}^x\mathrm{d}x$

$(\arcsin x)'=\frac{1}{\sqrt{1-x^2}}$　　　　$\mathrm{d}\arcsin x=\frac{1}{\sqrt{1-x^2}}\mathrm{d}x$

$(\arccos x)'=-\frac{1}{\sqrt{1-x^2}}$　　　　$\mathrm{d}\arccos x=-\frac{1}{\sqrt{1-x^2}}\mathrm{d}x$

$(\arctan x)'=\frac{1}{1+x^2}$　　　　$\mathrm{d}\arctan x=\frac{1}{1+x^2}\mathrm{d}x$

$(\mathrm{arccot}\, x)'=-\frac{1}{1+x^2}$　　　　$\mathrm{d}\,\mathrm{arccot}\, x=-\frac{1}{1+x^2}\mathrm{d}x$

$[\ln(x+\sqrt{x^2+a^2})]'=\frac{1}{\sqrt{x^2+a^2}}$　　　　$\mathrm{d}\ln(x+\sqrt{x^2+a^2})=\frac{1}{\sqrt{x^2+a^2}}\mathrm{d}x$

$[\ln(x+\sqrt{x^2-a^2})]'=\frac{1}{\sqrt{x^2-a^2}}$　　　　$\mathrm{d}\ln(x+\sqrt{x^2-a^2})=\frac{1}{\sqrt{x^2-a^2}}\mathrm{d}x$

2）四则运算法则

(1) $[f(x)\pm g(x)]'=f'(x)\pm g'(x)$；

(2) $[f(x)\cdot g(x)]'=f'(x)g(x)+f(x)g'(x)$；

(3) $\left[\dfrac{f(x)}{g(x)}\right]'=\dfrac{f'(x)g(x)-f(x)g'(x)}{g^2(x)}\quad(g(x)\neq 0)$；

(4) $d[f(x)\pm g(x)]=df(x)\pm dg(x)$；

(5) $d[f(x)\cdot g(x)]=g(x)df(x)+f(x)dg(x)$；

(6) $d\left[\dfrac{f(x)}{g(x)}\right]=\dfrac{g(x)df(x)-f(x)dg(x)}{g^2(x)}\quad(g(x)\neq 0)$。

3) 复合函数运算法则

设 $y=f(u)$，$u=\varphi(x)$，如果 $\varphi(x)$ 在 x 处可导，$f(u)$ 在对应点 u 处可导，则复合函数 $y=f[\varphi(x)]$ 在 x 处可导，且有 $\dfrac{dy}{dx}=\dfrac{dy}{du}\dfrac{du}{dx}=f'[\varphi(x)]\varphi'(x)$。

对应地，$dy=f'(u)du=f'[\varphi(x)]\varphi'(x)dx$。

由于公式 $dy=f'(u)du$ 不管 u 是自变量或中间变量都成立。因此称为一阶微分形式不变性。

4) 由参数方程确定函数的运算法则

设 $x=\varphi(t)$，$y=\Psi(t)$ 确定函数 $y=y(x)$，其中 $\varphi'(t)$，$\Psi'(t)$ 存在，且 $\varphi'(t)\neq 0$，则 $\dfrac{dy}{dx}=\dfrac{\Psi'(t)}{\varphi'(t)}\ (\varphi'(t)\neq 0)$，$\dfrac{dx}{dt}=\varphi'(t)$，且二阶导数为

$$\frac{d^2y}{dx^2}=\frac{d\left[\dfrac{dy}{dx}\right]}{dx}=\frac{d\left[\dfrac{dy}{dx}\right]}{dt}\cdot\frac{1}{\dfrac{dx}{dt}}=\frac{\Psi''(t)\varphi'(t)-\Psi'(t)\varphi''(t)}{[\varphi'(t)]^3}。$$

5) 反函数求导法则

设 $y=f(x)$ 的反函数 $x=g(y)$，两者皆可导，且 $f'(x)\neq 0$，则

$$g'(y)=\frac{1}{f'(x)}=\frac{1}{f'[g(y)]}\quad(f'(x)\neq 0)。$$

二阶导数为 $g''(y)=\dfrac{d[g'(y)]}{dy}=\dfrac{d\left[\dfrac{1}{f'(x)}\right]}{dx}\cdot\dfrac{1}{\dfrac{dy}{dx}}$

$$=-\frac{f''(x)}{[f'(x)]^3}=-\frac{f''[g(y)]}{\{f'[g(y)]\}^3}\quad(f'(x)\neq 0)。$$

6) 隐函数运算法则

设 $y=y(x)$ 是由方程 $F(x,y)=0$ 所确定的隐函数，求 y' 的方法如下：

把 $F(x,y)=0$ 两边的各项对 x 求导，把 y 看作中间变量，用复合函数求导公式计算，然后再解出 y' 的表达式(允许出现 y 变量)。

例：$x^2+y^2=1$，$2x+2y\cdot y'=0$，$y'=-\dfrac{x}{y}(y\neq 0)$。

7) 对数求导法则

先对所给函数式的两边取对数，然后再用隐函数求导方法得出导数 y'。

对数求导法主要用于下列情况：

(1) 幂指函数求导数；

(2) 多个函数连乘除或开方求导数。

关于幂指函数 $y=[f(x)]^{g(x)}$ 常用的一种方法是 $y=e^{g(x)\ln f(x)}$，这样就可以直接用复合函数运算法则进行。

关于分段函数求分段点处的导数，常常要先讨论它的左、右两侧的导数。

3. 微分中值定理

本节专门讨论考研数学中经常考的四大定理：罗尔定理、拉格朗日中值定理、柯西中值定理和泰勒定理(泰勒公式)。

1) 罗尔定理

设函数 $f(x)$ 满足：

(1) 在闭区间 $[a, b]$ 上连续；

(2) 在开区间 (a, b) 内可导；

(3) $f(a)=f(b)$。

则存在 $\xi \in (a, b)$，使得 $f'(\xi)=0$。

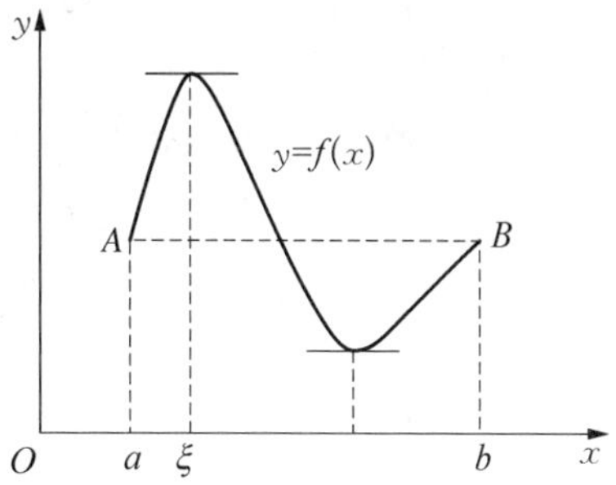

图 2-4

几何意义： 条件(1)说明曲线 $y=f(x)$ 在点 $A(a, f(a))$ 和点 $B(b, f(b))$ 之间是连续曲线(包括点 A 和点 B)；

条件(2)说明曲线 $y=f(x)$ 在 A 和 B 之间是光滑曲线，也即每一点都有不垂直于 x 轴的切线(不包括点 A 和点 B)；

条件(3)说明曲线 $y=f(x)$ 在端点 A 和 B 处纵坐标相等。

结论说明曲线 $y=f(x)$ 在 A 点和 B 点之间(不包括点 A 和点 B) 至少有一点，它的切线平行于 x 轴(见图 2-4)。

注意： 如果要证明这样的 ξ 还是唯一的，那么需要证明 $f(x)$ 在 (a, b) 内是单调增加或单调减少，一般就需要证明在 (a, b) 内 $f'(x)>0$ 或 $f'(x)<0$。

2) 拉格朗日中值定理

设函数 $f(x)$ 满足：

(1) 在闭区间 $[a, b]$ 上连续；

(2) 在开区间 (a, b) 内可导。

则存在 $\xi \in (a, b)$，使得 $\dfrac{f(b)-f(a)}{b-a}=f'(\xi)$。

或写成 $f(b)-f(a)=f'(\xi)(b-a)\ (a<\xi<b)$，有时也写成 $f(x_0+\Delta x)-f(x_0)=f'(x_0+\theta\Delta x)\cdot\Delta x\,(0<\theta<1)$，这里 x_0 可以是 a 或 b，Δx 可正可负。

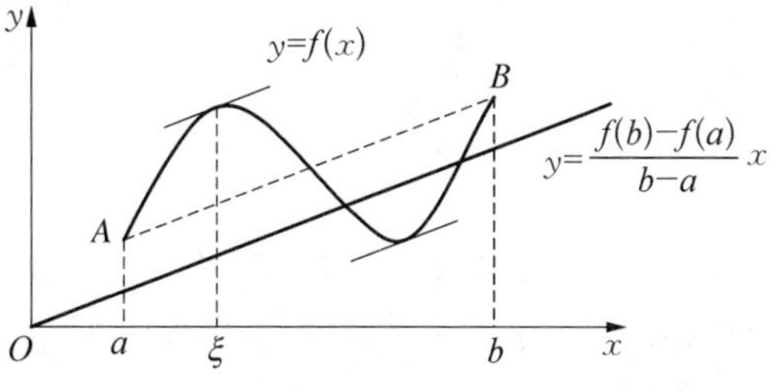

图 2-5

几何意义：条件(1)说明曲线 $y=f(x)$ 在点 $A(a, f(a))$ 和点 $B(b, f(b))$ 之间(包括点 A 和点 B) 是连续曲线；

条件(2)说明曲线 $y=f(x)$ (不包括点 A 和点 B) 是光滑曲线。

结论说明曲线 $y=f(x)$ 在 A 和 B 之间(不包括点 A 和点 B) 至少有一点,它的切线与割线 AB 是平行的,如图 2-5 所示。

推论 1 若 $f(x)$ 在 (a, b) 内可导,且 $f'(x)\equiv 0$,则 $f(x)$ 在 (a, b) 内为常数。

推论 2 若 $f(x)$、$g(x)$ 在 (a, b) 内皆可导,且 $f'(x)\equiv g'(x)$,则在 (a, b) 内 $f(x)=g(x)+C$,其中 C 为一个常数。

注意：拉格朗日中值定理为罗尔定理的推广,当 $f(a)=f(b)$ 特殊情形时,就是罗尔定理。

3) 泰勒定理(泰勒公式)

定理 1 带皮亚诺余项的 n 阶泰勒公式。

设 $f(x)$ 在 x_0 处有 n 阶导数,则有公式

$$f(x)=f(x_0)+\frac{f'(x_0)}{1!}(x-x_0)+\frac{f''(x_0)}{2!}(x-x_0)^2+\cdots+\frac{f^{(n)}(x_0)}{n!}(x-x_0)^n+R_n(x)(x\to x_0)。$$

其中,$R_n(x)=o[(x-x_0)^n](x\to x_0)$ 称为皮亚诺余项,且 $\lim\limits_{x\to x_0}\frac{R_n(x)}{(x-x_0)^n}=0$。

对常用的初等函数如 e^x, $\sin x$, $\cos x$, $\ln(1+x)$ 和 $(1+x)^\alpha$ (α 为实常数)等的 n 阶泰勒公式都要熟记。

定理 2 带拉格朗日余项的 n 阶泰勒公式。

设 $f(x)$ 在包含 x_0 的区间 (a, b) 内有 $n+1$ 阶导数,在 $[a, b]$ 上有 n 阶连续导数,则对 $x\in[a, b]$,有公式

$$f(x)=f(x_0)+\frac{f'(x_0)}{1!}(x-x_0)+\frac{f''(x_0)}{2!}(x-x_0)^2+\cdots+\frac{f^{(n)}(x_0)}{n!}(x-x_0)^n+R_n(x)。$$

其中,$R_n(x)=\frac{f^{(n+1)}(\xi)}{(n+1)!}(x-x_0)^{n+1}$ (ξ 在 x_0 与 x 之间)称为拉格朗日余项。

上面展开式称为以 x_0 为中心的 n 阶泰勒公式。当 $x_0=0$ 时,也称为 n 阶麦克劳林公式。如果 $\lim\limits_{n\to\infty}R_n(x)=0$,那么泰勒公式就转化为泰勒级数,这在后面无穷级数中会再讨论。

4. 导数的应用

1) 判断函数的单调性

定理 3 设函数 $f(x)$ 在 (a, b) 内可导,如果恒有 $f'(x)>0(<0)$,则 $f(x)$ 在 (a, b) 内单调增加(单调减少)；如果恒有 $f'(x)\geqslant 0(\leqslant 0)$,则 $f(x)$ 在 (a, b) 内单调不减(单调不增)。

基本应用模型：设 $f(x)$ 在 $[a, +\infty)$ 内连续，在 $(a, +\infty)$ 内可导，且 $f'(x)>0(<0)$，又 $f(a)=0$，则当 $x>a$ 时，恒有 $f(x)>0(<0)$。

2）函数的极值

（1）定义。

设函数 $f(x)$ 在 (a, b) 内有定义，x_0 是 (a, b) 内的某一点，则如果点 x_0 存在一个邻域，使得对此邻域内的任一点 $x(x \neq x_0)$，总有 $f(x)<f(x_0)$，则称 $f(x_0)$ 为函数 $f(x)$ 的一个极大值，称 x_0 为函数 $f(x)$ 的一个极大值点；

如果点 x_0 存在一个邻域，使得对此邻域内的任一点 $x(x \neq x_0)$，总有 $f(x)>f(x_0)$，则称 $f(x_0)$ 为函数 $f(x)$ 的一个极小值，称 x_0 为函数 $f(x)$ 的一个极小值点。

函数的极大值与极小值统称极值。极大值点与极小值点统称极值点。

（2）必要条件（可导情形）。

设函数 $f(x)$ 在 x_0 处可导，且 x_0 为 $f(x)$ 的一个极值点，则 $f'(x_0)=0$，则称 x 满足 $f'(x_0)=0$ 的 x_0 为 $f(x)$ 的驻点可导函数的极值点一定是驻点，反之不然。

注意：极值点只能是驻点或不可导点，所以只要从这两种点中进一步去判断。

（3）第一充分条件。

设 $f(x)$ 在 x_0 处连续，在 $0<|x-x_0|<\delta$ 内可导，$f'(x_0)$ 不存在，或 $f'(x_0)=0$。

如果在 $(x_0-\delta, x_0)$ 内的任一点 x 处，有 $f'(x)>0$，而在 $(x_0, x_0+\delta)$ 内的任一点 x 处，有 $f'(x)<0$，则 $f(x_0)$ 为极大值，x_0 为极大值点；

如果在 $(x_0-\delta, x_0)$ 内的任一点 x 处，有 $f'(x)<0$，而在 $(x_0, x_0+\delta)$ 内的任一点 x 处，有 $f'(x)>0$，则 $f(x_0)$ 为极小值，x_0 为极小值点；

如果在 $(x_0-\delta, x_0)$ 内任一点 x_1 处与 $(x_0, x_0+\delta)$ 内的任一点 x_2 处，两处的符号都相同，那么 $f(x_0)$ 不是极值，x_0 不是极值点。

（4）第二充分条件。

设函数 $f(x)$ 在 x_0 处有二阶导数，且 $f'(x_0)=0$，$f''(x_0)\neq 0$，则

当 $f''(x_0)<0$ 时，$f(x_0)$ 为极大值，x_0 为极大值点。

当 $f''(x_0)>0$ 时，$f(x_0)$ 为极小值，x_0 为极小值点。

3）函数的最大值和最小值

（1）求函数 $f(x)$ 在 $[a, b]$ 上的最大值和最小值的方法。

首先，求出 $f(x)$ 在 (a, b) 内所有驻点和不可导点 $x_1, \cdots, x_k$；其次，计算 $f(x_1), \cdots, f(x_k), f(a), f(b)$；最后，比较 $f(x_1), \cdots, f(x_k), f(a), f(b)$。

其中最大者就是 $f(x)$ 在 $[a, b]$ 上的最大值 M；其中最小者就是 $f(x)$ 在 $[a, b]$ 上的最小值 m。

（2）最大（小）值的应用问题。

首先要列出应用问题中的目标函数及其考虑的区间，然后再求出目标函数在区间内的最大（小）值。

4）凹凸性与拐点

（1）凹凸的定义。

设 $f(x)$ 在区间 I 上连续，若对任意不同的两点 x_1 和 x_2，恒有

$$f\left(\frac{x_1+x_2}{2}\right)>\frac{1}{2}[f(x_1)+f(x_2)] \quad \left(f\left(\frac{x_1+x_2}{2}\right)<\frac{1}{2}[f(x_1)+f(x_2)]\right)$$

则称 $f(x)$ 在 I 上是凸(凹)的。

在几何上,曲线 $y=f(x)$ 上任意两点的割线在曲线下(上)面,则 $y=f(x)$ 是凸(凹)的。

如果曲线 $y=f(x)$ 有切线的话,每一点的切线都在曲线之上(下)则 $y=f(x)$ 是凸(凹)的。

(2) 拐点的定义。

曲线上凹与凸的分界点,称为曲线的拐点。

(3) 凹凸性的判别和拐点的求法。

设函数 $f(x)$ 在 (a,b) 内具有二阶导数 $f''(x)$,

如果在 (a,b) 内的每一点 x,恒有 $f''(x)>0$,则曲线 $y=f(x)$ 在 (a,b) 内是凹的;

如果在 (a,b) 内的每一点 x,恒有 $f''(x)<0$,则曲线 $y=f(x)$ 在 (a,b) 内是凸的。

求曲线 $y=f(x)$ 的拐点的方法步骤:

第一步:求出二阶导数 $f''(x)$;

第二步:求出使二阶导数等于零或二阶导数不存在的点 $x_1, x_2, \cdots, x_k$;

第三步:对于以上的连续点,检验各点两边二阶导数的符号,如果符号不同,该点就是拐点的横坐标;

第四步:求出拐点的纵坐标。

5) 渐近线的求法

(1) 垂直渐近线。

若 $\lim\limits_{x\to a^+} f(x)=\infty$ 或 $\lim\limits_{x\to a^-} f(x)=\infty$,

则 $x=a$ 为曲线 $y=f(x)$ 的一条垂直渐近线。

(2) 水平渐近线。

若 $\lim\limits_{x\to+\infty} f(x)=b$ 或 $\lim\limits_{x\to-\infty} f(x)=b$,

则 $y=b$ 是曲线 $y=f(x)$ 的一条水平渐近线。

(3) 斜渐近线。

若 $\lim\limits_{x\to+\infty}\dfrac{f(x)}{x}=a\neq 0$, $\lim\limits_{x\to+\infty}[f(x)-ax]=b$ 或 $\lim\limits_{x\to-\infty}\dfrac{f(x)}{x}=a\neq 0$, $\lim\limits_{x\to-\infty}[f(x)-ax]=b$,

则 $y=ax+b$ 是曲线 $y=f(x)$ 的一条斜渐近线。

6) 函数作图的一般步骤

(1) 求出 $y=f(x)$ 的定义域,判定函数的奇偶性和周期性。

(2) 求出 $f'(x)$,令 $f'(x)=0$ 求出驻点,确定导数不存在的点,再根据 $f'(x)$ 的符号找出函数的单调区间与极值。

(3) 求出 $f''(x)$,确定 $f''(x)$ 的全部零点及 $f''(x)$ 不存在的点,再根据 $f''(x)$ 的符号找出曲线的凹凸区间及拐点。

(4) 求出曲线的渐近线。

(5) 将上述“增减、极值、凹凸、拐”等特性综合列表,必要时可用补充曲线上某些特殊点(如与坐标轴的交点),依据表中性态作出函数 $y=f(x)$ 的图形。

2.4　典型例题精析

题型 1：可导性的讨论(导数定义)

【例 1】（经济类）设函数 $f(x)$ 在点 $x=x_0$ 处可导，则 $f'(x_0)=$________。

(A) $\lim\limits_{\Delta x\to 0}\dfrac{f(x_0)-f(x_0+\Delta x)}{\Delta x}$　　(B) $\lim\limits_{\Delta x\to 0}\dfrac{f(x_0-\Delta x)-f(x_0)}{\Delta x}$

(C) $\lim\limits_{\Delta x\to 0}\dfrac{f(x_0+2\Delta x)-f(x_0)}{\Delta x}$　　(D) $\lim\limits_{\Delta x\to 0}\dfrac{f(x_0+2\Delta x)-f(x_0+\Delta x)}{\Delta x}$

(E) $\lim\limits_{\Delta x\to 0}\dfrac{f(x_0+2\Delta x)-f(x_0-2\Delta x)}{2\Delta x}$

【答案】（D）。

【解析】 根据导数定义得到：

(A) 为 $\lim\limits_{\Delta x\to 0}\dfrac{f(x_0)-f(x_0+\Delta x)}{\Delta x}=-\lim\limits_{\Delta x\to 0}\dfrac{f(x_0+\Delta x)-f(x_0)}{\Delta x}=-f'(x_0)$；

(B) 为 $\lim\limits_{\Delta x\to 0}\dfrac{f(x_0-\Delta x)-f(x_0)}{\Delta x}=-\lim\limits_{\Delta x\to 0}\dfrac{f(x_0-\Delta x)-f(x_0)}{-\Delta x}=-f'(x_0)$；

(C) 为 $\lim\limits_{\Delta x\to 0}\dfrac{f(x_0+2\Delta x)-f(x_0)}{\Delta x}=2\lim\limits_{\Delta x\to 0}\dfrac{f(x_0+2\Delta x)-f(x_0)}{2\Delta x}=2f'(x_0)$；

(D) 为

$$\begin{aligned}&\lim_{\Delta x\to 0}\frac{f(x_0+2\Delta x)-f(x_0+\Delta x)}{\Delta x}\\&=\lim_{\Delta x\to 0}\frac{[f(x_0+2\Delta x)-f(x_0)]-[f(x_0+\Delta x)-f(x_0)]}{\Delta x}\\&=2\lim_{\Delta x\to 0}\frac{[f(x_0+2\Delta x)-f(x_0)]}{2\Delta x}-\lim_{\Delta x\to 0}\frac{[f(x_0+\Delta x)-f(x_0)]}{\Delta x}\\&=2f'(x_0)-f'(x_0)=f'(x_0);\end{aligned}$$

(E) 为

$$\begin{aligned}&\lim_{\Delta x\to 0}\frac{f(x_0+2\Delta x)-f(x_0-2\Delta x)}{2\Delta x}\\&=\lim_{\Delta x\to 0}\frac{f(x_0+2\Delta x)-f(x_0)+f(x_0)-f(x_0-2\Delta x)}{2\Delta x}\\&=\lim_{\Delta x\to 0}\frac{f(x_0+2\Delta x)-f(x_0)}{2\Delta x}+\lim_{\Delta x\to 0}\frac{f(x_0-2\Delta x)-f(x_0)}{-2\Delta x}=2f'(x_0)。\end{aligned}$$

故选(D)。

【例 2】（经济类）已知 $y=f(x)$ 在 $x=0$ 处可导，则 $\lim\limits_{x\to 0}\dfrac{f(2x)-f(0)}{x}=$________。

(A) $f'(0)$　　(B) $2f'(0)$　　(C) $\dfrac{1}{2}f'(0)$　　(D) $-f'(0)$　　(E) $-2f'(0)$

【答案】 (B)。

【解析】 $\lim\limits_{x\to 0}\dfrac{f(2x)-f(0)}{x}=2\lim\limits_{x\to 0}\dfrac{f(2x)-f(0)}{2x}=2f'(0)$。故选(B)。

【例 3】 (经济类)函数 $f(x)$可导，$f'(2)=3$,则$\lim\limits_{x\to 0}\dfrac{f(2-x)-f(2)}{3x}=$________。

(A) -1　　(B) 0　　(C) 1　　(D) 2　　(E) -2

【答案】 (A)。

【解析】 $\lim\limits_{x\to 0}\dfrac{f(2-x)-f(2)}{3x}=\lim\limits_{x\to 0}\dfrac{f(2-x)-f(2)}{-x}\cdot\dfrac{-x}{3x}=f'(2)\cdot\left(-\dfrac{1}{3}\right)=-1$,故选(A)。

【例 4】 (经济类)已知函数 $f(x)$在$x=0$某个领域内有连续函数,且$\lim\limits_{x\to 0}\left(\dfrac{\sin x}{x}+\dfrac{f(x)}{x}\right)=2$,则 $f(0)$ 及 $f'(0)$ 为________。

(A) $f(0)=0$，$f'(0)=1$　　(B) $f(0)=1$，$f'(0)=1$

(C) $f(0)=0$，$f'(0)=0$　　(D) $f(0)=1$，$f'(0)=1$

(E) $f(0)=0$，$f'(0)=2$

【答案】 (A)。

【解析】 $\lim\limits_{x\to 0}\left(\dfrac{\sin x}{x}+\dfrac{f(x)}{x}\right)=1+\lim\limits_{x\to 0}\dfrac{f(x)}{x}=2\Rightarrow\lim\limits_{x\to 0}\dfrac{f(x)}{x}=1\Rightarrow\lim\limits_{x\to 0}f(x)=f(0)=0\Rightarrow f'(0)=\lim\limits_{x\to 0}\dfrac{f(x)-f(0)}{x}=1$。故选(A)。

【例 5】 (经济类)设 $f(x)$可导，$F(x)=f(x)(1+|\sin x|)$,则 $f(0)=0$是$F(x)$在$x=0$处可导的________。

(A) 充分必要条件　　(B) 充分条件但非必要条件

(C) 必要条件但非充分条件　　(D) 既非充分条件又非必要条件

(E) 以上选项均错误

【答案】 (A)。

【解析】 由导数定义可知

$$F'_-(0)=\lim_{x\to 0^-}\frac{F(x)-F(0)}{x}=\lim_{x\to 0^-}\frac{f(x)(1-\sin x)-f(0)}{x}$$
$$=\lim_{x\to 0^-}\frac{f(x)-f(0)}{x}-\lim_{x\to 0^-}f(x)\cdot\frac{\sin x}{x}$$
$$=f'(0)-f(0)\cdot 1=f'(0)-f(0),$$
$$F'_+(0)=\lim_{x\to 0^+}\frac{F(x)-F(0)}{x}=\lim_{x\to 0^+}\frac{f(x)(1+\sin x)-f(0)}{x}$$
$$=\lim_{x\to 0^+}\frac{f(x)-f(0)}{x}+\lim_{x\to 0^+}f(x)\cdot\frac{\sin x}{x}$$
$$=f'(0)+f(0)\cdot 1=f'(0)+f(0)。$$

若 $F'(0)$ 存在，则有 $F'_{-}(0)=F'_{+}(0)$，即 $f'(0)-f(0)=f'(0)+f(0)$，故有 $f(0)=0$，可知 $f(0)=0$ 是 $F(x)$ 在 $x=0$ 可导的充要条件，故选(A)。

【例 6】 设 $f(x)=x(x+1)(x+2)\cdots(x+n)$，则 $f'(0)=$________。

(A) $(n-1)!$　(B) $n!$　(C) $(n+1)!$　(D) $(n+2)!$　(E) 0

【答案】 (B)。

【解析】 **解法 1**　由 $f'(x)=(x+1)(x+2)\cdots(x+n)+x(x+2)(x+3)\cdots(x+n)+\cdots+x(x+1)(x+2)\cdots(x+n-1)$，得 $f'(0)=n!$。

解法 2　由于 $f(x)$是多项式函数，则 $f'(0)$应等于其一次项函数，则 $f'(0)=n!$。

解法 3　由导数定义得 $f'(0)=\lim\limits_{x\to 0}\dfrac{f(x)-f(0)}{x}=\lim\limits_{x\to 0}\dfrac{x(x+1)(x+2)(x+3)\cdots(x+n)}{x}=n!$。

注意：本题主要考查导数的基本运算，解法 2 是求多项式函数导数时一种常用的方法。

【例 7】 已知 $f(x)$ 在 $x=0$ 处可导，且 $f(0)=0$，则 $\lim\limits_{x\to 0}\dfrac{x^2f(x)-2f(x^3)}{x^3}=$________。

(A) $-2f'(0)$　(B) $-f'(0)$　(C) $f'(0)$　(D) 0　(E) $2f'(0)$

【答案】 (B)。

【分析】

解法 1　根据导数定义：$f'(0)=\lim\limits_{h\to 0}\dfrac{f(h)-f(0)}{h}$，有

$$\begin{aligned}\lim_{x\to 0}\frac{x^2f(x)-2f(x^3)}{x^3}&=\lim_{x\to 0}\left[\frac{f(x)}{x}-2\frac{f(x^3)}{x^3}\right]\\&=\lim_{x\to 0}\frac{f(x)-f(0)}{x-0}-2\lim_{x\to 0}\frac{f(x^3)-f(0)}{x^3-0}\\&=f'(0)-2f'(0)\\&=-f'(0)。\end{aligned}$$

因此选(B)。

解法 2　取 $f(x)=0$，显然符合题设条件，$\lim\limits_{x\to 0}\dfrac{x^2f(x)-2f(x^3)}{x^3}=\lim\limits_{x\to 0}\left[\dfrac{x^3-2x^3}{x^3}\right]=-1$，而 $f'(0)=1$，则排除(A)(C)(D)(E)，故应选(B)。

【例 8】 (经济类)已知函数 $f(x)=\begin{cases}e^x, & x\leqslant 0\\ x^2+ax+b, & x>0\end{cases}$，在 $x=0$ 处可导，则 a，b 的值为________。

(A) $a=0$，$b=2$　(B) $a=1$，$b=2$

(C) $a=1$，$b=2$　(D) $a=0$，$b=1$

(E) $a=1$，$b=1$

【答案】 (E)。

【解析】 由 $f(x)$ 在 $x=0$ 处可导知函数在 $x=0$ 处连续，则由 $f(0+0)=f(0)$。$\lim\limits_{x\to0^+}f(x)=\lim\limits_{x\to0^+}(x^2+ax+b)=b=f(0)=1$，解得 $b=1$。又由 $f(x)$ 在 $x=0$ 处可导知 $\lim\limits_{x\to0^-}f(x)=\lim\limits_{x\to0^+}f(x)$，即 $\lim\limits_{x\to0^-}\dfrac{f(x)-f(0)}{x}=\lim\limits_{x\to0^-}\dfrac{e^x-1}{x}=1$，$\lim\limits_{x\to0^+}\dfrac{f(x)-f(0)}{x}=\lim\limits_{x\to0^+}\dfrac{x^2+ax+1-1}{x}=\lim\limits_{x\to0^+}\dfrac{x^2+ax}{x}=\lim\limits_{x\to0^+}(x+a)=1$，解得 $a=1$，故答案选择(E)。

【例 9】 如果函数 $f(x)$ 在 x_0 处可导，$\Delta f(x_0)=f(x_0+\Delta x)-f(x_0)$，则极限 $\lim\limits_{\Delta x\to0}\dfrac{\Delta f(x_0)-\mathrm{d}f(x_0)}{\Delta x}=$________。

(A) $f'(x_0)$　　(B) 1　　(C) 0　　(D) 2　　(E) 不存在

【答案】 (C)。

【解析】 本题考查导数的定义和微分运算。

解法 1 $\lim\limits_{\Delta x\to0}\dfrac{\Delta f(x_0)-\mathrm{d}f(x_0)}{\Delta x}=\lim\limits_{\Delta x\to0}\left[\dfrac{\Delta f(x_0)}{\Delta x}-\dfrac{f'(x_0)\Delta x}{\Delta x}\right]=f'(x_0)-f'(x_0)=0$。故正确选项为(C)。

解法 2 特殊值代入法。

取 $f(x)=x$，则满足题设条件且 $\Delta f(x_0)=\Delta x$。这时 $f'(x)=1$，故 $\mathrm{d}f(x_0)=\Delta x$，所以，$\Delta f(x_0)-\mathrm{d}f(x_0)=0$。

【例 10】 设 $f(x)$ 在 $x=0$ 处可导，且 $f\left(\dfrac{1}{n}\right)=\dfrac{2}{n}(n=1,2,3,\cdots)$，则 $f'(0)=$________。

(A) 0　　(B) 1　　(C) 2　　(D) 3　　(E) 4

【答案】 (C)。

【分析】 本题考查导数定义及可导与连续之间的关系。

解法 1 $\lim\limits_{n\to\infty}f\left(\dfrac{1}{n}\right)=\lim\limits_{n\to\infty}\dfrac{2}{n}=0$，因为 $f(x)$ 在 $x=0$ 处可导，所以 $f(x)$ 在 $x=0$ 处连续，从而 $f(0)=0$。由导数定义得 $f'(0)=\lim\limits_{x\to0}\dfrac{f(x)-f(0)}{x}=\lim\limits_{n\to\infty}\dfrac{f\left(\dfrac{1}{n}\right)-f(0)}{\dfrac{1}{n}}=\lim\limits_{n\to\infty}\dfrac{\dfrac{2}{n}}{\dfrac{1}{n}}=2$。

故正确选项为(C)。

解法 2 特殊值代入法。

设 $f(x)=2x$，则 $f(x)$ 满足题设条件，这时 $f'(0)=2$。立即可得正确选项为(C)。

【例 11】（普研）设 $f(x)=\begin{cases}\dfrac{1-\cos x}{\sqrt{x}}, & x>0\\ x^2g(x), & x\leqslant 0\end{cases}$，其中 $g(x)$ 是有界函数，则 $f(x)$ 在 $x=0$ 处________。

(A) 极限不存在　　(B) 极限存在，但不连续

(C) 连续但不可导　　(D) 可导

(E) 无法判断

【答案】(D)。

【分析】$\lim\limits_{x\to 0^+}f(x)=\lim\limits_{x\to 0^+}\dfrac{1-\cos x}{\sqrt{x}}=0=f(0)$，$\lim\limits_{x\to 0^-}f(x)=0=f(0)$。$f(x)$ 在 $x=0$ 连续 $f'_+(0)=\lim\limits_{x\to 0^+}\dfrac{f(x)}{x}=\lim\limits_{x\to 0^+}\dfrac{1-\cos x}{x\sqrt{x}}=0$，$f'_-(0)=\lim\limits_{x\to 0^-}\dfrac{f(x)}{x}=\lim\limits_{x\to 0^-}xg(x)=0$。

故 $f'_+(0)=f'_-(0)=f'(0)=0$，应选(D)。

注意：本题在求 $f'_-(0)$ 时用到了 $g(x)$ 是有界函数这一条件。

【例 12】（普研）设函数 $y=f(x)$ 具有二阶导数，且 $f'(x)>0$，$f''(x)>0$，Δx 为自变量 x 在点 x_0 处的增量，Δy 与 $\mathrm{d}y$ 分别为 $f(x)$ 在点 x_0 处对应的增量与微分，若 $\Delta x>0$，则________。

(A) $0<\mathrm{d}y<\Delta y$　　(B) $0<\Delta y<\mathrm{d}y$

(C) $\Delta y<\mathrm{d}y<0$　　(D) $\mathrm{d}y<\Delta y<0$

(E) 无法判断两者大小关系

【答案】(A)。

【分析】题设条件有明显的几何意义，用图示法求解。

由 $f'(x)>0$，$f''(x)>0$ 知，函数 $f(x)$ 单调增加，曲线 $y=f(x)$ 凹向，作函数 $y=f(x)$ 的图形如右图所示，显然当 $\Delta x>0$ 时，$\Delta y>\mathrm{d}y=f'(x_0)\mathrm{d}x=f'(x_0)\Delta x>0$，故应选(A)。

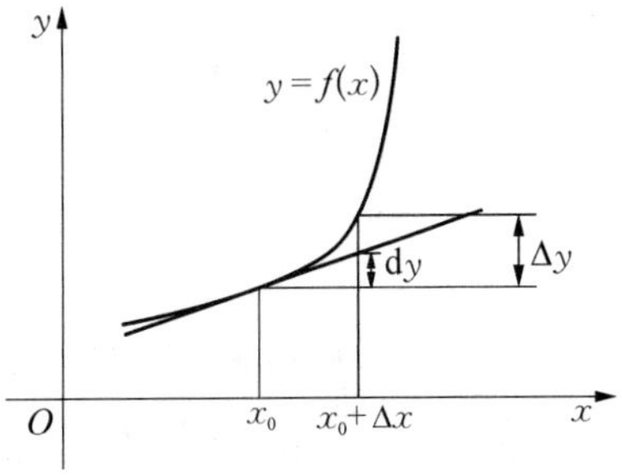

图 2-6

注意：对于题设条件有明显的几何意义或所给函数图形容易绘出时，图示法是求解此题的首选方法。本题还可用拉格朗日中值定理求解：$\Delta y=f(x_0+\Delta x)-f(x_0)=f'(\xi)\Delta x$，$x_0<\xi<x_0+\Delta x$，因为 $f''(x)>0$，所以 $f'(x)$ 单调增加，即 $f'(\xi)>f'(x_0)$，又 $\Delta x>0$，则 $\Delta y=f'(\xi)\Delta x>f'(x_0)\Delta x=\mathrm{d}y>0$，即 $0<\mathrm{d}y<\Delta y$。

【例 13】设函数 $f(x)$ 在 $x=0$ 处连续，下列命题错误的是________。

(A) 若 $\lim\limits_{x\to 0}\dfrac{f(x)}{x}$ 存在，则 $f(0)=0$

(B) 若 $\lim\limits_{x\to 0}\dfrac{f(x)+f(-x)}{x}$ 存在，则 $f(0)=0$

(C) 若 $\lim\limits_{x\to 0}\dfrac{f(x)}{x}$ 存在，则 $f'(0)$ 存在

(D) 若$\lim\limits_{x\to 0}\dfrac{f(x)-f(-x)}{x}$存在,则 $f'(0)$ 存在

(E) 以上 4 个选项均正确

【答案】 (D)。

【解析】 **解法 1** 令 $f(x)=|x|$,我们知道 $f'(0)$ 不存在,但$\lim\limits_{x\to 0}\dfrac{f(x)-f(-x)}{x}=\lim\limits_{x\to 0}\dfrac{|x|-|-x|}{x}=0$存在。

故应选(D)。

解法 2 由$\lim\limits_{x\to 0}\dfrac{f(x)}{x}$存在,且其分母趋于零,则$\lim\limits_{x\to 0}f(x)=0$,又 $f(x)$ 在 $x=0$ 处连续,则$\lim\limits_{x\to 0}f(x)=f(0)=0$,则(A)中命题正确,同理可说明(B)中命题正确。

由$\lim\limits_{x\to 0}\dfrac{f(x)}{x}=0$知 $f(0)=0$,则$\lim\limits_{x\to 0}\dfrac{f(x)}{x}=\lim\limits_{x\to 0}\dfrac{f(x)-f(0)}{x}=0=f'(0)$,从而(C)中命题也正确。即(A)(B)(C)都不能选。

故应选(D)。

【例 14】 (2001-普研)设 $f(0)=0$,则 $f(x)$在点 $x=0$ 可导的充要条件为________。

(A) $\lim\limits_{h\to 0}\dfrac{1}{h^2}f(1-\cos h)$ 存在

(B) $\lim\limits_{h\to 0}\dfrac{1}{h}f(1-e^h)$ 存在

(C) $\lim\limits_{h\to 0}\dfrac{1}{h^2}f(h-\sin h)$ 存在

(D) $\lim\limits_{h\to 0}\dfrac{1}{h}[f(2h)-f(h)]$ 存在

(E) $\lim\limits_{h\to 0}\dfrac{1}{h^2}f(\tan h-h)$ 存在

【答案】 (B)。

【解析】 **解法 1** 直接法。

由于
$$
\begin{aligned}
\lim_{h\to 0}\frac{1}{h}f(1-e^h)&=\lim_{h\to 0}\frac{f(1-e^h)-f(0)}{1-e^h}\cdot\frac{1-e^h}{h}\\
&=-\lim_{h\to 0}\frac{f(1-e^h)-f(0)}{1-e^h}(令 1-e^h=t)\\
&=-\lim_{t\to 0}\frac{f(t)-f(0)}{t}=-f'(0)。
\end{aligned}
$$

故应选(B)。

解法 2 排除法。

由于
$$
\begin{aligned}
\lim_{h\to 0}\frac{f(1-\cos h)}{h^2}&=\lim_{h\to 0}\frac{f(1-\cos h)-f(0)}{1-\cos h}\cdot\frac{1-\cos h}{h^2}\\
&=\frac{1}{2}\lim_{h\to 0}\frac{f(1-\cos h)-f(0)}{1-\cos h}=\frac{1}{2}f'_{+}(0)。
\end{aligned}
$$

由于 $1-\cos h>0$,则(A)中极限存在只能推得 $f(x)$在 $x=0$ 处的右导数存在,所以(A)

不正确。

(C)和(E)也不正确。取 $f(x)=x^{\frac{2}{3}}$，显然 $f'(0)$ 不存在，但 $\lim\limits_{h\to 0}\dfrac{1}{h^2}f(h-\sin h)=$

$$\lim_{h\to 0}\frac{(h-\sin h)^{\frac{2}{3}}}{h^2}=\lim_{h\to 0}\left[\frac{h-\sin h}{h^3}\right]^{\frac{2}{3}}=\left(\frac{1}{6}\right)^{\frac{2}{3}}\text{ 存在。}$$

$$\lim_{h\to 0}\frac{1}{h^2}f(\tan h-h)=\lim_{h\to 0}\frac{(\tan h-h)^{\frac{2}{3}}}{h^2}=\lim_{h\to 0}\left[\frac{\tan h-h}{h^3}\right]^{\frac{2}{3}}=\left(\frac{1}{3}\right)^{\frac{2}{3}}\text{ 存在。}$$

(D)也不正确，事实上取 $f(x)=\begin{cases}1, & x\neq 0\\ 0, & x=0\end{cases}$，显然 $f'(0)$不存在，因为 $f(x)$在 $x=0$ 处不连续，但 $\lim\limits_{h\to 0}\dfrac{1}{h}[f(2h)-f(h)]=\lim\limits_{h\to 0}\dfrac{1}{h}[1-1]=0$。

故应选(B)。

【例 15】 函数 $f(x)=(x^2-x-2)\,|\,x^3-x\,|$ 不可导的点的个数是________。

(A) 4　　(B) 3　　(C) 2　　(D) 1　　(E) 0

【答案】 (C)。

【解析】 **解法 1**　考查 $f(x)$是否可导。在这些点我们分别考查其左、右导数。

$$f(x)=\begin{cases}(x^2-x-2)x(1-x^2), & x<-1\\ (x^2-x-2)x(x^2-1), & -1\leqslant x<0\\ (x^2-x-2)x(1-x^2), & 0\leqslant x<1\\ (x^2-x-2)x(x^2-1), & 1\leqslant x\end{cases},\ f'_-(-1)=$$

$$\lim_{x\to -1^-}\frac{(x^2-x-2)x(1-x^2)-0}{x+1}=0,\ f'_+(-1)=\lim_{x\to -1^+}\frac{(x^2-x-x)x(x^2-1)-0}{x+1}=0,$$

即 $f(x)$ 在 $x=-1$ 处可导。

又 $f'_-(0)=\lim\limits_{x\to 0^-}\dfrac{(x^2-x-2)x(1-x^2)-0}{x}=2$，$f'_+(0)=$

$$\lim_{x\to 0^+}\frac{(x^2-x-2)x(x^2-1)-0}{x}=-2,$$ 所以 $f(x)$在 $x=0$ 处不可导。

类似地，函数 $f(x)$在 $x=1$ 处亦不可导。因此 $f(x)$只有 2 个不可导点，故应选(C)。

解法 2　$f(x)=(x^2-x-2)\,|\,x^3-x\,|$

$$=(x-2)(x+1)\,|\,x+1\,|\,|\,x-1\,|\,|\,x\,|$$

显然 $f(x)$不可导的点最多三个，即 $x=-1$，$x=1$，$x=0$。当 $x=-1$ 时，$(x-2)(x+1)=0$ 且为可导函数，故 $f(x)$在 $x=-1$ 可导，而在 $x=1$，$x=0$ 不可导，故应选(C)。

【例 16】 (普研)设 $f(x)$在点 $x=a$ 处可导，则函数$|f(x)|$在点 $x=a$ 处不可导的充分条件是________。

(A) $f(a)=0$，且 $f'(a)=0$　　(B) $f(a)=0$，且 $f'(a)\neq 0$

(C) $f(a)>0$，且 $f'(a)>0$　　(D) $f(a)<0$，且 $f'(a)<0$

(E) $f(a)>0$，或 $f'(a)>0$

【答案】(B)。

【解析】**解法 1** 排除法。

若令 $f(x)=(x-a)^2$,显然 $f(a)=0$, $f'(a)=0$,但 $|f(x)|=(x-a)^2$ 在 $x=a$ 可导,则(A)不正确。

若 $f(a)>0$,由于 $f(x)$ 在 $x=a$ 处可导,则 $f(x)$ 在 $x=a$ 处连续,从而在 $x=a$ 的某邻域内 $f(x)>0$,此时 $|f(x)|=f(x)$。$|f(x)|$ 与 $f(x)$ 在 $x=a$ 处可导性相同,故(C)不正确。同理(D)不正确,故应选(B)。

解法 2 直接法,直接证明(B)正确。

令 $\varphi(x)=|f(x)|$, $\lim\limits_{x\to a}\dfrac{\varphi(x)-\varphi(a)}{x-a}=\lim\limits_{x\to a}\dfrac{|f(x)|-|f(a)|}{x-a}$

$$=\lim_{x\to a}\frac{|f(x)|}{x-a}=\begin{cases}|f'(a)|, & x\to a^+\\ -|f'(a)|, & x\to a^-\end{cases}$$

即 $\varphi'_+(a)=|f'(a)|$, $\varphi'_-(a)=-|f'(a)|$。

由于 $f'(a)\neq 0$,则 $\varphi'_+(a)\neq\varphi'_-(a)$,则 $|f(x)|$ 在 $x=a$ 不可导,故应选(B)。

【例 17】设函数 $f(x)=\lim\limits_{n\to\infty}\sqrt[n]{1+|x|^{3n}}$,则 $f(x)$ 在 $(-\infty,+\infty)$ 内________。

(A) 处处可导　　(B) 恰有一个不可导点

(C) 恰有两个不可导点　　(D) 恰有三个不可导点

(E) 有无数个不可导点

【答案】(C)。

【解析】$f(x)=\lim\limits_{n\to\infty}\sqrt[n]{1+|x|^{3n}}=\begin{cases}1, & |x|\leqslant 1\\ |x|^3, & |x|>1\end{cases}$。显然 $f(x)$ 为偶函数,不可导的点只可能为 $x=\pm1$,只需讨论 $x=1$。易得,$f'_-(1)=0$, $f'_+(1)=\lim\limits_{x\to1^+}\dfrac{x^3-1}{x-1}=3$。则 $f(x)$ 在 $x=1$ 不可导,从而 $x=-1$ 也不导。故应选(C)。

【例 18】设 $f(x)$ 在 $(-\infty,+\infty)$ 上二阶可导,$f(0)=0$, $g(x)=\begin{cases}\dfrac{f(x)}{x}, & x\neq0\\ a, & x=0\end{cases}$,若函数 $g(x)$ 在 $(-\infty,+\infty)$ 上连续,则 a 的取值为________。

(A) $f'(0)$　(B) 1　(C) 0　(D) 2　(E) -1

【答案】(A)。

【解析】显然 $g(x)$ 在 $x\neq0$ 处连续,而 $\lim\limits_{x\to0}g(x)=\lim\limits_{x\to0}\dfrac{f(x)}{x}=f'(0)$,则若 $a=f'(0)$ 时 $g(x)$ 在 $(-\infty,+\infty)$ 上连续,故选(A)。

题型 2: 导数意义(变化率几何意义、物理意义)

【例 19】(经济类)若曲线 $y=x^2+ax+b$ 和 $2y=-1+xy^3$ 在 $(1,-1)$ 处相切,则 a 和 b

的值为________。

(A) $a=-1$, $b=-1$　　(B) $a=1$, $b=-1$

(C) $a=-1$, $b=1$　　(D) $a=1$, $b=1$

(E) $a=2$, $b=1$

【答案】 (A)。

【解析】 由题意可知，$1+a+b=-1$，即 $a+b=-2$，另一方面，$y'(x)=2x+a$，则 $y'(1)=a+2$，方程 $2y=-1+xy^3$，方程两端对 x 求导，$2y'=y^3+3xy^2y'$，则 $y'(1)=1$，即 $a+2=1$，联立 $\begin{cases}a+b=-2\\a+2=1\end{cases}$，解得 $\begin{cases}b=-1\\a=-1\end{cases}$。

【例 20】 (经济类)已知抛物线 $y=x^2-2x+4$ 在点 M 处的切线与 x 轴的交角成 $45°$，则点 M 的坐标为________。

(A) $(2, 4)$　　(B) $(1, 3)$　　(C) $\left(\frac{3}{2}, \frac{13}{4}\right)$　　(D) $(0, 3)$　　(E) $(0, 4)$

【答案】 (C)。

【解析】 由题意：切线与 x 轴的交角呈 $45°$ 知切线的斜率 $k=1$，$y'=2x-2=1\Rightarrow x=\frac{3}{2}$，选择(C)。

【例 21】 设函数 $g(x)$ 导数连续，其图像在原点与曲线 $y=\ln(1+2x)$ 相切。若函数 $f(x)=\begin{cases}\dfrac{g(x)}{x}, & x\neq 0\\ a, & x=0\end{cases}$，在原点可导，则 $a=$________。

(A) -2　　(B) -1　　(C) 0　　(D) 1　　(E) 2

【答案】 (E)。

【分析】 本题考查：① 连续的定义；② 可导与连续的关系；③ 导数几何意义；④ 洛必达法则；⑤ 复合函数导数。

解法 1　$a=\lim\limits_{x\to 0}f(x)=\lim\limits_{x\to 0}\dfrac{g(x)}{x}=\lim\limits_{x\to 0}g'(x)=g'(0)=[\ln(1+2x)]'|_{x=0}=2$。

解法 2　特殊函数代入法。

取 $g(x)=\ln(1+2x)$，则 $a=\lim\limits_{x\to 0}f(x)=\lim\limits_{x\to 0}\dfrac{\ln(1+2x)}{x}=2$。

故正确选项为(E)。

【例 22】 设曲线 $y=f(x)$ 和 $y=x^2-x$ 在点 $(1, 0)$ 处有公共的切线，则 $\lim\limits_{n\to\infty}nf\left(\dfrac{n}{n+2}\right)=$________。

(A) 1　　(B) -2　　(C) 0　　(D) 2　　(E) -1

【答案】 (B)。

【解析】 $y=x^2-x$ 在(1，0)处的导数是 $y'(1)=1$，故 $f'(1)=1$，$f(1)=0$，

$$\lim_{n\to\infty} nf\left(\frac{n}{n+2}\right)=\lim_{n\to\infty}\frac{f\left(1-\frac{2}{n+2}\right)-f(1)}{-\frac{2}{n+2}}\times\left(-\frac{2n}{n+2}\right)=f'(1)\times(-2)=-2。$$

故选(B)。

【例 23】 如图 2-7 所示，A 为固定的一盏路灯，MN 为一垂直于 x 轴的木杆，NP 为该杆在路灯下的影子，若该杆沿 x 轴正向匀速前行，并保持与 x 轴垂直，则________。

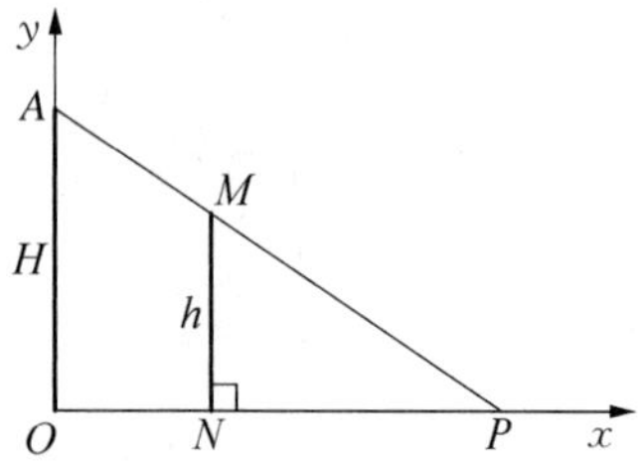

图 2-7

(A) P 点做匀速前移

(B) P 点前移速度逐渐减少

(C) P 点前移速度逐渐增加

(D) P 点前移速度先增加，然后减少

(E) P 点前移速度先减少，然后增加

【答案】 (A)。

【解析】 如图 2-8，建立直角坐标系。若木杆向 x 轴正向匀速前行的速度为 c，则 $\frac{dx(t)}{dt}=c$。

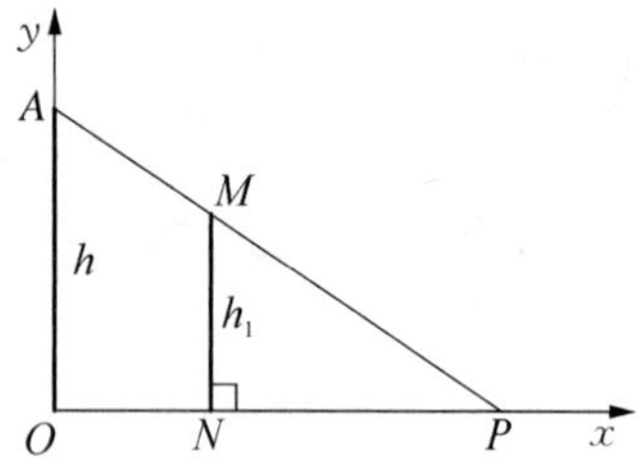

图 2-8

设时刻 $t(t\geqslant 0)$，木杆在 x 轴上 N 点坐标为 $x(t)$，p 点坐标为 $y(t)$。记 $AO=h$，$MN=h_1$，则 $\frac{h_1}{h}=\frac{y(t)-x(t)}{y(t)}$，即 $y(t)=\frac{h}{h-h_1}x(t)$，则 $\frac{dy(t)}{dt}=\frac{h}{h-h_1}\cdot\frac{dx(t)}{dt}=\frac{h}{h-h_1}c$。

所以本题应选(A)。

【例 24】 高为 10 m，底半径为 5 m 的正圆锥体，其高以 0.1 m/s 的均匀速度减少，底半径又以 0.05 m/s 的均匀速度增加，当高为 8 m 时圆锥体积的变化速度为________ m^3/s。

(A) 3.2π　　(B) 1.6π　　(C) 0.8π　　(D) 0.4π　　(E) 0.2π

【答案】 (D)。

【解析】 设圆锥底半径为 $r(t)$，高为 $h(t)$，体积为 $V(t)$。由已知，$r(0)=5$，$h(0)=10$，$r'(t)=0.05$，$h'(t)=-0.1$。当圆锥高为 8 m 时，$t=20$，又 $V(t)=\frac{1}{3}\pi r^2(t)h(t)$。所以，$V'(t)=\frac{1}{3}\pi[2r(t)\cdot r'(t)h(t)+r^2(t)\cdot h'(t)]$。不难计算，$r(20)=r(0)+0.05\times 20=6$，$h(20)=8$，所以，$V'(20)=\frac{1}{3}\pi[2\times 6\times 0.05\times 8+6^2\times(-0.1)]=0.4\pi(m^3/s)$。即当高为 8 m 时，圆锥体积以 $0.4\pi m^3/s$ 的速度增加。

【例 25】 有一个深为 50、顶圆半径为 100 的圆锥体储水容器满水(见图 2-9)。假设其水位以 0.02 m^3/h 的速度均匀下降。当水深为 30 m 时,水池内水流失速度是________ m^3/h。

(A) 32π　　(B) 52π

(C) 72π　　(D) 62π

(E) 42π

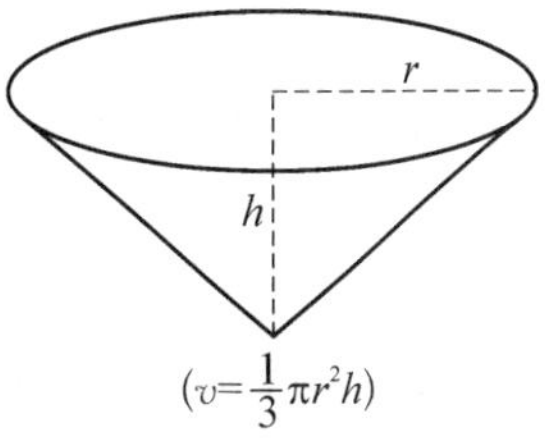

图 2-9

【答案】 (C)。

【解析】 设 t 时刻时水位为 h m,水量为 v m^3,它们均为 t 的函数,且满足 $V=\frac{1}{3}\pi r^2 h$,又由图中的相似三角形得 $\frac{r}{100}=\frac{h}{50}$,因此,$r=2h$,代入得 $V=\frac{4}{3}\pi h^3$。上式两边对 t 求导,得 $\frac{dV}{dt}=4\pi h^2\frac{dh}{dt}$,据题意,其中 $\frac{dh}{dt}=0.02$,为常数,因此当水深 $h=30$ m 时,水池内水量的流失速度是 $\left.\frac{dV}{dt}\right|_{h=30}=4\pi\times 30^2\times 0.02=72\pi(m^3/h)$。

故应选(C)。

【例 26】 (普研)设周期函数 $f(x)$ 在 $(-\infty, +\infty)$ 内可导,周期为 4,又 $\lim\limits_{x\to 0}\frac{f(1)-f(1-x)}{2x}=-1$,则曲线 $y=f(x)$ 在 $(5, f(5))$ 点处的切线率为________。

(A) $\frac{1}{2}$　　(B) 0　　(C) 1　　(D) -1　　(E) -2

【答案】 (E)。

【解析】 由题设 $f(x)$ 在 $(-\infty, +\infty)$ 内可导,且 $f(x)=f(x+4)$ 两边对 x 求导,得 $f'(x)=f'(x+4)$,故 $f'(5)=f'(1)$。由于 $f'(1)=\lim\limits_{\Delta x\to 0}\frac{f(1+\Delta x)-f(1)}{\Delta x}\overset{\Delta x=-x}{=\!=}\lim\limits_{x\to 0}\frac{f(1-x)-f(1)}{-x}=\lim\limits_{x\to 0}\frac{f(1)-f(1-x)}{x}=2\lim\limits_{x\to 0}\frac{f(1)-f(1-x)}{2x}=-2$,故 $y=f(x)$ 在点 $(5, f(5))$ 处的切线斜率为 $f'(5)=-2$。所以应选(E)。

【例 27】 如图 2-10 所示,曲线 $P=f(t)$ 表示某工厂 10 年期间的产值变化情况,设 $f(t)$ 是可导函数,从图形上可以看出该厂产值的增长速度是________。

(A) 前 2 年越来越慢,后 5 年越来越快

(B) 前 2 年越来越快,后 5 年越来越慢

(C) 前 2 年越来越快,后 5 年越来越快

(D) 前 2 年越来越慢,后 5 年越来越慢

(E) 无法判断出变化趋势

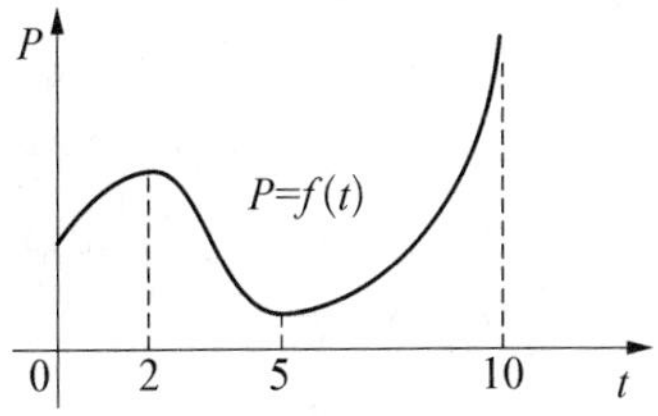

图 2-10

【答案】 (A)。

【解析】 本题考查导数的意义及其几何意义,同时考查函数单调性和判断。

解法 1 从图可知,曲线 $P=f(t)$ 切线的斜率在[0, 2]内是单调减少的,在[5, 10]内是单

调增加的。由导数的几何意义，$f'(t)$表示切线的斜率，因而，$f'(t)$在$[0,\ 2]$内单调减少，$f'(t)$在$[5,\ 10]$内单调增加。又$f'(t)$是产值$P=f(t)$的变化速度，所以该厂产值的增长速度是前2年越来越慢，后5年越来越快。故正确选项为(A)。

解法2 设$f(t)$二阶可导，从图2-10可知，曲线$P=f(t)$在$[0,\ 2]$内是凸的，在$[5,\ 10]$内是凹的，这表明$f(t)$在$[0,\ 2]$内$f''(t)<0$，从而$f'(t)$在$[0,\ 2]$内单调减少。同理，在$[5,\ 10]$内单调增加，又$f'(t)$是产值$P=f(t)$的变化速度，所以该厂产值的增长速度是前2年越来越慢，后5年越来越快。

【例28】 以等流量开始向图2-11所示容器内注水，直至注满该容器。若$h'(t)$为容器中水平面高度$h(t)$随时间t的变化率，则正确反映若$h'(t)$变化性态的曲线是________。

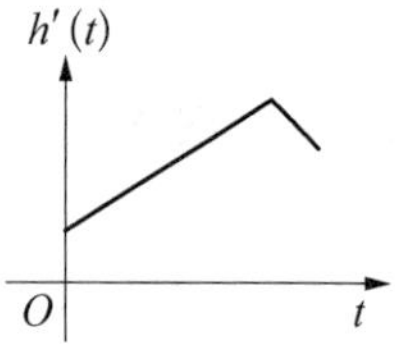

(A)

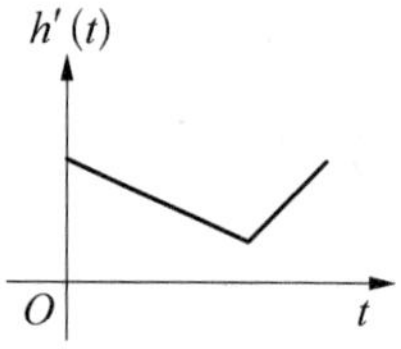

(B)

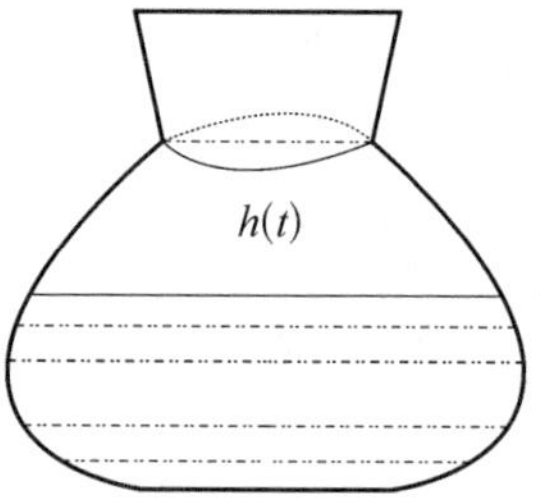

图2-11

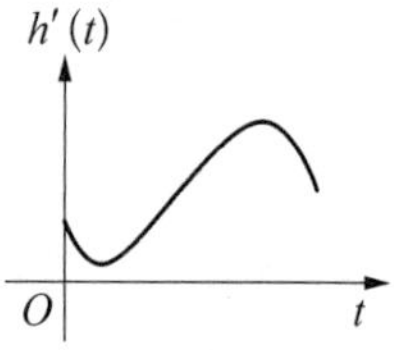

(C)

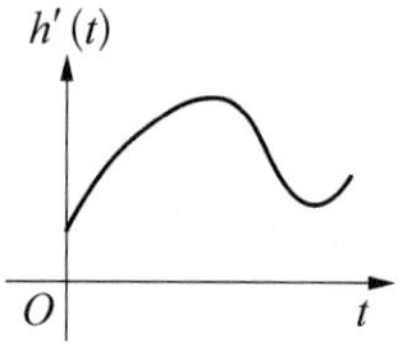

(D)

(E) 以上图像均不正确

【答案】 (C)。

【解析】 容器是光滑的，因此水平面高度$h(t)$随时间t的变化率$h'(t)$曲线是光滑曲线，排除(A)和(B)。又因为容器中间胖，水平上升的速度会越来越慢，到达最胖处后又越来越快，然后到瓶颈处后又变慢。故$h(t)$的导数是先下降再上升后来又下降，故应选(C)。

【例29】 设企业在生产经营时的总利润、收入和成本均是关于产量的可导函数。若生产某产品产量为x单位时，收入和成本分别对产量的变化率(也称边际收入和边际成本)为$20-2x$和$120-10x$，且当产量为0时的总收入为0元，固定成本为100元，则生产x单位的总利润是________。

(A) $4x^2-100x-100$　　(B) $4x^2-100x$

(C) $8x-100$　　(D) $100x-100$

(E) 以上结论均不正确

【答案】 (A)。

【解析】 收入的变化率为$20-2x$，则收入为$20x-x^2-C_1$。当生产为0时，收入为0，$C_1=0$，则收入为$20x-x^2$。

同理，成本为$120x-5x^2+C_2$，由题意知$x=0$时，成本$=C_2=100$，所以，利润$=20x-x^2-(120x-5x^2+100)=4x^2-100x-100$，故选(A)。

题型 3：复合函数导数

【例 30】（经济类）设 $f(x)=\arccos(x^2)$ 则，$f'(x)=$________。

(A) $-\dfrac{1}{\sqrt{1-x^2}}$　　(B) $-\dfrac{2x}{\sqrt{1-x^2}}$

(C) $-\dfrac{1}{\sqrt{1-x^4}}$　　(D) $-\dfrac{2x}{\sqrt{1-x^4}}$

(E) $-\dfrac{x}{\sqrt{1-x^4}}$

【答案】（D）。

【解析】根据复合函数求导法则。$f'(x)=-\dfrac{1}{\sqrt{1-(x^2)^2}}(x^2)'=-\dfrac{2x}{\sqrt{1-x^4}}$，故选(D)。

【例 31】（经济类）设 $f(x)=\arcsin(x^2)$，则 $f'(x)=$________。

(A) $\dfrac{1}{\sqrt{1-x^2}}$　(B) $\dfrac{2x}{\sqrt{1-x^2}}$　(C) $\dfrac{1}{\sqrt{1-x^4}}$　(D) $\dfrac{x}{\sqrt{1-x^4}}$　(E) $\dfrac{2x}{\sqrt{1-x^4}}$

【答案】（E）。

【解析】$f(x)=\arcsin(x^2)\Rightarrow f'(x)=\dfrac{1}{\sqrt{1-x^4}}\cdot 2x=\dfrac{2x}{\sqrt{1-x^4}}$，故选(E)。

【例 32】（经济类）函数 $y=\ln(1+2x^2)$，则 $\mathrm{d}y\big|_{x=0}=$________。

(A) 0　(B) 1　(C) $\mathrm{d}x$　(D) $-\mathrm{d}x$　(E) $2\mathrm{d}x$

【答案】（A）。

【解析】$\mathrm{d}y\big|_{x=0}=\dfrac{4x}{1+2x^2}\Big|_{x=0}\mathrm{d}x=0\mathrm{d}x=0$，故选(A)。

【例 33】（经济类）函数 $y=\ln\dfrac{1+\sqrt{x}}{1-\sqrt{x}}$ 的导函数为________。

(A) $\dfrac{1}{(1-x)\sqrt{x}}$　(B) $\dfrac{-1}{(1-x)\sqrt{x}}$　(C) $\dfrac{2}{(1-x)\sqrt{x}}$　(D) $\dfrac{-2}{(1-x)\sqrt{x}}$　(E) $\dfrac{\sqrt{x}}{1-x}$

【答案】（A）。

【解析】**解法 1**　$y'=\dfrac{1-\sqrt{x}}{1+\sqrt{x}}\times\dfrac{\dfrac{1}{2\sqrt{x}}(1-\sqrt{x})+\dfrac{1}{2\sqrt{x}}(1+\sqrt{x})}{(1-\sqrt{x})^2}=\dfrac{1}{\sqrt{x}(1-x)}$。

解法 2　$y=\ln(1+\sqrt{x})-\ln(1-\sqrt{x})$，则 $y'=\dfrac{1}{1+\sqrt{x}}\cdot\dfrac{1}{2\sqrt{x}}-\dfrac{1}{1-\sqrt{x}}\cdot$

$\left(-\dfrac{1}{2\sqrt{x}}\right)=\dfrac{1}{(1-x)\sqrt{x}}$。故选(A)。

【例 34】 (2015 年经济类联考) $y=f(x)$ 是由 $x^2y^2+y=1(y>0)$ 确定的,则 $y=f(x)$ 的驻点________。

(A) $x=0$　　(B) $x=1$

(C) $x=-1$　　(D) $x=2$

(E) $x=-2$

【答案】 (A)。

【解析】 在 $x^2y^2+y=1$ 两边对 x 求导得 $2xy^2+2x^2yy'+y'=0$,即 $y'=-\dfrac{2xy^2}{2x^2y+1}$。令 $y'=-\dfrac{2xy^2}{2x^2y+1}=0$,得 $x=0$,故选(A)。

【例 35】 (经济类)已知 $y=f(x)$ 是由 $e^y+xy=e$ 确定的,则 $f'(0)=$________。

(A) $-\dfrac{1}{e}$　　(B) $\dfrac{1}{e}$　　(C) $-e$　　(D) e　　(E) 1

【答案】 (A)。

【解析】 $e^y+xy=e$ 两边对 x 求导,有 $e^yy'+y+xy'=0$, $y'=-\dfrac{y}{e^y+x}$。当 $x=0$ 时,得 $y=1$,所以 $f'(0)=y'|_{x=0}=-\dfrac{1}{e+0}=-\dfrac{1}{e}$。故选(A)。

【例 36】 (经济类)给定函数 $f(x)=x^3+2x-4$, $g(x)=f(f(x))$,则 $g'(0)=$________。

(A) -100　　(B) 50　　(C) 40　　(D) 100　　(E) -40

【答案】 (D)。

【解析】 由 $f(x)=x^3+2x-4$,故 $f(0)=-4$,且 $f'(x)=3x^2+2$,则 $f'(0)=2$, $f'(-4)=50$,并且 $g'(x)=f'(f(x))\cdot f'(x)$,则 $g'(0)=f'(f(0))\cdot f'(0)=f'(-4)\cdot f'(0)=100$,故选(D)。

【例 37】 (经济类)设函数 $f(x)$ 在 $x=2$ 的某邻域内可导,且 $f'(x)=e^{f(x)}$, $f(2)=1$,则 $f'''(2)=$________。

(A) e^2　　(B) e^3　　(C) $2e^3$　　(D) $4e^3$　　(E) e

【答案】 (C)。

【解析】 利用复合函数求导即可,由题设知, $f'(x)=e^{f(x)}$,两边对 x 求导得 $f''(x)=e^{f(x)}f'(x)=e^{2f(x)}$,两边再对 x 求导得 $f'''(x)=2e^{2f(x)}f'(x)=2e^{3f(x)}$,又 $f(2)=1$,故 $f'''(2)=2e^{3f(2)}=2e^3$。故选(C)。

注意:本题为抽象复合函数求导,注意计算的准确性。

【例 38】（普研）设函数 $f(x)=\begin{cases}\ln\sqrt{x}, & x\geqslant 1\\ 2x-1, & x<1\end{cases}$，$y=f(f(x))$，则 $\left.\dfrac{\mathrm{d}y}{\mathrm{d}x}\right|_{x=0}=$ ________。

(A) 4　　(B) -2　　(C) 3　　(D) -3　　(E) 1

【答案】(A)。

【解析】$\left.\dfrac{\mathrm{d}y}{\mathrm{d}x}\right|_{x=0}=f'(f(x))f'(x)\,|_{x=0}=f'(f(0))f'(0)=f'(-1)f'(0)$，由 $f(x)$ 的表达式可知 $f'(0)=f'(-1)=2$，可知 $\left.\dfrac{\mathrm{d}y}{\mathrm{d}x}\right|_{x=0}=4$。故选(A)。

【例 39】如图 2-12 所示，$f(x)$ 和 $g(x)$ 是两个分段线性的连续函数，设 $u(x)=f[g(x)]$，则 $u'(1)$ 的值为________。

(A) $\dfrac{3}{4}$　　(B) $-\dfrac{3}{4}$　　(C) $-\dfrac{1}{12}$

(D) $\dfrac{1}{12}$　　(E) $\dfrac{1}{2}$

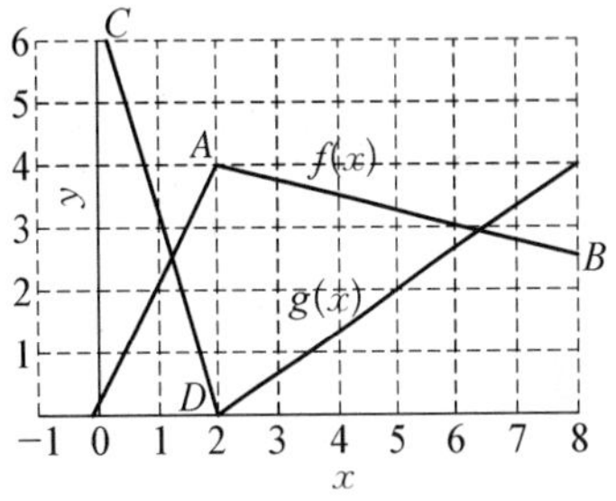

图 2-12

【答案】(A)。

【解析】本题考查导数的几何意义和复合函数的求导法则。

从图 2-12 可以看出 $g(1)=3$，$(3, f(3))$ 在直线 AB 上，$(1, g(1))$ 在直线 CD 上。由导数的几何意义，$f'(3)$ 是直线 AB 的斜率 k_{AB}，$g'(1)$ 是直线 CD 的斜率 k_{CD}。直线 AB 过点 $(2, 4)$ 和点 $(6, 3)$，因此 $k_{AB}=\dfrac{3-4}{6-2}=-\dfrac{1}{4}$，从而 $f'(3)=-\dfrac{1}{4}$。直线 CD 过 $(0, 6)$ 和 $(2, 0)$，因此 $k_{CD}=\dfrac{0-6}{2-0}=-3$，从而 $g'(1)=-3$。

由复合函数的求导法则，得

$$u'(1)=f'[g(1)]g'(1)=f'(3)g'(1)=\left(-\frac{1}{4}\right)\times(-3)=\frac{3}{4},$$

故正确选项为(A)。

【例 40】（普研）设函数 $f(u)$ 可导，函数 $y=f(x^2)$。当自变量 x 在 $x=-1$ 处取得增量 $\Delta x=-0.1$ 时，相应的函数增量 Δy 的线性主部为 0.1，则 $f'(1)=$ ________。

(A) -1　　(B) 0.1　　(C) 1　　(D) 0.5　　(E) -0.1

【答案】(D)。

【解析】函数 y 的 Δy 的线性主部即 y 的微分 $\mathrm{d}y=y'(x)\Delta x$，这里由 $\mathrm{d}y$，Δx 求 $y'(x)$。

由 $\mathrm{d}y=f'(x^2)\cdot 2x\mathrm{d}x$，$\left.\mathrm{d}y\right|_{\substack{x=-1\\ \mathrm{d}x=-0.1}}=f'(1)\cdot(-2)\cdot(-0.1)=0.1$。由此，$f'(1)=\dfrac{1}{2}$，应选(D)。

【例 41】 (普研)设 $y=\ln(x+\sqrt{x^2+1})$,则 $y'''|_{x=\sqrt{3}}=$________。

(A) $\frac{5}{4}$ (B) $\frac{5}{8}$ (C) $\frac{5}{16}$ (D) $\frac{5}{32}$ (E) $\frac{5}{64}$

【答案】 (D)。

【解析】 逐阶求导即得

$$y'=\frac{1}{x+\sqrt{x^2+1}}\left(1+\frac{x}{\sqrt{x^2+1}}\right)=\frac{1}{\sqrt{1+x^2}},\ y''=-\frac{1}{2}\cdot\frac{2x}{(1+x^2)^{\frac{3}{2}}}=-\frac{x}{(1+x^2)^{\frac{3}{2}}},$$

$$y'''=-\frac{1}{(1+x^2)^{\frac{3}{2}}}+\frac{3}{2}\frac{2x^2}{(1+x^2)^{\frac{5}{2}}}=\frac{2x^2-1}{(1+x^2)^{\frac{5}{2}}}$$,即 $y'''|_{x=\sqrt{3}}=\frac{5}{32}$。故选(D)。

【例 42】 曲线 $y=\arcsin\sqrt{1-x^2}$ 在 $x=-\frac{1}{2}$ 处的切线方程为________。

(A) $y-\frac{\pi}{3}=\frac{2}{\sqrt{3}}\left(x+\frac{1}{2}\right)$ (B) $y+\frac{\pi}{3}=\frac{2}{\sqrt{3}}\left(x+\frac{1}{2}\right)$

(C) $y-\frac{\pi}{3}=\frac{2}{\sqrt{3}}\left(x-\frac{1}{2}\right)$ (D) $y-\frac{\pi}{3}=\frac{1}{\sqrt{3}}\left(x+\frac{1}{2}\right)$

(E) $y-\frac{\pi}{3}=\frac{\sqrt{3}}{2}\left(x+\frac{1}{2}\right)$

【答案】 (A)。

【解析】 因为 $y'=\frac{1}{\sqrt{1-(1-x^2)}}\cdot(\sqrt{1-x^2})'=\frac{1}{|x|}\cdot\frac{-x}{\sqrt{1-x^2}}$,所以 $y'\Big|_{x=-\frac{1}{2}}=\frac{2}{\sqrt{3}}$,又 $y\Big|_{x=-\frac{1}{2}}=\arcsin\frac{\sqrt{3}}{2}=\frac{\pi}{3}$,所求切线方程为 $y-\frac{\pi}{3}=\frac{2}{\sqrt{3}}\left(x+\frac{1}{2}\right)$,故选(A)。

题型 4: 隐函数的导数

【例 43】 求曲线 $xy+x+y=\sin(xy)$ 在(0, 0)点的切线方程________。

(A) $y=x$ (B) $y=2x$ (C) $y=3x$ (D) $y=-x$ (E) $y=-2x$

【答案】 (D)。

【解析】 在方程 $xy+x+y=\sin(xy)$ 两边对 x 求导,得

$$y+xy'+1+y'=\cos(xy)\cdot(y+xy')$$

由此得 $y'\Big|_{\substack{x=0\\y=0}}=-1$。所以,过点(0, 0)的切线方程为 $y=-x$。

【例 44】 设 $y=y(x)$ 由 $y=\tan(x+y)$ 所确定。则 $y''=$________。

(A) $-\frac{2}{y^3}\left(\frac{1}{y^2}+1\right)$ (B) $\frac{2}{y^3}\left(\frac{1}{y^2}+1\right)$

(C) $-\frac{1}{y^3}\left(\frac{1}{y^2}+1\right)$ (D) $\frac{1}{y^3}\left(\frac{1}{y^2}+1\right)$

(E) $-\frac{2}{y^3}\left(\frac{1}{y^2}-1\right)$

【答案】 (A)。

【解析】 等式 $y=\tan(x+y)$ 两端对 x 求导得 $y'=\sec^2(x+y)(1+y')=(1+\tan^2(x+y))(1+y')=(1+y^2)(1+y')$。化简得 $y'=-\frac{1}{y^2}-1$,则 $y''=\frac{2y'}{y^3}=-\frac{2}{y^3}\left(\frac{1}{y^2}+1\right)$。

【例 45】 设函数 $y=y(x)$ 由 $y-xe^y=1$ 所确定,试求 $\left.\frac{d^2y}{dx^2}\right|_{x=0}=$________。

(A) $2e$　　(B) e　　(C) $2e^2$　　(D) e^2　　(E) $-2e$

【答案】 (C)。

【解析】 由 $y-xe^y=1$ 知:

$$y'-e^y-xy'e^y=0 \quad ①$$

令 $x=0$,由原方程知此时 $y=1$,将 $x=0$。将 $y=1$ 代入①得 $y'(0)=e$,对①式两端 x 求导得 $y''-y'e^y-y'e^y-x(y'e^y)'=0$,将 $x=0$, $y=1$, $y'(0)=e$ 代入上式得 $y''(0)=2e^2$。故选(C)。

【例 46】 设可导函数 $y=y(x)$ 由方程 $\sin x-\int_x^y\varphi(u)du=0$ 所确定,其中可导函数 $\varphi(u)>0$,且 $\varphi(0)=\varphi'(0)=1$,求 $y''(0)=$________。

(A) 2　　(B) 1　　(C) -1　　(D) 3　　(E) -3

【答案】 (E)。

【解析】 在 $\sin x-\int_x^y\varphi(u)du=0$ 中令 $x=0$ 得 $\int_0^y\varphi(u)du=0$,又 $\varphi(u)>0$,则 $y=0$。

等式 $\sin x-\int_x^y\varphi(u)du=0$ 两端对 x 求导得

$$\cos x-[\varphi(y)y'-\varphi(x)]=0。\quad (1)$$

将 $x=0$, $y=0$ 代入上式得 $y'(0)=2$,等式(1)两端对 x 求导得

$$-\sin x-[\varphi'(y)(y')^2+\varphi(y)y''-\varphi'(x)]=0。\quad (2)$$

将 $x=0$, $y=0$, $y'(0)=2$ 代入式(2)得 $y''(0)=-3$。故选(E)。

题型 5: 参数方程的导数

【例 47】 (经济类)设函数 $y=y(x)$ 由参数方程 $x=\int_0^{t^2}e^u du$, $y=e^{t^2}$,则 $\frac{dy}{dx}=$________。

(A) t^2　　(B) $2t^2$　　(C) 1　　(D) 2　　(E) 0

【答案】 (C)。

【解析】 $\frac{dy}{dx}=\frac{\frac{dy}{dt}}{\frac{dx}{dt}}=\frac{2t\cdot e^{t^2}}{2t\cdot e^{t^2}}=1$,故答案选择(C)。

【例 48】 设 $f''(t)\neq 0$,又有 $\begin{cases}x=f'(t)\\ y=tf'(t)-f(t)\end{cases}$,则 $\dfrac{d^2y}{dx^2}=$________。

(A) $-\dfrac{1}{f''(t)}$ (B) $\dfrac{1}{f''(t)}$ (C) $-\dfrac{2}{f''(t)}$ (D) $\dfrac{2}{f''(t)}$ (E) $\dfrac{f'(t)}{f''(t)}$

【答案】 (B)。

【解析】 $\dfrac{dy}{dx}=\dfrac{y'(t)}{x'(t)}=\dfrac{f'(t)+tf''(t)-f'(t)}{f''(t)}=t$,$\dfrac{d^2y}{dx^2}=\dfrac{d}{dx}(t)=\dfrac{d}{dt}(t)\dfrac{dt}{dx}=1\cdot\dfrac{1}{x'(t)}=\dfrac{1}{f''(t)}$。故选(B)。

注意:本题中求二阶导数 $\dfrac{d^2y}{dx^2}$ 不能套公式,因条件不够。

题型 6: 对数求导法

【例 49】 (经济类)已知函数 $f(x)=x^x+\sqrt{1+x^2}$,则 $f''(1)-2=$________。

(A) $\dfrac{1}{\sqrt{2}}$ (B) $\dfrac{1}{2\sqrt{2}}$ (C) $2+\dfrac{1}{2\sqrt{2}}$ (D) $2-\dfrac{1}{2\sqrt{2}}$ (E) 0

【答案】 (B)。

【解析】 设 $y=x^x\Rightarrow\ln y=x\ln x\Rightarrow\dfrac{y'}{y}=\ln x+1\Rightarrow y'=y(\ln x+1)$

$$\Rightarrow y''=y'(\ln x+1)+y\cdot\frac{1}{x}=x^x(\ln x+1)^2+x^{x-1}。$$

设 $h=\sqrt{1+x^2}\Rightarrow h'=\dfrac{x}{\sqrt{1+x^2}}\Rightarrow h''=\dfrac{\sqrt{1+x^2}-x\cdot\dfrac{x}{\sqrt{1+x^2}}}{1+x^2}=\dfrac{1}{(1+x^2)\sqrt{1+x^2}}$,

根据 $f''(x)=y''+h''$ 可知:$f''(x)=x^x(\ln x+1)^2+x^{x-1}+\dfrac{1}{(1+x^2)\sqrt{1+x^2}}$,代入 $x=1$,易知答案选择(B)。

【例 50】 (经济类)已知 $x^y=y^x$,则 $\left.\dfrac{dy}{dx}\right|_{x=1}=$________。

(A) 1 (B) 2 (C) 3 (D) 4 (E) 0

【答案】 (A)。

【解析】 将 $x=1$ 代入原方程得 $y=1$。两边取 ln,得 $y\ln x=x\ln y$,两边对 x 求导,得 $\dfrac{dy}{dx}\ln x+y\cdot\dfrac{1}{x}=\ln y+x\cdot\dfrac{1}{y}\cdot\dfrac{dy}{dx}$,故 $\left.\dfrac{dy}{dx}\right|_{x=1}=1$,故答案选择(A)。

【例 51】 设 $y=(1+x^2)^{\sin x}$,则 $y'=$________。

(A) $(1+x^2)^{\sin x}\left[\cos x\ln(1+x^2)+\dfrac{2x\sin x}{1+x^2}\right]$

(B) $(1+x^2)^{\sin x}\cos x\ln(1+x^2)$

(C) $(1+x^2)^{\sin x}\left[\cos x\ln(1+x^2)-\dfrac{2x\sin x}{1+x^2}\right]$

(D) $(1+x^2)^{\sin x}\left[\cos x\ln(1+x^2)+\dfrac{x\sin x}{1+x^2}\right]$

(E) $(1+x^2)^{\sin x}\left[\ln(1+x^2)+\dfrac{2x\sin x}{1+x^2}\right]$

【答案】 (A)。

【解析】 $\ln y=\sin x\ln(1+x^2)$，求导得 $\dfrac{y'}{y}=\cos x\ln(1+x^2)+\dfrac{2x\sin x}{1+x^2}$，$y'=(1+x^2)^{\sin x}\left[\cos x\ln(1+x^2)+\dfrac{2x\sin x}{1+x^2}\right]$，故答案选择(A)。

【例 52】 设 $y=\sqrt[3]{\dfrac{(x+1)(x+2)}{x(1+x^2)}}$，则 $y'=$________。

(A) $\dfrac{1}{3}\sqrt[3]{\dfrac{(x+1)(x+2)}{x(1+x^2)}}\left[\dfrac{1}{x+1}+\dfrac{1}{x+2}-\dfrac{1}{x}-\dfrac{2x}{1+x^2}\right]$

(B) $\dfrac{1}{3}\sqrt[3]{\dfrac{(x+1)(x+3)}{x(1+x^2)}}\left[\dfrac{1}{x+1}+\dfrac{1}{x+2}-\dfrac{1}{x}-\dfrac{2x}{1+x^2}\right]$

(C) $\dfrac{2}{3}\sqrt[3]{\dfrac{(x+1)(x+2)}{x(1+x^2)}}\left[\dfrac{1}{x+1}+\dfrac{1}{x+2}-\dfrac{1}{x}-\dfrac{2x}{1+x^2}\right]$

(D) $\dfrac{1}{3}\sqrt[3]{\dfrac{(x+1)(x+2)}{x(1+x^2)}}\left[\dfrac{1}{x+3}+\dfrac{1}{x+2}-\dfrac{1}{x}-\dfrac{2x}{1+x^2}\right]$

(E) $\dfrac{1}{3}\sqrt[3]{\dfrac{(x+1)(x+2)}{x(1+x^2)}}\left[\dfrac{1}{x+1}+\dfrac{1}{x+2}-\dfrac{1}{x}-\dfrac{x}{1+x^2}\right]$

【答案】 (A)。

【解析】 $\ln|y|=\dfrac{1}{3}[\ln|x+1|+\ln|x+2|-\ln|x|-\ln(1+x^2)]$，得

$$\frac{y'}{y}=\frac{1}{3}\left[\frac{1}{x+1}+\frac{1}{x+2}-\frac{1}{x}-\frac{2x}{1+x^2}\right],$$

有 $y'=\dfrac{1}{3}\sqrt[3]{\dfrac{(x+1)(x+2)}{x(1+x^2)}}\left[\dfrac{1}{x+1}+\dfrac{1}{x+2}-\dfrac{1}{x}-\dfrac{2x}{1+x^2}\right]$。故选(A)。

题型 7：高阶导数

【例 53】 (经济类)已知 $f(x)=x^2e^x$，则 $f''(0)=$________。

(A) 0　　(B) 1　　(C) 2　　(D) 3　　(E) 4

【答案】 (C)。

【解答】 由 $f(x)=x^2e^x$,得 $f'(x)=2xe^x+x^2e^x$, $f''(x)=2e^x+2xe^x+2xe^x+x^2e^x=2e^x+4xe^x+x^2e^x$。所以 $f''(0)=2e^0+0+0=2$,故选(C)。

【例 54】 设 $f(x)=\dfrac{x}{x^2-5x+6}$,则 $f^{(n)}(x)=$________。

(A) $(-1)^n n!\left[\dfrac{3}{(x-3)^{n+1}}-\dfrac{2}{(x-2)^{n+1}}\right]$

(B) $(-1)^n n!\left[\dfrac{3}{(x-3)^{n+1}}+\dfrac{2}{(x-2)^{n+1}}\right]$

(C) $(-1)^n n!\left[\dfrac{1}{(x-3)^{n+1}}-\dfrac{1}{(x-2)^{n+1}}\right]$

(D) $(-1)^{n-1} n!\left[\dfrac{3}{(x-3)^{n+1}}-\dfrac{2}{(x-2)^{n+1}}\right]$

(E) $(-1)^n n!\left[\dfrac{3}{(x-3)^{n}}-\dfrac{2}{(x-2)^{n}}\right]$

【答案】 (A)。

【解析】 $f(x)=\dfrac{x}{x^2-5x+6}=\dfrac{x}{(x-2)(x-3)}=\dfrac{3}{x-3}-\dfrac{2}{x-2}$,得

$$f^{(n)}(x)=\left(\frac{3}{x-3}\right)^{(n)}-\left(\frac{2}{x-2}\right)^{(n)}。$$

令 $\varphi(x)=\dfrac{1}{x-3}=(x-3)^{-1}$, $\varphi'(x)=(-1)(x-3)^{-2}$, $\varphi''(x)=(-1)(-2)(x-3)^{-3}$,有

$$\varphi^{(n)}(x)=(-1)^n n!\,(x-3)^{-(n+1)}=\frac{(-1)^n n!}{(x-3)^{n+1}},$$

则 $f^{(n)}(x)=\dfrac{3(-1)^n n!}{(x-3)^{n+1}}-\dfrac{2(-1)^n n!}{(x-2)^{n+1}}=(-1)^n n!\left[\dfrac{3}{(x-3)^{n+1}}-\dfrac{2}{(x-2)^{n+1}}\right]$。

故选(A)。

题型 8: 单调性、极值、最值

【例 55】 (经济类)函数 $f(x)=x^3+6x^2+9x$,那么________。

(A) $x=-1$ 为 $f(x)$的极大值点

(B) $x=-1$ 为 $f(x)$的极小值点

(C) $x=0$ 为 $f(x)$的极大值点

(D) $x=0$ 为 $f(x)$的极小值点

(E) $x=-1$ 不为 $f(x)$的极值点

【答案】 (B)。

【解析】 根据极值点的判别定理,本题中 $f'(x)=3x^2+12x+9$,由 $f'(x)=0$ 得两个驻点 $x=-1$ 或 $x=-3$,由 $f''(-1)=6>0$ 知 $x=-1$ 为 $f(x)$的极小值点。在 $x=0$ 处,由于 $f'(x)\neq 0$,可知 $x=0$ 不为 $f(x)$的极值点,故选(B)。

【例 56】 (经济类)函数 $f(x)=(x-1)^2(x+1)^2$ 的极值情况为________。

(A) 极大值 $f(0)=1$　　(B) 极小值 $f(0)=1$

(C) 极大值 $f(-1)=0$　　(D) 极大值 $f(1)=0$

(E) 极大值 $f(2)=9$

【答案】 (A)。

【解析】 $f'(x)=[(x-1)^2(x+1)^2]'=4x^3-4x$，$f''(x)=12x^2-4$，由 $f'(x)>0$ 得到单调增区间为 $[-1,0]\cup[1,+\infty]$，由 $f'(x)<0$ 得到单调减区间为 $(-\infty,-1)\cup(0,1)$。也可由 $f'(x)=0$ 得到驻点 $x=0$，$x=1$，$x=-1$。又 $f''(0)=-4<0$，$f''(1)=f''(1)=8>0$，故 $f(0)=1$ 为极大值，$f(-1)=f(1)=0$ 为极小值。故选(A)。

【例 57】 (经济类) $x=0$ 是函数 $f(x)=e^{x^2+x}$ 的________。

(A) 零点　　(B) 驻点　　(C) 极值点　　(D) 非极值点　　(E) 最值点

【答案】 (D)。

【解析】 第一步，$f(0)=1\neq 0$，$x=0$ 不是函数 $f(x)=e^{x^2+x}$ 的零点；

第二步，$f(x)=e^{x^2+x}$，$f'(x)=(2x+1)e^{x^2+x}=0$，$x=-\dfrac{1}{2}$(唯一的驻点)。

当 $x<-\dfrac{1}{2}$ 时，$f'(x)<0$；当 $x>-\dfrac{1}{2}$ 时，$f'(x)>0$；故 $x=-\dfrac{1}{2}$ 是极小值点。所以 $x=0$ 不是驻点，也不是极值点。故答案选择(D)。

【例 58】 (经济类)函数 $f(x)=2x^3+3x^2-12x+1$ 的极值为________。

(A) 极小值 $f(0)=1$　　(B) 极小值 $f(-2)=21$

(C) 极大值 $f(-1)=14$　　(D) 极大值 $f(1)=-6$

(E) 极大值 $f(-2)=21$

【答案】 (E)。

【解析】 $f(x)=2x^3+3x^2-12x+1\Rightarrow f'(x)=6x^2+6x-12=6(x-1)(x+2)$。令 $f'(x)=0\Rightarrow$ 两个驻点 $x=-2$，$x=1$。

当 $x<-2$ 或 $x>1$ 时，$f'(x)>0\Rightarrow f(x)$ 在 $(-\infty,-2)$，$(1,+\infty)$ 上单调增加：当 $-2<x<1$ 时，$f'(x)<0\Rightarrow f(x)$ 在 $(-2,1)$ 上单调减少。故 $x=-2$ 是极大值点，极大值 $f(-2)=21$，$x=1$ 是极小值点，极小值 $f(1)=-6$。故选(E)。

【例 59】 (经济类)已知 $x=1$ 是函数 $y=x^3+ax^2$ 的驻点，则常数 $a=$________。

(A) 0　　(B) 1　　(C) $-\dfrac{3}{2}$　　(D) $\dfrac{1}{2}$　　(E) $\dfrac{3}{2}$

【答案】 (C)。

【解析】 由 $y'=3x^2+2ax$，得 $y'(1)=3+2a=0$，所以 $a=-\dfrac{3}{2}$。故选(C)。

【例 60】 (经济类)求函数 $y=x^4-2x^3+1$ 的单调区间为________。

(A) $\left(-\infty, \frac{3}{2}\right)$内单调递增,在$\left(\frac{3}{2}, +\infty\right)$单调递增

(B) $\left(-\infty, \frac{3}{2}\right)$内单调递减,在$\left(\frac{3}{2}, +\infty\right)$单调递减

(C) $\left(-\infty, \frac{3}{2}\right)$内单调递增,在$\left(\frac{3}{2}, +\infty\right)$单调递减

(D) $\left(-\infty, \frac{3}{2}\right)$内单调递减,在$\left(\frac{3}{2}, +\infty\right)$单调递增

(E) $(-\infty, 0)$内单调递减,在$(0, +\infty)$单调递增

【答案】 (D)。

【解析】 令 $y'=4x^3-6x^2=4x^2\left(x-\frac{3}{2}\right)=0$,解出 $x=0, \frac{3}{2}$。具体情况如下表所示。

区间	$(-\infty, 0)$	$x=0$	$\left(0, \frac{3}{2}\right)$	$x=\frac{3}{2}$	$\left(\frac{3}{2}, +\infty\right)$
y'	$-$	0	$-$	0	$+$
y	↘	1	↘	极小值	↗

所以 $y=x^4-2x^3+1$ 在$\left(-\infty, \frac{3}{2}\right)$内单调递减,在$\left(\frac{3}{2}, +\infty\right)$单调递增。故选(D)。

【例 61】 (经济类)已知 $y=f(x)$ 是由方程 $xy-x^2=1$ 确定的函数,则 $y=f(x)$ 的驻点为________。

(A) 0　(B) -1　(C) 1　(D) ± 1　(E) ± 2

【答案】 (D)。

【解析】 由 $xy-x^2=1$,得 $y=\frac{1+x^2}{x}=x+\frac{1}{x}$,有 $y'=\left(x+\frac{1}{x}\right)'=1-\frac{1}{x^2}$。令 $y'=0$ 得 $1-\frac{1}{x^2}=0$,所以 $x=\pm 1$,故选(D)。

【例 62】 设三次多项式 $f(x)=ax^3+bx^2+cx+d$ 满足 $\frac{\mathrm{d}}{\mathrm{d}x}\int_x^{x+1} f(t)\mathrm{d}t=12x^2+18x+1$,若 f 达到极大值,则 x 为________。

(A) 2　(B) 1　(C) -1　(D) 3　(E) -3

【答案】 (C)。

【解析】 由 $\frac{\mathrm{d}}{\mathrm{d}x}\int_x^{x+1} f(t)\mathrm{d}t=f(x+1)-f(x)=12x^2+18x+1$,得 $3ax^2+(3a+2b)x+(a+b+c)=12x^2+18x+1$。比较等式两端多项式的系数,有 $\begin{cases}3a=12\\3a+2b=18\\a+b+c=1\end{cases}$ 解得 $a=4$,

$b=3$，$c=-6$。所以 $f(x)=4x^3+3x^2-6x+d$（d 为任意常数）。

令 $f'(x)=12x^2+6x-6=0$，得驻点，$x=-1$ 或 $x=\frac{1}{2}$。又 $f''(x)=24x+6$，由 $f''(-1)=-18<0$ 可知，当 $x=-1$ 时，$f(x)$ 有极大值；又 $f''\left(\frac{1}{2}\right)=18>0$，故当 $x=\frac{1}{2}$ 时，$f(x)$ 有极小值。

综上分析，当 $x=-1$ 时，函数有极大值，故选(C)。

【例 63】 已知 $f(x)=3x^2+kx^{-3}(k>0)$，当 $x>0$ 时，总有 $f(x)\geqslant 20$ 成立，则参数 k 的最小取值是________。

(A) 32　(B) 64　(C) 72　(D) 96　(E) 108

【答案】 (B)。

【解析】 $f(x)=3x^2+kx^{-3}\geqslant 20$ 亦即 $20x^3-3x^5\leqslant k$，函数 $g(x)=20x^3-3x^5$ 在 $(0,+\infty)$ 内的最大值就是参数 k 的最小取值。

令 $g'(x)=60x^2-15x^4=15x^2(4-x^2)=0$ 得 $x=2$，易知 $x=2$ 是 $g(x)$ 在 $(0,+\infty)$ 内的唯一极大值点，因此它是 $g(x)$ 在 $(0,+\infty)$ 内的最大值点，最大值为

$$g(2)=2^3(20-3\times 2^2)=64。$$

故正确选项为(B)。

【例 64】 $f(x)=(5x-1)e^{-x}$ 的单调增区间是________。

(A) $\left(\frac{6}{5},+\infty\right)$　(B) $\left(-\infty,\frac{6}{5}\right)$

(C) $\left(\frac{1}{5},+\infty\right)$　(D) $\left(-\infty,\frac{1}{5}\right)$

(E) 以上结论均不正确

【答案】 (B)。

【解析】 $f'(x)=e^{-x}(6-5x)$ 由 $f'(x)>0$ 得，$f(x)$ 的单调增区间为 $\left(-\infty,\frac{6}{5}\right)$。

故本题应选(B)。

【例 65】 (普研)设 $f(x)$ 有二阶连续导数，且 $f'(0)=0$，$\lim\limits_{x\to 0}\frac{f''(x)}{|x|}=1$，则________。

(A) $f(0)$ 是 $f(x)$ 的极大值

(B) $f(0)$ 是 $f(x)$ 的极小值

(C) $(0,f(0))$ 是曲线 $y=f(x)$ 的拐点

(D) $f(0)$ 不是 $f(x)$ 的极值，$(0,f(0))$ 也不是曲线 $y=f(x)$ 的拐点

(E) 以上说法均错误

【答案】 (B)。

【解析】 由于 $\lim\limits_{x\to 0}\frac{f''(x)}{|x|}=1>0$，由极限的保号性知在 $x=0$ 的某去心邻域内

$\frac{f''(x)}{|x|}>0$，即 $f''(x)>0$，从而 $f'(x)$ 单调增加，又 $f'(0)=0$，则在 $x=0$ 的左半邻域 $f'(x)<0$，而在 $x=0$ 的右半邻域内 $f'(x)>0$，故 $f(x)$ 在 $x=0$ 处取极小值，故选(B)。

【例 66】 设 $f(x)$，$g(x)$ 是恒大于零的可导函数，且 $f'(x)g(x)-f(x)g'(x)<0$，则当 $a<x<b$ 时，有________。

(A) $f(x)g(b)>f(b)g(x)$ (B) $f(x)g(a)>f(a)g(x)$

(C) $f(x)g(x)>f(b)g(b)$ (D) $f(x)g(x)>f(a)g(a)$

(E) $f(x)g(x)=f(b)g(b)$

【答案】 (A)。

【分析】 $f'(x)g(x)-f(x)g'(x)<0 \Leftrightarrow \frac{f'(x)g(x)-f(x)g'(x)}{[g(x)]^2}<0$

$\Rightarrow \frac{f(x)}{g(x)}$ 在 (a,b) 单调减少 $\Rightarrow \frac{f(x)}{g(x)}>\frac{f(b)}{g(b)}$，

即 $f(x)g(b)>f(b)g(x)\ (a<x<b)$，故应选(A)。

【例 67】 (普研)设函数 $f(x)$ 在定义域内可导，$y=f(x)$ 的图形如下图所示，

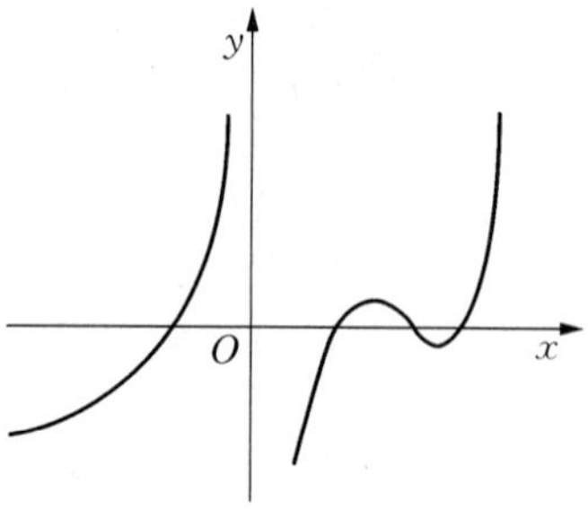

则导函数 $y=f'(x)$ 的图形为________。

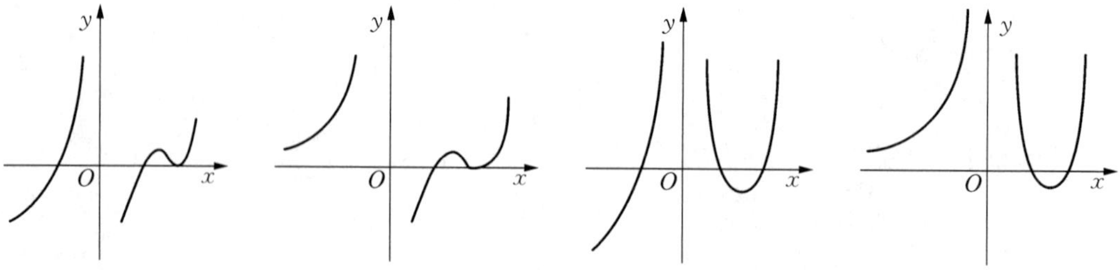

(E) 以上四个图像均错误

【答案】 (D)。

【分析】 当 $x<0$ 时，$f(x)$ 单调增加 $\Rightarrow f'(x)\geqslant 0$，(A)(C)不对；

当 $x>0$ 时，$f(x)$ 为"增—减—增" $\Rightarrow f'(x)$ 为"正—负—正"，(B)不对，(D)对，故应选(D)。

【例 68】 设 $f'(x)=g(x)$，$x\in(a,b)$，已知曲线 $y=g(x)$ 的图像如图 2－13 所示，则曲线 $y=f(x)$ 的极值点为________。

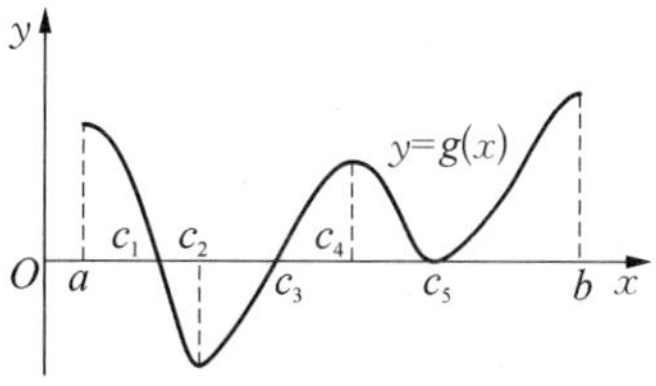

图 2－13

(A) c_1，c_3　　(B) c_2，c_4

(C) c_1，c_3，c_5　　(D) c_2，c_4，c_5

(E) 以上都不正确

【答案】 (A)。

【解析】 因为 $f'(x)=g(x)$，从图中可知 $f'(c_1)=g(c_1)=0=g(c_3)=f'(c_3)$，并且 $f'(x)$ 在 c_1 和 c_3 点左右异号，因此它们为极值点。尽管 $f'(c_5)=g(c_5)=0$，但 $f'(x)$ 在 c_5 点左右同号，因此它不为极值点。故答案选择(A)。

【例 69】 (普研)设函数 $f(x)$ 在 $(-\infty,+\infty)$ 内连续，其导函数的图形如图 2－14 所示，则 $f(x)$ 有________。

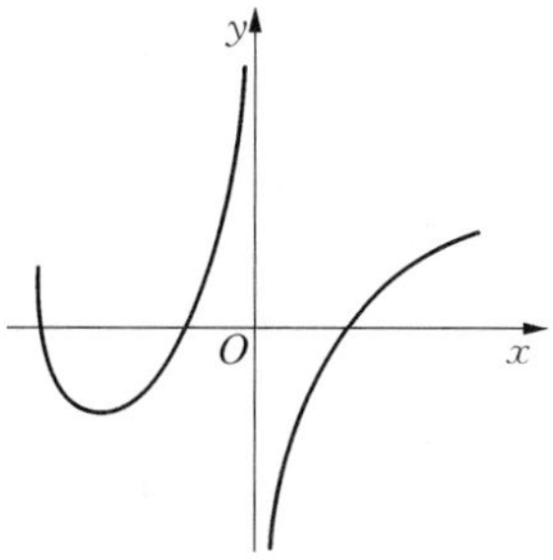

图 2－14

(A) 一个极小值点和两个极大值点

(B) 两个极小值点和一个极大值点

(C) 两个极小值点和两个极大值点

(D) 三个极小值点和一个极大值点

(E) 以上都不正确

【答案】 (C)。

【分析】 答案与极值点个数有关，而可能的极值点应是导数为零或导数不存在的点，共 4 个，是极大值点还是极小值可进一步由取极值的第一或第二充分条件判定。

【解析】 根据导函数的图形可知，一阶导数为零的点有 3 个，而 $x=0$ 则是导数不存在的点。三个一阶导数为零的点左右两侧导数符号不一致，必为极值点，且两个极小值点，一个极大值点；在 $x=0$ 左侧一阶导数为正，右侧一阶导数为负，可见 $x=0$ 为极大值点，故 $f(x)$ 共有两个极小值点和两个极大值点，应选(C)。

【例 70】 设函数 f 满足 $f(0)=2$ 和 $f(-2)=0$，f 在 $x=-1$ 和 $x=5$ 有极值，f' 是二次多项式，则 $f=$________。

(A) $f(x)=x^3-x^2-2x+2$　　(B) $f(x)=x^3-4x^2-15x+2$

(C) $f(x)=x^3-6x^2-15x+1$　　(D) $f(x)=x^3-3x^2-15x+2$

(E) $f(x)=x^3-6x^2-15x+2$

【答案】 (E)。

【解析】 设 $f'(x)=a(x+1)(x-5)$，有 $f(x)=a\left(\dfrac{x^3}{3}-2x^2-5x\right)+c$，由 $f(0)=2$，$f(-2)=0$，得 $c=2$，$a=3$。所以 $f(x)=x^3-6x^2-15x+2$。

故答案选择(E)。

【例 71】 设 $f(x)$ 二阶导数连续，且 $(x-1)f''(x)-2(x-1)f'(x)=1-e^{1-x}$，若 $x=a$ $(a\neq 1)$ 满足 $f'(a)=0$，则________。

(A) $f(a)$ 是 $f(x)$ 的极大值

(B) $f(a)$是$f(x)$的极小值

(C) $f(a)$不是$f(x)$的极值

(D) 无法判断$f(a)$是不是$f(x)$的极值

(E) 以上说法均错误

【答案】 (B)。

【解析】 由于$x=a$为极值点,则$f'(a)=0$,在等式$(x-1)f''(x)-2(x-1)f'(x)=1-e^{1-x}$中令$x=a$,可得

$$(a-1)f''(a)-2(a-1)f'(a)=1-e^{1-a},\ (a-1)f''(a)=1-e^{1-a},$$

$$f''(a)=\frac{1-e^{1-a}}{a-1}>0\ (a\neq 0),$$

则$f(x)$在$x=a$取极小值。故选(B)。

【例 72】 设$f(x)=x\sin x+\cos x$,下列命题中正确的是________。

(A) $f(0)$是极大值,$f\left(\frac{\pi}{2}\right)$是极小值

(B) $f(0)$是极小值,$f\left(\frac{\pi}{2}\right)$是极大值

(C) $f(0)$是极大值,$f\left(\frac{\pi}{2}\right)$也是极大值

(D) $f(0)$是极小值,$f\left(\frac{\pi}{2}\right)$也是极小值

(E) 以上选项均错误

【答案】 (B)。

【解析】 先求出$f'(x)$, $f''(x)$,再用取极值的充分条件判断即可。

$f'(x)=\sin x+x\cos x-\sin x=x\cos x$,显然$f'(0)=0$, $f'\left(\frac{\pi}{2}\right)=0$,又$f''(x)=\cos x-x\sin x$,且$f''(0)=1>0$, $f''\left(\frac{\pi}{2}\right)=-\frac{\pi}{2}<0$,故$f(0)$是极小值,$f\left(\frac{\pi}{2}\right)$是极大值,应选(B)。

【例 73】 (普研)$f(x)$二阶可导,$f(\pi)=0$, $f''(\pi)>0$, $x=\pi$是$f(x)$的极值点,$g(x)=f(x)\cos x$,则________。

(A) $x=\pi$是$g(x)$的极大值点

(B) $x=\pi$是$g(x)$的极小值点

(C) $x=\pi$不是$g(x)$的极大值点

(D) 不能确定$x=\pi$是否为$g(x)$的极大值点

(E) 以上选项均错误

【答案】 (A)。

【解析】 由取得极值的必要条件$f'(\pi)=0$, $g'(x)=f'(x)\cos x-f(x)\sin x$, $g'(\pi)=0$, $g''(x)=f''(x)\cos x-2f'(x)\sin x-f(x)\cos x$, $g''(\pi)=-f''(\pi)<0$,由取得极值的第二充分条件,$g(x)$在$x=\pi$处取得极大值,所以选(A)。

【例 74】 (普研)设函数$f(x)$满足关系式$f''(x)+[f'(x)]^2=\sin x$,且$f'(0)=0$。则________。

(A) $f(0)$是 $f(x)$的极大值

(B) $f(0)$是 $f(x)$的极小值

(C) 点$(0, f(0))$是曲线 $y=f(x)$的拐点

(D) 点$(0, f(0))$不是曲线 $y=f(x)$的拐点

(E) $f(0)$不是 $f(x)$的极值，点$(0, f(0))$也不是曲线 $y=f(x)$的拐点

【答案】 (C)。

【分析】 由 $f'(0)=0$ 知 $x=0$ 是函数 $f(x)$的一个驻点；由关系式知 $f''(0)=0$，即$(0, f(0))$可能是拐点，如何判断？或者分别考察 $f'(x)$与 $f''(x)$在点 $x=0$ 的左右附近是否变号，但在本题中这不容易做到，于是去求 $f(x)$在点 $x=0$ 处更高阶的导数，将原关系式两边求导后，令 $x=0$ 可得 $f'''(0)=1$。从而得知点$(0, f(0))$是曲线 $y=f(x)$的拐点，故应选(C)。

题型 9：方程的根问题

【例 75】 函数 $y=\dfrac{1}{x-a_1}+\dfrac{1}{x-a_2}+\dfrac{1}{x-a_3}$ 的零点个数为________，其中 $a_1<a_2<a_3$。

(A) 1　　(B) 2　　(C) 3　　(D) 4　　(E) 5

【答案】 (B)。

【解析】 函数 $y=f(x)=\dfrac{1}{x-a_1}+\dfrac{1}{x-a_2}+\dfrac{1}{x-a_3}$ 的定义域为 $D=(-\infty, a_1)\cup(a_1, a_2)\cup(a_2, a_3)\cup(a_3, +\infty)$。又 $y'=-\dfrac{1}{(x-a_1)^2}-\dfrac{1}{(x-a_2)^2}-\dfrac{1}{(x-a_3)^2}<0$，所以，$f(x)$是 D 上的单调减函数。

当 $x\in(-\infty, a_1)$时，有 $y<0$，且 $\lim\limits_{x\to-\infty}f(x)=0$，$\lim\limits_{x\to a_1^-}f(x)=-\infty$。所以，$y=f(x)$在$(-\infty, a_1)$内无零点。

类似可知，当 $x\in(a_3, +\infty)$时，$y=f(x)$在$(a_3, +\infty)$内无零点。当 $x\in(a_1, a_2)$时，有 $\lim\limits_{x\to a_1^+}f(x)=+\infty$，$\lim\limits_{x\to a_2^-}f(x)=-\infty$，所以，$y=f(x)$在$(a_1, a_2)$内有唯一零点 ξ_1，使得 $f(\xi_1)=0$。类似可知，$y=f(x)$在(a_2, a_3)内有唯一零点 ξ_2，有 $f(\xi_2)=0$。综上分析，函数 $y=f(x)$在其定义域内有 2 个零点，故答案选择(B)。

【例 76】 设方程 $x^3-27x+c=0$，若方程有 3 个相异实根，则 c 的范围是________。

(A) $(-27, 27)$　(B) $(-18, 18)$　(C) $(-45, 45)$　(D) $(-36, 36)$

(E) $(-54, 54)$

【答案】 (E)。

【解析】 设 $y=x^3-27x+c$。则其定义域为$(-\infty, +\infty)$，$y'=3x^2-27$。

令 $y'=0$，得 $x=-3$ 或 3；当 $x\in(-\infty, -3)$时，$y'>0$，函数单调增加；当 $x\in(-3, 3)$时，$y'<0$，函数单调减少；当 $x\in(3, +\infty)$时，$y'>0$，函数单调增加。

又该函数在 $x=-3$ 处有极大值 $y(-3)$，有极小值 $y(3)$，又 $\lim\limits_{x\to-\infty}(x^3-27x+c)=-\infty$，$\lim\limits_{x\to+\infty}(x^3-27x+c)=+\infty$，所以要使 $y=x^3-27x+c$ 有 3 个零点，只需 $y(-3)>0$，且

$y(3)<0$,即$\begin{cases}-27+81+c>0\\27-81+c<0\end{cases}$,由此可得,$c\in(-54,\ 54)$时,方程$x^3-27x+c=0$有3个相异实根。故选(E)。

【例77】 若方程$x^3-3x+q=0$有两相异实根,则当q为________。

(A) 2　(B) -2　(C) 1　(D) ±3　(E) ±2

【答案】 (E)。

【解析】 设$f(x)=x^3-3x+q$, $x\in(-\infty,\ +\infty)$,则$f'(x)=3x^2-3=3(x^2-1)$,令$f'(x)=0$,得$f(x)$的驻点$x=\pm1$,当$x\in(-\infty,\ -1)$时,$f'(x)>0$, $f(x)$单调增加;当$x\in(-1,\ 1)$时,$f'(x)<0$, $f(x)$单调减少;当$x\in(1,\ +\infty)$时,$f'(x)>0$, $f(x)$单调增加。

所以,$f(x)$有极大值$f(-1)=2+q$,极小值$f(1)=-2+q$,又$\lim\limits_{x\to-\infty}f(x)=-\infty$, $\lim\limits_{x\to+\infty}f(x)=+\infty$,所以,当$f(-1)=2+q=0$,即$q=-2$时,$f(x)$有2个零点,即方程有2个相异实根。当$f(-1)=-2+q=0$,即$q=2$时,$f(x)$有2个零点,即方程有2个相异实根。综上分析,当$q=\pm2$时,方程有2个相异实根。故选(E)。

【例78】 方程$x^2=x\sin x+\cos x$的实数根的个数是________。

(A) 1个　(B) 2个　(C) 3个　(D) 4个　(E) 0个

【答案】 (B)。

【分析】 本题主要考查零点存在定理和利用导数的符号判断函数的单调性。

解法1 设$f(x)=x^2-(x\sin x+\cos x)$, $f(x)$是偶函数,只需考虑$[0,\ +\infty)$的情形。$f(0)=-1$, $f\left(\frac{\pi}{2}\right)=\frac{\pi}{2}\left(\frac{\pi}{2}-1\right)>0$由零点存在定理,$f(x)$在$\left(0,\ \frac{\pi}{2}\right)$内至少存在1个零点。又$f'(x)=x(2-\cos x)>0$, $x\in(0,\ +\infty)$,由此$f(x)$在$[0,\ +\infty)$内仅有1个零点,所以$f(x)$在$(-\infty,\ +\infty)$内仅有2个零点。

故正确选项为(B)。

解法2 就本题而言,有$f(0)=-1$, $f(+\infty)=+\infty$及$f'(x)=x(2-\cos x)>0$, $x\in(0,\ +\infty)$,立即可得出正确选项为(B)。

【例79】 方程$\ln x-\frac{x}{\mathrm{e}}+1=0$的实根个数为________。

(A) 1个　(B) 2个　(C) 3个　(D) 4个　(E) 0个

【答案】 (B)。

【分析】 令$f(x)=\ln x-\frac{x}{\mathrm{e}}+1$, $f'(x)=\frac{1}{x}-\frac{1}{\mathrm{e}}$,令$f'(x)=0$　得　$x=\mathrm{e}$。

当$x\in(0,\ \mathrm{e})$时,$f'(x)>0$, $f(x)$单调增加;当$x\in(\mathrm{e},\ +\infty)$时,$f'(x)<0$, $f(x)$单调减少。

又$f(\mathrm{e})=1>0$, $\lim\limits_{x\to0^+}f(x)=-\infty$, $\lim\limits_{x\to+\infty}f(x)=-\infty$,则$f(x)$在$(0,\ \mathrm{e})$和$(\mathrm{e},\ +\infty)$内各有1个零点,故原方程有2个实根。答案选择(B)。

【例 80】 方程 $2^x - x^2 = 1$ 有________个实根。

(A) 1　　(B) 2　　(C) 3　　(D) 4　　(E) 0

【答案】 (C)。

【解析】 令 $f(x)=2^x-x^2-1$，$f(0)=0$，$f(1)=0$，$f(2)=-1<0$，$f(5)=2^5-25-1=6>0$，则 $f(x)$ 在 $(2, 5)$ 内至少有 1 个零点。原方程至少有 3 个实根，又

$$f'(x)=2^x\ln 2-2x,\ f''(x)=2^x\ln^2 2-2,\ f'''(x)=2^x\ln^3 2\neq 0,$$

从而原方程最多 3 个实根，则原方程有 3 个实根，答案选择(C)。

【例 81】 方程 $x=a\mathrm{e}^x\ (a>0)$ 实根个数为________。

(A) $a>\frac{1}{\mathrm{e}}$ 时，方程有 2 个实根　　(B) $a<\frac{1}{\mathrm{e}}$ 时，方程有 2 个实根

(C) $a=\frac{1}{\mathrm{e}}$ 时，方程有 2 个实根　　(D) $a=\frac{1}{\mathrm{e}}$ 时，方程无实根

(E) $a>\frac{1}{\mathrm{e}}$ 时，方程有 1 个实根

【答案】 (B)。

【解析】 将原方程变形得 $x\mathrm{e}^{-x}-a=0$，令 $f(x)=x\mathrm{e}^{-x}-a\ (x>0)$，得

$$f'(x)=\mathrm{e}^{-x}-x\mathrm{e}^{-x}=(1-x)\mathrm{e}^{-x}。$$

令 $f'(x)=0$，得 $x=1$，当 $x\in(0, 1)$ 时，$f'(x)>0$，$f(x)$ 单调增加；当 $x\in(1, +\infty)$ 时，$f'(x)<0$，$f(x)$ 单调减少。$\lim\limits_{x\to 0^+}f(x)=-a<0$，$\lim\limits_{x\to+\infty}f(x)=\lim\limits_{x\to+\infty}\left(\frac{x}{\mathrm{e}^x}-a\right)=-a<0$。$f(1)=\frac{1}{\mathrm{e}}-a$，则

(1) 当 $a<\frac{1}{\mathrm{e}}$ 时，原方程有 2 个实根；

(2) 当 $a=\frac{1}{\mathrm{e}}$ 时，原方程有唯一实根；

(3) 当 $a>\frac{1}{\mathrm{e}}$ 时，原方程无实根。

故答案选择(B)。

【例 82】 设当 $x>0$ 时，方程 $kx+\frac{1}{x^2}=1$ 有且仅有一个解，则 k 的取值范围为________。

(A) $k\leqslant 0$　　(B) $k=\frac{2\sqrt{3}}{9}$ 或 $k\leqslant 0$

(C) $k=\frac{2\sqrt{3}}{9}$　　(D) $k=\frac{\sqrt{3}}{9}$ 或 $k\leqslant 0$

(E) $k \geqslant \frac{2\sqrt{3}}{9}$ 或 $k \leqslant 0$

【答案】 (B)。

【解析】 将原方程变形得 $k=\frac{1}{x}-\frac{1}{x^3}(x>0)$，令 $f(x)=\frac{1}{x}-\frac{1}{x^3}(x>0)$，得

$$f'(x)=-\frac{1}{x^2}+\frac{3}{x^4}=\frac{3-x^2}{x^4}。$$

令 $f'(x)=0$ 得 $x=\sqrt{3}$。

当 $x \in (0, \sqrt{3})$ 时，$f'(x)>0$，$f(x)$ 单调增加，当 $x \in (\sqrt{3}, +\infty)$ 时，$f'(x)<0$，$f(x)$ 单调减少，且 $f(\sqrt{3})=\frac{2}{9}\sqrt{3}$。

$\lim\limits_{x \to 0^+} f(x)=\lim\limits_{x \to 0^+}\frac{x^2-1}{x^3}=-\infty$，$\lim\limits_{x \to +\infty} f(x)=0$，从而若原方程有且仅有一个实根，则 $k=\frac{2}{9}\sqrt{3}$，或 $k \leqslant 0$。故选(B)。

【例 83】 设 $f(x)$ 在$[0, 1]$上可微，且当 $0 \leqslant x \leqslant 1$ 时，$0<f(x)<1$，$f'(x) \neq 1$。则在 $(0, 1)$内 $f(x)=x$ 有________个实根。

(A) 1　　(B) 2　　(C) 3　　(D) 4　　(E) 0

【答案】 (A)。

【解析】 令 $F(x)=f(x)-x$，则 $F(0)=f(0)>0$，$F(1)=f(1)-1<0$，由零点定理知方程 $F(x)=0$ 在 $(0, 1)$ 内至少有一个实根，又 $F'(x)=f'(x)-1 \neq 0$，则 $F(x)=0$ 最多一个实根，故答案选择(A)。

【例 84】 设 $f''(x)<0$，$f(1)=2$，$f'(1)=-3$ 则 $f(x)=0$ 在 $(1, +\infty)$ 有________个实根。

(A) 1　　(B) 2　　(C) 3　　(D) 4　　(E) 0

【答案】 (A)。

【解析】 **解法 1** 由 $f''(x)<0$ 知 $f'(x)$ 在 $(1, +\infty)$ 上单调减少，又 $f'(1)=-3<0$，则当 $x \in (1, +\infty)$ 时，$f'(x)<0$，从而 $f(x)$ 在 $(1, +\infty)$ 上单调减少，方程 $f(x)=0$ 在 $(1, +\infty)$ 上最多一个实根。由泰勒公式知当 $x \in (1, +\infty)$ 时，有

$$\begin{aligned} f(x)&=f(1)+f'(1)(x-1)+\frac{f''(\xi)}{2!}(x-1)^2 \\ &=2-3(x-1)+\frac{f''(\xi)}{2}(x-1)^2 \leqslant 2-3(x-1)=5-3x。\end{aligned}$$

令 $x=2$，则 $f(2) \leqslant 5-6=-1<0$，又 $f(1)=2>0$，由点零定理知：方程 $f(x)=0$ 在 $(1, +\infty)$内有根，故答案选择(A)。

解法 2 $f(2)-f(1)=f'(c)(2-1)(1<c<2) \leqslant f'(1)(2-1)(f'(x)$ 递减)

即　$f(2) \leqslant f(1) + f'(1)(2-1) = 2-3 = -1 < 0$, $f(1) = 2 > 0$。

由零点定理知方程 $f(x)=0$ 在 $(1, +\infty)$ 内至少有一个实根,故答案选择(A)。

【例 85】　若方程 $x - e\ln x - k = 0$ 在$(0, 1]$上有解,则 k 的最小值为________。

(A) -1　　(B) $\frac{1}{e}$　　(C) 1　　(D) e　　(E) $-\frac{1}{e}$

【答案】　(C)。

【分析】　本题考查极限的保号性,利用函数单调性及连续函数的零点存在问题讨论一般方程根的存在性。

记 $f(x)=x-e\ln x-k$,则 $f'(x)=1-\frac{e}{x}<0$, $x \in (0, 1]$,这表明 $f(x)$ 在 $(0, 1]$ 内单调递减,因而它在 $(0, 1]$ 内最多只有一个零点。

又 $\lim\limits_{x \to 0^+} f(x) = +\infty$,由极限的保号性,存在 $r(0<r<1)$,使得 $f(r)>0$, $f(x)$在$[r, 1]$上连续, $f(r)>0$, $f(1)=1-k$。

当 $f(1)=1-k=0$,即 $k=1$ 时,由在闭区间上连续函数的零点存在定理,函数 $f(x)$ 在 $(r, 1) \subset (0, 1)$ 内有一个零点,即方程 $x - e\ln x - k = 0$ 在$(0, 1]$上有解,则最小值为 1。

故正确选项为(C)。

题型 10: 函数凹凸性、渐近线

【例 86】　设函数 $f(x)$ 在开区间 (a, b) 内有 $f'(x)<0$,且 $f''(x)<0$,则 $y=f(x)$ 在 (a, b) 内________。

(A) 单调增加,图像上凹　　(B) 单调增加,图像下凹

(C) 单调减少,图像上凹　　(D) 单调减少,图像下凹

(E) 无法判断单调性和凹凸性

【答案】　(D)。

【解析】　根据单调性定理, $f'(x)<0$,故函数 $y=f(x)$ 在 (a, b) 内单调减少;根据函数凹凸性与二阶导数的关系,得 $f''(x)<0$,故函数 $y=f(x)$ 在 (a, b) 内为凸函数。故选(D)。

【例 87】　设函数 $f(x)$ 具有二阶导数, $g(x)=f(0)(1-x)+f(1)x$,则在区间$[0, 1]$上________。

(A) 当 $f'(x) \geqslant 0$ 时, $f(x) \geqslant g(x)$

(B) 当 $f'(x) \geqslant 0$ 时, $f(x) \leqslant g(x)$

(C) 当 $f''(x) \geqslant 0$ 时, $f(x) \geqslant g(x)$

(D) 当 $f''(x) \geqslant 0$ 时, $f(x) \leqslant g(x)$

(E) 以上四个选项均错误

【答案】　(D)。

【解析】　令 $F(x)=g(x)-f(x)=f(0)(1-x)+f(1)x-f(x)$,则

$$F(0)=F(1)=0,$$

$$F'(x)=-f(0)+f(1)-f'(x),\ F''(x)=-f''(x)。$$

若 $f''(x)\geqslant 0$,则 $F''(x)\leqslant 0$,$F(x)$在$[0,1]$上为凸的。又 $F(0)=F(1)=0$,所以当 $x\in[0,1]$ 时,$F(x)\geqslant 0$,从而 $g(x)\geqslant f(x)$。

故选(D)。

【例 88】 设函数 $f(x)$在$(-\infty,+\infty)$上连续,其二阶导数 $f''(x)$的图形如图 2-15 所示,则曲线 $y=f(x)$ 在$(-\infty,+\infty)$的拐点个数为________。

(A) 0　　(B) 1

(C) 2　　(D) 3

(E) 4

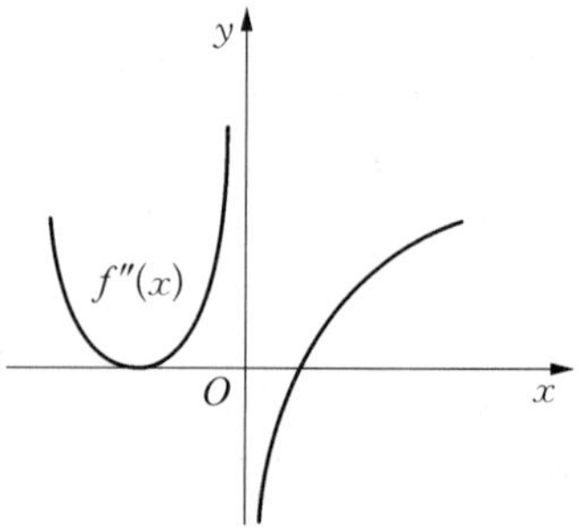

图 2-15

【答案】 (C)。

【解析】 对于连续函数的曲线而言,拐点处的二阶导数等于零或者不存在。从图上可以看出有两个二阶导数等于零的点,以及一个二阶导数不存在的点 $x=0$。但对于这三个点,左边的二阶导数等于零的点的两侧二阶导数都是正的,所以对应的点不是拐点。而另外两个点的两侧二阶导数是异号的,对应的点才是拐点,所以应该选(C)。

【例 89】 (普研)函数 $f(x)=\dfrac{x|x|}{(x-1)(x-2)}$ 在 $(-\infty,+\infty)$ 上有________。

(A) 1 条垂直渐近线,1 条水平渐近线

(B) 1 条垂直渐近线,2 条水平渐近线

(C) 2 条垂直渐近线,1 条水平渐近线

(D) 2 条垂直渐近线,2 条水平渐近线

(E) 1 条垂直渐近线,0 条水平渐近线

【答案】 (D)。

【解析】 本题考查求函数的极限和求曲线的水平渐近线和垂直渐近线。

$$\lim_{x\to+\infty} f(x)=\lim_{x\to+\infty}\frac{x^2}{(x-1)(x-2)}=1,$$

所以 $y=1$ 是曲线 $y=f(x)$ 的一条水平渐近线。

$$\lim_{x\to-\infty} f(x)=\lim_{x\to-\infty}-\frac{-x^2}{(x-1)(x-2)}=-1,$$

所以 $y=-1$ 是曲线 $y=f(x)$ 的一条水平渐近线.因此,曲线 $y=f(x)$ 有 2 条水平渐近线。

$$\lim_{x\to 1} f(x)=\lim_{x\to 1}\frac{x|x|}{(x-1)(x-2)}=\infty,$$

所以 $x=1$ 是曲线 $y=f(x)$ 的一条垂直渐近线。

$$\lim_{x\to 2} f(x)=\lim_{x\to 2}\frac{x|x|}{(x-1)(x-2)}=\infty,$$

所以 $x=2$ 是曲线 $y=f(x)$ 的一条垂直渐近线。因此，曲线 $y=f(x)$ 有 2 条垂直渐近线。

故正确选项为(D)。

【例 90】 曲线 $y=\dfrac{(1+x)^{\frac{3}{2}}}{\sqrt{x}}$ 的斜渐近线方程为________。

(A) $y=2x+1$　　(B) $y=2x+\dfrac{3}{2}$

(C) $y=x+\dfrac{1}{2}$　　(D) $y=x+1$

(E) $y=x+\dfrac{3}{2}$

【答案】 (E)。

【解析】 $\lim\limits_{x\to+\infty}\dfrac{y}{x}=\lim\limits_{x\to+\infty}\dfrac{(1+x)^{\frac{3}{2}}}{x\sqrt{x}}=\lim\limits_{x\to+\infty}\left(1+\dfrac{1}{x}\right)^{\frac{3}{2}}=1=a$，

$$\begin{aligned}\lim_{x\to+\infty}[y-ax]&=\lim_{x\to+\infty}\left[\frac{(1+x)^{\frac{3}{2}}}{\sqrt{x}}-x\right]\\&=\lim_{x\to+\infty}\frac{(1+x)^{\frac{3}{2}}-x\sqrt{x}}{\sqrt{x}}\\&=\lim_{x\to+\infty}\frac{x^{\frac{3}{2}}\left[\left(1+\frac{1}{x}\right)^{\frac{3}{2}}-1\right]}{\sqrt{x}}\\&=\lim_{x\to+\infty}\frac{x^{\frac{3}{2}}\frac{3}{2}\frac{1}{x}}{\sqrt{x}}\left[\left(1+\frac{1}{x}\right)^{\frac{3}{2}}-1\sim\frac{3}{2}\frac{1}{x}\right]\\&=\frac{3}{2}=b。\end{aligned}$$

则斜渐近线方程为 $y=x+\dfrac{3}{2}$。故选(E)。

题型 11：不等式判断

【例 91】 当 $0<x<\dfrac{\pi}{2}$ 时，下列比较大小正确的是________。

(A) $\dfrac{2}{\pi}<\dfrac{\sin x}{x}$　　(B) $\dfrac{2}{\pi}>\dfrac{\sin x}{x}$

(C) $\dfrac{2}{\pi}\leqslant\dfrac{\sin x}{x}$　　(D) $\dfrac{2}{\pi}\geqslant\dfrac{\sin x}{x}$

(E) 以上都不正确

【答案】 (A)。

【解析】 **解法1** 令 $f(x)=\frac{2}{\pi}x-\sin x$，则 $f'(x)=\frac{2}{\pi}-\cos x$，令 $\frac{2}{\pi}-\cos x_0=0$，分 $\left[0,\frac{\pi}{2}\right]$ 为 $[0,x_0]$ 及 $\left[x_0,\frac{\pi}{2}\right]$，在 $[0,x_0]$ 上 $f'(x)<0$，$f(x)$ 单调减少且 $f(0)=0$，得 $f(x)<0$；在 $\left[x_0,\frac{\pi}{2}\right]$ 上，$f'(x)>0$，$f(x)$ 单调增加且 $f\left(\frac{\pi}{2}\right)=0$，故 $f(x)<0$。故在 $\left[0,\frac{\pi}{2}\right]$ 上 $\frac{2}{\pi}x<\sin x$，则 $\frac{2}{\pi}<\frac{\sin x}{x}$。故选(A)。

解法2 令 $f(x)=\frac{\sin x}{x}$，则 $f'(x)=\frac{x\cos x-\sin x}{x^2}=\frac{\cos x(x-\tan x)}{x^2}<0$，$f(x)$ 在 $\left(0,\frac{\pi}{2}\right)$ 上单调减，$f\left(\frac{\pi}{2}\right)=\frac{2}{\pi}$。故选(A)。

【例92】 比较 e^{π} 与 π^{e} 的大小正确的是________。

(A) $e^{\pi}>\pi^{e}$　　(B) $e^{\pi}<\pi^{e}$

(C) $e^{\pi}\geqslant\pi^{e}$　　(D) $e^{\pi}\leqslant\pi^{e}$

(E) 以上都不正确

【答案】 (A)。

【解析】 取对数，等价于比较 $\pi\ln e$ 与 $e\ln\pi$ 的大小，也等价于比较 $\frac{\ln e}{e}$ 与 $\frac{\ln\pi}{\pi}$ 的大小，只要考察 $f(x)=\frac{\ln x}{x}$ 在 $[e,\pi]$ 上的单调性，$f'(x)=\frac{1-\ln x}{x^2}<0$，$x\in(e,\pi)$，则 $e^{\pi}>\pi^{e}$。故选(A)。

【例93】 下列不等式正确的是________。

(A) $(x+y)\ln\frac{x+y}{2}\leqslant x\ln x+y\ln y\ (x>0,y>0)$

(B) $(x+y)\ln\frac{x+y}{2}\geqslant x\ln x+y\ln y\ (x>0,y>0)$

(C) $(x+y)\ln\frac{x+y}{2}>x\ln x+y\ln y\ (x>0,y>0)$

(D) $(x+y)\ln\frac{x+y}{2}<x\ln x+y\ln y\ (x>0,y>0)$

(E) 以上都不正确

【答案】 (A)。

【解析】 只要证明 $\frac{x+y}{2}\ln\frac{x+y}{2}\leqslant\frac{x\ln x+y\ln y}{2}\ (x>0,\ y>0)$，即只要证明函数 $f(x)=x\ln x\,(x>0)$ 的图形是凹的。

由于 $f'(x)=\ln x+1$，$f''(x)=\frac{1}{x}>0\ (x>0)$，则函数 $f(x)=x\ln x\,(x>0)$ 的图形是

凹的，故选(A)。

题型 12：微分中值定理证明题

【例 94】 若 $f(x)$ 的二阶导数连续，且 $\lim\limits_{x\to+\infty} f''(x)=1$，则对任意常数 a，必有 $\lim\limits_{x\to+\infty}[f'(x+a)-f'(x)]=$________。

(A) a　　(B) 1　　(C) 0　　(D) $af''(a)$　　(E) $f''(a)$

【答案】 (A)。

【分析】 本题考查拉格朗日中值定理。

解法 1 $f'(x)$ 在 $(x,\ x+a)$ 之间利用拉格朗日中值定理，得 $f'(x+a)-f'(x)=f''(\xi)$，ξ 在 x 与 $x+a$ 之间。当 $x\to+\infty$ 时，$\xi\to+\infty$，故 $\lim\limits_{x\to+\infty}[f'(x+a)-f'(x)]=\lim\limits_{\xi\to+\infty} f''(\xi)\cdot a=a$，故正确选项为(A)。

解法 2 特殊值代入法。

设 $f(x)=\dfrac{1}{2}x^2$，则 $f'(x)=x$，$f''(x)=1$，即 $f(x)$ 符合题设条件，这时 $f'(x+a)-f'(x)=a$，所以有 $\lim\limits_{x\to+\infty}[f'(x+a)-f'(x)]=a$。故选(A)。

【例 95】 函数 $f(x)$ 在 $[1,\ +\infty]$ 上具有连续导数，且 $\lim\limits_{x\to+\infty} f'(x)=0$，则________。

(A) $f(x)$ 在 $[1,\ +\infty)$ 上有界　　(B) $\lim\limits_{x\to+\infty} f(x)$ 存在

(C) $\lim\limits_{x\to+\infty}[f(2x)-f(x)]$ 存在　　(D) $\lim\limits_{x\to+\infty}[f(x+1)-f(x)]=0$

(E) 以上选项均错误

【答案】 (D)。

【分析】 本题考查拉格朗日中值定理。

解法 1 根据拉格朗日中值定理得 $f(x+1)-f(x)=f'(\xi)$，其中 ξ 在 x 与 $x+1$ 之间，当 $x\to+\infty$ 时，$\xi\to+\infty$，从而得 $\lim\limits_{x\to+\infty}[f(x+1)-f(x)]=\lim\limits_{\xi\to+\infty} f'(\xi)=0$。

故正确选项为(D)。

解法 2 特殊值代入法。

取 $f'(x)=\dfrac{1}{2\sqrt{x}}$，则 $\lim\limits_{x\to+\infty} f'(x)=0$，这是 $f(x)=\sqrt{x}$ 满足题设条件。易知选项(A)(B)不成立。

又 $\lim\limits_{x\to+\infty}[f(2x)-f(x)]=\lim\limits_{x\to+\infty}(\sqrt{2x}-\sqrt{x})=\lim\limits_{x\to+\infty}\dfrac{x}{\sqrt{2x}+\sqrt{x}}=+\infty$，即选项(C)也不正确，故正确选项为(D)。

【例 96】 (普研)设在 $[0,\ 1]$ 上 $f''(x)>0$，则 $f'(0)$，$f'(1)$，$f(1)-f(0)$ 或 $f(0)-f(1)$ 的大小顺序是________。

(A) $f'(1)>f'(0)>f(1)-f(0)$　　(B) $f'(1)>f(1)-f(0)>f'(0)$

(C) $f(1)-f(0)>f'(1)>f'(0)$　　(D) $f'(1)>f(0)-f(1)>f'(0)$

(E) 无法判断具体大小关系

【答案】 (B)。

【分析】 $f''(x)>0\Rightarrow f'(1)>f'(x)>f'(0)(0<x<1)$。由微分中值定理，$f(1)-f(0)=f'(\xi)(0<\xi<1)$，由此，$f'(1)>f(1)-f(0)>f'(0)$。

故选(B)。

题型 13：一元函数微分学中与经济有关的概念与公式

【例 97】 (经济类)已知某函数的需求函数为 $P=10-\dfrac{Q}{5}$，成本函数为 $C=50+2Q$，则利润最大时的产量 Q 为________。

(A) 20 (B) 30 (C) 40 (D) 10 (E) 50

【答案】 (A)。

【解析】 “收益=需求×价格”，故本题中的收益为 $\left(10-\dfrac{Q}{5}\right)Q$。

而利润=收益−成本，故本题中的利润为 $F(Q)=\left(10-\dfrac{Q}{5}\right)Q-(50+2Q)=\dfrac{-Q^2}{5}+8Q-50$。

求导可得 $f'(Q)=\dfrac{-2Q}{5}+8$，令 $F'(Q)=0$ 可得 $Q=20$。

又当 $Q<20$ 时，$F'(Q)>0$；当 $Q>20$ 时，$F'(Q)<0$。可知当 $Q=20$ 时，利润最大。故答案选择(A)。

【例 98】 (普研)设生产某产品的平均成本 $\overline{C}(Q)=1+e^{-Q}$，其中产量为 Q，则边际成本________。

(A) $Q+Qe^{-Q}$ (B) $1+e^{-Q}$

(C) $1+Qe^{-Q}$ (D) $1+(1-Q)e^{-Q}$

(E) 以上都不正确

【答案】 (D)。

【详解】 平均成本 $\overline{C}(Q)=1+e^{-Q}$，则总成本为 $C(Q)=Q\overline{C}(Q)=Q+Qe^{-Q}$，从而边际成本为 $C'(Q)=1+(1-Q)e^{-Q}$。故选(D)。

【例 99】 设某商品的需求函数为 $Q=40-2p$(p 为商品的价格)，则该商品的边际收益为________。

(A) $\dfrac{40-Q}{2}$ (B) $\dfrac{40Q-Q^2}{2}$

(C) $10-Q$ (D) $20-Q$

(E) 以上都不正确

【答案】 (D)。

【解析】 价格 $p=\dfrac{40-Q}{2}$，收益函数 $R=P\cdot Q=\dfrac{40-Q}{2}\cdot Q$，故边际收益为 $\dfrac{dR}{dQ}=20-Q$。故选(D)。

【例 100】（普研）设某商品的需求函数为 $Q=160-2P$，其中 Q、P 分别表示需求量和价格，如果该商品需求弹性的绝对值等于 1，则商品的价格是______。

(A) 10　　(B) 20　　(C) 30　　(D) 40　　(E) 50

【答案】(D)。

【解析】由题设，有 $\left|P\frac{Q'}{Q}\right|=1$，即 $\left|P\frac{-2}{160-2P}\right|=1$，解得 $P=40$。故应选(D)。

【例 101】（普研）设某酒厂有一批新酿的好酒，如果现在(假定 $t=0$) 就售出，总收入为 R_0(元)。如果窖藏起来待来日按陈酒价格出售，t 年末总收入为 $R=R_0e^{\frac{2}{5}\sqrt{t}}$。假定银行的年利率为 $r=0.06$，并已连续复利计息则窖藏______年售出可使总收入的现值最大。

(A) 8　　(B) 11　　(C) 15　　(D) 17　　(E) 20

【答案】(B)。

【解析】根据连续复利公式，在年利率为 r 的情况下，现在的 A(元)在 t 时的总收入为 $R(t)=Ae^{rt}$，反之，t 时总收入 $R(t)$ 的现值为 $A(t)=R(t)e^{-rt}$，将 $R=R_0e^{\frac{2}{5}\sqrt{t}}$ 代入即得到总收入的现值与窖藏时间 t 之间的关系式，从而可用微分法求其最大值。由连续复利公式知，这批酒在窖藏 t 年末售出总收入 R 的现值为 $A(t)=R(t)e^{-rt}$，而 $R=R_0e^{\frac{2}{5}\sqrt{t}}$，故 $A(t)=R_0e^{\frac{2}{5}\sqrt{t}-rt}$，且

$$A'(t)=A(t)\left(\frac{1}{5\sqrt{t}}-r\right)\begin{cases}>0, & 0<t<t_0\\ =0, & t=t_0=\dfrac{1}{25r^2},\\ <0, & t>t_0\end{cases}$$

故 $t_0=\frac{1}{25r^2}$ 是 $A(t)$ 的最大值点，因此窖藏 $t=\frac{1}{25r^2}$ (年)售出，总收入现值最大。

当时 $r=0.06$ 时，$t=\frac{100}{9}\approx 11$(年)。故选(B)。

注意：本题主要考查连续复利公式，求现值方法及应用微分求函数最大值的方法，本题最容易出现错误的是忽视题目中“连续复利计息”的要求，而是使用了离散复利公式，推得现值

$$A(t)=R(1+r)^{-1}=R_0e^{\frac{2}{5}\sqrt{t}}(1+r)^{-1}，解得\quad t_{0.06}=\frac{1}{25(\ln 1.06)^2},$$

这种做法是错误的！

【例 102】（普研）设生产函数为 $Q=AL^{\alpha}K^{\beta}$，其中 Q 是产出量，L 是劳动投入量，K 是资本投入量，而 A、α、β 均大于零的参数，则 $Q=1$ 时 K 关于 L 的弹性为______。

(A) -1　　(B) $-\frac{\beta}{\alpha}$　　(C) $\frac{\alpha}{\beta}$　　(D) $\frac{\beta}{\alpha}$　　(E) $-\frac{\alpha}{\beta}$

【答案】(E)。

【解析】 当时 $Q=1$ 时，$1=AL^{\alpha}K^{\beta}$，等式两边对 L 求导得

$$0=\alpha AL^{\alpha-1}K^{\beta}+\beta AL^{\alpha}K^{\beta-1}\frac{\mathrm{d}K}{\mathrm{d}L}\Rightarrow\frac{\mathrm{d}K}{\mathrm{d}L}=-\frac{\alpha K}{\beta L}。$$

由弹性计算公式知，当 $Q=1$ 时，K 关于 L 的弹性为

$$\frac{\mathrm{d}K}{\mathrm{d}L}\cdot\frac{L}{K}=-\frac{\alpha K}{\beta L}\cdot\frac{L}{K}=-\frac{\alpha}{\beta}。$$

【例 103】 (普研)设某商品需求量 Q 是价格 p 的单调减少函数：$Q=Q(p)$，其需求弹性 $\eta=\dfrac{2p^2}{192-p^2}>0$。则当 $p=6$ 时，总收益对价格的弹性为________。

(A) -1　　(B) -0.54　　(C) 0.54　　(D) 0.45　　(E) -0.45

【答案】 (C)。

【解析】 $R(p)=pQ(p)$，两边对 p 求导数，得 $\dfrac{\mathrm{d}R}{\mathrm{d}p}=Q+p\dfrac{\mathrm{d}Q}{\mathrm{d}p}=Q\left(1+\dfrac{p}{Q}\cdot\dfrac{\mathrm{d}Q}{\mathrm{d}p}\right)=Q(1-\eta)$

则 $\dfrac{ER}{EP}=\dfrac{p}{R}\cdot\dfrac{\mathrm{d}R}{\mathrm{d}p}=\dfrac{pQ}{pQ}(1-\eta)=1-\eta=1-\dfrac{2p^2}{192-p^2}=\dfrac{192-3p^2}{192-p^2}$，

所以 $\left.\dfrac{ER}{Ep}\right|_{p=6}=\dfrac{192-3\times6^2}{192-6^2}=\dfrac{7}{13}\approx0.54$。故选(C)。

注意：题设 $Q=Q(p)$ 是单调减少函数，从而需求价格弹性应非正，在题目中所说的需求(价格)弹性 $\eta>0$，其实是指需求价格弹性的绝对值。因而有 $\eta=-\dfrac{p}{Q}\dfrac{\mathrm{d}Q}{\mathrm{d}p}$。

【例 104】 (普研)一商家销售某种商品价格满足关系 $p=7-0.2x$ (万元/吨)，x 为销售量(单位：吨)，商品的成本函数是 $C=3x-1$(万元)。若每销售一吨商品，政府要征税 t(万元)，t 为________时政府税收总额最大________。

(A) 1　　(B) 2　　(C) 3　　(D) 4　　(E) 5

【答案】 (B)。

【解析】 需写出利润与销售量之间的关系 $\pi(x)$，它是商品销售总收入减去成本和政府税收。正确写出 $\pi(x)$ 后，满足 $\pi'(x_0)=0$ 的 x_0 即为最大利润时的销售量，此时，$x_0(t)$ 是的 t 的函数，当商家获得最大利润时，政府税收总额 $T=tx(t)$ 也就越大，再由导数知识即可求出既保证商家获利最多，又保证政府税收总额达到最大的税值 t。

设 T 为总税额，则 $T=tx$。商品销售总收入为

$$R=px=(7-0.2x)x=7x-0.2x^2。$$

利润函数为　$\pi=R-C-T=7x-0.2x^2-3x-1-tx=-0.2x^2+(4-t)x-1$。令 $\pi'(x)=0$，即 $-0.4x+4-t=0$，得 $x=\dfrac{4-t}{0.4}=\dfrac{5}{2}(4-t)$。

由于 $\pi''(x)=-0.4<0$，因此 $x=\dfrac{5}{2}(4-t)$ 即为利润最大时的销售量。

将 $x=\dfrac{5}{2}(4-t)$ 代入 $T=tx$，得 $T=t\cdot\dfrac{5(4-t)}{2}=10t-\dfrac{5}{2}t^2$。由 $T'(t)=10-5t=0$，得唯一驻点 $t=2$；而 $T''(t)=-5<0$，可见当 $t=2$ 时 T 有极大值，这时也是最大值，此时政府税收总额最大。故答案选择(B)。

【例 105】（普研）某商品进价为 a（元/件），根据以往经验，当销售价为 b（元/件）时，销售量为 c 件$\left(a, b, c\text{ 均为正常数，且 } b\geqslant\dfrac{4}{3}a\right)$，市场调查表明，销售价每下降 10%，销售量可增加 40%，现决定一次性降价。最大利润时销售定价为________。

(A) $\dfrac{5}{8}b+\dfrac{1}{2}a$　(B) $\dfrac{3}{8}b+\dfrac{1}{2}a$　(C) $\dfrac{5}{8}b+a$　(D) $\dfrac{5}{8}b+\dfrac{1}{3}a$　(E) $\dfrac{5}{8}b+\dfrac{2}{3}a$

【答案】（A）。

【解析】 设 p 表示降价后的销售价，x 为增加的销售量，$L(x)$ 是总利润，那么 $\dfrac{x}{b-p}=\dfrac{0.4c}{0.1b}$ 则 $p=b-\dfrac{b}{4c}x$。从而 $L(x)=\left(b-\dfrac{b}{4c}x-a\right)(c+x)$，$L'(x)=-\dfrac{b}{2c}x+\dfrac{3}{4}b-a$，令 $L'(x)=0$ 得唯一驻点 $x_0=\dfrac{(3b-4a)c}{2b}$。由问题的实际意义或 $L''(x_0)=-\dfrac{b}{2c}<0$ 可知，x_0 是极大值点，也是最大值点，故定价为 $p=b-\left(\dfrac{3}{8}b-\dfrac{1}{2}a\right)=\dfrac{5}{8}b+\dfrac{1}{2}a$（元）时，得最大利润 $L(x_0)=\dfrac{c}{16b}(5b-4a)^2$ 元，故选(A)。

2.5　过关练习题精练

【习题 1】 设函数在 x_0 可导，则 $\lim\limits_{t\to 0}\dfrac{f(x_0+t)+f(x_0-3t)}{t}$ 等于________。

(A) $f'(x_0)$　(B) $-2f'(x_0)$　(C) ∞　(D) $-f'(x_0)$　(E) 不能确定

【答案】（E）。

【解析】 因为当 $f(x_0)\neq 0$ 时，极限为 ∞。而当 $f(x_0)=0$ 时，不能确定极限值。故答案选择(E)。

【习题 2】 若函数 $f(x)$ 可导，且 $f(0)=f'(0)=\sqrt{2}$，则 $\lim\limits_{h\to 0}\dfrac{f^2(h)-2}{h}=$________。

(A) 0　(B) 1　(C) $2\sqrt{2}$　(D) 3　(E) 4

【答案】（E）。

【解析】 本题考查连续函数的概念和导数定义。

解法 1 $\lim\limits_{h\to 0}\dfrac{f^2(h)-2}{h}=\lim\limits_{h\to 0}\dfrac{(f(h)-\sqrt{2})(f(h)+\sqrt{2})}{h}$

$$=\lim_{h\to 0}\frac{(f(h)-\sqrt{2})}{h}\cdot\lim_{h\to 0}(f(h)+\sqrt{2})$$

$$=f'(0)(f(0)+\sqrt{2})=\sqrt{2}(\sqrt{2}+\sqrt{2})=4。$$

故正确选项为(E)。

解法 2 特殊值代入法。

取 $f(x)=\sqrt{2}(x+1)$，则 $f(x)$ 可导且 $f(0)=f'(0)=\sqrt{2}$，这时 $\lim\limits_{h\to 0}\dfrac{f^2(h)-2}{h}$

$\lim\limits_{h\to 0}\dfrac{[\sqrt{2}(h+1)]^2-2}{h}=2\lim\limits_{h\to 0}\dfrac{h^2+2h}{h}=4$。

【习题 3】 设 $f(x)>0$，且导数存在，则 $\lim\limits_{n\to\infty}\ln\dfrac{f\left(a+\dfrac{1}{n}\right)}{f(a)}=$________。

(A) 0 (B) ∞ (C) $\ln f'(a)$ (D) $f(a)$ (E) $\dfrac{f'(a)}{f(a)}$

【答案】 (E)。

【解析】 本题考查导数定义及复合函数求导法则。

解法 1 $\lim\limits_{n\to\infty}n\ln\dfrac{f\left(a+\dfrac{1}{n}\right)}{f(a)}=\lim\limits_{n\to\infty}\dfrac{\ln f\left(a+\dfrac{1}{n}\right)-\ln f(a)}{\dfrac{1}{n}}=(\ln f(x))'\Big|_{x=a}$

$$=\frac{f'(x)}{f(x)}\Big|_{x=a}=\frac{f'(a)}{f(a)}。$$

故正确选项为(E)。

解法 2 特殊值代入法。

取 $f(x)=e^x$，则 $f(x)$ 满足题设条件且 $\ln f(x)=x$，因此

$$\lim_{n\to\infty}n\ln\frac{f\left(a+\dfrac{1}{n}\right)}{f(a)}=\lim_{n\to\infty}\frac{a+\dfrac{1}{n}-a}{\dfrac{1}{n}}=1。$$

所以，不选(A)、(B)、(D)，又 $\ln f'(a)=a$，也不选(C)。由排除法得正确选项为(E)。

【习题 4】 设 $f(x)$ 在 $x=a$ 的某个邻域内有定义，则 $f(x)$ 在 $x=a$ 处可导的一个充分条件________。

(A) $\lim\limits_{h\to+\infty}h\left[f\left(a+\dfrac{1}{h}\right)-f(a)\right]$ 存在 (B) $\lim\limits_{n\to\infty}n\left[f\left(a+\dfrac{1}{n}\right)-f(a)\right]$ 存在

(C) $\lim\limits_{h\to 0}\dfrac{f(a+h)-f(a-h)}{2h}$ 存在　　　(D) $\lim\limits_{h\to 0}\dfrac{f(a)-f(a-h)}{h}$ 存在

(E) $\lim\limits_{h\to 0}\dfrac{f(a+2h)-f(a-2h)}{4h}$ 存在

【答案】 (D)。

【解析】 由于 $h\to+\infty$ 时 $\dfrac{1}{h}\to 0^+$，则 $\lim\limits_{h\to+\infty}h\left[f\left(a+\dfrac{1}{h}\right)-f(a)\right]$ 存在只能得出 $f(x)$ 在 a 点的右导数存在，不能得出在 a 点的导数存在，则(A)错误。(B)(C)明显不对，因为 $f(x)$ 在 a 点如果没有定义，(B)(C)中的两个极限都可能存在，但函数若在 a 点无定义，则在该点肯定不可导

又 $\lim\limits_{h\to 0}\dfrac{f(a)-f(a-h)}{h}=\lim\limits_{h\to 0}\dfrac{f(a-h)-f(a)}{-h}=f'(a)$，答案应该选择(D)。

注意： 本题主要考查导数的定义，应特别注意的是若 $f(x)$ 在 a 点可导，则本题的四个极限都存在且都等于 $f'(a)$，但反过来只有(D)中的极限存在才能推出 $f'(a)$ 存在。

【习题 5】 (普研)设曲线 $y=f(x)$ 与 $y=\sin x$ 在原点相切，则 $\lim\limits_{n\to\infty}nf\left(\dfrac{2}{n}\right)=$________。

(A) 1　　　(B) -2　　　(C) 0　　　(D) 2　　　(E) -1

【答案】 (D)。

【解析】 由题设可知 $f(0)=0$，$f'(0)=(\sin x)'\big|_{x=0}=1$，于是 $\lim\limits_{n\to\infty}nf\left(\dfrac{2}{n}\right)=$

$$\lim_{n\to\infty}2\cdot\frac{f\left(\frac{2}{n}\right)-f(0)}{\frac{2}{n}-0}=2f'(0)=2。$$

【习题 6】 设函数 $f(x)$ 在 $x=0$ 处连续，且 $\lim\limits_{h\to 0}\dfrac{f(h^2)}{h^2}=1$，则________。

(A) $f(0)=0$ 且 $f'_-(0)$ 存在　　　(B) $f(0)=1$ 且 $f'_-(0)$ 存在

(C) $f(0)=0$ 且 $f'_+(0)$ 存在　　　(D) $f(0)=f$ 且 $f'_+(0)$ 存在

(E) $f(0)=1$ 且 $f'_-(0)$ 存在

【答案】 (C)。

【解析】 从 $\lim\limits_{h\to 0}\dfrac{f(h^2)}{h^2}=1$ 入手计算 $f(0)$，利用导数的左右导数定义判定 $f'_-(0)$ 和 $f'_+(0)$ 的存在性，由 $\lim\limits_{h\to 0}\dfrac{f(h^2)}{h^2}=1$ 知，$\lim\limits_{h\to 0}f(h^2)=0$。又因为 $f(x)$ 在 $x=0$ 处连续，则 $f(0)=\lim\limits_{x\to 0}f(x)=\lim\limits_{h\to 0}f(h^2)=0$。令 $t=h^2$，则 $1=\lim\limits_{h\to 0}\dfrac{f(h^2)}{h^2}=\lim\limits_{t\to 0^+}\dfrac{f(t)-f(0)}{t}=f'_+(0)$。所以 $f'_+(0)$ 存在，故本题选(C)。

【习题 7】 曲线 $y=\left(\frac{x}{1+x}\right)^2$ 在 $x=1$ 处的切线斜率等于________。

(A) $\frac{3}{4}$ (B) $-\frac{3}{4}$ (C) $\frac{1}{4}$ (D) $\frac{1}{2}$ (E) $-\frac{1}{2}$

【答案】 (C)。

【解析】 所求切线的斜率 $k=y'\big|_{x=1}=\frac{2x}{(1+x)^3}\Big|_{x=1}=\frac{1}{4}$，故选(C)。

【习题 8】 (普研)设函数 $y=y(x)$ 由方程 $2^{xy}=x+y$ 所确定，则 $\mathrm{d}y\big|_{x=0}=$________。

(A) $\ln\frac{2}{\mathrm{e}}\mathrm{d}x$ (B) $\ln\frac{2}{\mathrm{e}}$ (C) $\ln\frac{\mathrm{e}}{2}\mathrm{d}x$ (D) $\ln\frac{2}{\mathrm{e}}$ (E) $\ln 2\mathrm{d}x$

【答案】 (A)。

【解析】 **解法 1** 对方程 $2^{xy}=x+y$ 两边求微分，有 $2^{xy}\ln 2\cdot(x\mathrm{d}y+y\mathrm{d}x)=\mathrm{d}x+\mathrm{d}y$。由所给方程知，当 $x=0$ 时 $y=1$。将 $x=0$，$y=1$ 代入上式，有 $\ln 2\cdot\mathrm{d}x=\mathrm{d}x+\mathrm{d}y$。所以，$\mathrm{d}y\big|_{x=0}=(\ln 2-1)\mathrm{d}x$，化简易得 $\ln\frac{2}{\mathrm{e}}\mathrm{d}x$，答案选择(A)。

解法 2 两边对 x 求导数，视 y 为该方程确定的函数，有 $2^{xy}\ln 2\cdot(xy'+y)=1+y'$。当 $x=0$ 时 $y=1$，以此代入，得 $y'=\ln 2-1$，所以 $\mathrm{d}y\big|_{x=0}=(\ln 2-1)\mathrm{d}x$，选(A)。

【习题 9】 若函数 $y=\frac{x}{2}\sqrt{a^2-x^2}+\frac{a^2}{2}\arcsin\frac{x}{a}$，则 $y'=$________。

(A) $\sqrt{a^2-x^2}$ (B) $-\sqrt{a^2-x^2}$

(C) $\frac{1}{\sqrt{a^2-x^2}}$ (D) $-\frac{1}{\sqrt{a^2-x^2}}$

(E) $a\sqrt{a^2-x^2}$

【答案】 (A)。

【解析】 直接求导。$y'=\frac{1}{2}\sqrt{a^2-x^2}+\frac{x}{2}\frac{-2x}{2\sqrt{a^2-x^2}}+\frac{a^2}{2}\frac{\frac{1}{a}}{\sqrt{1-\left(\frac{x}{a}\right)^2}}$

$$=\sqrt{a^2-x^2}。$$

【习题 10】 设 $y=y(x)$ 由 $\begin{cases}x=3t^2+2t+3\\ \mathrm{e}^y\sin t-y+1=0\end{cases}$ 所确定，求 $\frac{\mathrm{d}^2y}{\mathrm{d}x^2}\Big|_{t=0}=$________。

(A) $\frac{2\mathrm{e}^2-3\mathrm{e}}{4}$ (B) $\frac{2\mathrm{e}^2+3\mathrm{e}}{4}$ (C) $\frac{2\mathrm{e}^2-\mathrm{e}}{4}$ (D) $\frac{2\mathrm{e}^2+\mathrm{e}}{4}$ (E) $\frac{\mathrm{e}^2-3\mathrm{e}}{4}$

【答案】 (A)。

【解析】 本题最简单的方法是利用公式 $\frac{\mathrm{d}^2y}{\mathrm{d}x^2}\Big|_{t=0}=\frac{y''(0)x'(0)-x''(0)y'(0)}{x'^3(0)}$。

由 $x=3t^2+2t+3$ 知 $x'=6t+2$，$x''=6$，则 $x'(0)=2$，$x''(0)=6$。由 $e^y\sin t-y+1=0$ 知 $y(0)=1$，且 $e^y y'\sin t+e^y\cos t-y'=0$。$(e^y y')\cos t+(e^y y')'\sin t+e^y y'\cos t-e^y\sin t-y''=0$。令 $t=0$，得 $y'(0)=e$，$y''(0)=2e^2$，$\left.\dfrac{d^2y}{dx^2}\right|_{t=0}=\dfrac{2e^2-3e}{4}$。故选(A)。

【习题 11】 设 $f(x)=\sin\left(\dfrac{x}{\sqrt{1+x^2}}\right)$，则 $f''(0)=$________。

(A) -2　　(B) -1　　(C) 0　　(D) 1　　(E) 2

【答案】 (C)。

【解析】 因为 $f(x)$ 为奇函数，$f'(x)$ 为偶函数，$f''(x)$ 为奇函数，则 $f''(0)=0$。

【习题 12】 已知 $y=f\left(\dfrac{3x-2}{3x+2}\right)$，$f'(x)=\arctan x^2$，则 $\left.\dfrac{dy}{dx}\right|_{x=0}=$________。

(A) $\dfrac{\pi}{4}$　　(B) $\dfrac{\pi}{2}$　　(C) $\dfrac{\pi}{3}$　　(D) π　　(E) $\dfrac{3\pi}{4}$

【答案】 (E)。

【解析】 $\left.\dfrac{dy}{dx}\right|_{x=0}=f'\left(\dfrac{3x-2}{3x+2}\right)\left.\left(\dfrac{12}{(3x+2)^2}\right)\right|_{x=0}=f'(-1)\cdot 3=3\arctan 1=\dfrac{3}{4}\pi$。

【习题 13】 设 $\varphi(x)=\begin{cases}x^3\sin\dfrac{1}{x}, & x\neq 0\\ 0, & x=0\end{cases}$，函数 $f(x)$ 可导，求 $F(x)=f[\varphi(x)]$ 在 $x=0$ 处的导数 $F'(0)=$________。

(A) -2　　(B) -1　　(C) 0　　(D) 1　　(E) 2

【答案】 (C)。

【解析】 $F(x)=f[\varphi(x)]=\begin{cases}f\left(x^3\sin\dfrac{1}{x}\right), & x\neq 0\\ f(0), & x=0\end{cases}$。

当 $x\neq 0$ 时，$F'(x)=f'\left(x^3\sin\dfrac{1}{x}\right)\left(3x^2\sin\dfrac{1}{x}-x\cos\dfrac{1}{x}\right)$；

当 $x=0$ 时，$F(x)$ 为 $f(u)$ 和 $u=\varphi(x)$ 的复合，且 $\varphi(0)=0$。由题设 $f'(0)$ 存在，若 $\varphi'(0)$ 存在，由复合函数求导法知 $F'(0)=f'(0)\varphi'(0)$。

而 $\varphi'(0)=\lim\limits_{x\to 0}\dfrac{x^3\sin\dfrac{1}{x}-0}{x}=\lim\limits_{x\to 0}x^2\sin\dfrac{1}{x}=0$，则 $F'(0)=f'(0)\cdot 0=0$，故选(C)。

注意： $F'(0)=\lim\limits_{x\to 0}\dfrac{F(x)-f(0)}{x-0}=\lim\limits_{x\to 0}\dfrac{f\left(x^3\sin\dfrac{1}{x}\right)-f(0)}{x-0}$

$$=\lim_{x\to 0}\frac{f\left(x^3\sin\frac{1}{x}\right)-f(0)x^3}{x^3\sin\frac{1}{x}}\,\frac{\sin\frac{1}{x}}{x}$$

$$=\lim_{x\to 0}\frac{f\left(x^3\sin\frac{1}{x}\right)-f(0)}{x^3\sin\frac{1}{x}}\cdot\lim_{x\to 0}\frac{x^3\sin\frac{1}{x}}{x}$$

$$=f'(0)\cdot 0=0。$$

这是一种“经典”的错误,原因是极限 $\lim\limits_{x\to 0}\dfrac{f\left(x^3\sin\frac{1}{x}\right)-f(0)}{x^3\sin\frac{1}{x}}$ 不存在,因为求极限的函数在 $x=0$ 的任何邻域内都有无定义的点 $x=\dfrac{1}{n\pi}$(n 充分大)。

【习题 14】 设 $y=\ln\left(\tan\frac{x}{2}\right)-\ln\frac{1}{2}$,则 $y'\left(\frac{\pi}{2}\right)=$________。

(A) -1　　(B) 1　　(C) 0　　(D) $\dfrac{4}{16+\pi^2}$　　(E) $\dfrac{8}{16+\pi^2}$

【答案】 (B)。

【分析】 本题考查复合函数的求导法则及特殊角的三角函数值。

$$y'=\frac{\sec^2\frac{x}{2}}{\tan\frac{x}{2}}\times\frac{1}{2},\text{所以 } y'\left(\frac{\pi}{2}\right)=\frac{1}{2}\times 2\times 1=1。$$

故正确选项为(B)。

【习题 15】 若 a, b, c, d 成等比数列,则函数 $y=\frac{1}{3}ax^3+bx^2+cx+d$ ________。

(A) 有极大值,而无极小值　　(B) 无极大值,而有极小值

(C) 有极大值,也有极小值　　(D) 无极大值,也无极小值

(E) 无法判断是否有极值

【答案】 (D)。

【分析】 本题考查函数单调性和极值的判断方法。

解法 1 因 a, b, c, d 成等比数列,可设 $b=aq, c=aq^2, d=aq^3$,其中 $q\neq 0$。于是 $y'=ax^2+2bx+c=a(x^2+2qx+q^2)=a(x+q)^2\begin{cases}\geqslant 0, & a>0\\ \leqslant 0, & a<0\end{cases}$。

即函数 $y=\frac{1}{3}ax^3+bx^2+cx+d$ 单调递增或单调递减。故正确选项为(D)。

解法 2 取 $a=b=c=d=1$,则 $y=\frac{1}{3}x^3+x^2+x+1$,于是 $y'=x^2+2x+1=(x+1)^2\geqslant 1$,即函数 $y=\frac{1}{3}x^3+x^2+x+1$ 单调递增或单调递减。

【习题 16】　根据图形(a)(b)(c)(d)判断函数 $f(x)$ 的单调性________。

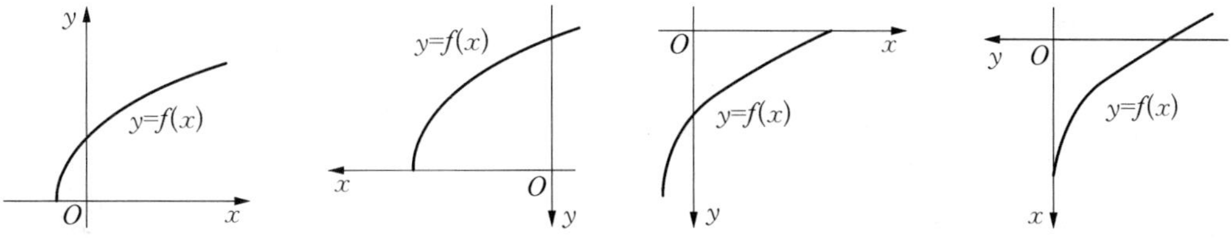

(a)　　(b)　　(c)　　(d)

(A) (a)(b)(c)(d)均单调增加

(B) (a)(d)单调增加,(b)(c)单调减少

(C) (a)(c)单调增加,(b)(d)单调减少

(D) (a)(b)(d)单调增加,(c)单调减少

(E) (a)(b)(c)单调增加,(d)单调减少

【答案】　(D)。

【解析】　根据函数 $f(x)$ 单调增加和单调减少的意义可判断(a)(b)单调增加,(c)单调减少。故选择(D)。

【习题 17】　可导函数 $f'(x)=f^2(x)$ 且 $f(0)=-1$, 则在 $x=0$ 的三阶导数 $f'''(0)=$ ________。

(A) -6　　(B) -4　　(C) 0　　(D) 4　　(E) 6

【答案】　(E)。

【解析】　本题考查了高阶导数,导数的四则运算(本题考查的是乘法法则)以及抽象复合函数的求导法则。

对方程 $f'(x)=f^2(x)$ 两边关于 x 求导,得 $f''(x)=2f(x)f'(x)$, 对上式再关于 x 求导,得 $f'''(x)=2[f'(x)]^2+2f(x)f''(x)$。 而 $f'(0)=f^2(0)=1$, $f''(0)=2f(0)f'(0)=-2$, 故

$$f'''(0)=2[f'(0)]^2+2f(0)f''(0)=2+4=6。$$

故正确选项为(E)。

【习题 18】　设 $y=\arctan x$, 则 $y^{(n)}(0)=$ ________。

(A) $y^{(n)}=\begin{cases}0, & n=2k\\(-1)^k(2k)!, & n=2k+1\end{cases}$

(B) $y^{(n)}=\begin{cases}0, & n=2k\\(-1)^{k-1}(2k)!, & n=2k+1\end{cases}$

(C) $y^{(n)}=\begin{cases}0, & n=2k\\(-1)^k(2k+1)!, & n=2k+1\end{cases}$

(D) $y^{(n)}=\begin{cases}0, & n=2k\\(-1)^k(2k-1)!, & n=2k+1\end{cases}$

(E) $y^{(n)}=\begin{cases}0, & n=2k\\(-1)^k k!, & n=2k+1\end{cases}$

【答案】(A)。

【解析】 解法1 $y'=\dfrac{1}{1+x^2}$,则 $(1+x^2)y'=1(1)$。令 $u=1+x^2$, $v=y'$ 代入式(1)两端并求 $(n-1)$ 阶导数,注意到 $u(0)=1$, $u'(0)=0$, $u''(0)=2$, $u^{(k)}(0)=0(k\geqslant 3)$。$y^{(n)}(0)+C_{n-1}^{2}u''(0)y^{(n-2)}(0)=0$。

即 $y^{(n)}(0)=-(n-1)(n-2)y^{(n-2)}(0)$,根据递推关系得 $y^{(2k)}(0)=(-1)^k(2k-1)!\ y^{(0)}(0)=0$。

这里 $y^{(0)}(0)=y(0)=0$, $y^{(2k+1)}(0)=(-1)^k(2k)!\ y'(0)=(-1)^k(2k)!$。故选(A)。

解法2 $y'=\dfrac{1}{1+x^2}=1-x^2+x^4+\cdots(-1)^n x^{2n}+\cdots$

$$y=\int_0^x(1-x^2+x^4+\cdots+(-1)^n x^{2n}+\cdots)\mathrm{d}x=x-\frac{x^3}{3}+\cdots+\frac{(-1)^n x^{2n+1}}{2n+1}+\cdots$$

由此可知:$y^{(2k)}(0)=0$, $y^{(2k+1)}(0)=\dfrac{(-1)^k}{2k+1}(2k+1)!\ =(-1)^k(2k)!$。故选(A)。

【习题19】 设 $f(x)=\mathrm{e}^x\sin x$,则 $f^{(n)}(x)=$________。

(A) $(\sqrt{2})^n\mathrm{e}^x\sin\left(x+\dfrac{n\pi}{4}\right)$ (B) $(\sqrt{2})^n\mathrm{e}^x\sin\left(x+\dfrac{n\pi}{2}\right)$

(C) $\mathrm{e}^x\sin\left(x+\dfrac{n\pi}{4}\right)$ (D) $(\sqrt{2})^n\mathrm{e}^x\sin\left(x+\dfrac{(n-1)\pi}{4}\right)$

(E) $\mathrm{e}^x\sin\left(x+\dfrac{n\pi}{2}\right)$

【答案】(A)。

【解析】 $f'(x)=\mathrm{e}^x\sin x+\mathrm{e}^x\cos x=\mathrm{e}^x(\sin x+\cos x)=\sqrt{2}\,\mathrm{e}^x\sin\left(x+\dfrac{\pi}{4}\right)$,同理可得

$f^{(n)}(x)=(\sqrt{2})^n\mathrm{e}^x\sin\left(x+n\cdot\dfrac{\pi}{4}\right)$。

故答案选择(A)。

【习题20】 设 $f(x)=\sin^4 x+\cos^4 x$,求 $f^{(n)}(x)=$________。

(A) $-4^n\mathrm{e}^x\sin\left(4x+\dfrac{n\pi}{2}\right)$ (B) $-4^{n-1}\mathrm{e}^x\sin\left(4x+\dfrac{(n-1)\pi}{2}\right)$

(C) $-4^{n-1}\mathrm{e}^x\sin\left(4x+\dfrac{n\pi}{2}\right)$ (D) $4^n\mathrm{e}^x\sin\left(4x+\dfrac{n\pi}{2}\right)$

(E) $-4^n\mathrm{e}^x\sin\left(4x+\dfrac{(n-1)\pi}{2}\right)$

【答案】(B)。

【解析】 $f(x)=1-2\sin^2 x\cos^2 x=1-\dfrac{1}{2}\sin^2 2x$, $f'(x)=-2\sin 2x\cos 2x=-\sin 4x$,

$f^{(n)}(x)=-4^{n-1}\sin\left(4x+(n-1)\dfrac{\pi}{2}\right)$，故选(B)。

【习题 21】 设 $f'(x)=g(x)$，$x\in(a,b)$。已知曲线 $y=g(x)$ 的图像如图 2－16 所示，则曲线 $f=f(x)$ 的拐点为________。

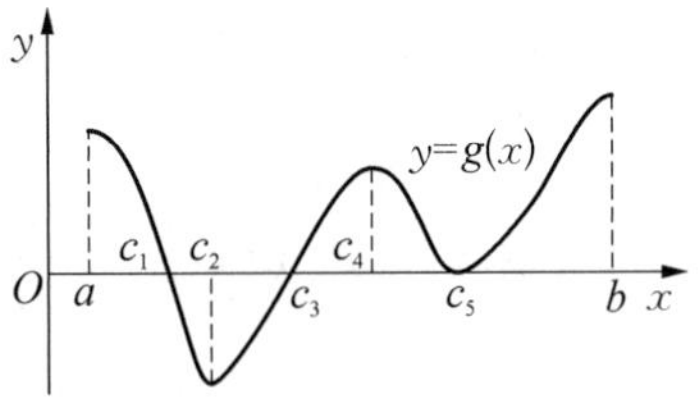

图 2－16

(A) c_2，c_4，c_5　　(B) c_1，c_3，c_5

(C) c_2，c_4　　(D) c_1，c_3

(E) 以上结论均不正确

【答案】 (A)。

【解析】 从 $g(x)=f'(x)$ 的图形可知：$f''(c_2)=g'(c_2)=g'(c_4)=f''(c_4)=g'(c_5)=f''(c_5)=0$。且 $g(x)=f'(x)$ 在 c_2，c_4，c_5 的左右改变单调性，即 $f''(x)$ 在 c_2，c_4，c_5 点左右改变符号，因此 c_2，c_4，c_5 为曲线 $y=f(x)$ 的拐点，故应选(A)。

【习题 22】 设函数 $y=f(x)$ 由方程 $e^{2x+y}-\cos(xy)=e-1$ 所确定，则曲线 $y=f(x)$ 在点(0，1)处的法线方程为________。

(A) $x-2y+1=0$　　(B) $x-2y-1=0$

(C) $x+2y+1=0$　　(D) $2x+y+1=0$

(E) $x-2y+2=0$

【答案】 (E)。

【解析】 点(0，1)在曲线上。方程两边对 x 求导得 $e^{2x+y}(2+y')+\sin(xy)(xy'+y)=0$。以 $x=0$，$y=1$ 代入得 $e(2+y'|_{x=0})=0$，$y'|_{x=0}=-2$。所求法线方程为 $y-1=\dfrac{1}{2}x$，即 $x-2y+2=0$，选(E)。

【习题 23】 设函数 $f(x)$，$g(x)$具有二阶导数，且 $g''(x)<0$，若 $g(x_0)=a$ 是 $g(x)$的极值，则 $f(g(x))$在 x_0 取极大值的一个充分条件是________。

(A) $f'(a)<0$　　(B) $f'(a)>0$

(C) $f''(a)<0$　　(D) $f''(a)>0$

(E) $f(a)<0$

【答案】 (B)。

【解析】 $\{f[g(x)]\}'=f'[g(x)]\cdot g'(x)$，$\{f[g(x)]\}''=\{f'[g(x)]\cdot g'(x)\}'=f''[g(x)]\cdot[g'(x)]^2+f'[g(x)]\cdot g''(x)$。由于 $g(x_0)=a$ 是 $g(x)$的极值，所以 $g'(x_0)=0$。所以

$$\{f[g(x_0)]\}''=f'[g(x_0)]\cdot g''(x_0)=f'(a)\cdot g''(x_0)。$$

由于 $g''(x_0)<0$，要使 $\{f[g(x)]\}''<0$，必须有 $f'(a)>0$，故答案为(B)。

【习题 24】 设 $f(x)$ 二阶可导，且 $\lim\limits_{h\to 0}\dfrac{f(x_0+h)-f(x_0)-f'(x_0)}{h^2}=a\neq 0$，则 $f(x)$

在 x_0 处________。

(A) $a>0$ 时,取得极大值　　(B) $a<0$ 时,取得极小值

(C) $a>0$ 时,不取得极值点　　(D) $a<0$ 时,取得极大值

(E) 无法判断是否有极值

【答案】 (D)。

【解析】 由 $\lim\limits_{h\to 0}\dfrac{f(x_0+h)-f(x_0)-f'(x_0)}{h^2}=a\neq 0$ 知 $f'(x_0)=0$,即 x_0 为驻点。

且原式 $=\lim\limits_{h\to 0}\dfrac{f(x_0+h)-f(x_0)-0}{h^2}=\lim\limits_{h\to 0}\dfrac{f'(x_0+h)}{2h}=\lim\limits_{h\to 0}\dfrac{f'(x_0+h)-f'(x_0)}{2h}$

$$=\frac{1}{2}f''(x_0)=a。$$

当 $a>0$ 时,x_0 为极小值点;$a<0$ 时,x_0 为极大值点。故选(D)。

【习题 25】 曲线 $y=e^{x+\frac{1}{x}}\arctan\dfrac{x^2+x+1}{(x-1)(x+2)}$ 的渐近线有________。

(A) 1　　(B) 2　　(C) 3　　(D) 4　　(E) 5

【答案】 (B)。

【解析】 由于 $\lim\limits_{x\to-\infty}e^{x+\frac{1}{x}}\arctan\dfrac{x^2+x+1}{(x-1)(x-2)}=0$,则 $y=0$ 为水平渐近线,又因 $\lim\limits_{x\to 0^+}e^{x+\frac{1}{x}}\arctan\dfrac{x^2+x+1}{(x-1)(x-2)}=+\infty$,则 $x=0$ 为其垂直渐近线。$\lim\limits_{x\to+\infty}\dfrac{y}{x}=\lim\limits_{x\to+\infty}\dfrac{e^x}{x}e^{\frac{1}{x}}\arctan\dfrac{x^2+x+1}{(x-1)(x-2)}=+\infty$(不存在),则原曲线无斜渐近线,应选(B)。

【习题 26】 曲线 $y=x\arctan x$ 的渐近线有________条。

(A) 1　　(B) 2　　(C) 3　　(D) 4　　(E) 5

【答案】 (B)。

【解析】 显然曲线 $y=x\arctan x$ 无水平渐近线和垂直渐近线,设渐近线为 $y=ax+b$。

有 $a=\lim\limits_{x\to+\infty}\dfrac{f(x)}{x}=\lim\limits_{x\to+\infty}\arctan x=\dfrac{\pi}{2}$,

且 $b=\lim\limits_{x\to+\infty}(f(x)-ax)=\lim\limits_{x\to+\infty}\left(x\arctan x-\dfrac{\pi}{2}x\right)=\lim\limits_{x\to+\infty}x\left(\arctan x-\dfrac{\pi}{2}\right)$

$$=\lim_{x\to+\infty}\frac{\arctan x-\dfrac{\pi}{2}}{\dfrac{1}{x}}=\lim_{x\to\infty}\frac{\dfrac{1}{1+x^2}}{-\dfrac{1}{x^2}}=-1。$$

得 $y=ax+b=\dfrac{\pi}{2}x-1$ 是 $x\to+\infty$ 时的斜渐近线。同理 $y=-\dfrac{\pi}{2}x-1$ 是 $x\to-\infty$ 时的斜渐近线,故选(B)。

【习题 27】（普研）设曲线 $f(x)=x^n$ 在点(1, 1)处的切线与 x 轴的交点为 $(\xi_n, 0)$，则 $\lim\limits_{x\to\infty} f(\xi_n)=$________。

(A) e　　(B) 2e　　(C) $-$e　　(D) $\dfrac{2}{e}$　　(E) $\dfrac{1}{e}$

【答案】(E)。

【分析】因曲线 $f(x)=x^n$ 在点(1, 1)处切线的斜率 $k=f'(1)=nx^{n-1}\big|_{x=1}=n$，故切线方程为 $y=1+n(x-1)$。令 $y=0$，得 ξ_n 满足 $0=1+n(\xi_n-1)$，即 $\xi_n=1-\dfrac{1}{n}$，因此，$\lim\limits_{n\to\infty} f(\xi_n)=\lim\limits_{n\to\infty}\left(1-\dfrac{1}{n}\right)^n=\dfrac{1}{e}$。故选(E)。

【习题 28】设函数 $f(x)$ 和 $g(x)$ 都在 $(-\infty, +\infty)$ 内可导，且对一切 x 有 $f(x)<g(x)$，那么________。

(A) 对一切 x 有 $f'(x)\leqslant g'(x)$　　(B) 存在唯一的 x，使 $f'(x)\leqslant g'(x)$

(C) 存在某些 x，使 $f'(x)\leqslant g'(x)$　　(D) 对一切 x 均有 $f'(x)\geqslant g'(x)$

(E) 以上选项都不正确

【答案】(E)。

【解析】四个选项均不正确。例如，设 $f(x)=-e^{-x}$，$g(x)=e^{-x}$，$x\in(-\infty, +\infty)$。总有 $f(x)<g(x)$，但是 $f'(x)=e^{-x}>g'(x)=-e^{-x}$，故本题应选(E)。

【习题 29】设某商品的需求函数为 $Q=40-2p$（p 为商品的价格），则该商品的边际收益为________。

(A) $10-Q$　　(B) $20-Q$　　(C) $30-Q$　　(D) $20-2Q$　　(E) $30-2Q$

【答案】(B)。

【解析】价格 $p=\dfrac{40-Q}{2}$，收益函数 $R=P\cdot Q=\dfrac{40-Q}{2}\cdot Q$，故边际收益为 $\dfrac{dR}{dQ}=20-Q$，故选(B)。

【习题 30】（经济类）设生产 x 单位产品的总成本 C 是 x 的函数 $C(x)$，固定计算成本 $C(0)$ 为 20 元，边际成本函数为 $C'(x)=2x+10$(元 / 单位)，总成本函数 $C(x)$为________。

(A) $x^2+5x+20$　　(B) $x^2+3x+20$

(C) $x^2+10x+20$　　(D) $x^2+2x+20$

(E) $x^2+20x+20$

【答案】(C)。

【解析】
$$C(x)-C(0)=\int_0^x C'(t)dt=\int_0^x(2t+10)dt=t^2+10t\Big|_0^x$$
$$=x^2+10x\Rightarrow C(x)=x^2+10x+20。故选(C)。$$

【习题 31】设某产品的需求函数 $Q=Q(P)$ 单调减少，收益函数 $R=PQ$，当价格为 P_0，对应的需求量为 Q_0时，边际收益 $R'(Q_0)=a>0$ 而 $R'(P_0)=c<0$。且需求对价格的弹性

E_p，$|E_p|=b>1$，则 P_0 和 Q_0 分别为________。

(A) $P_0=\dfrac{ab}{b-1}$，$Q_0=\dfrac{c}{1-b}$　　(B) $P_0=a$，$Q_0=\dfrac{c}{1-b}$

(C) $P_0=\dfrac{ab}{b-1}$，$Q_0=c$　　(D) $P_0=a$，$Q_0=c$

(E) $P_0=\dfrac{a}{b-1}$，$Q_0=\dfrac{c}{1-b}$

【答案】 (A)。

【解析】 $Q=Q(P)$ 存在反函数 $P=P(Q)$，对 $R=PQ$ 求导得 $\dfrac{\mathrm{d}R}{\mathrm{d}Q}=p(Q)\left[1+\dfrac{1}{E_p}\right]$。

令 $Q=Q_0$ 得 $a=P_0\left[1-\dfrac{1}{b}\right]$，$P_0=\dfrac{ab}{b-1}$。又因 $R'(P)=Q(1+E_p)$。令 $p=p_0$ 得 $c=Q_0(1-b)$，故 $Q_0=\dfrac{c}{1-b}$。

【习题 32】 设总成本 C 关于产量 x 的函数 $C(x)=400+3x+\dfrac{1}{2}x^2$，需求量 x 关于价格 p 的函数为 $p=\dfrac{100}{\sqrt{x}}$，则收益对价格的弹性为________。

(A) -1　　(B) -2　　(C) -3　　(D) -4　　(E) -5

【答案】 (A)。

【解析】 先求出需求量 x 为 p 的函数关系。

$$p=\frac{100}{\sqrt{x}}\Rightarrow x=\frac{100^2}{p^2}\Rightarrow R(p)=p\cdot x=p\cdot\frac{10^4}{p^2}=\frac{10^4}{p}\Rightarrow\frac{ER}{Ep}=\frac{p}{R}\frac{\mathrm{d}R}{\mathrm{d}P}=$$

$p\cdot\dfrac{p}{10^4}\left(-\dfrac{10^4}{p^2}\right)=-1$，故选(A)。

【习题 33】 设某商品的需求量 Q 与价格 P 的函数关系为 $Q=100-5P$，若需求弹性绝对值大于 1，则商品价格 P 的取值范围是多少________。

(A) $(5, 20]$　　(B) $[10, 20)$　　(C) $[10, 20]$　　(D) $(10, 20)$　　(E) $(10, 20]$

【答案】 (E)。

【解析】 首先由 $Q\geqslant 0$ 得 $P\leqslant 20$，$\dfrac{EQ}{EP}=\dfrac{\mathrm{d}Q}{\mathrm{d}P}\dfrac{P}{Q}=-5\dfrac{P}{100-5P}$，$\left|\dfrac{-5P}{100-5P}\right|>1\Leftrightarrow$ $|100-5P|<5P(P\geqslant 0)\Leftrightarrow P>10$　因此，$10<P\leqslant 20$。

第 3 章　一元函数积分学

3.1　考纲知识点分析及教材必做习题

第三部分　一元函数积分学					
章　节	教 材 内 容	考研要求	教材章节	必做例题	精做练习
不定积分	原函数和不定积分的概念	理解	§ 4.1	例 1～例 3，例 5～例 15	P192 习题 4－1：1，2，5
	不定积分的基本性质和基本公式	掌握			
换元积分法	第一类换元积分法（凑微分法）	掌握	§ 4.2	例 1～例 20	P207 习题 4－2：1，2(31—44 选做)
	第二类换元积分法（其中双曲代换不做要求，熟记 P205 公式 16～公式 24）			例 21～例 24	
分部积分法	分部积分法	掌握	§ 4.3	例 1～例 9	P212 习题 4－3：1—14，15—24(选做)
总习题四	总结归纳本章的基本概念、基本定理、基本公式与基本方法				P222 总习题四：1，2，3，4(选做)
定积分	定积分的概念和基本性质	了解	§ 5.1	例 1	P236 习题 5－1：3，4，5，7
	定积分中值定理	了解			
微积分的基本公式	积分上限函数及其导数	理解	§ 5.2	例 1～例 4，例 6（记住作为常用结论），例 7～例 8	P244 习题 5－2：1，3，4，5，7，12，15
	牛顿-莱布尼兹公式	掌握			
定积分的换元法和分部积分法	定积分的换元法	掌握【重点】	§ 5.3	例 1～例 4，例 5～例 7（记住作为常用结论），例 8～例 9	P254 习题 5－3：1，7
	定积分的分部积分法	掌握【重点】		例 10～例 11，例 12（记住作为常用结论）	
总习题五	总结归纳本章的基本概念、基本定理、基本公式与基本方法				P270 总习题五：1(5)、2(2)、5、7、11(选做)、14

续 表

第三部分　一元函数积分学					
章　节	教 材 内 容	考研要求	教材章节	必做例题	精做练习
定积分在几何学上的应用	利用定积分计算平面图形的面积	会	§ 6.2	例 1～例 3	P286 习题 6－2：1，2，3，4，9，10，11，12，15(1)(2)(3)，16，17，20，21
	旋转体体积				
	函数的平均值				
	利用定理分解决简单的经济问题				
总习题六	总结归纳本章的基本概念、基本定理、基本公式、基本方法				P294 总 习 题 六：1(1)，7(1)

注：参考教材《高等数学》(同济 7 版)。

3.2　知识结构网络图

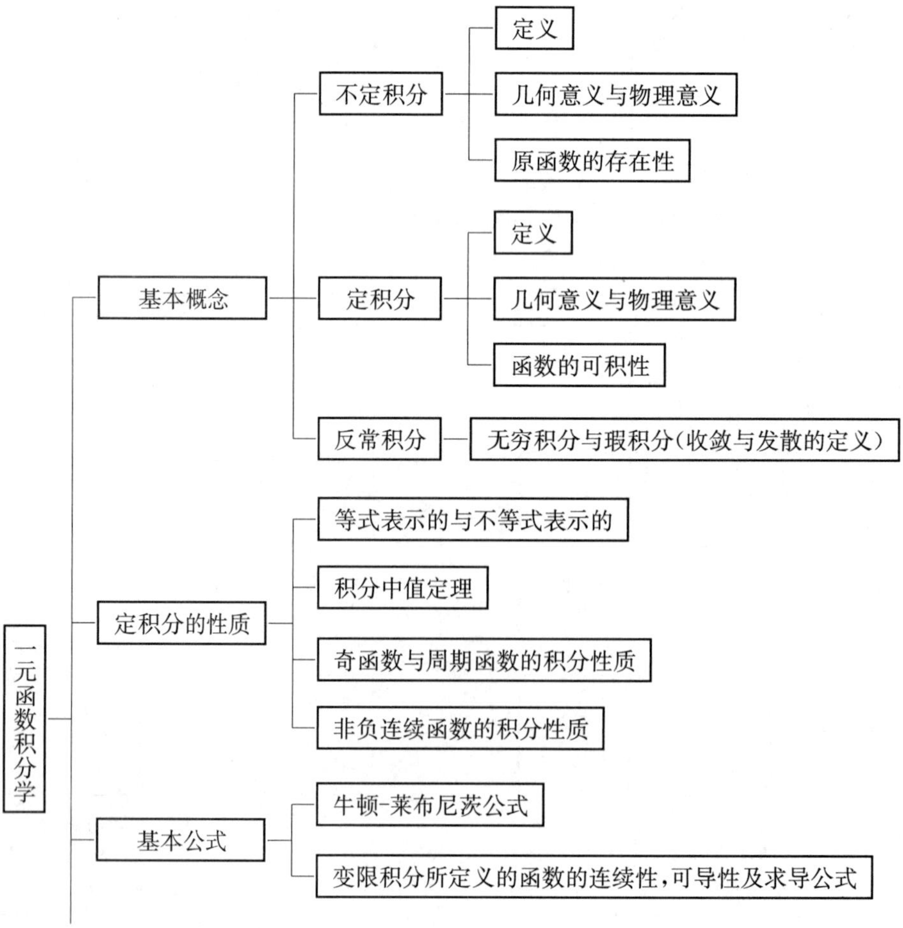

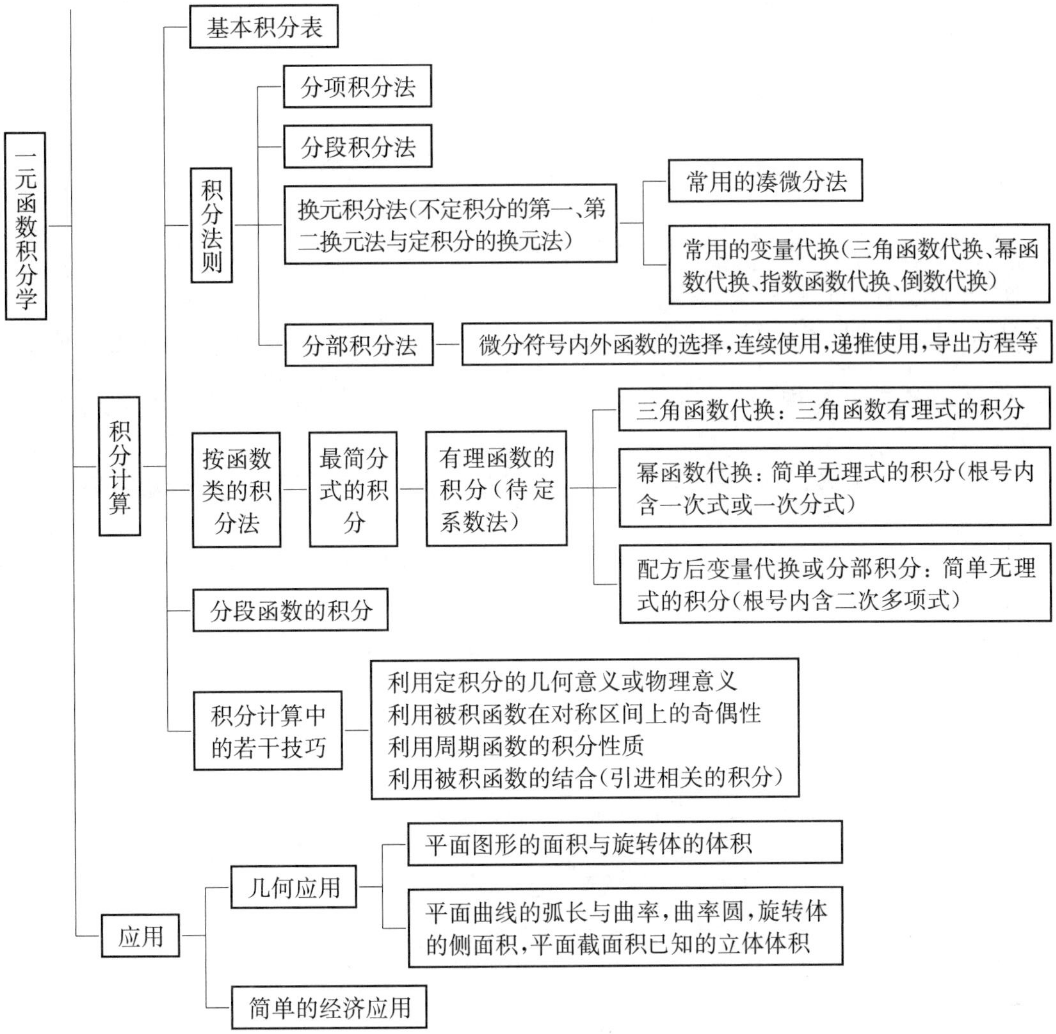

图 3-1　知识结构网络图

3.3　重要概念、定理和公式

1. 不定积分

1) 原函数与不定积分的概念

定义 1　设函数 $f(x)$ 和 $F(x)$ 在区间 I 上有定义,若 $F'(x)=f(x)$ 在区间 I 上成立,则称 $F(x)$ 为 $f(x)$ 在区间 I 上的原函数, $f(x)$ 在区间 I 中的全体原函数称为 $f(x)$ 在区间 I 的不定积分,记以 $\int f(x)\mathrm{d}x$。其中 $\int$ 称为积分号, x 称为积分变量, $f(x)$ 称为被积函数, $f(x)\mathrm{d}x$ 称为被积表达式。

2) 不定积分的性质

设 $\int f(x)\mathrm{d}x=F(x)+C$,其中 $F(x)$ 为 $f(x)$ 的一个原函数, C 为任意常数,则

(1) $\int F'(x)\mathrm{d}x=F(x)+C$ 或 $\int \mathrm{d}F(x)=F(x)+C$；

(2) $\left[\int f(x)\mathrm{d}x\right]'=f(x)$ 或 $\mathrm{d}\left[\int f(x)\mathrm{d}x\right]=f(x)\mathrm{d}x$；

(3) $\int kf(x)\mathrm{d}x=k\int f(x)\mathrm{d}x$；

(4) $\int [f(x)\pm g(x)]\mathrm{d}x=\int f(x)\mathrm{d}x\pm\int g(x)\mathrm{d}x$。

3) 原函数的存在性

设 $f(x)$ 在区间 I 上连续，则 $f(x)$ 在区间 I 上原函数一定存在，但初等函数的原函数不一定是初等函数。例如 $\int \sin(x^2)\mathrm{d}x$，$\int \cos(x^2)\mathrm{d}x$，$\int \frac{\sin x}{x}\mathrm{d}x$，$\int \frac{\cos x}{x}\mathrm{d}x$，$\int \frac{\mathrm{d}x}{\ln x}$，$\int \mathrm{e}^{-x^2}\mathrm{d}x$ 等。被积函数有原函数，但不能用初等函数表示，故这些不定积分均称为积不出来。

4) 基本积分公式(C 为常数)

(1) $\int x^{\alpha}\mathrm{d}x=\frac{x^{\alpha+1}}{\alpha+1}+C \quad (\alpha\neq -1$，实常数)。

(2) $\int \frac{1}{x}\mathrm{d}x=\ln|x|+C$。

(3) $\int a^x\mathrm{d}x=\frac{1}{\ln a}a^x+C \quad (a>0,\ a\neq 1)$。

$\int \mathrm{e}^x\mathrm{d}x=\mathrm{e}^x+C$。

(4) $\int \cos x\mathrm{d}x=\sin x+C$。

(5) $\int \sin x\mathrm{d}x=-\cos x+C$。

(6) $\int \sec^2 x\mathrm{d}x=\int \frac{1}{\cos^2 x}\mathrm{d}x=\tan x+C$。

(7) $\int \csc^2 x\mathrm{d}x=\int \frac{1}{\sin^2 x}\mathrm{d}x=-\cot x+C$。

(8) $\int \tan x\sec x\mathrm{d}x=\sec x+C$。

(9) $\int \cot x\csc x\mathrm{d}x=-\csc x+C$。

(10) $\int \tan x\mathrm{d}x=-\ln|\cos x|+C$。

(11) $\int \cot x\mathrm{d}x=\ln|\sin x|+C$。

(12) $\int \sec x\mathrm{d}x=\ln|\sec x+\tan x|+C$。

(13) $\int \csc x\mathrm{d}x=\ln|\csc x-\cot x|+C$。

(14) $\int \frac{\mathrm{d}x}{\sqrt{a^2-x^2}}=\arcsin\frac{x}{a}+C \quad (a>0)$。

(15) $\int \frac{\mathrm{d}x}{a^2+x^2}=\frac{1}{a}\arctan\frac{x}{a}+C \quad (a>0)$。

(16) $\int \frac{\mathrm{d}x}{a^2-x^2}=\frac{1}{2a}\ln\left|\frac{a+x}{a-x}\right|+C \quad (a>0)$。

(17) $\int \frac{\mathrm{d}x}{\sqrt{x^2\pm a^2}}=\ln|x+\sqrt{x^2\pm a^2}|+C \quad (a>0)$。

5) 换元积分法和分部积分法

(1) 第一换元积分法(凑微分法)。

设 $\int f(u)\mathrm{d}u=F(u)+C$，又 $\varphi(x)$ 可导，则

$$\begin{aligned}\int f[\varphi(x)]\varphi'(x)\mathrm{d}x&=\int f[\varphi(x)]\mathrm{d}\varphi(x)\xlongequal{\text{令 } u=\varphi(x)}\int f(u)\mathrm{d}u\\&=F(u)+C=F[\varphi(x)]+C。\end{aligned}$$

这里要求读者对常用的微分公式要“倒背如流”，也就是非常熟练地凑出微分。常用的几种凑微分形式如下：

(1) $\int f(ax+b)\mathrm{d}x=\frac{1}{a}\int f(ax+b)\mathrm{d}(ax+b) \quad (a\neq 0)$。

(2) $\int f(ax^n+b)x^{n-1}\mathrm{d}x=\frac{1}{na}\int f(ax^n+b)\mathrm{d}(ax^n+b) \quad (a\neq 0,\ n\neq 0)$。

(3) $\int f(\ln x)\frac{\mathrm{d}x}{x}=\int f(\ln x)\mathrm{d}(\ln x)$。

(4) $\int f\left(\frac{1}{x}\right)\frac{\mathrm{d}x}{x^2}=-\int f\left(\frac{1}{x}\right)\mathrm{d}\left(\frac{1}{x}\right)$。

(5) $\int f(\sqrt{x})\frac{\mathrm{d}x}{\sqrt{x}}=2\int f(\sqrt{x})\mathrm{d}(\sqrt{x})$。

(6) $\int f(a^x)a^x\mathrm{d}x=\frac{1}{\ln a}\int f(a^x)\mathrm{d}(a^x) \quad (a>0,\ a\neq 1)$。

$\int f(\mathrm{e}^x)\mathrm{e}^x\mathrm{d}x=\int f(\mathrm{e}^x)\mathrm{d}(\mathrm{e}^x)$。

(7) $\int f(\sin x)\cos x\,\mathrm{d}x=\int f(\sin x)\mathrm{d}(\sin x)$。

(8) $\int f(\cos x)\sin x\,\mathrm{d}x=-\int f(\cos x)\mathrm{d}(\cos x)$。

(9) $\int f(\tan x)\sec^2 x\,\mathrm{d}x=\int f(\tan x)\mathrm{d}(\tan x)$。

(10) $\int f(\cot x)\csc^2 x\,\mathrm{d}x=-\int f(\cot x)\mathrm{d}(\cot x)$。

(11) $\int f(\sec x)\sec x\tan x\,\mathrm{d}x=\int f(\sec x)\,\mathrm{d}(\sec x)$。

(12) $\int f(\csc x)\csc x\cot x\,\mathrm{d}x=-\int f(\csc x)\,\mathrm{d}(\csc x)$。

(13) $\int \frac{f(\arcsin x)}{\sqrt{1-x^2}}\mathrm{d}x=\int f(\arcsin x)\,\mathrm{d}(\arcsin x)$。

(14) $\int \frac{f(\arccos x)}{\sqrt{1-x^2}}\mathrm{d}x=-\int f(\arccos x)\,\mathrm{d}(\arccos x)$。

(15) $\int \frac{f(\arctan x)}{1+x^2}\mathrm{d}x=\int f(\arctan x)\,\mathrm{d}(\arctan x)$。

(16) $\int \frac{f(\operatorname{arccot} x)}{1+x^2}\mathrm{d}x=-\int f(\operatorname{arccot} x)\,\mathrm{d}(\operatorname{arccot} x)$。

(17) $\int \frac{f\left(\arctan \frac{1}{x}\right)}{1+x^2}\mathrm{d}x=-\int f\left(\arctan \frac{1}{x}\right)\mathrm{d}\left(\arctan \frac{1}{x}\right)$。

(18) $\int \frac{f[\ln(x+\sqrt{x^2+a^2})]}{\sqrt{x^2+a^2}}\mathrm{d}x=\int f[\ln(x+\sqrt{x^2+a^2})]\mathrm{d}[\ln(x+\sqrt{x^2+a^2})]$ $(a>0)$。

(19) $\int \frac{f[\ln(x+\sqrt{x^2-a^2})]}{\sqrt{x^2-a^2}}\mathrm{d}x=\int f[\ln(x+\sqrt{x^2-a^2})]\mathrm{d}[\ln(x+\sqrt{x^2-a^2})]$ $(a>0)$。

(20) $\int \frac{f'(x)}{f(x)}\mathrm{d}x=\ln|f(x)|+C \quad (f(x)\neq 0)$。

(2) 第二换元积分法。

设 $x=\varphi(t)$ 可导,且 $\varphi'(t)\neq 0$,若 $\int f[\varphi(t)]\varphi'(t)\mathrm{d}t=G(t)+C$,则 $\int f(x)\mathrm{d}x \xlongequal{令 x=\varphi(t)} \int f[\varphi(t)]\varphi'(t)\mathrm{d}t=G(t)+C=G[\varphi^{-1}(x)]+C$,其中 $t=\varphi^{-1}(x)$ 为 $x=\varphi(t)$ 的反函数。

第二换元积分法绝大多数用于根式的被积函数,通过换元把根式去掉,其常见的变量替换分为两大类。

第一类: 被积函数是 x 与 $\sqrt[n]{ax+b}$ 或 x 与 $\sqrt[n]{\frac{ax+b}{cx+d}}$ 或由 e^x 构成的代数式的根式,例如 $\sqrt{a\mathrm{e}^x+b}$ 等。只要令根式 $\sqrt[n]{g(x)}=t$,解出 $x=\varphi(t)$ 已经不再有根式,那么就做这种变量替换 $x=\varphi(t)$ 即可。

第二类: 被积函数含有 $\sqrt{Ax^2+Bx+C}\quad(A\neq 0)$,如果仍令 $\sqrt{Ax^2+Bx+C}=t$ 解出 $x=\varphi(t)$ 仍是根号,那么这样变量替换不行,要做特殊处理,将 $A>0$ 时先化为 $\sqrt{A[(x-x_0)^2\pm l^2]}$,$A<0$ 时,先化为 $\sqrt{(-A)[l^2-(x-x_0)^2]}$,然后再做下列三种三角替换之一:

根式的形式	所做替换	三角形示意图(求反函数用)
$\sqrt{a^2-x^2}$	$x=a\sin t$	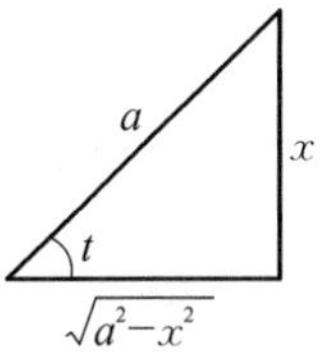
$\sqrt{a^2+x^2}$	$x=a\tan t$	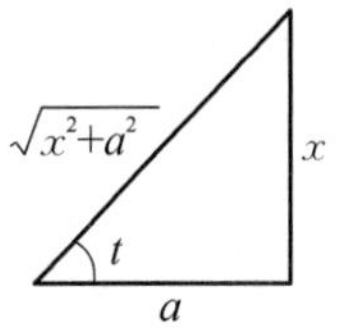
$\sqrt{x^2-a^2}$	$x=a\sec t$	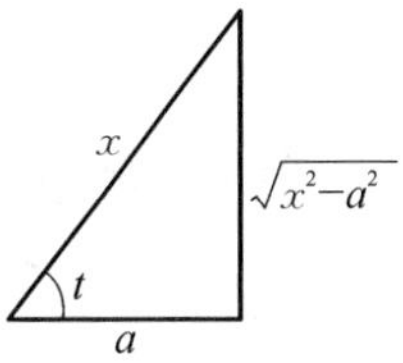

注意：如果既能用上述第二换元积分法，又可以用第一换元积分法，那么一般用第一换元积分法比较简单。

例如：$\int x\sqrt{x^2-a^2}\,\mathrm{d}x=\frac{1}{2}\int\sqrt{x^2-a^2}\,\mathrm{d}(x^2-a^2)$

$$\xlongequal{令\, x^2-a^2=u}\frac{1}{2}\int\sqrt{u}\,\mathrm{d}u=\frac{1}{3}u^{\frac{3}{2}}+C=\frac{1}{3}\sqrt{(x^2-a^2)^3}+C。$$

例如：$\int\frac{\sqrt{x^2+a^2}}{x}\mathrm{d}x=\frac{1}{2}\int\frac{\sqrt{x^2+a^2}}{x^2}d(x^2+a^2)\xlongequal{令\sqrt{x^2+a^2}=t}\frac{1}{2}\int\frac{t}{t^2-a^2}\mathrm{d}t^2$

$$=\int\frac{t^2}{t^2-a^2}\mathrm{d}t=\int\left[1+\frac{a^2}{t^2-a^2}\right]\mathrm{d}t=t+\frac{a}{2}\ln\left|\frac{a-t}{a+t}\right|+C$$

$$=\sqrt{x^2+a^2}+\frac{a}{2}\ln\left|\frac{a-\sqrt{a^2+x^2}}{a+\sqrt{a^2+x^2}}\right|+C。$$

例如：$\int\frac{\mathrm{d}x}{x\sqrt{x^2+1}}(x>0)=\int\frac{\mathrm{d}x}{x^2\sqrt{1+\left(\frac{1}{x}\right)^2}}=-\int\frac{\mathrm{d}\left(\frac{1}{x}\right)}{\sqrt{1+\left(\frac{1}{x}\right)^2}}$

$$\xlongequal{令\frac{1}{x}=t}-\int\frac{\mathrm{d}t}{\sqrt{1+t^2}}=-\ln(t+\sqrt{1+t^2})+C=-\ln\left(\frac{1}{x}+\sqrt{1+\left(\frac{1}{x}\right)^2}\right)+C。$$

(3) 分部积分法。

设 $u(x)$，$v(x)$ 均有连续的导数，则

$\int u(x)\mathrm{d}v(x) = u(x)v(x) - \int v(x)\mathrm{d}u(x)$ 或 $\int u(x)v'(x)\mathrm{d}x = u(x)v(x) - \int u'(x)v(x)\mathrm{d}x$。

注意: 使用分部积分法时,被积函数中"哪个函数看作 $u(x)$,哪个函数看作 $v'(x)$"有一定规律。

① $P_n(x)e^{ax}$, $P_n(x)\sin ax$, $P_n(x)\cos ax$ 情形。$P_n(x)$ 为 n 次多项式,a 为常数,要进行 n 次分部积分法,每次均取 e^{ax}, $\sin ax$, $\cos ax$ 为 $v'(x)$;多项式部分为 $u(x)$。

② $P_n(x)\ln x$, $P_n(x)\arcsin x$, $P_n(x)\arctan x$ 情形。$P_n(x)$ 为 n 次多项式取 $P_n(x)$ 为 $v'(x)$,而 $\ln x$, $\arcsin x$, $\arctan x$ 为 $u(x)$,用分部积分法一次,被积函数的形式发生变化,再考虑其他方法。

③ 对于 $e^{ax}\sin bx$ 和 $e^{ax}\cos bx$ 情形。进行二次分部积分法后要移项,再合并。

④ 比较复杂的被积函数使用分部积分法。要用凑微分法,使尽量多的因子与 $\mathrm{d}x$ 凑成 $\mathrm{d}v(x)$。

2. 定积分的概念与性质

1) 定积分的定义

定义 2 $f(x)$ 在 $[a, b]$ 上的定积分为 $\int_a^b f(x)\mathrm{d}x = \lim\limits_{d\to 0}\sum\limits_{i=1}^{n} f(\xi_i)(x_i - x_{i-1})$(如果极限存在)。其中 ξ_i 为 $[x_{i-1}, x_i]$ 上任一点;$[a, b]$ 任意划分为 n 个小区间 $a = x_1 < x_2 < \cdots < x_{i-1} < x_i < \cdots < x_n = b$;$d = \max\limits_{1\leqslant i\leqslant n}(x_i - x_{i-1})$。如果 $f(x)$ 在 $[a, b]$ 上有定积分,则称 $f(x)$ 在 $[a, b]$ 上可积。

$[a, b]$ 上的连续函数或只有有限个第一类间断点的函数都是可积函数。

2) 定积分的几何意义

设函数 $f(x)$ 在 $[a, b]$ 上连续,定积分 $\int_a^b f(x)\mathrm{d}x$ 在几何上表示曲线 $y = f(x)$ 和直线 $x = a$, $x = b$ 以及 x 轴围成各部分面积的代数和,其中 $y = f(x)$ 在 x 轴上方取正号,在 x 轴下方取负号。

3) 定积分的性质

(1) $\int_b^a f(x)\mathrm{d}x = -\int_a^b f(x)\mathrm{d}x$。

(2) $\int_a^a f(x)\mathrm{d}x = 0$。

(3) $\int_a^b [k_1 f_1(x) + k_2 f_2(x)]\mathrm{d}x = k_1\int_a^b f_1(x)\mathrm{d}x + k_2\int_a^b f_2(x)\mathrm{d}x$。

(4) $\int_a^b f(x)\mathrm{d}x = \int_a^c f(x)\mathrm{d}x + \int_c^b f(x)\mathrm{d}x$($c$ 也可以在 $[a, b]$ 之外)。

(5) 设 $a \leqslant b$, $f(x) \leqslant g(x)(a \leqslant x \leqslant b)$,则 $\int_a^b f(x)\mathrm{d}x \leqslant \int_a^b g(x)\mathrm{d}x$。

(6) 设 $a < b$, $m \leqslant f(x) \leqslant M(a \leqslant x \leqslant b)$,则 $m(b-a) \leqslant \int_a^b f(x)\mathrm{d}x \leqslant M(b-a)$。

(7) 设 $a < b$,则 $\left|\int_a^b f(x)\mathrm{d}x\right| \leqslant \int_a^b |f(x)|\mathrm{d}x$。

(8) 定积分中值定理：设 $f(x)$ 在 $[a, b]$ 上连续，则存在 $\xi \in [a, b]$，使

$$\int_a^b f(x)\mathrm{d}x = f(\xi)(b-a)。$$

定义：我们称 $\frac{1}{b-a}\int_a^b f(x)\mathrm{d}x$ 为 $f(x)$ 在 $[a, b]$ 上的积分平均值。

(9) 奇偶函数的积分性质：

$$\int_{-a}^{a} f(x)\mathrm{d}x = 0\ (f(x)\ 为奇函数)；$$

$$\int_{-a}^{a} f(x)\mathrm{d}x = 2\int_0^a f(x)\mathrm{d}x\ (f(x)\ 为偶函数)。$$

(10) 周期函数的积分性质：

设 $f(x)$ 以 T 为周期，a 为常数，则 $\int_a^{a+T} f(x)\mathrm{d}x = \int_0^T f(x)\mathrm{d}x$。

4) 变上限积分的函数

定义 3　设 $f(x)$ 在 $[a, b]$ 上可积，则 $F(x) = \int_a^x f(t)\mathrm{d}t$，$x \in [a, b]$ 称为变上限积分的函数。

定理 1　若 $f(x)$ 在 $[a, b]$ 上可积，则 $F(x) = \int_a^x f(t)\mathrm{d}t$ 在 $[a, b]$ 上连续。

定理 2　若 $f(x)$ 在 $[a, b]$ 上连续，则 $F(x) = \int_a^x f(t)\mathrm{d}t$ 在 $[a, b]$ 上可导，且 $F'(x) = f(x)$。

推广形式： 设 $F(x) = \int_{\varphi_1(x)}^{\varphi_2(x)} f(t)\mathrm{d}t$，$\varphi_1(x)$，$\varphi_2(x)$ 可导，$f(x)$ 连续，则 $F'(x) = f[\varphi_2(x)]\varphi_2'(x) - f[\varphi_1(x)]\varphi_1'(x)$。

5) 牛顿-莱布尼兹公式

设 $f(x)$ 在 $[a, b]$ 上可积，$F(x)$ 为 $f(x)$ 在 $[a, b]$ 上任意一个原函数，则有 $\int_a^b f(x)\mathrm{d}x = F(x)\Big|_a^b = F(b) - F(a)$。

注意： 若 $f(x)$ 在 $[a, b]$ 上连续，可以很容易地用上面变上限积分的方法来证明；若 $f(x)$ 在 $[a, b]$ 上可积，牛顿-莱布尼兹公式仍成立，但证明方法就很复杂。

3. 定积分的换元积分法和分部积分法

1) 定积分的换元积分法

设 $f(x)$ 在 $[a, b]$ 上连续，若变量替换 $x = \varphi(t)$ 满足

(1) $\varphi'(t)$ 在 $[\alpha, \beta]$ 上连续；

(2) $\varphi(\alpha) = a$，$\varphi(\beta) = b$，且当 $\alpha \leqslant t \leqslant \beta$ 时，$a \leqslant \varphi(t) \leqslant b$，则

$$\int_a^b f(x)\mathrm{d}x = \int_\alpha^\beta f[\varphi(t)]\varphi'(t)\mathrm{d}t。$$

2) 定积分的分部积分法

设 $u'(x)$，$v'(x)$ 在 $[a, b]$ 上连续，则

$$\int_a^b u(x)v'(x)\mathrm{d}x = u(x)v(x)\Big|_a^b - \int_a^b u'(x)v(x)\mathrm{d}x$$

或 $\int_a^b u(x)\mathrm{d}v(x) = u(x)v(x)\Big|_a^b - \int_a^b v(x)\mathrm{d}u(x)$。

4. 定积分的应用

1) 平面图形的面积

(1) 直角坐标系。

模型Ⅰ(见图 3-2)：$S_1 = \int_a^b [y_2(x) - y_1(x)]\mathrm{d}x$，其中 $y_2(x) \geqslant y_1(x)$，$x \in [a, b]$。

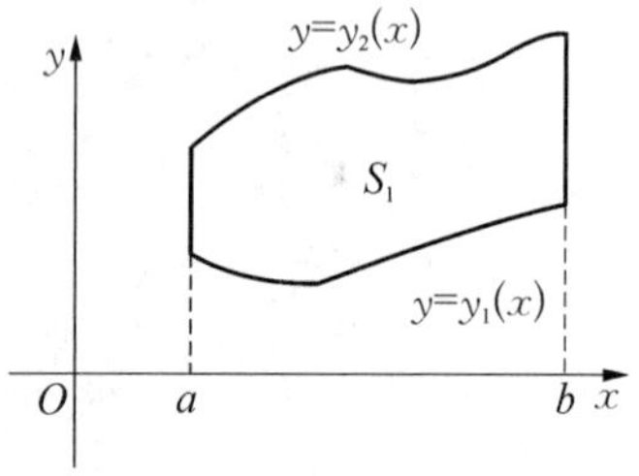

图 3-2

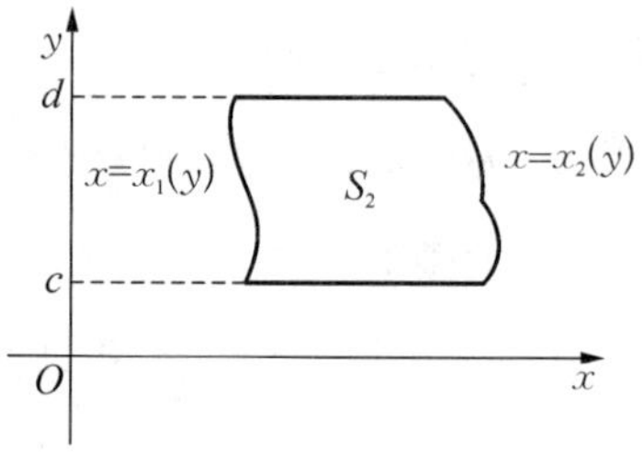

图 3-3

模型Ⅱ(见图 3-3)：$S_2 = \int_c^d [x_2(y) - x_1(y)]\mathrm{d}y$，其中 $x_2(y) \geqslant x_1(y)$，$y \in [c, d]$。

注意：复杂图形分割为若干个小图形，使其中每一个符合模型Ⅰ或模型Ⅱ加以计算，然后再相加。

(2) 极坐标系。

模型Ⅰ(见图 3-4)：$S_1 = \frac{1}{2}\int_\alpha^\beta r^2(\theta)\mathrm{d}\theta$。

模型Ⅱ(见图 3-5)：$S_2 = \frac{1}{2}\int_\alpha^\beta [r_2^2(\theta) - r_1^2(\theta)]\mathrm{d}\theta$。

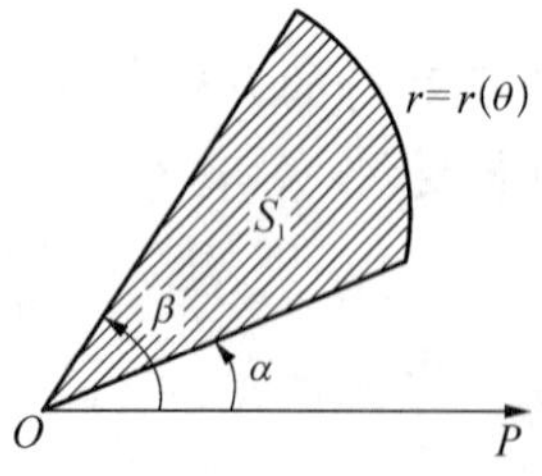

图 3-4

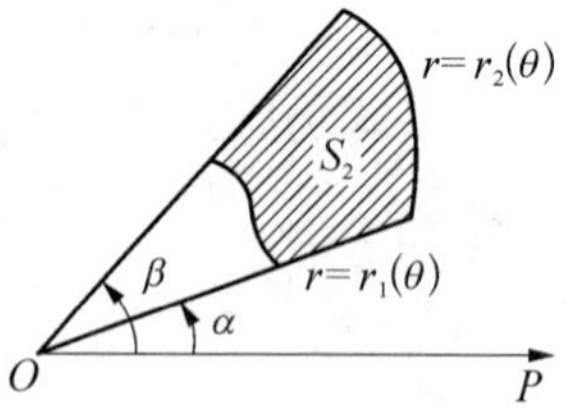

图 3-5

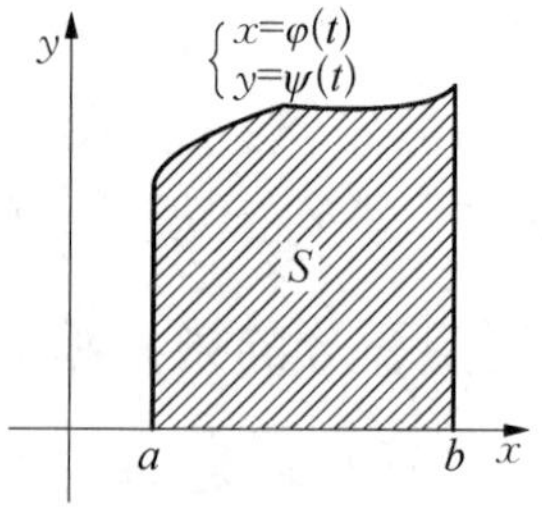

图 3-6

(3) 参数形式表出的曲线所围成的面积。

设曲线 C 的参数方程 $\begin{cases} x = \varphi(t) \\ y = \Psi(t) \end{cases}$ $(\alpha \leqslant t \leqslant \beta)$，$\varphi(\alpha) = a$，$\varphi(\beta) = b$，$\varphi(t)$ 在 $[\alpha, \beta]$ (或 $[\beta, \alpha]$) 上有连续导数，且 $\varphi'(t)$ 不变号，$\Psi(t) \geqslant 0$ 且连续，则曲边梯形面积(曲线 C 与直线 $x=a$，$x=b$ 和 x 轴所围成) $S = \int_a^b y\mathrm{d}x = \int_\alpha^\beta \Psi(t)\varphi'(t)\mathrm{d}t$ (见图 3-6)。

2）绕坐标轴旋转的旋转体的体积

（1）平面图形（见图 3－7）。由曲线 $y=f(x)(y\geqslant 0)$ 与直线 $x=a$，$x=b$ 和 x 轴围成绕 x 轴旋转一周的体积为 $V_x=\pi\int_a^b f^2(x)\mathrm{d}x$，绕 y 轴旋转一周的体积为 $V_y=2\pi\int_a^b xf(x)\mathrm{d}x$。

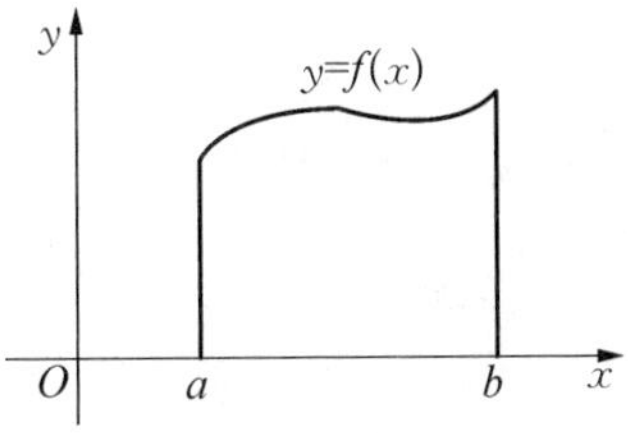

图 3－7

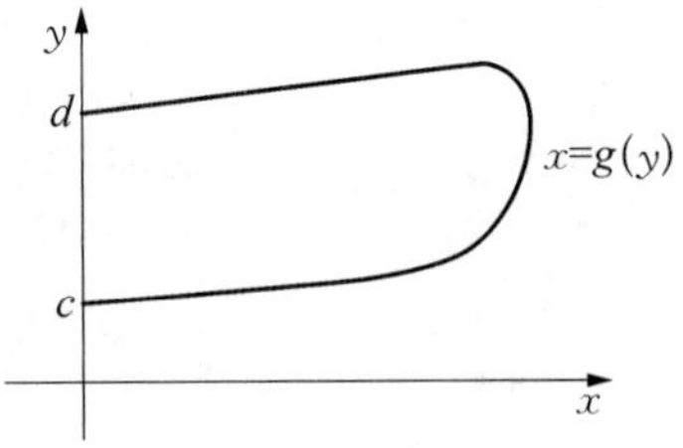

图 3－8

（2）平面图形（见图 3－8）。由曲线 $x=g(y)(x\geqslant 0)$ 与直线 $y=c$，$y=d$ 和 y 轴围成绕 y 轴旋转一周的体积 $V_y=\pi\int_c^d g^2(y)\mathrm{d}y$，绕 x 轴旋转一周的体积为 $V_x=2\pi\int_c^d yg(y)\mathrm{d}y$。

3.4　典型例题精析

题型 1：原函数与不定积分

【例 1】（经济类）不定积分 $\int \sin x\cos x\,\mathrm{d}x$ 不等于________。

（A）$\frac{1}{2}\sin^2 x+C$　　（B）$\frac{1}{2}\sin^2 2x+C$

（C）$-\frac{1}{4}\cos 2x+C$　　（D）$-\frac{1}{2}\cos^2 x+C$

（E）以上选项均错误

【答案】（B）。

【解析】 验证法：

（A）项求导：$\left(\frac{1}{2}\sin^2 x+C\right)'=\sin x\cos x$；

（B）项求导：$\left(\frac{1}{2}\sin^2 2x+C\right)'=2\sin 2x\cos 2x$；

（C）项求导：$-\left(\frac{1}{4}\cos 2x+C\right)'=\frac{1}{2}\sin 2x=\sin x\cos x$；

（D）项求导：$\left(-\frac{1}{2}\cos^2 x+C\right)'=\sin x\cos x$。

所以选（B）。

【例 2】（经济类）已知 $F'(x)=f(x)$，则下述式子中一定正确的是（C 为任意常数）________。

(A) $\int f(x)\mathrm{d}x = F(x) + 2C$　　(B) $\int f(x)\mathrm{d}x = F(x)$

(C) $\int F(x)\mathrm{d}x = f(x) + C$　　(D) $\int F(x)\mathrm{d}x = f(x)$

(E) $\int F(x)\mathrm{d}x = f(x) + C$

【答案】 (A)。

【解析】 由 $F'(x) = f(x)$，得 $F(x)$ 是 $f(x)$ 的一个原函数，则

$$\int f(x)\mathrm{d}x = F(x) + 2C。$$

【例 3】 (经济类)已知 $\mathrm{d}(x\ln x) = f(x)\mathrm{d}x$，则 $\int f(x)\mathrm{d}x =$ ________。

(A) $x\ln x$　　(B) $1 + \ln x$

(C) $x\ln x + C$　　(D) $x^2 + C$

(E) $2x^2 + C$

【答案】 (C)。

【解析】 $\int f(x)\mathrm{d}x = \int \mathrm{d}(x\ln x) = x\ln x + C$。故选(C)。

【例 4】 (经济类)已知 $F(x)$ 是 $f(x)$ 的一个原函数，则 $\int_a^x f(t+a)\mathrm{d}t =$ ________。

(A) $F(x) - F(a)$　　(B) $F(t) - F(a)$

(C) $F(x+a) - F(x-a)$　　(D) $F(x+a) - F(2a)$

(E) $F(x+a) + F(x-a)$

【答案】 (D)。

【解析】 $\int_a^x f(t+a)\mathrm{d}t \xlongequal{u=t+a} \int_{2a}^{x+a} f(u)\mathrm{d}u = F(x)\Big|_{2a}^{x+a} = F(x+a) - F(2a)$。故选(D)。

【例 5】 (经济类)设生产 x 单位产品的总成本 C 是 x 的函数 $C(x)$，固定计算成本 ($C(0)$) 为 20 元，边际成本函数为 $C'(x) = 2x + 10$(元/单位)，则总成本函数 $C(x) =$ ________。

(A) $x^2 + 10x + 40$　　(B) $x^2 + 10x - 10$

(C) $x^2 + 10x + 20$　　(D) $x^2 + 10x - 20$

(E) $x^2 + 10x + 10$

【答案】 (C)。

【解析】 $C(x) = \int C'(x)\mathrm{d}x = \int (2x+10)\mathrm{d}x = x^2 + 10x + C$，$C(0) = C = 20 \Rightarrow C(x) = x^2 + 10x + 20$。故选(C)。

【例 6】 (经济类)已知 $x + \dfrac{1}{x}$ 是 $f(x)$ 的一个原函数，则 $\int xf(x)\mathrm{d}x =$ ________。

(A) $\frac{1}{2}x^2 - \ln|x|$　　(B) $x - \ln|x| + C$

(C) $C - \ln|x|$　　(D) $\frac{1}{2}x^2 - \ln|x| + C$

(E) $\frac{1}{2}x^2 + \ln|x| + C$

【答案】 (D)。

【解析】 $x+\frac{1}{x}$ 是 $f(x)$ 的一个原函数，所以 $\int f(x)\mathrm{d}x = x+\frac{1}{x}+C$，两边求导，所以 $f(x)=1-\frac{1}{x^2}$，则 $\int xf(x)\mathrm{d}x = \int\left(x-\frac{1}{x}\right)\mathrm{d}x = \frac{1}{2}x^2 - \ln|x| + C$。所以选(D)。

【例 7】 (经济类)设 $\int f(x)\mathrm{e}^{x^2}\mathrm{d}x = \mathrm{e}^{x^2}+C$，则 $f(x)=$________。

(A) 1　　(B) $2x$　　(C) x^2　　(D) e^{x^2}　　(E) $2x$

【答案】 (E)。

【解析】 等式两边同时求导可得 $f(x)\mathrm{e}^{x^2} = 2x\cdot\mathrm{e}^{x^2}$，从而 $f(x)=2x$，故选(E)。

【例 8】 (经济类)设 $f'(\ln x)=1+x$，则 $f(x)=$________。

(A) $\mathrm{e}^x + C$　　(B) $-x+\mathrm{e}^x+C$

(C) $x+\mathrm{e}^x+C$　　(D) $x-\mathrm{e}^x+C$

(E) $2x+\mathrm{e}^x+C$

【答案】 (C)。

【解析】 令 $\ln x = t$，则 $f'(t)=1+\mathrm{e}^t$，则 $f(t)=t+\mathrm{e}^t+C$，所求 $f(x)=x+\mathrm{e}^x+C$。故选(C)。

【例 9】 若 $\int f(x)\mathrm{e}^{-\frac{1}{x}}\mathrm{d}x = -\mathrm{e}^{-\frac{1}{x}}+C$，则 $f(x)=$________。

(A) $\frac{1}{x}$　　(B) $\frac{1}{x^2}$　　(C) $-\frac{1}{x}$　　(D) $-\frac{1}{x^2}$　　(E) $\mathrm{e}^{-\frac{1}{x}}$

【答案】 (D)。

【解析】 两边求导，$f(x)\mathrm{e}^{-\frac{1}{x}} = -\frac{1}{x^2}\mathrm{e}^{-\frac{1}{x}}$，于是 $f(x)=-\frac{1}{x^2}$，本题应选(D)。

【例 10】 (经济类)设 $f'(x)=\cos x - 2x$，且 $f(0)=2$，则 $f(x)=$________。

(A) $\cos x - x^2 + 2$　　(B) $-\sin x + x^2 + 2$

(C) $\sin x + x^2 + 2$　　(D) $-\sin x - x^2 + 2$

(E) $\sin x - x^2 + 2$

【答案】 (E)。

【解析】 $\int f'(x)\mathrm{d}x = \int(\cos x - 2x)\mathrm{d}x = \sin x - x^2 + C$，故 $f(x)=\sin x - x^2 + C$，又

$f(0)=2$，得 $C=2$，则 $f(x)=\sin x-x^2+2$。故选(E)。

【例 11】 (普研)设 $f(x)$ 是连续函数，$F(x)$ 是 $f(x)$ 的原函数，则________。

(A) 当 $f(x)$ 是奇函数时，$F(x)$ 必为偶函数

(B) 当 $f(x)$ 是偶函数时，$F(x)$ 必为奇函数

(C) 当 $f(x)$ 是周期函数时，$F(x)$ 必为周期函数

(D) 当 $f(x)$ 是单调增函数时，$F(x)$ 必为单调增函数

(E) 以上说法均错误

【答案】 (A)。

【解析】 排除法，分别举反例如下：

(B)的反例，取 $f(x)=\cos x$，$F(x)=\sin x+1$ 不是奇函数。

(C)的反例，取 $f(x)=\cos x+1$，$F(x)=\sin x+x$ 不是周期函数。

(D)的反例，取 $f(x)=x$，$F(x)=\frac{1}{2}x^2$ 不是单调增函数。所以，应选(A)。

也可以直接证明(A)正确。$f(x)$ 的全体原函数 $F(x)$ 可表示为 $F(x)=\int_0^x f(t)\mathrm{d}t+C$，于是 $F(-x)=\int_0^{-x} f(t)\mathrm{d}t+C \xlongequal{令 u=-t} -\int_0^x f(-u)\mathrm{d}u+C=\int_0^x f(u)\mathrm{d}u+C=F(x)$，故应选(A)。

题型 2： 不定积分计算——凑微分法

【例 12】 (经济类)不定积分 $\int x\sqrt{1-x^2}\,\mathrm{d}x=$________。

(A) $\sqrt{1-x^2}+C$

(B) $-\frac{1}{3}\sqrt{(1-x^2)^3}+C$

(C) $x\sqrt{1-x^2}+C$

(D) $-\frac{1}{3}x\sqrt{(1-x^2)^3}+C$

(E) $x^2\sqrt{1-x^2}+C$

【答案】 (B)。

【解析】 根据换元法。先凑微分，$\int x\sqrt{1-x^2}\,\mathrm{d}x=-\frac{1}{2}\int\sqrt{1-x^2}\,\mathrm{d}(1-x^2)$。

再令 $t=1-x^2$，则原积分变为 $-\frac{1}{2}\int\sqrt{t}\,\mathrm{d}t=-\frac{1}{2}\int t^{\frac{1}{2}}\mathrm{d}t=-\frac{1}{2}\cdot\frac{2}{3}t^{\frac{3}{2}}+C=-\frac{1}{3}t^{\frac{3}{2}}+C$，则 $\int x\sqrt{1-x^2}\,\mathrm{d}x=-\frac{1}{3}(1-x^2)^{\frac{3}{2}}+C$，故选(B)。

【例 13】 (经济类)不定积分 $\int x\cos(2-3x^2)\mathrm{d}x=$________。

(A) $\frac{1}{6}\sin(2-3x^2)+C$

(B) $-\frac{1}{6}\sin(2-3x^2)+C$

(C) $-\frac{1}{3}\sin(2-3x^2)+C$　　(D) $\frac{1}{3}\sin(2-3x^2)+C$

(E) $-\frac{1}{2}\sin(2-3x^2)+C$

【答案】 (B)。

【解析】 $\int x\cos(2-3x^2)\mathrm{d}x=-\frac{1}{6}\int\cos(2-3x^2)\mathrm{d}(2-3x^2)=-\frac{1}{6}\sin(2-3x^2)+C$，故选(B)。

【例 14】 (经济类)设 $F(x)$ 为 $f(x)$ 的一个原函数，且当 $x\geqslant 0$ 时，$f(x)F(x)=\frac{x\mathrm{e}^x}{2(1+x)^2}$，已知 $F(0)=1$，$F(x)>0$，则 $F(x)=$________。

(A) $\sqrt{\frac{\mathrm{e}^x}{x}}$　(B) $\sqrt{\frac{\mathrm{e}^x}{1+x^2}}$　(C) $\sqrt{\frac{x^2\mathrm{e}^x}{1+x}}$　(D) $\sqrt{\frac{x\mathrm{e}^x}{1+x}}$　(E) $\sqrt{\frac{\mathrm{e}^x}{1+x}}$

【答案】 (E)。

【解析】 方程 $f(x)F(x)=\frac{x\mathrm{e}^x}{2(1+x)^2}$，两端求不定积分，得

$$
\begin{aligned}
F^2(x)&=\int\frac{x\mathrm{e}^x}{(1+x)^2}\mathrm{d}x=\int\frac{(x+1-1)\mathrm{e}^x}{(1+x)^2}\mathrm{d}x\\
&=\int\left[\frac{1}{1+x}\mathrm{e}^x-\frac{1}{(1+x)^2}\mathrm{e}^x\right]\mathrm{d}x=\frac{\mathrm{e}^x}{1+x}+C,
\end{aligned}
$$

由于 $F(0)=1$，从而 $C=0$，即 $F(x)=\sqrt{\frac{\mathrm{e}^x}{1+x}}$。故选(E)。

【例 15】 (经济类)不定积分 $\int\frac{\arctan x}{x^2(1+x^2)}\mathrm{d}x=$________。

(A) $-\frac{\arctan x}{x}+\ln|x|-\frac{1}{2}\ln(1+x^2)-\frac{1}{2}\arctan^2 x+C$

(B) $\frac{\arctan x}{x}+\ln|x|-\frac{1}{2}\ln(1+x^2)-\frac{1}{2}\arctan^2 x+C$

(C) $-\frac{\arctan x}{x}-\ln|x|-\frac{1}{2}\ln(1+x^2)-\frac{1}{2}\arctan^2 x+C$

(D) $\frac{\arctan x}{x}-\ln|x|-\frac{1}{2}\ln(1+x^2)-\frac{1}{2}\arctan^2 x+C$

(E) $-\frac{\arctan x}{x}+\ln|x|+\frac{1}{2}\ln(1+x^2)-\frac{1}{2}\arctan^2 x+C$

【答案】 (A)。

【解析】 $\int \frac{\arctan x}{x^2(1+x^2)}dx$

$=\int \frac{\arctan x}{x^2}dx-\int \frac{\arctan x}{1+x^2}dx$

$=-\int \arctan x\, d\left(\frac{1}{x}\right)-\frac{1}{2}\arctan^2 x$

$=-\frac{\arctan x}{x}+\int \frac{1}{x}\cdot \frac{1}{1+x^2}dx-\frac{1}{2}\arctan^2 x$。

由于$\int \frac{1}{x}\cdot\frac{1}{1+x^2}dx=\int \frac{x}{x^2}\cdot\frac{1}{1+x^2}dx=\frac{1}{2}\int\left(\frac{1}{x^2}-\frac{1}{1+x^2}\right)dx^2=\ln|x|-\frac{1}{2}\ln|1+x^2|+C$,故

原式$=-\frac{\arctan x}{x}+\ln|x|-\frac{1}{2}\ln(1+x^2)-\frac{1}{2}\arctan^2 x+C$,选(A)。

【例 16】 已知 $f'(e^x)=xe^{-x}$,且 $f(1)=0$,则 $f(x)=$________。

(A) $-2\ln^2 x$ (B) $2\ln^2 x$ (C) $\ln^2 x$ (D) $-\frac{1}{2}\ln^2 x$ (E) $\frac{1}{2}\ln^2 x$

【答案】 (E)。

【解析】 先求 $f'(x)$,再求 $f(x)$。

令 $e^x=t$,即 $x=\ln t$,从而 $f'(t)=\frac{\ln t}{t}$,故

$$f(x)=\int \frac{\ln x}{x}dx=\int \ln x\, d(\ln x)=\frac{1}{2}\ln^2 x+C,$$

由 $f(1)=0$,得 $C=0$,所以 $f(x)=\frac{1}{2}\ln^2 x$。故选(E)。

【例 17】 设 $F(x)$ 是 $f(x)$ 的原函数,且当 $x\geqslant 0$ 时有

$$f(x)\cdot F(x)=\sin^2 2x,$$

又 $F(0)=1$,$F(x)\geqslant 0$,则 $f(x)=$________。

(A) $\sqrt{x-\frac{1}{4}\sin 4x+1}$ (B) $-\sqrt{x-\frac{1}{4}\sin 4x+1}$

(C) $\frac{\sin^2 2x}{\sqrt{x-\frac{1}{4}\sin 4x+1}}$ (D) $-\frac{\sin^2 2x}{\sqrt{x-\frac{1}{4}\sin 4x+1}}$

(E) $\frac{\sin^2 2x}{\sqrt{x+\frac{1}{4}\sin 4x+1}}$

【答案】（C）。

【解析】利用原函数的定义，结合已知条件先求出 $F(x)$，然后求其导数即为所求。

因为 $F'(x)=f(x)$，所以 $F'(x)F(x)=\sin^2 2x$，两边积分得

$$\int F'(x)F(x)\mathrm{d}x=\int \sin^2 2x\,\mathrm{d}x。$$

即

$$\frac{1}{2}F^2(x)=\frac{x}{2}-\frac{1}{8}\sin 4x+C。$$

由 $F(0)=1$ 得 $C=\frac{1}{2}$，所以

$$F(x)=\sqrt{x-\frac{1}{4}\sin 4x+1},$$

从而

$$f(x)=F'(x)=\frac{1-\cos 4x}{2\sqrt{x-\frac{1}{4}\sin 4x+1}}$$

$$=\frac{\sin^2 2x}{\sqrt{x-\frac{1}{4}\sin 4x+1}}。故选(C)。$$

【例 18】不定积分 $\int\frac{\mathrm{d}x}{x^2\sqrt{x}}=$________。

(A) $-\frac{2}{3}x^{-\frac{3}{2}}+C$　　(B) $\frac{2}{3}x^{-\frac{3}{2}}+C$

(C) $-\frac{1}{3}x^{-\frac{3}{2}}+C$　　(D) $\frac{1}{3}x^{-\frac{3}{2}}+C$

(E) $x^{-\frac{3}{2}}+C$

【答案】（A）。

【解析】$\int\frac{\mathrm{d}x}{x^2\sqrt{x}}=\int x^{-\frac{5}{2}}\mathrm{d}x=\frac{1}{1+\left(-\frac{5}{2}\right)}x^{-\frac{5}{2}+1}+C=-\frac{2}{3}x^{-\frac{3}{2}}+C$。故选（A）。

【技巧总结】利用幂函数的积分公式 $\int x^n\mathrm{d}x=\frac{1}{n+1}x^{n+1}+C$ 求积分时，应当先将被积函数中的幂函数写成负指数幂或分数指数幂的形式。

【例 19】不定积分 $\int\frac{3x^4+3x^2+1}{x^2+1}\mathrm{d}x=$________。

(A) $x^3-\arctan x+C$　　(B) $3x^3+\arctan x+C$

(C) $\frac{1}{3}x^3+\arctan x+C$　　(D) $x^3+2\arctan x+C$

(E) $x^3+\arctan x+C$

【答案】 (E)。

【解析】 $\int\frac{3x^4+3x^2+1}{x^2+1}dx=\int 3x^2dx+\int\frac{1}{1+x^2}dx=x^3+\arctan x+C$。故选(E)。

【技巧总结】 ① 将被积函数拆开,用指数函数的积分公式;② 分子分母都含有偶数次幂,将其化成一个多项式和一个真分式的和后即可用公式。

【例 20】 不定积分$\int\frac{x^4}{1+x^2}dx=$________。

(A) $\frac{1}{3}x^3+\arctan x+C$　　(B) $\frac{1}{3}x^3-x-\arctan x+C$

(C) $\frac{1}{3}x^3+x+\arctan x+C$　　(D) $x^3-x+\arctan x+C$

(E) $\frac{1}{3}x^3-x+\arctan x+C$

【答案】 (E)。

【解析】 $$\begin{aligned}\int\frac{x^4}{1+x^2}dx&=\int\frac{(x^4-1)+1}{1+x^2}dx\\&=\int\frac{(x^2-1)(x^2+1)+1}{1+x^2}dx\\&=\int(x^2-1)dx+\int\frac{1}{1+x^2}dx\\&=\frac{1}{3}x^3-x+\arctan x+C\text{。故选(E)。}\end{aligned}$$

【技巧总结】 根据被积函数分子、分母的特点,利用常用的恒等变形,例如:分解因式、直接拆项、“加零”拆项、指数公式和三角公式等等,将被积函数分解成几项之和即可求解。

【例 21】 不定积分$\int\frac{1}{1+\cos 2x}dx=$________。

(A) $\frac{1}{2}\sec x+C$　　(B) $-2\tan x+C$

(C) $2\tan x+C$　　(D) $-\frac{1}{2}\tan x+C$

(E) $\frac{1}{2}\tan x+C$

【答案】 (E)。

【解析】 $\int \frac{1}{1+\cos 2x} dx = \int \frac{1}{2\cos^2 x} dx = \frac{1}{2}\tan x + C$。故选(E)。

【技巧总结】 当被积函数是三角函数时，常利用一些三角恒等式，将其向基本积分公式表中有的形式转化，这就要求读者要牢记基本积分公式表。

【例 22】 不定积分 $\int \frac{1}{\sqrt{x}(1+x)} dx =$______。

(A) $-2\arctan\sqrt{x} + C$　　(B) $\arctan\sqrt{x} + C$

(C) $4\arctan\sqrt{x} + C$　　(D) $2\arctan\sqrt{x} + C$

(E) $\arctan\sqrt{x} + \sqrt{x} + C$

【答案】 (D)。

【解析】 $\int \frac{1}{\sqrt{x}(1+x)} dx = 2\int \frac{d\sqrt{x}}{1+(\sqrt{x})^2} = 2\arctan\sqrt{x} + C$。故选(D)。

【例 23】 不定积分 $\int \frac{1}{x}\sin(\ln x) dx =$______。

(A) $\cos(\ln x) + C$　　(B) $\sin(\ln x) + C$

(C) $-\sin(\ln x) + C$　　(D) $-\cos(\ln x) + C$

(E) $-\cot(\ln x) + C$

【答案】 (D)。

【解析】 $\int \frac{1}{x}\sin(\ln x) dx = \int \sin(\ln x) d(\ln x) = -\cos(\ln x) + C$。故选(D)。

【技巧总结】 这些积分都没有现成的公式可套用，需要用第一类换元积分法。

注意：用第一类换元积分法(凑微分法)求不定积分，一般并无规律可循，主要依靠经验的积累，而任何一个微分运算公式都可以作为凑微分的运算途径。因此需要牢记基本积分公式，这样凑微分才会有目标。

【例 24】 不定积分 $\int \sin^4 x dx =$______。

(A) $x - \frac{1}{4}\sin 2x + \frac{1}{32}\sin 4x + C$　　(B) $\frac{3}{8}x + \frac{1}{4}\sin 2x + \frac{1}{32}\sin 4x + C$

(C) $\frac{3}{4}x - \frac{1}{4}\sin 2x + \frac{1}{32}\sin 4x + C$　　(D) $\frac{3}{8}x - \frac{1}{4}\sin 2x + \frac{1}{32}\sin 4x + C$

(E) $\frac{3}{8}x - \frac{1}{4}\sin 2x + \frac{1}{16}\sin 4x + C$

【答案】 (D)。

【解析】 被积函数是偶次幂，基本方法是利用三角恒等式 $\sin^2 x = \frac{1-\cos 2x}{2}$，降低被积函数的幂次。

$$\begin{aligned}\int \sin^4 x\,\mathrm{d}x &= \int \left(\frac{1-\cos 2x}{2}\right)^2 \mathrm{d}x \\ &= \int \left(\frac{3}{8} - \frac{1}{2}\cos 2x + \frac{1}{8}\cos 4x\right)\mathrm{d}x \\ &= \frac{3}{8}x - \frac{1}{4}\sin 2x + \frac{1}{32}\sin 4x + C\text{。故选(D)。}\end{aligned}$$

【技巧总结】 在运用第一类换元法求以三角函数为被积函数的积分时，主要思路就是利用三角恒等式把被积函数化为熟知的积分，通常会用到同角的三角恒等式、倍角、半角公式、积化和差公式等。

注意： 利用上述方法类似可求下列积分 $\int \sin^3 x\,\mathrm{d}x$、$\int \cos^2 x\,\mathrm{d}x$、$\int \cos 3x \cos 2x\,\mathrm{d}x$、$\int \sec^6 x\,\mathrm{d}x$、$\int \sin^2 x \cos^5 x\,\mathrm{d}x$。

请读者自行完成。

【例 25】 不定积分 $\int \frac{1}{1+\mathrm{e}^x}\mathrm{d}x =$________。

(A) $x - \ln(\mathrm{e}^{-x}+1) + C$　　(B) $\ln(\mathrm{e}^x+1) + C$

(C) $-\ln(\mathrm{e}^x+1) + C$　　(D) $-\ln(\mathrm{e}^{-x}+1) + C$

(E) $\ln(\mathrm{e}^{-x}+1) + C$

【答案】 (D)。

【解析】 **解法 1**

$$\begin{aligned}\int \frac{1}{1+\mathrm{e}^x}\mathrm{d}x &= \int \frac{1+\mathrm{e}^x-\mathrm{e}^x}{1+\mathrm{e}^x}\mathrm{d}x = \int \left(1 - \frac{\mathrm{e}^x}{1+\mathrm{e}^x}\right)\mathrm{d}x \\ &= \int \mathrm{d}x - \int \frac{1}{1+\mathrm{e}^x}\mathrm{d}(1+\mathrm{e}^x) \\ &= x - \ln(1+\mathrm{e}^x) + C = \ln(\mathrm{e}^x) - \ln(1+\mathrm{e}^x) + C \\ &= \ln\frac{\mathrm{e}^x}{1+\mathrm{e}^x} + C = \ln\frac{1}{\mathrm{e}^{-x}+1} + C \\ &= -\ln(\mathrm{e}^{-x}+1) + C\text{。}\end{aligned}$$

解法 2 $\int \frac{1}{1+\mathrm{e}^x}\mathrm{d}x = \int \frac{\mathrm{e}^{-x}}{\mathrm{e}^{-x}+1}\mathrm{d}x = -\int \frac{\mathrm{d}(\mathrm{e}^{-x}+1)}{\mathrm{e}^{-x}+1} = -\ln(\mathrm{e}^{-x}+1) + C$。

解法 3 令 $u = \mathrm{e}^x$，$\mathrm{d}u = \mathrm{e}^x\mathrm{d}x$，则有

$$\begin{aligned}\int \frac{1}{1+\mathrm{e}^x}\mathrm{d}x &= \int \frac{1}{1+u}\cdot\frac{1}{u}\mathrm{d}u = \int \left(\frac{1}{u} - \frac{1}{1+u}\right)\mathrm{d}u = \ln\left(\frac{u}{1+u}\right) + C \\ &= \ln\left(\frac{\mathrm{e}^x}{1+\mathrm{e}^x}\right) + C = -\ln(\mathrm{e}^{-x}+1) + C\text{。故选(D)。}\end{aligned}$$

【技巧总结】 可充分利用凑微分公式：$\mathrm{e}^x\mathrm{d}x = \mathrm{d}\mathrm{e}^x$；或者换元，令 $u = \mathrm{e}^x$。

注意： 在计算不定积分时，用不同的方法计算的结果形式可能不一样，但本质相同。验证积分结果是否正确，只要对积分的结果求导数，若其导数等于被积函数则积分的结果是正

确的。

【例 26】 不定积分 $\int e^{-|x|}dx=$________。

(A) $\int e^{-|x|}dx=\begin{cases}-e^{-x}+2+C, & x\geqslant 0\\ e^{x}+C, & x<0\end{cases}$　(B) $\int e^{-|x|}dx=\begin{cases}-e^{-x}+1+C, & x\geqslant 0\\ e^{x}+C, & x<0\end{cases}$

(C) $\int e^{-|x|}dx=\begin{cases}-e^{-x}+C, & x\geqslant 0\\ e^{x}+C, & x<0\end{cases}$　(D) $\int e^{-|x|}dx=\begin{cases}e^{-x}+C, & x\geqslant 0\\ e^{x}+C, & x<0\end{cases}$

(E) $\int e^{-|x|}dx=\begin{cases}e^{-x}+2+C, & x\geqslant 0\\ e^{x}+C, & x<0\end{cases}$

【答案】 (A)。

【解析】 当 $x\geqslant 0$ 时,

$$\int e^{-|x|}dx=\int e^{-x}dx=-e^{-x}+C_1,$$

当 $x<0$ 时,

$$\int e^{-|x|}dx=\int e^{x}dx=e^{x}+C_2。$$

因为函数 $e^{-|x|}$ 的原函数在 $(-\infty,+\infty)$ 上每一点都连续,所以

$$\lim_{x\to 0^+}(-e^{-x}+C_1)=\lim_{x\to 0^-}(e^{x}+C_2),$$

即

$$-1+C_1=1+C_2,\ C_1=2+C_2,$$

记 $C_2=C$,则

$$\int e^{-|x|}dx=\begin{cases}-e^{-x}+2+C, & x\geqslant 0\\ e^{x}+C, & x<0\end{cases}。$$

【错解分析】 当 $x\geqslant 0$ 时,

$$\int e^{-|x|}dx=\int e^{-x}dx=-e^{-x}+C_1。$$

当 $x<0$ 时,

$$\int e^{-|x|}dx=\int e^{x}dx=e^{x}+C_2。$$

故

$$\int e^{-|x|}dx=\begin{cases}-e^{-x}+C_1, & x\geqslant 0\\ e^{x}+C_2, & x<0\end{cases}。$$

函数的不定积分中只能含有一个任意常数,这里出现了两个,所以是错误的。事实上,被积函数 $e^{-|x|}$ 在 $(-\infty,+\infty)$ 上连续,故在 $(-\infty,+\infty)$ 上有原函数,且原函数在 $(-\infty,+\infty)$

上每一点可导,从而连续。可据此求出任意常数 C_1 与 C_2 的关系,使 $e^{-|x|}$ 的不定积分中只含有一个任意常数。

注意: 分段函数的原函数的求法分为以下两步:

第一步,判断分段函数是否有原函数。如果分段函数的分界点是函数的第一类间断点,那么在包含该点的区间内,原函数不存在。如果分界点是函数的连续点,那么在包含该点的区间内原函数存在。

第二步,若分段函数有原函数,先求出函数在各分段相应区间内的原函数,再根据原函数连续的要求,确定各段上的积分常数,以及各段上积分常数之间的关系。

题型 3: 不定积分计算——换元法

【例 27】 (经济类)已知 $F(x)$ 是 $f(x)$ 的一个原函数,则 $\int_a^x f(t+a)\mathrm{d}t =$________。

(A) $F(x)-F(a)$　　(B) $F(t)-F(a)$

(C) $F(x+a)-F(x-a)$　　(D) $F(x+a)-F(2a)$

(E) $F(x+a)+F(2a)$

【答案】 (D)。

【解析】 $\int_a^x f(t+a)\mathrm{d}t \xlongequal{u=t+a} \int_{2a}^{x+a} f(u)\mathrm{d}u = F(x)\Big|_{2a}^{x+a} = F(x+a)-F(2a)$。故选(D)。

【例 28】 (经济类)不定积分 $\int e^{\sqrt{x}}\mathrm{d}x =$________。

(A) $\sqrt{x}e^{\sqrt{x}}-2e^{\sqrt{x}}+C$　　(B) $2\sqrt{x}e^{\sqrt{x}}-2e^{\sqrt{x}}+C$

(C) $2\sqrt{x}e^{\sqrt{x}}+2e^{\sqrt{x}}+C$　　(D) $2\sqrt{x}e^{\sqrt{x}}-e^{\sqrt{x}}+C$

(E) $2\sqrt{x}e^{\sqrt{x}}+e^{\sqrt{x}}+C$

【答案】 (B)。

【解析】 $\int e^{\sqrt{x}}\mathrm{d}x \xlongequal{\sqrt{x}=t} \int e^t\mathrm{d}t^2 = 2\int e^t t\mathrm{d}t = 2\int t\mathrm{d}e^t = 2te^t - 2\int e^t\mathrm{d}t = 2te^t - 2e^t + C$

$= 2\sqrt{x}e^{\sqrt{x}} - 2e^{\sqrt{x}} + C$。故选(B)。

【例 29】 (经济类)不定积分 $\int \frac{(x+1)^2}{\sqrt{x}}\mathrm{d}x =$________。

(A) $\frac{2}{5}x^{\frac{5}{2}}+\frac{4}{3}x^{\frac{3}{2}}+x^{\frac{1}{2}}+C$　　(B) $\frac{2}{5}x^{\frac{5}{2}}+x^{\frac{3}{2}}+2x^{\frac{1}{2}}+C$

(C) $-\frac{2}{5}x^{\frac{5}{2}}+\frac{4}{3}x^{\frac{3}{2}}+2x^{\frac{1}{2}}+C$　　(D) $\frac{2}{5}x^{\frac{5}{2}}+\frac{4}{3}x^{\frac{3}{2}}+2x^{\frac{1}{2}}+C$

(E) $x^{\frac{5}{2}}+\frac{4}{3}x^{\frac{3}{2}}+2x^{\frac{1}{2}}+C$

【答案】 (D)。

【解析】 换元法:令 $\sqrt{x}=t$,则 $\mathrm{d}x=\mathrm{d}t^2=2t\mathrm{d}t$,

$$\int \frac{(x+1)^2}{\sqrt{x}}\mathrm{d}x = \int \frac{(t^2+1)^2}{t}\cdot 2t\,\mathrm{d}t = 2\int (t^2+1)^2\mathrm{d}t$$
$$= 2\int (t^4+2t^2+1)\mathrm{d}t = 2\cdot\left(\frac{1}{5}t^5+\frac{2}{3}t^3+t\right)+C$$
$$= \frac{2}{5}x^{\frac{5}{2}}+\frac{4}{3}x^{\frac{3}{2}}+2x^{\frac{1}{2}}+C\text{。故选(D)。}$$

【例 30】 不定积分 $\int x^2\sqrt{4-x^2}\,\mathrm{d}x=$________。

(A) $\arcsin\frac{x}{2}-\frac{x}{2}\sqrt{4-x^2}\left(1-\frac{1}{2}x^2\right)+C$

(B) $-2\arcsin\frac{x}{2}-\frac{x}{2}\sqrt{4-x^2}\left(1-\frac{1}{2}x^2\right)+C$

(C) $2\arcsin\frac{x}{2}-\frac{x}{2}\sqrt{4-x^2}\left(1-\frac{1}{2}x^2\right)+C$

(D) $2\arcsin\frac{x}{2}+\frac{x}{2}\sqrt{4-x^2}\left(1-\frac{1}{2}x^2\right)+C$

(E) $-2\arcsin\frac{x}{2}+\frac{x}{2}\sqrt{4-x^2}\left(1-\frac{1}{2}x^2\right)+C$

【答案】 (C)。

【解析】 被积函数中含有根式 $\sqrt{4-x^2}$，可用三角代换 $x=2\sin t$ 消去根式。

设 $\sqrt{4-x^2}=2\cos t\left(0<t<\frac{\pi}{2}\right)$，$\mathrm{d}x=2\cos t\,\mathrm{d}t$，则

$$\int x^2\sqrt{4-x^2}\,\mathrm{d}x = \int 4\sin^2 t\cdot 2\cos t\cdot 2\cos t\,\mathrm{d}t = \int 4\sin^2 2t\,\mathrm{d}t$$
$$= \int 2(1-\cos 4t)\mathrm{d}t = 2t-\frac{1}{2}\sin 4t+C$$
$$= 2t-2\sin t\cos t(1-2\sin^2 t)+C$$
$$= 2\arcsin\frac{x}{2}-\frac{x}{2}\sqrt{4-x^2}\left(1-\frac{1}{2}x^2\right)+C\text{。故选(C)。}$$

注意 1: 对于三角代换，在结果化为原积分变量的函数时，常常借助于直角三角形。

注意 2: 在不定积分计算中，为了简便起见，一般遇到平方根时总取算术根，而省略负平方根情况的讨论。对三角代换，只要把角限制在 0 到 $\frac{\pi}{2}$，则不论什么三角函数都取正值，避免了正负号的讨论。

【例 31】 不定积分 $\int \frac{\sqrt{x^2-a^2}}{x}\mathrm{d}x=$________。

(A) $a\left(\frac{\sqrt{x^2-a^2}}{a}-\arcsin\frac{a}{x}\right)+C$　　(B) $a\left(\frac{\sqrt{x^2-a^2}}{a}+\arccos\frac{a}{x}\right)+C$

(C) $a\left(\frac{\sqrt{x^2-a^2}}{a}-\arccos\frac{a}{x}\right)+C$　　(D) $-a\left(\frac{\sqrt{x^2-a^2}}{a}-\arccos\frac{a}{x}\right)+C$

(E) $a\left(\frac{\sqrt{x^2-a^2}}{a}-\arctan\frac{a}{x}\right)+C$

【答案】 (C)。

【解析】 被积函数中含有二次根式 $\sqrt{x^2-a^2}$，但不能用凑微分法，故作代换 $x=a\sec t$，将被积函数化成三角有理式。

令 $x=a\sec t$，$dx=a\sec t\cdot\tan t dt$，则

$$\begin{aligned}\int\frac{\sqrt{x^2-a^2}}{x}dx&=\int\frac{a\tan t}{a\sec t}\cdot a\sec t\cdot\tan t dt=a\int\tan^2 t dt=a\int(\sec^2 t-1)dt\\&=a(\tan t-t)+C\\&=a\left(\frac{\sqrt{x^2-a^2}}{a}-\arccos\frac{a}{x}\right)+C。\end{aligned}$$

注意 1： 第二类换元法是通过恰当的变换，将原积分化为关于新变量的函数的积分，从而达到化难为易的效果，与第一类换元法的区别在于视新变量为自变量，而不是中间变量。使用第二类换元法的关键是根据被积函数的特点寻找一个适当的变量代换。

注意 2： 用第二类换元积分法求不定积分，应注意三个问题：

(1) 用于代换的表达式在对应的区间内单调可导，且导数不为零；

(2) 换元后的被积函数的原函数存在；

(3) 求出原函数后一定要将变量回代。

注意 3： 常用的代换有根式代换、三角代换与倒代换。根式代换和三角代换常用于消去被积函数中的根号，使其有理化，这种代换使用广泛；而倒代换的目的是消去或降低被积函数分母中的因子的幂。

注意 4： 常用第二类换元法积分的类型：

(1) $\int f(x,\sqrt[n]{ax+b})dx$，令 $t=\sqrt[n]{ax+b}$。

(2) $\int f\left(x,\sqrt[n]{\frac{ax+b}{cx+d}}\right)dx$，令 $t=\sqrt[n]{\frac{ax+b}{cx+d}}$。

(3) $\int f(x,\sqrt{a^2-b^2x^2})dx$，可令 $x=\frac{a}{b}\sin t$ 或 $x=\frac{a}{b}\cos t$。

(4) $\int f(x,\sqrt{a^2+b^2x^2})dx$，可令 $x=\frac{a}{b}\tan t$ 或 $x=\frac{a}{b}\operatorname{sh} t$。

(5) $\int f(x,\sqrt{b^2x^2-a^2})dx$，可令 $x=\frac{a}{b}\sec t$ 或 $x=\frac{a}{b}\operatorname{ch} t$。

(6) 当被积函数含有 $\sqrt{px^2+qx+r}\,(q^2-4pr<0)$ 时，利用配方与代换可化为以上(3)、(4)、(5)三种情形之一。

(7) 当被积函数分母中含有 x 的高次幂时，可用倒代换 $x=\frac{1}{t}$。

题型 4：不定积分计算——分部积分法

【例 32】 (经济类)设 $\sin x$ 是函数 $f(x)$ 的一个原函数，则 $\int xf'(x)\mathrm{d}x=$______。

(A) $x\cos x-\sin x$　　(B) $x\cos x-\sin x+C$

(C) $x\sin x-\cos x$　　(D) $x\sin x-\cos x+C$

(E) $\sin x-\cos x+C$

【答案】 (B)。

【解析】 $f(x)=(\sin x)'=\cos x$，$\int xf'(x)\mathrm{d}x=\int x\mathrm{d}f(x)=xf(x)-\int f(x)\mathrm{d}x=x\cos x-\sin x+C$，故选(B)。

【例 33】 (经济类)已知函数 $f(x)$ 的一个原函数 $\ln^2 x$，$\int xf'(x)\mathrm{d}x=$______。

(A) $\ln^2 x+C$　　(B) $-\ln x^2+C$

(C) $\ln x-\ln^2 x+C$　　(D) $2\ln x-\ln^2 x+C$

(E) $\ln x-2\ln^2 x+C$

【答案】 (D)。

【解析】 $\int xf'(x)\mathrm{d}x=\int x\mathrm{d}f(x)=xf(x)-\int f(x)\mathrm{d}x$

$=x(\ln^2 x)'-\ln^2 x+C=2\ln x-\ln^2 x+C$，故选(D)。

【例 34】 设 $x^2\ln x$ 是 $f(x)$ 的一个原函数，则不定积分 $\int xf'(x)\mathrm{d}x=$______。

(A) $\frac{2}{3}x^3\ln x+\frac{1}{9}x^3+C$　　(B) $2x-x^2\ln x+C$

(C) $x^2\ln x+x^2+C$　　(D) $3x^2\ln x+x^2+C$

(E) $-3x^2\ln x+x^2+C$

【答案】 (C)。

【解析】 本题考察原函数的概念和不定积分的分部积分法。

由原函数的定义，$f(x)=(x^2\ln x)'=2x\ln x+x$，故

$$\int xf'(x)\mathrm{d}x=\int x\mathrm{d}f(x)=xf(x)-\int f(x)\mathrm{d}x$$
$$=2x^2\ln x+x^2-x^2\ln x+C=x^2\ln x+x^2+C。$$

故正确选项为(C)。

【例 35】 不定积分 $\int \mathrm{e}^{ax}\sin bx\,\mathrm{d}x\,(a^2+b^2\neq 0)=$______。

(A) $\frac{1}{a^2+b^2}\mathrm{e}^{ax}(a\sin bx-b\cos bx)+C$

(B) $-\frac{1}{a^2+b^2}\mathrm{e}^{ax}(a\sin bx-b\cos bx)+C$

(C) $\dfrac{1}{a^2+b^2}e^{ax}(a\sin bx+b\cos bx)+C$

(D) $\dfrac{1}{a^2+b^2}e^{ax}(b\sin bx-a\cos bx)+C$

(E) $\dfrac{1}{a^2+b^2}e^{ax}(\sin bx-\cos bx)+C$

【答案】 (A)。

【解析】 **解法 1** $\int e^{ax}\sin bx\,dx=\dfrac{1}{a}\int\sin bx\,d(e^{ax})=\dfrac{1}{a}e^{ax}\sin bx-\dfrac{b}{a}\int e^{ax}\cos bx\,dx$

$$=\frac{1}{a}e^{ax}\sin bx-\frac{b}{a^2}\int\cos bx\,d(e^{ax})$$

$$=\frac{1}{a}e^{ax}\sin bx-\frac{b}{a^2}e^{ax}\cos bx-\frac{b^2}{a^2}\int e^{ax}\sin bx\,dx,$$

从而

$$\left(1+\frac{b^2}{a^2}\right)\int e^{ax}\sin bx\,dx=\frac{1}{a}e^{ax}\sin bx-\frac{b}{a^2}e^{ax}\cos bx+C_1,$$

则

$$\int e^{ax}\sin bx\,dx=\frac{1}{a^2+b^2}e^{ax}(a\sin bx-b\cos bx)+C,$$故选(A)。

解法 2 $\int e^{ax}\sin bx\,dx=-\dfrac{1}{b}\int e^{ax}d\cos bx$，然后用分部积分，余下的解答请读者自行完成。

【技巧总结】 在用分部积分法求 $\int f(x)dx$ 时关键是将被积表达式 $f(x)dx$ 适当分成 u 和 dv 两部分，根据分部积分公式

$$\int u\,dv=uv-\int v\,du,$$

只有当等式右端的 $v\,du$ 比左端的 $u\,dv$ 更容易积出时才有意义，即选取 u 和 dv 要注意如下原则：

(1) v 要容易求；

(2) $\int v\,du$ 要比 $\int u\,dv$ 容易积出。

注意： 上述积分中的被积函数是反三角函数、对数函数、幂函数、指数函数、三角函数中的某两类函数的乘积，适合用分部积分法。

【例 36】 不定积分 $\int\sin(\ln x)dx=$________。

(A) $x[\sin(\ln x)-\cos(\ln x)]+C$ (B) $-\dfrac{1}{2}x[\sin(\ln x)+\cos(\ln x)]+C$

(C) $\frac{1}{2}x[\sin(\ln x)+\cos(\ln x)]+C$　　(D) $-\frac{1}{2}x[\sin(\ln x)-\cos(\ln x)]+C$

(E) $\frac{1}{2}x[\sin(\ln x)-\cos(\ln x)]+C$

【答案】 (E)。

【解析】 这是适合用分部积分法的积分类型,连续分部积分,直到出现循环为止。

解法 1　利用分部积分公式,则有

$$\begin{aligned}\int\sin(\ln x)\mathrm{d}x&=x\sin(\ln x)-\int x\cos(\ln x)\cdot\frac{1}{x}\mathrm{d}x\\&=x\sin(\ln x)-\int\cos(\ln x)\mathrm{d}x\\&=x\sin(\ln x)-x\cos(\ln x)-\int\sin(\ln x)\mathrm{d}x,\end{aligned}$$

所以

$$\int\sin(\ln x)\mathrm{d}x=\frac{1}{2}x[\sin(\ln x)-\cos(\ln x)]+C。$$

解法 2　令 $\ln x=t$, $\mathrm{d}x=\mathrm{e}^t\mathrm{d}t$, 则

$$\begin{aligned}\int\sin(\ln x)\mathrm{d}x&=\int\mathrm{e}^t\sin t\mathrm{d}t=\int\sin t\mathrm{d}\mathrm{e}^t=\mathrm{e}^t\sin t-\int\mathrm{e}^t\mathrm{d}\sin t\\&=\mathrm{e}^t\sin t-\mathrm{e}^t\cos t-\int\mathrm{e}^t\sin t\mathrm{d}t,\end{aligned}$$

所以

$$\int\sin(\ln x)\mathrm{d}x=\frac{1}{2}(\mathrm{e}^t\sin t-\mathrm{e}^t\cos t)+C=\frac{1}{2}x[\sin(\ln x)-\cos(\ln x)]+C。$$ 故选(E)。

注意 1: 在反复使用分部积分法的过程中,不要对调 u 和 v 两个函数的"地位",否则不仅不会产生循环,反而会一来一往,恢复原状,毫无所得。

注意 2: 分部积分法常见的三种作用:

(1) 逐步化简积分形式;

(2) 产生循环;

(3) 建立递推公式。

题型 5:　定积分概念、性质

1) 牛顿-莱布尼茨公式

【例 37】　$f(x)$ 为连续函数,且 $\int_0^{\pi}f(x\sin x)\sin x\mathrm{d}x=1$, 则 $\int_0^{\pi}f(x\sin x)x\cos x\mathrm{d}x=$ ________。

(A) 0　　(B) 1　　(C) -1　　(D) π　　(E) 2

【答案】 (C)。

【解析】 本题考查牛顿-莱布尼茨公式及微分法则。

解法 1 设 $f(x)$ 的一个原函数是 $F(x)$，则

$$\int_0^{\pi} f(x\sin x)\mathrm{d}(x\sin x)=F(x\sin x)\Big|_0^{\pi}=0,\text{故}$$

$$\begin{aligned}0&=\int_0^{\pi} f(x\sin x)\mathrm{d}(x\sin x)=\int_0^{\pi} f(x\sin x)[\sin x\,\mathrm{d}x+x\cos x\,\mathrm{d}x]\\&=\int_0^{\pi} f(x\sin x)\sin x\,\mathrm{d}x+\int_0^{\pi} f(x\sin x)x\cos x\,\mathrm{d}x\\&=1+\int_0^{\pi} f(x\sin x)x\cos x\,\mathrm{d}x,\end{aligned}$$

所以 $\int_0^{\pi} f(x\sin x)x\cos x\,\mathrm{d}x=-1$。

解法 2 特殊值代入法。

注意到 $\int_0^{\pi}\sin x\,\mathrm{d}x=-\cos x\Big|_0^{\pi}=2$，取 $f(x\sin x)=\frac{1}{2}$，则 $\int_0^{\pi} f(x\sin x)\sin x\,\mathrm{d}x=1$。

这时 $\int_0^{\pi} f(x\sin x)x\cos x\,\mathrm{d}x=\frac{1}{2}\int_0^{\pi} x\cos x\,\mathrm{d}x=\frac{1}{2}\int_0^{\pi} x\,\mathrm{d}\sin x$

$$=\frac{1}{2}\left[x\sin x\Big|_0^{\pi}-\int_0^{\pi}\sin x\,\mathrm{d}x\right]=\frac{1}{2}\cos x\Big|_0^{\pi}=-1。$$

故正确选项为(C)。

2) 定积分的方程

【例 38】 (经济类)设 $f(x)=\mathrm{e}^x+x^3\int_0^1 f(x)\mathrm{d}x$，则 $\int_0^1 f(x)\mathrm{d}x=$________。

(A) 0　　(B) $\frac{4}{3}(\mathrm{e}-1)$　　(C) $\frac{4}{3}$　　(D) e　　(E) 1

【答案】 (B)。

【解析】 令 $\int_0^1 f(x)\mathrm{d}x=A$，则 $f(x)=\mathrm{e}^x+x^3A$，两边积分得 $A=\int_0^1 f(x)\mathrm{d}x=\mathrm{e}-1+\frac{1}{4}A$，得 $A=\frac{4}{3}(\mathrm{e}-1)$。故选(B)。

【例 39】 设 $f(x)$ 是连续函数，且 $f(x)=x+3\int_0^1 f(t)\mathrm{d}t$，则 $f(x)=$________。

(A) $x-3$　　(B) $x-2$　　(C) x　　(D) $x+\frac{3}{4}$　　(E) $x-\frac{3}{4}$

【答案】 (E)。

【解析】 本题只需要注意到定积分 $\int_a^b f(x)\mathrm{d}x$ 是常数 (a，b 为常数)。

因 $f(x)$ 连续，$f(x)$ 必可积，从而 $\int_0^1 f(t)\mathrm{d}t$ 是常数，记 $\int_0^1 f(t)\mathrm{d}t=a$，则

$$f(x)=x+3a,\text{且}\int_0^1(x+3a)\mathrm{d}x=\int_0^1 f(t)\mathrm{d}t=a。$$

所以 $\left(\frac{1}{2}x^2+3ax\right)\Big|_0^1=a$，即 $\frac{1}{2}+3a=a$，从而 $a=-\frac{1}{4}$，所以 $f(x)=x-\frac{3}{4}$。故选(E)。

3) 利用定积分定义求极限

【例 40】 极限 $\lim\limits_{n\to\infty}\frac{1}{n^2}(\sqrt[3]{n^2}+\sqrt[3]{2n^2}+\cdots+\sqrt[3]{n^3})=$________。

(A) 0　　(B) $\frac{1}{2}$　　(C) $\frac{3}{4}$　　(D) e　　(E) 1

【答案】 (C)。

【解析】 将这类问题转化为定积分主要是确定被积函数和积分上下限。若对题目中被积函数难以想到,可采取如下方法：先对区间 [0，1]n 等分写出积分和,再与所求极限相比较来找出被积函数与积分上下限。将区间 [0，1]n 等分,则每个小区间长为 $\Delta x_i=\frac{1}{n}$，然后把 $\frac{1}{n^2}=\frac{1}{n}\cdot\frac{1}{n}$ 的一个因子 $\frac{1}{n}$ 乘入和式中各项。于是将所求极限转化为求定积分。即

$$\lim_{n\to\infty}\frac{1}{n^2}(\sqrt[3]{n^2}+\sqrt[3]{2n^2}+\cdots+\sqrt[3]{n^3})=\lim_{n\to\infty}\frac{1}{n}\left(\sqrt[3]{\frac{1}{n}}+\sqrt[3]{\frac{2}{n}}+\cdots+\sqrt[3]{\frac{n}{n}}\right)$$

$$=\int_0^1\sqrt[3]{x}\,\mathrm{d}x=\frac{3}{4}\text{。故选(C)。}$$

4) 定积分性质

【例 41】 设 $I=\int_0^{\pi}\sin(\cos x)\mathrm{d}x$，则________。

(A) $I=1$　　(B) $I<0$　　(C) $0<I<1$　　(D) $I=0$　　(E) $1<I$

【答案】 (D)。

【解析】 本题考查定积分的性质与变量替换。

解法 1　设 $x=t+\frac{\pi}{2}$，则

$$I=\int_0^{\pi}\sin(\cos x)\mathrm{d}x=\int_{-\frac{\pi}{2}}^{\frac{\pi}{2}}\sin\left[\cos\left(t+\frac{\pi}{2}\right)\right]\mathrm{d}t=\int_{-\frac{\pi}{2}}^{\frac{\pi}{2}}-\sin(\sin t)\mathrm{d}t=0,$$

故正确选项为(D)。

解法 2　设 $x=\pi-t$，则

$$I=\int_0^{\pi}\sin(\cos x)\mathrm{d}x=-\int_{\pi}^{0}\sin(\cos(\pi-t))\mathrm{d}t$$

$$=-\int_0^{\pi}\sin(\cos t)\mathrm{d}t=-\int_0^{\pi}\sin(\cos x)\mathrm{d}x,$$

移项,得

$$2\int_0^{\pi}\sin(\cos x)\mathrm{d}x=0\text{，即}\int_0^{\pi}\sin(\cos x)\mathrm{d}x=0\text{。}$$

故正确选项为(D)。

5) 定积分的几何意义

【例 42】 (经济类)设函数 $y=f(x)$ 在区间 $[0,a]$ 上有连续导数,则定积分 $\int_0^a xf'(x)\mathrm{d}x$ 在几何上表示________。

(A) 曲边梯形的面积 (B) 梯形的面积

(C) 曲边三角形的面积 (D) 三角形的面积

(E) 整个正方形的面积

【答案】 (C)。

【解析】 由分部积分法可知:

$$\int_0^a xf'(x)\mathrm{d}x=\int_0^a x\mathrm{d}f(x)=xf(x)\Big|_0^a-\int_0^a f(x)\mathrm{d}x$$
$$=af(a)-\int_0^a f(x)\mathrm{d}x。$$

结合图 3-9 及定积分的几何意义可知:$af(a)$ 表示图中矩形 $ABCD$ 的面积,而积分 $\int_0^a f(x)\mathrm{d}x$ 则表示图中曲边梯形 $BCOD$ 的面积。由此可知,$af(a)-\int_0^a f(x)\mathrm{d}x$ 表示图中曲边三角形 ABD(阴影部分)的面积,故选(C)。

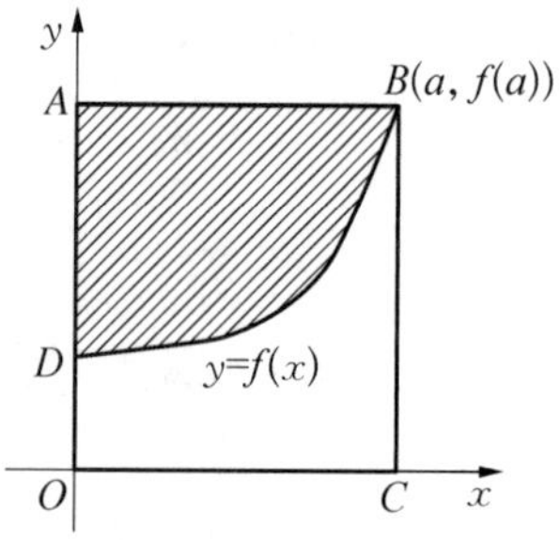

图 3-9

【例 43】 (普研)若 $\sqrt{1-x^2}$ 是 $xf(x)$ 的一个原函数,则 $\int_0^1 \frac{1}{f(x)}\mathrm{d}x=$________。

(A) -1 (B) $\frac{\pi}{4}$ (C) $-\frac{\pi}{4}$ (D) 1 (E) 0

【答案】 (C)。

【解析】 本题考查原函数的概念和定积分的几何意义。

因为 $xf(x)=(\sqrt{1-x^2})'=\frac{(1-x^2)'}{2\sqrt{1-x^2}}=\frac{-x}{\sqrt{1-x^2}}$,所以 $f(x)=\frac{-1}{\sqrt{1-x^2}}$。

所以 $\int_0^1 \frac{1}{f(x)}\mathrm{d}x=-\int_0^1\sqrt{1-x^2}\,\mathrm{d}x \xlongequal{\text{定积分的几何意义}} -\frac{\pi}{4}$。

故正确选项为(C)。

注意: 由定积分的几何意义知 $\int_0^1\sqrt{1-x^2}\,\mathrm{d}x$ 等于单位圆在第一象限的面积。

【例 44】 定积分 $\int_{-1}^1 \frac{2x^2+x}{1+\sqrt{1-x^2}}\mathrm{d}x=$________。

(A) 0 (B) π (C) $4-\pi$ (D) 2π (E) 1

【答案】 (C)。

【解析】 由于积分区间关于原点对称,因此首先应考虑被积函数的奇偶性。

$\int_{-1}^{1}\frac{2x^2+x}{1+\sqrt{1-x^2}}dx=\int_{-1}^{1}\frac{2x^2}{1+\sqrt{1-x^2}}dx+\int_{-1}^{1}\frac{x}{1+\sqrt{1-x^2}}dx$。由于 $\frac{2x^2}{1+\sqrt{1-x^2}}$ 是偶函数，而 $\frac{x}{1+\sqrt{1-x^2}}$ 是奇函数，有 $\int_{-1}^{1}\frac{x}{1+\sqrt{1-x^2}}dx=0$，于是

$$\int_{-1}^{1}\frac{2x^2+x}{1+\sqrt{1-x^2}}dx=4\int_{0}^{1}\frac{x^2}{1+\sqrt{1-x^2}}dx=4\int_{0}^{1}\frac{x^2(1-\sqrt{1-x^2})}{x^2}dx$$
$$=4\int_{0}^{1}dx-4\int_{0}^{1}\sqrt{1-x^2}\,dx。$$

由定积分的几何意义可知 $\int_{0}^{1}\sqrt{1-x^2}\,dx=\frac{\pi}{4}$，故

$$\int_{-1}^{1}\frac{2x^2+x}{1+\sqrt{1-x^2}}dx=4\int_{0}^{1}dx-4\cdot\frac{\pi}{4}=4-\pi。选(C)。$$

【例 45】 设连续函数 $y=f(x)$ 在 $[0,\ a]$ 内严格单调递增，且 $f(0)=0$，$f(a)=a$，若 $g(x)$ 是 $f(x)$ 的反函数，则 $\int_{0}^{a}[f(x)+g(x)]dx=$______。

(A) $f^2(a)+g^2(a)$　　(B) $f^2(a)$

(C) $2\int_{0}^{a}f(x)dx$　　(D) $2\int_{0}^{a}g(x)dx$

(E) $2\int_{0}^{a}f^2(x)dx$

【答案】 (B)。

【解析】 本题考查函数与其反函数的关系及定积分的几何意义。

解法 1 若 $g(x)$ 是 $f(x)$ 的反函数，则曲线 $g(x)$ 与 $f(x)$ 关于 $y=x$ 对称，如图 3-10(a)与(b)所示。

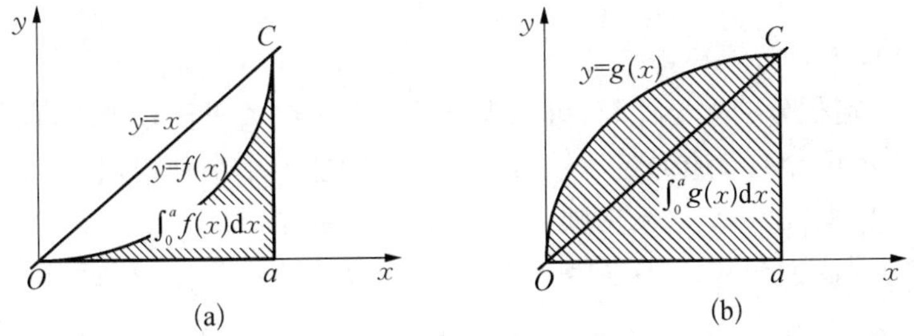

图 3-10

由 $y=f(x)$ 在 $[0,\ a]$ 内严格单调递增，且 $f(0)=0$ 可得在 $[0,\ a]$ 内 $f(x)\geqslant 0$ 与 $g(x)\geqslant 0$。

由定积分的几何意义，$\int_{0}^{a}f(x)dx$ 等于图(a)所示阴影部分曲边三角形的面积，$\int_{0}^{a}g(x)dx$ 等于图(b)所示阴影部分曲边三角形的面积。

又因图(a)中曲边形 OCO 的面积等于图(b)中曲边形 OCO 的面积,从而 $\int_0^a[f(x)+g(x)]\mathrm{d}x$ 等于图(b)直角三角形 OaC[或图(a)直角三角形 OaC]面积的 2 倍,即 $\int_0^a[f(x)+g(x)]\mathrm{d}x=2\times\frac{1}{2}a\times f(a)=a\times f(a)=f^2(a)$。

故正确选项为(B)。

解法 2 特殊值代入法。

设 $f(x)=\frac{1}{a}x^2$,则 $f(x)$ 满足题设条件,其反函数为 $g(x)=\sqrt{ax}$,因此 $\int_0^a[f(x)+g(x)]\mathrm{d}x=\int_0^a\left[\frac{1}{a}x^2+\sqrt{a}x^{\frac{1}{2}}\right]\mathrm{d}x=\left[\frac{x^3}{3a}+\frac{2\sqrt{a}}{3}x^{\frac{3}{2}}\right]\Big|_0^a=a^2=f^2(a)$。

6) 定积分大小比较

【例 46】 (经济类)设 $I=\int_0^{\frac{\pi}{4}}\ln\sin x\,\mathrm{d}x$,$J=\int_0^{\frac{\pi}{4}}\ln\cos x\,\mathrm{d}x$,则 I,J 的大小关系是________。

(A) $I<J$　　(B) $I>J$

(C) $I\leqslant J$　　(D) $I\geqslant J$

(E) 无法确定大小关系

【答案】 (A)。

【解析】 当 $0<x<\frac{\pi}{4}$ 时,$\sin x<\cos x\Rightarrow\ln\sin x<\ln\cos x\Rightarrow\int_0^{\frac{\pi}{4}}\ln\sin x\,\mathrm{d}x<\int_0^{\frac{\pi}{4}}\ln\cos x\,\mathrm{d}x$,即 $I<J$,选(A)。

【例 47】 比较 $I=\int_2^1\mathrm{e}^x\mathrm{d}x$,$J=\int_2^1\mathrm{e}^{x^2}\mathrm{d}x$,$K=\int_2^1(1+x)\mathrm{d}x$ 的大小关系________。

(A) $K>I>J$　　(B) $K>J>I$

(C) $I>K>J$　　(D) $J>I>K$

(E) $J>K>I$

【答案】 (A)。

【解析】 对于定积分的大小比较,可以先算出定积分的值再比较大小,而在无法求出积分值时,则只能利用定积分的性质通过比较被积函数之间的大小来确定积分值的大小。

解法 1 在 $[1,2]$ 上,$x\leqslant x^2$,则 $\mathrm{e}^x\leqslant\mathrm{e}^{x^2}$。而令 $f(x)=\mathrm{e}^x-(x+1)$,则 $f'(x)=\mathrm{e}^x-1$。当 $x>0$ 时,$f'(x)>0$,$f(x)$ 在 $(0,+\infty)$ 上单调递增,从而 $f(x)>f(0)$,可知在 $[1,2]$ 上,有 $\mathrm{e}^x>1+x$。又因 $\int_2^1 f(x)\mathrm{d}x=-\int_1^2 f(x)\mathrm{d}x$,从而有 $\int_2^1(1+x)\mathrm{d}x>\int_2^1\mathrm{e}^x\mathrm{d}x>\int_2^1\mathrm{e}^{x^2}\mathrm{d}x$。

解法 2 在 $[1,2]$ 上,有 $\mathrm{e}^x\leqslant\mathrm{e}^{x^2}$。由泰勒中值定理 $\mathrm{e}^x=1+x+\frac{1}{2!}x^2+o(x^2)$ 得 $\mathrm{e}^x>1+x$。注意到 $\int_2^1 f(x)\mathrm{d}x=-\int_1^2 f(x)\mathrm{d}x$。因此 $\int_2^1(1+x)\mathrm{d}x>\int_2^1\mathrm{e}^x\mathrm{d}x>\int_2^1\mathrm{e}^{x^2}\mathrm{d}x$。故选(A)。

【例 48】（普研）设 $I_1=\int_0^{\frac{\pi}{4}}\frac{\tan x}{x}dx$，$I_2=\int_0^{\frac{\pi}{4}}\frac{x}{\tan x}dx$，则_______。

(A) $I_1>I_2>1$　　(B) $1>I_1>I_2$

(C) $I_2>I_1>1$　　(D) $1>I_2>I_1$

(E) $I_2>1>I_1$

【答案】(B)。

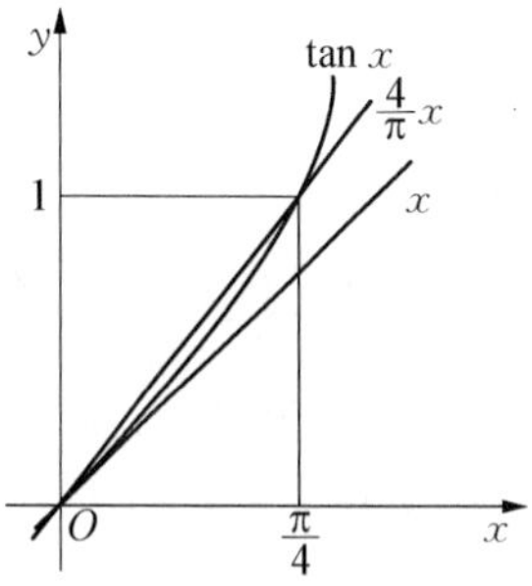

图 3-11

【解析】不难由图 3-11 看出在区间 $\left(0,\frac{\pi}{4}\right)$ 上不等式 $x<\tan x<\frac{4}{\pi}x$ 成立。由此又有不等式 $\frac{x}{\tan x}<1<\frac{\tan x}{x}<\frac{4}{\pi}$。由 0 到 $\frac{\pi}{4}$ 积分，由积分比较定理得 $I_2=\int_0^{\frac{\pi}{4}}\frac{x}{\tan x}dx<\int_0^{\frac{\pi}{4}}\frac{\tan x}{x}dx=I_1<\int_0^{\frac{\pi}{4}}\frac{4}{\pi}dx=1$。应选(B)。

【例 49】设 $f(x)$，$g(x)$ 在 $[a,b]$ 上连续，且 $g(x)\geqslant 0$，$f(x)>0$，则 $\lim\limits_{n\to\infty}\int_a^b g(x)\sqrt[n]{f(x)}\,dx=$_______。

(A) $\int_a^b g(x)dx$　　(B) $-\int_a^b g(x)dx$

(C) $n\int_a^b g(x)dx$　　(D) $\int_a^b g^n(x)dx$

(E) 0

【答案】(A)。

【解析】由于 $f(x)$ 在 $[a,b]$ 上连续，则 $f(x)$ 在 $[a,b]$ 上有最大值 M 和最小值 m。由 $f(x)>0$ 知 $M>0$，$m>0$。又因 $g(x)\geqslant 0$，则 $\sqrt[n]{m}\int_a^b g(x)dx\leqslant\int_a^b g(x)\sqrt[n]{f(x)}\,dx\leqslant\sqrt[n]{M}\int_a^b g(x)dx$。由于 $\lim\limits_{n\to\infty}\sqrt[n]{m}=\lim\limits_{n\to\infty}\sqrt[n]{M}=1$，故 $\lim\limits_{n\to\infty}\int_a^b g(x)\sqrt[n]{f(x)}\,dx=\int_a^b g(x)dx$。故选(A)。

【例 50】设函数 $g(x)$ 在 $\left[0,\frac{\pi}{2}\right]$ 上连续，若在 $\left(0,\frac{\pi}{2}\right)$ 内 $g'(x)\geqslant 0$，则对任意的 $x\in\left(0,\frac{\pi}{2}\right)$ 有_______。

(A) $\int_x^{\frac{\pi}{2}}g(t)dt\geqslant\int_x^{\frac{\pi}{2}}g(\sin t)dt$　　(B) $\int_x^1 g(t)dt\leqslant\int_x^1 g(\sin t)dt$

(C) $\int_x^1 g(t)dt>\int_x^1 g(\sin t)dt$　　(D) $\int_x^{\frac{\pi}{2}}g(t)dt\leqslant\int_x^{\frac{\pi}{2}}g(\sin t)dt$

(E) $\int_x^1 g(t)dt=\int_x^1 g(\sin t)dt$

【答案】(A)。

【解析】 本题考察了函数的单调性判断及定积分的性质。

因在 $\left(0, \frac{\pi}{2}\right)$ 内 $g'(x) \geqslant 0$，所以 $g(x)$ 在 $\left(0, \frac{\pi}{2}\right)$ 内单调增加，又 $t \in \left(0, \frac{\pi}{2}\right)$ 时有 $t > \sin t$，因此，当 $t \in \left[0, \frac{\pi}{2}\right]$ 时，$g(t) \geqslant g(\sin t)$，从而 $\int_x^{\frac{\pi}{2}} g(t)\mathrm{d}t \geqslant \int_x^{\frac{\pi}{2}} g(\sin t)\mathrm{d}t$ 成立。

故正确选项为(A)。

7) 积分中值定理的应用

【例 51】 甲、乙两人百米赛跑成绩一样，那么________。

(A) 甲、乙两人每时刻的瞬时速度必定一样

(B) 甲、乙两人每时刻的瞬时速度必定不一样

(C) 甲、乙两人至少某时刻的瞬时速度一样

(D) 甲、乙两人到达终点的瞬时速度必定一样

(E) 以上选项均错误

【答案】 (C)。

【解析】 本题考查定积分的概念和积分中值定理(或微分中值定理)。

解法 1 设甲的速度是 $v_1(t)$，乙的速度是 $v_2(t)$，到达终点时所用时间为 T，则 $\int_0^T v_1(t)\mathrm{d}t = \int_0^T v_2(t)\mathrm{d}t$。由积分中值定理得

$$\int_0^T [v_1(t) - v_2(t)]\mathrm{d}t = [v_1(\xi) - v_2(\xi)]T = 0,\ \xi \in [0, T]。$$

因 $T > 0$，所以 $v_1(\xi) - v_2(\xi) = 0$，即 $v_1(\xi) = v_2(\xi)$。故正确选项为(C)。

解法 2 设甲的速度是 $v_1(t)$，乙的速度是 $v_2(t)$，则他们在时间 t 内所跑的距离分别是 $\int_0^t v_1(t)\mathrm{d}x$，$\int_0^t v_2(t)\mathrm{d}x$。又设到达终点时所用时间为 T，且令 $g(t) = \int_0^t v_1(x)\mathrm{d}x - \int_0^t v_2(x)\mathrm{d}x$，则 $g(0) = 0$，$g(T) = 0$。由罗尔定理，存在 $\xi \in (0, T)$ 使得 $g'(\xi) = v_1(\xi) - v_2(\xi) = 0$，即 $v_1(\xi) = v_2(\xi)$。故正确选项为(C)。

解法 3 根据生活常识，很容易排除(A)，(B)，(D)，由排除法，正确选项为(C)。

【例 52】 极限 $\lim\limits_{n \to \infty} \int_n^{n+p} \frac{\sin x}{x}\mathrm{d}x =$________，$p$、$n$ 为自然数。

(A) 0　　(B) π　　(C) 2　　(D) 2π　　(E) 1

【答案】 (A)。

【解析】 这类问题如果先求积分然后再求极限往往很困难，解决此类问题的常用方法是利用积分中值定理与夹逼准则。

解法 1 利用积分中值定理。

设 $f(x) = \frac{\sin x}{x}$，显然 $f(x)$ 在 $[n, n+p]$ 上连续，由积分中值定理得

$$\int_n^{n+p} \frac{\sin x}{x}\mathrm{d}x = \frac{\sin \xi}{\xi} \cdot p,\quad \xi \in [n, n+p],$$

当 $n\to\infty$ 时，$\xi\to\infty$，而 $|\sin\xi|\leqslant 1$，故

$$\lim_{n\to\infty}\int_n^{n+p}\frac{\sin x}{x}\mathrm{d}x=\lim_{\xi\to\infty}\frac{\sin\xi}{\xi}\cdot p=0\text{。故选(A)。}$$

解法 2　利用积分不等式。

因为 $\left|\int_n^{n+p}\frac{\sin x}{x}\mathrm{d}x\right|\leqslant\int_n^{n+p}\left|\frac{\sin x}{x}\right|\mathrm{d}x\leqslant\int_n^{n+p}\frac{1}{x}\mathrm{d}x=\ln\frac{n+p}{n}$，而 $\lim\limits_{n\to\infty}\ln\frac{n+p}{n}=0$，所以 $\lim\limits_{n\to\infty}\int_n^{n+p}\frac{\sin x}{x}\mathrm{d}x=0$。

题型 6：变上限积分

【例 53】（经济类）设 $F(x)=\int_0^x\frac{\sin t}{t}\mathrm{d}t$，则 $F'(0)=$________。

(A) 0　　(B) 1　　(C) 2　　(D) 3　　(E) 4

【答案】(B)。

【解析】用洛必达法则，$F'(0)=\lim\limits_{x\to 0}\frac{\int_0^x\frac{\sin t}{t}\mathrm{d}t}{x}=\lim\limits_{x\to 0}\frac{\sin x}{x}=1$，选(B)。

【例 54】（经济类）设 $x>0$，则函数 $F(x)=\int_x^1\frac{\sin t}{t}\mathrm{d}t$ 的导数为________。

(A) $\frac{\sin x}{x}$　　(B) $\frac{\cos x}{x}$　　(C) $-\frac{\sin x}{x}$　　(D) $-\frac{\cos x}{x}$　　(E) $-\frac{\cos x}{x^2}$

【答案】(C)。

【解答】因为 $F(x)=\int_x^1\frac{\sin t}{t}\mathrm{d}t$，所以 $F(x)=-\int_1^x\frac{\sin t}{t}\mathrm{d}t$，$F'(x)=-\left(\int_1^x\frac{\sin t}{t}\mathrm{d}t\right)'=-\frac{\sin x}{x}$。故选(C)。

【例 55】（经济类）$\frac{\mathrm{d}}{\mathrm{d}x}\int_0^{x^2}\sin t\,\mathrm{d}t=$________。

(A) $\sin x$　　(B) $\sin x^2$　　(C) $2x\sin x^2$　　(D) $2x\cos x^2$　　(E) $x\cos x^2$

【答案】(C)。

【解析】$\frac{\mathrm{d}}{\mathrm{d}x}\int_0^{x^2}\sin t\,\mathrm{d}t=\sin x^2\cdot(x^2)'=2x\sin x^2$。故选(C)。

【例 56】（经济类）设 $F(x)=\int_0^{\sin x}\ln(1+t)\mathrm{d}t$，则 $F'(x)=$________。

(A) $\ln(1+x)$　　(B) $\ln(1+\sin x)$

(C) $\sin x\cdot\ln(1+\sin x)$　　(D) $\cos x\cdot\ln(1+\sin x)$

(E) $-\cos x\cdot\ln(1+\sin x)$

【答案】 (D)。

【解析】 $F'(x)=\ln(1+\sin x)\cdot(\sin x)'=\cos x\cdot\ln(1+\sin x)$。故选(D)。

【例 57】 (经济类)设 $f(x)=\int_1^{x^2}e^{-t^2}dt$，则 $\int_0^1 xf(x)dx=$________。

(A) $\frac{1}{4}(e^{-1}-1)$ (B) $\frac{1}{2}(e^{-1}-1)$

(C) $\frac{1}{4}(e-1)$ (D) $\frac{1}{2}(e-1)$

(E) $\frac{1}{4}(1-e^{-1})$

【答案】 (A)。

【解析】 $f(x)=\int_1^{x^2}e^{-t^2}dt\Rightarrow f'(x)=e^{-x^4}\cdot 2x$。

$$\int_0^1 xf(x)dx=\int_0^1 f(x)d\frac{x^2}{2}=\frac{x^2}{2}\cdot f(x)\Big|_0^1-\int_0^1\frac{1}{2}x^2df(x)$$

$$=-\int_0^1\frac{1}{2}x^2\cdot 2x\cdot e^{-x^4}dx=-\frac{1}{4}\int_0^1 e^{-x^4}dx^4=\frac{1}{4}(e^{-1}-1)\text{。故选(A)。}$$

【例 58】 (经济类)设函数 $f(x)=\int_{x^2}^0 x\cos t^2dt$，则 $f'(x)=$________。

(A) $-2x^2\cos x^4$ (B) $\int_{x^2}^0\cos t^2dt-2x^2\cos x^4$

(C) $\int_0^{x^2}\cos t^2dt-2x^2\cos x^4$ (D) $\int_{x^2}^0\cos t^2dt$

(E) $\int_0^{x^2}\cos t^2dt$

【答案】 (B)。

【解析】 $f(x)=\int_{x^2}^0 x\cos t^2dt=x\int_{x^2}^0\cos t^2dt$，得 $f'(x)=\int_{x^2}^0\cos t^2dt-2x^2\cos x^4$，故选(B)。

【例 59】 (经济类)已知 $f(x)$ 在 $(-\infty,+\infty)$ 内连续，且 $f(0)=4$，极限 $\lim\limits_{x\to 0}\frac{\int_0^x f(t)(x-t)dt}{x^2}=$________。

(A) -1 (B) 0 (C) 1 (D) 2 (E) -2

【答案】 (D)。

【解析】 由题意：$\lim\limits_{x\to 0}\frac{x\int_0^x f(t)dt-\int_0^x tf(t)dt}{x^2}=\lim\limits_{x\to 0}\frac{\int_0^x f(t)dt+xf(x)-xf(x)}{2x}=$

$\lim\limits_{x\to 0}\dfrac{f(x)}{2}=\dfrac{f(0)}{2}=2$。故选(D)。

【例 60】 (经济类)已知连续函数 $f(\theta)$ 满足 $F(x)=\int_{x}^{e^{-x}}f(\theta)\mathrm{d}\theta$，则 $F'(x)=$________。

(A) $e^{-x}f(e^{-x})+f(x)$　　(B) $-e^{-x}f(e^{-x})+f(x)$

(C) $e^{-x}f(e^{-x})-f(x)$　　(D) $-e^{-x}f(e^{-x})-f(x)$

(E) $f(e^{-x})+e^{-x}f(x)$

【答案】 (D)。

【解析】 $F'(x)=f(e^{-x})(e^{-x})'-f(x)=-e^{-x}f(e^{-x})-f(x)$，故选(D)。

【例 61】 (普研)设 $f(x)$ 连续，则 $\dfrac{\mathrm{d}}{\mathrm{d}x}\int_0^x tf(x^2-t^2)\mathrm{d}t=$________。

(A) $xf(x^2)$　　(B) $-xf(x^2)$

(C) $2xf(x^2)$　　(D) $-2xf(x^2)$

(E) $2x^2f(x^2)$

【答案】 (A)。

【解析】 首先通过积分换元，把被积函数的参变量 x"解脱"出来：

$$\int_0^x tf(x^2-t^2)\mathrm{d}t=-\frac{1}{2}\int_0^x f(x^2-t^2)\mathrm{d}(x^2-t^2)$$

$$\xlongequal{x^2-t^2=u}-\frac{1}{2}\int_{x^2}^0 f(u)\mathrm{d}u=\frac{1}{2}\int_0^{x^2}f(u)\mathrm{d}u。$$

由此，原式 $=\dfrac{1}{2}\dfrac{\mathrm{d}}{\mathrm{d}x}\int_0^{x^2}f(u)\mathrm{d}u=xf(x^2)$，应选(A)。

注意：由于对于任何连续函数 $f(x)$ 结论都应该成立，可取特别的 $f(x)\equiv 1$ 检验：$\dfrac{\mathrm{d}}{\mathrm{d}x}\int_0^x t\cdot 1\mathrm{d}t=x\cdot 1$，(A)是正确的，而其余均不正确。

【例 62】 设 $f(x)$ 连续，且 $\int_0^{x^3-1}f(t)\mathrm{d}t=x$，则 $f(26)=$________。

(A) $\dfrac{1}{27}$　　(B) 1　　(C) 2　　(D) $\dfrac{1}{26}$　　(E) 0

【答案】 (A)。

【解析】 对等式 $\int_0^{x^3-1}f(t)\mathrm{d}t=x$ 两边关于 x 求导得 $f(x^3-1)\cdot 3x^2=1$，故 $f(x^3-1)=\dfrac{1}{3x^2}$，令 $x^3-1=26$ 得 $x=3$，所以 $f(26)=\dfrac{1}{27}$，答案选(A)。

【例 63】 函数 $F(x)=\int_1^x\left(3-\dfrac{1}{\sqrt{t}}\right)\mathrm{d}t\,(x>0)$ 的单调递减开区间为________。

(A) $\left(0,\ \frac{1}{9}\right)$　　(B) $\left(0,\ \frac{1}{3}\right)$

(C) $\left(0,\ \frac{1}{\sqrt{3}}\right)$　　(D) $\left(\frac{1}{9},\ +\infty\right)$

(E) $\left(\frac{1}{3},\ +\infty\right)$

【答案】 (A)。

【解析】 $F'(x)=3-\frac{1}{\sqrt{x}}$，令 $F'(x)<0$ 得 $\frac{1}{\sqrt{x}}>3$，解之得 $0<x<\frac{1}{9}$，即 $\left(0,\ \frac{1}{9}\right)$ 为所求。故选(A)。

【例 64】 函数 $f(x)=\int_0^x(1-t)\arctan t\,dt$ 的极值点的情况为________。

(A) $x=1$ 为 $f(x)$ 的极大值点，$x=0$ 为极小值点

(B) $x=1$ 为 $f(x)$ 的极小值点，$x=0$ 为极小值点

(C) $x=1$ 为 $f(x)$ 的极大值点，$x=0$ 为极大值点

(D) $x=1$ 为 $f(x)$ 的极小值点，$x=0$ 为极大值点

(E) $x=1$ 为 $f(x)$ 的极大值点，$x=0$ 不为极值点

【答案】 (A)。

【解析】 由题意先求驻点。于是 $f'(x)=(1-x)\arctan x$。令 $f'(x)=0$，得 $x=1$，$x=0$。正负区间列表如下：

x	$(-\infty,\ 0)$	0	$(0,\ 1)$	1	$(1,\ +\infty)$
$f'(x)$	$-$	0	$+$	0	$-$

故 $x=1$ 为 $f(x)$ 的极大值点，$x=0$ 为极小值点。选(A)。

【例 65】 (普研)已知两曲线 $y=f(x)$ 与 $y=\int_0^{\arctan x}e^{-t^2}dt$ 在点(0, 0)处切线相同，则极限 $\lim\limits_{n\to\infty}nf\left(\frac{2}{n}\right)=$________。

(A) ∞　　(B) 1　　(C) 2　　(D) -1　　(E) 0

【答案】 (C)。

【解析】 由已知条件得 $f(0)=0$，$f'(0)=\left(\int_0^{\arctan x}e^{-t^2}dt\right)'_x\Big|_{x=0}=\frac{e^{-(\arctan x)^2}}{1+x^2}\Big|_{x=0}=1$，故切线方程为 $y=x$。由导数定义及数列极限与函数极限的关系可得

$$\lim_{n\to\infty}nf\left(\frac{2}{n}\right)=2\cdot\lim_{n\to\infty}\frac{f\left(\frac{2}{n}\right)-f(0)}{\frac{2}{n}}\overset{*}{=\!=}2\lim_{x\to0}\frac{f(x)-f(0)}{x}=2f'(0)=2\text{。故选(C)。}$$

注意：

(1) 设 $f(0)=0$，则 $f'(0)=A \Leftrightarrow \lim\limits_{x\to 0}\dfrac{f(x)}{x}=A$。设 $f(0)=0$，$f'(0)=A$，则 $\lim\limits_{n\to+\infty}\dfrac{f(x^n)}{x_n}=A$，其中，$\lim\limits_{n\to+\infty}x_n=0$。

(2) 题解中"＊"以下部分按洛必达法则计算题不得分。因为本题题设条件中未设 $f(x)$ 在 $x=0$ 处具有连续的一阶导数，所以不能用洛必达法则做成

$$\lim_{x\to 0}\frac{f(x)}{x}=\lim_{x\to 0}\frac{f'(x)}{1}=f'(0)=1，\Rightarrow \lim_{n\to\infty}nf\left(\frac{2}{n}\right)=2，$$

当然更不能对 n 用洛必达法则：

$$\lim_{n\to\infty}nf\left(\frac{2}{n}\right)=\lim_{n\to\infty}\frac{f\left(\frac{2}{n}\right)}{\frac{1}{n}}=\lim_{n\to\infty}\frac{f'\left(\frac{2}{n}\right)\left(-\frac{2}{n^2}\right)}{-\frac{1}{n^2}}=2f'(0)。$$

(3) 本题考查：变上限积分的导数，求切线方程，利用导数的定义求极限。

【例 66】 极限 $\lim\limits_{x\to 0}\dfrac{\int_0^{x^2}\sin^2 t\,dt}{\int_x^0 t(t-\sin t)\,dt}=$________。

(A) ∞　　(B) 1　　(C) 2　　(D) -1　　(E) 0

【答案】 (E)。

【解析】 该极限属于 $\dfrac{0}{0}$ 型未定式，可用洛必达法则。

$$\lim_{x\to 0}\frac{\int_0^{x^2}\sin^2 t\,dt}{\int_x^0 t(t-\sin t)\,dt}=\lim_{x\to 0}\frac{2x(\sin x^2)^2}{(-1)\cdot x\cdot(x-\sin x)}=(-2)\cdot\lim_{x\to 0}\frac{(x^2)^2}{x-\sin x}$$

$$=(-2)\cdot\lim_{x\to 0}\frac{4x^3}{1-\cos x}=(-2)\cdot\lim_{x\to 0}\frac{12x^2}{\sin x}=0。\text{故选(E)。}$$

注意：此处利用等价无穷小替换和多次应用洛必达法则。

【例 67】 使等式 $\lim\limits_{x\to 0}\dfrac{1}{x-b\sin x}\displaystyle\int_0^x\frac{t^2}{\sqrt{a+t^2}}dt=1$ 成立的正数 a 与 b 分别为________。

(A) $a=4$，$b=1$　　(B) $a=1$，$b=4$

(C) $a=2$，$b=1$　　(D) $a=b=2$

(E) $a=b=1$

【答案】 (A)。

【解析】 易见该极限属于 $\frac{0}{0}$ 型的未定式,可用洛必达法则。

$$\lim_{x\to0}\frac{1}{x-b\sin x}\int_0^x\frac{t^2}{\sqrt{a+t^2}}\mathrm{d}t=\lim_{x\to0}\frac{\frac{x^2}{\sqrt{a+x^2}}}{1-b\cos x}=\lim_{x\to0}\frac{1}{\sqrt{a+x^2}}\cdot\lim_{x\to0}\frac{x^2}{1-b\cos x}$$
$$=\frac{1}{\sqrt{a}}\lim_{x\to0}\frac{x^2}{1-b\cos x}=1,$$

由此可知必有 $\lim\limits_{x\to0}(1-b\cos x)=0$,得 $b=1$。又由

$$\frac{1}{\sqrt{a}}\lim_{x\to0}\frac{x^2}{1-\cos x}=\frac{2}{\sqrt{a}}=1,$$

得 $a=4$。即 $a=4$,$b=1$ 为所求。故选(A)。

【例 68】 设 $f(x)=\int_0^{\sin x}\sin t^2\mathrm{d}t$,$g(x)=x^3+x^4$,则当 $x\to0$ 时,$f(x)$ 是 $g(x)$ 的________。

(A) 等价无穷小　　(B) 同阶但非等价的无穷小

(C) 高阶无穷小　　(D) 低阶无穷小

(E) 无法判断

【答案】 (B)。

【解析】 由于 $\lim\limits_{x\to0}\frac{f(x)}{g(x)}=\lim\limits_{x\to0}\frac{\sin(\sin^2x)\cdot\cos x}{3x^2+4x^3}=\lim\limits_{x\to0}\frac{\cos x}{3+4x}\cdot\lim\limits_{x\to0}\frac{\sin(\sin^2x)}{x^2}=\frac{1}{3}\lim\limits_{x\to0}\frac{x^2}{x^2}=\frac{1}{3}$,故 $f(x)$ 是 $g(x)$ 同阶但非等价的无穷小,选(B)。

【例 69】 (普研)设函数 $f(x)$ 连续,$\varphi(x)=\int_0^1 f(xt)\mathrm{d}t$,且 $\lim\limits_{x\to0}\frac{f(x)}{x}=A$($A$ 为常数),则 $\varphi'(x)$ 在 $x=0$ 处为________。

(A) 有第二类间断点　　(B) 连续函数

(C) 有跳跃间断点　　(D) 有可去间断点

(E) 无法判断

【答案】 (B)。

【解析】 不能直接求 $\varphi'(x)$,因为$\int_0^1 f(xt)\mathrm{d}t$ 中含有 $\varphi(x)$ 的自变量 x,需要通过换元将 x 从被积函数中分离出来,然后利用积分上限函数的求导法则求出 $\varphi'(x)$,最后用函数连续的定义来判定 $\varphi'(x)$ 在 $x=0$ 处的连续性。

由 $\lim\limits_{x\to0}\frac{f(x)}{x}=A$ 知 $\lim\limits_{x\to0}f(x)=0$,而 $f(x)$ 连续,所以 $f(0)=0$,$\varphi(0)=0$。

当 $x\neq 0$ 时,令 $u=xt$, $\mathrm{d}t=\dfrac{1}{x}\mathrm{d}u$,当 $t=0$, $u=0$;当 $t=1$, $u=x$,则

$$\varphi(x)=\frac{\int_0^x f(u)\mathrm{d}u}{x},$$

从而

$$\varphi'(x)=\frac{xf(x)-\int_0^x f(u)\mathrm{d}u}{x^2}\quad(x\neq 0)。$$

又因为 $\lim\limits_{x\to 0}\dfrac{\varphi(x)-\varphi(0)}{x-0}=\lim\limits_{x\to 0}\dfrac{\int_0^x f(u)\mathrm{d}u}{x^2}=\lim\limits_{x\to 0}\dfrac{f(x)}{2x}=\dfrac{A}{2}$,即 $\varphi'(0)=\dfrac{A}{2}$。所以

$$\varphi'(x)=\begin{cases}\dfrac{xf(x)-\int_0^x f(u)\mathrm{d}u}{x^2}, & x\neq 0\\ \dfrac{A}{2}, & x=0。\end{cases}$$

由于

$$\lim_{x\to 0}\varphi'(x)=\lim_{x\to 0}\frac{xf(x)-\int_0^x f(u)\mathrm{d}u}{x^2}=\lim_{x\to 0}\frac{f(x)}{x}-\lim_{x\to 0}\frac{\int_0^x f(u)\mathrm{d}u}{x^2}=\frac{A}{2}=\varphi'(0)。$$

从而知 $\varphi'(x)$ 在 $x=0$ 处连续。答案选择(B)。

注意: 这是一道综合考查定积分换元法、对积分上限函数求导、按定义求导数、讨论函数在一点的连续性等知识点的综合题。而有些读者在做题过程中常会犯如下两种错误:

(1) 直接求出

$$\varphi'(x)=\frac{xf(x)-\int_0^x f(u)\mathrm{d}u}{x^2},$$

而没有利用定义去求 $\varphi'(0)$,就得到结论 $\varphi'(0)$ 不存在或 $\varphi'(0)$ 无定义,从而得出 $\varphi'(x)$ 在 $x=0$ 处不连续的结论。

(2) 在求 $\lim\limits_{x\to 0}\varphi'(x)$ 时,不是去拆成两项求极限,而是立即用洛必达法则,从而导致

$$\lim_{x\to 0}\varphi'(x)=\frac{xf'(x)+f(x)-f(x)}{2x}=\frac{1}{2}\lim_{x\to 0}f'(x)。$$

又由 $\lim\limits_{x\to 0}\dfrac{f(x)}{x}=A$,用洛必达法则得到 $\lim\limits_{x\to 0}f'(x)=A$,出现该错误的原因是使用洛必达法则需要有条件:$f(x)$ 在 $x=0$ 的邻域内可导。但题设中仅有 $f(x)$ 连续的条件,因此上面出现的 $\lim\limits_{x\to 0}f'(x)$ 是否存在是不能确定的。

题型7: 定积分计算

【例70】 (经济类)定积分$\int_0^1 \frac{dx}{x^2+5x+6}=$________。

(A) $\ln\frac{8}{9}$ (B) 1 (C) 2 (D) $\ln 2$ (E) $\ln\frac{9}{8}$

【答案】 (E)。

【解析】 $\int_0^1 \frac{dx}{x^2+5x+6}=\int_0^1 \frac{dx}{x+2}-\int_0^1 \frac{dx}{x+3}=\ln(x+2)\Big|_0^1-\ln(x+3)\Big|_0^1=\ln\frac{9}{8}$,答案选择(E)。

【例71】 (经济类)定积分$\int_1^e \frac{\sqrt{1+\ln x}}{x}dx=$________。

(A) $\frac{4\sqrt{2}-2}{3}$ (B) 1 (C) 2 (D) $\frac{4\sqrt{2}+2}{3}$ (E) $\frac{4\sqrt{2}}{3}$

【答案】 (A)。

【解析】 第一步,换元:$\int_1^e \frac{\sqrt{1+\ln x}}{x}dx=\int_1^e \sqrt{1+\ln x}\,d(\ln x)=\int_1^e \sqrt{1+\ln x}\,d(1+\ln x)$。

设$t=1+\ln x$,则原式$=\int_1^2 \sqrt{t}\,dt$。

第二步,计算定积分:原式$\int_1^2 \sqrt{t}\,dt=\frac{2}{3}t^{\frac{3}{2}}\Big|_1^2=\frac{4\sqrt{2}-2}{3}$,答案选择(A)。

【例72】 (经济类)定积分$\int_0^8 \frac{dx}{1+\sqrt[3]{x}}=$________。

(A) $3\ln 3$ (B) 1 (C) $\ln 6$ (D) $2\ln 3$ (E) $\ln 3$

【答案】 (A)。

【解析】 令$\sqrt[3]{x}=t$,则$x=t^3$,故

$$\int_0^8 \frac{dx}{1+\sqrt[3]{x}}=\int_0^2 \frac{dt^3}{1+t}=\int_0^2 \frac{3t^2dt}{1+t}=\int_0^2 \frac{3(t^2-1)+3dt}{1+t}=3\int_0^2(t-1)dt+3\int_0^2 \frac{dt}{1+t}$$

$$=3\left(\frac{1}{2}t^2-t\right)\Big|_0^2+3\ln(t+1)\,|_0^2=0+3\ln 3=3\ln 3。$$故选(A)。

【例73】 (经济类)设$f(x)=\int_1^x e^{-t^2}dt$,求$\int_0^1 f(x)dx=$________。

(A) $\frac{1}{2}(e-1)$ (B) $\frac{1}{2}(e^{-1}-1)$ (C) $e^{-1}-1$ (D) $2(e^{-1}-1)$ (E) $2(e-1)$

【答案】 (B)。

【解析】 $f'(x)=\left(\int_1^x e^{-t^2}dt\right)'=e^{-x^2}$，则

$$\int_0^1 f(x)dx=xf(x)\big|_0^1-\int_0^1 xf'(x)dx=-\int_0^1 xe^{-x^2}dx$$

$$=-\frac{1}{2}\int_0^1 e^{-x^2}d(x^2)=\frac{1}{2}(e^{-1}-1)。故选(B)。$$

【例 74】 (经济类)定积分$\int_1^4 \frac{\ln x}{\sqrt{x}}dx=$________。

(A) $4(\ln 2-1)$　　(B) $4(2\ln 2-1)$

(C) $2(2\ln 2-1)$　　(D) 2

(E) $2(4\ln 2-1)$

【答案】 (B)。

【解答】 令$\sqrt{x}=t$，则

$$\int_1^4 \frac{\ln x}{\sqrt{x}}dx=\int_1^2 \frac{\ln t^2}{t}2t\,dt=2\int_1^2 \ln t^2 dt=2t\ln t^2\Big|_1^2-2\int_1^2 t\frac{1}{t^2}2t\,dt$$

$$=4\ln 4-4=8\ln 2-4=4(2\ln 2-1)。故选(B)。$$

【例 75】 (经济类)定积分$\int_{-\frac{\pi}{2}}^{\frac{\pi}{2}} \sin^{99}x\,dx=$________。

(A) 0　　(B) -1　　(C) 1　　(D) 2　　(E) $\frac{\pi}{2}$

【答案】 (A)。

【解答】 因为$\sin^{99}x$为奇函数，据定积分计算性质"偶倍奇零"，得$\int_{-\frac{\pi}{2}}^{\frac{\pi}{2}} \sin^{99}x\,dx=0$。故选(A)。

【例 76】 (经济类)已知$\int_{-1}^3 f(x)dx=3$，$\int_0^3 f(x)dx=2$，则$\int_0^{-1} f(x)dx=$________。

(A) -1　　(B) 0　　(C) 1　　(D) 2　　(E) -2

【答案】 (A)。

【解析】 因为$\int_{-1}^3 f(x)dx=\int_{-1}^0 f(x)dx+\int_0^3 f(x)dx=3$，所以$\int_{-1}^0 f(x)dx=\int_{-1}^3 f(x)dx-\int_0^3 f(x)dx=1$，故$\int_0^{-1} f(x)dx=-1$，故选(A)。

【例 77】 (经济类)已知函数$f(x)$的原函数为$\frac{\sin x}{x}$，则$\int_{\frac{\pi}{2}}^{\pi} xf'(x)dx=$________。

(A) $\frac{4}{\pi}-1$　　(B) $\frac{4}{\pi}+1$　　(C) $\frac{4}{\pi}$　　(D) $\frac{4}{\pi}-\frac{1}{2}$　　(E) $\frac{\pi}{4}+1$

【答案】 (A)。

【解析】 由于 $f(x)=\left(\dfrac{\sin x}{x}\right)'=\dfrac{\cos x\cdot x-\sin x}{x^2}$,故

$$\int_{\frac{\pi}{2}}^{\pi}xf'(x)\mathrm{d}x=\int_{\frac{\pi}{2}}^{\pi}x\,\mathrm{d}f(x)=[xf(x)]\Big|_{\frac{\pi}{2}}^{\pi}-\int_{\frac{\pi}{2}}^{\pi}f(x)\mathrm{d}x$$

$$=x\frac{x\cos x-\sin x}{x^2}\Big|_{\frac{\pi}{2}}^{\pi}-\frac{\sin x}{x}\Big|_{\frac{\pi}{2}}^{\pi}=\frac{4}{\pi}-1。选(A)。$$

【例 78】 (经济类)已知 $f(2)=2$, $\int_0^2 f(x)\mathrm{d}x=4$, 求 $\int_0^2 xf'(x)\mathrm{d}x=$________。

(A) 0 (B) 1 (C) 2 (D) 3 (E) 4

【答案】 (A)。

【解析】 $\int_0^2 xf'(x)\mathrm{d}x=xf(x)\Big|_0^2-\int_0^2 f(x)\mathrm{d}x=4-4=0$。故选(A)。

【例 79】 (经济类)已知 $\dfrac{\mathrm{e}^x}{x}$ 是 $f(x)$ 的一个原函数,则 $\int_0^1 x^2 f(x)\mathrm{d}x=$________。

(A) 1 (B) $\mathrm{e}-2$ (C) $2-\mathrm{e}$ (D) $1+\mathrm{e}$ (E) $2+\mathrm{e}$

【答案】 (C)。

【解析】 由题意知:$\int f(x)\mathrm{d}x=\dfrac{\mathrm{e}^x}{x}+C$, 则 $f(x)=\dfrac{x\cdot\mathrm{e}^x-\mathrm{e}^x}{x^2}$。

代入定积分表达式知 $\int_0^1 x^2 f(x)\mathrm{d}x=\int_0^1(x-1)\mathrm{e}^x\mathrm{d}x=(x-2)\mathrm{e}^x\Big|_0^1=2-\mathrm{e}$。故选(C)。

【例 80】 (经济类)定积分 $\int_0^1 \mathrm{e}^{\sqrt{3x+1}}\mathrm{d}x=$________。

(A) $\dfrac{2}{3}\mathrm{e}^2$ (B) e^2 (C) $2\mathrm{e}^2$ (D) $\dfrac{3}{2}\mathrm{e}^2$ (E) $\dfrac{\mathrm{e}^2}{3}$

【答案】 (A)。

【解析】 换元法:令 $\sqrt{3x+1}=t\Rightarrow$ 当 $x=0$ 时, $t=1$; 当 $x=1$ 时, $t=2$。

则 $3x+1=t^2\Rightarrow x=\dfrac{t^2-1}{3}\Rightarrow \mathrm{d}x=\mathrm{d}\left(\dfrac{t^2-1}{3}\right)=\dfrac{2}{3}t\mathrm{d}t$, 易得定积分 $\int_1^2\mathrm{e}^t\cdot\dfrac{2}{3}t\mathrm{d}t=$ $\dfrac{2}{3}\int_1^2 t\mathrm{e}^t\mathrm{d}t=\dfrac{2}{3}(t-1)\mathrm{e}^t\Big|_{t=1}^{t=2}=\dfrac{2}{3}\mathrm{e}^2$。故选(A)。

【例81】 (经济类)设函数 $f(x)=\begin{cases}x\mathrm{e}^{x^2}, & -\dfrac{1}{2}\leqslant x<\dfrac{1}{2}\\ -1, & x>\dfrac{1}{2}\end{cases}$, 则 $\int_{-\frac{1}{2}}^{\frac{3}{2}}f(x)\mathrm{d}x=$________。

(A) -1 (B) 0 (C) 1 (D) 2 (E) -2

【答案】 (A)。

【解析】 $\int_{-\frac{1}{2}}^{\frac{3}{2}} f(x)\mathrm{d}x = \int_{-\frac{1}{2}}^{\frac{1}{2}} x\mathrm{e}^{x^2}\mathrm{d}x + \int_{\frac{1}{2}}^{\frac{3}{2}}(-1)\mathrm{d}x = -1$。故选(A)。

【例 82】 (经济类)求定积分 $\int_{-1}^{1}(2x+|x|+1)^2\mathrm{d}x =$ ________。

(A) $\frac{17}{3}$　(B) $\frac{19}{3}$　(C) $\frac{22}{3}$　(D) $\frac{14}{3}$　(E) $\frac{11}{3}$

【答案】 (C)。

【解析】

$$\begin{aligned}\int_{-1}^{1}(2x+|x|+1)^2\mathrm{d}x &= \int_{-1}^{1}(4x^2+x^2+1+4x|x|+4x+2|x|)\mathrm{d}x\\ &= \int_{-1}^{1}(5x^2+1+2|x|)\mathrm{d}x\\ &= 2\int_{0}^{1}(5x^2+1+2x)\mathrm{d}x = 2\left(\frac{5}{3}x^3+x^2+x\right)\Big|_0^1 = \frac{22}{3}。\end{aligned}$$

故选(C)。

【例 83】 定积分 $\int_{-1}^{1}(|x|+x)\mathrm{e}^{-|x|}\mathrm{d}x =$ ________。

(A) $2(1-2\mathrm{e}^{-1})$　(B) $2(1-\mathrm{e}^{-1})$　(C) $2(3-2\mathrm{e}^{-1})$　(D) $1-2\mathrm{e}^{-1}$　(E) $2(1-3\mathrm{e}^{-1})$

【答案】 (A)。

【解析】 对称区间上的积分应注意利用被积函数的对称性,这里有 $\int_{-1}^{1}x\mathrm{e}^{-|x|}\mathrm{d}x = 0$。

$$\begin{aligned}\int_{-1}^{1}(|x|+x)\mathrm{e}^{-|x|}\mathrm{d}x &= \int_{-1}^{1}|x|\mathrm{e}^{-|x|}\mathrm{d}x + \int_{-1}^{1}x\mathrm{e}^{-|x|}\mathrm{d}x\\ &= \int_{-1}^{1}|x|\mathrm{e}^{-|x|}\mathrm{d}x\\ &= 2\int_{0}^{1}x\mathrm{e}^{-x}\mathrm{d}x = -2\int_{0}^{1}x\,\mathrm{d}\mathrm{e}^{-x}\\ &= -2\left[x\mathrm{e}^{-x}\Big|_0^1 - \int_0^1\mathrm{e}^{-x}\mathrm{d}x\right]\\ &= 2(1-2\mathrm{e}^{-1})。\end{aligned}$$

故选(A)。

注意: 本题属于基本题型,主要考查对称区间上的积分性质和分部积分法。

【例 84】 设函数 $f(x)$ 与 $g(x)$ 在 $[0, 1]$ 上连续,且 $f(x) \leqslant g(x)$,且对任何 $c \in (0, 1)$,下列式子中成立的是________。

(A) $\int_{\frac{1}{2}}^{c} f(t)\mathrm{d}t \geqslant \int_{\frac{1}{2}}^{c} g(t)\mathrm{d}t$　(B) $\int_{\frac{1}{2}}^{c} f(t)\mathrm{d}t \leqslant \int_{\frac{1}{2}}^{c} g(t)\mathrm{d}t$

(C) $\int_{c}^{1} f(t)\mathrm{d}t \geqslant \int_{c}^{1} g(t)\mathrm{d}t$　(D) $\int_{c}^{1} f(t)\mathrm{d}t \leqslant \int_{c}^{1} g(t)\mathrm{d}t$

(E) 以上选项均错误

【答案】 (D)。

【解析】 因为 $f(x)$ 与 $g(x)$ 在 $[0, 1]$ 上连续，则对任何 $c \in (0, 1)$，$f(x)$ 与 $g(x)$ 在 $[c, 1]$ 上连续，且 $f(x) \leqslant g(x)$，所以 $\int_c^1 f(t)\mathrm{d}t \leqslant \int_c^1 g(t)\mathrm{d}t$。故选(D)。

注意： 本题属于基本题型。由于 c 与 $\frac{1}{2}$ 比较大小未知，所以不能选(A)、(B)。

【例 85】 如图 3-12 所示，连续函数 $y=f(x)$ 在区间 $[-3, -2]$，$[2, 3]$ 上的图形分别是直径为 1 的上、下半圆周，在区间 $[-2, 0]$，$[0, 2]$ 上的图形分别是直径为 2 的下、上半圆周。设 $F(x)=\int_0^x f(t)\mathrm{d}t$，则下列结论正确的是________。

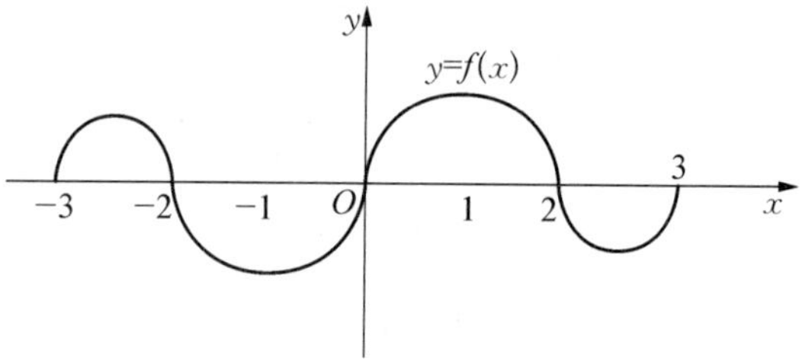

图 3-12

(A) $F(3)=-\frac{3}{4}F(-2)$　　(B) $F(3)=\frac{5}{4}F(2)$

(C) $F(-3)=\frac{3}{4}F(2)$　　(D) $F(-3)=-\frac{5}{4}F(-2)$

(E) $F(-3)=-\frac{3}{2}F(-2)$

【答案】 (C)。

【解析】 本题考查定积分的几何意义，应注意 $f(x)$ 在不同区间段上的符号，从而搞清楚相应积分与面积的关系。

根据定积分的几何意义，知 $F(2)$ 为半径是 1 的半圆面积：$F(2)=\frac{1}{2}\pi$。$F(3)$ 是两个半圆面积之差：

$$F(3)=\frac{1}{2}\left[\pi \cdot 1^2-\pi \cdot \left(\frac{1}{2}\right)^2\right]=\frac{3}{8}\pi=\frac{3}{4}F(2);$$

$$F(-3)=\int_0^{-3} f(x)\mathrm{d}x=-\int_{-3}^0 f(x)\mathrm{d}x=\int_0^3 f(x)\mathrm{d}x=F(3)。$$

因此应选(C)。

注意：(1) 本题 $F(x)$ 由积分所定义，应注意其下限为 0，因此 $F(-2)=\int_0^{-2} f(x)\mathrm{d}x=\int_{-2}^0 -f(x)\mathrm{d}x$，也为半径是 1 的半圆面积。可知(A)、(B)、(D)均不成立。

(2) 若试图直接去计算定积分，则本题的计算将十分复杂，而这正是本题设计的巧妙之处。

【例 86】 定积分 $\int_{\sqrt{e}}^{e^{\frac{3}{4}}} \frac{dx}{x\sqrt{\ln x(1-\ln x)}}=$________。

(A) $\frac{\pi}{6}$　(B) $\frac{\pi}{2}$　(C) $\frac{\pi}{4}$　(D) $\frac{\pi}{3}$　(E) $\frac{2\pi}{3}$

【答案】 (A)。

【解析】 被积函数中含有 $\frac{1}{x}$ 及 $\ln x$，考虑凑微分。

$$\int_{\sqrt{e}}^{e^{\frac{3}{4}}} \frac{dx}{x\sqrt{\ln x(1-\ln x)}}=\int_{\sqrt{e}}^{e^{\frac{3}{4}}} \frac{d(\ln x)}{\sqrt{\ln x(1-\ln x)}}=\int_{\sqrt{e}}^{e^{\frac{3}{4}}} \frac{d(\ln x)}{\sqrt{\ln x}\sqrt{1-(\sqrt{\ln x})^2}}$$

$$=\int_{\sqrt{e}}^{e^{\frac{3}{4}}} \frac{2d(\sqrt{\ln x})}{\sqrt{1-(\sqrt{\ln x})^2}}=\left[2\arcsin(\sqrt{\ln x})\right]\Big|_{\sqrt{e}}^{e^{\frac{3}{4}}}=\frac{\pi}{6}$$。故选(A)。

【例 87】 定积分 $\int_0^{\frac{\pi}{4}} \frac{\sin x}{1+\sin x}dx=$________。

(A) $\frac{\pi}{4}+2+\sqrt{2}$　(B) $\frac{\pi}{4}-2+\sqrt{2}$

(C) $\frac{\pi}{4}-2-\sqrt{2}$　(D) $\frac{\pi}{4}+2-\sqrt{2}$

(E) $\frac{\pi}{4}-2$

【答案】 (B)。

【解析】 $\int_0^{\frac{\pi}{4}} \frac{\sin x}{1+\sin x}dx=\int_0^{\frac{\pi}{4}} \frac{\sin x(1-\sin x)}{1-\sin^2 x}dx=\int_0^{\frac{\pi}{4}} \frac{\sin x}{\cos^2 x}dx-\int_0^{\frac{\pi}{4}} \tan^2 x\,dx$

$$=-\int_0^{\frac{\pi}{4}} \frac{d\cos x}{\cos^2 x}-\int_0^{\frac{\pi}{4}} (\sec^2 x-1)dx$$

$$=\left(\frac{1}{\cos x}\right)\Big|_0^{\frac{\pi}{4}}-(\tan x-x)\Big|_0^{\frac{\pi}{4}}=\frac{\pi}{4}-2+\sqrt{2}$$。故选(B)。

注意：此题为三角有理式积分的类型，也可用万能代换公式来求解，请读者不妨一试。

【例 88】 计算 $\int_0^{2a} x\sqrt{2ax-x^2}\,dx=$________，其中 $a>0$。

(A) $\frac{\pi}{6}a^3$　(B) $\frac{\pi}{3}a^3$　(C) $\frac{\pi}{2}a^3$　(D) $\frac{\pi}{4}a^4$　(E) $\frac{2\pi}{3}a^3$

【答案】 (C)。

【解析】 令 $x-a=a\sin t$，则

$$\int_0^{2a} x\sqrt{2ax-x^2}\,dx=\int_0^{2a} x\sqrt{a^2-(x-a)^2}\,dx=a^3\int_{-\frac{\pi}{2}}^{\frac{\pi}{2}} (1+\sin t)\cos^2 t\,dt$$

$$=2a^3\int_0^{\frac{\pi}{2}} \cos^2 t\,dt+0=\frac{\pi}{2}a^3$$。

注意: 若定积分中的被积函数含有$\sqrt{a^2-x^2}$,一般令$x=a\sin t$或$x=a\cos t$。

【例 89】 定积分$\int_0^{\ln 5}\frac{e^x\sqrt{e^x-1}}{e^x+3}dx=$________。

(A) $4-\pi$　　(B) $4+\pi$　　(C) $\pi-4$　　(D) $6-\pi$　　(E) π

【答案】 (A)。

【解析】 被积函数中含有根式,不易直接求原函数,考虑做适当变换去掉根式。

设$u=\sqrt{e^x-1}$, $x=\ln(u^2+1)$, $dx=\frac{2u}{u^2+1}du$,则

$$\begin{aligned}\int_0^{\ln 5}\frac{e^x\sqrt{e^x-1}}{e^x+3}dx&=\int_0^2\frac{(u^2+1)u}{u^2+4}\cdot\frac{2u}{u^2+1}du\\&=2\int_0^2\frac{u^2}{u^2+4}du=2\int_0^2\frac{u^2+4-4}{u^2+4}du\\&=\int_0^2du-8\int_0^2\frac{1}{u^2+4}du=4-\pi\text{。故选(A)。}\end{aligned}$$

【例 90】 定积分$\int_0^{\frac{\pi}{3}}x\sin x\,dx=$________。

(A) $\frac{\sqrt{3}}{2}-\frac{\pi}{6}$　　(B) $\frac{\sqrt{3}}{2}-\frac{\pi}{3}$

(C) $\frac{\sqrt{3}}{2}-\frac{\pi}{2}$　　(D) $\frac{\sqrt{3}}{2}-\frac{2\pi}{3}$

(E) $\frac{3\sqrt{3}}{2}-\frac{\pi}{6}$

【答案】 (A)。

【解析】 被积函数中出现幂函数与三角函数乘积的情形,通常采用分部积分法:

$$\begin{aligned}\int_0^{\frac{\pi}{3}}x\sin x\,dx&=\int_0^{\frac{\pi}{3}}x\,d(-\cos x)=[x\cdot(-\cos x)]\Big|_0^{\frac{\pi}{3}}-\int_0^{\frac{\pi}{3}}(-\cos x)dx\\&=-\frac{\pi}{6}+\int_0^{\frac{\pi}{3}}\cos x\,dx=\frac{\sqrt{3}}{2}-\frac{\pi}{6}\text{。故选(A)。}\end{aligned}$$

【例 91】 定积分$\int_0^1\frac{\ln(1+x)}{(3-x)^2}dx=$________。

(A) $\ln 2-\ln 3$　　(B) $\frac{1}{2}\ln 2-\frac{1}{3}\ln 3$

(C) $\frac{1}{2}\ln 2-\ln 3$　　(D) $\ln 2-\frac{1}{4}\ln 3$

(E) $\frac{1}{2}\ln 2-\frac{1}{4}\ln 3$

【答案】 (E)。

【解析】 被积函数中出现对数函数的情形,可考虑采用分部积分法:

$$\int_0^1 \frac{\ln(1+x)}{(3-x)^2}\mathrm{d}x = \int_0^1 \ln(1+x)\mathrm{d}\left(\frac{1}{3-x}\right) = \left[\frac{1}{3-x}\ln(1+x)\Big|_0^1\right] - \int_0^1 \frac{1}{(3-x)} \cdot \frac{1}{(1+x)}\mathrm{d}x$$

$$= \frac{1}{2}\ln 2 - \frac{1}{4}\int_0^1 \left(\frac{1}{1+x} + \frac{1}{3-x}\right)\mathrm{d}x = \frac{1}{2}\ln 2 - \frac{1}{4}\ln 3\text{。故选(E)。}$$

【例 92】 定积分 $\int_0^{\frac{\pi}{2}} \mathrm{e}^x \sin x\,\mathrm{d}x =$ ________。

(A) $\frac{1}{\sqrt{3}}(\mathrm{e}^{\frac{\pi}{2}}+1)$　(B) $\frac{1}{\sqrt{2}}(\mathrm{e}^{\frac{\pi}{2}}+1)$

(C) $\frac{1}{4}(\mathrm{e}^{\frac{\pi}{2}}+1)$　(D) $\frac{1}{3}(\mathrm{e}^{\frac{\pi}{2}}+1)$

(E) $\frac{1}{2}(\mathrm{e}^{\frac{\pi}{2}}+1)$

【答案】 (E)。

【解析】 被积函数中出现指数函数与三角函数乘积的情形,通常要多次利用分部积分法。

由于

$$\int_0^{\frac{\pi}{2}} \mathrm{e}^x \sin x\,\mathrm{d}x = \int_0^{\frac{\pi}{2}} \sin x\,\mathrm{d}\mathrm{e}^x = [\mathrm{e}^x \sin x]\Big|_0^{\frac{\pi}{2}} - \int_0^{\frac{\pi}{2}} \mathrm{e}^x \cos x\,\mathrm{d}x$$

$$= \mathrm{e}^{\frac{\pi}{2}} - \int_0^{\frac{\pi}{2}} \mathrm{e}^x \cos x\,\mathrm{d}x, \tag{1}$$

而

$$\int_0^{\frac{\pi}{2}} \mathrm{e}^x \cos x\,\mathrm{d}x = \int_0^{\frac{\pi}{2}} \cos x\,\mathrm{d}\mathrm{e}^x = [\mathrm{e}^x \cos x]\Big|_0^{\frac{\pi}{2}} - \int_0^{\frac{\pi}{2}} \mathrm{e}^x \cdot (-\sin x)\mathrm{d}x$$

$$= \int_0^{\frac{\pi}{2}} \mathrm{e}^x \sin x\,\mathrm{d}x - 1, \tag{2}$$

将式(2)代入式(1)可得

$$\int_0^{\frac{\pi}{2}} \mathrm{e}^x \sin x\,\mathrm{d}x = \mathrm{e}^{\frac{\pi}{2}} - \left[\int_0^{\frac{\pi}{2}} \mathrm{e}^x \sin x\,\mathrm{d}x - 1\right],$$

故

$$\int_0^{\frac{\pi}{2}} \mathrm{e}^x \sin x\,\mathrm{d}x = \frac{1}{2}(\mathrm{e}^{\frac{\pi}{2}}+1)\text{。选(E)。}$$

【例 93】 定积分 $\int_0^1 x \arcsin x\,\mathrm{d}x =$ ________。

(A) $\frac{\pi}{8}$　(B) $\frac{\pi}{6}$　(C) $\frac{\pi}{4}$　(D) $\frac{\pi}{3}$　(E) $\frac{2\pi}{3}$

【答案】 (A)。

【解析】 被积函数中出现反三角函数与幂函数乘积的情形，通常用分部积分法。

$$\int_0^1 x\arcsin x\,dx=\int_0^1 \arcsin x\,d\left(\frac{x^2}{2}\right)=\left[\frac{x^2}{2}\cdot\arcsin x\right]\Big|_0^1-\int_0^1\frac{x^2}{2}d(\arcsin x)$$

$$=\frac{\pi}{4}-\frac{1}{2}\int_0^1\frac{x^2}{\sqrt{1-x^2}}dx。\quad (1)$$

令 $x=\sin t$，则

$$\int_0^1\frac{x^2}{\sqrt{1-x^2}}dx=\int_0^{\frac{\pi}{2}}\frac{\sin^2 t}{\sqrt{1-\sin^2 t}}d\sin t=\int_0^{\frac{\pi}{2}}\frac{\sin^2 t}{\cos t}\cdot\cos t\,dt$$

$$=\int_0^{\frac{\pi}{2}}\sin^2 t\,dt=\int_0^{\frac{\pi}{2}}\frac{1-\cos 2t}{2}dt=\left[\frac{t}{2}-\frac{\sin 2t}{4}\right]\Big|_0^{\frac{\pi}{2}}=\frac{\pi}{4}。\quad (2)$$

将式(2)代入式(1)中得

$$\int_0^1 x\arcsin x\,dx=\frac{\pi}{8}。故选(A)。$$

【例 94】 设 $f(x)$在$[0,\pi]$上具有二阶连续导数，$f'(\pi)=3$ 且 $\int_0^{\pi}[f(x)+f''(x)]\cos x\,dx=2$，则 $f'(0)=$________。

(A) 1　　(B) 2　　(C) -5　　(D) -3　　(E) -2

【答案】 (C)。

【解析】 被积函数中含有抽象函数的导数形式，可考虑用分部积分法求解。

由于 $\int_0^{\pi}[f(x)+f''(x)]\cos x\,dx=\int_0^{\pi}f(x)d\sin x+\int_0^{\pi}\cos x\,df'(x)$

$$=\left\{[f(x)\sin x]\Big|_0^{\pi}-\int_0^{\pi}f'(x)\sin x\,dx\right\}+\left\{[f'(x)\cos x]\Big|_0^{\pi}+\int_0^{\pi}f'(x)\sin x\,dx\right\}$$

$$=-f'(\pi)-f'(0)=2。$$

则　$f'(0)=-2-f'(\pi)=-2-3=-5$。故选(C)。

【例 95】 定积分 $\int_{-1}^{2}|x|\,dx=$________。

(A) 6　　(B) $\frac{5}{3}$　　(C) $-\frac{5}{2}$　　(D) $\frac{5}{2}$　　(E) $-\frac{5}{3}$

【答案】 (D)。

【解析】 被积函数含有绝对值符号，应先去掉绝对值符号然后再积分。

$$\int_{-1}^{2}|x|\,dx=\int_{-1}^{0}(-x)dx+\int_0^2 x\,dx=\left[-\frac{x^2}{2}\right]_{-1}^{0}+\left[\frac{x^2}{2}\right]_0^2=\frac{5}{2}。故选(D)。$$

注意：在使用牛顿-莱布尼兹公式时，应保证被积函数在积分区间上满足可积条件。如

$\int_{-2}^{3}\frac{1}{x^2}\mathrm{d}x=\left[-\frac{1}{x}\right]_{-2}^{3}=\frac{1}{6}$，则是错误的。错误的原因则是由于被积函数$\frac{1}{x^2}$在 $x=0$ 处间断且在被积区间内无界。

【例 96】 定积分$\int_0^2\max(x^2, x)\mathrm{d}x=$________。

(A) 3　(B) $\frac{5}{3}$　(C) $\frac{7}{3}$　(D) $\frac{7}{6}$　(E) $\frac{17}{6}$

【答案】 (E)。

【解析】 被积函数在积分区间上实际是分段函数：

$$f(x)=\begin{cases}x^2 & 1<x\leqslant 2\\ x & 0\leqslant x\leqslant 1\end{cases},$$

$\int_0^2\max(x^2, x)\mathrm{d}x=\int_0^1 x\mathrm{d}x+\int_1^2 x^2\mathrm{d}x=\left(\frac{x^2}{2}\right)\Big|_0^1+\left(\frac{x^3}{3}\right)\Big|_1^2=\frac{1}{2}+\frac{7}{3}=\frac{17}{6}$。故选(E)。

题型 8：定积分的应用

【例 97】 由曲线 $y=\frac{1}{2}x$，$y=3x$，$y=2$，$y=1$ 所围成的图形面积为________。

(A) 3　(B) $\frac{5}{2}$　(C) $\frac{5}{3}$

(D) $\frac{7}{6}$　(E) $\frac{5}{6}$

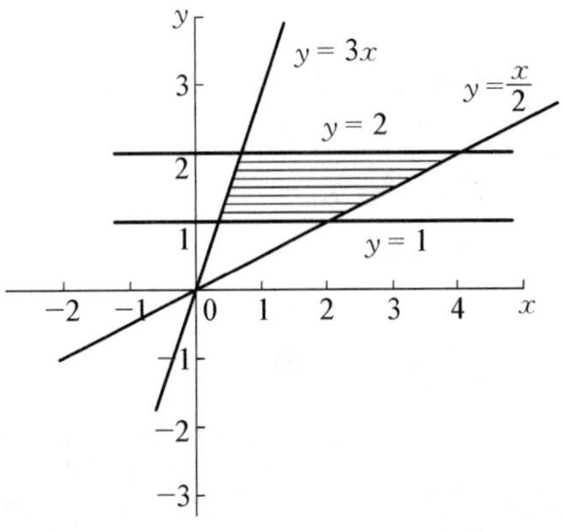

图 3-13

【答案】 (B)。

【解析】 若选 x 为积分变量，需将图形分割成三部分去求，如图 3-13 所示，此做法留给读者去完成。下面选取以 y 为积分变量。

选取 y 为积分变量，其变化范围为 $y\in[1, 2]$，曲线分别为 $x=2y$，$x=\frac{y}{3}$，则面积元素为 $\mathrm{d}A=\left|2y-\frac{1}{3}y\right|\mathrm{d}y=\left(2y-\frac{1}{3}y\right)\mathrm{d}y$，于是所求面积为 $A=\int_1^2\left(2y-\frac{1}{3}y\right)\mathrm{d}y=\frac{5}{2}$。故选(B)。

【例 98】 求曲线 $y=\ln x$ 在区间(2, 6)内的一条切线，使得该切线与直线 $x=2$，$x=6$ 和曲线 $y=\ln x$ 所围成平面图形的面积最小(见图 3-14)，则切线方程为________。

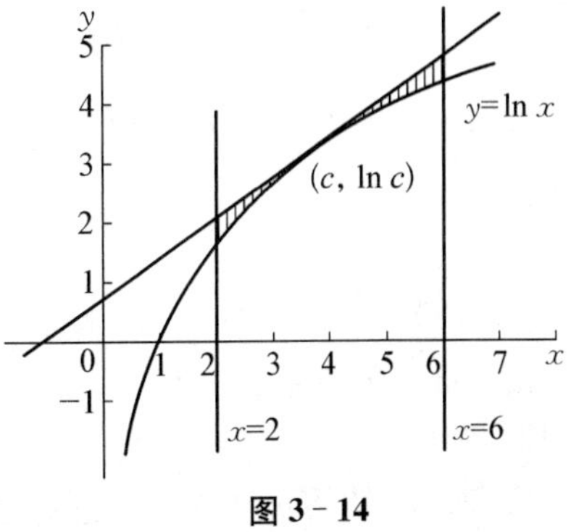

图 3-14

(A) $y=\frac{1}{4}x-1+\ln 2$ (B) $y=\frac{1}{4}x-1-\ln 4$

(C) $y=\frac{1}{2}x-1+\ln 4$ (D) $y=\frac{1}{4}x+1+\ln 4$

(E) $y=\frac{1}{4}x-1+\ln 4$

【答案】 (E)。

【解析】 要求平面图形的面积的最小值,必须先求出面积的表达式,设所求切线与曲线 $y=\ln x$ 相切于点 $(c,\ \ln c)$,则切线方程为 $y-\ln c=\frac{1}{c}(x-c)$。又切线与直线 $x=2$,$x=6$ 和曲线 $y=\ln x$ 所围成的平面图形的面积为

$$A=\int_2^6\left[\frac{1}{c}(x-c)+\ln c-\ln x\right]\mathrm{d}x=4\left(\frac{4}{c}-1\right)+4\ln c+4-6\ln 6+2\ln 2。$$

由于 $\frac{\mathrm{d}A}{\mathrm{d}c}=-\frac{16}{c^2}+\frac{4}{c}=-\frac{4}{c^2}(4-c)$,令 $\frac{\mathrm{d}A}{\mathrm{d}c}=0$,解得驻点 $c=4$。

当 $2<c<4$ 时 $\frac{\mathrm{d}A}{\mathrm{d}c}<0$,而当 $6>c>4$ 时 $\frac{\mathrm{d}A}{\mathrm{d}c}>0$。故当 $c=4$ 时,A 取得极小值。由于驻点唯一,故当 $c=4$ 时,A 取得最小值。此时切线方程为:$y=\frac{1}{4}x-1+\ln 4$。故选(E)。

【例 99】 求圆域 $x^2+(y-b)^2\leqslant a^2$(其中 $b>a$)绕 x 轴旋转而成的立体的体积为________。

(A) π^2a^2b (B) $2\pi^2a^2b$ (C) $8\pi a^2b$

(D) $2\pi a^2b$ (E) $2\pi ab$

【答案】 (B)。

【解析】 如图 3-15 所示,选取 x 为积分变量,则上半圆周的方程为 $y_2=b+\sqrt{a^2-x^2}$,下半圆周的方程为 $y_1=b-\sqrt{a^2-x^2}$。体积元素为 $\mathrm{d}V=(\pi y_2^2-\pi y_1^2)\mathrm{d}x=4\pi b\sqrt{a^2-x^2}\,\mathrm{d}x$。于是所求旋转体的体积为

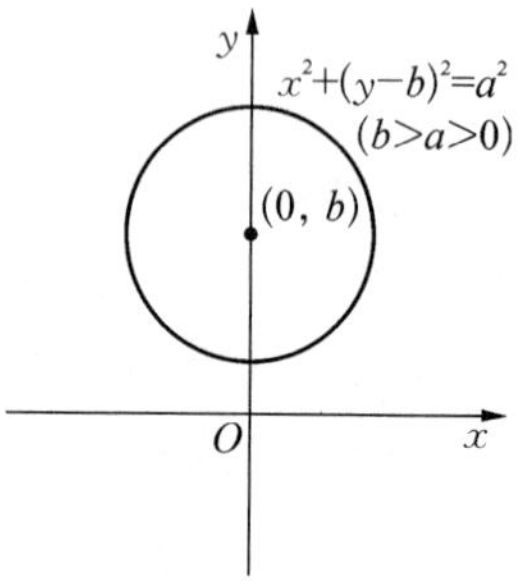

图 3-15

$$V=4\pi b\int_{-a}^{a}\sqrt{a^2-x^2}\,\mathrm{d}x=8\pi b\int_0^a\sqrt{a^2-x^2}\,\mathrm{d}x=8\pi b\cdot\frac{\pi a^2}{4}=2\pi^2a^2b。故选(B)。$$

注意: 可考虑选取 y 为积分变量,请读者自行完成。

【例 100】 (普研 2003)过坐标原点作曲线 $y=\ln x$ 的切线,该切线与曲线 $y=\ln x$ 及 x 轴围成平面图形 D,如图 3-16 所示。

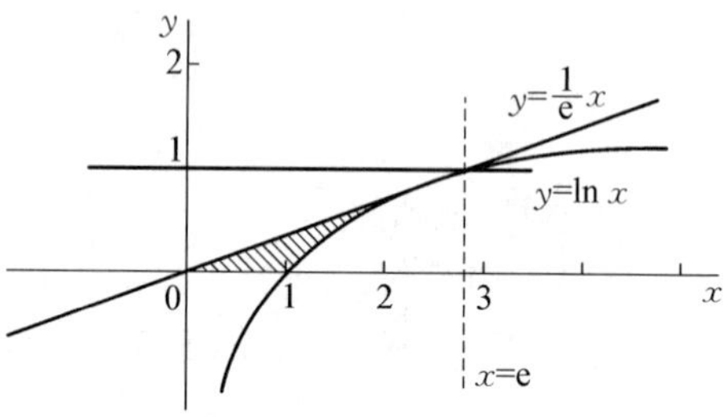

图 3-16

(1) 求 D 的面积 A 为________。

(A) $\frac{e}{2}-1$ (B) $\frac{e}{2}+1$ (C) $e-1$ (D) $e+1$ (E) $\frac{e}{2}-\frac{1}{2}$

(2) 求 D 绕直线 $x=e$ 旋转一周所得旋转体的体积 V 为________。

(A) $\frac{\pi}{6}(5e^2-12e+3)$ (B) $\frac{5\pi}{6}(5e^2-12e+3)$

(C) $\frac{5\pi}{6}(e^2-12e+3)$ (D) $\frac{\pi}{6}(5e^2+12e+3)$

(E) $\frac{\pi}{6}(5e^2-12e-3)$

【答案】 (1) (A);(2) (A)。

【解析】 先求出切点坐标及切线方程,再用定积分求面积 A,旋转体积可用大的立体体积减去小的立体体积进行计算。

(1) 设切点横坐标为 x_0,则曲线 $y=\ln x$ 在点 $(x_0,\ \ln x_0)$ 处的切线方程是 $y=\ln x_0+\frac{1}{x_0}(x-x_0)$。由该切线过原点知 $\ln x_0-1=0$,从而 $x_0=e$,所以该切线的方程是 $y=\frac{1}{e}x$。

从而 D 的面积 $A=\int_0^1(e^y-ey)dy=\frac{e}{2}-1$。故选(A)。

(2) 切线 $y=\frac{1}{e}x$ 与 x 轴及直线 $x=e$ 围成的三角形绕直线 $x=e$ 旋转所得的旋转体积为 $V_1=\frac{1}{3}\pi e^2$,曲线 $y=\ln x$ 与 x 轴及直线 $x=e$ 围成的图形绕直线 $x=e$ 旋转所得的旋转体积为 $V_2=\int_0^1\pi(e-e^y)^2dy=\pi\left(-\frac{1}{2}e^2+2e-\frac{1}{2}\right)$。

因此,所求体积为 $V=V_1-V_2=\frac{\pi}{6}(5e^2-12e+3)$。故选(A)。

3.5 过关练习题精练

【习题 1】 不定积分 $\int\frac{dx}{\sqrt{x(4-x)}}=$________。

(A) $-\frac{1}{2}\arcsin\frac{x-2}{2}+C$ (B) $\arcsin\frac{x-2}{2}+C$

(C) $\frac{1}{2}\arcsin\frac{x-2}{2}+C$ (D) $-\arcsin\frac{x-2}{2}+C$

(E) $2\arcsin\frac{x-2}{2}+C$

【答案】 (B)。

【解析】 $I=\int\frac{dx}{\sqrt{4x-x^2}}=\int\frac{dx}{\sqrt{4-(x-2)^2}}=\arcsin\frac{x-2}{2}+C$,故选择(B)。

【习题 2】 (普研)不定积分$\int \frac{\ln x-1}{x^2}\mathrm{d}x=$________。

(A) $\frac{\ln x}{x}+C$ (B) $-\frac{\ln x}{x}+C$

(C) $-\frac{2\ln x}{x}+C$ (D) $\frac{2\ln x}{x}+C$

(E) $\frac{\ln x}{2x}+C$

【答案】 (B)。

【解析】 $\int \frac{\ln x-1}{x^2}\mathrm{d}x=\int(\ln x-1)\mathrm{d}\left(-\frac{1}{x}\right)=-\frac{1}{x}(\ln x-1)+\int \frac{1}{x}\mathrm{d}(\ln x-1)$

$$=-\frac{1}{x}\ln x+\frac{1}{x}+\int \frac{1}{x^2}\mathrm{d}x=-\frac{1}{x}\ln x+\frac{1}{x}-\frac{1}{x}+C$$

$$=-\frac{\ln x}{x}+C\text{。故选(B)。}$$

【习题 3】 不定积分$\int \frac{x\mathrm{e}^x}{\sqrt{\mathrm{e}^x-1}}\mathrm{d}x=$________。

(A) $-x\sqrt{\mathrm{e}^x-1}-4\sqrt{\mathrm{e}^x-1}+4\arctan\sqrt{\mathrm{e}^x-1}+C$

(B) $-2x\sqrt{\mathrm{e}^x-1}-4\sqrt{\mathrm{e}^x-1}+4\arctan\sqrt{\mathrm{e}^x-1}+C$

(C) $x\sqrt{\mathrm{e}^x-1}-4\sqrt{\mathrm{e}^x-1}+4\arctan\sqrt{\mathrm{e}^x-1}+C$

(D) $2x\sqrt{\mathrm{e}^x-1}-4\sqrt{\mathrm{e}^x-1}+4\arctan\sqrt{\mathrm{e}^x-1}+C$

(E) $2x\sqrt{\mathrm{e}^x-1}+4\sqrt{\mathrm{e}^x-1}+4\arctan\sqrt{\mathrm{e}^x-1}+C$

【答案】 (D)。

【解析】 $I=2\int x\,\mathrm{d}\sqrt{\mathrm{e}^x-1}=2x\sqrt{\mathrm{e}^x-1}-2\int\sqrt{\mathrm{e}^x-1}\,\mathrm{d}x$。其中,

$$\int\sqrt{\mathrm{e}^x-1}\,\mathrm{d}x=\int\frac{2t^2}{1+t^2}\mathrm{d}t \quad (\text{令}\sqrt{\mathrm{e}^x-1}=t)$$

$$=\int\left(2+\frac{-2}{1+t^2}\right)\mathrm{d}t$$

$$=2t-2\arctan t+C\text{。}$$

则 $I=2x\sqrt{\mathrm{e}^x-1}-4\sqrt{\mathrm{e}^x-1}+4\arctan\sqrt{\mathrm{e}^x-1}+C$,选(D)。

【习题 4】 不定积分$\int \frac{\ln x}{\sqrt{1+x}}\mathrm{d}x=$________。

(A) $\sqrt{1+x}\ln x-4\sqrt{1+x}-2\ln\left|\frac{\sqrt{1+x}-1}{\sqrt{1+x}+1}\right|+C$

(B) $2\sqrt{1+x}\ln x-4\sqrt{1+x}-2\ln\left|\dfrac{\sqrt{1+x}-1}{\sqrt{1+x}+1}\right|+C$

(C) $-2\sqrt{1+x}\ln x-4\sqrt{1+x}-2\ln\left|\dfrac{\sqrt{1+x}-1}{\sqrt{1+x}+1}\right|+C$

(D) $-\sqrt{1+x}\ln x-4\sqrt{1+x}-2\ln\left|\dfrac{\sqrt{1+x}-1}{\sqrt{1+x}+1}\right|+C$

(E) $2\sqrt{1+x}\ln x+4\sqrt{1+x}-2\ln\left|\dfrac{\sqrt{1+x}-1}{\sqrt{1+x}+1}\right|+C$

【答案】 (B)。

【解析】 $I=2\int\ln x\,\mathrm{d}\sqrt{1+x}=2\sqrt{1+x}\ln x-2\int\dfrac{\sqrt{1+x}}{x}\mathrm{d}x$,其中

$$\begin{aligned}\int\frac{\sqrt{1+x}}{x}\mathrm{d}x&\xlongequal{\sqrt{1+x}=t}2\int\frac{t^2}{t^2-1}\mathrm{d}t\\&=2\int\mathrm{d}t+2\int\frac{\mathrm{d}t}{t^2-1}\\&=2t+\ln\left|\frac{t-1}{t+1}\right|+C。\end{aligned}$$

故原式$=2\sqrt{1+x}\ln x-4\sqrt{1+x}-2\ln\left|\dfrac{\sqrt{1+x}-1}{\sqrt{1+x}+1}\right|+C$。选(B)。

【习题5】 不定积分$\int\dfrac{1}{x+x^9}\mathrm{d}x=$________。

(A) $-\dfrac{1}{8}\ln|1+x^{-8}|+C$

(B) $\dfrac{1}{8}\ln|1+x^{-8}|+C$

(C) $-\dfrac{1}{4}\ln|1+x^{-8}|+C$

(D) $\dfrac{1}{4}\ln|1+x^{-8}|+C$

(E) $-\dfrac{1}{16}\ln|1+x^{-8}|+C$

【答案】 (A)。

【解析】 $I=\int\dfrac{\mathrm{d}x}{x^9\left(1+\dfrac{1}{x^8}\right)}=-\dfrac{1}{8}\int\dfrac{\mathrm{d}x^{-8}}{1+x^{-8}}=-\dfrac{1}{8}\ln|1+x^{-8}|+C$。故选(A)。

【习题6】 不定积分$\int\dfrac{1+x^4}{1+x^6}\mathrm{d}x=$________。

(A) $\arctan x+\arctan x^3+C$

(B) $\arctan x+\dfrac{1}{3}\arctan x^3+C$

(C) $\arctan x+\frac{1}{2}\arctan x^3+C$ (D) $-\arctan x+\frac{1}{3}\arctan x^3+C$

(E) $\arctan x+\frac{1}{3}\arctan x^3+C$

【答案】 (B)。

【解析】 $I=\int\frac{1+x^4}{1+x^6}dx=\int\frac{1+x^4-x^2+x^2}{1+x^6}dx=\int\frac{dx}{1+x^2}+\frac{1}{3}\int\frac{dx^3}{1+x^6}$

$=\arctan x+\frac{1}{3}\arctan x^3+C$。故选(B)。

【习题 7】 不定积分$\int\frac{dx}{1+\sin x}=$________。

(A) $\tan x-\frac{1}{\cos x}+C$ (B) $-\tan x-\frac{1}{\cos x}+C$

(C) $\tan x+\frac{1}{\cos x}+C$ (D) $-\tan x+\frac{1}{\cos x}+C$

(E) $\tan x-\sec x+C$

【答案】 (A)。

【解析】 $I=\int\frac{1-\sin x}{\cos^2 x}dx=\int\frac{1}{\cos^2 x}dx+\int\frac{d\cos x}{\cos^2 x}=\tan x-\frac{1}{\cos x}+C$。故选(A)。

【习题 8】 不定积分$\int\frac{dx}{1+\sin x+\cos x}=$________。

(A) $\ln\left(1+\tan\frac{x}{2}\right)+x+C$ (B) $-2\ln\left(1+\tan\frac{x}{2}\right)+C$

(C) $\ln\left(1+\tan\frac{x}{2}\right)+C$ (D) $-\ln\left(1+\tan\frac{x}{2}\right)+C$

(E) $2\ln\left(1+\tan\frac{x}{2}\right)+C$

【答案】 (C)。

【解析】 令$\tan\frac{x}{2}=t$,则

原式$=\int\frac{\frac{2}{1+t^2}dt}{1+\frac{2t}{1+t^2}+\frac{1-t^2}{1+t^2}}=\int\frac{dt}{1+t}=\ln(1+t)+C=\ln\left(1+\tan\frac{x}{2}\right)+C$。故选(C)。

【习题 9】 不定积分$\int\frac{1}{x}\sqrt{\frac{x+1}{x-1}}dx=$________。

(A) $\ln|x+\sqrt{x^2-1}|+\arcsin\frac{1}{x}+C$　　(B) $\ln|x+\sqrt{x^2-1}|-\arcsin\frac{1}{x}+C$

(C) $-\ln|x+\sqrt{x^2-1}|-\arcsin\frac{1}{x}+C$　　(D) $-\ln|x+\sqrt{x^2-1}|+\arcsin\frac{1}{x}+C$

(E) $x\ln|x+\sqrt{x^2-1}|-\arcsin\frac{1}{x}+C$

【答案】 (B)。

【解析】 原式$=\int\frac{1}{x}\frac{x+1}{\sqrt{x^2-1}}\mathrm{d}x=\int\frac{\mathrm{d}x}{\sqrt{x^2-1}}+\int\frac{\mathrm{d}x}{x^2\sqrt{1-\left(\frac{1}{x}\right)^2}}$

$$=\ln|x+\sqrt{x^2-1}|-\arcsin\frac{1}{x}+C$$。故选(B)。

【习题 10】 不定积分$\int\frac{\mathrm{d}x}{\sqrt{x+1}+\sqrt[3]{x+1}}=$________。

(A) $2(x+1)^{\frac{1}{2}}-3(x+1)^{\frac{1}{3}}+6(x+1)^{\frac{1}{6}}-\ln|(x+1)^{\frac{1}{6}}+1|+C$

(B) $-2(x+1)^{\frac{1}{2}}-3(x+1)^{\frac{1}{3}}+6(x+1)^{\frac{1}{6}}-\ln|(x+1)^{\frac{1}{6}}+1|+C$

(C) $(x+1)^{\frac{1}{2}}-3(x+1)^{\frac{1}{3}}+6(x+1)^{\frac{1}{6}}-\ln|(x+1)^{\frac{1}{6}}+1|+C$

(D) $-\frac{2}{3}(x+1)^{\frac{1}{2}}-3(x+1)^{\frac{1}{3}}+6(x+1)^{\frac{1}{6}}-\ln|(x+1)^{\frac{1}{6}}+1|+C$

(E) $2(x+1)^{\frac{1}{2}}-(x+1)^{\frac{1}{3}}+(x+1)^{\frac{1}{6}}-\ln|(x+1)^{\frac{1}{6}}+1|+C$

【答案】 (A)。

【解析】 设$x+1=t^6$，$\mathrm{d}x=6t^5\mathrm{d}t$，于是

$$I=\int\frac{6t^5\mathrm{d}t}{t^3+t^2}=\int\frac{t^3+1-1}{t+1}\mathrm{d}t=6\int\left(t^2-t+1-\frac{1}{t+1}\right)\mathrm{d}t$$

$$=6\left(\frac{1}{3}t^3-\frac{1}{2}t^2+t-\ln|t+1|\right)+C$$

$$=2(x+1)^{\frac{1}{2}}-3(x+1)^{\frac{1}{3}}+6(x+1)^{\frac{1}{6}}-\ln|(x+1)^{\frac{1}{6}}+1|+C$$。故选(A)。

【习题 11】 若$\int xf(x)\mathrm{d}x=\arcsin x+C$　则$\int\frac{1}{f(x)}\mathrm{d}x=$________。

(A) $\frac{1}{3}(1-x^2)^{\frac{3}{2}}+C$　　(B) $-\frac{1}{3}(1-x^2)^{\frac{3}{2}}+C$

(C) $-(1-x^2)^{\frac{3}{2}}+C$　　(D) $(1-x^2)^{\frac{3}{2}}+C$

(E) $-\frac{1}{6}(1-x^2)^{\frac{3}{2}}+C$

【答案】 (B)。

【解析】 由$\int xf(x)\mathrm{d}x=\arcsin x+C$知$xf(x)=(\arcsin x+C)'=\frac{1}{\sqrt{1-x^2}}$，

则$I=\int\frac{1}{f(x)}\mathrm{d}x=\int x\sqrt{1-x^2}\,\mathrm{d}x=-\frac{1}{3}(1-x^2)^{\frac{3}{2}}+C$。故选(B)。

【习题 12】 若$\ln(x+\sqrt{1+x^2})$为$f(x)$的一个原函数，则$\int xf'(x)\mathrm{d}x=$________。

(A) $-\frac{x}{\sqrt{1+x^2}}+\ln(x+\sqrt{1+x^2})+C$　　(B) $\frac{x}{\sqrt{1+x^2}}+\ln(x+\sqrt{1+x^2})+C$

(C) $\frac{x}{\sqrt{1+x^2}}-\ln(x+\sqrt{1+x^2})+C$　　(D) $-\frac{x}{\sqrt{1+x^2}}-\ln(x+\sqrt{1+x^2})+C$

(E) $\frac{2x}{\sqrt{1+x^2}}-\ln(x+\sqrt{1+x^2})+C$

【答案】 (C)。

【解析】
$$I=\int xf'(x)\mathrm{d}x=xf(x)-\int f(x)\mathrm{d}x$$
$$=x\left(\ln(x+\sqrt{1+x^2})\right)'-\ln(x+\sqrt{1+x^2})+C$$
$$=\frac{x}{\sqrt{1+x^2}}-\ln(x+\sqrt{1+x^2})+C\text{。故选(C)。}$$

【习题 13】 (普研)设$f(\ln x)=\frac{\ln(1+x)}{x}$，则$\int f(x)\mathrm{d}x=$________。

(A) $(\mathrm{e}^{-x}+1)\ln(1+\mathrm{e}^x)+C$　　(B) $-x+(\mathrm{e}^{-x}+1)\ln(1+\mathrm{e}^x)+C$

(C) $x+(\mathrm{e}^{-x}+1)\ln(1+\mathrm{e}^x)+C$　　(D) $-x-(\mathrm{e}^{-x}+1)\ln(1+\mathrm{e}^x)+C$

(E) $x-(\mathrm{e}^{-x}+1)\ln(1+\mathrm{e}^x)+C$

【答案】 (E)。

【解析】 本题的关键是求出$f(x)$的一般表达式。在积分中，若能充分利用凑微分和初等方法，可以减少不少工作量。

解法 1 设$\ln x=t$，则$x=\mathrm{e}^t$，$f(t)=\frac{\ln(1+\mathrm{e}^t)}{\mathrm{e}^t}$，于是

$$\int f(x)\mathrm{d}x=\int\frac{\ln(1+\mathrm{e}^x)}{\mathrm{e}^x}\mathrm{d}x=\int\ln(1+\mathrm{e}^x)\mathrm{d}(-\mathrm{e}^{-x})$$
$$=-\mathrm{e}^{-x}\ln(1+\mathrm{e}^x)+\int\frac{1}{1+\mathrm{e}^x}\mathrm{d}x=-\mathrm{e}^{-x}\ln(1+\mathrm{e}^x)+\int\left(1-\frac{\mathrm{e}^x}{1+\mathrm{e}^x}\right)\mathrm{d}x$$
$$=-\mathrm{e}^{-x}\ln(1+\mathrm{e}^x)+x-\ln(1+\mathrm{e}^x)+C=x-(1+\mathrm{e}^{-x})\ln(1+\mathrm{e}^x)+C\text{。}$$

解法 2
$$\int f(x)\mathrm{d}x\xlongequal{x=\ln t}\int f(\ln t)\frac{\mathrm{d}t}{t}=\int\frac{\ln(1+t)}{t^2}\mathrm{d}t=\int\ln(1+t)\mathrm{d}\left(-\frac{1}{t}\right)$$
$$=-\frac{\ln(1+t)}{t}+\int\frac{1}{t(1+t)}\mathrm{d}t=-\frac{\ln(1+t)}{t}+\int\left(\frac{1}{t}-\frac{1}{1+t}\right)\mathrm{d}t$$

$$=-\frac{\ln(1+t)}{t}+\ln t-\ln(1+t)+C$$
$$=x-(e^{-x}+1)\ln(1+e^{x})+C。故选(E)。$$

【习题 14】 (普研)设 $f(\sin^2 x)=\dfrac{x}{\sin x}$,则$\displaystyle\int\frac{\sqrt{x}}{\sqrt{1-x}}f(x)\mathrm{d}x=$________。

(A) $-2\sqrt{1-x}\arcsin\sqrt{x}+2\sqrt{x}+C$ (B) $2\sqrt{1-x}\arcsin\sqrt{x}+2\sqrt{x}+C$

(C) $\sqrt{1-x}\arcsin\sqrt{x}+2\sqrt{x}+C$ (D) $-\sqrt{1-x}\arcsin\sqrt{x}+2\sqrt{x}+C$

(E) $-2\sqrt{1-x}\arcsin\sqrt{x}-2\sqrt{x}+C$

【答案】 (A)。

【解析】 本题有两种思路求解:一种是利用 $f(\sin^2 x)=\dfrac{x}{\sin x}$ 先求出 $f(x)$,代入 $\displaystyle\int\frac{\sqrt{x}}{\sqrt{1-x}}f(x)\mathrm{d}x$,再求此积分;另一种思路是在积分$\displaystyle\int\frac{\sqrt{x}}{\sqrt{1-x}}f(x)\mathrm{d}x$ 中令 $x=\sin^2 t$,再将 $f(\sin^2 x)=\dfrac{x}{\sin x}$ 代入该积分求解。

解法 1 由题设的积分知 $x\in[0,1)\subset\left[-\dfrac{\pi}{2},\dfrac{\pi}{2}\right]$,于是令 $u=\sin^2 x$,则有

$$\sin x=\sqrt{u}\Rightarrow x=\arcsin\sqrt{u},\ f(x)=\frac{\arcsin\sqrt{x}}{\sqrt{x}},于是$$

$$\begin{aligned}\int\frac{\sqrt{x}}{\sqrt{1-x}}f(x)\mathrm{d}x&=\int\frac{\arcsin\sqrt{x}}{\sqrt{1-x}}\mathrm{d}x=-2\int\arcsin\sqrt{x}\,\mathrm{d}\sqrt{1-x}\\&=-2\sqrt{1-x}\arcsin\sqrt{x}+2\int\sqrt{1-x}\,\frac{1}{\sqrt{1-x}}\mathrm{d}\sqrt{x}\\&=-2\sqrt{1-x}\arcsin\sqrt{x}+2\sqrt{x}+C。\end{aligned}$$

解法 2 因 $0\leqslant x<1$,于是可令 $x=\sin^2 t$,且 $t\in\left[0,\dfrac{\pi}{2}\right)$,故

$$\begin{aligned}\int\frac{\sqrt{x}}{\sqrt{1-x}}f(x)\mathrm{d}x&=\int\frac{\sin t}{\cos t}f(\sin^2 t)2\sin t\cos t\,\mathrm{d}t=2\int t\sin t\,\mathrm{d}t\\&=-2t\cos t+2\int\cos t\,\mathrm{d}t=-2t\cos t+2\sin t+C\\&=-2\sqrt{1-x}\arcsin\sqrt{x}+2\sqrt{x}+C。故选(A)。\end{aligned}$$

【习题 15】 设函数 $f(x)$ 可导,且 $f(0)=1$, $f'(-\ln x)=x$,则 $f(1)=$________。

(A) $2-e^{-1}$ (B) $1-e^{-1}$ (C) $1+e^{-1}$ (D) e^{-1} (E) $2+e^{-1}$

【答案】(A)。

【解析】本题考察变量替换及求原函数。

解法 1 令 $-\ln x=t$，则 $x=e^{-t}$，从而 $f'(t)=e^{-t}$，求积分得

$$f(t)=-e^{-t}+C,$$

将 $f(0)=1$ 代入其中，得 $C=2$，因此 $f(1)=2-e^{-1}$。故正确选项为(A)。

解法 2 也可用定积分计算本题。$f(1)-f(0)=\int_0^1 f'(t)\mathrm{d}t=\int_0^1 e^{-t}\mathrm{d}t=-e^{-t}\Big|_0^1=1-e^{-t}$，$f(1)=1-e^{-1}+f(0)=2-e^{-1}$。

【习题 16】(普研)设 $f(x)$ 是奇函数，除 $x=0$ 外处处连续，$x=0$ 是第一类间断点，则 $\int_0^x f(t)\mathrm{d}t$ 是________。

(A) 连续的奇函数　　(B) 在 $x=0$ 间断的奇函数

(C) 连续的偶函数　　(D) 在 $x=0$ 间断的偶函数

(E) 以上选项均错误

【答案】(C)。

【解析】由于题设条件含有抽象函数，本题最简便的方法是用赋值法求解，即取符合题设条件的特殊函数 $f(x)$ 去计算 $F(x)=\int_0^x f(t)\mathrm{d}t$，然后选择正确选项。

取 $f(x)=\begin{cases}x, & x\neq 0\\ 1, & x=0\end{cases}$，则当 $x\neq 0$ 时，$F(x)=\int_0^x f(t)\mathrm{d}t=\lim\limits_{\varepsilon\to 0+}\int_\varepsilon^x t\mathrm{d}t=\frac{1}{2}\lim\limits_{\varepsilon\to 0+}(x^2-\varepsilon^2)=\frac{1}{2}x^2$，而 $F(0)=0=\lim\limits_{x\to 0}F(x)$，所以 $F(x)$ 为连续的偶函数，故选(C)。

【习题 17】定积分 $\int_0^2\sqrt{2x-x^2}\,\mathrm{d}x=$________。

(A) $\frac{\pi}{3}$　　(B) $\frac{\pi}{5}$　　(C) $\frac{\pi}{4}$　　(D) $\frac{\pi}{6}$　　(E) $\frac{\pi}{2}$

【答案】(E)。

【解析】**解法 1** 由定积分的几何意义知，$\int_0^2\sqrt{2x-x^2}\,\mathrm{d}x$ 等于上半圆周 $(x-1)^2+y^2=1(y\geqslant 0)$ 与 x 轴所围成的图形的面积，故 $\int_0^2\sqrt{2x-x^2}\,\mathrm{d}x=\frac{\pi}{2}$。

解法 2 本题也可直接用换元法求解。令 $x-1=\sin t\left(-\frac{\pi}{2}\leqslant t\leqslant\frac{\pi}{2}\right)$，则

$\int_0^2\sqrt{2x-x^2}\,\mathrm{d}x=\int_{-\frac{\pi}{2}}^{\frac{\pi}{2}}\sqrt{1-\sin^2 t}\cos t\mathrm{d}t=2\int_0^{\frac{\pi}{2}}\sqrt{1-\sin^2 t}\cos t\mathrm{d}t=2\int_0^{\frac{\pi}{2}}\cos^2 t\mathrm{d}t=\frac{\pi}{2}$。故选(E)。

【习题 18】（普研）设 $f(x)=\begin{cases}1+x^2, & x\leqslant 0\\ e^{-x}, & x>0\end{cases}$，则 $\int_1^3 f(x-2)\mathrm{d}x=$ ______。

(A) $\frac{7}{3}+\frac{1}{e}$　(B) $-\frac{7}{3}-\frac{1}{e}$　(C) $-\frac{7}{3}+\frac{1}{e}$　(D) $\frac{7}{3}-\frac{1}{e}$　(E) $\frac{5}{3}-\frac{1}{e}$

【答案】（D）。

【解析】$\int_1^3 f(x-2)\mathrm{d}x \xlongequal{x-2=t} \int_{-1}^1 f(t)\mathrm{d}t \xlongequal{\text{分段积分}} \int_{-1}^0 (1+t^2)\mathrm{d}t+\int_0^1 e^{-t}\mathrm{d}t=\frac{7}{3}-\frac{1}{e}$。故选(D)。

【习题 19】定积分 $\int_{-1}^1 \frac{2x^2+\sin x}{1+\sqrt{1-x^2}}\mathrm{d}x=$ ______。

(A) $\pi+2$　(B) $\pi+1$　(C) $4+\pi$　(D) $4-\pi$　(E) π

【答案】（D）。

【解析】根据奇偶函数的性质，$I=4\int_0^1 \frac{x^2}{1+\sqrt{1-x^2}}\mathrm{d}x=4\int_0^1[1-\sqrt{1-x^2}]\mathrm{d}x=4-4\int_0^1\sqrt{1-x^2}\mathrm{d}x=4-\pi$。其中，$\int_0^1\sqrt{1-x^2}\mathrm{d}x=\frac{\pi}{4}$，为单位圆 $x^2+y^2\leqslant 1$ 在第 1 象限面积。故选(D)。

【习题 20】定积分 $\int_0^{n\pi}\sqrt{1-\sin 2x}\,\mathrm{d}x=$ ______。

(A) $2\sqrt{2}n$　(B) $\sqrt{2}n$　(C) $2n$　(D) $4n$　(E) $4\sqrt{2}n$

【答案】（A）。

【解析】**解法 1**　原式 $=n\int_0^{\pi}\sqrt{1-\sin 2x}\,\mathrm{d}x=n\int_0^{\pi}\sqrt{(\cos x-\sin x)^2}\,\mathrm{d}x$

$$=n\int_0^{\pi}|\cos x-\sin x|\,\mathrm{d}x$$

$$=n\int_0^{\frac{\pi}{4}}(\cos x-\sin x)\mathrm{d}x+\int_{\frac{\pi}{4}}^{\pi}(\sin x-\cos x)\mathrm{d}x=2\sqrt{2}n$$。故选(A)。

解法 2　原式 $=n\int_{\frac{\pi}{4}}^{\frac{5\pi}{4}}\sqrt{1-\sin 2x}\,\mathrm{d}x=n\int_{\frac{\pi}{4}}^{\frac{5\pi}{4}}\sqrt{(\cos x-\sin x)^2}\,\mathrm{d}x$

$$=n\int_{\frac{\pi}{4}}^{\frac{5\pi}{4}}(\sin x-\cos x)\mathrm{d}x=2\sqrt{2}n$$。

【习题 21】定积分 $\int_0^1 \frac{x\,\mathrm{d}x}{(2-x^2)\sqrt{1-x^2}}=$ ______。

(A) $\frac{\pi}{3}$　(B) $\frac{\pi}{5}$　(C) $\frac{\pi}{4}$　(D) $\frac{\pi}{6}$　(E) $\frac{\pi}{2}$

【答案】(C)。

【解析】令 $x=\sin t$，则

$$I=\int_0^{\frac{\pi}{2}}\frac{\sin t\cos t\,dt}{(2-\sin^2 t)\cos t}=\int_0^{\frac{\pi}{2}}\frac{-d\cos t}{1+\cos^2 t}=-\arctan\cos t\Big|_0^{\frac{\pi}{2}}=\frac{\pi}{4}$$。故选(C)。

【习题 22】定积分 $\int_0^3\arcsin\sqrt{\frac{x}{1+x}}\,dx=$______。

(A) $\frac{5\pi}{3}-\sqrt{3}$　(B) $\frac{4\pi}{3}-\sqrt{3}$　(C) $\frac{2\pi}{3}-\sqrt{3}$　(D) $\frac{4\pi}{3}+\sqrt{3}$　(E) $\pi-\sqrt{3}$

【答案】(B)。

【解析】令 $\arcsin\sqrt{\frac{x}{1+x}}=t$，即 $x=\tan^2 t$，则

$$I=\int_0^{\frac{\pi}{3}}t\,d\tan^2 t=t\tan^2 t\Big|_0^{\frac{\pi}{3}}-\int_0^{\frac{\pi}{3}}\tan^2 t\,dt=\pi-(\tan x-x)\Big|_0^{\frac{\pi}{3}}=\frac{4\pi}{3}-\sqrt{3}$$。故选(B)。

【习题 23】设 $f(x)=\int_0^x\frac{\sin t}{\pi-t}dt$，则 $\int_0^{\pi}f(x)dx=$______。

(A) 2　(B) 3　(C) 4　(D) 5　(E) π

【答案】(A)。

【解析】**解法 1**　$\int_0^{\pi}f(x)dx=xf(x)\Big|_0^{\pi}-\int_0^{\pi}\frac{x\sin x}{\pi-x}dx=\pi\int_0^{\pi}\frac{\sin t}{\pi-t}dt-\int_0^{\pi}\frac{x\sin x}{\pi-x}dx$

$$=\int_0^{\pi}\sin x\,dx=2$$。

解法 2　$\int_0^{\pi}f(x)dx=\int_0^{\pi}f(x)d(x-\pi)=(x-\pi)f(x)\Big|_0^{\pi}-\int_0^{\pi}\frac{(x-\pi)\sin x}{\pi-x}dx$

$$=\int_0^{\pi}\sin x\,dx=2$$。

解法 3　$\int_0^{\pi}f(x)dx=\int_0^{\pi}dx\int_0^x\frac{\sin t}{\pi-t}dt=\int_0^{\pi}dt\int_t^{\pi}\frac{\sin t}{\pi-t}dx=\int_0^{\pi}\sin x\,dx=2$。故选(A)。

【习题 24】若 $f(x)=\begin{cases}\frac{1}{1+x}, & x\geqslant 0\\ \frac{1}{1+e^x}, & x<0\end{cases}$，则 $\int_0^2 f(x-1)dx=$______。

(A) $\ln(1+e^{-1})$　(B) $-\ln(e-1)$

(C) $\ln(e-1)$　(D) $-\ln(1+e)$

(E) $\ln(1+e)$

【答案】(E)。

【解析】令 $x-1=t$，则

$$I=\int_{-1}^{1} f(t)\mathrm{d}t=\int_{-1}^{0} \frac{\mathrm{d}t}{1+\mathrm{e}^{t}}+\int_{0}^{1} \frac{\mathrm{d}t}{1+t}$$

$$=\int_{-1}^{0} \frac{\mathrm{e}^{-t}}{1+\mathrm{e}^{-t}}\mathrm{d}t+\ln(1+t)\Big|_{0}^{1}$$

$$=-\ln(1+\mathrm{e}^{-t})\Big|_{-1}^{0}+\ln 2=\ln(1+\mathrm{e})$$。故选(E)。

【习题 25】 定积分 $\int_{0}^{\frac{\pi}{2}} \frac{\sin x}{\sin x+\cos x}\mathrm{d}x=$________。

(A) $\frac{\pi}{3}$　(B) $\frac{\pi}{5}$　(C) $\frac{\pi}{4}$　(D) $\frac{\pi}{6}$　(E) $\frac{\pi}{2}$

【答案】 (C)。

【解析】 **解法 1** 令 $\int \frac{\sin x}{\sin x+\cos x}\mathrm{d}x=\int \frac{A(\cos x-\sin x)+B(\sin x+\cos x)}{\sin x+\cos x}\mathrm{d}x$,

则 $\begin{cases}1=-A+B\\0=A+B\end{cases}$,解得 $A=-\frac{1}{2}$, $B=\frac{1}{2}$。

$$I=\frac{1}{2}\int_{0}^{\frac{\pi}{2}} \frac{(\sin x-\cos x)+(\sin x+\cos x)}{\sin x+\cos x}\mathrm{d}x$$

$$=\frac{1}{2}(-\ln(\sin x+\cos x)+x)\Big|_{0}^{\frac{\pi}{2}}=\frac{\pi}{4}$$。

解法 2 令 $x=\frac{\pi}{2}-t$,则

$$I=\int_{0}^{\frac{\pi}{2}} \frac{\sin x}{\sin x+\cos x}\mathrm{d}x=\int_{0}^{\frac{\pi}{2}} \frac{\cos t}{\sin t+\cos t}\mathrm{d}t$$

$$=\frac{1}{2}\left[\int_{0}^{\frac{\pi}{2}} \frac{\sin x}{\sin x+\cos x}\mathrm{d}x+\int_{0}^{\frac{\pi}{2}} \frac{\cos x}{\sin x+\cos x}\mathrm{d}x\right]$$

$$=\frac{1}{2}\int_{0}^{\frac{\pi}{2}}\mathrm{d}x=\frac{\pi}{4}$$。故选(C)。

【习题 26】 定积分 $\int_{-\frac{\pi}{2}}^{\frac{\pi}{2}} \frac{\mathrm{e}^{x}}{1+\mathrm{e}^{x}}\sin^{4}x\,\mathrm{d}x=$________。

(A) $\frac{3\pi}{16}$　(B) $\frac{5\pi}{16}$　(C) $\frac{7\pi}{16}$　(D) $\frac{9\pi}{16}$　(E) $\frac{11\pi}{16}$

【答案】 (A)。

【解析】 $I=\int_{-\frac{\pi}{2}}^{\frac{\pi}{2}} \frac{\mathrm{e}^{x}}{1+\mathrm{e}^{x}}\sin^{4}x\,\mathrm{d}x=\int_{-\frac{\pi}{2}}^{\frac{\pi}{2}} \frac{\mathrm{e}^{-t}}{1+\mathrm{e}^{-t}}\sin^{4}t\,\mathrm{d}t$　$(x=-t)$

$=\int_{-\frac{\pi}{2}}^{\frac{\pi}{2}} \frac{1}{1+\mathrm{e}^{t}}\sin^{4}t\,\mathrm{d}t$ 得到 $\int_{-\frac{\pi}{2}}^{\frac{\pi}{2}} \frac{\mathrm{e}^{x}}{1+\mathrm{e}^{x}}\sin^{4}x\,\mathrm{d}x=\int_{-\frac{\pi}{2}}^{\frac{\pi}{2}} \frac{1}{1+\mathrm{e}^{x}}\sin^{4}x\,\mathrm{d}x$

$$=\frac{1}{2}\left(\int_{-\frac{\pi}{2}}^{\frac{\pi}{2}}\frac{e^x}{1+e^x}\sin^4 x\,dx+\int_{-\frac{\pi}{2}}^{\frac{\pi}{2}}\frac{1}{1+e^x}\sin^4 x\,dx\right)$$

$$=\frac{1}{2}\int_{-\frac{\pi}{2}}^{\frac{\pi}{2}}\sin^4 x\,dx$$

$$=\int_0^{\frac{\pi}{2}}\sin^4 x\,dx=\frac{3}{4}\cdot\frac{1}{2}\cdot\frac{\pi}{2}=\frac{3\pi}{16}$$。故选(A)。

【习题 27】 (普研)若 $f(x)=\dfrac{1}{1+x^2}+\sqrt{1-x^2}\int_0^1 f(x)\,dx$,则$\int_0^1 f(x)\,dx=$________。

(A) $\dfrac{\pi-1}{4-\pi}$　　(B) $\dfrac{\pi-2}{4-\pi}$　　(C) $\dfrac{1}{4-\pi}$　　(D) $\dfrac{\pi}{4+\pi}$　　(E) $\dfrac{\pi}{4-\pi}$

【答案】 (E)。

【解析】 本题中$\int_0^1 f(x)\,dx$ 是个常数,只要先用符号代替这个数,问题就解决了。

令$\int_0^1 f(x)\,dx=A$,则 $f(x)=\dfrac{1}{1+x^2}+A\sqrt{1-x^2}$,两边从 0 到 1 求定积分得

$$A=\int_0^1\frac{dx}{1+x}+A\int_0^1\sqrt{1-x^2}\,dx$$

$$=\arctan x\Big|_0^1+\frac{\pi}{4}A=\frac{\pi}{4}+\frac{\pi}{4}A,\text{解得 }A=\frac{\pi}{4-\pi}$$。故选(E)。

注意: 本题主要考查定积分的概念和计算,本题中出现的积分$\int_0^1\sqrt{1-x^2}\,dx$ 表示单位圆在第一象限部分的面积,可直接根据几何意义求得,考生务必注意这种技巧的应用。

【习题 28】 如图 3-17 所示,函数 $f(x)$ 是以 2 为周期的连续周期函数,它在$[0, 2]$上的图形为分段直线,$g(x)$ 是线性函数,则$\int_0^2 f(g(x))\,dx=$________。

(A) $\dfrac{1}{2}$　　(B) 1　　(C) $\dfrac{2}{3}$

(D) $\dfrac{3}{2}$　　(E) 2

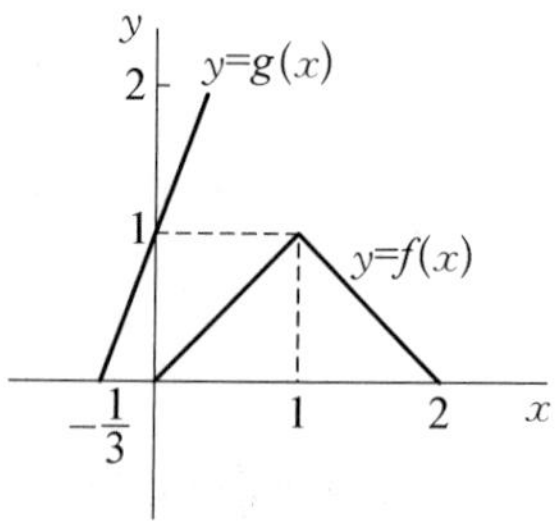

图 3-17

【答案】 (B)。

【解析】 本题考察定积分的几何意义、定积分换元法和周期函数的定积分性质,先求 $g(x)$ 的表达式,由上图可知线性函数 $g(x)$ 的斜率为 $k=\dfrac{0-1}{-\frac{1}{3}-0}=3$,因此 $g(x)=3x+1$,$g'(x)=3$。在$\int_0^2 f(g(x))\,dx$ 中,令 $g(x)=t$,则当 $x=0$ 时,$t=1$;$x=2$ 时,$t=7$ 且

$g'(x)\mathrm{d}x=\mathrm{d}t$，于是 $\int_0^2 f(g(x))\mathrm{d}x=\frac{1}{3}\int_1^7 f(t)\mathrm{d}t$。

由于函数 $f(x)$ 是以 2 为周期的连续函数，所以它在每一个周期上的积分相等，因此 $\int_1^7 f(t)\mathrm{d}t=3\int_0^2 f(t)\mathrm{d}t$。根据积分的几何意义，$\int_0^2 f(t)\mathrm{d}t=\frac{1}{2}\times 2\times 1=1$，从而 $\int_0^2 f(g(x))\mathrm{d}x=\frac{1}{3}\int_1^7 f(t)\mathrm{d}t=\frac{1}{3}\times 3\int_0^2 f(t)\mathrm{d}t=1$，故正确选项为(B)。

【习题 29】 当 $x\geqslant 0$ 时，函数 $f(x)$ 可导，有非负的反函数 $g(x)$，且有恒等式 $\int_1^{f(x)} g(t)=x^2-1$ 成立，则函数 $f(x)=$________。

(A) $2x+1$　(B) $2x-1$　(C) x^2+1　(D) x^2　(E) $2x^2+1$

【答案】 (B)。

【解析】 本题考察变限定积分求导、反函数概念和定积分性质。

由 $\int_1^{f(x)} g(t)\mathrm{d}t=x^2-1$，得 $f'(x)g(f(x))=2x$，又 $g(f(x))=x$，所以 $f'(x)=2$，即 $f(x)=2x+C$。

又由 $\int_1^{f(x)} g(t)\mathrm{d}t=x^2-1$ 知 $\int_1^{f(1)} g(t)\mathrm{d}t=1^2-1=0$，即 $f(1)=1$，所以 $C=-1$，故 $f(x)=2x-1$。故正确选项为(B)。

【习题 30】 若 e^{-x} 是 $f(x)$ 的一个原函数，则 $\int_1^{\sqrt{2}} \frac{1}{x^2}f(\ln x)\mathrm{d}x=$________。

(A) $-\frac{1}{4}$　(B) -1　(C) $\frac{1}{4}$　(D) 1　(E) $\frac{1}{2}$

【答案】 (A)。

【解析】 本题考察原函数概念和牛顿-莱布尼茨公式。

由于 $f(x)=(\mathrm{e}^{-x})'=-\mathrm{e}^{-x}$，所以 $f(\ln x)=-\mathrm{e}^{-\ln x}=-\frac{1}{x}$，从而

$$\int_1^{\sqrt{2}} \frac{1}{x^2}f(\ln x)\mathrm{d}x=-\int_1^{\sqrt{2}}\frac{1}{x^3}\mathrm{d}x=\frac{1}{2}\left.\frac{1}{x^2}\right|_1^{\sqrt{2}}=\frac{1}{4}-\frac{1}{2}=-\frac{1}{4}。$$

故正确选项为(A)。

【习题 31】 若连续函数 $f(x)$ 满足 $\int_0^x uf(x-u)\mathrm{d}u=-\sqrt{x}+\ln 2$，则 $\int_0^1 f(x)\mathrm{d}x=$________。

(A) $-\frac{1}{2}$　(B) 0　(C) $\frac{1}{2}$　(D) 1　(E) -1

【答案】 (A)。

【解析】 本题考察了定积分的换元法及变上限求导法则。

在$\int_0^x uf(x-u)\mathrm{d}u$中,令$x-u=t$,则$\mathrm{d}u=-\mathrm{d}t$,且当$u=0$时,$t=x$;当$u=x$时,$t=0$。于是

$$\int_0^x uf(x-u)\mathrm{d}u=\int_0^x (x-t)f(t)\mathrm{d}t=x\int_0^x f(t)\mathrm{d}t-\int_0^x tf(t)\mathrm{d}t,$$

故

$$x\int_0^x f(t)\mathrm{d}t-\int_0^x tf(t)=-\sqrt{x}+\ln 2。$$

对上式再关于x求导,得

$$\int_0^x f(t)\mathrm{d}t+xf(x)-xf(x)=-\frac{1}{2\sqrt{x}},即\int_0^x f(t)\mathrm{d}t=-\frac{1}{2\sqrt{x}},$$

在$\int_0^x f(t)\mathrm{d}t=-\frac{1}{2\sqrt{x}}$中,令$x=1$,得$\int_0^1 f(x)\mathrm{d}x=-\frac{1}{2}$。故选(A)。

【习题32】 若连续周期函数$y=f(x)$(不恒为常数),对任何x恒有$\int_{-1}^{x+6} f(t)\mathrm{d}t+\int_{x-3}^{4} f(t)\mathrm{d}t=14$成立,则$f(x)$的周期是________。

(A) 7　　(B) 8　　(C) 9　　(D) 10　　(E) 14

【答案】 (C)。

【解析】 本题考查函数的定义以及变限函数的导数。

由$\int_{-1}^{x+6} f(t)\mathrm{d}t+\int_{x-3}^{4} f(t)\mathrm{d}t=14$求导,得$f(x+6)-f(x-3)=0$,$f(x+6)=f(x-3)$,令$x-3=t$,则$x=t+3$,代入$f(x+6)=f(x-3)=0$中得$f(t+9)=f(t)$,所以$f(x)$以9为周期,故正确选项为(C)。

【习题33】 若函数$y(x)=\int_2^{x^2} \mathrm{e}^{-\sqrt{t}}\mathrm{d}t$,则$\left.\frac{\mathrm{d}^2 y(x)}{\mathrm{d}x^2}\right|_{x=-1}=$________。

(A) 0　　(B) 1　　(C) $4\mathrm{e}^{-1}$　　(D) $4\mathrm{e}$　　(E) 2

【答案】 (A)。

【解析】 本题考查变上限积分的求导法则和二阶导数的计算,由于本题是求在$x=-1$处的二阶导数值,不妨设$x<0$。

$$\frac{\mathrm{d}y(x)}{\mathrm{d}x}=\mathrm{e}^{-\sqrt{x^2}}(x^2)'=2x\mathrm{e}^{-\sqrt{x^2}}\xlongequal{x<0}2x\mathrm{e}^{x},$$

$$\frac{\mathrm{d}^2 y(x)}{\mathrm{d}x^2}=(2x\mathrm{e}^{x})'=2\mathrm{e}^{x}+2x\mathrm{e}^{x}=2(1+x)\mathrm{e}^{x},$$

所以

$$\left.\frac{\mathrm{d}^2 y(x)}{\mathrm{d}x^2}\right|_{x=-1}=2(1+x)\mathrm{e}^{2}\Big|_{x=-1}=0。$$

故正确选项为(A)。

【习题34】 (普研)设 $f(x)$ 有连续导数，$f(0)=0$，$f'(x)\neq 0$，$F(x)=\int_0^x(x^2-t^2)f(t)\mathrm{d}t$，且当 $x\to 0$，$F'(x)$ 与 x^k 是同阶无穷小，则 k 等于________。

(A) 1　　(B) 2　　(C) 3　　(D) 4　　(E) 5

【答案】 (C)。

【解析】 **解法1** 用洛必达法则。

$$F(x)=x^2\int_0^x f(t)\mathrm{d}t-\int_0^x t^2 f(t)\mathrm{d}t,$$

$$F'(x)=2x\int_0^x f(t)\mathrm{d}t+x^2 f(x)-x^2 f(x)=2x\int_0^x f(t)\mathrm{d}t,$$

$$\lim_{x\to 0}\frac{F'(x)}{x^k}=\lim_{x\to 0}\frac{2\int_0^x f(t)\mathrm{d}t}{x^{k-1}}=\lim_{x\to 0}\frac{2f(x)}{(k-1)x^{k-2}}$$

$$=\lim_{x\to 0}\frac{2f'(x)}{(k-1)(k-2)x^{k-3}}\xlongequal{k=3}f'(0)\neq 0。$$

解法2 注意到所确定的 k 值对任何满足 $f(0)=0$，$f'(0)\neq 0$ 的 $f(x)$ 都成立。特别地，例如 $f(x)=x$ 也应成立，由此容易得到 $F(x)=\int_0^x(x^2-t^2)t\mathrm{d}t=\frac{1}{2}x^4-\frac{1}{4}x^4=\frac{1}{4}x^4$，$F'(x)=x^3$，$k=3$。应选(C)。

【习题35】 (普研)设 $f(x)=\int_0^x\frac{\sin t}{\pi-t}\mathrm{d}t$，则 $\int_0^\pi f(x)\mathrm{d}x=$________。

(A) $\frac{1}{2}$　　(B) 1　　(C) $\frac{2}{3}$　　(D) $\frac{3}{2}$　　(E) 2

【答案】 (E)。

【解析】 显然 $f'(x)=\frac{\sin x}{\pi-x}$，$f(0)=0$，因而由分部积分，有

$$\int_0^\pi f(x)\mathrm{d}x=\int_0^\pi f(x)\mathrm{d}(x-\pi)=f(x)(x-\pi)\Big|_0^\pi+\int_0^\pi(\pi-x)f'(x)\mathrm{d}x$$

$$=\int_0^\pi(\pi-x)\frac{\sin x}{\pi-x}\mathrm{d}x=2。$$ 故选(E)。

【习题36】 (普研)设函数 $f(x)$ 连续，且 $\int_0^x tf(2x-t)\mathrm{d}t=\frac{1}{2}\arctan x^2$，已知 $f(1)=1$，则 $\int_1^2 f(x)\mathrm{d}x=$________。

(A) $\frac{1}{2}$　　(B) 1　　(C) $\frac{2}{3}$　　(D) $\frac{3}{2}$　　(E) $\frac{3}{4}$

【答案】 (E)。

【解析】 从已给等式直接计算 $\int_1^2 f(x)\mathrm{d}x$ 是很困难的，所以须将等式两边对 x 求导后，再设法求出 $\int_1^2 f(x)\mathrm{d}x$。令 $u=2x-t$，则

$$\int_0^x tf(2x-t)\mathrm{d}t=-\int_{2x}^x(2x-u)f(u)\mathrm{d}u=2x\int_x^{2x}f(u)\mathrm{d}u-\int_x^{2x}uf(u)\mathrm{d}u。$$

于是
$$2x\int_x^{2x}f(u)\mathrm{d}u-\int_x^{2x}uf(u)=\frac{1}{2}\arctan x^2。$$

上式两边对 x 求导得

$$2\int_x^{2x}f(u)\mathrm{d}u+2x[2f(2x)-f(x)]-[2xf(2x)\cdot 2-xf(x)]=\frac{x}{1+x^4},$$

即
$$2\int_x^{2x}f(u)\mathrm{d}u=\frac{x}{1+x^4}+xf(x)。$$

令 $x=1$，得 $2\int_1^2 f(u)\mathrm{d}u=\frac{1}{2}+1=\frac{3}{2}$。于是 $\int_1^2 f(x)\mathrm{d}x=\frac{3}{4}$。故选(E)。

【习题 37】 如图 3－18 所示，抛物线 $y=(\sqrt{2}-1)x^2$ 把 $y=x(b-x)(b>0)$ 与 x 轴所构成的区域面积分为 S_A 与 S_B 两部分，则________。

(A) $S_A<S_B$　　(B) $S_A=S_B$

(C) $S_A>S_B$　　(D) S_A 与 S_B 大小关系与 b 的数值有关

(E) 以上说法均错误

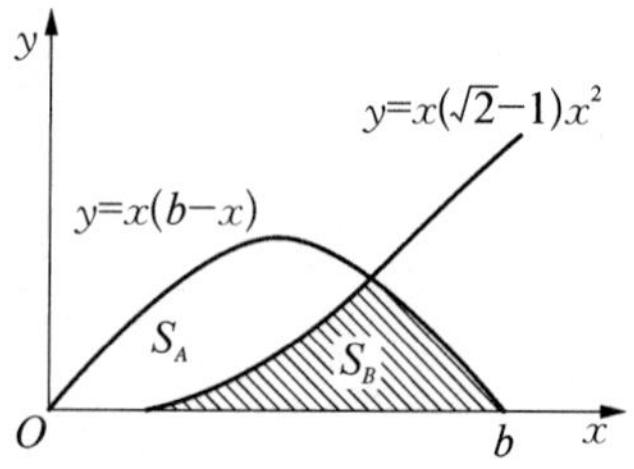

图 3－18

【答案】 (B)。

【解析】 本题考察利用定积分计算平面图形的面积，先求两条曲线的交点横坐标。

由 $\begin{cases}y=x(b-x)\\ y=(\sqrt{2}-1)x^2\end{cases}$，得 $x=0$ 或 $x=\frac{b}{\sqrt{2}}$，因此

$$S_A=\int_0^{b/\sqrt{2}}(bx-x^2-\sqrt{2}x^2+x^2)\mathrm{d}x=\int_0^{b/\sqrt{2}}(bx-\sqrt{2}x^2)\mathrm{d}x$$
$$=\frac{b}{2}x^2\Big|_0^{\frac{b}{\sqrt{2}}}-\frac{\sqrt{2}}{3}x^3\Big|_0^{\frac{b}{\sqrt{2}}}=\frac{b^3}{4}-\frac{b^3}{6}=\frac{b^3}{12}。$$

$S_A+S_B=\int_0^b x(b-x)\mathrm{d}x=\frac{b^3}{2}-\frac{b^3}{3}=\frac{b^3}{6}$，所以有 $S_A=S_B=\frac{b^3}{12}$，故正确选项为(B)。

【习题 38】 (普研)设曲线 L：$y=x(1-x)$，该曲线在点 $O(0,0)$ 和 $A(1,0)$ 的切线相交于 B 点。若该两切线与 L 所围成区域的面积为 S_1，L 和 x 轴所围成区域的面积为 S_2，则________。

(A) $S_1=S_2$　　(B) $S_1=2S_2$

(C) $S_1=\frac{1}{2}S_2$　　(D) $S_1=\frac{3}{2}S_2$

(E) $S_1=\frac{2}{3}S_2$

【答案】 (C)。

【解析】 本题考查曲线的切线方程以及利用定积分计算平面图形面积。

$y'=1-2x$，$y'\big|_{x=0}=1$，$y'\big|_{x=1}=-1$，因此，曲线 L 过点 $(0,0)$ 的切线方程为 $y=x$，曲线 L 过点 $(1,0)$ 的切线方程为 $y=-(x-1)$。由此可知曲线 L 过点 $(0,0)$ 和点 $(1,0)$ 得切线与 x 轴所围成的 $\triangle OAB$ 为等腰三角形，如图 3-19 所示。

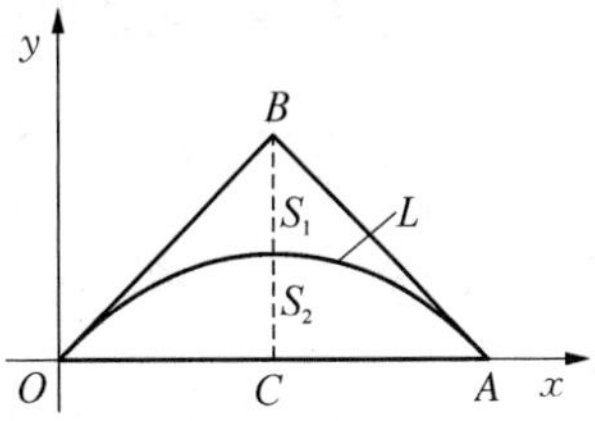

图 3-19

其高 $BC=x\big|_{x=\frac{1}{2}}=\frac{1}{2}$，其面积 $S=\frac{1}{2}\times OA\times BC=\frac{1}{2}\times 1\times\frac{1}{2}=\frac{1}{4}$。曲线 $y=x(1-x)$ 与 x 轴所围成区域的面积 $S_2=\int_0^1 x(1-x)\mathrm{d}x=\left(\frac{x^2}{2}-\frac{x^3}{3}\right)\Big|_0^1=\frac{1}{2}-\frac{1}{3}=\frac{1}{6}$，$S_1=S-S_2=\frac{1}{4}-\frac{1}{6}=\frac{1}{12}$，$S_1=\frac{1}{2}S_2$。

故正确答案为(C)。

第 4 章　多元函数微分学

4.1　考纲知识点分析及教材必做习题

第 4 部分　多元函数微分法					
考　点	教 材 内 容	考研要求	教材章节	必做例题	精做练习
多元函数的基本概念	多元函数的概念	了解	§9.1	例 4，5，7，8	P64 习题 9 - 1：2，3，4，5，6
	二元函数的几何意义	了解			
多元函数极限与连续的概念与性质	二元函数的极限与连续的概念	了解			
	有界闭区域上二元连续函数的性质	了解			
多元函数的偏导数	多元函数的偏导数的概念	了解	§9.2	例 1～例 4，例 6～例 8	P71 习题 9 - 2：1，2，3，4，6，7，8
	求多元复合函数的一阶、二阶偏导数	会	§9.4	例 1～例 4，例 6	P84 习题 9 - 4：1 - 11
多元函数的全微分	多元函数的全微分的概念	了解	§9.3	例 1～例 3	P77 习题 9 - 3：1，2，3，4
	求多元函数的全微分	会			
由隐函数方程确定的多元函数	隐函数存在定理	了解	§9.5	例 1～例 2	P91 习题 9 - 5：1，2，3，4，5，6，7
	多元隐函数的偏导数	会			
多元函数的极值及其求法	多元函数极值与条件极值的概念	了解	§9.8	例 4～例 5，例 7～例 8	P121 习题 9 - 8：1 - 10
	多元函数极值存在的必要条件	掌握			
	二元函数极值存在的充分条件	了解			
	求二元函数的极值	会			
	用拉格朗日乘数法求条件极值	会			
	求简单多元函数的最大、最小值	会			
总习题九	总结归纳本章的基本概念、基本定理、基本公式、基本方法				P132 总习题九：3，5，6，7，9，10，11，12，19

注：所用教材为《高等数学》(同济 7 版)。

4.2　知识结构网络图

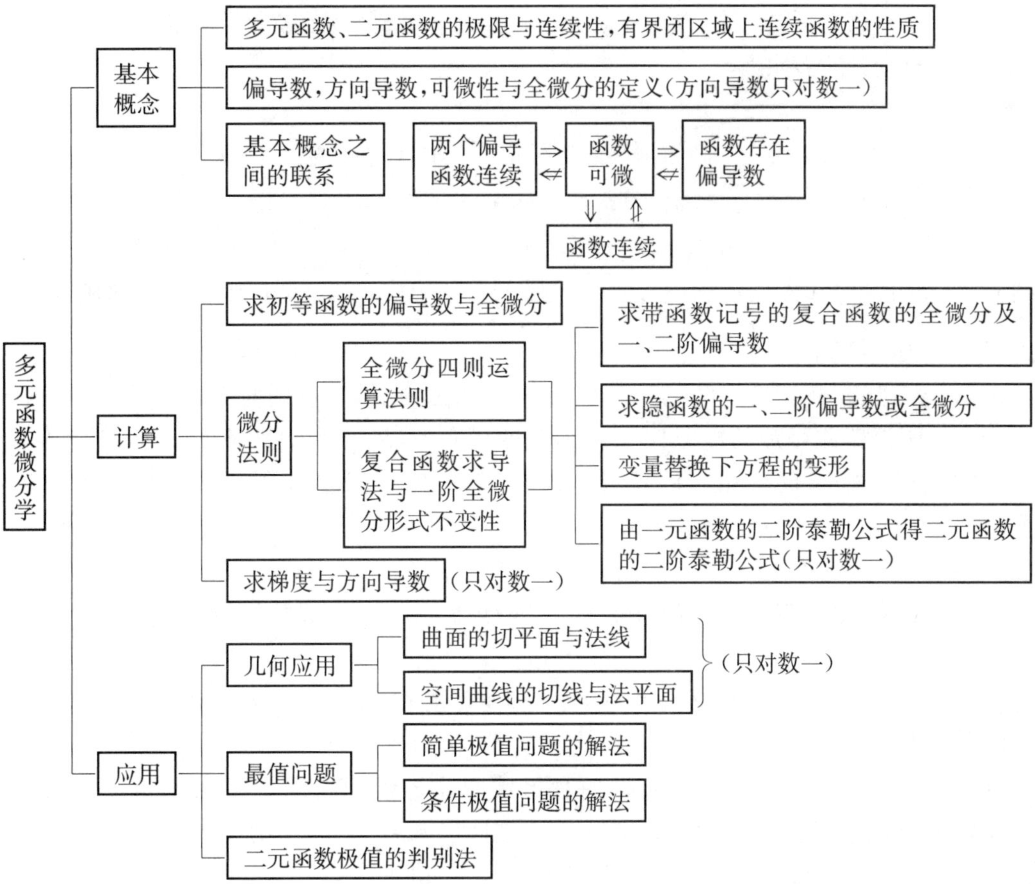

图 4-1　知识结构网络图

4.3　重要概念、定理和公式

1. 多元函数的概念、极限与连续性

1) 多元函数的概念

(1) 二元函数的定义及其几何意义。设 D 是平面上的一个点集，如果对每个点 $P(x, y)\in D$，按照某一对应规则 f，变量 z 都有一个值与之对应，则称 z 是变量 x, y 的二元函数，记以 $z=f(x, y)$，D 称为定义域。

二元函数 $z=f(x, y)$ 的图形为空间的一块曲面，它在 xy 平面上的投影域就是定义域 D。

例如 $z=\sqrt{1-x^2-y^2}$ $(D: x^2+y^2\leqslant 1)$ 的二元函数的图形为以原点为球心，半径为 1 的上半球面，其定义域 D 就是 xy 平面上以原点为圆心、半径为 1 的闭圆(见图 4-2)。

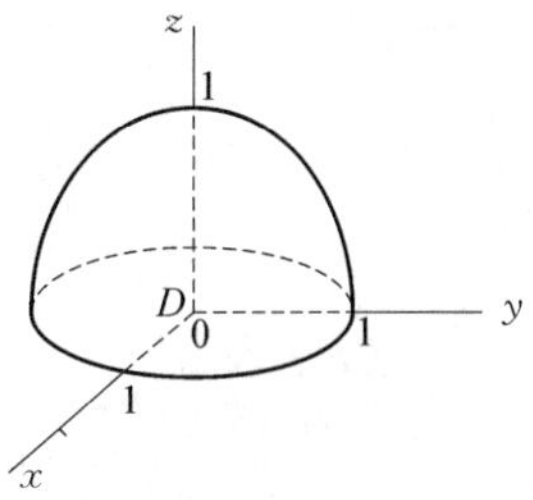

图 4-2

(2) 三元函数与 n 元函数。

$u=f(x, y, z)$，$(x, y, z)\in\Omega$ 空间一个点集，称 u 为三元函数。

$u=f(x_1, x_2, \cdots, x_n)$ 则称为 n 元函数。

它们的几何意义不再讨论，在偏导数和全微分中会用到三元函数。条件极值中，可能会遇到超过三个自变量的多元函数。

2) 二元函数的极限

设 $f(x, y)$ 在点 (x_0, y_0) 的邻域内有定义，如果对任意 $\varepsilon>0$ 存在 $\delta>0$，只要 $\sqrt{(x-x_0)^2+(y-y_0)^2}<\delta$，就有 $|f(x, y)-A|<\varepsilon$，则记以 $\lim\limits_{\substack{x\to x_0\\ y\to y_0}} f(x, y)=A$ 或 $\lim\limits_{(x, y)\to(x_0 y_0)} f(x, y)=A$。称当 (x, y) 趋于 (x_0, y_0) 时 $f(x, y)$ 的极限存在，极限值为 A。否则，称为极限不存在。

注意： 这里 (x, y) 趋于 (x_0, y_0) 是在平面范围内，可以按任何方式沿任意曲线趋于 (x_0, y_0)，所以二元函数的极限比一元函数的极限复杂，但考试大纲只要求知道基本概念和简单地讨论极限存在性和计算极限值，不像一元函数求极限要求掌握各种方法和技巧。

3) 二元函数的连续性

(1) 二元函数连续的概念。若 $\lim\limits_{\substack{x\to x_0\\ y\to y_0}} f(x, y)=f(x_0, y_0)$，则称 $f(x, y)$ 在点 (x_0, y_0) 处连续。若 $f(x, y)$ 在区域 D 内每一点皆连续，则称 $f(x, y)$ 在 D 内连续。

(2) 闭区域上连续函数的性质。

定理 1 (有界性定理)设 $f(x, y)$ 在闭区域 D 上连续，则 $f(x, y)$ 在 D 上一定有界。

定理 2 (最大值最小值定理)设 $f(x, y)$ 在闭区域 D 上连续，则 $f(x, y)$ 在 D 上一定有最大值和最小值 $\max\limits_{(x, y)\in D} f(x, y)=M$(最大值)，$\min\limits_{(x, y)\in D} f(x, y)=m$(最小值)。

定理 3 (介值定理)设 $f(x, y)$ 在闭区域 D 上连续，M 为最大值，m 为最小值，若 $m\leqslant c\leqslant M$，则存在 $(x_0, y_0)\in D$，使得 $f(x_0, y_0)=C$。

2. 偏导数与全微分

1) 偏导数与全微分的概念

(1) 偏导数。

二元：设 $z=f(x, y)$，有

$$\frac{\partial z}{\partial x}=f'_x(x, y)=\lim_{\Delta x\to 0}\frac{f(x+\Delta x, y)-f(x, y)}{\Delta x};$$

$$\frac{\partial z}{\partial y}=f'_y(x, y)=\lim_{\Delta y\to 0}\frac{f(x, y+\Delta y)-f(x, y)}{\Delta y}。$$

三元：设 $u=f(x, y, z)$，有

$$\frac{\partial u}{\partial x}=f'_x(x, y, z);\ \frac{\partial u}{\partial y}=f'_y(x, y, z);\ \frac{\partial u}{\partial z}=f'_z(x, y, z)。$$

(2) 二元函数的二阶偏导数。

设 $z=f(x, y)$,有

$$\frac{\partial^2 z}{\partial x^2}=f''_{xx}(x, y)=\frac{\partial}{\partial x}\left(\frac{\partial z}{\partial x}\right);\ \frac{\partial^2 z}{\partial x\partial y}=f''_{xy}(x, y)=\frac{\partial}{\partial y}\left(\frac{\partial z}{\partial x}\right);$$

$$\frac{\partial^2 z}{\partial y\partial x}=f''_{yx}(x, y)=\frac{\partial}{\partial x}\left(\frac{\partial z}{\partial y}\right);\ \frac{\partial^2 z}{\partial y^2}=f''_{yy}(x, y)=\frac{\partial}{\partial y}\left(\frac{\partial z}{\partial y}\right)。$$

(3) 全微分。

设 $z=f(x, y)$,增量 $\Delta z=f(x+\Delta x, y+\Delta y)-f(x, y)$。若可以表示为 $\Delta z=A\Delta x+B\Delta y+o(\sqrt{(\Delta x)^2+(\Delta y)^2})$,其中 A、B 不依赖于 Δx、Δy,仅与 x、y 有关,$\rho=\sqrt{(\Delta x)^2+(\Delta y)^2}$ 趋近于 0。则称 $z=f(x, y)$ 可微,而全微分 $\mathrm{d}z=A\mathrm{d}x+B\mathrm{d}y$。

其中,$\mathrm{d}x=\Delta x$,$\mathrm{d}y=\Delta y$。可微情况下,$A=f'_x(x, y)$,$B=f'_y(x, y)$,所以 $\mathrm{d}z=f'_x(x, y)\mathrm{d}x+f'_y(x, y)\mathrm{d}y$。

对于三元函数 $u=f(x, y, z)$,全微分为 $\mathrm{d}u=f'_x(x, y, z)\mathrm{d}x+f'_y(x, y, z)\mathrm{d}y+f'_z(x, y, z)\mathrm{d}z$。

(4) 相互关系。

$$\left.\begin{matrix}f'_x(x, y)\\ f'_y(x, y)\end{matrix}\right\}\text{连续}\Rightarrow \mathrm{d}f(x, y)\text{存在}\begin{matrix}\nearrow f'_x(x, y),\ f'_y(x, y)\text{存在。}\\ \searrow f(x, y)\text{连续。}\end{matrix}$$

2) 复合函数微分法——锁链公式

模型Ⅰ. 设 $z=f(u, v)$,$u=u(x, y)$,$v=v(x, y)$,则

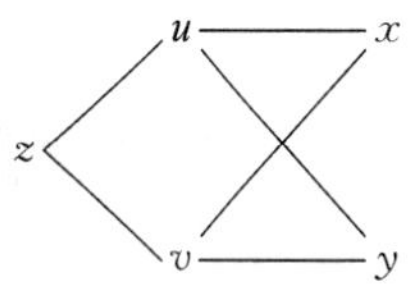

$$\frac{\partial z}{\partial x}=\frac{\partial z}{\partial u}\frac{\partial u}{\partial x}+\frac{\partial z}{\partial v}\frac{\partial v}{\partial x};\ \frac{\partial z}{\partial y}=\frac{\partial z}{\partial u}\frac{\partial u}{\partial y}+\frac{\partial z}{\partial v}\frac{\partial v}{\partial y}。$$

模型Ⅱ. 设 $u=f(x, y, z)$,$z=z(x, y)$,则

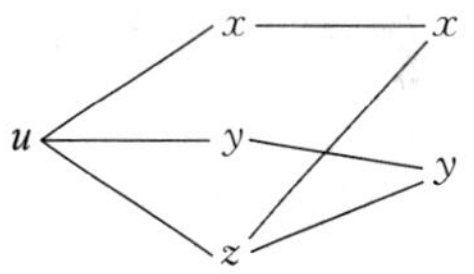

$$\frac{\partial u}{\partial x}=f'_x+f'_z\frac{\partial z}{\partial x},\ \frac{\partial u}{\partial y}=f'_y+f'_z\frac{\partial z}{\partial y}。$$

模型Ⅲ. 设 $u=f(x, y, z)$,$y=y(x)$,$z=z(x)$,则

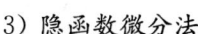

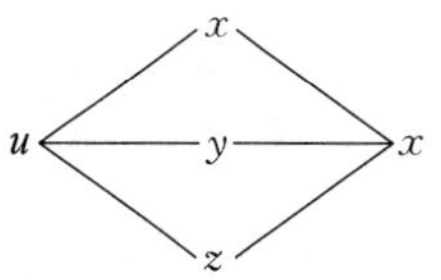

$$\frac{\mathrm{d}u}{\mathrm{d}x}=f'_x+f'_y\frac{\mathrm{d}y}{\mathrm{d}x}+f'_z\frac{\mathrm{d}z}{\mathrm{d}x}。$$

3) 隐函数微分法

设 $F(x, y, z)=0$,确定 $z=z(x, y)$,则

$$\frac{\partial z}{\partial x}=-\frac{F'_x}{F'_z};\ \frac{\partial z}{\partial y}=-\frac{F'_y}{F'_z}\text{(要求偏导数连续且 }F'_z\neq 0\text{)。}$$

3. 多元函数的极值和最值

1) 求 $z=f(x, y)$ 的极值

令 $\begin{cases}f'_x(x, y)=0\\ f'_y(x, y)=0\end{cases}$,求出驻点 (x_k, y_k)　$(k=1, 2, \cdots, l)$。

2) 求多元($n\geqslant 2$)函数条件极值的拉格朗日乘子法

求 $u=f(x_1,\cdots,x_n)$ 的极值。约束条件 $\begin{cases}\varphi_1(x_1,\cdots,x_n)=0\\ \quad\vdots \\ \varphi_m(x_1,\cdots,x_n)=0\end{cases}$ $(m<n)$。

令 $F=F(x_1,\cdots,x_n,\lambda_1,\cdots,\lambda_m)=f(x_1,\cdots,x_n)+\sum\limits_{i=1}^{m}\lambda_i\varphi_i(x_1,\cdots x_n)$,求偏导得

$$\begin{cases}F'_{x_1}=0\\ \vdots \\ F'_{x_n}=0\\ F'_{\lambda_1}=\varphi_1(x_1,\cdots,x_n)=0\\ \vdots \\ F'_{\lambda_m}=\varphi_m(x_1,\cdots,x_n)=0。\end{cases}$$

求出 $(x_1^k,\cdots,x_n^k)$ $(k=1,2,\cdots,l)$ 是有可能的条件极值点,一般再由实际问题的含义确定其充分性,这种方法是解方程组的关键技巧。

3) 多元函数的最值问题

比较区域 D 内驻点的极值和边界曲线上的最大值与最小值,其中最大的就是最大值,最小的就是最小值。

4.4 典型例题精析

题型 1: 求极限

【例 1】 求极限 $\lim\limits_{\substack{x\to 0\\ y\to 0}}\dfrac{x^2+y^2}{|x|+|y|}=$______。

(A) 0　　(B) 1　　(C) 2　　(D) 3　　(E) $\dfrac{1}{2}$

【答案】 (A)。

【解析】 由于 $0\leqslant\dfrac{x^2+y^2}{|x|+|y|}=\dfrac{x^2}{|x|+|y|}+\dfrac{y^2}{|x|+|y|}\leqslant\dfrac{x^2}{|x|}+\dfrac{y^2}{|y|}=|x|+|y|$,而 $\lim\limits_{\substack{x\to 0\\ y\to 0}}(|x|+|y|)=0$,由夹逼原理知 $\lim\limits_{\substack{x\to 0\\ y\to 0}}\dfrac{x^2+y^2}{|x|+|y|}=0$。故选(A)。

【例 2】 极限 $\lim\limits_{\substack{x\to 0\\ y\to 0}}\dfrac{\sqrt{1+x^2y^2}-1}{x^2+y^2}=$______。

(A) 0　　(B) 1　　(C) 2　　(D) 3　　(E) 4

【答案】（A）。

【解析】 **解法 1**　将分子有理化。

原式$=\lim\limits_{\substack{x\to 0\\ y\to 0}}\dfrac{x^2y^2}{(x^2+y^2)(\sqrt{1+x^2y^2}+1)}=\lim\limits_{\substack{x\to 0\\ y\to 0}}\dfrac{x^2y^2}{2(x^2+y^2)}=0$。

解法 2　当 $x\to 0$，$y\to 0$ 时，$\sqrt{1+x^2y^2}-1\sim\dfrac{1}{2}x^2y^2$，则

$$\text{原式}=\lim_{\substack{x\to 0\\ y\to 0}}\frac{\frac{1}{2}(x^2y^2)}{x^2+y^2}=0\text{。故选(A)。}$$

【例 3】 极限 $\lim\limits_{\substack{x\to 0\\ y\to 0}}\dfrac{xy^2\sin(xy)}{x^2+y^4}=$________。

（A）0　　（B）1　　（C）2　　（D）3　　（E）$\dfrac{1}{2}$

【答案】（A）。

【解析】 **解法 1**　根据 $2\sqrt{ab}\leqslant a+b$，由于 $\left|\dfrac{xy^2}{x^2+y^4}\right|\leqslant\dfrac{1}{2}$，即为有界量，而 $\lim\limits_{\substack{x\to 0\\ y\to 0}}\sin xy=0$，即为无穷小量，则原式$=0$。

解法 2　由于 $0\leqslant\left|\dfrac{xy^2\sin xy}{x^2+y^4}\right|\leqslant\dfrac{1}{2}|\sin xy|\to 0$(当 $x\to 0$，$y\to 0$ 时)，由夹逼原理知 $\lim\limits_{\substack{x\to 0\\ y\to 0}}\dfrac{xy^2\sin xy}{x^2+y^4}=0$。故选(A)。

题型 2：证明重极限不存在

【例 4】 极限 $\lim\limits_{\substack{x\to 0\\ y\to 0}}\dfrac{xy}{x^2+y^2}=$________。

（A）0　　（B）1　　（C）2　　（D）3　　（E）不存在

【答案】（E）。

【解析】 取直线 $y=kx$，让点 (x, y) 沿直线 $y=kx$ 趋于$(0, 0)$点，此时有

$$\lim_{\substack{y=kx\\ x\to 0}}\frac{xy}{x^2+y^2}=\lim_{x\to 0}\frac{kx^2}{x^2+k^2x^2}=\frac{k}{1+k^2},$$

则重极限 $\lim\limits_{\substack{x\to 0\\ y\to 0}}\dfrac{xy}{x^2+y^2}$ 不存在。故选(E)。

注意：本题中的方法是证明重极限不存在的常用方法。

【例 5】 已知函数 $f(x,y)=\begin{cases}\dfrac{xy}{\sqrt{x^2+y^2}}, & (x,y)\neq(0,0)\\ a, & (x,y)=(0,0)\end{cases}$ 连续,则 $a=$________。

(A) 0　(B) 1　(C) 2　(D) 3　(E) 不存在

【答案】 (A)。

【解析】 因为 $0\leqslant\left|\dfrac{xy}{\sqrt{x^2+y^2}}\right|\leqslant|y|$,则 $\lim\limits_{\substack{x\to0\\y\to0}}\dfrac{xy}{\sqrt{x^2+y^2}}=0$。若 $a=0$, $f(x,y)$ 处处连续。

题型 3: 讨论连续性、可导性、可微性

【例 6】 (普研)二元函数 $f(x,y)=\begin{cases}\dfrac{xy}{x^2+y^2}, & (x,y)\neq(0,0)\\ 0, & (x,y)=(0,0)\end{cases}$ 在点(0, 0)处________。

(A) 连续,偏导数存在　　(B) 连续,偏导数不存在

(C) 不连续,偏导数存在　　(D) 不连续,偏导数不存在

(E) 连续,偏导数连续

【答案】 (C)。

【解析】 这是讨论 $f(x,y)$ 在(0, 0)点是否连续,是否存在偏导数的问题。按定义

$$f'_x(0,0)=\frac{\mathrm{d}}{\mathrm{d}x}f(x,0)\big|_{x=0},\ f'_y(0,0)=\frac{\mathrm{d}}{\mathrm{d}y}f(0,y)\big|_{y=0}。$$

由于 $f(x,0)=0$, $f(0,y)=0$,则偏导数为 $f'_x(0,0)=0$, $f'_y(0,0)=0$。

再看 $f(x,y)$ 在(0, 0)是否连续,由于

$$\lim_{\substack{(x,y)\to(0,0)\\y=x}}f(x,y)=\lim_{x\to0}\frac{x^2}{x^2+x^2}=\frac{1}{2}\neq f(0,0),$$

因此 $f(x,y)$ 在(0, 0)不连续,应选(C)。

注意:

(1) 证明 $f(x,y)$ 在点 $M_0(x_0,y_0)$ 不连续的方法之一:证明点 (x,y) 沿某曲线趋于 $M_0(x_0,y_0)$ 时 $f(x,y)$ 的极限不存在或不为 $f(x_0,y_0)$。

(2) 证明 $\lim\limits_{(x,y)\to(x_0,y_0)}f(x,y)$ 不存在的重要方法是证明点 (x,y) 沿两条不同曲线趋于 $M_0(x_0,y_0)$ 时, $f(x,y)$ 的极限不相等或沿某条曲线趋于 M_0 时 $f(x,y)$ 的极限不存在。

【例 7】 (普研)考虑二元函数下面 4 个性质:

① $f(x,y)$ 在点 (x_0,y_0) 处连续; ② $f(x,y)$ 在点 (x_0,y_0) 处两个偏导数连续;

③ $f(x,y)$ 在点 (x_0,y_0) 处可微; ④ $f(x,y)$ 在点 (x_0,y_0) 处两个偏导数都存在。

则________。

(A) ②⇒③⇒①　　(B) ③⇒②⇒①

(C) ③⇒④⇒①　　(D) ③⇒①⇒④

(E) 以上说法均错误

【答案】 (A)。

【解析】 这是讨论函数 $f(x, y)$ 的连续性、可偏导性、可微性及偏导数的连续性之间的关系。我们知道，$f(x, y)$ 的两个偏导数连续是可微的充分条件，若 $f(x, y)$ 可微则必连续，故选(A)。

注意： 四者关系为②⇒③ $\begin{matrix}\nearrow ① \\ \searrow ④\end{matrix}$。

【例 8】 设 $f(x, y)=\begin{cases}\dfrac{x^2 y}{x^2+y^2}, & (x, y)\neq(0, 0) \\ 0, & (x, y)=(0, 0)\end{cases}$，则 $f(x, y)$ 在(0, 0)点________。

(A) 不连续　　(B) 连续但不可偏导

(C) 可偏导但不可微　　(D) 可微

(E) 偏导数连续

【答案】 (C)。

【解析】 由于 $\lim\limits_{\substack{x\to 0\\ y\to 0}} f(x, y)=\lim\limits_{\substack{x\to 0\\ y\to 0}}\dfrac{x^2 y}{x^2+y^2}=0=f(0, 0)$，则 $f(x, y)$ 在(0, 0)点连续，故 A 不正确。由偏导数定义知

$$f_x(0, 0)=\lim_{\Delta x\to 0}\frac{f(\Delta x, 0)-f(0, 0)}{\Delta x}=\lim_{\Delta x\to 0}\frac{0-0}{\Delta x}=0,$$

$$f_y(0, 0)=\lim_{\Delta y\to 0}\frac{f(0, \Delta y)-f(0, 0)}{\Delta y}=\lim_{\Delta y\to 0}\frac{0-0}{\Delta y}=0。$$

但 $\lim\limits_{\substack{\Delta x\to 0\\ \Delta y\to 0}}\dfrac{[f(\Delta x, \Delta y)-f(0, 0)]-[f_x(0, 0)\Delta x+f_y(0, 0)\Delta y]}{\rho}=\lim\limits_{\substack{\Delta x\to 0\\ \Delta y\to 0}}\dfrac{\Delta y(\Delta x)^2}{[(\Delta x)^2+(\Delta y)^2]^{\frac{3}{2}}}$

不存在。设 $\Delta y=k\Delta x$，因为

$$\lim_{\substack{\Delta x\to 0^+\\ \Delta y=k\Delta x}}\frac{\Delta y(\Delta x)^2}{[(\Delta x)^2+(\Delta y)^2]^{\frac{3}{2}}}=\lim_{\Delta x\to 0^+}\frac{k(\Delta x)^3}{[(\Delta x)^2+k^2(\Delta x)^2]^{\frac{3}{2}}}=\frac{k}{[1+k^2]^{\frac{3}{2}}}$$

与 k 有关，故 $f(x, y)$ 在(0, 0)点不可微，应选(C)。

【例 9】 二元函数 $f(x, y)$ 在点(0, 0)处可微的一个充分条件是________。

(A) $\lim\limits_{(x, y)\to(0, 0)}[f(x, y)-f(0, 0)]=0$

(B) $\lim\limits_{x\to 0}\dfrac{f(x, 0)-f(0, 0)}{x}=0$，且 $\lim\limits_{y\to 0}\dfrac{f(0, y)-f(0, 0)}{y}=0$

(C) $\lim\limits_{(x, y)\to(0, 0)}\dfrac{f(x, y)-f(0, 0)}{\sqrt{x^2+y^2}}=0$

(D) $\lim\limits_{x\to 0}[f_x(x, 0)-f_x(0, 0)]=0$，且 $\lim\limits_{y\to 0}[f_y(0, y)-f_y(0, 0)]=0$

(E) 以上选项均错误

【答案】 (C)。

【解析】 **解法1** 排除法。因为连续和可导都不是可微的充分条件,则(A)、(B) 都不正确;(D)也不正确,例如对 $f(x,y)=\begin{cases}0, & xy\neq 0\\ 1, & xy=0\end{cases}$,

$\lim\limits_{x\to 0}[f_x(x,0)-f_x(0,0)]=0$,且 $\lim\limits_{y\to 0}[f_y(0,y)-f_y(0,0)]=0$。

但 $f(x,y)$ 在$(0,0)$点不可微,因为 $f(x,y)$ 在$(0,0)$点不连续,故应选(C)。

解法2 直接法。由 $\lim\limits_{(x,y)\to(0,0)}\dfrac{f(x,y)-f(0,0)}{\sqrt{x^2+y^2}}=0$ 知

$$当\ y=0\ 时,\lim_{x\to 0}\frac{f(x,0)-f(0,0)}{\sqrt{x^2}}=\lim_{x\to 0}\frac{f(x,0)-f(0,0)}{|x|}$$

$$=\lim_{x\to 0}\frac{f(x,0)-f(0,0)}{x}\cdot\frac{x}{|x|}=0。$$

则 $f_x(0,0)=\lim\limits_{x\to 0}\dfrac{f(x,0)-f(0,0)}{x}=0$,同理 $f_y(0,0)=0$。

$$\lim_{(x,y)\to(0,0)}\frac{f(x,y)-f(0,0)-[f_x(0,0)x+f_y(0,0)y]}{\sqrt{x^2+y^2}}=\lim_{(x,y)\to(0,0)}\frac{f(x,y)-f(0,0)}{\sqrt{x^2+y^2}}=0,$$

则 $f(x,y)$ 在$(0,0)$点处可微,故应选(C)。

【例 10】 设 $f(x,y)=|x-y|\varphi(x,y)$,其中 $\varphi(x,y)$ 在点$(0,0)$的邻域内连续,为使 $f_x(0,0)$ 和 $f_y(0,0)$ 都存在,则 $\varphi(0,0)=$________。

(A) 0　　(B) 1　　(C) 2　　(D) 3　　(E) -1

【答案】 (A)。

【解析】 由 $\lim\limits_{\Delta x\to 0}\dfrac{f(\Delta x,0)-f(0,0)}{\Delta x}=\lim\limits_{\Delta x\to 0}\dfrac{|\Delta x|\varphi(\Delta x,0)}{\Delta x}$

$$=\begin{cases}\varphi(0,0), & 当\ \Delta x\to 0^+\\ -\varphi(0,0), & 当\ \Delta x\to 0^-\end{cases},$$

可知,当 $\varphi(0,0)=0$ 时,$\varphi(x,y)$在点$(0,0)$的邻域连续。故选(A)。

【拓展】 在上述条件下,$f(x,y)$ 在$(0,0)$点是否可微?

证明: 当 $\varphi(0,0)=0$ 时,

$$\lim_{\substack{\Delta x\to 0\\ \Delta y\to 0}}\frac{[f(\Delta x,\Delta y)-f(0,0)]-[f_x(0,0)\Delta x+f_y(0,0)\Delta y]}{\rho}$$

$$=\lim_{\substack{\Delta x\to 0\\ \Delta y\to 0}}\frac{|\Delta x-\Delta y|}{\sqrt{(\Delta x)^2+(\Delta y)^2}}\varphi(\Delta x,\Delta y)=0。$$

这是由于 $\dfrac{|\Delta x-\Delta y|}{\sqrt{(\Delta x)^2+(\Delta y)^2}}\leqslant\dfrac{|\Delta x|}{\sqrt{(\Delta x)^2+(\Delta y)^2}}+\dfrac{|\Delta y|}{\sqrt{(\Delta x)^2+(\Delta y)^2}}\leqslant 2$,即为

有界变量，而 $\lim\limits_{\substack{\Delta x\to 0\\ \Delta y\to 0}}\varphi(\Delta x,\Delta y)=\varphi(0,0)=0$ 为无穷小量，则 $f(x,y)$ 在 $(0,0)$ 点处可微。

题型 4：求一点处的偏导数与全微分

【例 11】（经济类）设 $z=1+xy-\sqrt{x^2+y^2}$，则 $\left.\dfrac{\partial z}{\partial x}\right|_{(3,4)}=$______。

(A) $\dfrac{17}{5}$　(B) $\dfrac{9}{5}$　(C) $\dfrac{7}{5}$　(D) $\dfrac{1}{5}$　(E) $\dfrac{3}{5}$

【答案】(A)。

【解析】$\dfrac{\partial z}{\partial x}=y-\dfrac{x}{\sqrt{x^2+y^2}}$，则 $\left.\dfrac{\partial z}{\partial x}\right|_{(3,4)}=4-\dfrac{3}{5}=\dfrac{17}{5}$。故选(A)。

【例 12】设函数 $z=z(x,y)$ 由方程 $(z+y)^x=xy$ 确定，则 $\left.\dfrac{\partial z}{\partial x}\right|_{(1,2)}=$______。

(A) $2-2\ln 2$　(B) $1-2\ln 2$　(C) $2-\ln 2$　(D) $1-\ln 2$　(E) $2\ln 2$

【答案】(A)。

【解析】$(z+2)'=2$，得 $z=0$。原式为 $e^{x\ln(z+y)}=xy$，左右两边求导得：$xy\left[\ln(z+y)+x\cdot\dfrac{z_x}{z+y}\right]=y$，令 $x=1$，$y=2$，得 $z=0$，$z_x=2(1-\ln 2)$。故选(A)。

【例 13】设 $f(x,y)=\begin{cases}\dfrac{\sqrt{|x|}}{x^2+y^2}\sin(x^2+y^2), & (x,y)\neq(0,0)\\ 0, & (x,y)=(0,0)\end{cases}$，则 $f_x(0,0)$ 和 $f_y(0,0)$ 为______。

(A) $f_x(0,0)$ 不存在，$f_y(0,0)=0$
(B) $f_x(0,0)$ 不存在，$f_y(0,0)$ 不存在
(C) $f_x(0,0)=0$，$f_y(0,0)=0$
(D) $f_x(0,0)$ 不存在，$f_y(0,0)=0$
(E) 以上说法均错误

【答案】(A)。

【解析】由于 $\lim\limits_{\Delta x\to 0}\dfrac{f(\Delta x,0)-f(0,0)}{\Delta x}=\lim\limits_{\Delta x\to 0}\dfrac{\dfrac{\sqrt{|\Delta x|}}{(\Delta x)^2}\sin(\Delta x)^2}{\Delta x}=\lim\limits_{\Delta x\to 0}\dfrac{\sqrt{|\Delta x|}}{\Delta x}=\infty$，则 $f_x(0,0)$ 不存在；而 $f_y(0,0)=\lim\limits_{\Delta y\to 0}\dfrac{f(0,\Delta y)-f(0,0)}{\Delta y}=\lim\limits_{\Delta y\to 0}\dfrac{0-0}{\Delta y}=0$，故选(A)。

【例 14】设 $f(x,y)=\dfrac{2x+3y}{1+xy\sqrt{x^2+y^2}}$，则 $f_x(0,0)$ 和 $f_y(0,0)$ 为______。

(A) $f_x(0,0)=2$, $f_y(0,0)=3$　　(B) $f_x(0,0)=1$, $f_y(0,0)=3$

(C) $f_x(0,0)=0$, $f_y(0,0)=0$　　(D) $f_x(0,0)=2$, $f_y(0,0)=0$

(E) $f_x(0,1)=0$, $f_y(0,0)=1$

【答案】(A)。

【解析】$f_x(0,0)=\frac{\mathrm{d}}{\mathrm{d}x}f(x,0)\Big|_{x=0}=\frac{\mathrm{d}}{\mathrm{d}x}(2x)\Big|_{x=0}=2$;

$f_y(0,0)=\frac{\mathrm{d}}{\mathrm{d}y}f(0,y)\Big|_{y=0}=\frac{\mathrm{d}}{\mathrm{d}y}(3y)\Big|_{y=0}=3$。故选(A)。

【例 15】设 $f(x,y)=x+2y+(y-1)\arcsin\sqrt{\frac{x}{y}}$,则 $f_x(0,1)$, $f_y(0,1)$ 分别为________。

(A) $f_x(0,1)=2$, $f_y(0,1)=3$　　(B) $f_x(0,1)=1$, $f_y(0,1)=3$

(C) $f_x(0,1)=0$, $f_y(0,1)=0$　　(D) $f_x(0,1)=1$, $f_y(0,1)=2$

(E) $f_x(0,1)=2$, $f_y(0,1)=1$

【答案】(D)。

【解析】$f_x(0,1)=\frac{\mathrm{d}}{\mathrm{d}x}f(x,1)\Big|_{x=0}=\frac{\mathrm{d}}{\mathrm{d}x}(x+2)\big|_{x=0}=1$;

$f_y(0,1)=\frac{\mathrm{d}}{\mathrm{d}y}f(0,y)\Big|_{y=1}=\frac{\mathrm{d}}{\mathrm{d}y}(2y)\big|_{y=1}=2$。故选(D)。

【例 16】设 $f(x,y,z)=\sqrt[z]{\frac{x}{y}}$,则 $\mathrm{d}f(1,1,1)=$________。

(A) $-\mathrm{d}x-\mathrm{d}y$　　(B) $\mathrm{d}x-\mathrm{d}y$

(C) $-\mathrm{d}x+\mathrm{d}y$　　(D) $\mathrm{d}x+\mathrm{d}y$

(E) $\mathrm{d}x-2\mathrm{d}y$

【答案】(B)。

【解析】$f_x(1,1,1)=\frac{\mathrm{d}}{\mathrm{d}x}f(x,1,1)\big|_{x=1}=\frac{\mathrm{d}}{\mathrm{d}x}(x)\big|_{x=1}=1$,

$f_y(1,1,1)=\frac{\mathrm{d}}{\mathrm{d}y}f(1,y,1)\big|_{y=1}=\frac{\mathrm{d}}{\mathrm{d}x}\left(\frac{1}{y}\right)\Big|_{y=1}=-\frac{1}{y^2}\Big|_{y=1}=-1$,

$f_z(1,1,z)=\frac{\mathrm{d}}{\mathrm{d}z}f(1,1,z)=\frac{\mathrm{d}}{\mathrm{d}z}(1)\big|_{z=1}=0$。

则 $\mathrm{d}f(1,1,1)=\mathrm{d}x-\mathrm{d}y$。故选(B)。

题型 5: 求已给出具体表达式函数的偏导数与全微分

【例 17】(经济类)设二元函数 $z=\mathrm{e}^{xy}f(x^2+y)$,其中 $f(u)$ 是一个可导函数,则偏导数 $\frac{\partial z}{\partial x}$, $\frac{\partial z}{\partial y}$ 分别为________。

(A) $\frac{\partial z}{\partial x}=y\mathrm{e}^{xy}f(x^2+y)+2x\mathrm{e}^{xy}f'(x^2+y)$，$\frac{\partial z}{\partial y}=x\mathrm{e}^{xy}f(x^2+y)+\mathrm{e}^{xy}f'(x^2+y)$

(B) $\frac{\partial z}{\partial x}=\mathrm{e}^{xy}f(x^2+y)+2x\mathrm{e}^{xy}f'(x^2+y)$，$\frac{\partial z}{\partial y}=x\mathrm{e}^{xy}f(x^2+y)+\mathrm{e}^{xy}f'(x^2+y)$

(C) $\frac{\partial z}{\partial x}=y\mathrm{e}^{xy}f(x^2+y)+2x\mathrm{e}^{xy}f'(x^2+y)$，$\frac{\partial z}{\partial y}=\mathrm{e}^{xy}f(x^2+y)+\mathrm{e}^{xy}f'(x^2+y)$

(D) $\frac{\partial z}{\partial x}=y\mathrm{e}^{xy}f(x^2+y)+x\mathrm{e}^{xy}f'(x^2+y)$，$\frac{\partial z}{\partial y}=x\mathrm{e}^{xy}f(x^2+y)+\mathrm{e}^{xy}f'(x^2+y)$

(E) $\frac{\partial z}{\partial x}=\mathrm{e}^{xy}f(x^2+y)+x\mathrm{e}^{xy}f'(x^2+y)$，$\frac{\partial z}{\partial y}=x\mathrm{e}^{xy}f(x^2+y)+\mathrm{e}^{xy}f'(x^2+y)$

【答案】 (A)。

【解析】 $\frac{\partial z}{\partial x}=\mathrm{e}^{xy}\cdot y\cdot f(x^2+y)+\mathrm{e}^{xy}\cdot f'(x^2+y)\cdot 2x=y\mathrm{e}^{xy}f(x^2+y)+2x\mathrm{e}^{xy}f'(x^2+y)$，$\frac{\partial z}{\partial y}=\mathrm{e}^{xy}\cdot x\cdot f(x^2+y)+\mathrm{e}^{xy}\cdot f'(x^2+y)=x\mathrm{e}^{xy}f(x^2+y)+\mathrm{e}^{xy}f'(x^2+y)$。故选(A)。

【例 18】 (经济类)设 $z=u^2\cos v$，且 $u=\mathrm{e}^{xy}$，$v=2y$，则 $\frac{\partial z}{\partial x}$，$\frac{\partial z}{\partial y}$ 分别为________。

(A) $\frac{\partial z}{\partial x}=2\mathrm{e}^{2xy}\cos 2y$，$\frac{\partial z}{\partial y}=2\mathrm{e}^{2xy}(x\cos 2y-\sin 2y)$

(B) $\frac{\partial z}{\partial x}=y\mathrm{e}^{2xy}\cos 2y$，$\frac{\partial z}{\partial y}=2\mathrm{e}^{2xy}(x\cos 2y-\sin 2y)$

(C) $\frac{\partial z}{\partial x}=2y\mathrm{e}^{2xy}\cos 2y$，$\frac{\partial z}{\partial y}=\mathrm{e}^{2xy}(x\cos 2y-\sin 2y)$

(D) $\frac{\partial z}{\partial x}=2y\mathrm{e}^{2xy}\cos 2y$，$\frac{\partial z}{\partial y}=2\mathrm{e}^{2xy}(x\cos 2y+\sin 2y)$

(E) $\frac{\partial z}{\partial x}=2y\mathrm{e}^{2xy}\cos 2y$，$\frac{\partial z}{\partial y}=2\mathrm{e}^{2xy}(x\cos 2y-\sin 2y)$

【答案】 (E)。

【解析】 $\frac{\partial z}{\partial x}=\frac{\partial z}{\partial u}\frac{\partial u}{\partial x}=2u\cos v\cdot y\mathrm{e}^{xy}=2uy\mathrm{e}^{xy}\cos v=2y\mathrm{e}^{2xy}\cos 2y$。

$$\begin{aligned}\frac{\partial z}{\partial y}&=\frac{\partial z}{\partial u}\frac{\partial u}{\partial y}+\frac{\partial z}{\partial v}\frac{\partial v}{\partial y}=2u\cos v\cdot x\mathrm{e}^{xy}+(-\sin v\cdot u^2)\cdot 2\\&=2ux\mathrm{e}^{xy}\cos v-2u^2\sin v\\&=2x\mathrm{e}^{2xy}\cos 2y-2\mathrm{e}^{2xy}\sin 2y\\&=2\mathrm{e}^{2xy}(x\cos 2y-\sin 2y)\end{aligned}$$

故选(E)。

【例 19】 (经济类)已知 $z=u^2\cos v$，$u=xy$，$v=2x+y$，则 $\frac{\partial z}{\partial x}=$________。

(A) $\frac{\partial z}{\partial x}=xy^2\cos(2x+y)-2x^2y^2\sin(2x+y)$

(B) $\frac{\partial z}{\partial x}=xy^2\cos(2x+y)-x^2y^2\sin(2x+y)$

(C) $\frac{\partial z}{\partial x}=2xy^2\cos(2x+y)-x^2y^2\sin(2x+y)$

(D) $\frac{\partial z}{\partial x}=2xy^2\cos(2x+y)-2x^2y^2\sin(2x+y)$

(E) $\frac{\partial z}{\partial x}=2xy^2\cos(2x+y)+2x^2y^2\sin(2x+y)$

【答案】 (D)。

【解析】 $\frac{\partial z}{\partial x}=\frac{\partial z}{\partial u}\frac{\partial u}{\partial x}+\frac{\partial z}{\partial v}\frac{\partial v}{\partial x}=2u(\cos v)y-2u^2\sin v$

$=2xy^2\cos(2x+y)-2x^2y^2\sin(2x+y)$,

$\frac{\partial z}{\partial y}=\frac{\partial z}{\partial u}\frac{\partial u}{\partial y}+\frac{\partial z}{\partial v}\frac{\partial v}{\partial y}=2u(\cos v)x-u^2\sin v$

$=2x^2y\cos(2x+y)-x^2y^2\sin(2x+y)$。故选(D)。

【例 20】 (经济类)设 $z=f(xy, x+y^2)$,且在 $f(u, v)$ 具有偏导数,则 $\frac{\partial z}{\partial x}$,$\frac{\partial z}{\partial y}$ 分别为________。

(A) $\frac{\partial z}{\partial x}=f'_1\cdot y+f'_2$,$\frac{\partial z}{\partial y}=f'_1\cdot x+f'_2\cdot 2y$

(B) $\frac{\partial z}{\partial x}=f'_1+f'_2$,$\frac{\partial z}{\partial y}=f'_1\cdot x+f'_2\cdot 2y$

(C) $\frac{\partial z}{\partial x}=f'_1\cdot y+f'_2$,$\frac{\partial z}{\partial y}=f'_1+f'_2\cdot 2y$

(D) $\frac{\partial z}{\partial x}=f'_1\cdot y+f'_2$,$\frac{\partial z}{\partial y}=f'_1\cdot x+f'_2\cdot y$

(E) $\frac{\partial z}{\partial x}=f'_1+f'_2=\frac{\partial z}{\partial y}=f'_1+f'_2$

【答案】 (A)。

【解析】 $\frac{\partial z}{\partial x}=f'_1\cdot y+f'_2$,$\frac{\partial z}{\partial y}=f'_1\cdot x+f'_2\cdot 2y$。故选(A)。

【例 21】 (经济类)设 $z=\ln(\sqrt{x}+\sqrt{y})$,则 $x\cdot\frac{\partial z}{\partial x}+y\cdot\frac{\partial z}{\partial y}=$________。

(A) 1　　(B) 0　　(C) $\frac{1}{2}$　　(D) $\frac{1}{3}$　　(E) $\frac{3}{5}$

【答案】 (C)。

【解析】 由题意易得 $\frac{\partial z}{\partial x}=\frac{1}{\sqrt{x}+\sqrt{y}}\cdot\frac{1}{2\sqrt{x}}\Rightarrow x\cdot\frac{\partial z}{\partial x}=\frac{1}{2}\cdot\frac{\sqrt{x}}{\sqrt{x}+\sqrt{y}}$。

同理：$\frac{\partial z}{\partial y}=\frac{1}{\sqrt{x}+\sqrt{y}}\cdot\frac{1}{2\sqrt{y}}\Rightarrow y\cdot\frac{\partial z}{\partial y}=\frac{1}{2}\cdot\frac{\sqrt{y}}{\sqrt{x}+\sqrt{y}}$，$x\frac{\partial z}{\partial x}+y\frac{\partial z}{\partial y}=$ $\frac{1}{2}\cdot\frac{\sqrt{x}}{\sqrt{x}+\sqrt{y}}+\frac{1}{2}\cdot\frac{\sqrt{y}}{\sqrt{x}+\sqrt{y}}=\frac{1}{2}$。故选(C)。

【例 22】 设二元函数 $z=x\mathrm{e}^{x+y}+(x+1)\ln(1+y)$，则 $\mathrm{d}z\big|_{(1,0)}=$________。

(A) $2\mathrm{e}\mathrm{d}x+(\mathrm{e}+2)\mathrm{d}y$　　(B) $2\mathrm{e}\mathrm{d}x+\mathrm{e}\mathrm{d}y$

(C) $2\mathrm{e}\mathrm{d}x+2\mathrm{d}y$　　(D) $\mathrm{d}x+(\mathrm{e}+2)\mathrm{d}y$

(E) $2\mathrm{d}x+(\mathrm{e}+2)\mathrm{d}y$

【答案】 (A)。

【详解】 $\frac{\partial z}{\partial x}=\mathrm{e}^{x+y}+x\mathrm{e}^{x+y}+\ln(1+y)$，$\frac{\partial z}{\partial y}=x\mathrm{e}^{x+y}+\frac{x+1}{1+y}$，于是 $\mathrm{d}z\big|_{(1,0)}=2\mathrm{e}\mathrm{d}x+(\mathrm{e}+2)\mathrm{d}y$，代入 $x=1$，$y=0$，得到(A)。

【例 23】 已知函数 $f(x,y)=\frac{\mathrm{e}^x}{x-y}$，则________。

(A) $f'_x-f'_y=0$　　(B) $f'_x+f'_y=0$

(C) $f'_x-f'_y=f$　　(D) $f'_x+f'_y=f$

(E) $f'_x-f'_y=1$

【答案】 (D)。

【解析】 $f'_x=\frac{\mathrm{e}^x(x-y)-\mathrm{e}^x}{(x-y)^2}$，$f'_y=\frac{\mathrm{e}^x}{(x-y)^2}$，$f'_x+f'_y=\frac{\mathrm{e}^x}{x-y}=f$。故选(D)。

【例 24】 设 $z=(x^2+y^2)\mathrm{e}^{-\arctan\frac{y}{x}}$，则 $\frac{\partial z}{\partial x}$，$\frac{\partial z}{\partial y}=$________。

(A) $\frac{\partial z}{\partial x}=(x+y)\mathrm{e}^{-\arctan\frac{y}{x}}$，$\frac{\partial z}{\partial y}=(2y-x)\mathrm{e}^{-\arctan\frac{y}{x}}$

(B) $\frac{\partial z}{\partial x}=(2x+y)\mathrm{e}^{-\arctan\frac{y}{x}}$，$\frac{\partial z}{\partial y}=(y-x)\mathrm{e}^{-\arctan\frac{y}{x}}$

(C) $\frac{\partial z}{\partial x}=(x-y)\mathrm{e}^{-\arctan\frac{y}{x}}$，$\frac{\partial z}{\partial y}=(2y-x)\mathrm{e}^{-\arctan\frac{y}{x}}$

(D) $\frac{\partial z}{\partial x}=(2x-y)\mathrm{e}^{-\arctan\frac{y}{x}}$，$\frac{\partial z}{\partial y}=(2y-x)\mathrm{e}^{-\arctan\frac{y}{x}}$

(E) $\frac{\partial z}{\partial x}=(2x+y)\mathrm{e}^{-\arctan\frac{y}{x}}$，$\frac{\partial z}{\partial y}=(2y-x)\mathrm{e}^{-\arctan\frac{y}{x}}$

【答案】 (E)。

【解析】 **解法 1** $\frac{\partial z}{\partial x}=2x\mathrm{e}^{-\arctan\frac{y}{x}}-(x^2+y^2)\mathrm{e}^{-\arctan\frac{y}{x}}\cdot\frac{1}{1+\left(\frac{y}{x}\right)^2}\left(-\frac{y}{x^2}\right)=(2x+y)\mathrm{e}^{-\arctan\frac{y}{x}}$，$\frac{\partial z}{\partial y}=2y\mathrm{e}^{-\arctan\frac{y}{x}}-(x^2+y^2)\mathrm{e}^{-\arctan\frac{y}{x}}\cdot\frac{1}{1+\left(\frac{y}{x}\right)^2}\left(\frac{1}{x}\right)=(2y-x)\mathrm{e}^{-\arctan\frac{y}{x}}$。

解法 2 利用微分形式不变性。

$$
\begin{aligned}
\mathrm{d}z&=\mathrm{e}^{-\arctan\frac{y}{x}}\mathrm{d}(x^2+y^2)-(x^2+y^2)\mathrm{e}^{-\arctan\frac{y}{x}}\mathrm{d}\arctan\frac{y}{x}\\
&=\mathrm{e}^{-\arctan\frac{y}{x}}(2x\mathrm{d}x+2y\mathrm{d}y)-(x^2+y^2)\mathrm{e}^{-\arctan\frac{y}{x}}\frac{\frac{x\mathrm{d}y-y\mathrm{d}x}{x^2}}{1+\left(\frac{y}{x}\right)^2}\\
&=\mathrm{e}^{-\arctan\frac{y}{x}}[(2x+y)\mathrm{d}x+(2y-x)\mathrm{d}y],
\end{aligned}
$$

从而 $\frac{\partial z}{\partial x}=(2x+y)\mathrm{e}^{-\arctan\frac{y}{x}}$，$\frac{\partial z}{\partial y}=(2y-x)\mathrm{e}^{-\arctan\frac{y}{x}}$。故选(E)。

【例 25】 设 $z=(1+x^2+y^2)^{xy}$，则 $\frac{\partial z}{\partial x}$ 为________。

(A) $\frac{\partial z}{\partial x}=(1+x^2+y^2)^{xy}\left[\frac{2x^2y}{1+x^2+y^2}+\ln(1+x^2+y^2)\right]$

(B) $\frac{\partial z}{\partial x}=(1+x^2+y^2)^{xy}\left[\frac{2x^2}{1+x^2+y^2}+y\ln(1+x^2+y^2)\right]$

(C) $\frac{\partial z}{\partial x}=(1+x^2+y^2)\left[\frac{2x^2y}{1+x^2+y^2}+y\ln(1+x^2+y^2)\right]$

(D) $\frac{\partial z}{\partial x}=(x^2+y^2)^{xy}\left[\frac{2x^2y}{1+x^2+y^2}+y\ln(1+x^2+y^2)\right]$

(E) $\frac{\partial z}{\partial x}=(1+x^2+y^2)^{xy}\left[\frac{2x^2y}{1+x^2+y^2}+y\ln(1+x^2+y^2)\right]$

【答案】 (E)。

【解析】 令 $u=1+x^2+y^2$，$v=xy$，则函数 $z=(1+x^2+y^2)^{xy}$ 可看作 $z=u^v$ 和 $u=1+x^2+y^2$，$v=xy$ 的复合，由复合函数求导法可知

$$
\begin{aligned}
\frac{\partial z}{\partial x}&=\frac{\partial z}{\partial u}\frac{\partial u}{\partial x}+\frac{\partial z}{\partial v}\frac{\partial v}{\partial x}=vu^{v-1}2x+u^v\ln u\cdot y\\
&=(1+x^2+y^2)^{xy}\left[\frac{2x^2y}{1+x^2+y^2}+y\ln(1+x^2+y^2)\right]。故选(E)。
\end{aligned}
$$

注意：由原题设可知 $z=\mathrm{e}^{xy\ln(1+x^2+y^2)}$ 再求导，或由原题设知 $\ln z=xy\ln(1+x^2+y^2)$ 两边

再对 x 求导。

【例 26】 设 $z=\mathrm{e}^{-x}-f(x-2y)$，且当 $y=0$ 时，$z=x^2$，则 $\dfrac{\partial z}{\partial x}=$________。

(A) $\dfrac{\partial z}{\partial x}=-\mathrm{e}^{-x}+\mathrm{e}^{-(x-2y)}+2(x-2y)$

(B) $\dfrac{\partial z}{\partial x}=\mathrm{e}^{-x}+\mathrm{e}^{-(x-2y)}+2(x-2y)$

(C) $\dfrac{\partial z}{\partial x}=-\mathrm{e}^{-x}-\mathrm{e}^{-(x-2y)}+2(x-2y)$

(D) $\dfrac{\partial z}{\partial x}=-\mathrm{e}^{-x}+\mathrm{e}^{-(x-2y)}-2(x-2y)$

(E) $\dfrac{\partial z}{\partial x}=-\mathrm{e}^{-x}+\mathrm{e}^{-(x-2y)}$

【答案】 (A)。

【解析】 将 $y=0$ 代入 $z=\mathrm{e}^{-x}-f(x-2y)$ 得 $x^2=\mathrm{e}^{-x}-f(x)$，于是

$$f(x)=\mathrm{e}^{-x}-x^2,\ z=\mathrm{e}^{-x}-\mathrm{e}^{-(x-2y)}+(x-2y)^2,$$

故 $\dfrac{\partial z}{\partial x}=-\mathrm{e}^{-x}+\mathrm{e}^{-(x-2y)}+2(x-2y)$，选(A)。

【例 27】 已知 $\dfrac{1}{u}=\dfrac{1}{x}+\dfrac{1}{y}+\dfrac{1}{z}$，且 $x>y>z>0$。当三个自变量 x，y，z 分别增加一个单位时，变量________对函数 u 的变化影响最大。

(A) x　　(B) y　　(C) z　　(D) x，y，z　　(E) x，y

【答案】 (C)。

【解析】 在点 (x,y,z) 处，取 $\Delta x=1$，$\Delta y=1$，$\Delta z=1$，则全增量 $\Delta u\approx \mathrm{d}u$。

在已知方程两边对 x 求偏导数，有

$$-\frac{1}{u^2}u'_x=-\frac{1}{x^2},\ u'_x=\frac{u^2}{x^2}。$$

同理可得 $u'_y=\dfrac{u^2}{y^2}$，$u'_z=\dfrac{u^2}{z^2}$，于是 $\mathrm{d}u=u'_x\Delta x+u'_y\Delta y+u'_z\Delta z$。

当 $x>y>z>0$ 时，$\dfrac{u^2}{x^2}<\dfrac{u^2}{y^2}<\dfrac{u^2}{z^2}$。所以变量 z 对函数 u 的影响最大，选(C)。

题型 6：含有抽象函数的复合函数偏导数与全微分

【例 28】 (经济类)已知 $f(x+y,x-y)=x^2-y^2$ 对于任意 x 和 y 成立，则

$\dfrac{\partial f(x,y)}{\partial x}+\dfrac{\partial f(x,y)}{\partial y}=$________。

(A) $2x-2y$ (B) $2x+2y$ (C) $x+y$ (D) $x-y$ (E) $2x-y$

【答案】 (C)。

【解析】 设 $u=x+y$, $v=x-y$,则原式化为 $f(u,v)=uv$,即 $f(x,y)=xy$。故 $\dfrac{\partial f(x,y)}{\partial x}+\dfrac{\partial f(x,y)}{\partial y}=x+y$,因此答案是(C)。

【例 29】 (经济类)设 $u=f(x,y,z)=xy+xF(z)$,其中 F 为可微函数,且 $z=\dfrac{y}{x}$,则 $\dfrac{\partial u}{\partial x}$, $\dfrac{\partial u}{\partial y}$ 分别为________。

(A) $\dfrac{\partial u}{\partial x}=y+F\left(\dfrac{y}{x}\right)-\dfrac{y}{x}F'\left(\dfrac{y}{x}\right)$, $\dfrac{\partial u}{\partial y}=x+F'\left(\dfrac{y}{x}\right)$

(B) $\dfrac{\partial u}{\partial x}=F\left(\dfrac{y}{x}\right)-\dfrac{y}{x}F'\left(\dfrac{y}{x}\right)$, $\dfrac{\partial u}{\partial y}=x+F'\left(\dfrac{y}{x}\right)$

(C) $\dfrac{\partial u}{\partial x}=y+F\left(\dfrac{y}{x}\right)-\dfrac{y}{x}F'\left(\dfrac{y}{x}\right)$, $\dfrac{\partial u}{\partial y}=F'\left(\dfrac{y}{x}\right)$

(D) $\dfrac{\partial u}{\partial x}=y+F\left(\dfrac{y}{x}\right)+\dfrac{y}{x}F'\left(\dfrac{y}{x}\right)$, $\dfrac{\partial u}{\partial y}=x+F'\left(\dfrac{y}{x}\right)$

(E) $\dfrac{\partial u}{\partial x}=y+F\left(\dfrac{y}{x}\right)-\dfrac{y}{x}F'\left(\dfrac{y}{x}\right)$, $\dfrac{\partial u}{\partial y}=x-F'\left(\dfrac{y}{x}\right)$

【答案】 (A)。

【解析】 由 $u=xy+xF\left(\dfrac{y}{x}\right)$ 得

$$\frac{\partial u}{\partial x}=y+F\left(\frac{y}{x}\right)+xF'\left(\frac{y}{x}\right)\cdot\left(-\frac{y}{x^2}\right)=y+F\left(\frac{y}{x}\right)-\frac{y}{x}F'\left(\frac{y}{x}\right),$$

$$\frac{\partial u}{\partial y}=x+xF'\left(\frac{y}{x}\right)\cdot\frac{1}{x}=x+F'\left(\frac{y}{x}\right)$$。故选(A)。

【例 30】 (经济类)设 $z=\dfrac{1}{x}f(xy)+y\varphi(x+y)$,其中 f, φ 都是可导函数,则 $\dfrac{\partial z}{\partial x}$, $\dfrac{\partial z}{\partial y}$ 分别为________。

(A) $\dfrac{\partial z}{\partial x}=\dfrac{1}{x^2}f(xy)+\dfrac{y}{x}f'(xy)+y\varphi'(x+y)$, $\dfrac{\partial z}{\partial y}=f'(xy)+y\varphi'(x+y)+\varphi(x+y)$

(B) $\dfrac{\partial z}{\partial x}=-\dfrac{1}{x^2}f(xy)+\dfrac{y}{x}f'(xy)+y\varphi'(x+y)$, $\dfrac{\partial z}{\partial y}=f'(xy)+y\varphi'(x+y)+\varphi(x+y)$

(C) $\dfrac{\partial z}{\partial x}=-\dfrac{1}{x^2}f(xy)-\dfrac{y}{x}f'(xy)+y\varphi'(x+y)$, $\dfrac{\partial z}{\partial y}=f'(xy)+y\varphi'(x+y)+$

$\varphi(x+y)$

(D) $\dfrac{\partial z}{\partial x}=-\dfrac{1}{x^2}f(xy)+\dfrac{y}{x}f'(xy)+\varphi'(x+y)$，$\dfrac{\partial z}{\partial y}=f'(xy)+y\varphi'(x+y)+\varphi(x+y)$

(E) $\dfrac{\partial z}{\partial x}=-\dfrac{1}{x^2}f(xy)+\dfrac{y}{x}f'(xy)+y\varphi'(x+y)$，$\dfrac{\partial z}{\partial y}=f'(xy)+y\varphi'(x+y)$

【答案】 (B)。

【解析】 $\dfrac{\partial z}{\partial x}=-\dfrac{1}{x^2}f(xy)+\dfrac{y}{x}f'(xy)+y\varphi'(x+y)$，$\dfrac{\partial z}{\partial y}=f'(xy)+y\varphi'(x+y)+\varphi(x+y)$。故选(B)。

【例 31】 (经济类)设 $f(x+y, xy)=x^2+y^2$，则 $\dfrac{\partial f(x, y)}{\partial x}+\dfrac{\partial f(x, y)}{\partial y}=$______。

(A) $2x-2$　　(B) $2x+2$　　(C) $x-1$　　(D) $x+1$　　(E) $2x-1$

【答案】 (A)。

【解析】 由题意得 $u=x+y$，$v=xy$，$f(u, v)=u^2-2v$，有 $f(x, y)=x^2-2y$，从而 $\dfrac{\partial f(x, y)}{\partial x}+\dfrac{\partial f(x, y)}{\partial y}=2x-2$，故选(A)。

【例 32】 (普研)设 $z=f\left(xy, \dfrac{x}{y}\right)+g\left(\dfrac{y}{x}\right)$，其中 f，g 均可微，则 $\dfrac{\partial z}{\partial x}=$______。

(A) $\dfrac{\partial z}{\partial x}=yf'_1+\dfrac{1}{y}f'_2-\dfrac{y}{x^2}g'$　　(B) $\dfrac{\partial z}{\partial x}=yf'_1-\dfrac{1}{y}f'_2-\dfrac{y}{x^2}g'$

(C) $\dfrac{\partial z}{\partial x}=-yf'_1+\dfrac{1}{y}f'_2-\dfrac{y}{x^2}g'$　　(D) $\dfrac{\partial z}{\partial x}=-yf'_1+\dfrac{1}{y}f'_2-\dfrac{y}{x^2}g'$

(E) $\dfrac{\partial z}{\partial x}=-yf'_1+\dfrac{1}{y}f'_2+\dfrac{y}{x^2}g'$

【答案】 (A)。

【解析】 由链式法则直接可得 $\dfrac{\partial z}{\partial x}=(xy)'_x f'_1+\left(\dfrac{x}{y}\right)'_x f'_2+\left(\dfrac{y}{x}\right)'g'\left(\dfrac{y}{x}\right)$。故选(A)。

【例 33】 (普研)设 $u=f(x, y, z)$ 有连续偏导数，$y=y(x)$ 和 $z=z(x)$ 分别由方程 $e^{xy}-y=0$ 和 $e^z-xz=0$ 确定，则 $\dfrac{du}{dx}=$______。

(A) $\dfrac{du}{dx}=\dfrac{\partial f}{\partial x}-\dfrac{y^2}{1-xy}\dfrac{\partial f}{\partial y}-\dfrac{xz}{xz-x}\dfrac{\partial f}{\partial z}$

(B) $\dfrac{du}{dx}=\dfrac{\partial f}{\partial x}+\dfrac{y^2}{1-xy}\dfrac{\partial f}{\partial y}+\dfrac{xz}{xz-x}\dfrac{\partial f}{\partial z}$

(C) $\dfrac{du}{dx}=\dfrac{\partial f}{\partial x}-\dfrac{y^2}{1-xy}\dfrac{\partial f}{\partial y}+\dfrac{z}{xz-x}\dfrac{\partial f}{\partial z}$

(D) $\frac{\mathrm{d}u}{\mathrm{d}x}=x\frac{\partial f}{\partial x}+\frac{y^2}{1-xy}\frac{\partial f}{\partial y}+\frac{z}{xz-x}\frac{\partial f}{\partial z}$

(E) $\frac{\mathrm{d}u}{\mathrm{d}x}=\frac{\partial f}{\partial x}+\frac{y^2}{1-xy}\frac{\partial f}{\partial y}+\frac{z}{xz-x}\frac{\partial f}{\partial z}$

【答案】 (E)。

【解析】 由题设有

$$\frac{\mathrm{d}u}{\mathrm{d}x}=\frac{\partial f}{\partial x}+\frac{\partial f}{\partial y}\frac{\mathrm{d}y}{\mathrm{d}x}+\frac{\partial f}{\partial z}\frac{\mathrm{d}z}{\mathrm{d}x}。\tag{$*$}$$

由 $e^{xy}-y=0$ 得

$$e^{xy}\left(y+x\frac{\mathrm{d}y}{\mathrm{d}x}\right)-\frac{\mathrm{d}y}{\mathrm{d}x}=0\Rightarrow\frac{\mathrm{d}y}{\mathrm{d}x}=\frac{ye^{xy}}{1-xe^{xy}}=\frac{y^2}{1-xy}。\qquad ①$$

由 $e^z-xz=0$ 得

$$e^z\frac{\mathrm{d}z}{\mathrm{d}x}-z-x\frac{\mathrm{d}z}{\mathrm{d}x}=0\Rightarrow\frac{\mathrm{d}z}{\mathrm{d}x}=\frac{z}{e^z-x}=\frac{z}{xz-x}。\qquad ②$$

将式①和式②代入式($*$)得

$$\frac{\mathrm{d}u}{\mathrm{d}x}=\frac{\partial f}{\partial x}+\frac{y^2}{1-xy}\frac{\partial f}{\partial y}+\frac{z}{xz-x}\frac{\partial f}{\partial z}。$$故选(E)。

题型7：隐函数的偏导数与全微分

【例34】 (经济类)设 $z=z(x,y)$ 是由方程 $x+y+z-xyz=0$ 所确定的隐函数,则偏导数 $\frac{\partial z}{\partial x}$ 和 $\frac{\partial z}{\partial y}$ 分别为________。

(A) $\frac{\partial z}{\partial x}=\frac{y-1}{1-xy},\frac{\partial z}{\partial y}=\frac{xz-1}{1-xy}$

(B) $\frac{\partial z}{\partial x}=\frac{yz-1}{1-xy},\frac{\partial z}{\partial y}=\frac{z-1}{1-xy}$

(C) $\frac{\partial z}{\partial x}=\frac{yz+1}{1-xy},\frac{\partial z}{\partial y}=\frac{xz-1}{1-xy}$

(D) $\frac{\partial z}{\partial x}=\frac{yz-1}{1-xy},\frac{\partial z}{\partial y}=\frac{xz+1}{1-xy}$

(E) $\frac{\partial z}{\partial x}=\frac{yz-1}{1-xy},\frac{\partial z}{\partial y}=\frac{xz-1}{1-xy}$

【答案】 (E)。

【解析】 对方程 $x+y+z-xyz=0$ 等号两边同时关于 x 求偏导得

$$1+\frac{\partial z}{\partial x}-yz-xy\frac{\partial z}{\partial x}=0,$$

整理得到 $\frac{\partial z}{\partial x}=\frac{yz-1}{1-xy}$,同理得 $\frac{\partial z}{\partial y}=\frac{xz-1}{1-xy}$。故选(E)。

【例35】 (经济类)求由方程 $xyz=\arctan(x+y+z)$ 所确定的隐函数 $z=z(x,y)$ 的 $\frac{\partial z}{\partial x}$ 和 $\frac{\partial z}{\partial y}$ 分别为________。

(A) $\dfrac{\partial z}{\partial x}=\dfrac{yz+yz(x+y+z)^2-1}{xy+xy(x+y+z)^2-1}$, $\dfrac{\partial z}{\partial y}=-\dfrac{xz+xz(x+y+z)^2-1}{xy+xy(x+y+z)^2-1}$

(B) $\dfrac{\partial z}{\partial x}=-\dfrac{yz+yz(x+y+z)^2-1}{xy+xy(x+y+z)^2-1}$, $\dfrac{\partial z}{\partial y}=\dfrac{xz+xz(x+y+z)^2-1}{xy+xy(x+y+z)^2-1}$

(C) $\dfrac{\partial z}{\partial x}=-\dfrac{yz+yz(x+y+z)^2-1}{xy+xy(x+y+z)^2-1}$, $\dfrac{\partial z}{\partial y}=-\dfrac{xz+xz(x+y+z)^2+1}{xy+xy(x+y+z)^2+1}$

(D) $\dfrac{\partial z}{\partial x}=-\dfrac{yz+yz(x+y+z)^2-1}{xy+xy(x+y+z)^2-1}$, $\dfrac{\partial z}{\partial y}=-\dfrac{xz+xz(x+y+z)^2-1}{xy+xy(x+y+z)^2-1}$

(E) $\dfrac{\partial z}{\partial x}=-\dfrac{yz+yz(x+y+z)^2+1}{xy+xy(x+y+z)^2+1}$, $\dfrac{\partial z}{\partial y}=-\dfrac{xz+xz(x+y+z)^2-1}{xy+xy(x+y+z)^2-1}$

【答案】 (D)。

【解析】 设 $F(x, y, z)=xyz-\arctan(x+y+z)$，求偏导数得

$$F'_x=yz-\frac{1}{1+(x+y+z)^2};\ F'_y=xz-\frac{1}{1+(x+y+z)^2};$$

$$F'_z=xy-\frac{1}{1+(x+y+z)^2}\text{。可得}$$

$$\frac{\partial z}{\partial x}=-\frac{F'_x}{F'_z}=-\frac{yz-\dfrac{1}{1+(x+y+z)^2}}{xy-\dfrac{1}{1+(x+y+z)^2}}=-\frac{yz+yz(x+y+z)^2-1}{xy+xy(x+y+z)^2-1};$$

$$\frac{\partial z}{\partial y}=-\frac{F'_y}{F'_z}=-\frac{xz-\dfrac{1}{1+(x+y+z)^2}}{xy-\dfrac{1}{1+(x+y+z)^2}}=-\frac{xz+xz(x+y+z)^2-1}{xy+xy(x+y+z)^2-1}\text{。}$$

故可得(D)。

【例 36】 方程 $\dfrac{x}{z}=\ln\dfrac{z}{y}$ 定义了 $z=z(x, y)$ 且 $z(0, 1)=\mathrm{e}$，则 $z'_x|_{(0, 1)}=$________。

(A) 0　　(B) 1　　(C) 2　　(D) 3　　(E) -1

【答案】 (B)。

【解析】 对 $\dfrac{x}{z}=\ln z-\ln y$ 求导有

$$\frac{z-xz'_x}{z^2}=\frac{z'_x}{z}$$

将 $x=0$, $z=\mathrm{e}$ 代入上式，有 $z'_x|_{(0, 1)}=1$。故选(B)。

【例 37】 设 $z=z(x, y)$ 是由方程 $z+\mathrm{e}^z=xy$ 所确定，则 $\dfrac{\partial z}{\partial x}$ 和 $\dfrac{\partial z}{\partial y}$ 分别为________。

(A) $\frac{\partial z}{\partial x}=\frac{1+y}{1+e^z}$, $\frac{\partial z}{\partial y}=\frac{x}{1+e^z}$　　(B) $\frac{\partial z}{\partial x}=\frac{y}{1+e^z}$, $\frac{\partial z}{\partial y}=\frac{1+x}{1+e^z}$

(C) $\frac{\partial z}{\partial x}=\frac{y}{1+e^z}$, $\frac{\partial z}{\partial y}=\frac{x}{1+e^z}$　　(D) $\frac{\partial z}{\partial x}=\frac{1+y}{1+e^z}$, $\frac{\partial z}{\partial y}=\frac{1+x}{1+e^z}$

(E) $\frac{\partial z}{\partial x}=\frac{ye^z}{1+e^z}$, $\frac{\partial z}{\partial y}=\frac{xe^z}{1+e^z}$

【答案】 (C)。

【解析】 **解法 1** 由 $z+e^z=xy$ 知 $z+e^z-xy=0$。由隐函数求导公式可得

$$\frac{\partial z}{\partial x}=-\frac{F_x}{F_z}=-\frac{-y}{1+e^z}=\frac{y}{1+e^z},\ \frac{\partial z}{\partial y}=-\frac{F_y}{F_z}=-\frac{-x}{1+e^z}=\frac{x}{1+e^z}。$$

解法 2 等式 $z+e^z=xy$ 两端分别对 x，y 求偏导得

$$(1+e^z)\frac{\partial z}{\partial x}=y,\ (1+e^z)\frac{\partial z}{\partial y}=x。$$

由以上两式解得 $\frac{\partial z}{\partial x}=\frac{y}{1+e^z}$, $\frac{\partial z}{\partial y}=\frac{x}{1+e^z}$。

解法 3 等式 $z+e^z=xy$ 两端求微分得

$$dz+e^z dz=y dx+x dy,$$

则
$$dz=\frac{y}{1+e^z}dx+\frac{x}{1+e^z}dy,$$

从而有
$$\frac{\partial z}{\partial x}=\frac{y}{1+e^z},\ \frac{\partial z}{\partial y}=\frac{x}{1+e^z}。$$故选(C)。

【例 38】 设方程 $F\left(\frac{x}{z}, \frac{z}{y}\right)=0$ 可确定函数 $z=z(x, y)$，则 $\frac{\partial z}{\partial x}$ 和 $\frac{\partial z}{\partial y}$ 分别为________。

(A) $\frac{\partial z}{\partial x}=\frac{F_1}{xyF_1-z^2F_2}$, $\frac{\partial z}{\partial y}=\frac{-z^3F_2}{y(xyF_1-z^2F_2)}$

(B) $\frac{\partial z}{\partial x}=\frac{yzF_1}{xyF_1-z^2F_2}$, $\frac{\partial z}{\partial y}=\frac{-yz^3F_2}{y(xyF_1-z^2F_2)}$

(C) $\frac{\partial z}{\partial x}=\frac{xyzF_1}{xyF_1-z^2F_2}$, $\frac{\partial z}{\partial y}=\frac{-z^3F_2}{y(xyF_1-z^2F_2)}$

(D) $\frac{\partial z}{\partial x}=\frac{yzF_1}{xyF_1-z^2F_2}$, $\frac{\partial z}{\partial y}=\frac{-z^3F_2}{y(xyF_1-z^2F_2)}$

(E) $\frac{\partial z}{\partial x}=\frac{yzF_1}{xyF_1-z^2F_2}$, $\frac{\partial z}{\partial y}=\frac{z^3F_2}{y(xyF_1-z^2F_2)}$

【答案】 (D)。

【解析】 等式 $F\left(\frac{x}{z}, \frac{z}{y}\right)=0$ 两端分别对 x 和 y 求偏导得

$$F_1 \cdot \left(\frac{1}{z}-\frac{x}{z^2}\frac{\partial z}{\partial x}\right)+F_2 \cdot \frac{1}{y}\frac{\partial z}{\partial x}=0。$$

$$F_1 \cdot \left(-\frac{x}{z^2}\right)\frac{\partial z}{\partial y}+F_2 \cdot \left(\frac{1}{y}\frac{\partial z}{\partial y}-\frac{z}{y^2}\right)=0。$$

由此解得 $\frac{\partial z}{\partial x}=\frac{yzF_1}{xyF_1-z^2F_2}$，$\frac{\partial z}{\partial y}=\frac{-z^3F_2}{y(xyF_1-z^2F_2)}$。故选(D)。

【例 39】 设 $u=f(x, y, z)$ 有连续一阶偏导数，$z=z(x, y)$ 由方程 $xe^x-ye^y=ze^z$ 所确定，则 $du=$________。

(A) $du=\left(\frac{\partial f}{\partial x}+\frac{\partial f}{\partial z}\frac{1+x}{1+z}e^{x-z}\right)dx-\left(\frac{\partial f}{\partial y}-\frac{\partial f}{\partial z}\frac{1+y}{1+z}e^{y-z}\right)dy$

(B) $du=\frac{\partial f}{\partial z}\frac{1+x}{1+z}e^{x-z}dx-\frac{\partial f}{\partial z}\frac{1+y}{1+z}e^{y-z}dy$

(C) $du=\frac{\partial f}{\partial z}\frac{1+x}{1+z}e^{x-z}dx+\frac{\partial f}{\partial z}\frac{1+y}{1+z}e^{y-z}dy$

(D) $du=\frac{\partial f}{\partial z}\frac{1+x}{1+z}e^{x-z}dx+\left(\frac{\partial f}{\partial y}-\frac{\partial f}{\partial z}\frac{1+y}{1+z}e^{y-z}\right)dy$

(E) $du=\left(\frac{\partial f}{\partial x}+\frac{\partial f}{\partial z}\frac{1+x}{1+z}e^{x-z}\right)dx+\left(\frac{\partial f}{\partial y}-\frac{\partial f}{\partial z}\frac{1+y}{1+z}e^{y-z}\right)dy$

【答案】 (E)。

【解析】 **解法 1** 由 $u=f(x, y, z)$ 知 $\frac{\partial u}{\partial x}=\frac{\partial f}{\partial x}+\frac{\partial f}{\partial z}\frac{\partial z}{\partial x}$。

等式 $xe^x-ye^y=ze^z$ 两端对 x 求导得 $e^x+xe^x=(e^z+ze^z)\frac{\partial z}{\partial x}$，

由此可得
$$\frac{\partial z}{\partial x}=\frac{e^x(1+x)}{e^z(1+z)}=\frac{1+x}{1+z}e^{x-z},$$

则
$$\frac{\partial u}{\partial x}=\frac{\partial f}{\partial x}+\frac{\partial f}{\partial z}\frac{1+x}{1+z}e^{x-z}。$$

同理可求得
$$\frac{\partial u}{\partial y}=\frac{\partial f}{\partial y}-\frac{\partial f}{\partial z}\frac{1+y}{1+z}e^{y-z}。$$

故
$$du=\left(\frac{\partial f}{\partial x}+\frac{\partial f}{\partial z}\frac{1+x}{1+z}e^{x-z}\right)dx+\left(\frac{\partial f}{\partial y}-\frac{\partial f}{\partial z}\frac{1+y}{1+z}e^{y-z}\right)dy。$$

解法 2 由 $u=f(x, y, z)$ 知，$du=\frac{\partial f}{\partial x}dx+\frac{\partial f}{\partial y}dy+\frac{\partial f}{\partial z}dz$。

等式 $xe^x-ye^y=ze^z$ 两端求微分得

$$(e^x+xe^x)dx-(e^y+ye^y)dy=(e^z+ze^z)dz,$$

解得
$$dz=\frac{1+x}{1+z}e^{x-z}dx-\frac{1+y}{1+z}e^{y-z}dy。$$

将 dz 代入 $du=\frac{\partial f}{\partial x}dx+\frac{\partial f}{\partial y}dy+\frac{\partial f}{\partial z}dz$ 得

$$du=\left(\frac{\partial f}{\partial x}+\frac{\partial f}{\partial z}\frac{1+x}{1+z}e^{x-z}\right)dx+\left(\frac{\partial f}{\partial y}-\frac{\partial f}{\partial z}\frac{1+y}{1+z}e^{y-z}\right)dy。$$故选(E)。

【例 40】 设 $u=f(x,y,z)$，$\varphi(x^2,e^y,z)=0$，$y=\sin x$ 确定了函数 $u=u(x)$，其中 f，φ 都有一阶连续偏导数，且 $\frac{\partial\varphi}{\partial z}\neq 0$，则 $\frac{du}{dx}=$________。

(A) $\frac{du}{dx}=\frac{\partial f}{\partial x}+\frac{\partial f}{\partial y}\cos x-\frac{\frac{\partial f}{\partial z}}{\varphi_3}(x\varphi_1+\varphi_2e^y\cos x)$

(B) $\frac{du}{dx}=\frac{\partial f}{\partial x}-\frac{\partial f}{\partial y}\cos x+\frac{\frac{\partial f}{\partial z}}{\varphi_3}(2x\varphi_1+\varphi_2e^y\cos x)$

(C) $\frac{du}{dx}=\frac{\partial f}{\partial x}-\frac{\partial f}{\partial y}\cos x-\frac{\frac{\partial f}{\partial z}}{\varphi_3}(2x\varphi_1+\varphi_2e^y\cos x)$

(D) $\frac{du}{dx}=\frac{\partial f}{\partial x}+\frac{\partial f}{\partial y}\cos x+\frac{\frac{\partial f}{\partial z}}{\varphi_3}(2x\varphi_1+\varphi_2e^y\cos x)$

(E) $\frac{du}{dx}=\frac{\partial f}{\partial x}+\frac{\partial f}{\partial y}\cos x-\frac{\frac{\partial f}{\partial z}}{\varphi_3}(2x\varphi_1+\varphi_2e^y\cos x)$

【答案】 (E)。

【解析】 **解法 1** $\frac{du}{dx}=\frac{\partial f}{\partial x}+\frac{\partial f}{\partial y}\cos x+\frac{\partial f}{\partial z}\frac{dz}{dx}$，对 $\varphi(x^2,e^y,z)=0$ 两端的 x 求导得

$$\varphi_1 2x+\varphi_2e^y\cos x+\varphi_3\frac{dz}{dx}=0,$$

解得
$$\frac{dz}{dx}=-\frac{1}{\varphi_3}(2x\varphi_1+\varphi_2e^y\cos x)。$$

将 $\frac{dz}{dx}$ 代入 $\frac{du}{dx}=\frac{\partial f}{\partial x}+\frac{\partial f}{\partial y}\cos x+\frac{\partial f}{\partial z}\frac{dz}{dx}$ 得

$$\frac{du}{dx}=\frac{\partial f}{\partial x}+\frac{\partial f}{\partial y}\cos x-\frac{\frac{\partial f}{\partial z}}{\varphi_3}(2x\varphi_1+\varphi_2e^y\cos x)。$$

解法 2　由 $u=f(x,y,z)$ 知

$$du=\frac{\partial f}{\partial x}dx+\frac{\partial f}{\partial y}dy+\frac{\partial f}{\partial z}dz。\qquad ①$$

等式 $\varphi(x^2,e^y,z)=0$ 两端求微分得

$$\varphi_1 2x\,dx+\varphi_2 e^y dy+\varphi_3 dz=0。\qquad ②$$

由 $y=\sin x$ 知 $dy=\cos x\,dx$，将 $dy=\cos x\,dx$ 代入式②得

$$dz=-\frac{1}{\varphi_3}(\varphi_1 2x+\varphi_2 e^y\cos x)dx。$$

将该式中的 dz 和 $dy=\cos x\,dx$ 代入式①得

$$du=\left[\frac{\partial f}{\partial x}+\frac{\partial f}{\partial y}\cos x-\frac{\frac{\partial f}{\partial z}}{\varphi_3}(2x\varphi_1+\varphi_2 e^y\cos x)\right]dx,$$

故 $\dfrac{du}{dx}=\dfrac{\partial f}{\partial x}+\dfrac{\partial f}{\partial y}\cos x-\dfrac{\frac{\partial f}{\partial z}}{\varphi_3}(2x\varphi_1+\varphi_2 e^y\cos x)$。选(E)。

【例 41】　设 $y=f(x,t)$，且方程 $F(x,y,t)=0$ 确定了函数 $t=t(x,y)$，则 $\dfrac{dy}{dx}=$ ________。

(A) $\dfrac{dy}{dx}=\dfrac{\frac{\partial F}{\partial t}\frac{\partial f}{\partial x}+\frac{\partial F}{\partial x}\frac{\partial f}{\partial t}}{\frac{\partial F}{\partial t}+\frac{\partial F}{\partial y}\frac{\partial f}{\partial t}}$

(B) $\dfrac{dy}{dx}=\dfrac{\frac{\partial F}{\partial t}\frac{\partial f}{\partial x}-\frac{\partial F}{\partial x}\frac{\partial f}{\partial t}}{\frac{\partial F}{\partial t}-\frac{\partial F}{\partial y}\frac{\partial f}{\partial t}}$

(C) $\dfrac{dy}{dx}=\dfrac{\frac{\partial F}{\partial t}\frac{\partial f}{\partial x}+\frac{\partial F}{\partial x}\frac{\partial f}{\partial t}}{\frac{\partial F}{\partial t}-\frac{\partial F}{\partial y}\frac{\partial f}{\partial t}}$

(D) $\dfrac{dy}{dx}=\dfrac{\frac{\partial F}{\partial t}\frac{\partial f}{\partial x}-\frac{\partial F}{\partial x}\frac{\partial f}{\partial t}}{\frac{\partial F}{\partial y}\frac{\partial f}{\partial t}}$

(E) $\dfrac{dy}{dx}=\dfrac{\frac{\partial F}{\partial t}\frac{\partial f}{\partial x}-\frac{\partial F}{\partial x}\frac{\partial f}{\partial t}}{\frac{\partial F}{\partial t}+\frac{\partial F}{\partial y}\frac{\partial f}{\partial t}}$

【答案】　(E)。

【解析】　**解法 1**　等式 $y=f(x,t(x,y))$ 两端对 x 求导得

$$\frac{dy}{dx}=\frac{\partial f}{\partial x}+\frac{\partial f}{\partial t}\left(\frac{\partial t}{\partial x}+\frac{\partial t}{\partial y}\frac{dy}{dx}\right),$$

而 $t=t(x,y)$，由 $F(x,y,t)=0$ 所确定，则

$$\frac{\partial t}{\partial x}=-\frac{\frac{\partial F}{\partial x}}{\frac{\partial F}{\partial t}},\ \frac{\partial t}{\partial y}=-\frac{\frac{\partial F}{\partial y}}{\frac{\partial F}{\partial t}},$$

于是 $$\frac{\mathrm{d}y}{\mathrm{d}x}=\frac{\partial f}{\partial x}-\frac{\partial f}{\partial t}\left(\frac{\frac{\partial F}{\partial x}}{\frac{\partial F}{\partial t}}+\frac{\frac{\partial F}{\partial y}}{\frac{\partial F}{\partial t}}\frac{\mathrm{d}y}{\mathrm{d}x}\right)\Rightarrow\frac{\mathrm{d}y}{\mathrm{d}x}=\frac{\frac{\partial F}{\partial t}\frac{\partial f}{\partial x}-\frac{\partial F}{\partial x}\frac{\partial f}{\partial t}}{\frac{\partial F}{\partial t}+\frac{\partial F}{\partial y}\frac{\partial f}{\partial t}}。$$

解法 2 由 $y=f(x,t)$ 知 $\mathrm{d}y=\frac{\partial f}{\partial x}\mathrm{d}x+\frac{\partial f}{\partial t}\mathrm{d}t$，由 $F(x,y,t)=0$ 知 $\frac{\partial F}{\partial x}\mathrm{d}x+\frac{\partial F}{\partial y}\mathrm{d}y+\frac{\partial F}{\partial t}\mathrm{d}t=0$。

解得 $\mathrm{d}t=-\frac{1}{\frac{\partial F}{\partial t}}\left(\frac{\partial F}{\partial x}\mathrm{d}x+\frac{\partial F}{\partial y}\mathrm{d}y\right)$。将 $\mathrm{d}t$ 的表达式代入 $\mathrm{d}y=\frac{\partial f}{\partial x}\mathrm{d}x+\frac{\partial f}{\partial t}\mathrm{d}t$，并整理可得 $\frac{\mathrm{d}y}{\mathrm{d}x}=\frac{\frac{\partial F}{\partial t}\frac{\partial f}{\partial x}-\frac{\partial F}{\partial x}\frac{\partial f}{\partial t}}{\frac{\partial F}{\partial t}+\frac{\partial F}{\partial y}\frac{\partial f}{\partial t}}$。故选(E)。

题型 8：求无条件极值

【例 42】 (经济类)函数 $z=x^3+y^3-3xy$，则________。

(A) 点 (1，1) 是函数的极大值点　　(B) 点 (1，1) 是函数的极小值点

(C) 点(0，0)是函数的极大值点　　(D) 点(0，0)是函数的极小值点

(E) 点 (1，1) 不是函数的极值点

【答案】 (B)。

【解析】 由题易得 $\frac{\partial z}{\partial x}=3x^2-3y$，$\frac{\partial z}{\partial y}=3y^2-3x$，$\frac{\partial^2 z}{\partial x^2}=6x$，$\frac{\partial^2 z}{\partial x\partial y}=-3$，$\frac{\partial^2 z}{\partial y^2}=6y$。

令 $A=\frac{\partial^2 z}{\partial x^2}$，$B=\frac{\partial^2 z}{\partial x\partial y}$，$C=\frac{\partial^2 z}{\partial y^2}$，令 $\frac{\partial z}{\partial x}=3x^2-3y=0$，$\frac{\partial z}{\partial y}=3y^2-3x=0$，易得驻点为(0，0)，(1，1)。

由无条件极值知：$B^2-AC<0$ 时，函数 Z 取得极值；

(0，0)代入 $B^2-AC=9>0$，显然不符，故排除(0，0)；(1，1)代入 $B^2-AC=-27<0$，且 $A=6x\,|_{x=1}=6>0$，故(1，1)为极小值点。答案选(B)。

【例 43】 (普研)设可微函数 $f(x,y)$ 在点 (x_0,y_0) 取得极小值，则下列结论正确的是________。

(A) $f(x_0, y)$ 在 $y=y_0$ 处的导数等于零　(B) $f(x_0, y)$ 在 $y=y_0$ 处的导数大于零
(C) $f(x_0, y)$ 在 $y=y_0$ 处的导数小于零　(D) $f(x_0, y)$ 在 $y=y_0$ 处的导数不存在
(E) 以上说法均错误

【答案】 (A)。

【解析】 由函数 $f(x, y)$ 在点 (x_0, y_0) 可微分,知函数 $f(x, y)$ 在点 (x_0, y_0) 处的两个偏导数都存在,又由二元函数极值的必要条件即得 $f(x, y)$ 在点 (x_0, y_0) 的两个偏导数都等于零,从而有 $\left.\dfrac{\mathrm{d}f(x_0, y)}{\mathrm{d}y}\right|_{y=y_0}=\left.\dfrac{\partial f}{\partial y}\right|_{(x, y)=(x_0, y_0)}=0$,故应选(A)。

【例 44】 设 $z=f(x, y)$ 在点(0, 0)处连续,且 $\lim\limits_{\substack{x\to 0\\ y\to 0}}\dfrac{f(x, y)}{\sin(x^2+y^2)}=-1$,则________。

(A) $f_x(0, 0)$ 不存在　(B) $f_x(0, 0)$ 存在但不为零
(C) $f(x, y)$ 在(0, 0)处取极小值　(D) $f(x, y)$ 在(0, 0)处取极大值
(E) 以上说法均错误

【答案】 (D)。

【解析】 **解法 1**　直接法。

由于 $\lim\limits_{\substack{x\to 0\\ y\to 0}}\dfrac{f(x, y)}{\sin(x^2+y^2)}=-1<0$,由极限的保号性知,存在(0, 0)点的去心邻域,使 $\dfrac{f(x, y)}{\sin(x^2+y^2)}<0$,而 $\sin(x^2+y^2)>0$,则 $f(x, y)<0$。再由 $\lim\limits_{\substack{x\to 0\\ y\to 0}}\dfrac{f(x, y)}{\sin(x^2+y^2)}=-1$ 及 $f(x, y)$ 在(0, 0)的连续性知 $f(0, 0)=0$。由极值定义知 $f(x, y)$ 在(0, 0)点取极大值。

解法 2　排除法。

取 $f(x, y)=-(x^2+y^2)$,显然满足原题条件,但 $f_x(0, 0)=0$, $f(x, y)=-(x^2+y^2)$ 在(0, 0)点取极大值,因此选项(A)、(B)、(C)均不正确,故应选(D)。

题型 9:　求条件极值

【例 45】 函数 $z=\ln x+3\ln y$ 在条件 $x^2+y^2=25$ 下的极值点的坐标为________。

(A) $(\sqrt{5}, 2\sqrt{5})$　(B) $(4, 3)$
(C) $(3, 4)$　(D) $(1, 2\sqrt{6})$
(E) $\left(\dfrac{5}{2}, \dfrac{5\sqrt{3}}{2}\right)$

【答案】 (E)。

【解析】 设拉格朗日函数 $L(x, y, \lambda)=\ln x+3\ln y+\lambda(x^2+y^2-25)$。

求偏导得 $$\begin{cases} L'_x=\dfrac{1}{x}+2\lambda x=0, \\ L'_y=\dfrac{3}{y}+2\lambda y=0, \\ L'_\lambda=x^2+y^2-25=0。\end{cases}$$

解得 $x=\frac{5}{2}$ 或 $x=-\frac{5}{2}$(不合题意,舍去),$y=\frac{5\sqrt{3}}{2}$。故所求极值点为 $\left(\frac{5}{2}, \frac{5\sqrt{3}}{2}\right)$。选(E)。

【例 46】 函数 $u=x^2+y^2+z^2$ 在约束条件 $z=x^2+y^2$ 和 $x+y+z=4$ 下的最大和最小值分别为________。

(A) 36, 3 (B) 72, 6 (C) 18, 3 (D) 72, 12 (E) 24, 72

【答案】 (B)。

【解析】 令 $F=x^2+y^2+z^2+\lambda(z-x^2-y^2)+\mu(x+y+z-4)$,

由 $\begin{cases} F_x=2x-2\lambda x+\mu=0 \\ F_y=2y-2\lambda y+\mu=0 \\ F_z=2z+\lambda+\mu=0 \\ F_\lambda=z-x^2-y^2=0 \\ F_\mu=x+y+z-4=0 \end{cases}$ 得 $(x_1, y_1, z_1)=(1, 1, 2)$;$(x_2, y_2, z_2)=(-2, -2, 8)$,故所求最大值为 72,最小值为 6。选(B)。

【例 47】 某工厂生产两种产品,产量分别为 x 和 y,总成本为 $C=800+34x+70y$,总收入为 $R=134x+150y-2x^2-2xy-y^2$。在限定两种产品产量之和为 30 的条件下,该厂生产两种产品产量各为________才能使利润最大。

(A) $x=20$, $y=10$ (B) $x=10$, $y=20$

(C) $x=15$, $y=15$ (D) $x=5$, $y=25$

(E) $x=25$, $y=5$

【答案】 (B)。

【解析】 **解法 1** 利润函数 $\pi(x, y)=R-C=100x+80y-2x^2-2xy-y^2-800$,约束方程为 $x+y=30$。

取 $F(x, y, \lambda)=100x+80y-2x^2-2xy-y^2-800+\lambda(x+y-30)$,求偏导可得

$$\begin{cases} F'_x=100-4x-2y+\lambda=0 \\ F'_y=80-2y-2x+\lambda=0 \\ F'_\lambda=x+y-30=0 \end{cases},$$

解得 $\begin{cases} x=10 \\ y=20 \end{cases}$。依题可知利润存在最大值,所以当 $x=10$, $y=20$ 时该厂利润最大。

解法 2 将 $y=30-x$ 代入 $\pi(x, y)$,有 $\pi(x, 30-x)=-x^2+20x+700$,令 $\pi'=-2x+20=0$,得 $x=10$,又 $\pi''=-2<0$,知 $x=10$ 为最大值点,此时 $y=20$,即当 $x=10$, $y=20$ 时,该厂利润最大。故选(B)。

【例 48】 (普研)设生产某种产品必须投入两种要素,x_1, x_2 分别为两要素的投入量,生产函数 $Q=2x_1^{\alpha}x_2^{\beta}$,其中 α、β 为正常数,且 $\alpha+\beta=1$。假设两种要素的价格分别为 p_1, p_2,则当产出量为 12 时,两要素各投入________可以使得投入总费用最小。

(A) $x_1=6\left(\frac{p_2\alpha}{p_1\beta}\right)^{\beta}$，$x_2=6\left(\frac{p_1\beta}{p_2\alpha}\right)^{\alpha}$　　(B) $x_1=\left(\frac{p_2\alpha}{p_1\beta}\right)^{\beta}$，$x_2=6\left(\frac{p_1\beta}{p_2\alpha}\right)^{\alpha}$

(C) $x_1=6\left(\frac{p_2\alpha}{p_1\beta}\right)^{\beta}$，$x_2=\left(\frac{p_1\beta}{p_2\alpha}\right)^{\alpha}$　　(D) $x_1=\left(\frac{p_2\alpha}{p_1\beta}\right)^{\beta}$，$x_2=\left(\frac{p_1\beta}{p_2\alpha}\right)^{\alpha}$

(E) $x_1=2\left(\frac{p_2\alpha}{p_1\beta}\right)^{\beta}$，$x_2=2\left(\frac{p_1\beta}{p_2\alpha}\right)^{\alpha}$

【答案】 (A)。

【解析】 按题目要求应在产出量 $2x_1^{\alpha}x_2^{\beta}=12$ 的条件下，求总费用 $p_1x_1+p_2x_2$ 的最小值，为此做拉格朗日函数 $F(x_1,\ x_2,\ \lambda)=p_1x_1+p_2x_2+\lambda(12-2x_1^{\alpha}x_2^{\beta})$，求偏导可得

$$\begin{cases}\dfrac{\partial F}{\partial x}=p_1-2\alpha x_1^{\alpha-1}x_2^{\beta}=0 & ① \\ \dfrac{\partial F}{\partial y}=p_2-2\beta x_1^{\alpha}x_2^{\beta-1}=0 & ② \\ \dfrac{\partial F}{\partial \lambda}=12-2x_1^{\alpha}x_2^{\beta}=0 & ③\end{cases}。$$

由式①和式②得 $\dfrac{p_2}{p_1}=\dfrac{\beta x_1}{\alpha x_2}$，将 $x_1=\dfrac{\alpha p_2x_2}{p_1\beta}$ 代入式③，得 $\begin{cases}x_1=6\left(\dfrac{p_2\alpha}{p_1\beta}\right)^{\frac{\beta}{\alpha+\beta}} \\ x_2=6\left(\dfrac{p_1\beta}{p_2\alpha}\right)^{\frac{\alpha}{\alpha+\beta}}\end{cases}$，又因为 $\alpha+\beta=1$，所以 $x_2=6\left(\dfrac{p_1\beta}{p_2\alpha}\right)^{\alpha}$，$x_1=6\left(\dfrac{p_2\alpha}{p_1\beta}\right)^{\beta}$。

因驻点唯一，且实际问题一定存在最小值，故计算结果说明当 $x_1=6\left(\dfrac{p_2\alpha}{p_1\beta}\right)^{\beta}$，$x_2=6\left(\dfrac{p_1\beta}{p_2\alpha}\right)^{\alpha}$ 时投入费用最小。故选(A)。

【例 49】 (普研)假设某企业在两个相互分割的市场上出售同一种产品，两个市场的需求函数分别是 $p_1=18-2Q_1$，$p_2=12-Q_2$，其中 p_1，p_2 分别表示该产品在两个市场的价格(单位：万元/吨)，Q_1，Q_2 分别表示该产品在两个市场的销售量(即需求量，单位：吨)，并且该企业生产这种产品的总成本函数是 $C=2Q+5$。其中，Q 表示该产品在两个市场的销售总量，即 $Q=Q_1+Q_2$，如果该企业实行价格差别策略，试确定两个市场上产品的销售量和价格分别为________，以使该企业获得最大利润。

(A) $Q_1=5$，$Q_2=4$；$p_1=10$(万元 / 吨)，$p_2=7$(万元 / 吨)
(B) $Q_1=4$，$Q_2=5$；$p_1=7$(万元 / 吨)，$p_2=10$(万元 / 吨)
(C) $Q_1=3$，$Q_2=6$；$p_1=10$(万元 / 吨)，$p_2=7$(万元 / 吨)
(D) $Q_1=2$，$Q_2=7$；$p_1=10$(万元 / 吨)，$p_2=7$(万元 / 吨)
(E) $Q_1=4$，$Q_2=5$；$p_1=10$(万元 / 吨)，$p_2=7$(万元 / 吨)

【答案】 (E)。

【解析】 根据题意,总利润函数为

$$L=R-C=p_1Q_1+p_2Q_2-(2Q+5)=-2Q_1^2-Q_2^2+16Q_1+10Q_2-5。$$

令$\begin{cases}L'_{Q_1}=-4Q_1+16=0\\L'_{Q_2}=-2Q_2+10=0\end{cases}$,解得唯一驻点 $Q_1=4$, $Q_2=5$,对应的价格分别为 $p_1=10$(万元/吨),$p_2=7$(万元/吨)。因驻点唯一,且实际问题一定存在最大值,故最大值必在驻点处达到。最大利润为

$$L=-2\times4^2-5^2+16\times4+10\times5-5=52(\text{万元})。\text{故选(E)。}$$

题型10: 求最大最小值

【例50】 函数 $z=x^2y(4-x-y)$ 在直线 $x+y=6$, x 轴和 y 轴所围成的区域 D 上的最大值和最小值分别为________。

(A) 0, −64 (B) 4, −64 (C) 4, −36 (D) 0, −36 (E) 1, −64

【答案】 (B)。

【解析】 先求区域 0 的最大值,$\frac{\partial z}{\partial x}=2xy(4-x-y)-x^2y=xy(8-3x-2y)$, $\frac{\partial z}{\partial y}=x^2(4-x-y)-x^2y=x^2(4-x-2y)$。即 $\begin{cases}3x+2y=8,\\x+2y=4,\end{cases}$ 由此可解得 $z(x, y)$ 在 D 内唯一驻点 $(2, 1)$,且 $z(2, 1)=4$。

在 D 的边界 $y=0$, $0\leqslant x\leqslant6$ 或 $x=0$, $0\leqslant y\leqslant6$ 上,$z(x, y)=0$。

在边界 $x+y=6(0\leqslant x\leqslant6)$ 上,$z(x, y)=2(x^3-6x^2)(0\leqslant x\leqslant6)$。令 $\varphi(x)=2(x^3-6x^2)$, $0\leqslant x\leqslant6$,则 $\varphi'(x)=6x^2-24x$。令 $\varphi'(x)=0$,得 $x=4$, $\varphi(0)=0$, $\varphi(4)=-64$, $\varphi(6)=0$。则 $z(x, y)$ 在边界 $x+y=6(0\leqslant x\leqslant6)$ 上的最大值为 0,最小值为 −64。

由此可知 $z(x, y)$ 在区域 D 上最大值为 4,最小值为 −64。故选(B)。

【例51】 在椭圆 $x^2+4y^2=4$ 上的________,其到直线 $2x+3y-6=0$ 的距离最短。

(A) $(0, 1)$ (B) $\left(\frac{8}{5}, \frac{3}{5}\right)$

(C) $(2, 0)$ (D) $\left(-\frac{8}{5}, -\frac{3}{5}\right)$

(E) $\left(-\frac{8}{5}, \frac{3}{5}\right)$

【答案】 (B)。

【解析】 **解法1** 椭圆 $x^2+4y^2=4$ 上的点 $p(x, y)$ 到直线 $2x+3y-6=0$ 的距离为 $d=\frac{|2x+3y-6|}{\sqrt{13}}$,显然将 d 作为目标函数不方便,而 $d^2=\frac{(2x+3y-6)^2}{13}$。

所以只要求得函数 $(2x+3y-6)^2$ 在条件 $x^2+4y^2=4$ 下的最小值点即可。

令 $$F(x, y, \lambda)=(2x+3y-6)^2+\lambda(x^2+4y^2-4),\text{则}$$

$$\begin{cases}F_x=4(2x+3y-6)+2\lambda x=0,\\F_y=6(2x+3y-6)+8\lambda y=0,\\F_\lambda=x^2+4y^2-4=0,\end{cases}$$

从而得 $\begin{cases}x_1=\dfrac{8}{5}\\y_1=\dfrac{3}{5}\end{cases}$ 和 $\begin{cases}x_2=-\dfrac{8}{5}\\y_2=-\dfrac{3}{5}\end{cases}$，$d\big|_{(x_1,\,y_1)}=\dfrac{1}{\sqrt{13}}$，$d\big|_{(x_2,\,y_2)}=\dfrac{11}{\sqrt{13}}$。

由本题实际意义得最短距离存在，则点 $\left(\dfrac{8}{5},\dfrac{3}{5}\right)$ 为所求的点。

解法2 作椭圆 $x^2+4y^2=4$ 的切线 l，使其与直线 $2x+3y-6=0$ 平行，这样的切线应有两条，对应的两个切点，其中一个是距直线 $2x+3y-6=0$ 最远的点，另一个则是距直线 $2x+3y-6=0$ 最近的点。

直线 $2x+3y-6=0$ 的斜率为 $k=-\dfrac{2}{3}$，而椭圆 $x^2+4y^2=4$ 在点 $p(x,y)$ 处切线的斜率可由等式 $2x+8yy'=0$ 得到，即 $y'=-\dfrac{x}{4y}$。则 $-\dfrac{2}{3}=-\dfrac{x}{4y}$，即 $8y=3x$。

将 $8y=3x$ 与 $x^2+4y^2=4$ 联立得 $\begin{cases}x_1=\dfrac{8}{5}\\y_1=\dfrac{3}{5}\end{cases}$，$\begin{cases}x_2=-\dfrac{8}{5}\\y_2=-\dfrac{3}{5}\end{cases}$。由几何意义知，点 $\left(\dfrac{8}{5},\dfrac{3}{5}\right)$ 应为所求的点。故选(B)。

4.5 过关练习题精练

【习题1】 设 $f(x,y)=\begin{cases}\dfrac{x^2y}{x^2+y^2}, & (x,y)\neq(0,0)\\0, & (x,y)=(0,0)\end{cases}$，则 $\dfrac{\partial f}{\partial x}\Big|_{(0,0)}=$________。

(A) ∞　　(B) 1　　(C) 0　　(D) 2　　(E) 不存在，非 ∞

【答案】 (C)。

【解析】 $\dfrac{\partial f(0,0)}{\partial x}=\lim\limits_{x\to0}\dfrac{f(x,0)-f(0,0)}{x}=\lim\limits_{x\to0}\dfrac{0-0}{x}=0$，故选(C)。

【习题2】 $z=x^3y-y^3x$ 的偏导数 $\dfrac{\partial z}{\partial x}$ 和 $\dfrac{\partial z}{\partial y}$ 分别为________。

(A) $\dfrac{\partial z}{\partial x}=3x^2y-y^3$，$\dfrac{\partial z}{\partial y}=x^3-3xy^2$

(B) $\dfrac{\partial z}{\partial x}=x^2y-y^3$，$\dfrac{\partial z}{\partial y}=x^3-3xy^2$

(C) $\frac{\partial z}{\partial x}=3x^2y-y^3$，$\frac{\partial z}{\partial y}=x^3-xy^2$

(D) $\frac{\partial z}{\partial x}=3x^2y+y^3$，$\frac{\partial z}{\partial y}=x^3-3xy^2$

(E) $\frac{\partial z}{\partial x}=3x^2y-y^3$，$\frac{\partial z}{\partial y}=x^3+3xy^2$

【答案】 (A)。

【解析】 $\frac{\partial z}{\partial x}=3x^2y-y^3$，$\frac{\partial z}{\partial y}=x^3-3xy^2$。故选(A)。

【习题 3】 $z=\sqrt{\ln(xy)}$ 的偏导数 $\frac{\partial z}{\partial x}$ 和 $\frac{\partial z}{\partial y}$ 分别为________。

(A) $\frac{\partial z}{\partial x}=\frac{1}{x\sqrt{\ln(xy)}}$，$\frac{\partial z}{\partial y}=\frac{1}{2y\sqrt{\ln(xy)}}$

(B) $\frac{\partial z}{\partial x}=\frac{1}{2x\sqrt{\ln(xy)}}$，$\frac{\partial z}{\partial y}=\frac{1}{y\sqrt{\ln(xy)}}$

(C) $\frac{\partial z}{\partial x}=\frac{1}{2x\sqrt{\ln(xy)}}$，$\frac{\partial z}{\partial y}=\frac{1}{2y\sqrt{\ln(xy)}}$

(D) $\frac{\partial z}{\partial x}=\frac{1}{x\sqrt{\ln(xy)}}$，$\frac{\partial z}{\partial y}=\frac{1}{y\sqrt{\ln(xy)}}$

(E) $\frac{\partial z}{\partial x}=\frac{1}{\sqrt{\ln(xy)}}$，$\frac{\partial z}{\partial y}=\frac{1}{2y\sqrt{\ln(xy)}}$

【答案】 (C)。

【解析】 $\frac{\partial z}{\partial x}=\frac{1}{2}\cdot\frac{1}{\sqrt{\ln(xy)}}\cdot\frac{y}{xy}=\frac{1}{2x\sqrt{\ln(xy)}}$，$\frac{\partial z}{\partial y}=\frac{1}{2}\cdot\frac{1}{\sqrt{\ln(xy)}}\cdot\frac{x}{xy}=\frac{1}{2y\sqrt{\ln(xy)}}$。故选(C)。

【习题 4】 $z=\sin(xy)+\cos^2(xy)$ 的偏导数 $\frac{\partial z}{\partial x}$ 和 $\frac{\partial z}{\partial y}$ 分别为________。

(A) $\frac{\partial z}{\partial x}=\cos(xy)-\sin(2xy)$，$\frac{\partial z}{\partial y}=x\cos(xy)-x\sin(2xy)$

(B) $\frac{\partial z}{\partial x}=y\cos(xy)-y\sin(2xy)$，$\frac{\partial z}{\partial y}=x\cos(xy)-x\sin(2xy)$

(C) $\frac{\partial z}{\partial x}=y\cos(xy)-y\sin(2xy)$，$\frac{\partial z}{\partial y}=\cos(xy)-\sin(2xy)$

(D) $\frac{\partial z}{\partial x}=\cos(xy)-\sin(2xy)$，$\frac{\partial z}{\partial y}=\cos(xy)-\sin(2xy)$

(E) $\frac{\partial z}{\partial x}=y\cos(xy)+y\sin(2xy)$，$\frac{\partial z}{\partial y}=x\cos(xy)-x\sin(2xy)$

【答案】 (B)。

【解析】 $\frac{\partial z}{\partial x}=[\cos(xy)]\cdot y+2[\cos(xy)]\cdot[-\sin(xy)]\cdot y=y\cos(xy)-y\sin(2xy)$。同理，$\frac{\partial z}{\partial y}=x\cos(xy)-x\sin(2xy)$。故选(B)。

【习题 5】 $z=(1+xy)^y$ 的偏导数 $\frac{\partial z}{\partial x}$ 和 $\frac{\partial z}{\partial y}$ 分别为________。

(A) $\frac{\partial z}{\partial x}=y(1+xy)^{y-1}$，$\frac{\partial z}{\partial y}=(1+xy)^y\ln(1+xy)+xy(1+xy)^{y-1}$

(B) $\frac{\partial z}{\partial x}=y^2(1+xy)^{y-1}$，$\frac{\partial z}{\partial y}=\ln(1+xy)+xy(1+xy)^{y-1}$

(C) $\frac{\partial z}{\partial x}=y^2(1+xy)^{y-1}$，$\frac{\partial z}{\partial y}=(1+xy)^y\ln(1+xy)+xy(1+xy)^{y-1}$

(D) $\frac{\partial z}{\partial x}=2y^2(1+xy)^{y-1}$，$\frac{\partial z}{\partial y}=(1+xy)^y\ln(1+xy)+xy(1+xy)^{y-1}$

(E) $\frac{\partial z}{\partial x}=y^2(1+xy)^{y-1}$，$\frac{\partial z}{\partial y}=(1+xy)^y\ln(1+xy)$

【答案】 (C)。

【解析】 **解法 1** 两边取对数得 $\ln z=y\ln(1+xy)$，因此

$$\frac{1}{z}\frac{\partial z}{\partial x}=y\frac{y}{1+xy},\quad \frac{1}{z}\frac{\partial z}{\partial y}=\ln(1+xy)+y\frac{x}{1+xy},$$

即 $\frac{\partial z}{\partial x}=y^2(1+xy)^{y-1}$，$\frac{\partial z}{\partial y}=(1+xy)^y\ln(1+xy)+xy(1+xy)^{y-1}$。

解法 2 因为 $z=e^{y\ln(1+xy)}$，故

$$\frac{\partial z}{\partial x}=e^{y\ln(1+xy)}\frac{y^2}{1+xy}=y^2(1+xy)^{y-1},$$

$\frac{\partial z}{\partial y}=e^{y\ln(1+xy)}\left[\ln(1+xy)+\frac{xy}{1+xy}\right]=(1+xy)^y\ln(1+xy)+xy(1+xy)^{y-1}$。故选(C)。

【习题 6】 已知 $f(x,y)=\ln\left(y+\frac{x^2}{3y}\right)$，则 $\left.\frac{\partial f}{\partial y}\right|_{(2,1)}=$________。

(A) 0　　(B) 1　　(C) 2　　(D) -1　　(E) $-\frac{1}{7}$

【答案】 (E)。

【解析】 $\frac{\partial f}{\partial y}=[\ln(3y^2+x^2)-\ln(3y)]'_y=\frac{6y}{3y^2+x^2}-\frac{3}{3y}$，所以 $\left.\frac{\partial f}{\partial y}\right|_{(2,1)}=-\frac{1}{7}$。故

选(E)。

【习题 7】 设 $z=\ln(x+y^2)-y+2^{xy}$，则 $\left.\dfrac{\partial z}{\partial x}\right|_{(1,1)}=$________。

(A) $\dfrac{1}{2}+\ln 2$　　(B) $1+\ln 2$

(C) $\dfrac{1}{2}+2\ln 2$　　(D) $1+2\ln 2$

(E) 以上结论均不正确

【答案】 (C)。

【解析】 $z=\ln(x+y^2)-y+2^{xy}$，所以 $\dfrac{\partial z}{\partial x}=\dfrac{1}{x+y^2}+2^{xy}\cdot\ln 2\cdot y$，$\left.\left(\dfrac{\partial z}{\partial x}\right)\right|_{(1,1)}=\dfrac{1}{2}+2\ln 2$，故答案选择(C)。

【习题 8】 三元函数 $w(x,y,z)=x^{yz}(x>0)$，则 $x\dfrac{\partial w}{\partial x}+y\dfrac{\partial w}{\partial y}-z\dfrac{\partial w}{\partial z}=$________。

(A) xzw　　(B) $-xzw$

(C) yzw　　(D) $-yzw$

(E) 以上结论均不正确

【答案】 (C)。

【解析】 $\dfrac{\partial w}{\partial x}=yzx^{yz-1}$，$\dfrac{\partial w}{\partial y}=x^{yz}z\ln x$，$\dfrac{\partial w}{\partial z}=x^{yz}y\ln x$。

代入得 $x\dfrac{\partial w}{\partial x}+y\dfrac{\partial w}{\partial y}-z\dfrac{\partial w}{\partial z}=yzx^{yz}+yzx^{yz}\ln x-yzx^{yz}\ln x=yzx^{yz}=yzw$。故答案选择(C)。

【习题 9】 设函数 $x=x(y,z)$ 由方程 $F(x,z,x+y+z)=0$ 确定，函数 F 可微，则 $\dfrac{\partial x}{\partial y}=$________。

(A) $\dfrac{\partial x}{\partial y}=-\dfrac{F_3'(x,z,x+y+z)}{F_1'(x,z,x+y+z)+F_3'(x,z,x+y+z)}$

(B) $\dfrac{\partial x}{\partial y}=\dfrac{F_3'(x,z,x+y+z)}{F_1'(x,z,x+y+z)+F_3'(x,z,x+y+z)}$

(C) $\dfrac{\partial x}{\partial y}=\dfrac{F_3'(x,z,x+y+z)}{F_1'(x,z,x+y+z)-F_3'(x,z,x+y+z)}$

(D) $\dfrac{\partial x}{\partial y}=-\dfrac{F_3'(x,z,x+y+z)}{F_1'(x,z,x+y+z)-F_3'(x,z,x+y+z)}$

(E) $\frac{\partial x}{\partial y}=-\frac{F'_3(x, z, x+y+z)}{1+F'_1(x, z, x+y+z)}$

【答案】 (A)。

【解析】 在 $F(x, z, x+y+z)=0$ 两边对 y 求偏导数，有

$$F'_1\frac{\partial x}{\partial y}+F'_3\left[\frac{\partial x}{\partial y}+1\right]=0,$$

得

$$\frac{\partial x}{\partial y}=-\frac{F'_3(x, z, x+y+z)}{F'_1(x, z, x+y+z)+F'_3(x, z, x+y+z)}。$$故选(A)。

注意： F'_1 是指对第 1 个变量求偏导。F'_3 指对第 3 个变量求偏导。

【习题 10】 设由方程 $F\left(\frac{x}{z}, \frac{y}{z}\right)=0$ 确定了 $z=f(x, y)$，则________。

(A) $xz'_x+yz'_y=0$　　(B) $z'_x+z'_y=z$

(C) $z'_x+z'_y=0$　　(D) $xz'_x+yz'_y=1$

(E) $xz'_x+yz'_y=z$

【答案】 (E)。

【解析】 本题的考点是复合函数偏导数的求法。令 $\frac{x}{z}=u$，$\frac{y}{z}=v$，$F(u, v)=0$ 两边分别对 x 求导有

$$F'_u\frac{z-xz'_x}{z^2}+F'_v\frac{-yz'_x}{z^2}=0,$$

得

$$z'_x=\frac{zF'_u}{xF'_u+yF'_v}。$$

同样两边对 y 求导有

$$z'_y=\frac{zF'_v}{xF'_u+yF'_v},$$

得

$$xz'_x+yz'_y=z。$$

答案选择(E)。

【习题 11】 设 $z=f(x, y, z)=xy+xF(u)$，其中 F 为可微函数，且 $u=\frac{y}{x}$，则 $x\frac{\partial z}{\partial x}+y\frac{\partial z}{\partial y}=$________。

(A) $xz+y$　　(B) $yz+x$

(C) $x+y+z$　　(D) $xy+z$

(E) 以上结论均不正确

【答案】 (D)。

【解析】 由 $z=xy+xF\left(\frac{y}{x}\right)$，所以 $\frac{\partial z}{\partial x}=y+F\left(\frac{y}{x}\right)-\frac{y}{x}F'\left(\frac{y}{x}\right)$，$\frac{\partial z}{\partial y}=x+F'\left(\frac{y}{x}\right)$，得 $x\frac{\partial z}{\partial x}+y\frac{\partial z}{\partial y}=2xy+xF\left(\frac{y}{x}\right)=xy+z$，故本题应选(D)。

【习题 12】 设二元函数 $y=f(x^2,\ \phi(x,\ y))$ 可微，且 $\phi(x,\ y)$ 具有连续的偏导数，则 $\frac{\mathrm{d}y}{\mathrm{d}x}=$________。

(A) $\frac{2xf'_{x^2}}{1-f'_{\phi}\phi'_y}$ (B) $\frac{f'_{\phi}+2xf'_{x^2}}{1-f'_{\phi}\phi'_y}$

(C) $f'_{\phi}\phi'_y+2xf'_{x^2}$ (D) $\frac{f'_{\phi}\phi'_y+f'_{x^2}}{1-f'_{\phi}\phi'}$

(E) $\frac{f'_{\phi}\phi'_y+2xf'_{x^2}}{1-f'_{\phi}\phi'}$

【答案】 (E)。

【解析】 首先在 $y=f(x^2,\ \phi(x,\ y))$ 等号两边对 x 求导数，可得 $\frac{\mathrm{d}y}{\mathrm{d}x}=f'_{x^2}(x^2)'+f'_{\phi}\left(\phi'_x+\phi'_y\frac{\mathrm{d}y}{\mathrm{d}x}\right)=2xf'_{x^2}+f'_{\phi}\phi'_x+f'_{\phi}\phi'_y\frac{\mathrm{d}y}{\mathrm{d}x}$。$\frac{\mathrm{d}y}{\mathrm{d}x}=\frac{2xf'_{x^2}+f'_{\phi}\phi'_x}{1-f'_{\phi}\phi'_y}$，故答案选择(E)。

【习题 13】 函数 $f(x,\ y)=\sqrt{|xy|}$ 在点(0, 0)处是否连续？偏导数是否存在？是否可微？________。

(A) 连续，可微，偏导数不存在 (B) 不连续，不可微，偏导数不存在

(C) 连续，不可微，偏导数存在 (D) 不连续，不可微，偏导数存在

(E) 连续，可微，偏导数存在

【答案】 (C)。

【解析】 显然 $f(x,\ y)$ 在点(0, 0)是连续的，由偏导数定义，得

$$f'_x(0,\ 0)=\lim_{\Delta x\to 0}\frac{f(0+\Delta x,\ 0)-f(0,\ 0)}{\Delta x}=\lim_{\Delta x\to 0}\frac{0-0}{\Delta x}=0。$$

同理，$f'_y(0,\ 0)=0$。

令 $I=\frac{\Delta z-[f'_x(0,\ 0)\Delta x+f'_y(0,\ 0)\Delta y]}{\rho}=\frac{\sqrt{|\Delta x\Delta y|}}{\sqrt{(\Delta x)^2+(\Delta y)^2}}$，因

$$\lim_{\substack{\Delta y=k\Delta x\\ \Delta x\to 0}}\frac{\sqrt{|\Delta x\Delta y|}}{\sqrt{(\Delta x)^2+(\Delta y)^2}}=\lim_{\Delta x\to 0}\frac{\sqrt{|k||\Delta x|^2}}{\sqrt{(1+k^2)(\Delta x)^2}}=\frac{\sqrt{|k|}}{\sqrt{1+k^2}},$$

则当 $\rho\to 0$ 时，I 不存在极限，所以 $f(x,\ y)$ 在点(0, 0)处不可微。故选(C)。

注意：(1) 若函数 $z=f(x,\ y)$ 在点 $(x_0,\ y_0)$ 处的偏导数存在，则 $f(x,\ y)$ 在点

(x_0, y_0) 处可微的等价定义是

$$\lim_{\rho \to 0} \frac{\Delta z - [f'_x(x_0, y_0)\Delta x + f'_y(x_0, y_0)\Delta y]}{\rho} = 0,$$

其中

$$\Delta z = f(x_0 + \Delta x, y_0 + \Delta y) - f(x_0, y_0), \rho = \sqrt{\Delta x^2 + \Delta y^2}。$$

通常可用验证上式是否成立来判断函数的可微性。

(2) 二元函数在一点的偏导数存在只是函数在该点可微的必要条件，这是二元函数与一元函数的重要区别之一。

【习题 14】 设 $u = f(x, y, z)$，$y = \varphi(x, t)$，$t = \psi(x, z)$ 均为可微函数，则 $\frac{\partial u}{\partial x}$，$\frac{\partial u}{\partial z}$ 分别为________。

(A) $\frac{\partial u}{\partial x} = \frac{\partial f}{\partial x} + \frac{\partial f}{\partial y}\frac{\partial \varphi}{\partial x} + \frac{\partial f}{\partial y}\frac{\partial \varphi}{\partial t}\frac{\partial \psi}{\partial x}$，$\frac{\partial u}{\partial z} = \frac{\partial f}{\partial z} + \frac{\partial f}{\partial y}\frac{\partial \varphi}{\partial t}\frac{\partial \psi}{\partial z}$

(B) $\frac{\partial u}{\partial x} = \frac{\partial f}{\partial y}\frac{\partial \varphi}{\partial x} + \frac{\partial f}{\partial y}\frac{\partial \varphi}{\partial t}\frac{\partial \psi}{\partial x}$，$\frac{\partial u}{\partial z} = \frac{\partial f}{\partial z} + \frac{\partial f}{\partial y}\frac{\partial \varphi}{\partial t}\frac{\partial \psi}{\partial z}$

(C) $\frac{\partial u}{\partial x} = \frac{\partial f}{\partial x} + \frac{\partial f}{\partial y}\frac{\partial \varphi}{\partial x} + \frac{\partial f}{\partial y}\frac{\partial \varphi}{\partial t}\frac{\partial \psi}{\partial x}$，$\frac{\partial u}{\partial z} = \frac{\partial f}{\partial y}\frac{\partial \varphi}{\partial t}\frac{\partial \psi}{\partial z}$

(D) $\frac{\partial u}{\partial x} = \frac{\partial f}{\partial x} + \frac{\partial f}{\partial y}\frac{\partial \varphi}{\partial t}\frac{\partial \psi}{\partial x}$，$\frac{\partial u}{\partial z} = \frac{\partial f}{\partial z} + \frac{\partial f}{\partial y}\frac{\partial \varphi}{\partial t}\frac{\partial \psi}{\partial z}$

(E) $\frac{\partial u}{\partial x} = \frac{\partial f}{\partial x} + \frac{\partial f}{\partial y}\frac{\partial \varphi}{\partial x} + \frac{\partial f}{\partial y}\frac{\partial \varphi}{\partial t}\frac{\partial \psi}{\partial x}$，$\frac{\partial u}{\partial z} = \frac{\partial f}{\partial z} + \frac{\partial f}{\partial y}$

【答案】 (A)。

【解析】 这是抽象复合函数求偏导数的问题，由题意知，u 实质上是关于 x、z 的二元函数。

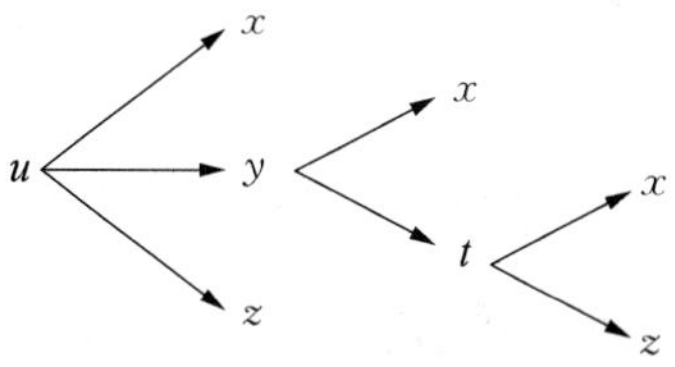

解法 1　画出函数复合关系图。

由 u 至 x 的路径有

$$u \xrightarrow{f} x,\ u \xrightarrow{f} y \xrightarrow{\varphi} x,\ u \xrightarrow{f} y \xrightarrow{\varphi} t \xrightarrow{\psi} x,$$

因此 $\frac{\partial u}{\partial x} = \frac{\partial f}{\partial x} + \frac{\partial f}{\partial y}\frac{\partial \varphi}{\partial x} + \frac{\partial f}{\partial y}\frac{\partial \varphi}{\partial t}\frac{\partial \psi}{\partial x}$。

同理，由 u 至 z 的路径有

$$u \xrightarrow{f} z,\ u \xrightarrow{f} y \xrightarrow{\varphi} t \xrightarrow{\psi} z,$$

因此 $\frac{\partial u}{\partial z} = \frac{\partial f}{\partial z} + \frac{\partial f}{\partial y}\frac{\partial \varphi}{\partial t}\frac{\partial \psi}{\partial z}$。

解法 2　利用一阶微分形式的不变性。先求 u 的全微分，即

$$\begin{aligned}\mathrm{d}u&=\frac{\partial f}{\partial x}\mathrm{d}x+\frac{\partial f}{\partial y}\mathrm{d}y+\frac{\partial f}{\partial z}\mathrm{d}z=\frac{\partial f}{\partial x}\mathrm{d}x+\frac{\partial f}{\partial y}\left(\frac{\partial \varphi}{\partial x}\mathrm{d}x+\frac{\partial \varphi}{\partial t}\mathrm{d}t\right)+\frac{\partial f}{\partial z}\mathrm{d}z\\&=\frac{\partial f}{\partial x}\mathrm{d}x+\frac{\partial f}{\partial y}\frac{\partial \varphi}{\partial x}\mathrm{d}x+\frac{\partial f}{\partial z}\mathrm{d}z+\frac{\partial f}{\partial y}\frac{\partial \varphi}{\partial t}\left(\frac{\partial \psi}{\partial x}\mathrm{d}x+\frac{\partial \psi}{\partial z}\mathrm{d}z\right)\\&=\left(\frac{\partial f}{\partial x}+\frac{\partial f}{\partial y}\frac{\partial \varphi}{\partial x}+\frac{\partial f}{\partial y}\frac{\partial \varphi}{\partial t}\frac{\partial \psi}{\partial x}\right)\mathrm{d}x+\left(\frac{\partial f}{\partial z}+\frac{\partial f}{\partial y}\frac{\partial \varphi}{\partial t}\frac{\partial \psi}{\partial z}\right)\mathrm{d}z。\end{aligned}$$

另一方面，$\mathrm{d}u=\frac{\partial u}{\partial x}\mathrm{d}x+\frac{\partial u}{\partial z}\mathrm{d}z$，比较以上两式可得

$$\frac{\partial u}{\partial x}=\frac{\partial f}{\partial x}+\frac{\partial f}{\partial y}\frac{\partial \varphi}{\partial x}+\frac{\partial f}{\partial y}\frac{\partial \varphi}{\partial t}\frac{\partial \psi}{\partial x},\quad \frac{\partial u}{\partial z}=\frac{\partial f}{\partial z}+\frac{\partial f}{\partial y}\frac{\partial \varphi}{\partial t}\frac{\partial \psi}{\partial z}。$$ 故选(A)。

注意：用链式求导法则求多元抽象复合函数的偏导数的步骤如下：

(1) 按从因变量到自变量的顺序用有向线段表示函数关系，画出函数复合关系图；

(2) 找出函数到自变量(要求偏导数的自变量)的所有有向折线路径；

(3) 所求偏导数为一个和式，每条路径对应于和式的一项，而每一项为组成该路径的所有有向折线对应的偏导数的乘积。可将该过程总结成一句话："沿线相乘，分线相加。"

【习题 15】 (普研)设函数 $z=f(x, y)$ 在 $(1, 1)$ 处可微，且 $f(1, 1)=1$，$\left.\frac{\partial f}{\partial x}\right|_{(1,1)}=2$，$\left.\frac{\partial f}{\partial y}\right|_{(1,1)}=3$，$\varphi(x)=f[x, f(x, x)]$，则 $\left.\frac{\mathrm{d}}{\mathrm{d}x}\varphi^3(x)\right|_{x=1}=$________。

(A) 1　(B) 51　(C) 17　(D) 34　(E) 68

【答案】 (B)。

【解析】 本题的关键是求 $\frac{\mathrm{d}\varphi(x)}{\mathrm{d}x}$，函数 $\varphi(x)=f(x, f(x, x))$ 可看成是由三个函数 $\varphi=f(x, u)$，$u=f(x, v)$，$v=x$ 复合而成的。

$\varphi(1)=f(1, f(1, 1))=f(1, 1)=1$，$\frac{\mathrm{d}}{\mathrm{d}x}\varphi^3(x)\mid_{x=1}=3\varphi^2(1)\varphi'(1)=3\varphi'(1)$，因为

$$\begin{aligned}\varphi'(x)&=f_1'(x, f(x, x))+f_2'(x, f(x, x))\frac{\mathrm{d}}{\mathrm{d}x}f(x, x)\\&=f_1'(x, f(x, x))+f_2'(x, f(x, x))[f_1'(x, x)+f_2'(x, x)],\end{aligned}$$

而 $f_1'(1, 1)=2$，$f_2'(1, 1)=3$，因此 $\varphi'(1)=2+3\times(2+3)=17$，故 $\frac{\mathrm{d}}{\mathrm{d}x}\varphi^3(x)\mid_{x=1}=3\times17=51$。故选(B)。

【习题 16】 (普研)设有三元方程 $xy-z\ln y+\mathrm{e}^{xz}=1$，根据隐函数存在定理，存在点 $(0, 1, 1)$ 的一个邻域，在此邻域内该方程________。

(A) 只能确定一个具有连续偏导数的隐函数 $z=z(x, y)$

(B) 可确定两个具有连续偏导数的隐函数 $y=y(x, z)$ 和 $z=z(x, y)$

(C) 可确定两个具有连续偏导数的隐函数 $x=x(y, z)$ 和 $z=z(x, y)$

(D) 可确定两个具有连续偏导数的隐函数 $x=x(y, z)$ 和 $y=y(x, z)$

(E) 以上说法均错误

【答案】 (D)。

【解析】 根据隐函数存在定理，首先求出 F'_x，F'_y，F'_z，判断其在点 $(0, 1, 1)$ 的值。

令 $F(x, y, z)=xy-z\ln y+e^{xz}-1$，则

$$F(0, 1, 1)=0,\ F'_x=y+ze^{xz},\ F'_y=x-\frac{z}{y},\ F'_z=-\ln y+xe^{xz}。$$

显然 F'_x，F'_y，F'_z 都连续，且有

$$F'_x(0, 1, 1)=2\neq 0,\ F'_y=(0, 1, 1)=-1\neq 0,\ F'_z=(0, 1, 1)=0。$$

由隐函数存在定理，存在点 $(0, 1, 1)$ 的一个邻域，在此邻域内该方程可确定两个具有连续偏导数的隐函数 $x=x(y, z)$ 和 $y=y(x, z)$，答案选择(D)。

注意： 本题主要考查隐函数存在定理和多元函数求偏导数。

【习题 17】 已知函数 $f(x, y)$ 在点 $(0, 0)$ 的某个邻域内连续，且 $\lim\limits_{\substack{x\to 0\\ y\to 0}}\dfrac{f(x, y)-xy}{(x^2+y^2)^2}=1$，则________。

(A) 点 $(0, 0)$ 不是 $f(x, y)$ 的极值点

(B) 点 $(0, 0)$ 是 $f(x, y)$ 的极大值点

(C) 点 $(0, 0)$ 是 $f(x, y)$ 的极小值点

(D) 根据所给条件无法判断点 $(0, 0)$ 是否为极值点

(E) 以上说法均错误

【答案】 (A)。

【解析】 由 $f(x, y)$ 在点 $(0, 0)$ 连续且 $\lim\limits_{\substack{x\to 0\\ y\to 0}}\dfrac{f(x, y)-xy}{(x^2+y^2)^2}=1$ 知 $f(0, 0)=0$，且 $\dfrac{f(x, y)-xy}{(x^2+y^2)^2}=1+\alpha$，其中 $\lim\limits_{\substack{x\to 0\\ y\to 0}}\alpha=0$。则 $f(x, y)=xy+(1+\alpha)(x^2+y^2)^2$。

令 $y=x$，得 $f(x, x)=x^2+4x^4+4\alpha x^4=x^2+o(x^2)$。

令 $y=-x$，得 $f(x, -x)=x^2+4x^4+4\alpha x^4=-x^2+o(x^2)$。

从而可知 $f(x, y)$ 在 $(0, 0)$ 点的任何去心邻域内始终可正可负，而 $f(0, 0)=0$，由极值定义知 $(0, 0)$ 点不是 $f(x, y)$ 的极值点，故应选(A)。

【习题 18】 某产品的产量 Q 与原来 A，B，C 的数量 x，y，z(单位均为吨)满足 $Q=0.05xyz$，已知 A，B，C 每吨的价格分别为 300 元、200 元、400 元。若用 5 400 元购买 A，B，C 三种原材料，则使产量最大的 A，B，C 的采购量分别为________吨。

(A) 6，9，4.5　　(B) 2，4，8

(C) 2，3，6　　(D) 2，2，2

(E) 以上结果均不正确

【答案】 (A)。

【解析】 本题考点为条件极值问题。求 $Q=0.05xyz$ 在条件 $300x+200y+400z=5\,400$，即 $3x+2y+4z=54$ 下的极值。利用拉格朗日乘数法，$Q=0.05xyz+\lambda(3x+2y+4z-54)$，则有

$$\frac{\partial Q}{\partial x}=0.05yz+3\lambda=0 \tag{1}$$

$$\frac{\partial Q}{\partial y}=0.05xz+2\lambda=0 \tag{2}$$

$$\frac{\partial Q}{\partial z}=0.05xy+4\lambda=0 \tag{3}$$

$$\frac{\partial Q}{\partial \lambda}=3x+2y+4z-54=0 \tag{4}$$

由式(1)、式(2)得 $\frac{y}{x}=\frac{3}{2}$，即 $$x=\frac{3}{2}y \tag{5}$$

由式(2)、式(3)得 $\frac{z}{y}=\frac{1}{2}$，即 $$z=\frac{1}{2}y \tag{6}$$

把式(5)、式(6)代入式(4)，得 $y=9$(吨)，再代入式(5)、式(6)，得 $x=6$ 吨，$z=4.5$ 吨，故答案选择(A)。

【习题 19】 函数 $z=x^2+y^2-12x+16y$ 在 $x^2+y^2\leqslant 25$ 上的最大与最小值分别为________。

(A) 125，-50　(B) 125，-100　(C) 125，-75　(D) 75，-75　(E) 50，-100

【答案】 (C)。

【解析】 **解法 1**

由 $\begin{cases}\frac{\partial z}{\partial x}=2x-12=0\\ \frac{\partial z}{\partial y}=2y+16=0\end{cases}$ 得 $x=6$，$y=-8$。显然点 $(6,-8)$ 不在区域 D 内，因此构造拉格朗日函数

$$F(x,y,\lambda)=x^2+y^2-12x+16y+\lambda(x^2+y^2-25)$$
$$=25-12x+16y+\lambda(x^2+y^2-25)。$$

由 $\begin{cases}F_x=-12+2\lambda x=0\\ F_y=16+2\lambda y=0\\ F_\lambda=x^2+y^2-25=0\end{cases}$ 解得 $\begin{cases}x_1=3\\ y_1=-4\end{cases}$；$\begin{cases}x_2=-3\\ y_2=4\end{cases}$。$z(3,-4)=-75$，$z(-3,4)=125$，则 $z(x,y)$ 在 D 上最小值为 -75，最大值为 125。

解法 2 由于 $z=x^2+y^2-12x+16y=(x-6)^2+(y+8)^2-100$，

过原点和点 $(6,-8)$ 的直线为 $y=-\frac{4}{3}x$，

由 $\begin{cases} x^2+y^2=25, \\ y=-\dfrac{4}{3}x, \end{cases}$ 得 $\begin{cases} x_1=3, \\ y_1=-4, \end{cases}$ $\begin{cases} x_2=-3, \\ y_2=4。 \end{cases}$

又
$$z(3,-4)=-75,\ z(-3,4)=125,$$

故 $z(x,y)$ 在 $x^2+y^2\leqslant 25$ 上的最大值为 125,最小值为 -75。答案选(C)。

第5章　随机事件

5.1　考纲知识点分析及教材必做习题

<table>
<tr><th colspan="6">第五部分　随机事件</th></tr>
<tr><th>重要考点</th><th>教材内容</th><th>考研要求</th><th>教材章节</th><th>重要例题</th><th>精做练习
（P24～P29）</th></tr>
<tr><td rowspan="3">样本空间、随机事件</td><td>样本空间的概念</td><td>了解</td><td rowspan="3">§1.2</td><td rowspan="2">例1</td><td rowspan="3">习题2</td></tr>
<tr><td>随机事件的概念</td><td>理解</td></tr>
<tr><td>事件的关系及运算</td><td>掌握</td><td>例2</td></tr>
<tr><td rowspan="3">频率与概率</td><td>概率的概念</td><td>理解</td><td rowspan="3">§1.3</td><td rowspan="3"></td><td rowspan="2">习题3</td></tr>
<tr><td>概率的基本性质</td><td>掌握</td></tr>
<tr><td>概率的计算公式：加法公式、减法公式</td><td>掌握</td><td>习题4</td></tr>
<tr><td rowspan="2">等可能概型（古典概型）</td><td>古典概型</td><td>会</td><td rowspan="2">§1.4</td><td rowspan="2">例1～例8</td><td rowspan="2">习题6，7，10，11，13</td></tr>
<tr><td>几何概型</td><td>会</td></tr>
<tr><td rowspan="3">条件概率</td><td>条件概率的概念</td><td>理解</td><td rowspan="3">§1.5</td><td>例1</td><td>习题14，15，27</td></tr>
<tr><td>乘法公式</td><td>掌握</td><td>例4</td><td>习题17</td></tr>
<tr><td>全概率公式及贝叶斯公式</td><td>掌握</td><td>例5～例8</td><td>习题22，39</td></tr>
<tr><td rowspan="4">独立性</td><td>事件独立性的概念</td><td>理解</td><td rowspan="4">§1.6</td><td rowspan="4">例1，3，4</td><td rowspan="2">习题30(3-4)，31</td></tr>
<tr><td>用事件独立性进行概率计算</td><td>掌握</td></tr>
<tr><td>理解独立重复试验的概念</td><td>理解</td><td rowspan="2">习题28，36，37</td></tr>
<tr><td>计算与独立性有关事件概率的方法</td><td>掌握</td></tr>
</table>

注：参考教材《概率论与数理统计》（浙大4版）。

5.2　知识结构网络图

本章的知识结构网络如图5-1所示。

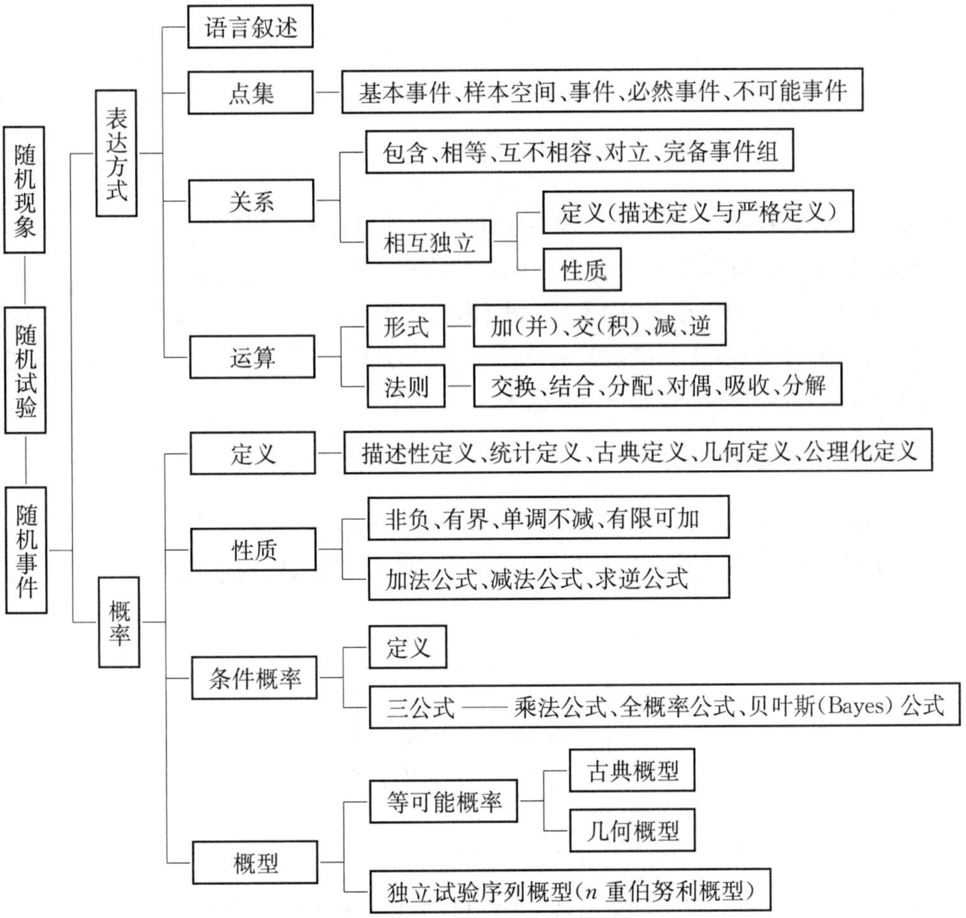

图 5－1　知识结构网络图

5.3　重要概念、定理和公式

1. 随机试验和随机事件

1) 随机现象

在客观世界中存在着两类不同的现象：确定性现象和随机现象。

在一组不变的条件 S 下，某种结果必定发生或必定不发生的现象称为确定性现象。这类现象的一个共同点是，事先可以断定其结果。

在一组不变的条件 S 下，具有多种可能发生的结果的现象称为随机现象。这类现象的一个共同点是，事先不能预言多种可能结果中究竟出现哪一种。

我们把对随机现象进行的一次观测或一次实验统称为它的一个试验。如果这个试验满足下面的三个条件：

(1) 在相同的条件下，试验可以重复地进行。

(2) 试验的结果不止一种，而且事先可以确知试验的所有结果。

(3) 在进行试验前不能确定出现哪一个结果。

那么我们就称它是一个随机试验，以后简称为试验，一般用字母 E 表示。

2）样本空间

在随机试验中，每一个可能出现的不可分解的最简单的结果称为随机试验的基本事件或样本点，用 ω 表示；而由全体基本事件构成的集合称为基本事件空间或样本空间，记为 Ω。

3）随机事件

所谓随机事件是样本空间 Ω 的一个子集，随机事件简称为事件，用字母 A，B，C 等表示。因此，某个事件 A 发生当且仅当这个子集中的一个样本点 ω 发生，记为 $\omega \in A$。

由一个样本点组成的单点集，称为基本事件，基本事件也叫样本点，样本点一般不可再分。样本空间包含所有样本点，在每次试验中总是要发生的，称为必然事件，常记为 Ω。每次试验中一定不发生的事件，称为不可能事件，记为 $\varnothing$。

2. 事件的关系及其运算

1）事件的关系和运算

(1) 子事件(包含)：若事件 A 发生，必然导致事件 B 发生，则称事件 A 是 B 的子事件，记作 $A \subset B$。

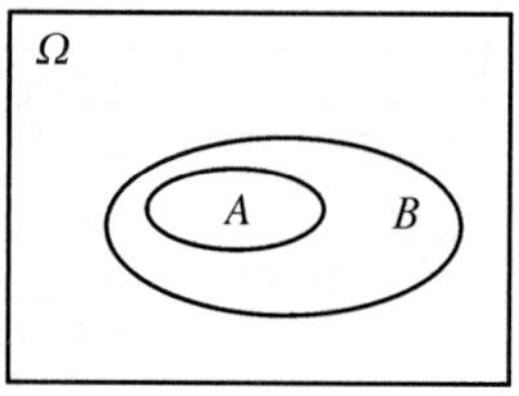

(2) 相等事件：若 $A \subset B$ 且 $B \subset A$，则称事件 A 与 B 相等，记作 $A = B$。

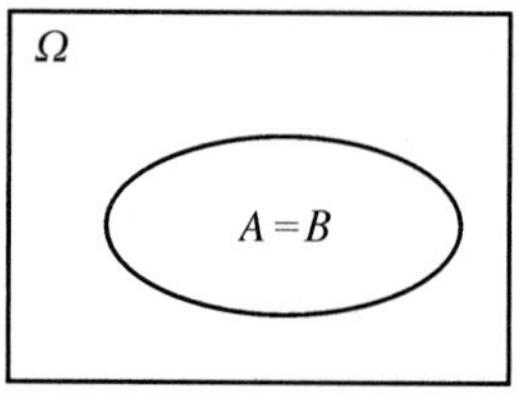

(3) 并(和)事件：事件 A 和事件 B 至少有一个发生的事件，称为 A 与 B 的和事件，记作 $A \cup B$。$\bigcup\limits_{i=1}^{k} A_i$ 表示 A_1，A_2，A_3，…，A_k 中至少有一个发生。

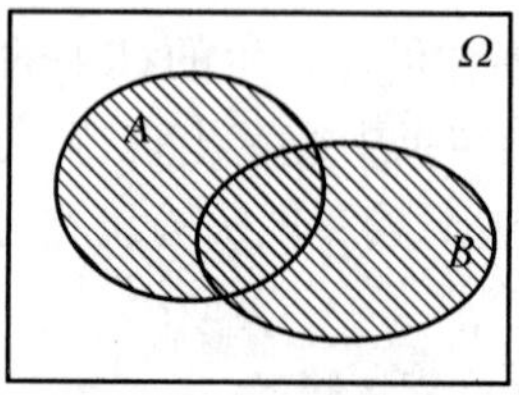

(4) 交(积)事件：事件 A 和 B 同时发生的事件，称为 A 与 B 的交(积)事件，记为 $A \cap B$ 或 AB。$\bigcap\limits_{i=1}^{k} A_i$ 表示 A_1，A_2，A_3，…，A_k 同时发生。

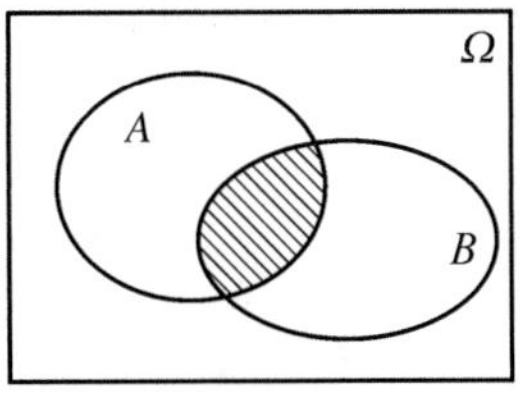

(5) 差事件：表示 A 发生而 B 不发生的事件，称为 A 与 B 的差事件，记作 $A-B$。

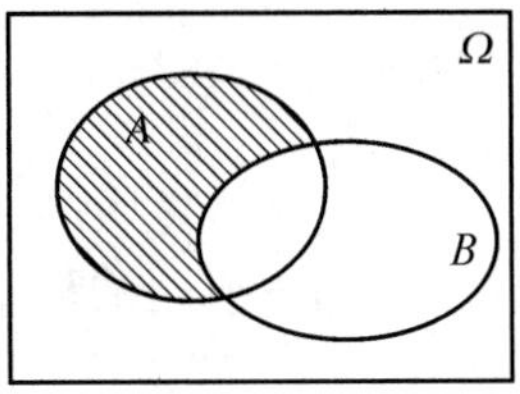

(6) 互不相容事件(互斥事件)：若事件 A 与 B 不能同时发生，即 $AB=\varnothing$，则称 A 与 B 是互斥事件；反之，称 A 与 B 相容。

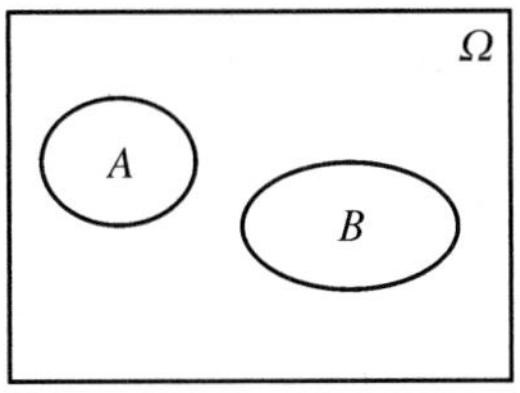

(7) 对立事件(或逆事件)：若 $A\cup B=\Omega$ 且 $AB=\varnothing$，称 A 与 B 互为对立事件(或逆事件)，记 $B=\bar{A}$。

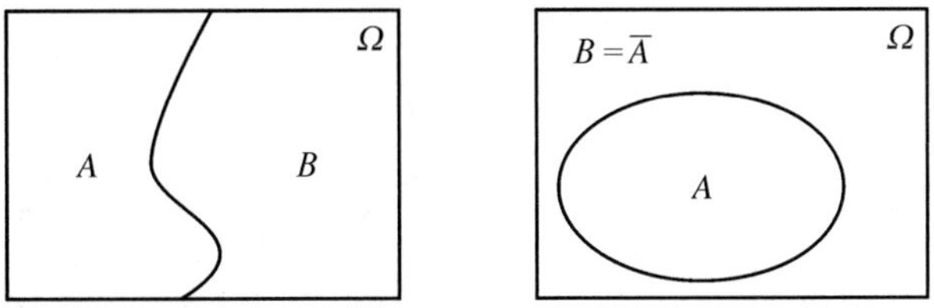

(8) 完备(完全)事件组：如果事件组 $A_1, A_2, \cdots A_n$ 满足

$$①\ \bigcup_{i=1}^{n} A_i=\Omega,\ ②\ A_i\cap A_j=\varnothing\ (i\neq j),$$

称 $A_1, A_2, \cdots, A_n$ 为样本空间 Ω 的一个划分，又称为 Ω 的一个完备事件组。正确理解一个划分是能否使用好全概率公式和贝叶斯公式的关键。

2) 事件运算的性质

(1) 交换律：$A\cup B=B\cup A$；$AB=BA$。

(2) 结合律：$(A\cup B)\cup C=A\cup(B\cup C)$；$(A\cap B)\cap C=A\cap(B\cap C)$。

(3) 分配律：$(A\cap B)C=(AC)\cap(BC)$；$A\cup(BC)=(A\cup B)(A\cup C)$。

(4) 德摩根律：$\overline{A\cup B}=\bar{A}\cap\bar{B}$；$\overline{A\cap B}=\bar{A}\cup\bar{B}$。

(5) 对减法运算满足：$A-B=A-AB=A\bar{B}$。

事件之间的关系及运算与集合论中的几何之间的关系及运算完全相似,可以用文氏图帮助理解,特别要注意复杂事件的概率表述。

3. 事件的概率及其性质

1) 概率的统计定义

当 $n\to\infty$ 时,$f_n(A)\to$ 常数 $P(A)$,则称 $P(A)$ 为事件 A 发生的概率。频率必须有多次试验才可计算,而概率只要有一次试验即可计算。比如在掷一次硬币之前就知道出现正面的概率为 $\frac{1}{2}$,而投篮命中次数就是一个频率概念。

2) 概率的古典定义(古典概型)

随机试验 E 具有以下两个特征,称 E 为古典型试验。

(1) 所涉及的随机事件只有有限个样本点(有限性),譬如 n 个;

(2) 每个基本事件出现的可能性是相等的(等可能性),若有 n 个,则每个发生的概率为 $1/n$。

若事件 A 含有 k 个样本点,则事件 A 的概率为

$$P(A)=\frac{\text{事件 } A \text{ 所含样本点的个数}}{\Omega \text{ 中所有样本点的个数}}=\frac{k}{n}。$$

3) 概率的几何定义(几何概型)

几何型试验 E 具有以下两个特征:

(1) 结果为无限不可数;

(2) 每个结果出现的可能性是均匀的(等可能)。

设 E 为几何型的随机试验,其基本事件空间中的所有基本事件可以用一个有界区域来描述,而其中一部分区域可以表示事件 A 所包含的基本事件,则称事件 A 发生的概率为

$$P(A)=\frac{L(A)}{L(\Omega)},$$

其中,$L(\Omega)$ 与 $L(A)$ 分别为 Ω 与 A 的几何度量(长度、面积、体积)。这样定义的概率为几何概型。

4) 概率的公理化定义(数学定义)

若一个实值函数 $P(A)$ 满足下列条件:

(1) (非负性)对于每一个事件 A,有 $P(A)\geqslant 0$;

(2) (正则性) $P(\Omega)=1$;

(3) (可列可加性)若 $A_1, A_2, \cdots, A_n, \cdots$ 是两两互不相容事件,有

$$P(A_1\cup A_2\cup A_3\cup\cdots)=P(A_1)+P(A_2)+P(A_3)+\cdots$$

则称 $P(A)$ 为事件 A 的概率,常用来度量随机事件 A 发生的可能性大小。

5) 概率的基本性质

性质 1:对于不可能事件 $\varnothing$,$P(\varnothing)=0$;对于必然事件 Ω,$P(\Omega)=1$。

性质 2:设有有限个两两互斥的事件 $A_1, A_2\cdots A_n$,则

$$P(A_1\cup A_2\cup A_3\cup\cdots\cup A_n)=P(A_1)+P(A_2)+P(A_3)+\cdots+P(A_n)。$$

性质 3：设 $\bar{A}$ 是 A 的对立事件，则 $P(\bar{A})=1-P(A)$。

注意： 该性质是“正难则反”的理论基础，即当直接计算 $P(A)$ 比较麻烦，而计算 $P(\bar{A})$ 比较方便时，就可先求 $P(\bar{A})$。一般来讲，求若干事件之中“至少”出现其中一事件的概率，求其对立事件的概率较为简便。

性质 4：设 $A\subset B$，$P(B-A)=P(B)-P(A)$，$P(A)\leqslant P(B)$。

性质 5：$P(A\cup B)=P(A)+P(B)-P(AB)$，$P(A\cup B)\leqslant P(A)+P(B)$。

注意： 只有在事件 A 与 B 互斥时，才有 $P(A\cup B)=P(A)+P(B)$。

进一步推广到三个事件有：

$P(A\cup B\cup C)=P(A)+P(B)+P(C)-P(AB)-P(AC)-P(BC)+P(ABC)$。

4. 条件概率与乘法公式

1）条件概率

对于任意两个事件 A，B，其中 $P(A)>0$，“事件 A 发生的条件下 B 发生的概率”简称为“事件 B 关于 A 的条件概率”，定义为 $P(B\mid A)=\dfrac{P(AB)}{P(A)}$，对于固定的事件 A，条件概率 $P(B\mid A)$ 具有概率的一切性质：

（1）（非负性）$0\leqslant P(B\mid A)\leqslant 1$；

（2）（规范性）$P(\Omega\mid A)=1$；

（3）（可列可加性）如果事件 B_1，B_2，…互不相容，那么 $P(\bigcup\limits_{i=1}^{\infty}B_i\mid A)=\sum\limits_{i=1}^{\infty}P(B_i\mid A)$。

2）乘法公式

设 A，B 为两个事件，若 $P(A)>0$，则有

$$P(AB)=P(A)P(B\mid A)。$$

若 $P(B)>0$，则有

$$P(AB)=P(B)P(A\mid B)。$$

一般地，若 $P(A_1A_2\cdots A_{n-1})>0$，则有

$$P(A_1A_2\cdots A_n)=P(A_1)P(A_2\mid A_1)P(A_3\mid A_1A_2)\cdots P(A_n\mid A_1A_2\cdots A_{n-1})。$$

5. 事件的独立性与伯努利概型

1）两事件独立性

设 A，B 是某一随机试验的任意两个随机事件，若 $P(AB)=P(A)P(B)$，则 A 与 B 相互独立。

（1）所谓事件 A 与 B 相互独立，就是指其中一个事件发生与否不影响另一个事件发生的可能性，即当 $P(A)>0$ 时，A 与 B 相互独立，也可以用 $P(A\mid B)=P(A)$ 表示。

（2）四对事件 A 与 B，$\bar{A}$ 与 B，A 与 $\bar{B}$，$\bar{A}$ 与 $\bar{B}$ 中有一对相互独立，则另三对也独立。

2）三事件独立性

如果事件 A，B，C 满足

$$\begin{cases}P(AB)=P(A)P(B),\\P(BC)=P(B)P(C),\\P(AC)=P(A)P(C),\\P(ABC)=P(A)P(B)P(C)\end{cases}$$

能同时成立，则称三事件 A，B，C 相互独立；若 A，B，C 仅满足前三个等式，则称 A，B，C 两两独立。注意：“n 个事件相互独立”与“n 个事件两两独立”并非一回事。

注意：若 A，B，C 相互独立，则 A，B，C 中任何一个事件与另外两事件的并、交或差(和、积或差)均分别独立。

3) 伯努利概型

(1) 在实际问题中，我们常常要做多次试验条件完全相同(即可以看成一个试验的多次重复)并且都是相互独立(即每次试验中的随机事件的概率不依赖于其他各次试验的结果)的试验。我们称这种类型的试验为独立重复试验。

(2) 如果试验 E 的结果只有两个 A 与 $\bar{A}$，则称此试验为伯努利概型。若将伯努利试验独立重复 n 次，则称为 n 重伯努利试验，简称伯努利概型。若 $P(A)=p$，则 n 次试验中事件 A 发生 k 次的概率为 $P_n(k)=C_n^k p^k(1-p)^{n-k}$，$k=0, 1, 2\cdots, n$。

6. 全概率公式和贝叶斯公式(逆概公式)

1) 全概率公式

设 A_1，A_2，…是完全事件组，且 $P(A_i)>0$，$i=1, 2, \cdots, n, \cdots$，则对任一事件 B 有

$$P(B)=\sum_{i=1}^{\infty}P(BA_i)=\sum_{i=1}^{\infty}P(A_i)P(B\mid A_i)。$$

2) 贝叶斯公式(逆概公式)

设 A_1，A_2，… A_n 是完全事件组，且 $P(A_i)>0$，$i=1, 2, \cdots, n, \cdots$，则对任意概率不为零的事件 B，有

$$P(A_j\mid B)=\frac{P(A_jB)}{P(B)}=\frac{P(A_j)P(B\mid A_j)}{\sum_{i=1}^{\infty}P(A_i)P(B\mid A_i)}\qquad j=1, 2, \cdots$$

5.4　典型例题精析

题型 1：事件关系与概率公式

1. 随机事件及运算

【例 1】 (普研)在电炉上安装了 4 个温控器，其显示温度的误差是随机的。在使用过程中，只要有两个温控器显示的温度不低于临界温度 t_0，电炉就断电，以 E 表示事件“电炉断电”，而 $T_{(1)}\leqslant T_{(2)}\leqslant T_{(3)}\leqslant T_{(4)}$ 为 4 个温控器显示的按递增顺序的温度值，则事件等于________。

(A) $\{T_{(1)}\geqslant t_0\}$　　(B) $\{T_{(2)}\geqslant t_0\}$

(C) $\{T_{(3)}\geqslant t_0\}$　　(D) $\{T_{(4)}\geqslant t_0\}$

(E) 以上选项均错误

【答案】 (C)。

【解析】 由题设可知事件 $E=\{$只要有两个控制器显示温度 $\geqslant t_0\}=\{$两个或者两个以上的控制器温度 $\geqslant t_0\}=\{T_{(3)}\geqslant t_0\}$。选(C)。

【例 2】 设 A 与 B 是两个随机事件,则 $P\{(\bar{A}+B)(A+B)(\bar{A}+\bar{B})(A+\bar{B})\}=$ ________。

(A) 0　　(B) 1　　(C) 0.5　　(D) 0.3　　(E) 0.8

【答案】 (A)。

【解析】 $(\bar{A}+B)(A+B)=\bar{A}A+\bar{A}B+AB+BB=\varnothing+(\bar{A}+A)B+BB=B$。同理 $(\bar{A}+\bar{B})(A+\bar{B})=\bar{B}$。所以 $P\{(\bar{A}+B)(A+B)(\bar{A}+\bar{B})(A+\bar{B})\}=P\{B\bar{B}\}=P\{\varnothing\}=0$。故选(A)。

【例 3】 A, B 为任意两事件,则事件 $(A-B)\cup(B-C)$ 等于事件________。

(A) $A-C$　　(B) $A\cup(B-C)$

(C) $(A-B)-C$　　(D) $(A\cup B)-BC$

(E) $A-B$

【答案】 (D)。

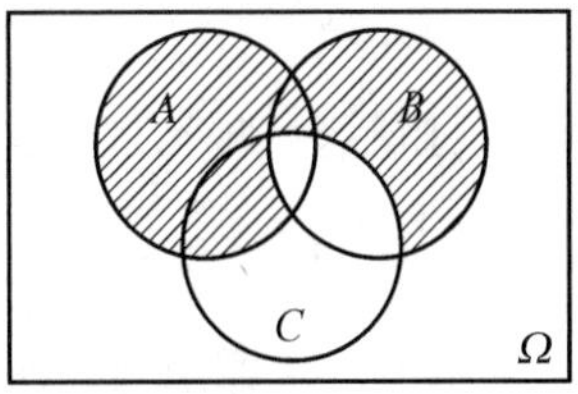

图 5-2

【解析】 事件运算问题如果画"文氏图"方便,建议先用文氏图来直观求解。

解法 1 用文氏图 5-2 可以看出 $(A-B)\cup(B-C)$ 与(D)等价。

解法 2 因 $A-B=A\bar{B}$,故 $(A-B)\cup(B-C)=A\bar{B}\cup B\bar{C}$。

而

$$\begin{aligned}(A\cup B)-BC&=(A\cup B)\overline{BC}=(A\cup B)(\bar{B}\cup\bar{C})\\&=A\bar{B}\cup A\bar{C}\cup B\bar{B}\cup B\bar{C}\\&=A\bar{B}\cup(A\bar{B}\cup AB)\bar{C}\cup\varnothing\cup B\bar{C}\\&=(A\bar{B}\cup A\bar{B}\,\bar{C})\cup(AB\bar{C}\cup B\bar{C})=A\bar{B}\cup B\bar{C}。\end{aligned}$$

所以答案应选(D)。

2. 概率加法、减法公式

【例 4】 设事件 A 与事件 B 互不相容,则________。

(A) $P(\bar{A}\,\bar{B})=0$　　(B) $P(AB)=P(A)P(B)$

(C) $P(A)=1-P(B)$　　(D) $P(\bar{A}\cup\bar{B})=1$

(E) $P(A)=1$

【答案】 (D)。

【解析】 因为 A, B 互不相容,所以 $P(AB)=0$。

(A) $P(\bar{A}\bar{B})=P(\overline{A\cup B})=1-P(A\cup B)$,因为 $P(A\cup B)$ 不一定等于1,所以(A)不正确;

(B) 当 $P(A)$, $P(B)$ 不为 0 时,(B)不成立,故排除;

(C) 只有当 A, B 互为对立事件的时候才成立,故排除;

(D) $P(\bar{A}\cup\bar{B})=P(\overline{AB})=1-P(AB)=1$,故(D)正确;

(E) 显然是错误的。

【例 5】 设随机事件 A、B 及其和事件 $A\cup B$ 的概率分别是 0.4，0.3 和 0.6，若 $\bar{B}$ 表示 B 的对立事件，那么积事件 $A\bar{B}$ 的概率 $P(A\bar{B})=$________。

(A) 0.3　　(B) 0.5　　(C) 0.6　　(D) 0.7　　(E) 0.9

【答案】 (A)。

【解析】 **解法 1** 因为 $P(A\cup B)=P(A)+P(B)-P(AB)$，又 $P(A\bar{B})+P(AB)=P(A)$，所以 $P(A\bar{B})=P(A\cup B)-P(B)=0.6-0.3=0.3$。

解法 2 $0.6=P(A\cup B)=P(A)+P(B)-P(AB)=0.4+0.3-P(AB)\Rightarrow P(AB)=0.1$。

所以 $P(A\bar{B})=P(A-B)=P(A)-P(AB)=0.4-0.1=0.3$。故选(A)。

注意：由解法 1 发现 A 的概率为 0.4 是多余条件，或者可以直接由文氏图得到解答。

【例 6】 随机事件 A，B，满足 $P(A)=P(B)=\frac{1}{2}$ 和 $P(A\cup B)=1$ 则有________。

(A) $A\cup B=\Omega$　　(B) $AB=\varnothing$

(C) $P(\bar{A}\cup\bar{B})=1$　　(D) $P(A-B)=0$

(E) $P(AB)=P(A)P(B)$

【答案】 (C)。

【解析】 根据加法公式 $P(A\cup B)=P(A)+P(B)-P(AB)$，将已知条件代入得 $1=\frac{1}{2}+\frac{1}{2}-P(AB)$，即 $P(AB)=0$，从而 $P(\bar{A}\cup\bar{B})=P(\overline{AB})=1-P(AB)=1$，选(C)。

注意：本题很容易犯的错误：

(1) 因为 $P(A\cup B)=1$，所以 $A\cup B=\Omega$；

(2) 因为 $P(AB)=0$，所以 $AB=\varnothing$，虽然有 $P(\Omega)=1$，$P(\varnothing)=0$，但 $P(A)=1$ 不能推出 $A=\Omega$；$P(B)=0$ 不能推出 $B=\varnothing$。

【例 7】 (普研)设 A 和 B 是任意两个概率不为零的不相容事件，则下列结论中肯定正确的是________。

(A) $\bar{A}$ 与 $\bar{B}$ 不相容　　(B) $\bar{A}$ 与 $\bar{B}$ 相容

(C) $P(AB)=P(A)P(B)$　　(D) $P(A-B)=P(A)$

(E) $P(A\cup B)=1$

【答案】 (D)。

【解析】 据题设 A 和 B 是任意两个不相容事件 $AB=\varnothing$，从而 $P(AB)=0$，利用公式 $AB+A\bar{B}=A$ 知 $P(A-B)=P(A\bar{B})=P(A)-P(AB)=P(A)$。所以(D)为正确答案。

由于 $P(A)\neq 0$，$P(B)\neq 0$，(C)项不可能成立。值得注意的是(A)(B)两项，有人认为(A)与(B)是互逆的，总有一个是正确的，实际上，若 $AB=\varnothing$，$A\cup B\neq\Omega$ 时(即 A 和 B 互不相容但不对立)，(A)不成立；若 $AB=\varnothing$，且 $A\cup B=\Omega$ 时(即 A 和 B 对立)，(B)项不成立。故选(D)。

【例 8】 (普研)已知 $P(A)=P(B)=P(C)=\frac{1}{4}$，$P(AB)=0$，$P(AC)=P(BC)=\frac{1}{12}$，

则事件 A、B、C 全不发生的概率为________。

(A) $\frac{1}{2}$　(B) $\frac{1}{3}$　(C) $\frac{1}{4}$　(D) $\frac{7}{12}$　(E) $\frac{5}{12}$

【答案】 (E)。

【解析】 因为 $ABC \subseteq AB$, $P(AB)=0$, 得 $0 \leqslant P(ABC) \leqslant P(AB)=0$, 故 $P(ABC)=0$, 由对立公式、德摩根率、加法公式得

$$\begin{aligned} P(\bar{A}\,\bar{B}\,\bar{C}) &= P(\overline{A \cup B \cup C}) = 1 - P(A \cup B \cup C) \\ &= 1 - [P(A) + P(B) + P(C) - P(AB) \\ &\quad - P(BC) - P(AC) + P(ABC)] \\ &= 1 - \frac{3}{4} + \frac{2}{12} = \frac{5}{12}\text{。故选(E)。} \end{aligned}$$

【例 9】 设事件 A 与 B 相互独立, $P(A)=a$, $P(B)=b$。若事件 C 发生,必然导致 A 与 B 同时发生,则 A, B, C 都不发生的概率为________。

(A) $(1-a)(1-b)$　(B) $1-a$

(C) $1-b$　(D) $1-ab$

(E) ab

【答案】 (A)。

【解析】 由于事件 A 与 B 相互独立,因此

$$P(AB) = P(A) \cdot P(B) = a \cdot b,$$

考虑到 $C \subset AB$,故有

$$\bar{C} \supset \overline{AB} = \bar{A} + \bar{B} \supset \bar{A}\,\bar{B}\text{。}$$

因此

$$P(\bar{A}\,\bar{B}\,\bar{C}) = P(\bar{A}\,\bar{B}) = P(\bar{A})P(\bar{B}) = (1-a)(1-b)\text{。故选(A)。}$$

【例 10】 (普研)设当事件 A 与 B 同时发生时,事件 C 必发生,则________。

(A) $P(C) \leqslant P(A) + P(B) - 1$　(B) $P(C) \geqslant P(A) + P(B) - 1$

(C) $P(C) = P(AB)$　(D) $P(C) = P(A \cup B)$

(E) $P(AB) = P(A)P(B)$

【答案】 (B)。

【解析】 由题设 $AB \subset C$, 则 $P(AB) \leqslant P(C)$, 又由加法公式 $P(A \cup B) = P(A) + P(B) - P(AB)$, 得 $P(AB) = P(A) + P(B) - P(A \cup B) \geqslant P(A) + P(B) - 1$, 选(B)。

注意: 本题综合使用了加法公式,概率单调性与事件关系概率表示。

题型 2:古典与几何概型

1. 古典概型

【例 11】 (摸球问题)一个盒中有 3 个黄球,7 个白球,现按下列方式摸球,试求下列事件

的概率：(1) $A=\{$一次取 2 个，取出的球中有 1 个黄球，1 个白球$\}$，则 $P(A)=$________。

(A) $\frac{2}{3}$　(B) $\frac{1}{3}$　(C) $\frac{7}{15}$　(D) $\frac{5}{12}$　(E) $\frac{2}{5}$

【答案】 (C)。

【解析】 A 事件是一次性取样，$P(A)=\frac{C_3^1C_7^1}{C_{10}^2}=\frac{7}{15}$，故选(C)。

(2) $B=\{$一次取 2 个，取出的球中至少有 1 个黄球$\}$，则 $P(B)=$________。

(A) $\frac{2}{3}$　(B) $\frac{3}{5}$　(C) $\frac{3}{4}$　(D) $\frac{8}{15}$　(E) $\frac{11}{15}$

【答案】 (D)。

【解析】 B 事件从正面分析，有两种情况：1 个黄球与 1 个白球或 2 个都是黄球，故概率为 $P(B)=\frac{C_3^1C_7^1+C_3^2}{C_{10}^2}=\frac{8}{15}$；$B$ 事件的反面 $\bar{B}$ 只有一种情况：2 个都是白球，故概率为 $P(B)=1-P(\bar{B})=1-\frac{C_7^2}{C_{10}^2}=\frac{8}{15}$。故选(D)。

(3) $C=\{$一次取 1 个，取后不放回，取出的球中有 1 个黄球，1 个白球$\}$，则 $P(C)=$________。

(A) $\frac{2}{3}$　(B) $\frac{1}{3}$　(C) $\frac{7}{15}$　(D) $\frac{5}{12}$　(E) $\frac{2}{5}$

【答案】 (C)。

【解析】 C 事件是有顺序的，特别注意，讲顺序时，第一次取到白球第二次取到黄球与第一次取到黄球第二次取到白球是不同的，故概率为 $P(C)=\frac{A_3^1A_7^1A_2^2}{A_{10}^2}=\frac{3\times7\times2!}{10\times9}=\frac{7}{15}$。故选(C)。

(4) $D=\{$一次取 1 个，取后放回，取出的球中有 1 个黄球，1 个白球$\}$，则 $P(D)=$________。

(A) $\frac{29}{50}$　(B) $\frac{21}{50}$　(C) $\frac{31}{50}$　(D) $\frac{5}{7}$　(E) $\frac{19}{50}$

【答案】 (B)。

【解析】 D 事件是有顺序的，每次取一球但放回，则样本空间球数不变，故概率为 $P(D)=\frac{A_3^1A_7^1A_2^2}{A_{10}^1A_{10}^1}=\frac{3\times7\times2!}{10\times10}=\frac{21}{50}$。故选(B)。

【例 12】 从标号为 1，2，…，6 这六个球中取 3 个球，求下列事件的概率：

(1) 若 $A=\{$含有 2 号球$\}$，则 $P(A)=$________。

(A) $\frac{2}{3}$　(B) $\frac{1}{3}$　(C) $\frac{1}{2}$　(D) $\frac{3}{4}$　(E) $\frac{2}{5}$

【答案】 (C)。

【解析】 一次性取 3 个球，故有 $n_\Omega=C_6^3$ 种不同的取法。$A=\{$含有 2 号球$\}$，则要从余下 5

个球中再取 2 个，$n_A=C_5^2$，故 $P(A)=\frac{n_A}{n_\Omega}=\frac{C_5^2}{C_6^3}=\frac{1}{2}$。

(2) 若 $B=\{$不含 3 号球$\}$，则 $P(B)=$________。

(A) $\frac{2}{3}$　(B) $\frac{1}{3}$　(C) $\frac{1}{2}$　(D) $\frac{3}{4}$　(E) $\frac{2}{5}$

【答案】 (C)。

【解析】 $B=\{$不含 3 号球$\}$，则要从余下 5 个球中取 3 个，$n_B=C_5^3$，故 $P(B)=\frac{n_B}{n_\Omega}=\frac{C_5^3}{C_6^3}=\frac{1}{2}$。选(C)。

(3) 若 $C=\{$含有 2 号球且不含 3 号球$\}$，则 $P(C)=$________。

(A) $\frac{3}{10}$　(B) $\frac{1}{2}$　(C) $\frac{7}{10}$　(D) $\frac{9}{10}$　(E) $\frac{2}{5}$

【答案】 (A)。

【解析】 $C=\{$含有 2 号球且不含 3 号球$\}$，则要从余下 4 个球中再取 2 个，$n_C=C_4^2$，故 $P(C)=\frac{n_C}{n_\Omega}=\frac{C_4^2}{C_6^3}=\frac{3}{10}$。选(A)。

(4) 若 $D=\{$含有 2 号球或含有 3 号球$\}$，则 $P(D)=$________。

(A) $\frac{2}{3}$　(B) $\frac{1}{5}$　(C) $\frac{4}{5}$　(D) $\frac{3}{5}$　(E) $\frac{2}{5}$

【答案】 (C)。

【解析】 $D=\{$含有 2 号球或含有 3 号球$\}$，记 $D_1=\{$含有 2 号球$\}$，$D_2=\{$含有 3 号球$\}$，则 $D=D_1\cup D_2$，从正面计算得 $P(D)=P(D_1\cup D_2)=P(D_1)+P(D_2)-P(D_1D_2)=\frac{C_5^2}{C_6^3}+\frac{C_5^2}{C_6^3}-\frac{C_4^1}{C_6^3}=\frac{4}{5}$；也可以从反面计算：$P(D)=1-P(\bar{D})=1-P(\bar{D}_1\bar{D}_2)=1-\frac{C_4^3}{C_6^3}=\frac{4}{5}$。

(5) 若 $E=\{$三个球中最大号码为 4$\}$，则 $P(E)=$________。

(A) $\frac{9}{20}$　(B) $\frac{1}{3}$　(C) $\frac{17}{20}$　(D) $\frac{7}{20}$　(E) $\frac{3}{20}$

【答案】 (E)。

【解析】 $E=\{$三个球中最大号码为 4$\}$说明必定含有 4 号球，只要从余下 1、2、3 号球中再选 2 个球，$n_E=C_3^2$，故 $P(E)=\frac{n_E}{n_\Omega}=\frac{C_3^2}{C_6^3}=\frac{3}{20}$。故选(E)。

【例 13】 (经济类)一袋中有 4 只球，编号为 1，2，3，4，从袋中一次取出 2 只球，用 X 表示取出的 2 只球的最大号码数，则 $P\{X=4\}=$________。

(A) 0.4　(B) 0.5　(C) 0.6　(D) 0.7　(E) 0.9

【答案】 (B)。

【解析】 $P\{X=4\}=\frac{C_3^1}{C_4^2}=\frac{3}{6}=0.5$。

$$P(A)=\frac{\alpha P_{\alpha+\beta-1}^{k-1}}{P_{\alpha+\beta}^{k}}=\frac{\alpha}{\alpha+\beta}。选(A)。$$

【例 14】 从 5 双不同的鞋子中任取 4 只,这 4 只鞋子中"至少有两只配成一双"的概率是________。

(A) $\frac{2}{3}$ (B) $\frac{7}{12}$ (C) $\frac{13}{14}$ (D) $\frac{5}{7}$ (E) $\frac{13}{21}$

【答案】 (E)。

【解析】 **解法 1** 正面分类讨论求概率。从 5 双不同鞋中取 4 只,共 C_{10}^4 种可能取法,令事件 $A=\{4$ 只鞋中至少有两只配成一对$\}$,则取法可分为 2 类:

(1) 4 只中恰有 2 只配成一对,先从 5 双中取 1 双,再从余下 4 双中取 2 双,分别从 2 双中各取 1 只,则共有 $C_5^1C_4^2C_2^1C_2^1$ 种。

(2) 4 只恰好配成 2 对,从 5 双中直接取 2 双配成两对,有 C_5^2 种。故 $P(A)=\frac{C_5^1C_4^2C_2^1C_2^1+C_5^2}{C_{10}^4}=\frac{13}{21}$。

解法 2 利用对立事件从反面求概率。事件 A 对立事件 $\bar{A}=\{$没有一双配成对$\}$,从 5 双中取 4 双,每双中各取 1 只,则共有 $C_5^4C_2^1C_2^1C_2^1C_2^1$,所以 $P(A)=1-P(\bar{A})=1-\frac{C_5^4C_2^1C_2^1C_2^1C_2^1}{C_{10}^4}=\frac{13}{21}$。

注意: (1) 此题显然用对立事件计算比较方便。

(2) 求解"4 只中恰有 2 只配成一对"有一种常见错误解法:先从 5 双中取 1 双,然后从余下的 8 只鞋子中任取 2 只,即 $C_5^1C_8^2$。错误的原因在于,"从余下的 8 只鞋子中任取 2 只"又可能成双,所以应该减去成双的可能性 C_4^1,所以正确的应该为 $C_5^1(C_8^2-C_4^1)$,或者可以写成 $C_5^1C_8^2-C_5^2$(请读者自己考虑)。

2. 几何概型

【例 15】 若在区间(0, 1)内任取两个数,则事件"两数之和小于 $\frac{6}{5}$"的概率为________。

(A) $\frac{1}{2}$ (B) $\frac{17}{25}$ (C) $\frac{9}{14}$ (D) $\frac{8}{25}$ (E) $\frac{13}{14}$

【答案】 (B)。

【解析】 这个概率可用几何方法确定。在区间 (0, 1) 中随机地取两个数分别记为 x 和 y,则 (x, y) 的可能取值形成如下单位正方形 Ω,其面积为 $S_\Omega=1$。而事件 $A\{$两数之和小于 $6/5\}$ 可表示为 $A=\{x+y<6/5\}$,其区域为图 5-3 中的阴影部分。

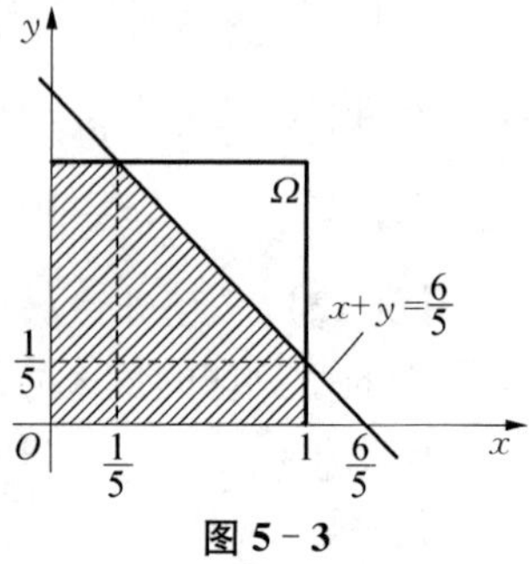

图 5-3

所以由几何方法得 $P(A)=\frac{S_A}{S_\Omega}=1-\frac{1}{2}\left(\frac{4}{5}\right)^2=\frac{17}{25}$。故

选(B)。

【例 16】（普研）随机地向半圆 $0<y<\sqrt{2ax-x^2}$（a 为正常数）内掷一点，点落在半圆内任何区域的概率与区域的面积成正比，则原点和该点的连线与 x 轴的夹角小于 $\frac{\pi}{4}$ 的概率为________。

(A) $\frac{1}{\pi}+\frac{1}{4}$　　(B) $\frac{1}{\pi}+\frac{1}{2}$　　(C) $\frac{2}{\pi}+\frac{1}{6}$　　(D) $\frac{1}{2\pi}+\frac{1}{2}$　　(E) $\frac{1}{\pi}$

【答案】（B)。

【解析】 $0<y<\sqrt{2ax-x^2}$ 所确定的区域如图 5－4 所示，过原点 O 作线段 OC，使其与 x 轴夹角为 $\frac{\pi}{4}$。

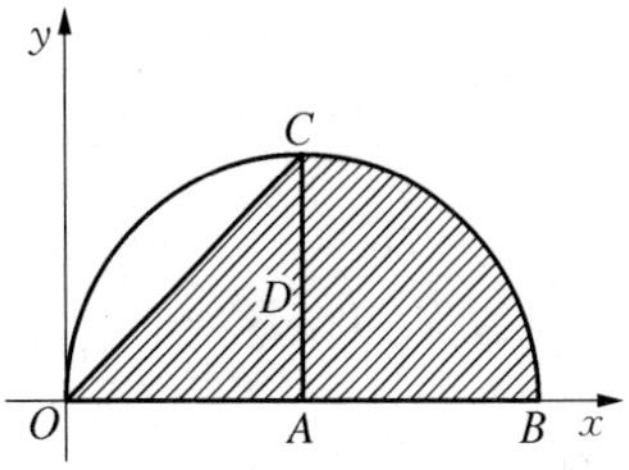

图 5－4

事件{投点和原点的连接与 x 轴的夹角小于 $\frac{\pi}{4}$} 等价于事件{投点落在图中阴影部分即区域 D 内}，根据几何概率的定义，所求的概率 $P=\frac{S_D}{S_{半圆}}$，其中

$$S_D=S_{\triangle ACO}+S_{\frac{1}{4}圆}=\frac{1}{2}a^2+\frac{1}{4}\pi a^2,S_{半圆}=\frac{\pi a^2}{2},$$

所以 $P=\frac{S_D}{S_{半圆}}=\frac{1}{\pi}+\frac{1}{2}$。故选(B)。

【例 17】 甲乙两艘轮船驶向一个不能同时停泊两艘轮船的码头，它们在一昼夜内到达的时间是等可能的，如果甲船和乙船停泊的时间都是两小时，它们同日到达时会面的概率是________。

(A) $\left(\frac{22}{24}\right)^2$　　(B) $1-\left(\frac{22}{24}\right)^2$　　(C) $\frac{22}{24}$　　(D) $\frac{1}{12}$　　(E) $\frac{5}{24}$

【答案】（B)。

【解析】 这是一个几何概型问题。设 $A=$\{甲乙会面\}。又设甲乙两船到达的时刻分别是 x，y，则 $0\leqslant x\leqslant 24$，$0\leqslant y\leqslant 24$。由题意可知，若要甲乙会面，必须满足

$$|x-y|\leqslant 2,$$

即图 5－5 中阴影部分。

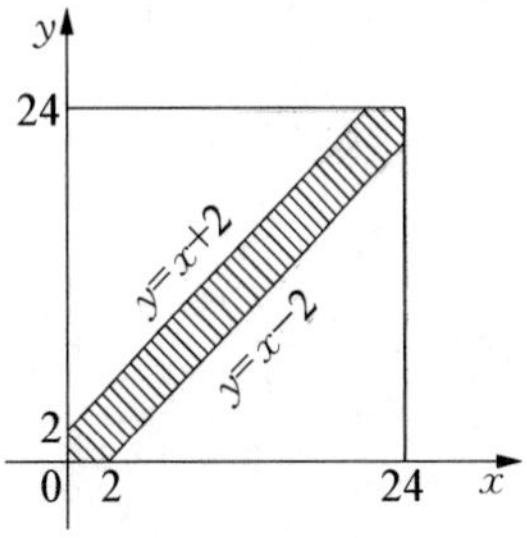

图 5－5

由图可知：$S(\Omega)$是由 $x=0$，$x=24$，$y=0$，$y=24$ 所围图形面积 $S=24^2$，而 $S(A)=24^2-22^2$，因此

$$P(A)=\frac{S(A)}{S(\Omega)}=\frac{24^2-22^2}{24^2}=1-\left(\frac{22}{24}\right)^2。故选(B)。$$

题型3：条件概率与独立性

1. 条件概率

【例18】(经济类) $P(A)=\frac{1}{4}$，$P(B\mid A)=\frac{1}{3}$，$P(A\mid B)=\frac{1}{2}$，则 $P(A\cup B)=$ ________。

(A) 1　　(B) $\frac{1}{2}$　　(C) $\frac{1}{3}$　　(D) $\frac{1}{4}$　　(E) $\frac{1}{5}$

【答案】(C)。

【解析】由 $P(A)=\frac{1}{4}$，$P(B\mid A)=\frac{P(AB)}{P(A)}=\frac{1}{3}$，易得 $P(AB)=\frac{1}{12}$，

又因为 $P(A\mid B)=\frac{P(AB)}{P(B)}=\frac{\frac{1}{12}}{P(B)}=\frac{1}{2}$，易得 $P(B)=\frac{1}{6}$。

由加法公式 $P(A\cup B)=P(A)+P(B)-P(AB)=\frac{1}{4}+\frac{1}{6}-\frac{1}{12}=\frac{1}{3}$。故选(C)。

【例19】(普研)设 A，B 为任意两个事件且 $A\subset B$，$P(B)>0$，则下列选项必然成立的是________。

(A) $P(A)<P(A\mid B)$　　(B) $P(A)\leqslant P(A\mid B)$

(C) $P(A)>P(A\mid B)$　　(D) $P(A)\geqslant P(A\mid B)$

(E) 以上选项均错误

【答案】(B)。

【解析】由 $A\subset B$，$1\geqslant P(B)>0$ 知 $P(A\mid B)=\frac{P(AB)}{P(B)}=\frac{P(A)}{P(B)}\geqslant P(A)$，选(B)。

【例20】设 A、B 为两个随机事件，且 $0<P(A)<1$，$0<P(B)<1$，如果 $P(A\mid B)=1$ 则________。

(A) $P(\bar{B}\mid\bar{A})=1$　　(B) $P(A\mid\bar{B})=0$

(C) $P(A\cup B)=1$　　(D) $P(B\mid A)=1$

(E) $P(B\mid A)=0$

【答案】(A)。

【解析】因为 $P(A\mid B)=1$，$P(A\mid B)=\frac{P(AB)}{P(B)}$，可得 $P(AB)=P(B)$。

$$P(\bar{B}\mid\bar{A})=\frac{P(\bar{B}\bar{A})}{P(\bar{A})}=\frac{P(\overline{A\cup B})}{P(\bar{A})}=\frac{1-P(A\cup B)}{1-P(A)}$$

$$=\frac{1-P(A)-P(B)+P(AB)}{1-P(A)}=\frac{1-P(A)}{1-P(A)}=1\text{。故选(A)。}$$

【例 21】 设两个相互独立的事件 A 和 B 都不发生的概率为 $\frac{1}{9}$，A 发生 B 不发生的概率与 B 发生 A 不发生的概率相等，则 $P(A)=$________。

(A) $\frac{1}{2}$　　(B) $\frac{1}{3}$　　(C) $\frac{2}{3}$　　(D) $\frac{2}{5}$　　(E) $\frac{3}{4}$

【答案】 (C)。

【解析】 由 $P(A\bar{B})=P(B\bar{A})\Rightarrow P(A)-P(AB)=P(B)-P(BA)\Rightarrow P(A)=P(B)$。又由独立性得 $P(\bar{A}\,\bar{B})=P(\bar{A})P(\bar{B})=[P(\bar{A})]^2=(1-P(A))^2=\frac{1}{9}$。

于是 $P(A)-1=\pm\frac{1}{3}$。当 $P(A)-1=-\frac{1}{3}$ 时，得 $P(A)=\frac{2}{3}$；

当 $P(A)-1=\frac{1}{3}$ 时，得 $P(A)=\frac{4}{3}>1$，应舍去。故选(C)。

注意： 由独立性得 $P(A\bar{B})=P(B\bar{A})\Rightarrow P(A)P(\bar{B})=P(B)P(\bar{A})\Rightarrow P(A)[1-P(B)]=P(B)[1-P(A)]\Rightarrow P(A)=P(B)$。

【例 22】 (普研)设随机事件 A 与 B 相互独立，且 $P(B)=0.5$，$P(A-B)=0.3$，则 $P(B-A)=$________。

(A) 0.2　　(B) 0.3　　(C) 0.4　　(D) 0.5　　(E) 0.6

【答案】 (A)。

【解析】 $P(A-B)=P(A)-P(AB)=P(B)-P(A)P(B)=P(A)-0.5P(A)=0.5P(A)=0.3$，则 $P(A)=0.6$，则 $P(B-A)=P(B)-P(AB)=P(B)-P(A)P(B)=0.5-0.5\times0.6=0.5-0.3=0.2$。故选(A)。

【例 23】 (普研)设 10 件产品中有 4 件不合格品。从中任取 2 件，已知所取 2 件产品中有一件是不合格品，则另一件也是不合格品的概率为________。

(A) $\frac{1}{2}$　　(B) $\frac{1}{3}$　　(C) $\frac{1}{4}$　　(D) $\frac{1}{5}$　　(E) $\frac{1}{6}$

【答案】 (D)。

【解析】 以 $A=\{$2 件产品中有一件是不合格品$\}\Leftrightarrow\{$2 件产品中至少有一件是不合格品$\}$，以 $B=\{$2 件产品中另一件也是不合格品$\}\Leftrightarrow\{$2 件产品都是不合格品$\}$，则所求的概率为 $P(B\mid A)$，由条件概率的计算公式知 $P(B\mid A)=\dfrac{P(AB)}{P(A)}=\dfrac{\frac{C_4^2}{C_{10}^2}}{\frac{C_4^1C_6^1+C_4^2}{C_{10}^2}}=\frac{1}{5}$。故选(D)。

注意 1 此问题是求 $P(B\mid A)$，不是求 $P(AB)$，关键题目中有“，”，即有先后。

注意 2 $P(A)$ 计算也可以用 $1-\frac{C_6^2}{C_{10}^2}$，但不能用 $\frac{C_4^1C_9^1}{C_{10}^2}$，错误原因是重复计算了，但可

修正为 $\dfrac{C_4^1C_9^1-C_4^2}{C_{10}^2}$，想一下为什么?(分子 $C_4^1C_9^1$ 有顺序,分组 C_{10}^2 无顺序;而且 C_4^1，C_9^1 中元素可以来自同一总体)。

【例 24】 (普研)甲、乙两人独立地对同一目标射击一次,其命中率分别为 0.6 和 0.5,现已知目标被命中,则它是甲射中的概率为________。

(A) $\dfrac{1}{2}$ (B) $\dfrac{1}{3}$ (C) $\dfrac{3}{4}$ (D) $\dfrac{2}{3}$ (E) $\dfrac{5}{6}$

【答案】 (C)。

【解析】 设$A=\{$甲射中$\}$，$B=\{$乙射中$\}$，$C=\{$目标被射中$\}=A\cup B$，已知$P(A)=0.6$，$P(B)=0.5$，则

$$P(A\mid C)=\frac{P(AC)}{P(C)}=\frac{P(AC)}{P(A\cup B)}=\frac{P(A)}{P(A)+P(B)-P(AB)}$$
$$=\frac{0.6}{0.6+0.5-0.6\times0.5}=\frac{3}{4}\text{。故选(C)。}$$

2. 乘法公式

【例 25】 某人忘了电话号码的最后一个数字,因而随意选拨。

(1) 求拨号不超过 3 次而拨对电话号码的概率为________。

(A) $\dfrac{1}{2}$ (B) $\dfrac{3}{10}$ (C) $\dfrac{3}{8}$ (D) $\dfrac{2}{3}$ (E) $\dfrac{1}{6}$

【答案】 (B)。

【解析】 设$A_i=\{$第 i 次拨号拨对$\}$，$i=1, 2, 3$。$A=\{$拨号不超过 3 次而拨对$\}$。$A=A_1\cup\overline{A_1}A_2\cup\overline{A_1}\,\overline{A_2}A_3$，且这 3 个事件互不相容,故

$$\begin{aligned}P(A)&=P(A_1)+P(\overline{A_1}A_2)+P(\overline{A_1}\,\overline{A_2}A_3)\\&=P(A_1)+P(\overline{A_1})P(A_2\mid\overline{A_1})+P(\overline{A_1})P(\overline{A_2}\mid\overline{A_1})P(A_3\mid\overline{A_1}\,\overline{A_2})\\&=\frac{1}{10}+\frac{9}{10}\cdot\frac{1}{9}+\frac{9}{10}\cdot\frac{8}{9}\cdot\frac{1}{8}=\frac{3}{10}\text{。选(B)。}\end{aligned}$$

(2) 如该人记得最后一个数字是奇数,拨号不超过 3 次而拨对电话号码的概率为________。

(A) $\dfrac{1}{2}$ (B) $\dfrac{3}{5}$ (C) $\dfrac{3}{4}$ (D) $\dfrac{2}{3}$ (E) $\dfrac{5}{6}$

【答案】 (B)。

【解析】 设$A_i=\{$第 i 次拨号拨对$\}$，$i=1, 2, 3$。$A=\{$拨号不超过 3 次而拨对$\}$。$A=A_1\cup\overline{A_1}A_2\cup\overline{A_1}\,\overline{A_2}A_3$，且这 3 个事件互不相容,故

$$\begin{aligned}P(A)&=P(A_1)+P(\overline{A_1})P(A_2\mid\overline{A_1})+P(\overline{A_1})P(\overline{A_2}\mid\overline{A_1})P(A_3\mid\overline{A_1}\,\overline{A_2})\\&=\frac{1}{5}+\frac{4}{5}\cdot\frac{1}{4}+\frac{4}{5}\cdot\frac{3}{4}\cdot\frac{1}{3}=\frac{3}{5}\text{。故选(B)。}\end{aligned}$$

注意： 仔细想想，就会发现这两个答数很自然。这与摸奖问题是关联的：10 个人依次摸 10 张券，其中只有一张奖券，那么，第一，第二，……第十人摸到奖券的概率都是 $\frac{1}{10}$。前 3 人摸到奖券的概率当然是 $\frac{3}{10}$。

3. 独立性

【例 26】 设 A，B 是任意两事件，其中 A 发生的概率不等于 0 和 1，则 $P(B\mid A)=P(B\mid\bar{A})$ 是事件 A 与 B 独立的________。

(A) 充要条件　　(B) 充分不必要条件
(C) 必要不充分条件　　(D) 既不充分也不必要条件
(E) 以上说法均错误

【答案】 (A)。

【解析】 由于 A 发生概率不等于 0 和 1，可知题中两个条件概率都存在。

必要性：由事件 A 与 B 独立，知事件 $\bar{A}$ 与 B 也独立，因此

$$P(B\mid A)=P(B),\ P(B\mid\bar{A})=P(B),$$

从而

$$P(B\mid A)=P(B\mid\bar{A})。$$

充分性：由 $P(B\mid A)=P(B\mid\bar{A})$，可见

$$\frac{P(AB)}{P(A)}=\frac{P(\bar{A}B)}{P(\bar{A})}=\frac{P(B)-P(AB)}{1-P(A)},$$

$$P(AB)[1-P(A)]=P(A)P(B)-P(A)P(AB),$$

$$P(AB)=P(A)P(B),$$

因此 A 和 B 独立。故选(A)。

【例 27】 已知 A，B，C 三事件中 A 与 B 相互独立，$P(C)=0$，则 $\bar{A}$，$\bar{B}$，$\bar{C}$ 三事件________。

(A) 相互独立　　(B) 两两独立，但不一定相互独立
(C) 不一定两两独立　　(D) 一定不两两独立
(E) 以上说法均错误

【答案】 (A)。

【解析】 因为零概率事件与任何事件都相互独立，由 $P(C)=0$ 可知 C 与 A，C 与 B 均相互独立。又 A 与 B 相互独立，故 A，B，C 两两独立。而 $P(ABC)=P(AB)P(C)=P(A)P(B)P(C)$，所以 A，B，C 相互独立，则 $\bar{A}$，$\bar{B}$，$\bar{C}$ 也相互独立，选(A)。

【例 28】 (普研)设两两独立的三事件 A，B 和 C 满足条件：$ABC=\varnothing$，$P(A)=P(B)=P(C)<\frac{1}{2}$，且已知 $P(A\cup B\cup C)=\frac{9}{16}$，则 $P(A)=$________。

(A) $\frac{1}{2}$　　(B) $\frac{1}{5}$　　(C) $\frac{3}{4}$　　(D) $\frac{1}{4}$　　(E) $\frac{1}{6}$

【答案】 (D)。

【解析】 考查独立性情况下加法公式。

$P(A\cup B\cup C)=P(A)+P(B)+P(C)-P(AB)-P(AC)-P(BC)+P(ABC)$。

由题设 $P(A)=P(B)=P(C)$ 则 $P(AC)=P(A)P(C)=P^2(A)$，
$P(AB)=P(A)P(B)=P^2(A)$，$P(BC)=P(B)P(C)=P^2(A)$，$P(ABC)=0$。

因此有 $\frac{9}{16}=3P(A)-3P^2(A)$，解得 $P(A)=\frac{3}{4}$ 或 $P(A)=\frac{1}{4}$。又题设 $P(A)<\frac{1}{2}$，故 $P(A)=\frac{1}{4}$。故选(D)。

【例 29】 甲、乙、丙各自去破译一个密码，他们能译出的概率分别为 $\frac{1}{5}$，$\frac{1}{3}$，$\frac{1}{4}$，试求：

(1) 恰有一人译出的概率为________。

(A) $\frac{1}{2}$　(B) $\frac{4}{5}$　(C) $\frac{3}{4}$　(D) $\frac{13}{30}$　(E) $\frac{5}{6}$

【答案】 (D)。

【解析】 设 A 表示甲破译，B 表示乙破译，C 表示丙破译，三者为两两独立事件，

$$\begin{aligned}&P(A\bar{B}\bar{C})+P(\bar{A}B\bar{C})+P(\bar{A}\bar{B}C)\\&=P(A)P(\bar{B})P(\bar{C})+P(\bar{A})P(B)P(\bar{C})+P(\bar{A})P(\bar{B})P(C)\\&=\frac{1}{5}\times\left(1-\frac{1}{3}\right)\left(1-\frac{1}{4}\right)+\left(1-\frac{1}{5}\right)\times\frac{1}{3}\times\left(1-\frac{1}{4}\right)+\\&\quad\left(1-\frac{1}{5}\right)\times\left(1-\frac{1}{3}\right)\times\frac{1}{4}\\&=\frac{6}{60}+\frac{12}{60}+\frac{8}{60}=\frac{26}{60}=\frac{13}{30}\text{。故选(D)。}\end{aligned}$$

(2) 则密码能破译的概率为________。

(A) $\frac{1}{2}$　(B) $\frac{1}{5}$　(C) $\frac{3}{4}$　(D) $\frac{3}{5}$　(E) $\frac{1}{6}$

【答案】 (D)。

【解析】 密码能破译⇔至少有一个人能破译，所以

$$\begin{aligned}P(A\cup B\cup C)&=1-P(\overline{A\cup B\cup C})=1-P(\bar{A})P(\bar{B})P(\bar{C})\\&=1-\left(1-\frac{1}{5}\right)\left(1-\frac{1}{3}\right)\left(1-\frac{1}{4}\right)\\&=1-\frac{24}{60}=\frac{36}{60}=\frac{3}{5}\text{。故选(D)。}\end{aligned}$$

注意： 如果事件 A_1，A_2，…，A_n 相互独立，则 $P(A_1\cup A_2\cup\cdots\cup A_n)=1-P(\overline{A_1})P(\overline{A_2})\cdots P(\overline{A_n})$，该式在计算“$n$ 个独立事件至少有一个发生”的概率时非常有用。

题型 4：n 重伯努利模型

【例 30】（经济类）设三次独立试验中事件 A 在每次试验中发生的概率均为 p，已知 A 至少发生一次的概率为 $\frac{19}{27}$，则 $p=$________。

(A) $\frac{1}{2}$　(B) $\frac{1}{3}$　(C) $\frac{1}{4}$　(D) $\frac{1}{5}$　(E) $\frac{1}{6}$

【答案】(B)。

【解析】根据三重伯努利概型可知：$1-(1-p)^3=\frac{19}{27}\Rightarrow p=\frac{1}{3}$。选(B)。

【例 31】进行一系列独立的试验，每次试验成功的概率为 P，则在成功两次之前已经失败三次的概率为________。

(A) $4P^2(1-P)^3$　(B) $4P(1-P)^3$

(C) $10P^2(1-P)^3$　(D) $P^2(1-P)^3$

(E) $2P^2(1-P)^3$

【答案】(A)。

【解析】成功两次之前已经失败三次$\Leftrightarrow$第 5 次成功，前面 4 次中成功一次(失败三次)，前后互相独立，所以概率为 $C_4^1P(1-P)^3\cdot P=4P^2(1-P)^3$，选(A)。

【例 32】某人向同一目标独立重复射击，每次射击命中目标的概率为 $P(0<P<1)$，则此人第 4 次射击恰好第二次命中目标的概率为________。

(A) $3P(1-P)^2$　(B) $6P(1-P)^2$

(C) $3P^2(1-P)^2$　(D) $6P^2(1-P)^2$

(E) $6P^2(1-P)$

【答案】(C)。

【解析】"第 4 次射击恰好第 2 次命中"表示 4 次射击中第 2 次命中目标，第 4 次是命中的，前 3 次射击中有 1 次命中目标。由独立性知所求概率为：$C_3^1P^1(1-P)^2\cdot P=3P^2\cdot(1-P)^2$，故选(C)。

题型 5：全概率与贝叶斯模型

【例 33】（普研）袋中有 50 个乒乓球，其中 20 个是黄球，30 个是白球，今有两人依次随机地从袋中各取一球，取后不放回，则第二个人取得黄球的概率是________。

(A) $\frac{2}{3}$　(B) $\frac{1}{3}$　(C) $\frac{3}{4}$　(D) $\frac{5}{7}$　(E) $\frac{2}{5}$

【答案】(E)。

【解析】第 2 次与第 1 次结果有关，考虑用全概率公式计算。

设 $A_i=\{$第 i 人取出的是黄球$\}(i=1,2)$，由全概率公式知：

$P(A_2)=P(A_1)\cdot P(A_2\mid A_1)+P(\overline{A_1})\cdot P(A_2\mid\overline{A_1})=\frac{2}{5}\times\frac{19}{49}+\frac{3}{5}\times\frac{20}{49}=\frac{2}{5}$。故

选(E)。

注意：根据抽签原理，第1个人，第2个人，……，等等取得黄球的概率相等，均为2/5。

【例34】 (普研)考虑一元二次方程 $x^2+Bx+C=0$，其中 B、C 分别是将一枚骰子接连掷两次先后出现的点数，则该方程有实根的概率 p 和有重根的概率 q 分别为________。

(A) $p=\frac{19}{36}$，$q=\frac{5}{18}$　　(B) $p=\frac{17}{36}$，$q=\frac{1}{18}$

(C) $p=\frac{19}{36}$，$q=\frac{1}{6}$　　(D) $p=\frac{13}{36}$，$q=\frac{1}{18}$

(E) $p=\frac{19}{36}$，$q=\frac{1}{18}$

【答案】 (E)。

【解析】 B、C 是均可取值1，2，3，4，5，6，其基本事件总数为36。方程组有实根的充分必要条件是 $B^2\geqslant 4C(C\leqslant B^2/4)$，方程组有重根的概率充分必要条件是 $B^2=4C(C=B^2/4)$。易见

B	1	2	3	4	5	6
使 $C\leqslant B^2/4$ 的基本事件个数	0	1	2	4	6	6
使 $C=B^2/4$ 的基本事件个数	0	1	0	1	0	0

由此可见，使方程有实根的基本事件个数为 $1+2+4+6+6=19$，因此 $p=\frac{19}{36}$。

方程有重根的基本事件共有2个，因此 $q=\frac{2}{36}=\frac{1}{18}$。故选(E)。

【例35】 (普研)设玻璃杯整箱出售，每箱20只，各箱含0、1、2只残次品的概率分别为0.8、0.1、0.1。一顾客欲购买一箱玻璃杯，由售货员任取一箱，经顾客开箱随机查看4只，若无残次品，则购买此箱玻璃杯，否则不买。求：

(1) 顾客买此箱玻璃杯的概率 α 为________。

(A) 0.11　　(B) 0.33　　(C) 0.5　　(D) 0.64　　(E) 0.94

【答案】 (E)。

【解析】 设 $B_i=\{$箱中恰好有 i 件残次品$\}(i=0,1,2)$，$A=\{$顾客买下所查看的一箱$\}$。

由题设知 $P(B_0)=0.8$，　$P(B_1)=0.1$，　$P(B_2)=0.1$，　$P(A\mid B_0)=1$，　$P(A\mid B_1)=\frac{C_{19}^4}{C_{20}^4}=\frac{4}{5}$，$P(A\mid B_2)=\frac{C_{18}^4}{C_{20}^4}=\frac{12}{19}$。

由全概率公式：$\alpha=P(A)=\sum_{i=0}^{2}P(B_i)P(A\mid B_i)=0.8+\frac{0.4}{5}+\frac{1.2}{19}\approx 0.94$。故选(E)。

(2) 在顾客购买的此箱玻璃杯中，确实没残次品的概率 β 为________。

(A) 0.11　　(B) 0.2　　(C) 0.45　　(D) 0.64　　(E) 0.85

【答案】 (E)。

【解析】 此题目是典型的全概率、贝叶斯公式应用问题。

设 $B_i=\{$箱中恰好有 i 件残次品$\}(i=0,1,2)$，$A=\{$顾客买下所查看的一箱确实没残次品$\}$。由题设知 $P(B_0)=0.8$，$P(A\mid B_0)=1$。

由贝叶斯(逆概率)公式：$\beta=P(B_0\mid A)=\dfrac{P(B_0)P(A\mid B_0)}{P(A)}\approx\dfrac{0.8}{0.94}\approx 0.85$。故选(E)。

注意：由上面的讨论可以看出，在使用全概率公式和逆概率公式解题时，“分析题目，正确写出题设，找出(或计算)先验概率和条件概率”是十分重要的。

【例 36】 甲文具盒内有 2 支蓝色笔和 3 支黑色笔，乙文具盒内也有 2 支蓝色笔和 3 支黑色笔。现从甲文具盒中任取 2 支笔放入乙文具盒，然后再从乙文具盒中任取 2 支笔。则最后取出的 2 支笔都是黑色笔的概率为________。

(A) $\dfrac{33}{70}$　　(B) $\dfrac{23}{70}$　　(C) $\dfrac{13}{70}$　　(D) $\dfrac{43}{70}$　　(E) $\dfrac{7}{9}$

【答案】 (B)。

【解析】 由题意可知，从甲文具盒中任取 2 支笔有 3 种情况：取到 2 支蓝色笔；取到 2 支黑色笔；取到 1 支黑色笔和 1 支蓝色笔。设 $A_1=\{$从甲盒中取到 2 支蓝色笔$\}$；$A_2=\{$从甲盒中取到 2 支黑色笔$\}$；$A_3=\{$从甲盒中取到 1 支黑色笔和 1 支蓝色笔$\}$；$B=\{$从乙盒取到 2 支黑色笔$\}$。

$$\begin{aligned}P(B)&=P(A_1)P(B\mid A_1)+P(A_2)P(B\mid A_2)+P(A_3)P(B\mid A_3)\\&=\frac{C_2^2}{C_5^2}\cdot\frac{C_3^2}{C_7^2}+\frac{C_3^2}{C_5^2}\cdot\frac{C_5^2}{C_7^2}+\frac{C_2^1C_3^1}{C_5^2}\cdot\frac{C_4^2}{C_7^2}\\&=\frac{1}{70}+\frac{1}{7}+\frac{6}{35}=\frac{23}{70}\text{。故选(B)。}\end{aligned}$$

5.5　过关练习题精练

【习题 1】 (普研)以 A 表示“甲种产品畅销，乙种产品滞销”，则其对立事件为________。

(A) “甲种产品滞销，乙种产品畅销”　　(B) “甲、乙两种产品均畅销”

(C) “甲种产品滞销”　　(D) “甲种产品滞销或乙种产品畅销”

(E) 以上说法均错误

【答案】 (D)。

【解析】 设 $B=\{$甲产品畅销$\}$，$C=\{$乙产品畅销$\}$，则由题设 $A=B\overline{C}$，于是对立事件 $\overline{A}$ 为：$\overline{A}=\overline{B\overline{C}}=\overline{B}\cup C=\{$甲产品滞销或乙产品畅销$\}$。答案选(D)。

【习题 2】 已知 $P(A)=0$，$P(B)=1$，则________。

(A) $A=\varnothing$, $B=\Omega$　　(B) $A\subset B$
(C) A 与 B 互斥　　(D) A 与 B 相互独立
(E) $A\supset B$

【答案】 (D)。

【解析】 由于 $0\leqslant P(AB)\leqslant P(A)=0$，所以 $P(AB)=0$。又因为 $P(A)P(B)=0$，所以 $P(AB)=P(A)P(B)$ 成立，即 A 与 B 相互独立。答案应选(D)。

注意：虽然 $P(\Omega)=1$，$P(\varnothing)=0$，但 $P(A)=1$ 不能推出 $A=\Omega$；$P(B)=0$ 不能推出 $B=\varnothing$。本题的解题过程只用了 $P(A)=0$ 就得出 $P(AB)=P(A)P(B)$，即零概率事件与任何事件都相互独立。同样，对概率为 1 的事件 B，有 $P(\bar{B})=0$，即 $\bar{B}$ 与任何事件相互独立，也就有 B 与任何事件相互独立。

【习题 3】 (普研)设 A，B，C 三个事件两两独立，则 A，B，C 相互独立的充分必要条件是________。

(A) A 与 BC 独立　　(B) AB 与 $A\cup C$ 独立
(C) AB 与 AC 独立　　(D) $A\cup B$ 与 $A\cup C$ 独立
(E) 以上说法均错误

【答案】 (A)。

【解析】 先证必要性，设 A，B，C 是三个相互独立的事件，则有

$$P(ABC)=P(A)P(B)P(C)=P(A)P(BC),$$

故事件 A 与 BC 独立，从而必要性成立。

再证充分性，设 A，B，C 两两独立，且 A 与 BC 独立，于是

$$P(AB)=P(A)P(B),\ P(BC)=P(B)P(C),\ P(CA)=P(C)P(A)。所以$$

$$P(ABC)=P(A)P(BC)=P(A)P(B)P(C)。$$

根据三事件 A，B，C 相互独立的定义，知 A，B，C 相互独立，从而充分性成立。选(A)。

【习题 4】 从 6 双不同的鞋子中任取 4 只，则其中没有成双鞋子的概率是________。

(A) $\dfrac{4}{11}$　(B) $\dfrac{5}{11}$　(C) $\dfrac{16}{33}$　(D) $\dfrac{2}{3}$　(E) $\dfrac{1}{3}$

【答案】 (C)。

【解析】 所求概率为 $P=\dfrac{C_6^4C_2^1C_2^1C_2^1C_2^1}{C_{12}^4}=\dfrac{16}{33}$，故本题选(C)。

【习题 5】 10 件产品中有 3 件事不合格品，今从中任取两件，则在已知两件中有一件是合格品的条件下，另一件是不合格品的概率是________。

(A) 0.2　(B) 0.3　(C) 0.4　(D) 0.5　(E) 0.8

【答案】 (D)。

【解析】 $A=\{$任取两件产品中有一件是合格品$\}$，$B=\{$任取两件产品有一件合格，另一

件不合格}，则 $B\subset A$，所以 $P(B\mid A)=\dfrac{P(AB)}{P(A)}=\dfrac{P(B)}{P(A)}$。又 $P(A)=\dfrac{C_7^1C_3^1+C_7^2}{C_{10}^2}$，$P(B)=\dfrac{C_7^1C_3^1}{C_{10}^2}$，所以 $P(B\mid A)=\dfrac{C_7^1C_3^1}{C_7^1C_3^1+C_7^2}=0.5$，故本题应选(D)。

【习题 6】 若事件 A 和 B 互不相容，且 $P(A+B)<1$，$P(A)>0$，$P(B)>0$，则在下列式子：

① $P(A+B)=P(A)+P(B)-P(AB)$；　② $P(\bar{A}\,\bar{B})=0$；

③ $P(\bar{A}B+A\bar{B})=P(\bar{A}B)+P(A\bar{B})$；　④ $P(\bar{A}+\bar{B})=1$

当中正确的有________。

(A) 4 个　(B) 3 个　(C) 2 个　(D) 1 个　(E) 0 个

【答案】 (B)。

【解析】 只有第二式不正确，其余三个式子正确。选(B)。

【习题 7】 对于任意两个互不相容的事件 A 与 B，以下等式中只有一个不正确，它是________。

(A) $P(A-B)=P(A)$　(B) $P(A-B)=P(A)+P(\bar{A}\cup\bar{B})-1$

(C) $P(\bar{A}-B)=P(\bar{A})-P(B)$　(D) $P[(A\cup B)\cap(A-B)]=P(A)$

(E) $P(\overline{A-B})=P(A)-P(\bar{A}\cup\bar{B})$

【答案】 (E)。

【解析】 本题考点为随机事件的关系。根据题意有

$$\begin{aligned}P(A-B)&=P(A-AB)=P(A)-P(AB)=P(A)-[1-P(\overline{AB})]\\&=P(A)-1+P(\bar{A}+\bar{B})。\end{aligned}$$

故(A)(B)正确。

因为 A，B 互不相容，$\bar{A}\supset B$，则 $P(\bar{A}-B)=P(\bar{A})-P(B)$，故(C)正确。$P[(A+B)(A-B)]=P(A-B)=P(A)$，故(D)正确。根据题意 A，B 互不相容，得 $AB=\varnothing$ 和 $P(AB)=0$，再将各选项简化，得 $P(\bar{A}\cup\bar{B})=1$，可知选项(E)不正确。答案为(E)。

【习题 8】 两只一模一样的铁罐里都装有大量的红球和黑球，其中一罐(取名“甲罐”)内的红球数与黑球数之比为 2∶1，另一罐(取名“乙罐”)内的黑球数与红球数之比为 2∶1。今任取一罐并从中依次取出 50 只球，查得其中有 30 只红球和 20 只黑球，则该罐为“甲罐”的概率是该罐为“乙罐”的概率的________。

(A) 154 倍　(B) 254 倍　(C) 438 倍　(D) 798 倍　(E) 1 024 倍

【答案】 (E)。

【解析】 本题考点为二项分布。

因为罐中的球足够多，所以，甲罐中取红球的概率始终为 $\dfrac{2}{3}$，取黑球的概率始终为 $\dfrac{1}{3}$；同样，乙罐中取红球的概率始终为 $\dfrac{1}{3}$，取黑球的概率始终为 $\dfrac{2}{3}$。则甲罐中取 30 个红球 20 个黑球

的概率为$\left(\frac{2}{3}\right)^{20}\times\left(\frac{1}{3}\right)^{30}$，乙罐的概率为$\left(\frac{1}{3}\right)^{30}\times\left(\frac{2}{3}\right)^{20}$。

具体解法如下：设A_1为“甲罐”，A_2为“乙罐”，B为“取到30个红球和20只黑球”。

$$P(A_1)=P(A_2)=\frac{1}{2}。$$

$$P(B\mid A_1)=\left(\frac{2}{3}\right)^{30}\left(\frac{1}{3}\right)^{20}=\frac{P(A_1B)}{P(A_1)},$$

$$P(B\mid A_2)=\left(\frac{2}{3}\right)^{20}\left(\frac{1}{3}\right)^{30}=\frac{P(A_2B)}{P(A_2)},$$

$$\frac{P(A_1\mid B)}{P(A_2\mid B)}=\frac{P(A_1B)/P(B)}{P(A_2B)/P(B)}=\frac{P(A_1B)}{P(A_2B)}$$

$$=\frac{\frac{1}{2}\left(\frac{2}{3}\right)^{30}\left(\frac{1}{3}\right)^{20}}{\frac{1}{2}\left(\frac{2}{3}\right)^{20}\left(\frac{1}{2}\right)^{30}}=2^{10}=1\,024。故选(E)。$$

【习题9】 某人忘记三位号码锁(每位均有0～9十个数码)的最后一个数码，因此在正确拨出前两个数码后，只能随机地试拨最后一个数码，每拨一次算作一次试开，则他在第4次试开时才将锁打开的概率是________。

(A) $\frac{1}{4}$　(B) $\frac{1}{6}$　(C) $\frac{2}{5}$　(D) $\frac{1}{10}$　(E) $\frac{2}{3}$

【答案】 (D)。

【解析】 设$A_i=\{第\,i\,次试开成功\}$，$i=1,2,3,4$，则

$$P(\overline{A_1}\,\overline{A_2}\,\overline{A_3}A_4)=P(\overline{A_1})\cdot P(\overline{A_2}\mid\overline{A_1})\cdot P(\overline{A_3}\mid\overline{A_1}\,\overline{A_2})\cdot P(A_4\mid\overline{A_1}\,\overline{A_2}\,\overline{A_3})$$
$$=\frac{9}{10}\times\frac{8}{9}\times\frac{7}{8}\times\frac{1}{7}=\frac{1}{10}。$$

故本题应选(D)。

【习题10】 设N件产品中D件是不合格品，从这N件产品中任取2件，已知其中有1件是不合格品，则另一件也是不合格的概率是________。

(A) $\frac{D-1}{2N-D-1}$　(B) $\frac{D(D-1)}{N(N-1)}$

(C) $\frac{D(D-1)}{N^2}$　(D) $\frac{D-1}{2(N-D)}$

(E) $\frac{D}{N-1}$

【答案】 (A)。

【解析】 设$A=\{$抽取2件产品，其中至少有一件不合格品$\}$，$B=\{$抽取2件产品，均为不

合格品}。$B \subset A$，则 $P(B \mid A)=\dfrac{P(AB)}{P(A)}=\dfrac{P(B)}{P(A)}$。

而 $$P(A)=\frac{C_D^1 C_{N-D}^1+C_D^2}{C_N^2},\ P(B)=\frac{C_D^2}{C_N^2},$$

所以 $$P(B \mid A)=\frac{C_D^2}{C_D^1 C_{N-D}^1+C_D^2}=\frac{D-1}{2N-D-1}。$$

故本题应选(A)。

【习题 11】 甲，乙，丙一次轮流投掷一枚均匀硬币，若先投出正面者为胜。则甲，乙，丙获胜的概率分别为________。

(A) $\dfrac{1}{3},\dfrac{1}{3},\dfrac{1}{3}$　　(B) $\dfrac{4}{8},\dfrac{2}{8},\dfrac{1}{8}$

(C) $\dfrac{4}{8},\dfrac{3}{8},\dfrac{1}{8}$　　(D) $\dfrac{4}{7},\dfrac{2}{7},\dfrac{1}{7}$

(E) 以上结论均不正确

【答案】 (D)。

【解析】 若第一轮出结果，则若甲获胜，即甲第一次投出正面，则概率为 $\dfrac{1}{2}$；

若乙获胜，则甲第一次投出反面，乙投出正面，则概率为 $\dfrac{1}{2}\times\dfrac{1}{2}=\dfrac{1}{4}$；

若丙获胜，则甲乙均投出反面，丙是正面，概率为 $\dfrac{1}{2}\times\dfrac{1}{2}\times\dfrac{1}{2}=\dfrac{1}{8}$；

若第一轮不能出结果，则第二轮、第三轮、……所以

$$甲获胜的概率为 \frac{1}{2}+\frac{1}{2}\times\frac{1}{2}\times\frac{1}{2}\times\frac{1}{2}+\left(\frac{1}{2}\right)^7+\left(\frac{1}{2}\right)^{10}+\cdots=\frac{\frac{1}{2}}{1-\left(\frac{1}{2}\right)^3}=\frac{4}{7};$$

$$乙获胜的概率为 \frac{1}{2}\times\frac{1}{2}+\left(\frac{1}{2}\right)^5+\left(\frac{1}{2}\right)^8+\left(\frac{1}{2}\right)^{11}+\cdots=\frac{\left(\frac{1}{2}\right)^2}{1-\left(\frac{1}{2}\right)^3}=\frac{2}{7};$$

则丙获胜的概率为 $1-\dfrac{4}{7}-\dfrac{2}{7}=\dfrac{1}{7}$，选(D)。

注意：对于无限轮流问题，可根据第一轮的概率得到三人获胜的概率比，甲 ∶ 乙 ∶ 丙 = $\dfrac{4}{7}:\dfrac{2}{7}:\dfrac{1}{7}=4:2:1$，又有概率之和为 1，则甲，乙，丙获胜的概率分别为 $\dfrac{4}{7},\dfrac{2}{7},\dfrac{1}{7}$。

【习题 12】 经统计，某机场的一个安检口每天中午办理安检手续的乘客人数及相应的概

率如下表所示：

乘客人数	0～5	6～10	11～15	16～20	21～25	25 以上
概　率	0.1	0.2	0.2	0.25	0.2	0.05

该安检口 2 天中至少有 1 天中午办理安检手续的乘客人数超过 15 的概率是________。

(A) 0.2　　(B) 0.25　　(C) 0.4　　(D) 0.5　　(E) 0.75

【答案】 (E)。

【解析】 P(超过 15 人) $= 0.25+0.2+0.05=0.5$，P(不超过 15 人) $=0.1+0.2+0.2=0.5$。

解法 1 (从正面求解){2 天中至少有 1 天}等价于{1 天或 2 天}，所求概率为 $C_2^1\cdot 0.5\cdot 0.5+0.5^2=0.75$。

解法 2 (从反面求解){2 天中至少有 1 天}的反面为{1 天也没有}，所求概率为 $1-0.5^2=0.75$。故选(E)。

【习题 13】 在盛有 10 只螺母的盒子中有 0 只、1 只、2 只，……，10 只铜螺母是等可能的情况，今向盒中放入一个铜螺母，然后随机从盒中取出一个螺母，则这个螺母为铜螺母的概率是________。

(A) $\frac{6}{11}$　　(B) $\frac{5}{10}$　　(C) $\frac{5}{11}$　　(D) $\frac{4}{11}$　　(E) $\frac{2}{7}$

【答案】 (A)。

【解析】 根据全概率公式，有 $P=\frac{1}{11}\left(\frac{1}{11}+\frac{2}{11}+\cdots\frac{11}{11}\right)=\frac{6}{11}$，答案选(A)。

【习题 14】 某种疾病的自然痊愈率为 0.1，为了检验一种治疗该病的新药是否有效，将它给患该病的 10 位自愿都服用，假定判定规则是若 10 名自愿者中至少 3 人痊愈，则认为该药有效，否则认为完全无效。按此规则，新药实际上完全无效却被判定为有效的概率为________。

(A) 0.01　　(B) 0.02　　(C) 0.03　　(D) 0.05　　(E) 0.07

【答案】 (E)。

【解析】 根据题意，实际上完全无效却判为有效的概率为

$$\begin{aligned}P&=\sum_{i=3}^{10}C_{10}^{i}(0.1)^{i}\times(1-0.1)^{10-i}\\&=1-\sum_{i=0}^{2}C_{10}^{i}(0.1)^{i}\times(1-0.1)^{10-i}\\&=0.07。\end{aligned}$$

答案选(E)。

【习题 15】 甲、乙两名篮球运动员的投篮的命中率分别为 0.80 和 0.75。今每人各投一球，结果有一球命中，乙未命中的概率为________。

(A) $\frac{2}{7}$　(B) $\frac{5}{14}$　(C) $\frac{4}{7}$　(D) $\frac{9}{14}$　(E) $\frac{5}{7}$

【答案】 (C)。

【解析】 记 $A_1=\{$甲未命中$\}$，$A_2=\{$乙未命中$\}$，$B=\{$恰有一球命中$\}$。由此得到 $P(A_1)=0.20$，$P(A_2)=0.25$，$P(B \mid A_1)=0.75$，$P(B \mid A_2)=0.80$。

根据贝叶斯公式可得

$$P(A_2 \mid B)=\frac{0.25\times 0.80}{0.20\times 0.75+0.25\times 0.80}=\frac{0.20}{0.35}=\frac{4}{7}。$$

答案选(C)。

【习题 16】 若 $P(A)=\frac{1}{2}P(A\cup B)=0.3$，则 $P(B \mid \bar{A})=$______。

(A) $\frac{1}{3}$　(B) $\frac{2}{5}$　(C) $\frac{3}{7}$　(D) $\frac{1}{2}$　(E) $\frac{5}{8}$

【答案】 (C)。

【解析】 因为 $P(A)=0.3$，$P(\bar{A})=0.7$，$P(A\cup B)=2\times 0.3=0.6$，而 $P(A\cup B)=P(A\cup \bar{A}B)=P(A)+P(\bar{A}B)=P(A)+P(\bar{A})P(B \mid \bar{A})$，即 $0.6=0.3+0.7\times P(B \mid \bar{A})$，因此 $P(B \mid \bar{A})=\frac{0.6-0.3}{0.7}=\frac{3}{7}$，答案选(C)。

【习题 17】 以一种检验方法诊断癌症，真患癌症和未患癌症者被诊断正确的概率分别为 0.95 和 0.90。今对一批患癌症比率为 2%的人用此法进行检验，则其中某人被诊断为患有癌症时，他真的患有癌症的概率为______。

(A) 0.562　(B) 0.462　(C) 0.362　(D) 0.262　(E) 0.162

【答案】 (E)。

【解析】 可设 $A_1=\{$他患有癌症$\}$，$A_2=\{$他未患癌症$\}$，$B=\{$诊断为癌症$\}$，那么 $P(A_1)=0.02$，$P(A_2)=0.98$，$P(B \mid A_1)=0.95$，$P(B \mid A_2)=1-0.90=0.10$。

根据贝叶斯公式可得

$P(A_1 \mid B)=\frac{P(A_1)P(B \mid A_1)}{P(A_1)P(B \mid A_1)+P(A_2)P(B \mid A_2)}=\frac{0.02\times 0.95}{0.02\times 0.95+0.98\times 0.10}=0.162$，答案选(E)。

【习题 18】 若 $C\supset A$，$C\supset B$，$P(C)=0.8$，$P(\bar{A}+\bar{B})=0.7$，则 $P(C-AB)=$______。

(A) 0.1　(B) 0.2　(C) 0.3　(D) 0.4　(E) 0.5

【答案】 (E)。

【解析】 因为 $C\supset A$，$C\supset B$，且 $P(C)=0.8$，$P(\bar{A}+\bar{B})=0.7$。

所以 $P(C-AB)=P(C)-P(AB)=0.8-(1-0.7)=0.5$，答案选(E)。

【习题 19】 掷 $2n+1$ 次硬币，求出现的正面数多于反面数的概率=________。

(A) 0.1　　(B) 0.2　　(C) 0.3　　(D) 0.4　　(E) 0.5

【答案】 (E)。

【解析】 设事件 A 为{正面数多于反面数}，事件 B 为{反面数多于正面数}，因为投掷 $2n+1$ 次，所以"正面数等于反面数"是不可能事件，由对称性知 $P(A)=P(B)$，因此 $P(A)=0.5$。

注意：此题的求解过程中，利用了出现正反面的对称性。在古典方法确定概率的过程中，对称性的应用是很常用的。事实上，确定概率的古典方法中所谓"等可能性"，就是要使样本点处于"对称"的地位。利用对称性的优点是可以简化运算、避开一些烦琐的排列组合的计算。此题若直接用排列组合，则相当烦琐。

【习题 20】 (普研)一批产品共有 10 个正品和 2 个次品，任意抽取两个，每次抽一个，抽出后不再放回，则第二次抽出的是次品的概率为________。

(A) $\frac{2}{9}$　　(B) $\frac{1}{3}$　　(C) $\frac{1}{6}$　　(D) $\frac{1}{4}$　　(E) $\frac{1}{2}$

【答案】 (C)。

【解析】 本题属抽签情况，每次抽到次品的概率相等，均为 $\frac{1}{6}$。故选(C)。

【习题 21】 掷一枚硬币 $2n$ 次，出现正面向上次数多于反面向上次数的概率为________。

(A) $1-C_{2n}^{n}\left(\frac{1}{2}\right)^{2n}$　　(B) $C_{2n}^{n}\left(\frac{1}{2}\right)^{2n}$

(C) $\frac{1}{2}\left[1-C_{2n}^{n}\left(\frac{1}{2}\right)^{2n}\right]$　　(D) $1-C_{2n}^{n}\left(\frac{1}{2}\right)^{n}$

(E) $C_{2n}^{n}\left(\frac{1}{2}\right)^{n}$

【答案】 (C)。

【解析】 在 $2n$ 次中有可能正面向上次数等于反面向上次数个 n 次，其概率为 $C_{2n}^{n}\left(\frac{1}{2}\right)^{n}\left(\frac{1}{2}\right)^{n}$，即 $C_{2n}^{n}\left(\frac{1}{2}\right)^{2n}$。而其余各次有一半是正面向上次数多于反面向上次数，另一半是正面向上次数少于反面向上次数。它们的概率均为 $\frac{1}{2}\left[1-C_{2n}^{n}\left(\frac{1}{2}\right)^{2n}\right]$。故选(C)。

【习题 22】 在伯努利试验中，每次试验成功的概率为 p，则第 n 次成功之前恰失败了 m 次的概率为________。

(A) $C_{m+n-1}^{n-1}p^{n}(1-p)^{m}$　　(B) $C_{m+n-1}^{n-1}p^{n-1}(1-p)^{m}$

(C) $C_{m+n-1}^{n-1}p^{n}(1-p)^{m-1}$　　(D) $C_{m+n-1}^{n-1}p^{n-1}(1-p)^{m-1}$

(E) $C_{m+n}^{n}p^{n}(1-p)^{m}$

【答案】 (A)。

【解析】 事件{第 n 次成功之前恰失败了 m 次}等价于事件{在前 $m+n-1$ 次试验中成功

了 $n-1$ 次，失败了 m 次，同时第 $m+n$ 次试验成功}。根据二项概率公式，所求概率为

$$C_{m+n-1}^{n-1}P^{n-1}(1-p)^m \cdot p = C_{m+n-1}^{n-1}p^n(1-p)^m。故选(A)。$$

【习题 23】 某人将 5 个环一一投向一木桩，直到有一个套中为止，若每次套中的概率为 0.1，则至少剩下一个环未投的概率是________(计算到小数点后四位)。

(A) 0.143 9　(B) 0.243 9　(C) 0.343 9　(D) 0.443 9　(E) 0.543 9

【答案】 (C)。

【解析】 "至少剩下一个环"的反面是"5 个环都要投"，即前 4 个环都失败了，所以概率为 $1-(1-0.1)^4=1-0.9^4=0.343\,9$。故选(C)。

【习题 24】 (MBA 1997)一种编码由 6 位数字组成，其中每位数字可以是 0，1，2，…，9 中的任意一个，则编码的前两位数字都不超过 5 的概率为________。

(A) 0.16　(B) 0.24　(C) 0.36　(D) 0.44　(E) 0.54

【答案】 (C)。

【解析】 设 $A=$ {编码的前两位数字都不超过 5}，基本事件总数 $N=10^6$，A 包含的基本事件数等于 $6^2\times10^4$，所以 $P(A)=\dfrac{6^2\times10^4}{10^6}=0.36$。故选(C)。

【习题 25】 设 10 件产品中有 3 件次品，7 件正品，现每次从中任选一件，取后不放回，试求下列事件的概率：

(1) 第三次取得次品的概率为________。

(A) $\dfrac{1}{3}$　(B) $\dfrac{2}{5}$　(C) $\dfrac{3}{10}$　(D) $\dfrac{1}{2}$　(E) $\dfrac{3}{10}$

【答案】 (C)。

【解析】 设 $A_i=$ {第 i 次取得次品}，$i=1, 2\cdots, 10$，利用抽签原理得 $P(A_3)=\dfrac{3}{10}$。故选(C)。

(2) 第三次才取得次品的概率________。

(A) $\dfrac{13}{40}$　(B) $\dfrac{2}{5}$　(C) $\dfrac{7}{40}$　(D) $\dfrac{1}{2}$　(E) $\dfrac{33}{40}$

【答案】 (C)。

【解析】 第三次才取得次品，说明第一、第二次取得的都是正品且第三次取得次品，这是一个积事件的概率，利用乘法公式得

$$P(\overline{A_1}\,\overline{A_2}A_3)=P(\overline{A_1})P(\overline{A_2}\mid\overline{A_1})P(A_3\mid\overline{A_1}\,\overline{A_2})=\frac{7}{10}\times\frac{6}{9}\times\frac{3}{8}=\frac{7}{40}。故选(C)。$$

(3) 已知前两次没有取得次品，第三次取得次品的概率________。

(A) $\dfrac{3}{8}$　(B) $\dfrac{2}{5}$　(C) $\dfrac{7}{8}$　(D) $\dfrac{1}{2}$　(E) $\dfrac{5}{8}$

【答案】 (A)。

【解析】 已知{前两次没有取得次品,第三次取得次品}是一个条件概率事件,由缩小样本空间的方法可得 $P(A_3 \mid \overline{A_1}\,\overline{A_2})=\dfrac{3}{8}$。故选(A)。

【习题 26】 有两个盒子,第一盒中装有 2 个红球,1 个白球,第二盒中装有一半红球,一半白球。现从两盒中各任取一球放在一起,再从中取一球,问:

(1) 这个球是红球的概率为________。

(A) $\dfrac{3}{11}$　(B) $\dfrac{2}{3}$　(C) $\dfrac{7}{15}$　(D) $\dfrac{7}{12}$　(E) $\dfrac{5}{8}$

【答案】 (D)。

【解析】 设事件 A_i 为{从第 i 个盒中取出一个红球} $(i=1,\ 2)$,事件 B 为{最后取红球}。

$$P(A_1A_2)=P(A_1)P(A_2)=\frac{2}{3}\cdot\frac{1}{2}=\frac{1}{3},\ P(B \mid A_1A_2)=1。$$

同理

$$P(A_1\,\overline{A_2})=\frac{2}{3}\cdot\frac{1}{2}=\frac{1}{3},\ P(B \mid A_1\,\overline{A_2})=\frac{1}{2}。$$

$$P(\overline{A_1}A_2)=\frac{1}{3}\cdot\frac{1}{2}=\frac{1}{6},\ P(B \mid \overline{A_1}A_2)=\frac{1}{2}。$$

$$P(\overline{A_1}\,\overline{A_2})=\frac{1}{3}\cdot\frac{1}{2}=\frac{1}{6},\ P(B \mid \overline{A_1}\,\overline{A_2})=0。$$

由全概率公式有

$$\begin{aligned}P(B)=&P(B \mid A_1A_2)P(A_1A_2)+P(B \mid A_1\,\overline{A_2})P(A_1\,\overline{A_2})+\\&P(B \mid \overline{A_1}A_2)P(\overline{A_1}A_2)+P(B \mid \overline{A_1}\,\overline{A_2})P(\overline{A_1}\,\overline{A_2})\\=&\frac{7}{12}\text{。选(D)。}\end{aligned}$$

(2) 若发现这个球是红球,问第一盒中取出的球是红球的概率________。

(A) $\dfrac{3}{4}$　(B) $\dfrac{4}{5}$　(C) $\dfrac{7}{8}$　(D) $\dfrac{1}{2}$　(E) $\dfrac{6}{7}$

【答案】 (E)。

【解析】 $P(A_1 \mid B)=P(A_1A_2+A_1\,\overline{A_2} \mid B)=P(A_1A_2 \mid B)+P(A_1\,\overline{A_2} \mid B)$

$$=\frac{P(B \mid A_1A_2)P(A_1A_2)+P(B \mid A_1\,\overline{A_2})P(A_1\,\overline{A_2})}{P(B)}=\frac{6}{7}\text{。选(E)。}$$

注意: 全概率公式和贝叶斯公式的应用首先要对问题中所涉及的事件做假设,如 A_i,B 等;其次要确定 Ω 的完备事件组,本题中为 A_1A_2,$A_1\,\overline{A_2}$,$\overline{A_1}A_2$,$\overline{A_1}\,\overline{A_2}$;余下就是根据题设条件,计算相应概率,代入公式求出结果。本题第二盒中红球、白球各占一半,故 $P(A_2)=P(\overline{A_2})=\dfrac{1}{2}$,且 A_1、A_2 是相互独立的。

有时 Ω 的完备事件组的选取可使求解过程更简单。在本题中可以设事件 A 为{最后取的球来自第一盒}，则 $\bar{A}$ 就是{最后的球来自第二盒}。

则 $P(B)=P(A)P(B \mid A)+P(\bar{A})P(B \mid \bar{A})=\frac{1}{2}\cdot\frac{2}{3}+\frac{1}{2}\cdot\frac{1}{2}=\frac{7}{12}$。

第6章　随机变量及其分布

6.1　考纲知识点分析及教材必做习题

第六部分　随机变量及其分布					
章　节	教 材 内 容	考研要求	教材章节	重要例题	精做练习（P55～P59）
随机变量	随机变量的概念	理解	§2.1	例1	/
随机变量的分布函数	分布函数的概念及性质	理解	§2.3/§2.5	例1，2	习题17，18，33，34，35，36
	与随机变量相联系的事件的概率	会			
离散型随机变量及其分布律	离散型随机变量及其概率分布的概念	理解	§2.2	例1	习题2，4
	(0—1)分布、二项分布、几何分布、超几何分布、泊松分布及其应用	掌握		例2～例4	习题5，7，10，12
	泊松定理的结论和应用条件	掌握		例5	习题16
	用泊松分布近似表示二项分布	会			
连续型随机变量及其概率密度	理解连续型随机变量及其概率密度的概念	理解	§2.4	例1～例3	习题19，20，21，23，24，25，26，28，30
	均匀分布、正态分布、指数分布及其应用	掌握			

第六部分　多维随机变量及其分布					
章　节	教 材 内 容	考 研 要 求	教材章节	重点例题	精做练习（P84～89）
二维随机变量	二维随机变量分布函数的定义和性质	理解	§3.1		
	二维离散型随机变量联合分布律的定义和性质	理解（二维离散“一表搞定”）【重点】		例1	习题1，2
	二维连续性随机变量联合概率密度函数的定义和性质	理解（二维连续“核心密度”）【重点】		例2	习题3

续　表

第六部分　多维随机变量及其分布					
章　节	教 材 内 容	考 研 要 求	教材章节	重点例题	精做练习(P84～89)
边缘分布	边缘分布函数的定义	理解	§3.2		习题 6，9
	边缘分布律和边缘概率密度的计算公式	掌握【重点】		例 1，2	
	二维正态分布的概率密度函数和边缘分布	掌握		例 3(重要)	
条件分布	条件分布律的定义和性质	理解	§3.3		
	条件概率密度和条件分布函数	理解【重点/难点】		例 1,例 3	习题 10，13
	二维均匀分布	掌握		例 4	习题 14，15
相互独立的随机变量	随机变量相互独立的定义	理解	§3.4	P73 中间	习题 16，17
	二维正态分布的随机变量相互独立的充要条件为参数 $\rho=0$	掌握【重点】		P74 上方	习题 18，20
	n 维随机变量相互独立的概念及定理	只要会二维即可		P74 例(运用独立性求联合密度)	
两个随机变量的函数的分布	加减乘除分布函数及概率密度函数的求解方法及结论	会求(记住公式，证明不作要求)	§3.5	例 1,例 2,例 4	习题 21，22，24，27，34
	有限个独立正态随机变量线性组合仍然服从正态分布	掌握【重点】			
	$M=\max(X,Y)$ 及 $N=\min(X,Y)$ 的分布函数的推导过程及计算公式	会求【重点】		例 5	习题 29，36

注：教材参考《概率论与数理统计》(浙大 4 版)。

6.2　知识结构网络图

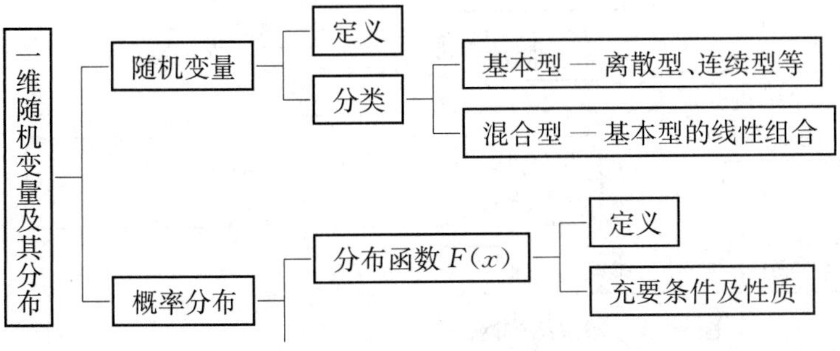

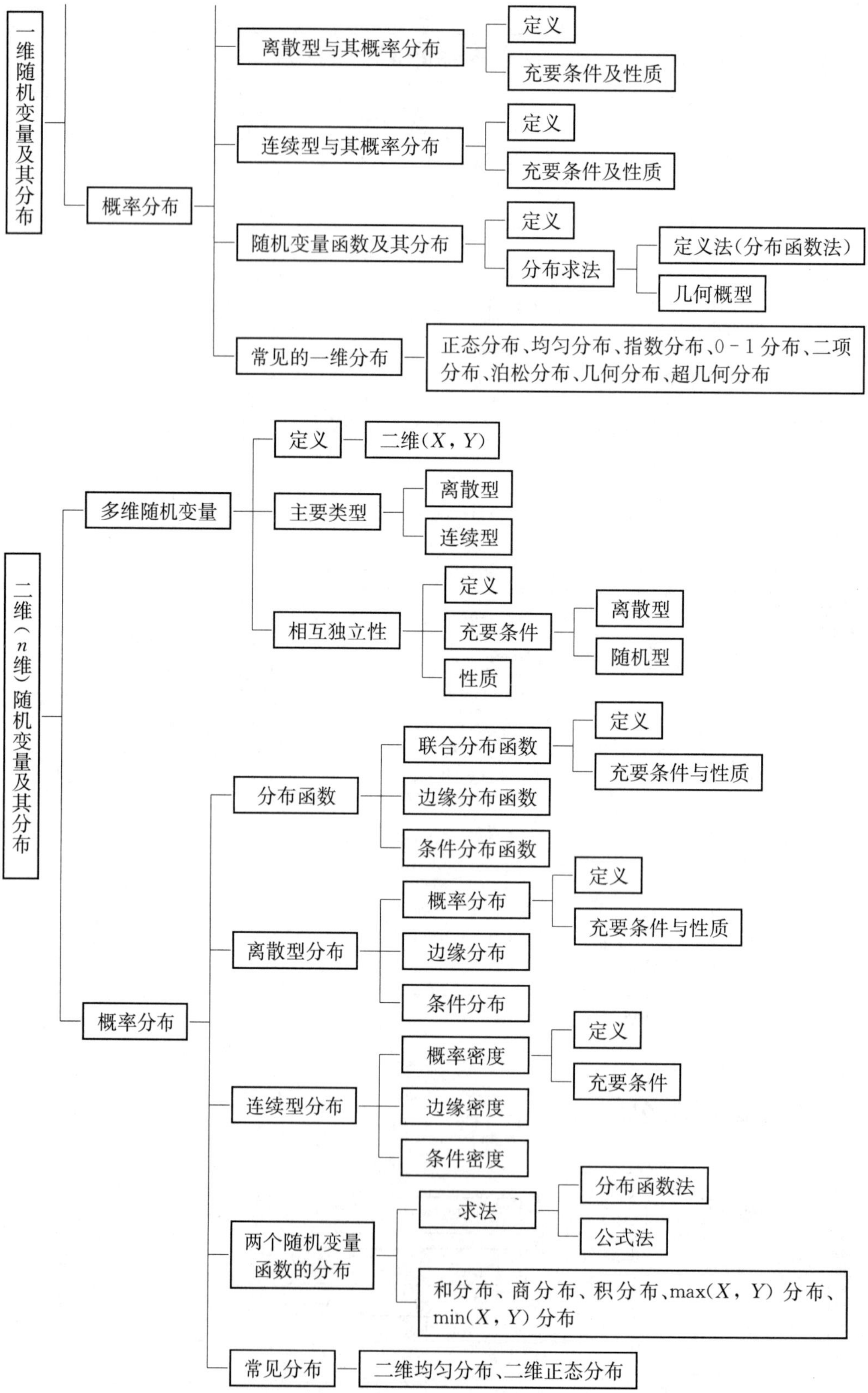
一维随机变量及其分布
概率分布
离散型与其概率分布
定义
充要条件及性质
连续型与其概率分布
定义
充要条件及性质
随机变量函数及其分布
定义
分布求法
定义法(分布函数法)
几何概型
常见的一维分布
正态分布、均匀分布、指数分布、0-1分布、二项分布、泊松分布、几何分布、超几何分布
二维(n维)随机变量及其分布
多维随机变量
定义
二维(X, Y)
主要类型
离散型
连续型
相互独立性
定义
充要条件
离散型
随机型
性质
概率分布
分布函数
联合分布函数
定义
充要条件与性质
边缘分布函数
条件分布函数
离散型分布
概率分布
定义
充要条件与性质
边缘分布
条件分布
连续型分布
概率密度
定义
充要条件
边缘密度
条件密度
两个随机变量函数的分布
求法
分布函数法
公式法
和分布、商分布、积分布、max(X, Y)分布、min(X, Y)分布
常见分布
二维均匀分布、二维正态分布

图 6-1 知识结构网络图

6.3　重要概念、定理和公式

1. 一维随机变量及其分布函数

1) 随机变量

在样本空间 Ω 上，随机试验的每一个可能的结果 $\omega \in \Omega$ 都用一个实数 $X=X(\omega)$ 来表示，且实数 X 满足：

(1) X 是由 ω 唯一确定；

(2) 对于任意给定的实数 x，事件 $\{X \leqslant x\}$ 都是有概率的。

则称 $X(\omega)$ 为一随机变量，简记为 X。一般用英文大写字母 X，Y，Z 等表示随机变量。

2) 随机变量的分类

(1) 离散型随机变量；

(2) 连续型随机变量；

(3) 既非离散型也非连续型随机变量。

3) 分布函数

设 X 为随机变量，则称定义在全体实数上的函数 $F(x)=P(X \leqslant x)$，$-\infty < x < +\infty$ 称为 X 的分布函数，显然任何随机变量都有分布函数。$F(x)$ 的值等于随机变量 X 在 $(-\infty, x]$ 内取值的概率。

4) 分布函数的性质

(1) $0 \leqslant F(X) \leqslant 1$；

(2) 单调不减，即对于任何 $x_1 < x_2$，有 $F(x_1) \leqslant F(x_2)$；

(3) 右连续，即对任何实数 x，有 $F(x+0)=F(x)$；

(4) $F(-\infty)=0$，$F(+\infty)=1$。

另外，满足上面性质的函数一定可以作为某一随机变量的分布函数。

5) 用分布函数表示相关事件的概率

设 X 的分布函数为 $F(x)$，则有

(1) $P(X \leqslant b)=F(b)$，$P(X < b)=F(b-0)$；

(2) $P(a < X \leqslant b)=F(b)-F(a)$；

(3) $P(a \leqslant X < b)=F(b-0)-F(a-0)$；

(4) $P(X=b)=F(b)-F(b-0)$。

2. 一维离散型随机变量

1) 离散型随机变量的定义

若随机变量 X 的所有可能取值只有有限个或可列无穷个，则称 X 为离散型随机变量。

2) 分布律

设 X 的所有可能取值为 x_1，x_2，…，x_n，…，则称 $P(X=x_i)=p_i$，$i=1, 2, \cdots$ 为 X 的分布律，或用下列形式表示 X 的分布律：

X	x_1	x_2	…	x_n	…
P	p_1	p_2	…	p_n	…

显然,分布律满足① $p_i \geqslant 0$, $i=1, 2, \cdots$; ② $\sum_i p_i = 1$。

3) 分布函数

设 X 的分布律为 $P(X=x_i)=p_i$, $i=1, 2, \cdots$, 则 X 的分布函数为 $F(x)=P(X\leqslant x)=\sum_{x_i\leqslant x} P(X=x_i)$, $-\infty < x < +\infty$, 此时也称 $F(x)$ 为离散型分布函数。

若已知 X 的分布函数 $F(x)$, 则易求得 X 的分布律:

$$P(X=x_i)=F(x_i)-F(x_i-0),\ i=1,\ 2,\ \cdots$$

3. 一维连续型随机变量

1) 连续型随机变量定义

若随机就量 X 的分布函数 $F(x)$ 可以表示成非负可积函数 $f(x)$ 的下列积分形式: $F(x)=\int_{-\infty}^{x} f(t)\mathrm{d}t$, $-\infty < x < +\infty$。此时称 X 为连续型随机变量, $F(x)$ 为连续型分布函数, $f(x)$ 为 X 的概率密度函数,有时简称为密度。

2) 概率密度函数 $f(x)$ 的性质

(1) $f(x)\geqslant 0$;

(2) $\int_{-\infty}^{+\infty} f(x)\mathrm{d}x = 1$。

满足上面两条性质的函数也一定是概率密度函数。

3) 连续型随机变量分布函数与密度函数性质

设连续型随机变量 X 的分布函数为 $F(x)$, 密度函数为 $f(x)$, 则

(1) $F(x)$ 为连续函数;

(2) 对于 $f(x)$ 的连续点 x, 有 $F'(x)=f(x)$;

(3) 对于任何实数 c, 有 $P(X=c)=0$;

(4) $P(a<X\leqslant b)=P(a\leqslant X<b)=P(a<X<b)=\int_a^b f(x)\mathrm{d}x$。

4. 一维常用分布

1) 0-1 分布

0-1 分布的分布律为

X	0	1
P	$1-p$	p

其中 $0<p<1$。

2) 二项分布 $B(n, p)$

其分布律为

$$P(X=k)=\mathrm{C}_n^k p^k (1-p)^{n-k},\ k=0,\ 1,\ 2,\ \cdots,\ n,\ 0<p<1。$$

3) 泊松分布 $P(\lambda)$

其分布律为 $P(X=k)=\dfrac{\lambda^k}{k!}e^{-\lambda}$，$k=0, 1, 2, \cdots, n$，$\lambda>0$。

泊松定理：设在 n 重伯努利试验中，事件 A 在每次试验中发生的概率为 p_n（p_n 与试验次数 n 有关），如果当 $n\to\infty$ 时，$np_n\to\lambda\,(\lambda>0)$，则对于任一非负整数 i，有

$$\lim_{n\to\infty} C_n^i p_n^i (1-p_n)^{n-i}=\frac{\lambda^i e^{-\lambda}}{i!}。$$

泊松定理表明，如果随机变量 X 服从二项分布 $B(n, p)$，则当 n 很大（$n\geqslant 100$），p 很小（$p<0.1$），而 np 适中时，有

$$P(x=i)=C_n^i p^i (1-p)^{n-i}\approx\frac{\lambda^i e^{-\lambda}}{i!}，其中 \lambda=np。$$

4) 超几何分布 $H(N, M, n)$

其分布律为 $P(X=k)=\dfrac{C_M^k C_{N-M}^{n-k}}{C_N^n}$，$k=l, l+1, \cdots, \min(n, M)$，其中 $l=\max(0, n-(N-M))$。

5) 几何分布 $G(p)$

其分布律为 $P(X=k)=(1-p)^{k-1}p$，$k=0, 1, 2, \cdots$，$0<p<1$。

6) 均匀分布 $U(a, b)$

密度函数为 $f(x)=\begin{cases}\dfrac{1}{b-a}, & a<x<b\\ 0, & 其他；\end{cases}$

分布函数为 $F(x)=\begin{cases}0, & x<a\\ \dfrac{x-a}{b-a}, & a\leqslant x<b\\ 1, & x\geqslant b。\end{cases}$

7) 指数分布 $E(\lambda)$

其密度函数为 $f(x)=\begin{cases}\lambda e^{-\lambda x}, & x>0\\ 0, & 其他；\end{cases}$

分布函数为 $F(x)=\begin{cases}1-e^{-\lambda x}, & x>0\\ 0, & 其他。\end{cases}$

8) 正态分布 $N(\mu, \sigma^2)$

其密度函数为 $f(x)=\dfrac{1}{\sqrt{2\pi}\sigma}e^{-\frac{(x-\mu)^2}{2\sigma^2}}$，$-\infty<x<+\infty$，其中 $\sigma>0$，$-\infty<\mu<+\infty$；

分布函数为 $F(x)=\displaystyle\int_{-\infty}^{x}\frac{1}{\sqrt{2\pi}\sigma}e^{-\frac{(t-\mu)^2}{2\sigma^2}}dt$，$-\infty<x<+\infty$。

当 $\mu=0$，$\sigma=1$ 时，称为标准正态分布，记为 $N(0, 1)$，此时有密度函数为 $\varphi(x)=\dfrac{1}{\sqrt{2\pi}}e^{-\frac{x^2}{2}}$，$-\infty<x<+\infty$。分布函数为 $\Phi(x)=\displaystyle\int_{-\infty}^{x}\frac{1}{\sqrt{2\pi}}e^{-\frac{t^2}{2}}dt$，$-\infty<x<+\infty$。

如果 $X \sim N(\mu, \sigma^2)$，则 $\dfrac{X-\mu}{\sigma} \sim N(0, 1)$。标准正态分布有如下性质：

(1) $\varphi(-x)=\varphi(x)$；

(2) $\Phi(-x)=1-\Phi(x)$；

(3) $\Phi(0)=\dfrac{1}{2}$；

(4) $P(|X| \leqslant a)=2\Phi(a)-1$，$X \sim N(0, 1)$。

5. 一维随机变量函数的分布

1) X 为离散型

设 X 的分布律为 $P(X=x_i)=p_i$，$i=1, 2, \cdots$，则 $Y=g(X)$ 的分布律为

$$P(Y=y_j)=P(g(X)=y_j)=\sum_{g(x_i=y_j)} P(X=x_i)。$$

如果 $g(x_k)$ 为相同值，取相应概率之和为 Y 取该值概率。

2) X 为连续型

设 X 的密度函数为 $f_X(x)$，则 Y 的密度函数可按下列两种方法求得。

(1) 公式法：

若 $y=g(x)$ 严格单调，其反函数 $x=h(y)$ 有一阶连续导数，则 $Y=g(X)$ 也是连续型随机变量，且密度函数为

$$f_Y(y)=\begin{cases} f_X([h(y)]\,|h'(y)|), & \alpha<y<\beta \\ 0, & \text{其他} \end{cases},$$

其中 (α, β) 为 $y=g(x)$ 在 X 可能取值的区间上的值域。

(2) 分布函数法：

先按分布函数的定义求得 Y 的分布函数，再通过求导得到密度函数，即

$$F_Y(y)=P(Y \leqslant y)=P(g(X) \leqslant y)=\int_{g(x)\leqslant y} f_X(x)\mathrm{d}x, \quad f_Y(y)=F'_Y(y)。$$

3) X 为一般的随机变量

设 X 的分布函数为 $F_X(x)$，则 Y 的分布函数可按分布函数的定义求得

$$F_Y(y)=P(Y \leqslant y)=P(g(X) \leqslant y)。$$

6. 二维随机变量及其分布函数

1) 二维随机变量

定义：设 $X=X(\omega)$，$Y=Y(\omega)$ 是定义在样本空间 Ω 上的两个实值单值函数，则称向量 (X, Y) 为二维随机变量或随机向量。

2) 二维随机变量的分布函数

(1) 定义：$F(x, y)=P\{X \leqslant x, Y \leqslant y\}$。

(2) 性质：

① **单调性(非降性)**：$F(x, y)$ 是变量 x 或 y 的单调不减函数，即当 $x_1<x_2$ 时，有

$F(x_1, y) \leqslant F(x_2, y)$；当 $y_1 < y_2$ 时，有 $F(x, y_1) \leqslant F(x, y_2)$。

② **有界性**：对于任意的 x、y，有 $0 \leqslant F(x, y) \leqslant 1$，且 $F(-\infty, y) = \lim\limits_{x \to -\infty} F(x, y) = 0$，$F(x, -\infty) = \lim\limits_{y \to -\infty} F(x, y) = 0$，$F(-\infty, -\infty) = 0$，$F(+\infty, +\infty) = \lim\limits_{\substack{x \to +\infty \\ y \to +\infty}} F(x, y) = 1$。

③ **右连续性**：$F(x, y)$ 分别对 x，y 右连续，即 $F(x+0, y) = F(x, y)$，$F(x, y+0) = F(x, y)$。

④ **非负性**：对任意的 x_1，x_2，y_1，y_2，$x_1 < x_2$，$y_1 < y_2$，有

$$P(x_1 < X \leqslant x_2, y_1 < Y \leqslant y_2) = F(x_2, y_2) - F(x_1, y_2) - F(x_2, y_1) + F(x_1, y_1) \geqslant 0。$$

“非负性”直观意义：(X, Y) 落入矩形 $(x_1, x_2] \times (y_1, y_2]$ 内的概率 $P(x_1 < X \leqslant x_2, y_1 < Y \leqslant y_2)$，因此必须是非负的。

3）边缘分布函数

(1) X 的边缘分布函数：$F_X(x) = P\{X \leqslant x\} = \lim\limits_{y \to +\infty} F(x, y)$。

(2) Y 的边缘分布函数：$F_Y(y) = P\{Y \leqslant y\} = \lim\limits_{x \to +\infty} F(x, y)$。

4）利用分布函数判断独立性

当 $F_X(x) F_Y(y) = F(x, y)$ 时，X 与 Y 独立。

7. 二维离散型随机变量

1）概率分布（联合分布列）

$X \backslash Y$	y_1	y_2	$\cdots$	y_j	$\cdots$
x_1	p_{11}	p_{12}	$\cdots$	p_{1j}	$\cdots$
x_2	p_{21}	p_{22}	$\cdots$	p_{2j}	$\cdots$
$\vdots$	$\vdots$	$\vdots$	$\vdots$	$\vdots$	$\cdots$
x_i	p_{i1}	p_{i2}	$\cdots$	p_{ij}	$\cdots$
$\vdots$	$\vdots$	$\vdots$	$\vdots$	$\vdots$	$\cdots$

其中 $P\{X = x_i, Y = y_j\} = p_{ij}$，$i, j = 1, 2, \cdots$ 满足① $p_{ij} \geqslant 0$；② $\sum\limits_i \sum\limits_j p_{ij} = 1$。

2）分布函数

$F(x, y) = P\{X \leqslant x, Y \leqslant y\}$。

3）事件的概率

$P\{(X, Y) \in G\} = \sum\limits_{(x_i, y_j) \in G} p_{ij}$。

4）边缘概率分布

(1) X 的边缘概率分布：$p_i = P\{X = x_i\} = \sum\limits_j P\{X = x_i, Y = y_j\} = \sum\limits_j p_{ij}$，$i = 1, 2, \cdots$

(2) Y 的边缘概率分布：$p_j = P\{Y = y_j\} = \sum\limits_i P\{X = x_i, Y = y_j\} = \sum\limits_i p_{ij}$，$j = 1, 2, \cdots$

5）判断独立

X 和 Y 相互独立 $\Leftrightarrow P\{X = x_i, Y = y_j\} = P\{X = x_i\} P\{Y = y_j\}$，$i, j = 1, 2, \cdots$

6) 条件概率分布

(1) 当 $P\{Y=y_j\}>0$ 时,在 $Y=y_j$ 条件下,X 的条件概率分布为

$$P\{X=x_i \mid Y=y_j\}=\frac{P\{X=x_i, Y=y_j\}}{P\{Y=y_j\}}=\frac{p_{ij}}{p_j}, i=1, 2, \cdots$$

(2) 当 $P\{X=x_i\}>0$ 时,在 $X=x_i$ 条件下,Y 的条件概率分布为

$$P\{Y=y_j \mid X=x_i\}=\frac{P\{X=x_i, Y=y_j\}}{P\{X=x_i\}}=\frac{p_{ij}}{p_i}, j=1, 2, \cdots$$

8. 分布的可加性

(1) 若 $X\sim B(m, p)$, $Y\sim B(n, p)$,且 X 与 Y 相互独立,则 $X+Y\sim B(m+n, p)$。

(2) 若 $X\sim P(\lambda_1)$, $Y\sim P(\lambda_2)$,且 X 与 Y 相互独立,则 $X+Y\sim P(\lambda_1+\lambda_2)$。

(3) 若 $X\sim N(\mu_1, \sigma_1^2)$, $Y\sim N(\mu_2, \sigma_2^2)$,且 X 与 Y 相互独立,则 $X+Y\sim N(\mu_1+\mu_2, \sigma_1^2+\sigma_2^2)$。

更一般地,若 $X_i\sim N(\mu_i, \sigma_i^2)$, $i=1, 2, \cdots, n$。且 $X_1, X_2, \cdots, X_n$ 相互独立,则 $Y=C_1X_1+C_2X_2+\cdots+C_nX_n+C$ 仍服从正态分布,且此正态分布为 $N\left(\sum_{i=1}^{n}C_i\mu_i+C, \sum_{i=1}^{n}C_i^2\sigma_i^2\right)$,其中 $C_1, C_2, \cdots, C_n$ 为不全为零的常数。

6.4 典型例题精析

题型1: 随机变量的概率分布

1. 分布函数

【例1】 (普研)设 $F_1(x)$ 与 $F_2(x)$ 分别为随机变量 X_1 与 X_2 的分布函数,为使 $F(x)=aF_1(x)-bF_2(x)$ 是某一随机变量的分布函数,在下列给定的各组数值中应取________。

(A) $a=\frac{3}{5}, b=-\frac{2}{5}$　　(B) $a=\frac{2}{3}, b=\frac{2}{3}$

(C) $a=-\frac{1}{2}, b=\frac{3}{2}$　　(D) $a=\frac{1}{2}, b=-\frac{3}{2}$

(E) $a=\frac{2}{5}, b=\frac{2}{5}$

【答案】 (A)。

【解析】 考查分布函数的性质,$F(x)$ 作为分布函数,应恒有 $F(x)\geqslant 0$。为此,必须 $a>0$, $b<0$。所以选项(B),(C),(E)一定不成立,

又
$$F(+\infty)=aF_1(+\infty)-bF_2(+\infty)=a-b=1。$$

这时,选项(A),(D)中只有(A) 成立。

【例2】 (经济类)已知 $F_1(x)$ 和 $F_2(x)$ 是分布函数,则下述函数一定为分布函数的是

________。

(A) $F_1(x)+F_2(x)$　　(B) $\frac{1}{2}F_1(x)+\frac{1}{2}F_2(x)$

(C) $\frac{1}{3}F_1(x)+\frac{1}{3}F_2(x)$　　(D) $\frac{1}{4}F_1(x)+\frac{1}{4}F_2(x)$

(E) $\frac{1}{4}F_1(x)+\frac{1}{3}F_2(x)$

【答案】 (B)。

【解析】 因为 $F_1(x)$，$F_2(x)$ 为分布函数，所以，$F_1(x)$，$F_2(x)$ 满足① $F_i(-\infty)=0$，$F_i(+\infty)=1$；② $0\leqslant F_i(x)\leqslant 1$；③ $F_i(x)$ 右连续；④ $F_i(x)$ 单调不减 $i=1, 2$。

故 $0\leqslant \frac{1}{2}F_1(x)+\frac{1}{2}F_2(x)\leqslant 1$；$\frac{1}{2}F_1(-\infty)+\frac{1}{2}F_2(-\infty)=0$。

$\frac{1}{2}F_1(+\infty)+\frac{1}{2}F_2(+\infty)=1$，$\frac{1}{2}F_1(x)+\frac{1}{2}F_2(x)$ 右连续；$\frac{1}{2}F_1(x)+\frac{1}{2}F_2(x)$ 单调不减。故选(B)。

【例 3】 (经济类)设随机变量 X 的分布函数为 $F(x)=\begin{cases} a-\frac{b}{1+x^2}, & x>0 \\ c, & x\leqslant 0 \end{cases}$，则参数 a，b，c 为________。

(A) $a=1$，$b=-1$，$c=0$　　(B) $a=-1$，$b=-1$，$c=0$

(C) $a=1$，$b=1$，$c=0$　　(D) $a=-1$，$b=1$，$c=0$

(E) $a=1$，$b=-1$，$c=1$

【答案】 (A)。

【解析】 由于 $\lim\limits_{x\to-\infty}F(x)=0$，可知 $c=0$。由于 $\lim\limits_{x\to 0+}F(x)=a+b$，$F(0)=0$，可知 $a+b=0$；由于 $\lim\limits_{x\to+\infty}F(x)=a$，可知 $a=1$，$b=-1$。故选(A)。

【例 4】 (经济类)已知 X_1 和 X_2 是相互独立的随机变量，分布函数分别为 $F_1(x)$ 与 $F_2(x)$，则下列选项一定是某一随机变量的分布函数的为________。

(A) $F_1(x)+F_2(x)$　　(B) $F_1(x)-F_2(x)$

(C) $F_1(x)\cdot F_2(x)$　　(D) $F_1(x)/F_2(x)$

(E) $2F_1(x)/F_2(x)$

【答案】 (C)。

【解析】 分布函数需满足非负性，规范性，单调不减性，右连续性。

非负性：由 $0\leqslant F_1(x)\leqslant 1$，$0\leqslant F_2(x)\leqslant 1$，得 $0\leqslant F_1(x)\cdot F_2(x)\leqslant 1$。

规范性：由 $\lim\limits_{x\to-\infty}F_1(x)=\lim\limits_{x\to-\infty}F_2(x)=0$，得 $\lim\limits_{x\to-\infty}F_1(x)\cdot F_2(x)=0$。

由 $\lim\limits_{x\to+\infty}F_1(x)=\lim\limits_{x\to+\infty}F_2(x)=1$，得 $\lim\limits_{x\to+\infty}F_1(x)\cdot F_2(x)=1$。

单调不减性：由 $\forall x_1<x_2$，$F_1(x_1)\leqslant F_1(x_2)$，$F_2(x_1)\leqslant F_2(x_2)$，得 $\forall x_1<x_2$，有

$F_1(x_1)\cdot F_2(x_1)\leqslant F_1(x_2)\cdot F_2(x_2)$。

右连续性显然满足。故选(C)。

【例 5】 (经济类)如下函数中,哪个不能作为随机变量 X 的分布函数________。

(A) $F_1(x)=\begin{cases}0, & x<0\\ \dfrac{x^2}{4}, & 0\leqslant x<2\\ 1, & x\geqslant 2\end{cases}$　(B) $F_2(x)=\begin{cases}0, & x<0\\ \dfrac{1}{3}, & 0\leqslant x<4\\ 1, & x\geqslant 1\end{cases}$

(C) $F_3(x)=\begin{cases}1-\mathrm{e}^{-x}, & x\geqslant 0\\ 0, & x<0\end{cases}$　(D) $F_4(x)=\begin{cases}0, & x<0\\ \dfrac{\ln(1+x)}{1+x}, & x\geqslant 0\end{cases}$

(E) $F_5(x)=\begin{cases}1-(1+x)\mathrm{e}^{-x}, & x>0,\\ 0, & x\leqslant 0,\end{cases}$

【答案】 (D)。

【解析】 易验证选项(A),(B),(C),(E)满足分布函数的非负性、规范性、单调不减性和右连续性。

$\lim\limits_{x\to+\infty}F_4(x)=\lim\limits_{x\to+\infty}\dfrac{\ln(1+x)}{1+x}=\lim\limits_{x\to+\infty}\dfrac{1}{1+x}=0$,不满足规范性,故选(D)。

【例 6】 (经济类) $F(x)=\begin{cases}0, & x\leqslant 0\\ \dfrac{x}{2}, & 0<x\leqslant 1\\ 1, & x>1\end{cases}$,则 $F(x)$ ________。

(A) 是离散型随机变量的分布函数

(B) 是连续型随机变量的分布函数

(C) 是分布函数,既不是离散型随机变量的也不是连续型随机变量的

(D) 不是分布函数

(E) 以上说法均错误

【答案】 (D)。

【解析】 $\lim\limits_{x\to1^+}F(x)=1$, $F(1)=\dfrac{1}{2}$,故 $F(x)$ 在 $x=1$ 处不满足右连续,则 $F(x)$ 不是分布函数。故选(D)。

2. 离散型分布

【例 7】 袋中有 5 只同样大小的球,编号分别为 1, 2, 3, 4, 5。从中同时取出 3 只球,用 Y 表示取出球的最大号码,则 Y 的分布函数为________。

(A) $F(y)=\begin{cases}0, & y<3\\ 0.1, & 3\leqslant y<4\\ 0.9, & 4\leqslant y<5\\ 1, & y\geqslant 5\end{cases}$　(B) $F(y)=\begin{cases}0, & y<3\\ 0.4, & 3\leqslant y<4\\ 0.8, & 4\leqslant y<5\\ 1, & y\geqslant 5\end{cases}$

(C) $F(y)=\begin{cases}0, & y<3\\ 0.4, & 3\leqslant y<4\\ 0.9, & 4\leqslant y<5\\ 1, & y\geqslant 5\end{cases}$　　(D) $F(y)=\begin{cases}0, & y<3\\ 0.1, & 3\leqslant y<4\\ 0.4, & 4\leqslant y<5\\ 1, & y\geqslant 5\end{cases}$

(E) $F(y)=\begin{cases}0, & y<3\\ 0.2, & 3\leqslant y<4\\ 0.9, & 4\leqslant y<5\\ 1, & y\geqslant 5\end{cases}$

【答案】 (D)。

【解析】 由题意可知 Y 的可能取值为 3，4，5。事件 $\{Y=3\}$ 意味着所取到的三个球只能为 1，2，3，故 $P(Y=3)=\dfrac{1}{C_5^3}=0.1$。事件 $\{Y=4\}$ 意味着所取到的三个球中至少有一个为 4，另两个从 1，2，3 号球中选取，故 $P(Y=4)=\dfrac{C_3^2}{C_5^3}=0.3$。同理，事件 $\{Y=5\}$ 意味着所取到的三个球中至少有一个为 5，另两个从其余四个球中任意选取，故 $P(Y=5)=\dfrac{C_4^2}{C_5^3}=0.6$。

由分布函数的定义可得 Y 的分布函数：

$$F(y)=P(Y\leqslant y)=\begin{cases}0, & y<3\\ 0.1, & 3\leqslant y<4\\ 0.4, & 4\leqslant y<5\\ 1, & y\geqslant 5\end{cases}。$$

注意： 分布函数的图像如图 6-2 所示。

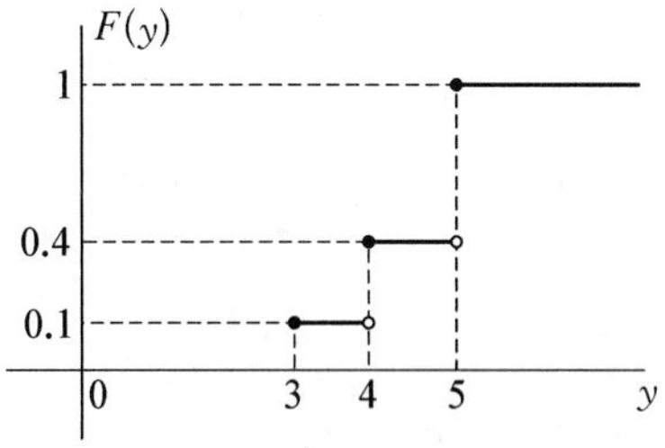

随机变量 Y 的分布函数

图 6-2

【例 8】 设随机变量 X 的分布函数为 $F(x)=P\{X\leqslant x\}=\begin{cases}0, & x<-1\\ 0.4, & -1\leqslant x<1\\ 0.8, & 1\leqslant x<3\\ 1, & x\geqslant 3\end{cases}$，则 X 的概率分布为________。

(A)

x	-1	1	3
$P\{X=x\}$	0.3	0.5	0.2

(B)

x	-1	1	3
$P\{X=x\}$	0.2	0.6	0.2

(C)

x	-1	1	3
$P\{X=x\}$	0.3	0.4	0.3

(D)

x	-1	1	3
$P\{X=x\}$	0.1	0.4	0.5

(E)

x	-1	1	3
$P\{X=x\}$	0.4	0.4	0.2

【答案】 (E)。

【解析】 因为$P\{X=x\}=P\{X\leqslant x\}-P\{X<x\}=F(x)-F(x-0)$，所以，只有在$F(x)$的不连续点$x=-1, 1, 3$上$P\{X=x\}$不为零，且

$P\{X=-1\}=F(-1)-F(-1-0)=0.4$；

$P\{X=1\}=F(1)-F(1-0)=0.8-0.4=0.4$；

$P\{X=3\}=F(3)-F(3-0)=1-0.8=0.2$。

所以X的概率分布为

x	-1	1	3
$P\{X=x\}$	0.4	0.4	0.2

注意： 离散型随机变量单点处概率等于分布函数“跳跃度”：$P(X=x)=F(x)-F(x-0)$。

【例 9】 随机变量X的所有可能取值为1，2，3，4，已知$P(X=k)$正比于k值，则$P(1.5<X\leqslant 3)$，$P(X\leqslant 3)$分别为________。

(A) 0.5，0.6　(B) 0.4，0.6　(C) 0.25，0.6　(D) 0.5，0.3　(E) 0.5，0.5

【答案】 (A)。

【解析】 由条件$P(X=k)=ak$，其中a为常数，由规范性得$\sum_{k=1}^{4}P(X=k)=1$，则$a+2a+3a+4a=1$，解得$a=\frac{1}{10}$。

故X的分布律为

X	1	2	3	4
p_k	$\frac{1}{10}$	$\frac{2}{10}$	$\frac{3}{10}$	$\frac{4}{10}$

易得X的分布函数$F(x)=P(X\leqslant x)=\sum_{x\leqslant x_k}p_k=\begin{cases}0, & x<1\\ \frac{1}{10}, & 1\leqslant x<2\\ \frac{3}{10}, & 2\leqslant x<3\\ \frac{6}{10}, & 3\leqslant x<4\\ 1, & x\geqslant 4\end{cases}$。

则$P(1.5<X\leqslant 3)=P(X=2)+P(X=3)=\frac{2}{10}+\frac{3}{10}=0.5$；

或$P(1.5<X\leqslant 3)=F(3)-F(1.5)=\frac{6}{10}-\frac{1}{10}=0.5$。

$P(X\leqslant 3)=P(X<3)+P(X=3)=0.3+0.3=0.6$；或$P(X\leqslant 3)=F(3)=\frac{6}{10}=0.6$。

故选(A)。

3. 连续型分布

【例 10】（经济类）设连续型随机变量 X 的分布函数为 $F(x)=\begin{cases}0, & x<0\\ Ax^2, & 0\leqslant x<1\\ 1, & x\geqslant 1\end{cases}$，则 $P\left\{\frac{1}{5}<x<\frac{1}{3}\right\}=$______。

(A) $\frac{40}{225}$　(B) $\frac{32}{225}$　(C) $\frac{16}{225}$　(D) $\frac{8}{225}$　(E) $\frac{64}{225}$

【答案】(C)。

【解析】 根据分布函数的右连续性可得 $\lim\limits_{x\to 1}Ax^2=A=1$，$F(x)=\begin{cases}0, & x<0\\ x^2, & 0\leqslant x<1,\\ 1, & x\geqslant 1\end{cases}$

$P\left\{\frac{1}{5}<x<\frac{1}{3}\right\}=F\left(\frac{1}{3}\right)-F\left(\frac{1}{5}\right)=\frac{1}{9}-\frac{1}{25}=\frac{16}{225}$。故选(C)。

【例 11】（经济类）设随机变量 X 的密度函数为 $\varphi(x)=\begin{cases}\frac{C}{\sqrt{1-x^2}}, & |x|<1\\ 0, & |x|\geqslant 1\end{cases}$，$P\left(-\frac{1}{2}<X<\frac{1}{2}\right)=$______。

(A) $\frac{1}{4}$　(B) $\frac{1}{3}$　(C) $\frac{1}{5}$　(D) $\frac{3}{4}$　(E) $\frac{2}{5}$

【答案】(B)。

【解析】 本题考查密度函数的归一性，利用密度函数计算概率。

由 $\int_{-\infty}^{+\infty}\varphi(x)\mathrm{d}x=1$ 得 $\int_{-1}^{+1}\frac{C}{\sqrt{1-x^2}}\mathrm{d}x=C\cdot\arcsin x\Big|_{-1}^{1}=C\left[\frac{\pi}{2}-\left(-\frac{\pi}{2}\right)\right]=C\pi=1\Rightarrow$

$C=\frac{1}{\pi}$。$P\left(-\frac{1}{2}<X<\frac{1}{2}\right)=\frac{2}{\pi}\int_{0}^{\frac{1}{2}}\frac{1}{\sqrt{1-x^2}}\mathrm{d}x=\frac{2}{\pi}\cdot\arcsin x\Big|_{0}^{\frac{1}{2}}=\frac{1}{3}$。故选(B)。

【例 12】（经济类）设连续型随机变量 X 的密度函数为 $f(x)=\begin{cases}cx, & 2\leqslant x\leqslant 4\\ 0, & \text{其他}\end{cases}$，则 $P\{X>3\}=$______。

(A) $\frac{1}{4}$　(B) $\frac{5}{12}$　(C) $\frac{11}{12}$　(D) $\frac{7}{12}$　(E) $\frac{2}{5}$

【答案】(D)。

【解析】 因为 $\int_{-\infty}^{\infty}f(x)\mathrm{d}x=1$，所以 $\int_{2}^{4}cx\,\mathrm{d}x=1$，即 $\frac{1}{2}cx^2\Big|_{2}^{4}=6c=1$，得 $c=\frac{1}{6}$。

$P\{X>3\}=\int_{3}^{+\infty}f(x)\mathrm{d}x=\int_{3}^{4}\frac{1}{6}x\,\mathrm{d}x=\frac{1}{12}x^2\Big|_{3}^{4}=\frac{7}{12}$。故选(D)。

【例 13】 (经济类)设随机变量 X 的密度函数为 $f(x)=\begin{cases}\dfrac{1}{2}x^3e^{-\frac{x^2}{2}}, & x>0\\ 0, & x\leqslant 0\end{cases}$,则 $P(-2\leqslant X\leqslant 4)=$________。

(A) $1-9e^{-8}$ (B) $1-3e^{-8}$ (C) $1-2e^{-8}$ (D) $1-4e^{-8}$ (E) $1-7e^{-8}$

【答案】 (A)。

【解析】 $F(x)=P\{X\leqslant x\}$。

当 $x<0$ 时,$F(x)=P\{X\leqslant x\}=0$;

当 $x\geqslant 0$ 时,$F(x)=P\{X\leqslant x\}=\int_0^x \dfrac{1}{2}t^3e^{-\frac{t^2}{2}}dt=\int_0^x -\dfrac{1}{2}t^2e^{-\frac{t^2}{2}}d-\dfrac{t^2}{2}$

$$\xlongequal{u=-\frac{t^2}{2}}\int_0^{-\frac{x^2}{2}} ue^u du=(ue^u-e^u)\Big|_0^{-\frac{x^2}{2}}$$

$$=-\frac{x^2}{2}e^{-\frac{x^2}{2}}-e^{-\frac{x^2}{2}}+1。$$

所以 $F(x)=\begin{cases}-\dfrac{x^2}{2}e^{-\frac{x^2}{2}}-e^{-\frac{x^2}{2}}+1, & x\geqslant 0\\ 0, & x<0\end{cases}$;$P(-2\leqslant X\leqslant 4)=F(4)-F(-2)=1-9e^{-8}$。故选(A)。

【例 14】 (经济类)设随机变量 X 分布函数 $F(x)=\begin{cases}1-(1+x)e^{-x}, & x>0\\ 0, & x\leqslant 0\end{cases}$,则随机变量 X 的概率密度为________。

(A) $f(x)=\begin{cases}xe^{-x}, & x>0\\ 0, & x\leqslant 0\end{cases}$ (B) $f(x)=\begin{cases}e^{-x}, & x>0\\ 0, & x\leqslant 0\end{cases}$

(C) $f(x)=\begin{cases}2xe^{-x}, & x>0\\ 0, & x\leqslant 0\end{cases}$ (D) $f(x)=\begin{cases}x^2e^{-x}, & x>0\\ 0, & x\leqslant 0\end{cases}$

(E) $f(x)=\begin{cases}xe^{-2x}, & x>0\\ 0, & x\leqslant 0\end{cases}$

【答案】 (A)。

【解析】 $f(x)=F'(x)=\begin{cases}xe^{-x}, & x>0\\ 0, & x\leqslant 0\end{cases}$。选(A)。

【例 15】 设 $F_1(x)$,$F_2(x)$为两个分布函数,其相应的概率密度为 $f_1(x)$,$f_2(x)$是连续函数。则必为概率密度的是________。

(A) $f_1(x)f_2(x)$ (B) $2f_2(x)F_1(x)$

(C) $f_1(x)F_2(x)$ (D) $f_1(x)F_2(x)+f_2(x)F_1(x)$

(E) 以上选项均错误

【答案】 (D)。

【解析】 $f(x)$能成为概率密度$\Leftrightarrow f(x)\geqslant 0$ 且$\int_{-\infty}^{+\infty}f(x)\mathrm{d}x=1$，而

$$\int_{-\infty}^{+\infty}f_1(x)F_2(X)+f_2(x)F_1(x)\mathrm{d}x=\int_{-\infty}^{+\infty}F_1'(x)F_2(x)+F_2'(x)F_1(x)\mathrm{d}x$$

$$=\int_{-\infty}^{+\infty}(F_1(x)F_2(x))'\mathrm{d}x=F_1(x)F_2(x)\Big|_{-\infty}^{+\infty}=1。$$

(A)、(B)、(C)不一定满足$\int_{-\infty}^{+\infty}f(x)\mathrm{d}x=1$，故选(D)。

【例 16】 (经济类)设 X 为连续型随机变量，$F(x)$ 为 X 的分布函数，则 $F(x)$ 在其定义域内一定为________。

(A) 非二阶间断函数　　(B) 阶梯函数

(C) 可导函数　　(D) 连续但不一定可导函数

(E) 以上选项均错误

【答案】 (D)。

【解析】 由于连续型随机变量的分布函数可以写成变上限积分 $F(x)=\int_{-\infty}^{x}f(t)\mathrm{d}t$，很多考生会误认为 $F'(x)=f(x)$ 成立。事实上，由微积分基本定理可知，该等式成立需要 $f(x)$ 连续，而该条件不一定满足。因此只能保证 $F(x)$ 为连续函数，即连续型随机变量的分布函数必为连续函数，离散型随机变量的分布函数才是阶梯函数，故选项(A)、(D)不正确。连续型随机变量的分布函数可以是不可导的，例如 $[0, 1]$ 上均匀分布的分布函数为 $F(x)=\begin{cases}0, & x<0\\ x, & 0\leqslant x<1\\ 1, & x\geqslant 1\end{cases}$，容易验证该函数在 $x=0$ 与 $x=1$ 处均不可导，所以选(D)。

【例 17】 设连续型随机变量 X 的分布函数

$$F(x)=\begin{cases}A+B\mathrm{e}^{-\lambda x}, & x>0\\ 0, & x\leqslant 0\end{cases}\quad(\lambda>0)$$

则 $P(-1\leqslant X<1)=$________。

(A) $\mathrm{e}^{\lambda}-\mathrm{e}^{-\lambda}$　　(B) $1-\mathrm{e}^{-\lambda}$

(C) $\frac{1}{2}(1+\mathrm{e}^{-\lambda})$　　(D) $\frac{1}{2}(1+\mathrm{e}^{\lambda})$

(E) $\frac{1}{3}(2+\mathrm{e}^{\lambda})$

【答案】 (B)。

【解析】 先根据 $F(x)$ 为分布函数的性质定出常数 a, b,再求概率。$1=\lim\limits_{x\to+\infty}F(x)=A$，根据右连续性 $\lim\limits_{x\to 0^+}F(x)=A+B=F(0)=0$。得 $A=1$, $B=-1$, $F(x)=\begin{cases}1-\mathrm{e}^{-\lambda x}, & x>0\\ 0, & x\leqslant 0\end{cases}$ 是连续函数，所以 $P(-1\leqslant X<1)=P(-1<X\leqslant 1)=F(1)-F(-1)=1-\mathrm{e}^{-\lambda}$，选(B)。

【例 18】 设随机变量 X 的密度函数为 $\varphi(x)$，且 $\varphi(-x)=\varphi(x)$，$F(x)$ 是 X 的分布函数,则对任意实数 a 有________。

(A) $F(-a)=1-\int_0^a \varphi(x)\mathrm{d}x$　　(B) $F(-a)=\dfrac{1}{2}-\int_0^a \varphi(x)\mathrm{d}x$

(C) $F(-a)=F(a)$　　(D) $F(-a)=2F(a)-1$

(E) 以上选项均错误

【答案】 (B)。

【解析】 **解法 1**(紧扣分布函数定义,利用积分变换)

$$F(-a)=\int_{-\infty}^{-a}\varphi(x)\mathrm{d}x \xlongequal{令 t=-x} \int_a^{+\infty}\varphi(-t)\mathrm{d}t=\int_a^{+\infty}\varphi(t)\mathrm{d}t=\int_{-\infty}^{+\infty}\varphi(t)\mathrm{d}t-\int_{-\infty}^{a}\varphi(t)\mathrm{d}t$$

$$=1-\int_{-\infty}^{0}\varphi(t)\mathrm{d}t-\int_0^a\varphi(t)\mathrm{d}x=1-\frac{1}{2}-\int_0^a\varphi(x)\mathrm{d}x=\frac{1}{2}-\int_0^a\varphi(x)\mathrm{d}x$$

故 $F(-a)=\dfrac{1}{2}-\int_0^a\varphi(x)\mathrm{d}x$。

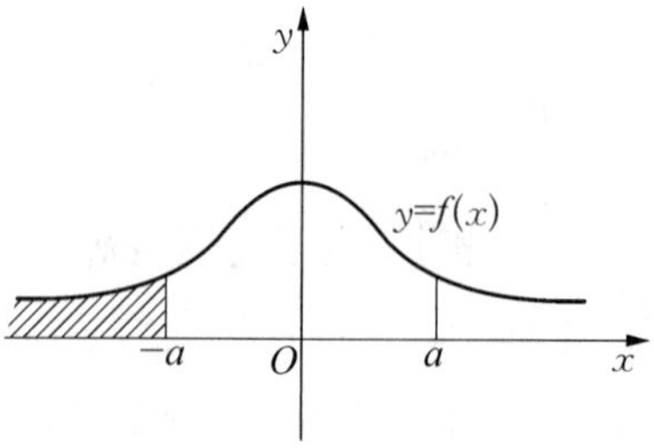

图 6-3

解法 2 由密度函数为偶函数,从图 6-3 图像对称性立即选(B)。

注意: 若 X 的密度函数为 $\varphi(x)$，且 $\varphi(-x)=\varphi(x)$，则密度函数关于 y 轴对称,由图像还可以得到 $P(|X|<a)=2F(a)-1$，$P(|X|>a)=2[1-F(a)]$ 等结论。

【例 19】 (普研)若随机变量 X 和 Y 同分布,X 的概率密度为

$$f(x)=\begin{cases}\dfrac{3}{8}x^2, & 0<x<2\\ 0, & 其他\end{cases}。$$

已知事件 $A=\{X>a\}$ 和 $B=\{Y>a\}$ 独立,且 $P(A\cup B)=\dfrac{3}{4}$，求常数 $a=$________。

(A) $\sqrt[3]{4}$　　(B) $\sqrt[3]{3}$　　(C) $\sqrt[3]{2}$　　(D) 0　　(E) 1

【答案】 (A)。

【解析】 由条件知 $P(A)=P(B)$；$P(AB)=P(A)P(B)$。

由 $P(A\cup B)=P(A)+P(B)-P(AB)=2P(A)-[P(A)]^2=\dfrac{3}{4}$，

得 $P(A)=\dfrac{1}{2}$ 或 $P(A)=\dfrac{3}{2}$(舍去)。又 $P(A)=P(X>a)=\int_a^{+\infty}f(x)\mathrm{d}x=\int_a^2\dfrac{3}{8}x^2\mathrm{d}x=1-\dfrac{1}{8}a^3$，于是得 $a=\sqrt[3]{4}$。故选(A)。

4. 既非离散又非连续随机变量

【例 20】 (经济类)设随机变量 X 的分布函数 $F(x)=\begin{cases}0, & x<0\\ \dfrac{1}{2}, & 0\leqslant x<1\\ 1-\mathrm{e}^{-x}, & x\geqslant 1\end{cases}$，则

$P\{X=1\}=$ ________。

(A) 0　　(B) $\frac{1}{2}$　　(C) $\frac{1}{2}-e^{-1}$　　(D) $1-e^{-1}$　　(E) 1

【答案】 (C)。

【解析】 $P\{X=1\}=F(1)-F(1-0)=1-e^{-1}-\frac{1}{2}=\frac{1}{2}-e^{-1}$，故选(C)。

题型 2：常见分布问题

1. 离散型

【例 21】 (经济类)设随机变量 X 的概率密度函数为 $f(x)=\begin{cases}2x, & 0<x<1\\ 0, & \text{其他}\end{cases}$，以 Y 表示对 X 的三次独立重复观察中事件 $\left\{X\leqslant\frac{1}{2}\right\}$ 出现的次数，则 $P\{Y=2\}=$ ________。

(A) $\frac{1}{4}$　　(B) $\frac{1}{16}$　　(C) $\frac{9}{64}$　　(D) $\frac{9}{16}$　　(E) $\frac{7}{16}$

【答案】 (C)。

【解析】 $P\left(X\leqslant\frac{1}{2}\right)=\int_0^{\frac{1}{2}}2x\,dx=\frac{1}{4}$，则 $Y\sim B\left(3,\frac{1}{4}\right)$，得 $P\{Y=2\}=C_3^2\left(\frac{1}{4}\right)^2\cdot\left(\frac{3}{4}\right)^1=\frac{9}{64}$，故选(C)。

【例 22】 (普研)某仪器装有三只独立工作的同型号电子元件，其寿命(单位：小时)都服从同一指数分布，分布密度为

$$f(x)=\begin{cases}\frac{1}{600}e^{-\frac{x}{600}}, & x>0\\ 0, & x\leqslant 0\end{cases},$$

则在一起使用的最初 200 小时内，至少有 1 只电子元件损坏的概率为________。

(A) 0　　(B) $\frac{1}{2}$　　(C) $\frac{1}{2}-e^{-1}$　　(D) $1-e^{-1}$　　(E) 1

【答案】 (D)。

【解析】 综合考查指数分布，独立性，把三只元件编号为 1，2，3，并引进事件，

$A_k=\{$在仪器使用的最初 200 小时内，第 k 只元件损坏$\}$ $(k=1,2,3)$，$X_k=\{$第 k 只元件的使用寿命$\}$。

由题设知 X_k $(k=1,2,3)$服从密度为 $f(x)$ 的指数分布，由

$$P(\overline{A_k})=P\{X_k>200\}=\int_{200}^{+\infty}\frac{1}{600}e^{-\frac{x}{600}}dx=e^{-\frac{1}{3}}$$

知所求事件的概率为

$$\begin{aligned}\alpha&=P(A_1\cup A_2\cup A_3)=1-P(\overline{A_1\cup A_2\cup A_3})\\&=1-P(\overline{A_1}\,\overline{A_2}\,\overline{A_3})=1-(e^{-\frac{1}{3}})^3=1-e^{-1}\text{。故选(D)。}\end{aligned}$$

【例 23】 设随机变量 X 服从$(2, p)$的二项分布，随机变量 Y 服从参数为$(1, p)$的二项分布，且 X，Y 相互独立。若 $P\{X \geqslant 1\}=\frac{5}{9}$，则 $P\{X+Y \geqslant 1\}=$________。

(A) $\frac{1}{4}$　　(B) $\frac{1}{3}$　　(C) $\frac{19}{27}$　　(D) $\frac{65}{81}$　　(E) $\frac{16}{81}$

【解析】 $P\{X \geqslant 1\}=1-P\{X<1\}=1-P\{X=0\}=1-C_2^0 p^0(1-p)^{2-0}=\frac{5}{9}$ 得到 $p=\frac{1}{3}$。

解法 1 $P\{X+Y \geqslant 1\}=1-P\{X+Y<1\}=1-P\{X=0, Y=0\}$

$$=1-P\{X=0\} P\{Y=0\}=\frac{19}{27}。$$

解法 2 $X \sim B\left(2, \frac{1}{3}\right)$，$Y \sim B\left(1, \frac{1}{3}\right)$，且 X，Y 相互独立，则 $X+Y \sim B\left(3, \frac{1}{3}\right)$。

$P\{X+Y \geqslant 1\}=1-P\{X+Y<1\}=1-P\{X+Y=0\}=1-\left(\frac{2}{3}\right)^3=\frac{19}{27}$。故选(C)。

【例 24】 (经济类)已知随机变量 X 服从泊松分布，$P\{X=1\}=2P\{X=2\}$，则 $P\{X=3\}=$________。

(A) $\frac{1}{2\mathrm{e}}$　　(B) $\frac{1}{3\mathrm{e}}$　　(C) $\frac{1}{4\mathrm{e}}$　　(D) $\frac{1}{5\mathrm{e}}$　　(E) $\frac{1}{6\mathrm{e}}$

【答案】 (C)。

【解析】 由随机变量 X 服从泊松分布，即 $P\{X=k\}=\frac{\lambda^k \mathrm{e}^{-\lambda}}{k!}$，$k=0, 1, 2, \cdots(\lambda>0)$，由 $P\{X=1\}=2P\{X=2\}$，知 $\lambda \mathrm{e}^{-\lambda}=\lambda^2 \mathrm{e}^{-\lambda}$，可得 $\lambda=1$，易得 $P\{X=3\}=\frac{\mathrm{e}^{-1}}{3!}=\frac{1}{6\mathrm{e}}$。故选(C)。

2. 连续型

【例 25】 (普研)若随机变量 ξ 在$(1, 6)$上服从均匀分布，则方程 $x^2+\xi x+1=0$ 有实根的概率为________。

(A) $\frac{1}{4}$　　(B) $\frac{1}{3}$　　(C) $\frac{2}{3}$　　(D) $\frac{4}{5}$　　(E) $\frac{3}{5}$

【答案】 (D)。

【解析】 方程 $x^2+\xi x+1=0$ 有实根的条件是

$$\Delta=\xi^2-4 \geqslant 0，即\ \xi \geqslant 2\ 或\ \xi \leqslant -2\ (舍去)。$$

由于 ξ 服从$(1, 6)$上均匀分布，故 ξ 的密度函数为

$$f_{\xi}(x)=\begin{cases}\frac{1}{5}, & 1<x<6 \\ 0, & x \geqslant 6\ 或\ x \leqslant 1。\end{cases}$$

故所求概率为 $P\{x^2+\xi x+1=0$ 有实根$\}=P\{\xi\geqslant 2\}+P\{\xi\leqslant -2\}=\frac{4}{5}$。故选(D)。

【例 26】 (普研)设随机变量 X 在$[2,5]$上服从均匀分布,现在对 X 进行三次独立观测,则至少有两次观测值大于 3 的概率为________。

(A) $\frac{2}{3}$　(B) $\frac{1}{3}$　(C) $\frac{20}{27}$　(D) $\frac{7}{27}$　(E) $\frac{13}{27}$

【答案】 (C)。

【解析】 本题应先求出观测值大于 3 的概率,进行三次独立观测,观测次数服从二项分布,从而至少有两次观测值大于 3 的概率即可求出以 A 表示事件"对 X 观测值大于 3",即 $A=\{X>3\}$,由条件知,X 的密度函数为

$$f(x)=\begin{cases}\frac{1}{3}, & 若\ 2\leqslant x\leqslant 5\\ 0, & 其他\end{cases},$$

因此

$$P(A)=P\{X>3\}=\int_3^5\frac{1}{3}\mathrm{d}x=\frac{2}{3}。$$

以 Y 表示三次独立观测值中观测值大于 3 的次数(即在三次独立试验中事件 A 出现的次数)。显然,Y 服从参数为 $n=3$,$p=\frac{2}{3}$ 的二项分布。因此,所求概率为

$$P\{Y\geqslant 2\}=C_3^2\left(\frac{2}{3}\right)^2\left(\frac{1}{3}\right)+C_3^3\left(\frac{2}{3}\right)^3=\frac{20}{27}。故选(C)。$$

【例 27】 (普研)设随机变量 X 服从正态分布 $N(\mu,\sigma^2)(\sigma>0)$,且二次方程 $y^2+4y+X=0$ 无实根的概率为 $\frac{1}{2}$,则 $\mu=$________。

(A) 0　(B) 1　(C) 2　(D) 3　(E) 4

【答案】 (E)。

【解析】 由题设,可知二次方程 $y^2+4y+X=0$ 无实数根的概率为 $P(16-4X<0)=P(X>4)=0.5$。由于正态分布密度函数曲线关于直线 $x=\mu$ 对称,根据分布密度的性质,有 $P(X>\mu)=0.5$,故 $\mu=4$。故选(E)。

【例 28】 设随机变量 Y 服从参数为 1 的指数分布,a 为常数且大于零,$P\{Y\leqslant a+1\mid Y>a\}=$________。

(A) $\frac{1}{2}$　(B) $1-e^{-1}$　(C) $1-2e^{-1}$　(D) $\frac{1}{e}$　(E) $\frac{1}{4}$

【答案】 (B)。

【解析】 **解法1** Y 的密度函数为：$f(y)=\begin{cases}e^{-y}, & y>0\\ 0, & y\leqslant 0\end{cases}$,

$$P\{Y\leqslant a+1\mid Y>a\}=\frac{P\{Y>a,\ Y\leqslant a+1\}}{P\{Y>a\}}=\frac{\int_a^{a+1}f(y)\mathrm{d}y}{\int_a^{+\infty}f(y)\mathrm{d}y}$$

$$=\frac{e^{-a}-e^{-(a+1)}}{e^{-a}}=1-\frac{1}{e}。$$

解法2 利用指数分布的无记忆性，得 $P\{Y\leqslant a+1\mid Y>a\}=P\{Y\leqslant 1\}=1-e^{-1}$。故选(B)。

【例29】 (普研)随机变量 X 服从正态分布 $N(2,\sigma^2)$，且 $P(2<X<4)=0.3$，则 $P(X<0)=$________。

(A) 0.3 (B) 0.7 (C) 0.2 (D) 0.8 (E) 0.6

【答案】 (C)。

【解析】 因为 X 服从正态分布 $N(2,\sigma^2)$，所以 $\frac{X-2}{\sigma}\sim N(0,1)$。由 $P(2<X<4)=0.3$，则 $P\left(\frac{2-2}{\sigma}<\frac{X-2}{\sigma}<\frac{4-2}{\sigma}\right)=P\left(0<\frac{X-2}{\sigma}<\frac{2}{\sigma}\right)=\Phi\left(\frac{2}{\sigma}\right)-\Phi(0)=\Phi\left(\frac{2}{\sigma}\right)-0.5=0.3$，得 $\Phi\left(\frac{2}{\sigma}\right)=0.8$，则 $P(X<0)=P\left(\frac{X-2}{\sigma}<\frac{0-2}{\sigma}\right)=\Phi\left(-\frac{2}{\sigma}\right)=1-\Phi\left(\frac{2}{\sigma}\right)=1-0.8=0.2$。故选(C)。

注意： 正态分布概率计算(标准化)，其结果可以由正态分布对称性直接图解得到。

【例30】 (经济类)设 $X\sim N(2,9)$，且 $P(X\geqslant c)=P(X<c)$，则常数 c 等于________。

(A) 1 (B) 2 (C) 3 (D) 4 (E) 5

【答案】 (B)。

【解析】 正态分布 $N(2,9)$ 概率密度的对称轴为 $x=2$，由 $P(X\geqslant c)=P(X<c)$ 可知 $x=c$ 即为其对称轴，可知 $c=2$，故选(B)。

【例31】 (经济类)随机变量 X 呈正态分布 $N(3,1)$，$P\{3<X<4\}=0.2$，则 $P\{X\geqslant 2\}=$________。

(A) 0.2 (B) 0.3 (C) 0.7 (D) 0.8 (E) 0.9

【答案】 (C)。

【解析】 中心化正态分布，易得 $P(0<X-3<1)=0.2$，且由正态分布性质知 $P(X-3\leqslant 0)=0.5$。$P(X-3<1)=P(0<X-3<1)+P(X-3\leqslant 0)=0.7$。

可知 $P(1\leqslant X-3)=1-P(X-3<1)=0.3\Rightarrow P(X-3<1)=0.7$，则 $P(X\geqslant 2)=P(X-3\geqslant 2-3)=P(X-3\geqslant -1)=1-P(X-3<-1)$。

由正态分布性质易得 $P(X\geqslant 2)=1-P(X-3<-1)=P(X-3<1)=0.7$。故选(C)。

【例 32】 (经济类)随机变量 $X\sim N(1,1)$ 概率密度为 $f(x)$，分布函数 $F(x)$，则正确的是________。

(A) $P(X\leqslant 0)=P(X\geqslant 0)$　　(B) $P(X\leqslant 1)=P(X\geqslant 1)$

(C) $f(x)=f(-x)$，$x\in\mathbf{R}$　　(D) $F(x)=1-F(-x)$，$x\in\mathbf{R}$

(E) 以上说法均错误

【答案】 (B)。

【解析】 选项(A)，$P(X\leqslant 0)=P\left(\frac{X-1}{1}\leqslant -1\right)=\Phi(-1)$，$P(X\geqslant 0)=P\left(\frac{X-1}{1}\geqslant -1\right)=1-\Phi(-1)=\Phi(1)$，故选项(A)错误；

选项(B)，由正态分布性质可知，$P(X\leqslant 1)=P(X\geqslant 1)=\frac{1}{2}$，故选项(B)正确；

选项(C)，由正态分布性质可知，$f(x)$ 不是偶函数，故选项(C)错误；

选项(D)，$F(x)=P(X\leqslant x)=P\left(\frac{X-1}{1}\leqslant\frac{x-1}{1}\right)=\Phi(x-1)$。

$1-F(-x)=1-\Phi(-x-1)=\Phi(x+1)$，故选项(D)错误。

【例 33】 (经济类)设随机变量 X，Y 服从正态分布，$X\sim N(\mu,16)$，$Y\sim N(\mu,25)$，记 $P_1=P\{X\leqslant\mu-4\}$，$P_2=P\{Y\geqslant\mu+5\}$ 则________。

(A) 只有 μ 的个别值，才有 $P_1=P_2$　　(B) 对任意实数 μ 都有 $P_1<P_2$

(C) 对任意 μ 都有 $P_1=P_2$　　(D) 对任意实数 μ 都有 $P_1>P_2$

(E) 以上选项均错误

【答案】 (C)。

【解析】 $P_1=P\{X\leqslant\mu-4\}=P\left\{\frac{X-\mu}{4}\leqslant -1\right\}=\Phi(-1)=1-\Phi(1)$；

$P_2=P\{Y\geqslant\mu+5\}=P\left\{\frac{Y-\mu}{5}\geqslant 1\right\}=1-P\left\{\frac{Y-\mu}{5}<1\right\}=1-\Phi(1)$。$\Phi(1)$ 为定值，与 μ 的取值无关，故对任意 μ 都有 $P_1=P_2$。选(C)。

【例 34】 (经济类)随机变量 X 服从正态分布 $N(\mu,\sigma^2)$，则概率 $P(|X-\mu|\leqslant\sigma)$ 为________。

(A) 随着 σ 的增加而增加

(B) 随着 σ 的减少而增加

(C) 随着 σ 的增加不能确定它的变化趋势

(D) 随着 σ 的增加而保持不变

(E) 以上说法均错误

【答案】 (D)。

【解析】 由 $X\sim N(\mu,\sigma^2)$，得 $\frac{X-\mu}{\sigma}\sim N(0,1)$，$P(|X-\mu|\leqslant\sigma)=P\left(\left|\frac{X-\mu}{\sigma}\leqslant 1\right|\right)=2\Phi(1)-1$ 为常数，故选(D)。

【例 35】 (普研)设随机变量 X 服从正态分布 $N(\mu_1, \sigma_1^2)$，Y 服从正态分布 $N(\mu_2, \sigma_2^2)$，且 $P(|X-\mu_1|<1)>P(|Y-\mu_2|<1)$，则必有________。

(A) $\sigma_1<\sigma_2$　(B) $\sigma_1>\sigma_2$　(C) $\mu_1<\mu_2$　(D) $\mu_1>\mu_2$　(E) $\mu_1=\mu_2$

【答案】 (A)。

【解析】 利用标准正态分布密度曲线的几何意义可得。

由题设可得，$P\left(\dfrac{|X-\mu_1|}{\sigma_1}<\dfrac{1}{\sigma_1}\right)>P\left(\dfrac{|Y-\mu_2|}{\sigma_2}<\dfrac{1}{\sigma_2}\right)$，则 $2\Phi\left(\dfrac{1}{\sigma_1}\right)-1>2\Phi\left(\dfrac{1}{\sigma_2}\right)-1$，即 $\Phi\left(\dfrac{1}{\sigma_1}\right)>\Phi\left(\dfrac{1}{\sigma_2}\right)$。其中 $\Phi(x)$ 是标准正态分布的分布函数，又 $\Phi(x)$ 是单调不减函数，则 $\dfrac{1}{\sigma_1}>\dfrac{1}{\sigma_2}$，即 $\sigma_1<\sigma_2$。故选(A)。

注意：对于服从正态分布 $N(\mu, \sigma^2)$ 的随机变量 X，一般先将 X 标准化，即 $\dfrac{X-\mu}{\sigma}$。

题型 3：一维随机变量函数的分布

【例 36】 设随机变量 X 的概率分布为 $P\{X=k\}=\dfrac{2}{3^k}$，$(k=1, 2, \cdots)$，则 $Y=1+(-1)^X$ 的概率分布为________。

(A) $Y\sim\begin{pmatrix}0 & 1\\ \frac{3}{4} & \frac{1}{4}\end{pmatrix}$　(B) $Y\sim\begin{pmatrix}0 & 1\\ \frac{1}{4} & \frac{3}{4}\end{pmatrix}$

(C) $Y\sim\begin{pmatrix}0 & 2\\ \frac{3}{4} & \frac{1}{4}\end{pmatrix}$　(D) $Y\sim\begin{pmatrix}0 & 1\\ \frac{1}{2} & \frac{1}{2}\end{pmatrix}$

(E) $Y\sim\begin{pmatrix}0 & 2\\ \frac{1}{4} & \frac{3}{4}\end{pmatrix}$

【答案】 (C)。

【解析】 先确定 Y 的取值，再根据取值确定这个取值的概率是多少，则 Y 的取值为 0、2。

$$P\{Y=0\}=P\{\bigcup_{k=1}^{\infty} X=2k-1\}=\sum_{k=1}^{\infty}P\{X=2k-1\}=\sum_{k-1}^{\infty}\frac{2}{3^{2k-1}}$$

$$=\frac{2}{3}+\frac{2}{3^3}+\frac{2}{3^5}+\cdots=\frac{\frac{2}{3}}{1-\frac{1}{9}}=\frac{3}{4}。$$

$$P\{Y=2\}=P\{\bigcup_{k=1}^{\infty} X=2k\}=\sum_{k=1}^{\infty}P\{X=2k\}=\sum_{k=1}^{\infty}\frac{2}{3^{2k}}=\frac{1}{4},$$

故 $Y\sim\begin{pmatrix}0 & 2\\ \dfrac{3}{4} & \dfrac{1}{4}\end{pmatrix}$。故选(C)。

【例 37】（普研）设随机变量 X 的概率密度为 $f_X(x)=\begin{cases}e^{-x}, & x\geqslant 0\\ 0, & x<0\end{cases}$，求随机变量 $Y=e^X$ 的概率密度 $f_Y(y)=$________。

(A) $f_Y(y)=\begin{cases}\dfrac{1}{y^2}, & y\geqslant 1\\ 0, & y<1\end{cases}$　　(B) $f_Y(y)=\begin{cases}\dfrac{1}{y}, & y\geqslant 1\\ 0, & y<1\end{cases}$

(C) $f_Y(y)=\begin{cases}\dfrac{2}{y^2}, & y\geqslant 1\\ 0, & y<1\end{cases}$　　(D) $f_Y(y)=\begin{cases}\dfrac{1}{y^3}, & y\geqslant 1\\ 0, & y<1\end{cases}$

(E) $f_Y(y)=\begin{cases}\dfrac{1}{\sqrt{y}}, & y\geqslant 1\\ 0, & y<1\end{cases}$

【答案】(A)。

【解析】（分布函数法）应先求出 $F_Y(y)$，再对 y 求导即得 $f_Y(y)$，而

$$F_Y(y)=P(Y\leqslant y)=P(e^X\leqslant y)。$$

因为当 $x\geqslant 0$ 时，$e^x\geqslant 1$，当 $y<1$ 时，$F_Y(y)=P\{\varnothing\}=0$。

当 $y\geqslant 1$ 时，$F_Y(y)=P(Y\leqslant y)=P(e^X\leqslant y)=P(X\leqslant \ln y)=\int_0^{\ln y}f_X(x)dx$，

则 $f_Y(y)=F'_Y(y)=f_X(\ln y)\cdot(\ln y)'=e^{-\ln y}\cdot\dfrac{1}{y}=\dfrac{1}{y^2}$（此处利用变上限积分求导）。

因此
$$f_Y(y)=\begin{cases}\dfrac{1}{y^2}, & y\geqslant 1\\ 0, & y<1\end{cases}$$
故选(A)。

【例 38】（普研）假设随机变量 X 服从指数分布，则随机变量 $Y=\min\{X,2\}$ 的分布函数________。

(A) 是连续函数　　(B) 至少有两个间断点

(C) 是阶梯函数　　(D) 恰好有一个间断点

(E) 以上选项均错误

【答案】(D)。

【解析】X 服从指数分布，分布参数为 λ，则 $f(x)=\begin{cases}\lambda e^{-\lambda x}, & x>0\\ 0, & x\leqslant 0\end{cases}$。

对于 $y\leqslant 0$，$F(y)=P\{Y\leqslant y\}=P\{\min\{X,2\}\leqslant y\}=0$。

设 $0<y<2$，有

$$F(y)=P\{Y\leqslant y\}=P\{\min\{X,2\}\leqslant y\}$$
$$=P\{X\leqslant y\}=1-e^{-\lambda y},$$

于是,Y 的分布函数为

$$F(y)=\begin{cases}0, & y<0\\ 1-e^{-\lambda y}, & 0\leqslant y<2\\ 1, & y\geqslant 2\end{cases}。$$

可见它只有一个间断点 $y=2$,如图 6-4 所示。

故选(D)。

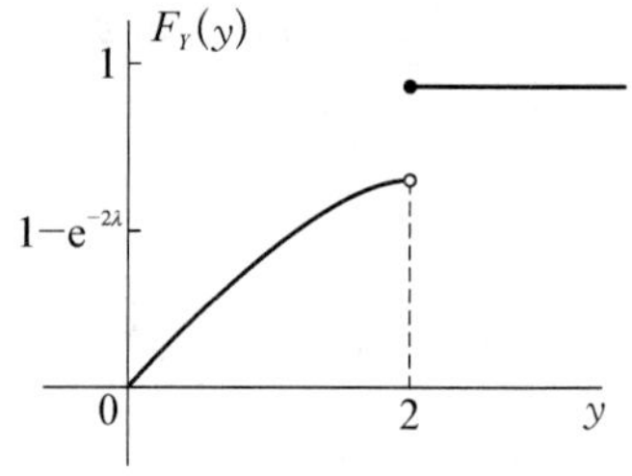

图 6-4

【例 39】 设随机变量 $X\sim N(0,1)$,则 $Y=2X^2+1$ 的概率密度为________。

(A) $f_Y(y)=\begin{cases}\dfrac{1}{\sqrt{\pi(y-1)}}e^{-\frac{y-1}{4}}, & y>1\\ 0, & y\leqslant 1\end{cases}$ (B) $f_Y(y)=\begin{cases}\dfrac{1}{\sqrt{\pi(y-1)}}e^{-\frac{y-1}{2}}, & y>1\\ 0, & y\leqslant 1\end{cases}$

(C) $f_Y(y)=\begin{cases}\dfrac{1}{2\sqrt{\pi(y-1)}}e^{-\frac{y-1}{4}}, & y>1\\ 0, & y\leqslant 1\end{cases}$ (D) $f_Y(y)=\begin{cases}\dfrac{1}{2\sqrt{\pi(y-1)}}e^{-\frac{y-1}{2}}, & y>1\\ 0, & y\leqslant 1\end{cases}$

(E) $f_Y(y)=\begin{cases}\dfrac{1}{2\sqrt{\pi y}}e^{-\frac{y-1}{4}}, & y>1\\ 0, & y\leqslant 1\end{cases}$

【答案】 (C)。

【解析】 用分布函数法分段讨论求解。

$$F_Y(y)=P(Y\leqslant y)=P(2X^2+1\leqslant y)=P\left(X^2\leqslant\frac{y-1}{2}\right)。$$

当 $y<1$ 时,$P\left(X^2\leqslant\dfrac{y-1}{2}\right)=0$,故 $F_Y(y)=0$;

当 $y\geqslant 1$ 时,$P\left(X^2\leqslant\dfrac{y-1}{2}\right)=P\left(-\sqrt{\dfrac{y-1}{2}}\leqslant X\leqslant\sqrt{\dfrac{y-1}{2}}\right)=\dfrac{2}{\sqrt{2\pi}}\displaystyle\int_0^{\sqrt{\frac{y-1}{2}}}e^{-\frac{x^2}{2}}dx$。

所以 $F_Y(y)=\dfrac{2}{\sqrt{2\pi}}\displaystyle\int_0^{\sqrt{\frac{y-1}{2}}}e^{-\frac{x^2}{2}}dx$,$f_Y(y)=F'_Y(y)=\dfrac{1}{2\sqrt{\pi(y-1)}}e^{-\frac{y-1}{4}}$。

最后得 $f_Y(y)=F'_Y(y)=\begin{cases}\dfrac{1}{2\sqrt{\pi(y-1)}}e^{-\frac{y-1}{4}}, & y>1\\ 0, & y\leqslant 1\end{cases}$。故选(C)。

题型 4: 二维离散型随机变量问题

【例 40】 (普研)设二维随机变量 (X,Y) 的概率分布为

X \ Y	0	1
0	0.4	a
1	b	0.1

已知随机事件 $\{X=0\}$ 与 $\{X+Y=1\}$ 互相独立，则________。

(A) $a=0.2,\ b=0.3$　　(B) $a=0.4,\ b=0.1$

(C) $a=0.3,\ b=0.2$　　(D) $a=0.1,\ b=0.4$

(E) $a=0.5,\ b=0$

【答案】 (B)。

【解析】 由题设，知 $a+b=0.5$。

又因事件 $\{X=0\}$ 与 $\{X+Y=1\}$ 相互独立，于是有

$$P\{X=0,\ X+Y=1\}=P\{X=0\}P\{X+Y=1\},$$

即

$$a=(0.4+a)(a+b),$$

由此可解得 $a=0.4,\ b=0.1$，故应选(B)。

【例 41】 (普研)设随机变量 $X_i \sim \begin{bmatrix} -1 & 0 & 1 \\ \frac{1}{4} & \frac{1}{2} & \frac{1}{4} \end{bmatrix}$ $(i=1,\ 2)$，且满足 $P\{X_1X_2=0\}=1$，则 $P\{X_1=X_2\}$ 等于________。

(A) 0　　(B) $\frac{1}{4}$　　(C) $\frac{1}{2}$　　(D) 1　　(E) 以上都不正确

【答案】 (A)。

【详解】 设随机变量 X_1，X_2 的联合分布如下表：

X_1 \ X_2	-1	0	1	
-1	P_{11}	P_{12}	P_{13}	$\frac{1}{4}$
0	P_{21}	P_{22}	P_{23}	$\frac{1}{2}$
1	P_{31}	P_{32}	P_{33}	$\frac{1}{4}$
	$\frac{1}{4}$	$\frac{1}{2}$	$\frac{1}{4}$	

由

$$\begin{aligned} P\{X_1X_2=0\}=&P\{X_1=0,\ X_2=-1\}+P(X_1=0,\ X_2=1)+ \\ &P\{X_1=-1,\ X_2=0\}+P\{X_1=1,\ X_2=0\}+ \\ &P\{X_1=0,\ X_2=0\} \\ =&P_{21}+P_{23}+P_{12}+P_{32}+P_{22}=1。\end{aligned}$$

知 $P_{11}=P_{13}=P_{31}=P_{33}=0$，从而有 $P_{21}=\frac{1}{4}-P_{11}-P_{31}=\frac{1}{4}$。

类似地 $P_{23}=\frac{1}{4}$，$P_{12}=\frac{1}{4}$，$P_{32}=\frac{1}{4}$。进一步可知 $P_{22}=\frac{1}{2}-P_{12}-P_{32}=0$，即 $P_{11}=P_{22}=P_{33}=0$，因此有 $P\{X_1=X_2\}=0$。故选(A)。

【例 42】 (经济类)二维随机变量 (X, Y) 的联合分布律为

$X \backslash Y$	1	2
1	a	0.4
2	b	0.2

当随机变量 X, Y 独立时的 a，b 的取值为________。

(A) $a=\frac{8}{15}$，$b=\frac{4}{15}$　　(B) $a=\frac{4}{15}$，$b=\frac{4}{15}$

(C) $a=\frac{2}{15}$，$b=\frac{4}{15}$　　(D) $a=\frac{2}{15}$，$b=\frac{2}{15}$

(E) $a=\frac{4}{15}$，$b=\frac{2}{15}$

【答案】 (E)。

【解析】 由

$X \backslash Y$	1	2
1	a	0.4
2	b	0.2

则

X	1	2
P	$a+0.4$	$b+0.2$

Y	1	2
P	$a+b$	0.6

由 X, Y 相互独立，则

$P\{X=2, Y=2\}=P\{X=2\}P\{Y=2\}=(0.2+b)\times 0.6=0.2$，

$P\{X=1, Y=2\}=P\{X=1\}P\{Y=2\}=(0.4+a)\times 0.6=0.4$，得 $a=\frac{4}{15}$，$b=\frac{2}{15}$。

故选(E)。

【例 43】（普研）设随机变量 X 和 Y 相互独立，则 X 和 Y 的概率分布分别为

X	0	1	2	3
P	$\frac{1}{2}$	$\frac{1}{4}$	$\frac{1}{8}$	$\frac{1}{8}$

Y	-1	0	1
P	$\frac{1}{3}$	$\frac{1}{3}$	$\frac{1}{3}$

则 $P\{X+Y=2\}=$________。

(A) $\frac{1}{12}$　(B) $\frac{1}{8}$　(C) $\frac{1}{6}$　(D) $\frac{1}{2}$　(E) 以上都不正确

【答案】（C）。

【解析】二维离散型分布列的独立性。

$$P(X+Y=2)=P(X=1,Y=1)+P(X=2,Y=0)+P(X=3,Y=-1)$$
$$=P(X=1)\cdot P(Y=1)+P(X=2)\cdot P(Y=0)+P(X=3)\cdot P(Y=-1)$$
$$=\frac{1}{4}\cdot\frac{1}{3}+\frac{1}{8}\cdot\frac{1}{3}+\frac{1}{8}\cdot\frac{1}{3}=\frac{1}{6}\text{。}$$故选（C）。

【例 44】（经济类）设相互独立的随机变量 X，Y 具有同一分布律，且 X 的分布律为

X	0	1
P	0.5	0.5

则随机变量 $Z=\max\{X,Y\}$ 的分布律为________。

(A)

Z	0	1
P	$\frac{1}{4}$	$\frac{3}{4}$

(B)

Z	0	1
P	$\frac{1}{6}$	$\frac{5}{6}$

(C)

Z	0	1
P	$\frac{1}{3}$	$\frac{2}{3}$

(D)

Z	0	1
P	$\frac{1}{7}$	$\frac{6}{7}$

(E)

Z	0	1
P	$\frac{1}{2}$	$\frac{1}{2}$

【答案】（A）。

【解析】Z 的取值为 0，1。

$$P\{Z=0\}=P\{X=0,Y=0\}=P\{X=0\}P\{Y=0\}=\frac{1}{2}\cdot\frac{1}{2}=\frac{1}{4},$$

$P\{Z=1\}=1-P\{Z=0\}=\frac{3}{4}$，则 Z 的分布律为

Z	0	1
P	$\frac{1}{4}$	$\frac{3}{4}$

故选(A)。

6.5 过关练习题精练

【习题 1】 作为随机变量的分布函数可以将 $F(x)$ 设成_______。

(A) $F(x)=\begin{cases}0, & x<0\\ 4x^{4x}, & x\geqslant 0\end{cases}$

(B) $F(x)=\begin{cases}0, & x<0\\ \frac{1}{3}, & 0\leqslant x\leqslant 1\\ 1, & x>1\end{cases}$

(C) $F(x)=\begin{cases}0, & x<0\\ \frac{1-x}{2}, & 0\leqslant x<1\\ 1, & x\geqslant 1\end{cases}$

(D) $F(x)=\begin{cases}0, & x<0\\ \sin x, & 0\leqslant x<\frac{\pi}{2}\\ 1, & x\geqslant \frac{\pi}{2}\end{cases}$

(E) $F(x)=\begin{cases}0, & x<0\\ \cos x, & 0\leqslant x<\frac{\pi}{2}\\ 1, & x\geqslant \frac{\pi}{2}\end{cases}$

【答案】 (D)。

【解析】 $F(x)$ 可作为分布函数的充要条件为以下：

① $F(x_1)\leqslant F(x_2)$，$x_1<x_2$；② $\lim\limits_{x\to-\infty}F(x)=0$，$\lim\limits_{x\to+\infty}F(x)=1$；③ $F(x)$ 右连续。

选项(A)因为 $\lim\limits_{x\to+\infty}F(x)$ 不存在，不能选；

选项(B)因为在 $x=1$ 处 $F(x)$ 不右连续，不能选；

选项(C)因为在 $0\leqslant x<1$ 上不满足条件①；

选项(D)可以直接验证满足条件①，②，③；

选项(E)显然 $\cos x$ 不满足条件①。

综上所述，选(D)。

【习题 2】 随机变量 X 的分布函数为：$F(x)=\begin{cases}0, & x\leqslant 0\\ 1-\frac{x^2+2x+2}{2}e^{-x}, & x>0\end{cases}$，

则它的密度函数为_______。

(A) $f(x)=\begin{cases}\dfrac{2+x^2}{2}e^{-x}, & x>0\\ 0, & x\leqslant 0\end{cases}$　　(B) $f(x)=\begin{cases}\dfrac{1+x^2}{2}e^{-x}, & x>0\\ 0, & x\leqslant 0\end{cases}$

(C) $f(x)=\begin{cases}\dfrac{x+x^2}{2}e^{-x}, & x>0\\ 0, & x\leqslant 0\end{cases}$　　(D) $f(x)=\begin{cases}\dfrac{x^2}{2}e^{-x}, & x>0\\ 0, & x\leqslant 0\end{cases}$

(E) $f(x)=\begin{cases}\dfrac{x^2}{3}e^{-2x}, & x>0\\ 0, & x\leqslant 0\end{cases}$

【答案】 (D)。

【解析】 概率密度函数 $f(x)=\dfrac{\mathrm{d}F(x)}{\mathrm{d}x}=-\dfrac{2x+2}{2}e^{-x}+\dfrac{x^2+2x+2}{2}e^{-x}=\dfrac{x^2}{2}e^{-x}$ $(x>0)$，故应选(D)。

【习题3】 若随机变量 X 的分布函数为 $F(x)=\begin{cases}1-\left(\dfrac{3}{x}\right)^2, & x>3\\ 0, & x\leqslant 3\end{cases}$，则 $P(5<X<10)=$________。

(A) 0.18　　(B) 0.21　　(C) 0.24　　(D) 0.27　　(E) 0.30

【答案】 (D)。

【解析】 由分布函数性质，有 $P(5<X<10)=F(10)-F(5)=0.27$，故本题应选(D)。

【习题4】 某小城市每天的用电量不超过1 000万度，以 X 表示每天的耗电率(实际用电量除以1 000万度)，它具有密度函数 $f(x)=12x(1-x)^2$，$0<x<1$。若每天供电量为900万度，则供电量不能满足需要的概率是________。

(A) 0.003 7　　(B) 0.003 9　　(C) 0.004 1　　(D) 0.004 5　　(E) 0.004 9

【答案】 (A)。

【解析】 $P(X>0.9)=\int_{0.9}^{1}12x(1-x)^2\mathrm{d}x=(6x^2-8x^3+3x^4)\Big|_{0.9}^{1}=0.003\,7$，应选(A)。

【习题5】 已知随机变量 X 的密度函数为 $f(x)=\begin{cases}6x(1-x), & 0<x<1\\ 0, & 其他\end{cases}$，则 $P(3X^2+2X-1<0)=$________。

(A) $\dfrac{20}{27}$　　(B) $\dfrac{13}{27}$　　(C) $\dfrac{7}{27}$　　(D) $\dfrac{10}{27}$　　(E) $\dfrac{3}{25}$

【答案】 (C)。

【解析】 由 $3X^2+2X-1<0$，可得 $-1<X<\dfrac{1}{3}$，所以，有

$$P(3X^2+2X-1<0)=P\left(-1<X<\frac{1}{3}\right)=\int_0^{\frac{1}{3}}6x(1-x)\mathrm{d}x$$

$$=(3x^2-2x^2)\Big|_0^{\frac{1}{3}}=\frac{7}{27}\text{。故选(C)。}$$

【习题 6】 若随机变量 ξ 的密度函数为 $f(x)=\begin{cases}\dfrac{1}{2\sqrt{x}}, & 0<x<1\\ 0, & \text{其他}\end{cases}$，则在两次独立观察中 ξ 取值都小于 0.5 的概率是________。

(A) 0.1　　(B) 0.2　　(C) 0.3　　(D) 0.4　　(E) 0.5

【答案】 (E)。

【解析】 随机变量 ξ 的密度函数为 $f(x)=\begin{cases}\dfrac{1}{2\sqrt{x}}, & 0<x<1\\ 0, & \text{其他}\end{cases}$，则 ξ 取值小于 0.5 的概率 $P(\xi<0.5)=\int_{-\infty}^{0.5}f(x)\mathrm{d}x=\int_0^{0.5}\dfrac{1}{2\sqrt{x}}\mathrm{d}x=\sqrt{0.5}$，两次观察相互独立，则总概率为 $(\sqrt{0.5})^2=0.5$，故应选(E)。

【习题 7】 随机变量 X 的密度函数：$f(x)=\dfrac{1}{2\alpha}\mathrm{e}^{-\frac{|x|}{\alpha}}(\alpha>0,\ x\in\mathbf{R})$，则 $P(|X|>1)=$________。

(A) $\mathrm{e}^{-\frac{1}{\alpha}}$　　(B) $1-\mathrm{e}^{-\frac{1}{\alpha}}$　　(C) $\mathrm{e}^{\frac{1}{\alpha}}-1$　　(D) $\mathrm{e}^{-\frac{2}{\alpha}}$　　(E) $\mathrm{e}^{\frac{2}{\alpha}}-1$

【答案】 (A)。

【解析】 X 的分布函数：$F(x)=P(X\leqslant x)=\int_{-\infty}^{x}f(t)\mathrm{d}t$。

当 $x<0$ 时，有 $F(x)=\dfrac{1}{2\alpha}\int_{-\infty}^{x}\mathrm{e}^{\frac{t}{\alpha}}\mathrm{d}t=\dfrac{1}{2}\mathrm{e}^{\frac{x}{\alpha}}$；

当 $x\geqslant 0$ 时，有 $F(x)=\dfrac{1}{2\alpha}\int_{-\infty}^{x}f(t)\mathrm{d}t=\dfrac{1}{2\alpha}\int_{-\infty}^{0}\mathrm{e}^{\frac{t}{\alpha}}\mathrm{d}t+\dfrac{1}{2\alpha}\int_0^{x}\mathrm{e}^{-\frac{t}{\alpha}}\mathrm{d}t$

$$=\frac{1}{2}-\frac{1}{2}(\mathrm{e}^{-\frac{x}{\alpha}}-1)=1-\frac{1}{2}\mathrm{e}^{-\frac{x}{\alpha}},$$

即

$$f(x)=\begin{cases}\dfrac{1}{2}\mathrm{e}^{\frac{x}{\alpha}}, & x<0\\ 1-\dfrac{1}{2}\mathrm{e}^{-\frac{x}{\alpha}}, & x>0\end{cases}\text{。}$$

$$\begin{aligned}P(|X|>1)&=1-P(|X|\leqslant 1)=1-P(-1\leqslant X\leqslant 1)\\&=1-F(1)+F(-1)\\&=1-\left(1-\frac{1}{2}\mathrm{e}^{-\frac{1}{\alpha}}\right)+\frac{1}{2}\mathrm{e}^{-\frac{1}{\alpha}}=\mathrm{e}^{-\frac{1}{\alpha}}\text{。故选(A)。}\end{aligned}$$

【习题8】 已知随机变量 X 的密度函数为

$$f(x)=\begin{cases}0, & x\leqslant 0\\ \dfrac{1}{2}, & 0<x\leqslant 1\\ \dfrac{1}{2x^2}, & x>1\end{cases},$$

则 $P\left(\dfrac{1}{4}\leqslant X<2\right)=$________。

(A) $\dfrac{3}{4}$　　(B) $\dfrac{1}{8}$　　(C) $\dfrac{7}{8}$　　(D) $\dfrac{3}{8}$　　(E) $\dfrac{5}{8}$

【答案】 (E)。

【解析】 设随机变量 X 的分布函数为 $F(x)$，则当 $x\leqslant 0$ 时，$F(x)=P(X\leqslant x)=0$；当 $0<x\leqslant 1$ 时，有 $F(x)=\int_{-\infty}^{x}f(t)\mathrm{d}t=\int_{0}^{x}\dfrac{1}{2}\mathrm{d}t=\dfrac{1}{2}x$；

当 $x>1$ 时，有 $F(x)=\int_{-\infty}^{x}f(t)\mathrm{d}t=\int_{0}^{1}\dfrac{1}{2}\mathrm{d}t+\int_{1}^{x}\dfrac{1}{2t^2}\mathrm{d}t=\dfrac{1}{2}-\dfrac{1}{2}\left(\dfrac{1}{x}-1\right)=1-\dfrac{1}{2x}$。

即 $F(x)=\begin{cases}0, & x\leqslant 0\\ \dfrac{1}{2}x, & 0<x\leqslant 1\\ 1-\dfrac{1}{2x}, & x>1\end{cases}$，而 $P\left(\dfrac{1}{4}\leqslant X\leqslant 2\right)=F(2)-F\left(\dfrac{1}{4}\right)=\dfrac{5}{8}$。故选(E)。

【习题9】 若随机变量 X 的分布为 $P(X=k)=a^k\,(k=2,4,6,\cdots)$，则 $a=$________。

(A) $\dfrac{1}{2}$　　(B) $-\dfrac{1}{2}$　　(C) $\pm\dfrac{1}{2}$　　(D) $\pm\dfrac{1}{\sqrt{2}}$　　(E) $\pm\dfrac{1}{3}$

【答案】 (D)。

【解析】 由 $a^k\geqslant 0\ (k=2,4,6,\cdots)$ 得到随机变量之和 $a^2+a^4+a^6+\cdots=\dfrac{a^2}{1-a^2}=1$。可得 $a=\pm\dfrac{1}{\sqrt{2}}$，故本题应选(D)。

【习题10】 设随机变量 X 的分布律为：$P(X=k)=c\dfrac{\lambda^k}{k!}$，$k=1,2,\cdots$，$\lambda>0$，则常数 c 的值为________。

(A) $\dfrac{1}{\mathrm{e}^{\lambda}-1}$　　(B) $\dfrac{2}{\mathrm{e}^{\lambda}-1}$　　(C) $\dfrac{1}{\mathrm{e}^{\lambda}+1}$　　(D) $\dfrac{2}{\mathrm{e}^{\lambda}+1}$　　(E) $\dfrac{\mathrm{e}^{\lambda}}{\mathrm{e}^{\lambda}+1}$

【答案】 (A)。

【解析】 离散型分布求位置参数主要用 $\sum_k p_k = 1$，显然，此分布不是从 $k=0$ 开始的泊松分布。由分布律性质 $\sum_{k=1}^{\infty} p_k = 1$ 得到 $1=\sum_{k=1}^{+\infty} c\frac{\lambda^k}{k!}=c\sum_{k=1}^{+\infty}\frac{\lambda^k}{k!}=c\left(\sum_{k=0}^{+\infty}\frac{\lambda^k}{k!}-1\right)=c(e^{\lambda}-1)$。

所以 $c=\frac{1}{e^{\lambda}-1}$，故答案选择(A)。

注意： 要熟悉常见分布及其取值，这里我们用了公式 $\sum_{k=0}^{+\infty}\frac{x^k}{k!}=e^x$。

【习题 11】 设非负随机变量 X 的密度函数为：$f(x)=Ax^7 e^{-\frac{x^2}{2}}$，$x>0$，则 A 的值为________。

(A) $\frac{13}{48}$　　(B) $\frac{1}{48}$　　(C) $\frac{7}{48}$　　(D) $\frac{5}{48}$　　(E) $\frac{5}{8}$

【答案】 (B)。

【解析】 因为 $\int_0^{+\infty} Ax^7 e^{-\frac{x^2}{2}}\,dx=1$，$\int_0^{+\infty} t^3 e^{-t}\,dt=3!$，

$$\int_0^{+\infty} Ax^7 e^{-\frac{x^2}{2}}\,dx=8A\int_0^{+\infty}\left(\frac{x^2}{2}\right)^3 e^{-\frac{x^2}{2}}\,d\frac{x^2}{2}$$
$$=8A\int_0^{+\infty} t^3 e^{-t}\,dt=48A。$$

所以 $A=\frac{1}{48}$。故选(B)。

注意： $\int_0^{+\infty} t^n e^{-t}\,dt=n!$。

【习题 12】 若函数 $f(x)=\frac{e^{-3x}}{A}(X\geqslant 0)$ 是随机变量 X 的密度函数，则 $A=$________。

(A) $\frac{1}{4}$　　(B) $\frac{1}{3}$　　(C) $\frac{1}{2}$　　(D) $\frac{1}{5}$　　(E) $\frac{1}{8}$

【答案】 (B)。

【解析】 由 $\int_{-\infty}^{+\infty} f(x)\,dx=1$，得 $\int_0^{+\infty}\frac{e^{-3x}}{A}\,dx=-\frac{1}{3A}e^{-3x}\Big|_0^{+\infty}=\frac{1}{3A}=1$，得 $A=\frac{1}{3}$。故选(B)。

【习题 13】 (普研)设随机变量 X 的分布函数为：$F(x)=\begin{cases}0, & x<0\\ A\sin x, & 0\leqslant x\leqslant\frac{\pi}{2},\\ 1, & x>\frac{\pi}{2}\end{cases}$

则 $P\left(|X|<\frac{\pi}{6}\right)=$________。

(A) $\frac{1}{4}$　(B) $\frac{1}{3}$　(C) $\frac{1}{2}$　(D) $\frac{1}{5}$　(E) $\frac{1}{8}$

【答案】 (C)。

【解析】 由分布函数性质右连续性知，$F\left(\frac{\pi}{2}\right)=A=1$。

所以 $P\left(|X|<\frac{\pi}{6}\right)=P\left(-\frac{\pi}{6}<X<\frac{\pi}{6}\right)=F\left(\frac{\pi}{6}\right)-F\left(-\frac{\pi}{6}\right)=\sin\frac{\pi}{6}-0=\frac{1}{2}$。故选(C)。

【习题 14】 设连续型随机变量 X 的分布函数为：$F(x)=\begin{cases}0, & x<-a \\ A+B\arcsin\frac{x}{a}, & -a\leqslant x<a, \\ 1, & x\geqslant a\end{cases}$

其中 $a>0$，则 $P\left(|X|<\frac{a}{2}\right)=$________。

(A) $\frac{1}{4}$　(B) $\frac{1}{3}$　(C) $\frac{1}{2}$　(D) $\frac{1}{5}$　(E) $\frac{1}{6}$

【答案】 (B)。

【解析】 易知 $A-\frac{\pi}{2}B=0$，$A+\frac{\pi}{2}B=1$，所以 $A=\frac{1}{2}$，$B=\frac{1}{\pi}$。

$$\begin{aligned}P\left(|X|<\frac{a}{2}\right)&=P\left(-\frac{a}{2}<X<\frac{a}{2}\right)=F\left(\frac{a}{2}\right)-F\left(-\frac{a}{2}\right)\\&=\frac{1}{2}+\frac{1}{\pi}\arcsin\frac{1}{2}-\left[\frac{1}{2}+\frac{1}{\pi}\arcsin\left(-\frac{1}{2}\right)\right]=\frac{1}{3}\end{aligned}$$
。故选(B)。

【习题 15】 某事件在 0 时至 t 时发生的概率为 $P(0\leqslant T\leqslant t)$，$T$ 服从 $[0,20]$ 上的均匀分布。已知该事件在 0 时至 4 时没有发生，则它在 4 时到 8 时发生的概率为________。

(A) 0.25　(B) 0.22　(C) 0.20　(D) 0.18　(E) 0.16

【答案】 (A)。

【解析】 由于 T 服从 $[0,20]$ 上的均匀分布，故由于题意要求的条件概率为

$$P(4\leqslant T\leqslant 8\mid 4\leqslant T\leqslant 20)=\frac{P(4\leqslant T\leqslant 8)}{P(4\leqslant T\leqslant 20)}=\frac{\frac{4}{20}}{\frac{16}{20}}=\frac{1}{4}$$
。故选(A)。

【习题 16】 已知 $X\sim N(15,4)$，若 X 落入 $(-\infty,x_1)$，(x_1,x_2)，(x_2,x_3)，$(x_4,+\infty)$ 内的概率之比为 7∶24∶38∶24∶7，则 x_1，x_2，x_3，x_4 分别为________。

(A) 12，13.5，16.5，18　　(B) 11.5，13.5，16.5，18.5

(C) 12，14，16，18　　(D) 11，14，16，19

(E) 以上结论均不正确

注意： $\Phi(1.5)=0.93$，$\Phi(0.5)=0.69$。

【答案】 (C)。

【解析】 记 $P_1=P(X<x_1)$，$P_2=P(x_1<X<x_2)$，$P_3=P(x_2<X<x_3)$，$P_4=(x_3<X<x_4)$，$P_5=P(X>x_4)$。

则 $P_1=\dfrac{7}{7+24+38+24+7}=0.07$，$P_2=0.24$，$P_3=0.38$，$P_4=0.24$，$P_5=0.07$。

$P_1=P(X<x_1)=P\left(\dfrac{X-15}{2}<\dfrac{x_1-15}{2}\right)=\Phi\left(\dfrac{x_1-15}{2}\right)=0.07=1-0.93=1-\Phi(1.5)=\Phi(-1.5)$。于是 $\dfrac{x_1-15}{2}=-1.5$，得 $x_1=12$。

$P_2=P(x_1<X<x_2)=\Phi\left(\dfrac{x_2-15}{2}\right)-\Phi\left(\dfrac{x_1-15}{2}\right)=\Phi\left(\dfrac{x_2-15}{2}\right)-0.07=0.24$，$\Phi\left(\dfrac{x_2-15}{2}\right)=0.31=1-0.69=1-\Phi(0.5)=\Phi(-0.5)$，于是 $\dfrac{x_2-15}{2}=-0.5$，得 $x_2=14$。由于 $X\sim N(15,4)$，利用对称性，可得 $x_3=16$，$x_4=18$。故选(C)。

【习题 17】 某种电子元件的寿命为 X (小时)，X 服从正态分布 $N(500,40^2)$，这种元件在工作 500 小时未失效的条件下，还能再工作 100 小时的概率是________。

(A) 0.012 4　　(B) 0.013 4　　(C) 0.014 4　　(D) 0.015 4　　(E) 0.016 4

附：

标准正态分布函数表

x	2.30	2.35	2.40	2.45	2.50
$\Phi(x)$	0.989 3	0.990 6	0.991 8	0.992 9	0.993 8

【答案】 (A)。

【解析】 由于元件的寿命 $X\sim N(500,40^2)$，故 $\dfrac{X-500}{40}\sim N(0,1)$。从而，所求概率为

$$P(X>600\mid X>500)=\frac{P(X>600)}{P(X>500)}=\frac{1-P(X\leqslant 600)}{1-P(X\leqslant 500)}$$

$$=\frac{1-P\left(\dfrac{X-500}{40}\leqslant\dfrac{600-500}{40}\right)}{1-P\left(\dfrac{X-500}{40}\leqslant\dfrac{500-500}{40}\right)}$$

$$=\frac{1-\Phi(2.5)}{1-\Phi(0)}=\frac{1-0.993\,8}{0.5}=0.012\,4。$$

答案选择(A)。

【习题 18】 已知 $X \sim N(0,1)$，则 $Y=|X|$ 的概率密度为________。

(A) $f_Y(y)=\begin{cases}\sqrt{\dfrac{1}{\pi}}\mathrm{e}^{-y^2}, & y \geqslant 0 \\ 0, & y<0\end{cases}$　　(B) $f_Y(y)=\begin{cases}\sqrt{\dfrac{1}{2\pi}}\mathrm{e}^{-\frac{y^2}{2}}, & y \geqslant 0 \\ 0, & y<0\end{cases}$

(C) $f_Y(y)=\begin{cases}\sqrt{\dfrac{\pi}{2}}\mathrm{e}^{-\frac{y^2}{2}}, & y \geqslant 0 \\ 0, & y<0\end{cases}$　　(D) $f_Y(y)=\begin{cases}\sqrt{\dfrac{1}{\pi}}\mathrm{e}^{-\frac{y^2}{2}}, & y \geqslant 0 \\ 0, & y<0\end{cases}$

(E) $f_Y(y)=\begin{cases}\sqrt{\dfrac{2}{\pi}}\mathrm{e}^{-\frac{y^2}{2}}, & y \geqslant 0 \\ 0, & y<0\end{cases}$

【答案】 (E)。

【解析】 $Y=|X|$，即 $y=|x|$ 不是 x 的严格单调函数，故不能直接用公式求解，要用分布函数法求解。

当 $-\infty<x<+\infty$ 时，$y \geqslant 0$，此时

$$F_Y(y)=P(Y \leqslant y)=P(|X| \leqslant y)=P(-y \leqslant X \leqslant y)$$
$$=\int_{-y}^{y} \frac{1}{\sqrt{2\pi}}\mathrm{e}^{-\frac{x^2}{2}}\mathrm{d}x=\int_{0}^{y} \frac{1}{\sqrt{2\pi}}\mathrm{e}^{-\frac{x^2}{2}}\mathrm{d}x-\int_{0}^{-y} \frac{1}{\sqrt{2\pi}}\mathrm{e}^{-\frac{x^2}{2}}\mathrm{d}x,$$

故 $f_Y(y)=F_Y'(y)=\dfrac{1}{\sqrt{2\pi}}\mathrm{e}^{-\frac{y^2}{2}}-\dfrac{1}{\sqrt{2\pi}}\mathrm{e}^{-\frac{y^2}{2}}(-1)=\sqrt{\dfrac{2}{\pi}}\mathrm{e}^{-\frac{y^2}{2}}$。

当 $y<0$ 时，显然有 $F_Y(y)=P(Y \leqslant y)=P(|X| \leqslant y)=0$，所以

$$f_Y(y)=\begin{cases}\sqrt{\dfrac{2}{\pi}}\mathrm{e}^{-\frac{y^2}{2}}, & y \geqslant 0 \\ 0, & y<0\end{cases}$$ 。故选(E)。

【习题 19】 设随机变量 X 的概率密度 $f(x)=\mathrm{e}^{-x^2+bx+c}$（$-\infty<x<+\infty$，$b$，$c$ 为常数），在 $x=1$ 处的最大值为 $f(1)=\dfrac{1}{\sqrt{\pi}}$，则概率 $P(1-\sqrt{2}<X<1+\sqrt{2})=$________（结果用标准正态分布函数 $\Phi(x)$ 表示）。

(A) $2\Phi(2)-1$　　(B) $2\Phi(1)-1$

(C) $\Phi(2)$　　(D) $\Phi(1)$

(E) $1-\Phi(2)$

【答案】 (A)。

【解析】 $f'(x)=\mathrm{e}^{-x^2+bx+c}\cdot(-2x+b)=0 \Rightarrow x=\dfrac{b}{2}=1 \Rightarrow b=2$ 且 $f(1)=\mathrm{e}^{1+c}=\dfrac{1}{\sqrt{\pi}}$。

故 $f(x)=\mathrm{e}^{-x^2+2x+c}=\mathrm{e}^{-x^2+2x-1+c+1}=\mathrm{e}^{-(x^2-2x+1)+c+1}=\mathrm{e}^{c+1}\mathrm{e}^{-(x-1)^2}=\dfrac{1}{\sqrt{\pi}}\mathrm{e}^{-(x-1)^2}=$

$\dfrac{1}{\sqrt{2\pi}\cdot\sqrt{\dfrac{1}{2}}}\exp\left\{-\dfrac{(x-1)^2}{2\cdot\left(\sqrt{\dfrac{1}{2}}\right)^2}\right\}$，所以 $X\sim N\left(1,\left(\dfrac{\sqrt{2}}{2}\right)^2\right)$，得到

$$P(1-\sqrt{2}<X<1+\sqrt{2})$$

$$=P\left(\frac{1-\sqrt{2}-1}{\sqrt{\frac{1}{2}}}<\frac{X-1}{\sqrt{\frac{1}{2}}}<\frac{1+\sqrt{2}-1}{\sqrt{\frac{1}{2}}}\right)=\Phi(2)-\Phi(-2)=2\Phi(2)-1$$。故选(A)。

【习题 20】 (普研)在电源电压不超过 200 伏、在 200～240 伏和超过 240 伏三种情形下，某种电子元件损坏的概率分别为 0.1，0.001 和 0.2，假设电源电压 X 服从正态分布 $N(220,25^2)$。试求：该电子元件损坏的概率 α 和该电子元件损坏时电源电压在 200～240 伏的概率 β 分别为________。

附表：

x	0.10	0.20	0.40	0.60	0.80	1.00	1.20	1.40
$\Phi(x)$	0.530	0.579	0.655	0.726	0.788	0.841	0.885	0.919

(A) 0.064 2，0.009　　(B) 0.642，0.09

(C) 0.014 2，0.019　　(D) 0.42，0.9

(E) 0.2，0.09

【答案】 (A)。

【解析】 此题涉及标准正态分布计算、全概率、贝叶斯公式，引进下列事件：$A_1=\{$电压不超过 200 伏$\}$；$A_2=\{$电压在 200 ～ 240 伏$\}$；$A_3=\{$电压超过 240 伏$\}$；$B=\{$电子元件损坏$\}$。

由条件知 $X\sim N(220,25^2)$，因此，$P(A_1)=P(X\leqslant 200)=P\left(\dfrac{X-220}{25}\leqslant\dfrac{200-220}{25}\right)=\Phi(-0.8)=0.212$；$P(A_2)=P(200\leqslant X\leqslant 240)=\Phi(0.8)-\Phi(-0.8)=0.576$；$P(A_3)=P(X>240)=1-0.212-0.576=0.212$。

由题设条件知 $P(B\mid A_1)=0.1$，$P(B\mid A_2)=0.001$，$P(B\mid A_3)=0.2$。于是，由全概率公式，有 $\alpha=P(B)=\sum\limits_{i=1}^{3}P(A_i)P(B\mid A_i)=0.064\,2$。

由条件概率定义(或贝叶斯公式)，知 $\beta=P(A_2\mid B)=\dfrac{P(A_2)P(B\mid A_2)}{P(B)}\approx 0.009$。

故选(A)。

【习题 21】 若随机变量 X 服从参数为 μ 和 σ^2 的对数正态分布，则 $P(X>\mathrm{e}^{\mu})=$________。

(A) 0.1　(B) 0.2　(C) 0.3　(D) 0.4　(E) 0.5

【答案】 (E)。

【解析】 由题意得 $P(X > e^{\mu}) = P(\ln X > \mu) = 0.5$。故选(E)。

【习题 22】 设随机变量 X 服从标准正态分布 $N(0, 1)$，其分布函数为 $\Phi(x)$，令随机变量 $Y = \begin{cases} -1, & X < 1 \\ 1, & X \geqslant 1 \end{cases}$，则 Y 的分布函数为________。

(A) $F(y) = \begin{cases} 0, & y < -1 \\ \Phi(1), & -1 \leqslant y < 1 \\ 1, & y \geqslant 1 \end{cases}$　　(B) $F(y) = \begin{cases} 0, & y < -1 \\ \Phi(-1), & -1 \leqslant y < 1 \\ 1, & y \geqslant 1 \end{cases}$

(C) $F(y) = \begin{cases} 0, & y < -1 \\ 1-\Phi(1), & -1 \leqslant y < 1 \\ 1, & y \geqslant 1 \end{cases}$　　(D) $F(y) = \begin{cases} 0, & y < -1 \\ 1-\Phi(-2), & -1 \leqslant y < 1 \\ 1, & y \geqslant 1 \end{cases}$

(E) 以上选项均错误

【答案】 (A)。

【解析】 按照定义 $F_Y(y) = P\{Y \leqslant y\}$。

当 $y < -1$ 时，$F(y) = P\{Y \leqslant y\} = P\{\varnothing\} = 0$；

当 $y \geqslant 1$ 时，$F(y) = P\{Y \leqslant y\} = P\{\Omega\} = 1$；

当 $-1 \leqslant y < 1$ 时，$F(y) = P\{Y \leqslant y\} = P\{Y = -1\} = P\{X < 1\} = \Phi(1)$。

所以 $F(y) = \begin{cases} 0, & y < -1 \\ \Phi(1), & -1 \leqslant y < 1 \\ 1, & y \geqslant 1 \end{cases}$，选(A)。

【习题 23】 (普研)设随机变量 X 的概率密度为 $f(x) = \begin{cases} \dfrac{1}{3\sqrt[3]{x^2}}, & x \in [1, 8] \\ 0, & 其他 \end{cases}$，$F(x)$ 是 X 的分布函数。求随机变量 $Y = F(X)$ 的分布函数为________。

(A) $G(y) = \begin{cases} 0, & y < 0 \\ y, & 0 \leqslant y < 1 \\ 1, & y \geqslant 1 \end{cases}$　　(B) $G(y) = \begin{cases} 0, & y < 0 \\ 2y, & 0 \leqslant y < 1 \\ 1, & y \geqslant 1 \end{cases}$

(C) $G(y) = \begin{cases} 0, & y < 0 \\ y^2, & 0 \leqslant y < 1 \\ 1, & y \geqslant 1 \end{cases}$　　(D) $G(y) = \begin{cases} 0, & y < 0 \\ y^3, & 0 \leqslant y < 1 \\ 1, & y \geqslant 1 \end{cases}$

(E) $G(y) = \begin{cases} 0, & y < 0 \\ \sqrt{y}, & 0 \leqslant y < 1 \\ 1, & y \geqslant 1 \end{cases}$

【答案】 (A)。

【解析】 当 $x < 1$ 时，$F(x) = 0$；当 $x > 8$ 时，$F(x) = 1$。

对于 $x \in [1, 8]$，有 $F(x) = P(X \leqslant x) = \int_{-\infty}^{x} f(t)\mathrm{d}t = \int_{1}^{x} \dfrac{1}{3\sqrt[3]{t^2}}\mathrm{d}t = \sqrt[3]{t}\Big|_{1}^{x} = \sqrt[3]{x} - 1$，

即
$$F(x)=\begin{cases}0, & x<1\\ \sqrt[3]{x}-1, & 1\leqslant x<8\\ 1, & x\geqslant 8\end{cases}。$$

设 $G(y)$ 是随机变量 $Y=F(X)$ 的分布函数,即 $G(y)=P(Y\leqslant y)=P(F(X)\leqslant y)$。因为 $0\leqslant F(X)\leqslant 1$,当 $y<0$ 时,$G(y)=0$;当 $y\geqslant 1$ 时,$G(y)=1$。

当 $0\leqslant y<1$,有
$$\begin{aligned}G(y)&=P(Y\leqslant y)=P(F(X)\leqslant y)\\&=P(\sqrt[3]{X}-1\leqslant y)=P(X\leqslant (y+1)^3)\\&=F[(y+1)^3]=y。\end{aligned}$$

于是,$Y=F(X)$ 的分布函数为 $G(y)=\begin{cases}0, & y<0\\ y, & 0\leqslant y<1\\ 1, & y\geqslant 1\end{cases}$。故选(A)。

第7章　数 字 特 征

7.1　考纲知识点分析及教材必做习题

第七部分　数字特征					
章　节	教 材 内 容	考研要求	教材章节	重点例题	精做练习（P113—118）
数学期望	离散型和连续型随机变量数学期望的定义和计算公式	理解	§4.1	例2，4	习题4、6
	随机变量函数数学期望的求解方法（离散型、连续型，二维随机变量）	会		例9～例11	习题7～例9
	数学期望的性质	会		例12，13	习题10、13、15、16
	常见分布的数学期望	掌握		例6，7	
方差	方差、标准差的定义公式	理解	§4.2	公式2.1～公式2.4	习题20
	离散型和连续型随机变量方差的计算公式				
	常用分布的方差	掌握		例1～例8	习题22和习题36
	方差的性质				
	独立正态变量线性组合的数学期望和方差				
	切比雪夫不等式	了解			
协方差及相关系数	协方差的定义、计算公式、协方差的性质	理解	§4.3	例1和例2	习26
	相关系数的定义、性质，不相关的定义	掌握			习题32和习题34
	不相关和相互独立之间的区别和联系	理解			习题28、29、30

注：所用教材为《概率论与数理统计》（浙大4版）。

7.2 知识结构网络图

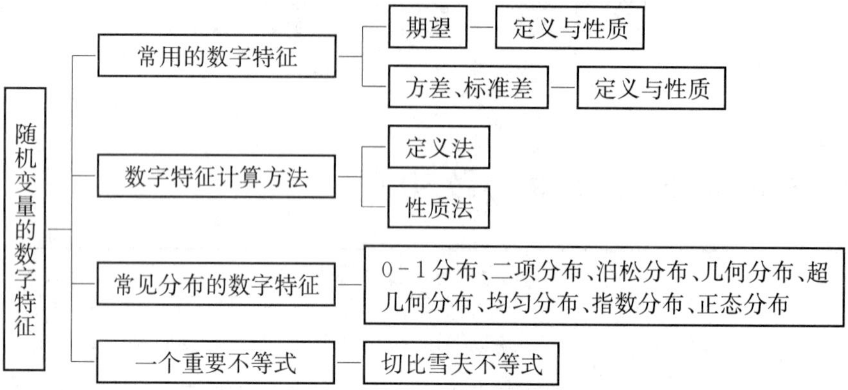

图 7-1 知识结构网络图

7.3 重要概念、定理和公式

1. 随机变量的期望

1) 定义

(1) 一维离散型随机变量的数学期望。

设离散型随机变量 X 的分布律为 $P(X=x_i)=p_k$, $k=1, 2, \cdots$。当 $\sum_{k=1}^{\infty} x_k p_k$ 绝对收敛时,则称级数 $\sum_{k=1}^{\infty} x_k p_k$ 的和为随机变量 X 的数学期望,记为 $E(X)$(简写 EX),即

$$E(X)=\sum_{k=1}^{\infty} x_k p_k 。$$

(2) 一维连续型随机变量的数学期望。

设连续型随机变量 X 的概率密度为 $f(x)$,当 $\int_{-\infty}^{+\infty} x f(x)\mathrm{d}x$ 绝对收敛时,则称积分 $\int_{-\infty}^{+\infty} x f(x)\mathrm{d}x$ 为随机变量 X 的数学期望,记为 $E(X)$,即

$$E(X)=\int_{-\infty}^{+\infty} x f(x)\mathrm{d}x 。$$

数学期望简称期望或者均值,它反映随机变量所有可能取值的平均值。

2) 期望的性质

(1) $E(C)=C$, $E[E(X)]=E(X)$;

(2) $E(C_1X+C_2Y)=C_1E(X)+C_2E(Y)$;

(3) 若 X 和 Y 独立,则 $E(XY)=E(X)E(Y)$。

3) 随机变量函数的数学期望

随机变量 X 的函数 $Y=g(X)$ 的数学期望分为

(1) 离散型。

$P(X=x_k)=p_k$，$k=1, 2, \cdots$，当 $\sum\limits_{k=1}^{\infty} g(x_k)p_k$ 绝对收敛时，$E(Y)=E(g(X))=\sum\limits_{k=1}^{\infty} g(x_k)p_k$。

(2) 连续型。

随机变量 X 的概率密度为 $f(x)$，当 $\int_{-\infty}^{+\infty} xg(f(x))\mathrm{d}x$ 绝对收敛时，$E(Y)=E(g(X))=\int_{-\infty}^{+\infty} xg(f(x))\mathrm{d}x$。

2. 方差

1) 定义

设 X 是一个随机变量，若 $E\{[X-E(X)]^2\}$ 存在，则 $E\{[X-E(X)]^2\}$ 为 X 的方差，记为 $D(X)$(简写 DX)，即

$$D(X)=E\{[X-E(X)]^2\}。$$

$\sigma(X)=\sqrt{D(X)}$ 称为标准差或者均方差。方差 $D(X)$ 反映了随机变量 X 的取值与其数学期望的偏离程度，是衡量随机变量取值分散程度的一个量。若 X 的取值比较集中，则 $D(X)$ 较小；反之，若 X 的取值比较分散，则 $D(X)$ 较大。方差实质上是随机变量 X 的函数的 $g(X)=[X-E(X)]^2$ 的数学期望。

2) 计算

(1) 根据定义计算：

$$D(X)=E\{[X-E(X)]^2\}=\begin{cases}\sum\limits_{i}(x_i-E(X))^2 p_i, & X \text{ 为离散型} \\ \int_{-\infty}^{+\infty}(x-E(X))^2 p(x)\mathrm{d}x, & X \text{ 为连续型}\end{cases}。$$

(2) 利用性质计算：

由方差的定义和数学期望的性质，有 $D(X)=E(X^2)-[E(X)]^2$。

这就是说，要计算随机变量 X 的方差，在求出 $E(X)$ 后，再根据随机变量函数的数学期望公式算出 $E(X^2)$ 即可。

3) 性质

(1) $D(C)=0$，但反之 $D(X)=0$ 不能得出 X 为常数；$D[E(X)]=0$，$D[D(X)]=0$。

(2) $D(X)\geqslant 0$，对任意的随机变量 X。

(3) $D(aX+b)=a^2D(X)$。

(4) 若 X，Y 相互独立，则 $D(X\pm Y)=DX+DY$。

(5) $D(X\pm Y)=D(X)+D(Y)\pm 2E[(X-E(X))(Y-E(Y))]$。

(6) $D(X)<E(X-C)^2 \Leftrightarrow C\neq E(X)$。

(7) $D(X)=0\Leftrightarrow P\{X=C\}=1$。

(8) 标准化后随机变量的期望与方差：

设 X 的均值、方差都存在，且 $D(X)\neq 0$，则 $Y=\dfrac{X-E(X)}{\sqrt{D(X)}}$ 的期望为 0 与方差为 1。

注意：$E(Y)=E\left(\frac{X-E(X)}{\sqrt{D(X)}}\right)=\frac{1}{\sqrt{D(X)}}E(X-E(X))=\frac{1}{\sqrt{D(X)}}(E(X)-E(X))=0$，

$D(Y)=D\left(\frac{X-E(X)}{\sqrt{D(X)}}\right)=\frac{1}{D(X)}D(X-E(X))=\frac{D(X)}{D(X)}=1$。

4）常见分布的数学期望与方差

分布名称	符　号	数学期望	方　差
0-1分布	$B(1, p)$	p	$p(1-p)$
二项分布	$B(n, p)$	np	$np(1-p)$
泊松分布	$P(\lambda)$	λ	λ
几何分布	$G(p)$	$\frac{1}{p}$	$\frac{1-p}{p^2}$
超几何分布	$H(n, M, N)$	$\frac{nM}{N}$	不要求
均匀分布	$U(a, b)$	$\frac{a+b}{2}$	$\frac{(b-a)^2}{12}$
指数分布	$E(\lambda)$	$\frac{1}{\lambda}$	$\frac{1}{\lambda^2}$
正态分布	$N(\mu, \sigma^2)$	μ	σ^2

7.4 典型例题精析

题型1：用常用分布求数字特征

【例1】（经济类）设离散型随机变量 X 服从二项分布 $B(2, p)$，若概率 $P\{X\geqslant 1\}=\frac{5}{9}$，方差 $DX=$________。

(A) $\frac{4}{9}$　　(B) $\frac{3}{4}$　　(C) 4　　(D) 6　　(E) 2

【答案】（A）。

【解析】 由于 $P\{X\geqslant 1\}=\frac{5}{9}$，得 $P\{X=0\}=1-P\{X\geqslant 1\}=\frac{4}{9}$。即 $C_2^0p^0(1-p)^2=\frac{4}{9}$，得 $p=\frac{1}{3}$。$DX=2\cdot\frac{1}{3}\cdot\left(1-\frac{1}{3}\right)=\frac{4}{9}$。故选(A)。

【例2】 已知随机变量 X 的分布 $P(X=k)=\frac{C}{2^k k!}$，$k=0, 1, 2, \cdots$，其中 C 为常数。

若随机变量 $Y=2X-3$，则 $D(Y)=$________。

(A) 1　(B) 2　(C) 3　(D) 4　(E) 5

【答案】(B)。

【解析】$P(X=k)=\dfrac{C}{2^k\cdot k!}$，$k=0,1,2,\cdots$，先求常数 C。由 $1=\sum\limits_{k=0}^{+\infty}p_k=\sum\limits_{k=0}^{+\infty}\dfrac{C}{2^k k!}=C\sum\limits_{k=0}^{+\infty}\dfrac{\left(\frac{1}{2}\right)^k}{k!}=Ce^{\frac{1}{2}}$，得 $C=e^{-\frac{1}{2}}$。即 $P(X=k)=\dfrac{\left(\frac{1}{2}\right)^k}{k!}e^{-\frac{1}{2}}$，$k=0,1,\cdots$，则 $X\sim P\left(\dfrac{1}{2}\right)$。所以 $D(Y)=D(2X-3)=4D(X)=4\times\dfrac{1}{2}=2$。故选(B)。

注意：要熟悉常见分布的形式。

【例 3】(普研)某流水生产线上每个产品不合格的概率为 $p(0<p<1)$，各产品合格与否相互独立，当出现一个不合格产品时即停机检修。设开机后第一次停机时已生产了的产品个数 X，则 X 的数学期望 $E(X)$ 和方差 $D(X)$ 分别为________。

(A) $E(X)=\dfrac{1}{p}$，$D(X)=\dfrac{1}{2p^2}$　(B) $E(X)=\dfrac{1}{2p}$，$D(X)=\dfrac{1}{2p^2}$

(C) $E(X)=\dfrac{1}{p}$，$D(X)=\dfrac{1}{p^2}$　(D) $E(X)=\dfrac{1}{p}$，$D(X)=\dfrac{1}{p}$

(E) $E(X)=\dfrac{1}{p}$，$D(X)=\dfrac{1-p}{p^2}$

【答案】(E)。

【解析】由题意可知 X 服从几何分布，故 $E(X)=\dfrac{1}{p}$，$D(X)=\dfrac{1-p}{p^2}$。故选(E)。

【例 4】(经济类)设随机变量 X 服从参数为 λ 的泊松分布，且 $P(X=1)=P(X=2)$，则 X 的数学期望 $E(X)$ 和方差 $D(X)$ 分别为________。

(A) $E(X)=2$，$D(X)=2$　(B) $E(X)=1$，$D(X)=2$

(C) $E(X)=3$，$D(X)=2$　(D) $E(X)=3$，$D(X)=2$

(E) $E(X)=1$，$D(X)=3$

【答案】(A)。

【解析】X 的分布律为 $P\{X=k\}=\dfrac{\lambda^k}{k!}e^{-\lambda}$，$k=0,1,2,\cdots$。$P\{X=1\}=\lambda e^{-\lambda}$，$P\{X=2\}=\dfrac{\lambda^2}{2}e^{-\lambda}$，则有 $\lambda e^{-\lambda}=\dfrac{\lambda^2}{2}e^{-\lambda}$，$\lambda=2$。故 $E(X)=2$，$D(X)=2$。故选(A)。

【例 5】假设小蛋糕中葡萄干的颗数服从泊松分布。若要使每个小蛋糕中至少有一颗葡萄干的概率为 0.99，则小蛋糕中平均应含有________颗葡萄干(精确到 0.1，$\ln 10\approx 2.3$)。

(A) 3.6　(B) 4.6　(C) 5.6　(D) 6.6　(E) 7.6

【答案】 (B)。

【解析】 设小蛋糕中葡萄干的颗数为随机变量 X,则 $P(X=m)=\frac{\lambda^m}{m!}e^{-\lambda}(m=0,1,2,\cdots)$,$\lambda>0$。由题意,有 $\sum_{m=1}^{\infty}P(X=m)=0.99$。即 $P(X=0)=e^{-\lambda}=0.01$。

由此可得 $\lambda=2\ln 10\approx 4.6$,因为 $E(X)=\lambda\approx 4.6$,所以每个小蛋糕平均有 4.6 颗葡萄干。故选(B)。

【例 6】 (普研)设随机变量 X_1,X_2,X_3 相互独立,其中 X_1 在$[0,6]$上服从均匀分布,X_2 服从正态分布 $N(0,4)$,X_3 服从参数为 $\lambda=3$ 的泊松分布,记 $Y=X_1-2X_2+3X_3$,则 $DY=$________。

(A) 36　(B) 24　(C) 46　(D) 28　(E) 42

【答案】 (C)。

【解析】 由题设 $DX_1=\frac{(6-0)^2}{12}=3$,$DX_2=2^2=4$,$DX_3=3$,且 X_1,X_2,X_3 相互独立,因此 $DY=DX_1+4DX_2+9DX_3=3+4\times 4+9\times 3=46$。故选(C)。

【例 7】 已知某种电子元件的寿命(单位:小时)服从指数分布,若它工作了 900 小时而未损坏的概率是 $e^{-0.9}$,则该种电子元件的平均寿命是________小时。

(A) 990　(B) 1 000

(C) 1 010　(D) 1 020

(E) 1 040

【答案】 (B)。

【解析】 不妨设该种元件的寿命(单位:小时)为随机变量 X,由于 X 服从指数分布,其分布函数为

$$F(x)=\begin{cases}1-e^{-\lambda x}, & x>0\\ 0, & x\leqslant 0,\end{cases}$$

由题意有 $P\{X\geqslant 900\}=1-P\{X\leqslant 900\}=1-F(900)=1-(1-e^{-900\lambda})=e^{-0.9}$。解得 $\lambda=0.001$,所以 $E(X)=\frac{1}{\lambda}=1\,000$(小时),答案选择(B)。

【例 8】 (普研)设随机变量 X 服从参数为 λ 的指数分布,则 $P\{X>\sqrt{DX}\}=$________。

(A) $\frac{1}{2}$　(B) $\frac{1}{2e}$　(C) $\frac{2}{e}$　(D) $\frac{1}{e}$　(E) $\frac{1}{4}$

【答案】 (D)。

【解析】 由题设,知 $DX=\frac{1}{\lambda^2}$,于是

$$P\{X>\sqrt{DX}\}=P\left\{X>\frac{1}{\lambda}\right\}=\int_{\frac{1}{\lambda}}^{+\infty}\lambda e^{-\lambda x}dx=-e^{-\lambda x}\Big|_{\frac{1}{\lambda}}^{+\infty}=\frac{1}{e}。$$ 故选(D)。

题型 2：用性质求数字特征

【例 9】（经济类）随机变量 X 服从均匀分布 $U(0, a)$，且期望 $E(X)=3$，则 $D(2X+3)=$________。

(A) 6 (B) 3 (C) 8 (D) 10 (E) 12

【答案】(E)。

【解析】$E(X)=\frac{a}{2}=3$，故 $a=6$；$D(2X+3)=4D(X)=4\cdot\frac{(6-0)^2}{12}=12$。故选(E)。

【例 10】（经济类）设随机变量 X 分布为 $N(1, 4)$，Y 分布为 $U(0, 4)$ 且 X，Y 相互独立，则 $D(2X-3Y)=$________。

(A) 8 (B) 18 (C) 24 (D) 28 (E) 32

【答案】(D)。

【解析】$D(2X-3Y)=4D(X)+9D(Y)=4\times 4+9\times\frac{4^2}{12}=28$。故选(D)。

【例 11】（经济类）设离散型随机变量 X 的分布律如下：

X	-2	0	2
P	0.4	0.3	0.3

期望 $E(3X+5)$ 和方差 $D(2X+3)$ 分别为________。

(A) $E(X)=4.4$，$D(X)=10.04$
(B) $E(X)=3.4$，$D(X)=10.04$
(C) $E(X)=4.4$，$D(X)=11.04$
(D) $E(X)=4.4$，$D(X)=12.04$
(E) $E(X)=3.4$，$D(X)=11.04$

【答案】(C)。

【解析】$E(3X+5)=3E(X)+5$，其中 $E(X)=-2\times 0.4+2\times 0.3=-0.2$，$E(X^2)=4\times 0.4+4\times 0.3=2.8$，所以 $E(3X+5)=3E(X)+5=4.4$，$D(2X+3)=4D(X)$，其中 $D(X)=E(X^2)-E^2(X)=2.8-0.04=2.76$。

所以 $D(2X+3)=4D(X)=4\times 2.76=11.04$。选(C)。

【例 12】已知随机变量 X_1 和 X_2 相互独立，且有相同的分布如下：

X_1/X_2	1	2	3
P	0.2	0.6	0.2

则 $D(X_1+X_2)$ 等于________。

(A) 0.4 (B) 0.5 (C) 0.6 (D) 0.7 (E) 0.8

【答案】(E)。

【解析】根据题意有 $E(X^2)=1\times 0.2+4\times 0.6+9\times 0.2=4.4$；

$$E(X)=1\times 0.2+2\times 0.6+3\times 0.2=2;$$
$$D(X)=E(X^2)-(EX)^2=4.4-4=0.4;$$
$$D(X_1+X_2)=DX_1+DX_2=2DX=0.8。$$

答案选择(E)。

【例 13】 设随机变量 X_1，X_2，X_3 相互独立，且它们的均值和方差都相同。若有 $Y_1=(X_1+X_2+X_3)/3$，$Y_2=(2X_1+X_2+X_3)/4$，则 Y_1 的方差 $D(Y_1)$ 和 Y_2 的方差 $D(Y_2)$ 的大小关系是：$D(Y_1)$ ________ $D(Y_2)$。

(A) $>$　　(B) $=$
(C) $<$　　(D) 无法判断
(E) 以上说法均错误

【答案】 (C)。

【解析】 因为 $D(Y_1)=\frac{1}{9}[D(X_1)+D(X_2)+D(X_3)]=\frac{1}{3}D(X_1)$，$D(Y_2)=\frac{1}{16}[4D(X_1)+D(X_2)+D(X_3)]=\frac{3}{8}D(X_1)$。

所以 $D(Y_1)<D(Y_2)$。故选(C)。

【例 14】 (普研)设 X 表示 10 次独立重复射击命中目标的次数，每次射中目标的概率为 0.4，则 X^2 的数学期望 $E(X^2)=$________。

(A) 4　(B) 8　(C) 8.4　(D) 18.4　(E) 9.2

【答案】 (D)。

【解析】 由于 X 服从 $n=10$，$p=0.4$ 的二项分布，根据二项分布的性质，$EX=np=4$，$DX=np(1-p)=2.4$，故 $E(X^2)=DX+(EX)^2=18.4$。故选(D)。

【例 15】 随机变量 $X\sim B(n, p)$，$E(X)=0.8$，$E(X^2)=1.28$，则 $p=$________。

(A) 0.1　　(B) 0.3
(C) 0.7　　(D) 0.8
(E) 以上结论均不正确

【答案】 (E)。

【解析】 随机变量 $X\sim B(n, p)$，故 $E(X)=np=0.8$，$E(X^2)=np(1-p)+(np)^2=1.28$，则有 $0.8(1-p)+0.64=1.28$，得 $p=0.2$，故应选(E)。

【例 16】 (经济类)设随机变量 X 服从参数为 λ 的指数分布，若 $E(X^2)=72$，则参数 $\lambda=$________。

(A) 6　(B) 3　(C) $\frac{1}{3}$　(D) 1　(E) $\frac{1}{6}$

【答案】 (E)。

【解析】 因为 $X \sim E(\lambda)$，所以 $E(X)=\frac{1}{\lambda}$，$D(X)=\frac{1}{\lambda^2}$，代入 $E(X^2)=D(X)+(EX)^2=72$ 得 $\lambda=\frac{1}{6}$，选(E)。

【例 17】 (经济类)设随机变量 X 服从参数为 λ 的泊松分布，若 $E[(X-1)(X-2)]=1$ 则参数 $\lambda=$________。

(A) 3　　(B) -1　　(C) 1　　(D) 2　　(E) 4

【答案】 (C)。

【解析】 $E[(X-1)(X-2)]=EX^2-3EX+2=(\lambda^2+\lambda)-3\lambda+2=1 \Rightarrow \lambda=1$。故选(C)。

【例 18】 (普研)设随机变量 X 的概率为

$$f(x)=\begin{cases}\frac{1}{2}\cos\frac{x}{2}, & 0 \leqslant x \leqslant \pi, \\ 0, & \text{其他}\end{cases}$$

对 X 独立地重复观察 4 次。用 Y 表示观察值大于 $\frac{\pi}{3}$ 的次数，则 Y^2 的数学期望为________。

(A) 1　　(B) 2　　(C) 3　　(D) 4　　(E) 5

【答案】 (E)。

【解析】 由于 $P\left\{X>\frac{\pi}{3}\right\}=\int_{\frac{\pi}{3}}^{\pi}\frac{1}{2}\cos\frac{x}{2}\mathrm{d}x=\frac{1}{2}$，则 $Y \sim B\left(4,\frac{1}{2}\right)$。

因此 $E(Y)=4\times\frac{1}{2}=2$，$D(Y)=4\times\frac{1}{2}\times\left(1-\frac{1}{2}\right)=1$，所以 $E(Y^2)=D(Y)+(E(Y))^2=1+2^2=5$。故选(E)。

题型 3：用定义求数字特征

【例 19】 (普研)已知离散型随机变量 X 的概率分布为

X	1	2	3
P	0.2	0.3	0.5

则 X 的数学期望和方差分别为________。

(A) $E(X)=2.3$，$D(X)=0.61$　　(B) $E(X)=2.2$，$D(X)=0.59$

(C) $E(X)=2.3$，$D(X)=5.9$　　(D) $E(X)=2.1$，$D(X)=0.61$

(E) $E(X)=2.3$，$D(X)=5.29$

【答案】 (A)。

【解析】 根据数学期望、方差的定义和计算公式，有 $E(X)=1\times0.2+2\times0.3+3\times0.5=2.3$，$E(X^2)=1\times0.2+4\times0.3+9\times0.5=5.9$，$D(X)=E(X^2)-[E(X)]^2=5.9-$

5.29 = 0.61。故选(A)。

【例 20】 (经济类)从 0, 1, 2, 3 四个数中随机抽两个,其积记为 Y, 则 Y 的数学期望和方差为________。

(A) $E(X)=\frac{11}{6}$, $D(X)=\frac{173}{36}$　　(B) $E(X)=\frac{7}{6}$, $D(X)=\frac{173}{36}$

(C) $E(X)=\frac{5}{6}$, $D(X)=\frac{173}{36}$　　(D) $E(X)=\frac{11}{6}$, $D(X)=\frac{143}{36}$

(E) $E(X)=\frac{11}{6}$, $D(X)=\frac{113}{36}$

【答案】 (A)。

【解析】 Y 的取值为$\{0, 2, 3, 6\}$, $P\{Y=0\}=\frac{3}{C_4^2}=\frac{1}{2}$, $P\{Y=2\}=\frac{1}{C_4^2}=\frac{1}{6}$, $P\{Y=3\}=\frac{1}{C_4^2}=\frac{1}{6}$, $P\{Y=6\}=\frac{1}{C_4^2}=\frac{1}{6}$。

其分布律如下:

Y	0	2	3	6
P	$\frac{1}{2}$	$\frac{1}{6}$	$\frac{1}{6}$	$\frac{1}{6}$

再由期望和方差的计算公式可得:期望 $E(Y)=\frac{11}{6}$, $E(Y^2)=\frac{49}{6}$, 方差 $D(Y)=\frac{173}{36}$。故选(A)。

【例 21】 (普研)设随机变量 X 在区间 $[-1, 2]$ 上均匀分布,随机变量 $Y=\begin{cases}1, & X>0\\0, & X=0\\-1, & X<0\end{cases}$,则方差 $DY=$________。

(A) 2　　(B) 3　　(C) $\frac{1}{3}$　　(D) $\frac{8}{9}$　　(E) 1

【答案】 (D)。

【解析】 由题设,由均匀分布可知

$P(Y=1)=P(X>0)=\frac{2-0}{2-(-1)}=\frac{2}{3}$, $P(Y=0)=P(X=0)=0$,

$P(Y=-1)=P(X<0)=\frac{0-(-1)}{2-(-1)}=\frac{1}{3}$, $P(Y^2=0)=0$, $P(Y^2=1)=\frac{1}{3}+\frac{2}{3}=1$。

因此 $E(Y)=1\times\frac{2}{3}+0\times0+(-1)\times\frac{1}{3}=\frac{1}{3}$, $E(Y^2)=0\times0+1\times1=1$, 故 $D(Y)=E(Y^2)-[E(Y)]^2=\frac{8}{9}$。故选(D)。

【例 22】（经济类）设随机变量 X 的分布律如下（k 为常数）：

X	-1	0	1	2
P	$\frac{1}{2k}$	$\frac{3}{4k}$	$\frac{5}{8k}$	$\frac{7}{16k}$

求 X 的数学期望 $E(X)$ 和概率 $P\{X<1 \mid X\neq 0\}$ 分别为_______。

(A) $\frac{16}{37}$，$\frac{8}{25}$　(B) $\frac{16}{37}$，$\frac{12}{25}$　(C) $\frac{13}{37}$，$\frac{8}{25}$　(D) $\frac{14}{37}$，$\frac{12}{25}$　(E) $\frac{16}{37}$，$\frac{8}{15}$

【答案】（A）。

【解析】由分布律的性质可得：$\frac{1}{2k}+\frac{3}{4k}+\frac{5}{8k}+\frac{7}{16k}=1\Rightarrow k=\frac{37}{16}$，$EX=(-1)\cdot\frac{1}{2k}+1\cdot\frac{5}{8k}+2\cdot\frac{7}{16k}=\frac{1}{k}=\frac{16}{37}$。

由条件概率公式易得

$$P(X<1 \mid X\neq 0)=\frac{P(X<1,\ X\neq 0)}{P(X\neq 0)}=\frac{P(X=-1)}{P(X\neq 0)},\ P(X=-1)=\frac{1}{2k},$$

$$P(X\neq 0)=P(X=-1)+P(X=1)+P(X=2)=\frac{25}{16k},$$

$$P(X<1 \mid X\neq 0)=\frac{P(X=-1)}{P(X\neq 0)}=\frac{\frac{1}{2k}}{\frac{25}{16k}}=\frac{8}{25}$$。故选(A)。

【例 23】（普研）已知甲，乙两箱中装有同种产品，其中甲箱中装有 3 件合格品和 3 件次品，乙箱中仅装有 3 件合格品。从甲箱中任取 3 件产品放入乙箱后，求：

(1) 乙箱中次品件数的数学期望为_______。

(A) 2　(B) $\frac{3}{2}$　(C) $\frac{3}{4}$　(D) 4　(E) $\frac{15}{2}$

【答案】（B）。

【解析】X 的可能取值为$\{0,1,2,3\}$，X 的概率分布为 $P\{X=k\}=\frac{C_3^k C_3^{3-k}}{C_6^3}$，$k=0,1,2,3$，即

X	0	1	2	3
P	$\frac{1}{20}$	$\frac{9}{20}$	$\frac{9}{20}$	$\frac{1}{20}$

因此

$$E(X)=0\times\frac{1}{20}+1\times\frac{9}{20}+2\times\frac{9}{20}+3\times\frac{1}{20}=\frac{3}{2}$$。故选(B)。

(2) 从乙箱中任取一件产品是次品的概率为________。

(A) $\frac{1}{2}$　(B) $\frac{3}{4}$　(C) $\frac{1}{4}$　(D) $\frac{1}{6}$　(E) $\frac{1}{5}$

【答案】 (C)。

【解析】 设 A 表示事件“从乙箱中任取一件产品是次品”,由于 $\{X=0\}$, $\{X=1\}$, $\{X=2\}$, $\{X=3\}$ 构成完备事件组,因此根据全概率公式,有 $P(A)=\sum_{k=0}^{3}P\{X=k\}P\{A\mid X=k\}=\sum_{k=0}^{3}P(X=k)\cdot\frac{k}{6}=\frac{1}{6}\sum_{k=0}^{3}kP\{X=k\}=\frac{1}{6}E(X)=\frac{1}{6}\cdot\frac{3}{2}=\frac{1}{4}$。故选(C)。

【例 24】 (经济类)随机变量 X 的概率密度为 $f(x)=\begin{cases}ax^2, & 0<x<3\\0, & \text{其他}\end{cases}$,则期望 $E(X)=$________。

(A) $\frac{9}{4}$　(B) $\frac{3}{2}$　(C) 1　(D) 2　(E) 3

【答案】 (A)。

【解析】 由 $\int_{-\infty}^{+\infty}f(x)\mathrm{d}x=1$,得 $\int_0^3 ax^2\mathrm{d}x=1$ 解得 $a=\frac{1}{9}$;则 $E(x)=\int_{-\infty}^{+\infty}xf(x)\mathrm{d}x=\int_0^3\frac{1}{9}x^3\mathrm{d}x=\frac{9}{4}$。故选(A)。

【例 25】 若随机变量 X 的密度函数 $f(x)=\begin{cases}\frac{x}{2}\mathrm{e}^{\frac{x^2}{4}}, & x>0\\0, & x\leqslant 0\end{cases}$,则 $Y=\frac{1}{X}$ 的均值是________。

(A) $\sqrt{\pi}$　(B) $\frac{\sqrt{\pi}}{2}$　(C) $\frac{\sqrt{\pi}}{3}$　(D) $\frac{\sqrt{2\pi}}{4}$　(E) $\frac{\sqrt{\pi}}{5}$

$\left(\text{注:}\int_{-\infty}^{+\infty}\mathrm{e}^{-t^2}\mathrm{d}t=\sqrt{\pi}\right)$

【答案】 (B)。

【解析】
$$E(Y)=E\left(\frac{1}{X}\right)=\int_{-\infty}^{+\infty}\frac{1}{x}f(x)\mathrm{d}x=\int_0^{+\infty}\frac{1}{x}\cdot\frac{x}{2}\mathrm{e}^{-\frac{x^2}{4}}\mathrm{d}x=\frac{1}{2}\int_0^{+\infty}\mathrm{e}^{-\frac{x^2}{4}}\mathrm{d}x$$
$$=\frac{1}{4}\int_{-\infty}^{+\infty}\mathrm{e}^{-\frac{x^2}{4}}\mathrm{d}x=\frac{1}{2}\int_{-\infty}^{+\infty}\mathrm{e}^{-t^2}\mathrm{d}t=\frac{\sqrt{\pi}}{2}\text{。故选(B)。}$$

【例 26】 (普研)设 X 是一个随机变量,其概率密度为 $f(x)=\begin{cases}1+x, & -1\leqslant x\leqslant 0\\1-x, & 0\leqslant x\leqslant 1\\0, & \text{其他}\end{cases}$。

则方差 $D(X)=$________。

(A) $\frac{1}{4}$　(B) $\frac{1}{3}$　(C) $\frac{1}{5}$　(D) $\frac{3}{4}$　(E) $\frac{1}{6}$

【答案】 (E)。

【解析】 根据方差 DX 的定义，$D(X)=E(X^2)-(EX)^2$。

$$EX=\int_{-\infty}^{\infty} xf(x)\mathrm{d}x=\int_{-1}^{0} x(1+x)\mathrm{d}x+\int_{0}^{1} x(1-x)\mathrm{d}x=0,$$

$$E(X^2)=\int_{-\infty}^{\infty} x^2 f(x)\mathrm{d}x=\int_{-1}^{0} x^2(1+x)\mathrm{d}x+\int_{0}^{1} x^2(1-x)\mathrm{d}x=\frac{1}{6},$$

可得，$D(X)=E(X^2)-(EX)^2=\dfrac{1}{6}$。故选(E)。

【例 27】 设随机变量 X 的密度函数为 $f(x)=\begin{cases} Ax, & 0<x\leqslant 1 \\ B-x, & 1<x<2 \\ 0, & \text{其他} \end{cases}$，且数学期望是 1，则常数 A 和 B 及 X 的标准差分别为________。

(A) $A=1,\ B=2,\ \sqrt{D(x)}=\dfrac{1}{\sqrt{6}}$　　(B) $A=1,\ B=2,\ \sqrt{D(x)}=\dfrac{1}{6}$

(C) $A=2,\ B=1,\ \sqrt{D(x)}=\dfrac{1}{\sqrt{6}}$　　(D) $A=1,\ B=1,\ \sqrt{D(x)}=\dfrac{1}{\sqrt{6}}$

(E) $A=1,\ B=1,\ \sqrt{D(x)}=\dfrac{1}{6}$

【答案】 (A)。

【解析】 由已知条件，有 $\int_{-\infty}^{+\infty} f(x)\mathrm{d}x=1$。

即 $\int_0^1 Ax\,\mathrm{d}x+\int_1^2 (B-x)\mathrm{d}x=1$，所以 $A+2B=5$。　①

又 $E(x)=\int_0^1 Ax^2\mathrm{d}x+\int_1^2 x(B-x)\mathrm{d}x=1$ 得 $2A+9B=20$。　②

式①、式②联立求解，得 $A=1,\ B=2$，则有 $E(X^2)=\int_{+\infty}^{-\infty} f(x)\mathrm{d}x=\int_0^1 x^2\cdot x\,\mathrm{d}x+\int_1^2 x^2(2-x)\mathrm{d}x=\dfrac{7}{6}$，所以 $D(X)=E(X^2)-[E(X)]^2=\dfrac{1}{6}$，$X$ 的标准差 $\sqrt{D(X)}=\dfrac{1}{\sqrt{6}}$。选(A)。

【例 28】 随机变量 X 的密度函数为 $f(x)=\begin{cases} 4x\mathrm{e}^{-2x}, & x>0 \\ 0, & x\leqslant 0 \end{cases}$，求 $D(3X-2)=$________。

(A) 2　　(B) $\dfrac{9}{2}$　　(C) $\dfrac{3}{4}$　　(D) 4　　(E) $\dfrac{15}{2}$

【答案】 (B)。

【解析】 $D(3X-2)=9D(X)$，得 $E(X)=\int_0^{+\infty} 4x^2\mathrm{e}^{-2x}\mathrm{d}x=1$，$E(X^2)=\int_0^{+\infty} 4x^3\mathrm{e}^{-2x}\mathrm{d}x=\dfrac{3}{2}$，所以 $D(X)=E(X^2)-[E(X)]^2=\dfrac{1}{2}$，即 $D(3X-2)=9D(X)=\dfrac{9}{2}$。故选(B)。

【例 29】 (普研)设两个随机变量 X, Y 相互独立,且都服从均值为 0,方差为 $\frac{1}{2}$ 的正态分布,则随机变量 $|X-Y|$ 的方差为________。

(A) $1-\frac{3}{\pi}$ (B) $\frac{1}{\pi}$ (C) $\frac{2}{\pi}$ (D) $1-\frac{1}{\pi}$ (E) $1-\frac{2}{\pi}$

【答案】 (E)。

【解析】 由于 X、Y 相互独立且服从正态分布,根据正态分布的性质知,服从正态分布的随机变量的线性组合也服从正态分布。

令 $Z=X-Y$,由于 $X\sim N\left(0,\ \frac{1}{2}\right)$, $Y\sim N\left(0,\ \frac{1}{2}\right)$,故 $EZ=EX-EY=0$, $DZ=DX+DY=1$,即 $Z\sim N(0,\ 1)$。

因为 $D|X-Y|=D|Z|=E|Z|^2-(E|Z|)^2=E(Z^2)-(E|Z|)^2$,

而 $EZ^2=DZ+(EZ)^2=1$, $E|Z|=\int_{-\infty}^{+\infty}|z|\frac{1}{\sqrt{2\pi}}e^{-\frac{z^2}{2}}dz=\frac{2}{\sqrt{2\pi}}\int_0^{+\infty}ze^{-\frac{z^2}{2}}dz=\frac{2}{\sqrt{2\pi}}\int_0^{+\infty}e^{-\frac{z^2}{2}}d\left(\frac{z^2}{2}\right)=\sqrt{\frac{2}{\pi}}$,所以 $D|X-Y|=1-\frac{2}{\pi}$。故选(E)。

注意:此题如果直接用定义 $D|X-Y|=E|X-Y|^2-(E|X-Y|)^2$ 求解,积分将相当复杂。

【例 30】 (普研)设随机变量 X 的分布函数为 $F(x)=0.3\Phi(x)+0.7\Phi\left(\frac{x-1}{2}\right)$,其中 $\Phi(x)$ 为标准正态分布的分布函数,则 $EX=$________。

(A) 0 (B) 0.3 (C) 0.7 (D) 0.9 (E) 1

【答案】 (C)。

【解析】 **解法 1** $f(x)=F'(x)=0.3\varphi(x)+0.7\varphi\left(\frac{x-1}{2}\right)\left(\frac{x-1}{2}\right)'=0.3\varphi(x)+0.7\varphi\left(\frac{x-1}{2}\right)\frac{1}{2}=0.3\varphi(x)+\frac{0.7}{2}\varphi\left(\frac{x-1}{2}\right)$。其中 $\varphi(x)$ 为标准正态密度函数。

$$EX=\int_{-\infty}^{+\infty}xf(x)dx=0.3\int_{-\infty}^{+\infty}x\varphi(x)dx+\frac{0.7}{2}\int_{-\infty}^{+\infty}x\varphi\left(\frac{x-1}{2}\right)dx,$$

其中 $\int_{-\infty}^{+\infty}x\varphi(x)dx=0$。(被积函数为奇函数,或 $\int_{-\infty}^{+\infty}x\varphi(x)dx$ 表示标准正态分布的期望为 0)

令 $t=\frac{x-1}{2}$,则

$$EX=\frac{0.7}{2}\int_{-\infty}^{+\infty}x\varphi\left(\frac{x-1}{2}\right)dx=\frac{0.7}{2}\int_{-\infty}^{+\infty}(2t+1)\varphi(t)2dt$$
$$=0.7\left[\int_{-\infty}^{+\infty}2t\varphi(t)dt+\int_{-\infty}^{+\infty}\varphi(t)dt\right]=0.7(0+1)=0.7。$$

解法 2 $\Phi'(x)=\dfrac{1}{\sqrt{2\pi}}\mathrm{e}^{-\frac{x^2}{2}}$，$X$ 的密度函数如下：

$$f(x)=F'(x)=0.3\frac{1}{\sqrt{2\pi}}\mathrm{e}^{-\frac{x^2}{2}}+0.7\frac{1}{\sqrt{2\pi}}\mathrm{e}^{-\frac{\left(\frac{x-1}{2}\right)^2}{2}}\cdot\frac{1}{2}$$
$$=0.3\frac{1}{\sqrt{2\pi}}\mathrm{e}^{-\frac{x^2}{2}}+0.7\frac{1}{\sqrt{2\pi}\cdot 2}\mathrm{e}^{-\frac{(x-1)^2}{2\cdot 2^2}}$$

$$EX=\int_{-\infty}^{+\infty}xf(x)\mathrm{d}x=\int_{-\infty}^{+\infty}x\left[0.3\frac{1}{\sqrt{2\pi}}\mathrm{e}^{-\frac{x^2}{2}}+0.7\frac{1}{\sqrt{2\pi}\cdot 2}\mathrm{e}^{-\frac{(x-1)^2}{2\cdot 2^2}}\right]\mathrm{d}x$$
$$=0.3\int_{\infty}^{+\infty}x\frac{1}{\sqrt{2\pi}}\mathrm{e}^{-\frac{x^2}{2}}\mathrm{d}x+0.7\int_{-\infty}^{+\infty}x\frac{1}{\sqrt{2\pi}\cdot 2}\mathrm{e}^{-\frac{(x-1)^2}{2\cdot 2^2}}\mathrm{d}x$$
$$=0.3\times 0+0.7\times 1=0.7\text{。故选(C)。}$$

注意：$\int_{-\infty}^{+\infty}x\dfrac{1}{\sqrt{2\pi}}\mathrm{e}^{-\frac{x^2}{2}}\mathrm{d}x$ 为 $N(0,1)$ 的数学期望，$\int_{-\infty}^{+\infty}x\dfrac{1}{\sqrt{2\pi}\cdot 2}\mathrm{e}^{-\frac{(x-1)^2}{2\cdot 2^2}}\mathrm{d}x$ 为 $N(1,4)$ 的数学期望。

【例 31】 (普研)一汽车沿街道行驶，需要通过三个均设有红绿信号灯的路口，每个信号灯均为红或绿与其他信号灯为红或绿相互独立，且红绿两种信号显示的时间相等，以 X 表示该汽车首次遇到红灯前已通过的路口的个数，则 $E\left(\dfrac{1}{1+X}\right)=$______。

(A) 6　　(B) $\dfrac{17}{96}$　　(C) $\dfrac{29}{96}$　　(D) $\dfrac{67}{96}$　　(E) 1

【答案】 (D)。

【解析】 求出分布律后，直接按照随机变量函数的数学期望进行计算，由条件知，X 的可能值为$\{0,1,2,3\}$。以 $A_i(i=1,2,3)$ 表示事件“汽车在第 i 个路口遇到红灯”；A_1，A_2，A_3 相互独立，且 $P(A_i)=P(\overline{A_i})=\dfrac{1}{2}$，$i=1,2,3$。

可得 X 的相应概率为 $P\{X=0\}=P(A_1)=\dfrac{1}{2}$，$P\{X=1\}=P(\overline{A_1}A_2)=\dfrac{1}{2^2}$，$P\{X=2\}=P(\overline{A_1}\,\overline{A_2}A_3)=\dfrac{1}{2^3}$，$P\{X=3\}=P(\overline{A_1}\,\overline{A_2}\,\overline{A_3})=\dfrac{1}{2^3}$。

$E\left(\dfrac{1}{1+X}\right)=1\times\dfrac{1}{2}+\dfrac{1}{2}\times\dfrac{1}{4}+\dfrac{1}{3}\times\dfrac{1}{8}+\dfrac{1}{4}\times\dfrac{1}{8}=\dfrac{67}{96}$。故选(D)。

【例 32】 (普研)若随机变量 X 和 Y 同分布，X 的概率密度为

$$f(x)=\begin{cases}\dfrac{3}{8}x^2, & 0<x<2\\ 0, & \text{其他}\end{cases},$$

则$\frac{1}{X^2}$的数学期望为________。

(A) 2　　(B) $\frac{1}{3}$　　(C) $\frac{2}{3}$　　(D) $\frac{3}{4}$　　(E) 1

【答案】 (D)。

【解析】 $E\left(\frac{1}{X^2}\right)=\int_{-\infty}^{\infty}\frac{1}{x^2}f(x)\mathrm{d}x=\frac{3}{8}\int_0^2\frac{1}{x^2}x^2\mathrm{d}x=\frac{3}{8}x\Big|_0^2=\frac{3}{4}$。故选(D)。

【例 33】 (普研)已知随机变量Y的概率密度为$f(x)=\begin{cases}\frac{y}{a^2}e^{-\frac{y^2}{2a^2}}, & y>0\\ 0, & y\leqslant 0\end{cases}$,求随机变量$Z=\frac{1}{Y}$的数学期望$E(Z)$为________。

(A) $\frac{\sqrt{\pi}}{a}$　　(B) $\frac{\sqrt{2\pi}}{4a}$　　(C) $\frac{\sqrt{\pi}}{2a}$　　(D) $\frac{\sqrt{2\pi}}{a}$　　(E) $\frac{\sqrt{2\pi}}{2a}$

【答案】 (E)。

【解析】 根据随机变量的函数的数学期望的计算公式,有

$$E(Z)=E\left(\frac{1}{Y}\right)=\int_{-\infty}^{+\infty}\frac{1}{y}f(y)\mathrm{d}y=\frac{1}{a^2}\int_0^{+\infty}e^{-\frac{y^2}{2a^2}}\mathrm{d}y$$
$$=\frac{1}{2a^2}\int_{-\infty}^{+\infty}e^{-\frac{y^2}{2a^2}}\mathrm{d}y=\frac{1}{2a}\int_{-\infty}^{+\infty}e^{-\frac{1}{2}\left(\frac{y}{a}\right)^2}\mathrm{d}\left(\frac{y}{a}\right)=\frac{\sqrt{2\pi}}{2a}。故选(E)。$$

注意: 利用标准正态分布密度函数性质$\frac{1}{\sqrt{2\pi}}\int_{-\infty}^{+\infty}e^{-\frac{t^2}{2}}\mathrm{d}t=1$。

【例 34】 (普研)设X是一随机变量,$EX=\mu$, $DX=\sigma^2$(μ, $\sigma>0$,都为常数),则对任意常数c,必有________。

(A) $E(X-c)^2=EX^2-c^2$　　(B) $E(X-c)^2=E(X-\mu)^2$

(C) $E(X-c)^2<E(X-\mu)^2$　　(D) $E(X-c)^2\geqslant E(X-\mu)^2$

(E) $E(X-c)^2\leqslant E(X-\mu)^2$

【答案】 (D)。

【解析】 $E(X-c)^2=E(X-\mu+\mu-c)^2=E(X-\mu)^2+E(\mu-c)^2+2(\mu-c)E(X-\mu)$
$=E(X-\mu)^2+(\mu-c)^2\geqslant E(X-\mu)^2$。

故(D)成立。

题型 4: 用分解求数字特征

【例 35】 将一均匀的骰子独立的抛掷 3 次,求掷得的三数之和 X 的数学期望为________。

(A) 8.5　　(B) 9.5　　(C) 10.5　　(D) 11.5　　(E) 12.5

【答案】（C）。

【解析】设随机变量 $X_i=$"第 i 次抛掷所出现的点数"，$i=1, 2, 3$。显然，出现的点数之和为 $X=X_1+X_2+X_3$，由于 $P(X_i=k)=\frac{1}{6}$，$k=1, 2, 3, 4, 5, 6$。

故 $E(X_i)=\sum_{k=1}^{6}kP(X_i=k)=\frac{1}{6}(1+2+\cdots+6)=3.5$，从而 $E(X)=E(X_1)+E(X_2)+E(X_3)=3\times 3.5=10.5$。选(C)。

注意：本题如果先求出随机变量 X 的分布律 $P(X=j)=p_j$，$j=3, 4, \cdots, 18$，再用公式 $E(X)=\sum_{j=3}^{18}jP_j$ 就会大大地增加计算的难度。

现利用性质，将 X 分解成 $X_1+X_2+X_3$，而 X_i 的分布律是一样的，求解 $E(X)$ 就大为简化。

【例 36】（普研）一台设备由三大部分构成，在设备运转中各部件需要调整的概率相应为 0.1，0.2 和 0.3。假设各部分的状态相互独立，以 X 表示同时需要调整的部件数，则 X 的数学期望 EX 和方差 DX 分别为________。

(A) $E(X)=0.6$，$D(X)=0.46$　　(B) $E(X)=1.6$，$D(X)=0.46$

(C) $E(X)=0.6$，$D(X)=0.64$　　(D) $E(X)=1.6$，$D(X)=0.64$

(E) $E(X)=1.2$，$D(X)=2.4$

【答案】（A）。

【解析】考虑随机变量 $X_i=\begin{cases}1, & 若 A_i 出现\\ 0, & 若 A_i 不出现\end{cases}(i=1, 2, 3)$。

易求出 $EX_i=P(A_i)$；$DX_i=P(A_i)[1-P(A_i)]$；$X=X_1+X_2+X_3$。

因此，由于 X_1，X_2，X_3 独立，可见 $EX=0.1+0.2+0.3=0.6$，$DX=0.1\times 0.9+0.2\times 0.8+0.3\times 0.7=0.46$。故选(A)。

【例 37】一台仪器有 5 只不太可靠的元件组成，已知各元件出故障是独立的，且第 k 只元件出故障的概率为 $p_k=(k+1)/10(k=1, 2, 3, 4, 5)$，则出故障的元件数的方差是________。

(A) 1.3　　(B) 1.2　　(C) 1.1　　(D) 1.0　　(E) 1.4

【答案】（C）。

【解析】设 X_k 代表第 k 个元件是否出故障，为 0-1 分布，令 $X=X_1+X_2+X_3+X_4+X_5$，有 $E(X_k)=p_k=(k+1)/10$，$D(X_k)=p_k(1-p_k)=\frac{k+1}{10}\cdot\frac{9-k}{10}$。

因为 X_1，X_2，X_3，X_4，X_5 互相独立，$D(X)=\sum_{k=1}^{5}D(X_k)=\frac{1}{100}(16+21+24+25+24)=1.1$，答案选择(C)。

题型 5：数字特征的应用

【例 38】（经济类）某足球彩票售价 1 元，中奖率为 0.1。如果中奖可得 8 元。小王购买了若干张足球彩票,如果他中奖 2 张,则恰好不赚也不赔,则小王收益的期望值为________。

(A) 10.8　　(B) 8.8　　(C) 8　　(D) 6　　(E) 12.8

【答案】 (E)。

【解析】 由题意易不妨设买了 n 张彩票时,其中有 2 张中奖,不赚也不赔。

易得 $(-1)\cdot n+8\cdot 2=0\Rightarrow n=16$ 可知服从 $B(16, 0.1)$,则期望 $EX=16\cdot 0.1=1.6$,期望收益值 $1.6\cdot 8=12.8$。故选(E)。

【例 39】 (经济类)已知军训打靶对目标进行 10 次独立射击,假设每次打靶射击命中率相同,若击中靶子次数的方差为 2.1,则每次命中靶子概率等于________。

(A) 0.2　　(B) 0.3　　(C) 0.4　　(D) 0.5　　(E) 0.8

【答案】 (B)。

【解析】 由题目可知,设射击 10 次靶子击中的次数为 X,每次打靶射击命中率为 p,则 X 服从于参数 $(10, p)$ 的二项分布,即 $X\sim B(10, p)$, $D(X)=np(1-p)=2.1$,可得 $p=0.3$。故选(B)。

【例 40】 (普研)游客乘电梯从底层到电视塔顶层观光,电梯于每个整点的第 5 分钟,25 分钟和 55 分钟从底层起行。假设一游客在早八点的第 X 分钟到达底层候梯处,且 X 在 $[0, 60]$ 上均匀分布,求游客等候时间的数学期望________。

(A) 8.67　　(B) 9.67　　(C) 10.67　　(D) 11.67　　(E) 12.67

【答案】 (D)。

【解析】 已知 X 在 $[0, 60]$ 上服从均匀分布,其密度为 $X\sim f(x)=\begin{cases}\frac{1}{60}, & 0\leqslant x\leqslant 60\\ 0, & \text{其他}\end{cases}$,设 Y 是游客等待电梯的时间(单位:分),则

$$Y=g(X)=\begin{cases}5-X, & 0<X\leqslant 5\\ 25-X, & 5<X\leqslant 25\\ 55-X, & 25<X\leqslant 55\\ 60-X+5, & 55<X\leqslant 60\end{cases},$$

因此

$$\begin{aligned}EY&=Eg(X)\\&=\int_{-\infty}^{+\infty}g(x)f(x)\mathrm{d}x=\frac{1}{60}\int_0^{60}g(x)\mathrm{d}x\\&=\frac{1}{60}\left[\int_0^5(5-x)\mathrm{d}x+\int_5^{25}(25-x)\mathrm{d}x+\int_{25}^{55}(55-x)\mathrm{d}x+\int_{55}^{60}(65-x)\mathrm{d}x\right]\\&=11.67\text{。故选(D)。}\end{aligned}$$

【例 41】 (普研)假设由自动线加工的某种零件的内径 X(mm)服从正态分布 $N(\mu, 1)$,内径小于 10 或大于 12 的为不合格品,其余为合格品,销售每件合格品获利,销售每件不合格

品亏损。已知销售利润 T(单位：元)与销售零件的内径 X 有如下关系：

$$T=\begin{cases}-1, & X<10 \\ 20, & 10\leqslant X\leqslant 12, \\ -5, & X>12\end{cases}$$

销售一个零件的平均利润最大,平均内径 μ 取________。

(A) 8.9　　(B) 9.9　　(C) 10.9　　(D) 11.9　　(E) 12.9

【答案】 (C)。

【解析】 平均利润就是销售利润 T 的数学期望 $E(T)$,而 T 是离散型随机变量,取值概率与 X 的概率分布有关,因此用标准正态分布函数 $\Phi(x)$ 表示概率。

$P(X<10)$, $P(10\leqslant X\leqslant 12)$ 和 $P(X>12)$ 是解决问题的关键,写出 $E(T)$后,使 $\frac{\mathrm{d}E(T)}{\mathrm{d}\mu}=0$ 的点即为所求的 μ 值,由条件知,平均利润为

$$\begin{aligned}E(T)&=20P(10\leqslant X\leqslant 12)-P(X<10)-5P(X>12)\\&=20[\Phi(12-\mu)-\Phi(10-\mu)]-\Phi(10-\mu)-5[1-\Phi(12-\mu)]\\&=25\Phi(12-\mu)-21\Phi(10-\mu)-5,\end{aligned}$$

其中 $\Phi(x)$ 是标准正态分布函数。设 $\varphi(x)$ 为标准正态密度,则有 $\frac{\mathrm{d}E(T)}{\mathrm{d}\mu}=-25\varphi\cdot(12-\mu)+21\varphi(10-\mu)$。

令其等于 0,得

$$\frac{-25}{\sqrt{2\pi}}\mathrm{e}^{-\frac{(12-\mu)^2}{2}}+\frac{21}{\sqrt{2\pi}}\mathrm{e}^{-\frac{(10-\mu)^2}{2}}=0$$

$$\Rightarrow 25\mathrm{e}^{-\frac{(12-\mu)^2}{2}}=21\mathrm{e}^{-\frac{(10-\mu)^2}{2}}。$$

由此得 $\mu=\mu_0=11-\frac{1}{2}\ln\frac{25}{21}\approx 10.9$。由题意知,当 $\mu=\mu_0\approx 10.9$ 毫米时,平均利润最大。

7.5 过关练习题精练

【习题 1】 (普研)已知随机变量 X 服从二项分布,且 $EX=2.4$, $DX=1.44$,则二项分布的参数 n, p 的值为________。

(A) $n=4$, $p=0.6$　　(B) $n=6$, $p=0.4$

(C) $n=8$, $p=0.3$　　(D) $n=24$, $p=0.1$

(E) $n=12$, $p=0.2$

【答案】 (B)。

【解析】 由题设 $X\sim B(n, p)$,则 $EX=np=2.4$, $DX=np(1-p)=1.44$,解得 $p=0.4$, $n=6$。故(B)正确。

【习题 2】 若随机变量 X 的密度函数为 $f(x)=\begin{cases}ax, & 0<x\leqslant 1\\ 2-bx, & 1<x<2\\ 0, & 其他\end{cases}$ 且 $E(X)=1$，则________。

(A) $a=1,\ b=2$　　(B) $a=2,\ b=1$

(C) $a=1,\ b=1$　　(D) $a=-1,\ b=2$

(E) $a=1,\ b=-2$

【答案】 (C)。

【解析】 本题考点为随机变量的密度函数。据定义与已知条件得

$$E(X)=\int_{-\infty}^{+\infty}xf(x)\mathrm{d}x=\int_0^1 ax^2\mathrm{d}x+\int_1^2 x(2-bx)\mathrm{d}x$$
$$=\frac{a}{3}x^3\Big|_0^1+\left(x^2-\frac{b}{3}x^3\right)\Big|_1^2=\frac{1}{3}a+3-\frac{7}{3}b=1。$$

即 $a-7b+6=0$，又因 $\int_{-\infty}^{+\infty}f(x)\mathrm{d}x=1$，$\int_0^1 ax\mathrm{d}x+\int_1^2(2-bx)\mathrm{d}x=\frac{a}{2}+2-\frac{3b}{2}=1$。得到 $a-3b+2=0$。由 $\begin{cases}a-7b+6=0\\ a-3b+2=0\end{cases}$ 得 $\begin{cases}a=1\\ b=1\end{cases}$，故答案选择(C)。

【习题 3】 某保险公司向 2 500 名同一年龄的特定对象出售年保险金额为 5 万元的人寿保险，每人应付年保险费 200 元。若一年里每个被保险人的死亡概率为 0.002，则保险公司年利润(利息不计)的数学期望为________万元。

(A) 20　　(B) 22　　(C) 23　　(D) 24　　(E) 25

【答案】 (E)。

【解析】 本题可设年死亡人数为 X，则

$$R=200\times 2\,500-50\,000X。$$

$$\begin{aligned}E(R)&=200\times 2\,500-50\,000E(X)\\&=200\times 2\,500-50\,000\times 2\,500\times 0.002\\&=250\,000。\end{aligned}$$

故答案选择(E)。

【习题 4】 若随机变量 $X\sim f(x)=\begin{cases}\frac{1}{3}x, & 0\leqslant x\leqslant 3\\ 0, & 其他\end{cases}$，则 $E(2X+1)=$________。

(A) 2　　(B) 3　　(C) 4　　(D) 5　　(E) 6

【答案】 (C)。

【解析】 $E(X)=\frac{3}{2}$，$E(2X+1)=2E(X)+1=2\times\frac{3}{2}+1=4$，答案选择(C)。

【习题 5】 某产品每件表面的瑕点数 X 是随机变量：$X \sim f(x)=\frac{(0.5)^x}{x!}e^{-0.5}(x=0, 1, 2, \cdots)$，若规定疵点数为 0 的产品是一等品，其价值为 100 元；疵点数大于 0 但不多于 2 的产品是二等品，其价值为 80 元；疵点数超过 2 的产品是废品，其价值为 0；则该产品每件的平均价值约为________元。

(A) 87　　(B) 91　　(C) 93　　(D) 94　　(E) 95

注意： $e=2.718\ 28$。

【答案】 (B)。

【解析】 由疵点数 $X \sim f(x)=\frac{(0.5)^x}{x!}e^{-0.5}(x=0, 1, 2, \cdots)$，得 $f(0)=e^{-0.5}$，$f(1)+f(2)=\frac{0.5}{1}e^{-0.5}+\frac{(0.5)^2}{2}e^{-0.5}=0.625e^{-0.5}$。

据题意，该产品每件的平均价值为

$$100f(0)+80(f(1)+f(2))=100\times e^{-0.5}+80\times 0.625e^{-0.5}=90.98\approx 91。$$

故应选(B)。

【习题 6】 随机变量 X 表示某人 20 次投篮投中的次数，若他每次投不中的概率稳定为 0.45，则他 20 次投中的均值和方差分别为________。

(A) 9，4.95　　(B) 11，8.25

(C) 9，8.25　　(D) 11，4.95

(E) 以上结论均不正确

【答案】 (D)。

【解析】 由题意知该题的几何分布，故平均值为 $20\times(1-0.45)=11$，即 11 次投中，方差为 $20\times 0.45\times(1-0.45)=4.95$。答案选择(D)。

【习题 7】 随机变量 x_1，x_2，x_3，x_4 相互独立，且都服从正态分布 $N(2, \sigma^2)$，令 $\bar{X}=\frac{x_1+x_2+x_3+x_4}{4}$，则 $\bar{x}$ 也服从正态分布，从而可得 $P(\bar{X}-2>0.98\sigma)=$________。

(A) 0.10　　(B) 0.05　　(C) 0.025　　(D) 0.01　　(E) 0.005

(附表：

x	1.28	1.645	1.96	2.33	2.58
$\Phi(x)$	0.90	0.95	0.975	0.99	0.995

)

【答案】 (C)。

【解析】 因为 x_1，x_2，x_3，x_4 相互独立且均服从正态分布 $(2, \sigma^2)$，所以

$$E(\bar{X})=\frac{1}{4}[E(x_1)+E(x_2)+E(x_3)+E(x_4)]=2,$$

$$D(\bar{X})=\frac{1}{16}[D(x_1)+D(x_2)+D(x_3)+D(x_4)]$$

$$=\frac{1}{16}\times 4\sigma^2=\frac{\sigma^2}{4}，即 \bar{X}=\frac{x_1+x_2+x_3+x_4}{4} 服从正态分布 N\left(2,\frac{\sigma^2}{4}\right)。$$

$$P(\bar{X}-2>0.98\sigma)=P\left[\frac{\bar{X}-2}{\frac{\sigma}{2}}>\frac{0.98\sigma}{\frac{\sigma}{2}}\right]=P\left[\frac{\bar{X}-2}{\frac{\sigma}{2}}>1.96\right]=1-P\left[\frac{\bar{X}-2}{\frac{\sigma}{2}}\leqslant 1.96\right]=$$

$1-\Phi(1.96)$，查表知 $\Phi(1.96)=0.975$，则 $P(\bar{X}-2>0.98\sigma)=1-0.975=0.025$，答案选择(C)。

【习题 8】 若 $X\sim f(x)$ 且期望存在，且 $f(a+t)=f(a-t)$，则 $EX=$________。

(A) $2a$　　(B) a　　(C) $3a$　　(D) $4a$　　(E) $-a$

【答案】 (B)。

【解析】 密度函数关于 $x=a$ 对称，所以 $EX=a$。故选(B)。

【习题 9】 设 X 的均值、方差都存在，且 $D(X)\neq 0$，$Y=\frac{X-E(X)}{\sqrt{D(X)}}$，则 EY 和 DY 分别为________。

(A) 0 和 1　　(B) 0 和 2　　(C) 0 和 −1　　(D) 1 和 1　　(E) 1 和 2

【答案】 (A)。

【解析】 $E(Y)=E\left(\frac{X-E(X)}{\sqrt{D(X)}}\right)=\frac{1}{\sqrt{D(X)}}E(X-E(X))$

$$=\frac{1}{\sqrt{D(X)}}(E(X)-E(X))=0。$$

$$D(Y)=D\left(\frac{X-E(X)}{\sqrt{D(X)}}\right)=\frac{1}{D(X)}D(X-E(X))=\frac{1}{D(X)}[D(X)+D(-E(X))]$$

$$=\frac{D(X)}{D(X)}=1。故选(A)。$$

【习题 10】 设随机变量 X 的分布列为 $P\{X=k\}=\frac{\alpha^k}{(1+\alpha)^{k+1}}$，$\alpha>0$ $(k=0,1,\cdots)$，则 $E(X)$ 和 $D(X)$ 分别为________。

(A) α 和 $\alpha(1+2\alpha)$　　(B) α 和 α

(C) α 和 α^2　　(D) α 和 $\alpha(1+\alpha)$

(E) α 和 $2(1+\alpha)$

【答案】 (D)。

【解析】 $E(X)=\sum\limits_{k=0}^{\infty}\frac{k\cdot\alpha^k}{(1+\alpha)^{k+1}}=\frac{\alpha}{(1+\alpha)^2}\sum\limits_{k=1}^{\infty}k\left(\frac{\alpha}{1+\alpha}\right)^{k-1}=\alpha$，

同理 $E(X^2)=\sum\limits_{k=1}^{\infty}\frac{k^2\alpha^k}{(1+\alpha)^{k+1}}=\frac{\alpha}{(1+\alpha)^2}\sum\limits_{k=1}^{\infty}k^2\left(\frac{\alpha}{1+\alpha}\right)^{k-1}=\alpha(1+2\alpha)$，

所以 $D(X)=E(X^2)-[E(X)]^2=\alpha(1+\alpha)$。故选(D)。

【习题 11】（普研）已知离散型随机变量 X 服从参数为 2 泊松分布，即

$P\{X=k\}=\dfrac{2^k e^{-2}}{k!}$，$k=0,1,2,\cdots$，则随机变量 $Z=3X-2$ 的数学期望 $E(Z)=$ ________。

(A) 1　　(B) 2　　(C) 3　　(D) 4　　(E) 5

【答案】（D）。

【解析】 由于 X 服从参数为 2 的泊松分布，则 $EX=2$，故 $EZ=E(3X-2)=3EX-2=4$。

【习题 12】 设 X 是 n 重伯努利实验中事件 A 出现的次数，且 $P(A)=p$，令 $Y=\begin{cases}0, & X=2k\\ 1, & X=2k+1\end{cases}$，$k\in\mathbf{N}$，则 Y 的数学期望为________。

(A) $\dfrac{1}{2}[1-(1-2p)^n]$　　(B) $1-(1-2p)^n$

(C) $\dfrac{1}{4}[1-(1-2p)^n]$　　(D) $(1-2p)^n$

(E) $2(1-2p)^n$

【答案】（A）。

【解析】 因为 $X\sim B(n,p)$ 且 $P(A)=p$，所以 $P(Y=0)=\sum\limits_{k为偶数}C_n^k p^k(1-p)^{n-k}$，

$P(Y=1)=\sum\limits_{k为奇数}C_n^k p^k(1-p)^{n-k}$，$E(Y)=P(Y=1)=\sum\limits_{k为奇数}C_n^k p^k(1-p)^{n-k}$，即 $E(Y)=\dfrac{1-(1-2p)^n}{2}$。故选(A)。

【习题 13】 对一批产品进行检验，若连续检查 10 件未查出不合格品，则停止检验，并认为该批产品合格，若在尚未查满 10 件产品前的某次（包括第 10 件的那一次）检查出不合格品，也停止检验，但认为该批产品不合格。假设每批产品的批量都很大，且每次检查查到不合格品的概率均为 0.01。则每批要检查的产品件数的数学期望为________。

(A) 9.56　　(B) 8.56　　(C) 7.56　　(D) 6.56　　(E) 10.56

【答案】（A）。

【解析】 设每批要检查的产品件数为随机变量 X，则 X 的可能取值为 $1,2,\cdots,10$。

$$P\{X=1\}=0.01,\ P\{X=2\}=0.99\times0.01,$$

$$\vdots$$

$$P\{X=9\}=0.99^8\times0.01,\ P\{X=10\}=0.99^9\times0.01+0.99^{10}。$$

所以 $E(X)=\sum\limits_{i=1}^{n}X_iE(X)=\sum\limits_{k=1}^{10}kP(X=k)=\sum\limits_{k=1}^{10}k\times0.99^{k-1}\times0.01+10\times0.99^{10}$。

$$0.99E(X)=\sum_{k=1}^{10}k\times 0.99^{k}\times 0.01+10\times 0.09^{11}。$$

前两式相减,得

$$\begin{aligned}0.01E(X)&=0.01(1+0.99+\cdots 0.99^{9})+10\times 0.99^{10}\times 0.99-10\times 0.99^{11}\\&=0.01\times\frac{1-0.99^{10}}{1-0.99}。\end{aligned}$$

于是 $E(X)=\dfrac{1-0.99^{10}}{0.01}\approx 9.56$。故选(A)。

【习题 14】 设两个相互独立的事件 A,B 都不发生的概率为 $\dfrac{1}{9}$,事件 A 发生 B 不发生的概率与事件 A 不发生 B 发生的概率相等,令 $X=\begin{cases}1, & \text{事件 }A,B\text{ 同时发生}\\-1, & \text{其他}\end{cases}$,则 EX 为________。

(A) $-\dfrac{9}{2}$　　(B) $-\dfrac{9}{7}$　　(C) $-\dfrac{9}{4}$　　(D) $-\dfrac{1}{3}$　　(E) $-\dfrac{1}{9}$

【答案】 (E)。

【解析】 事件 A 发生 B 不发生的概率与事件 A 不发生 B 发生的概率相等,即 $P(A\bar{B})=P(\bar{A}B)\Rightarrow P(A)-P(AB)=P(B)-P(AB)\Rightarrow P(A)=P(B)\Leftrightarrow P(\bar{A})=P(\bar{B})$。

$P(\bar{A}\cdot\bar{B})=P(\bar{A})P(\bar{B})=[P(\bar{A})]^2=\dfrac{1}{9}\Rightarrow P(\bar{A})=\dfrac{1}{3}\Rightarrow P(A)=\dfrac{2}{3}$。

$EX=1\times P(AB)+(-1)P(\overline{AB})=P(A)P(B)-[1-P(A)P(B)]=\left(\dfrac{2}{3}\right)^2-\dfrac{5}{9}=-\dfrac{1}{9}$。故选(E)。

第8章　行列式

8.1　考纲知识点分析及教材必做习题

第八部分　行列式					
教材内容	考点内容	考研要求	教材章节	必做例题	精做练习
行列式	行列式的概念	了解	§1.1	例1～例3	P21 习题1，2，3
行列式的性质	行列式的性质	掌握	§1.4	2	P21 习题4，5，6(2)(3)(5)
	利用行列式的性质计算行列式	会			
行列式按行(列)展开	利用按行(列)展开计算行列式	会	§1.5	例13	P22 习题8(1)(2)(5)(6)(7)，9

注：教材参考《工程数学线性代数》(同济6版)。

8.2　知识结构网络图

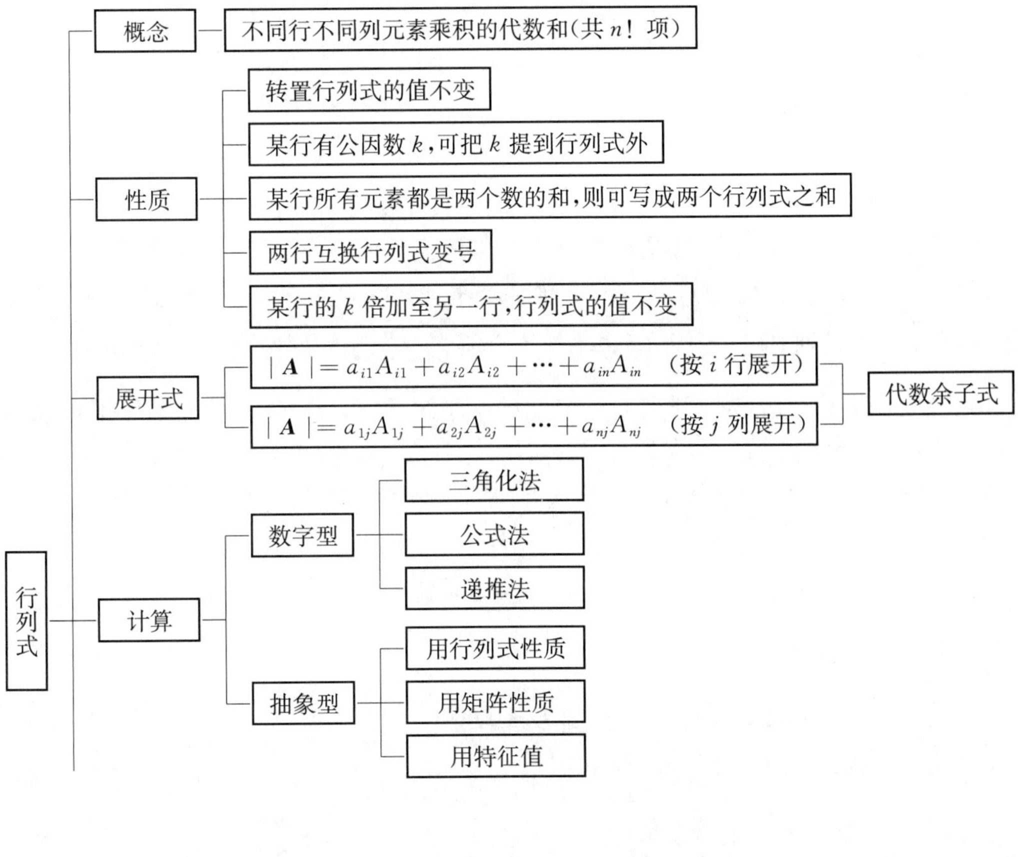

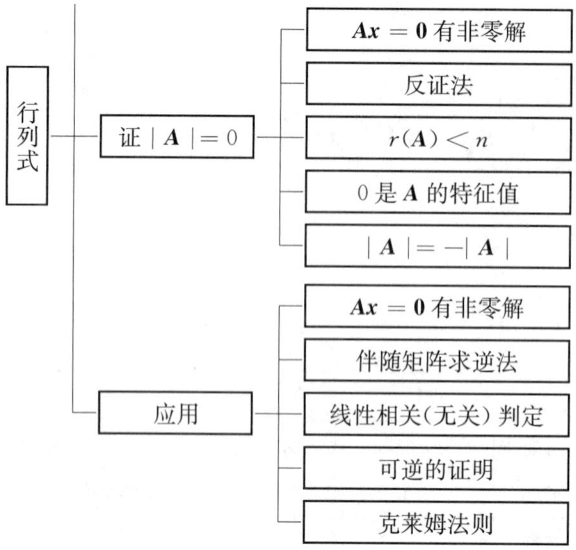

图 8-1　知识结构网络图

8.3　重要概念、定理和公式

1. n 阶行列式的定义

$$D=\begin{vmatrix} a_{11} & a_{12} & \cdots & a_{1n} \\ a_{21} & a_{22} & \cdots & a_{2n} \\ \vdots & \vdots & & \vdots \\ a_{n1} & a_{n2} & \cdots & a_{nn} \end{vmatrix}=\sum_{j_1j_2\cdots j_n}(-1)^{\tau(j_1j_2\cdots j_n)}a_{1j_1}a_{2j_2}\cdots a_{nj_n},$$

其中：

(1) D 是许多($n!$ 个)项的代数和(在求和时每项先要乘$+1$或-1)。

(2) 每一项 $a_{1j_1}a_{2j_2}\cdots a_{nj_n}$ 都是 n 个元素的乘积,它们取自不同行,不同列。

即列标 j_1, j_2, $\cdots j_n$ 构成 1, 2, …, n 的一个全排列(称为一个 n 元排列),共有 $n!$ 个 n 元排列,每个 n 元排列对应一项,因此共有 $n!$ 个项,$\sum\limits_{j_1j_2\cdots j_n}$ 表示对所有 n 元排列求和。

(3) 规定 $\tau(j_1j_2\cdots j_n)$ 为全排列 $j_1j_2\cdots j_n$ 的逆序数,称 1, 2, …, n 为自然序排列,如果不是自然序排列,就出现小数排在大数右面的现象,一对大小颠倒的数构成一个逆序。

逆序数可如下计算：标出每个数右面比它小的数的个数,它们的和就是逆序数。

例如,求 436 512 的逆序数：

5 1 5 4 2 2 0 0
62874513, $\tau(62\,874\,513)=5+1+5+4+2+2+0+0=19$。

2. 行列式的性质

(1) 行列式与它的转置行列式相等,即 $D=D^{\mathrm{T}}$;

(2) 交换行列式的两行(列),行列式变号;

(3) 行列式中某行(列)元素的公因子可提到行列式外面;

(4) 行列式中有两行(列)元素相同,则此行列式的值为零;

(5) 行列式中有两行(列)元素对应成比例,则此行列式的值为零;

(6) 若行列式中某行(列)的元素是两数之和,即

$$D=\begin{vmatrix} a_{11} & a_{12} & \cdots & a_{1n} \\ \vdots & \vdots & \vdots & \vdots \\ a_{i1}+b_{i1} & a_{i2}+b_{i2} & \cdots & a_{in}+b_{in} \\ \vdots & \vdots & \ddots & \vdots \\ a_{n1} & a_{n2} & \cdots & a_{nm} \end{vmatrix},$$

则

$$D=\begin{vmatrix} a_{11} & a_{12} & \cdots & a_{1n} \\ \vdots & \vdots & \vdots & \vdots \\ a_{i1} & a_{i2} & \cdots & a_{in} \\ \vdots & \vdots & \ddots & \vdots \\ a_{n1} & a_{n2} & \cdots & a_{nn} \end{vmatrix}+\begin{vmatrix} a_{11} & a_{12} & \cdots & a_{1n} \\ \vdots & \vdots & \vdots & \vdots \\ b_{i1} & b_{i2} & \cdots & b_{in} \\ \vdots & \vdots & \ddots & \vdots \\ a_{n1} & a_{n2} & \cdots & a_{nn} \end{vmatrix};$$

(7) 将行列式某行(列)的 k 倍加到另一行(列)上去,行列式的值不变。

3. 行列式依行(列)展开

1) 余子式与代数余子式

定义 1　去掉 n 阶行列式 D 中元素 a_{ij} 所在的第 i 行和第 j 列元素,剩下的元素按原位置次序所构成的 $n-1$ 阶行列式称为元素 a_{ij} 的余子式,记为 M_{ij}。

定义 2　a_{ij} 的代数余子式的记为 A_{ij},$A_{ij}=(-1)^{i+j}M_{ij}$。

2) n 阶行列式 D 依行(列)展开

(1) 按行展开公式

$$\sum_{j=1}^{n} a_{ij}A_{kj}=\begin{cases} D, & i=k \\ 0, & i\neq k \end{cases}。$$

(2) 按列展开公式

$$\sum_{i=1}^{n} a_{ij}A_{is}=\begin{cases} D, & j=s \\ 0, & j\neq s \end{cases}。$$

3) 推论

行列式某行(列)元素与另一行(列)对应元素的代数余子式乘积之和等于 0,即

$$a_{i1}A_{j1}+a_{i2}A_{j2}+\cdots+a_{in}A_{jn}=\sum_{k=1}^{n} a_{ik}A_{jk}=0\quad(i\neq j),$$

或

$$a_{1i}A_{1j}+a_{2i}A_{2j}+\cdots+a_{ni}A_{nj}=\sum_{k=1}^{n} a_{ki}A_{kj}=0\quad(i\neq j)。$$

4) 展开定理

n 阶行列式可表示为 n 个特殊的 $n-1$ 阶行列式的代数和的形式;反过来用逆向思维理

解,这种代数和的形式也可理解为一个 n 阶行列式。

4. 几个重要公式

1) 上(下)三角形行列式的值等于主对角线元素的乘积

$$\begin{vmatrix} a_{11} & a_{12} & \cdots & a_{1n} \\ 0 & a_{22} & \cdots & a_{2n} \\ \vdots & \vdots & \ddots & \vdots \\ 0 & 0 & \cdots & a_{nn} \end{vmatrix} = \begin{vmatrix} a_{11} & 0 & \cdots & 0 \\ a_{21} & a_{22} & \cdots & 0 \\ \vdots & \vdots & \ddots & \vdots \\ a_{n1} & a_{n2} & \cdots & a_{nn} \end{vmatrix} = a_{11}a_{22}\cdots a_{nn}$$

,即对角线元素的乘积。

2) 副对角线行列式

$$\begin{vmatrix} 0 & 0 & \cdots & a_{1n} \\ 0 & a_{22} & \cdots & a_{2n} \\ \vdots & \vdots & \ddots & \vdots \\ a_{n1} & a_{n2} & \cdots & a_{nn} \end{vmatrix} = \begin{vmatrix} a_{11} & a_{12} & \cdots & a_{1n} \\ a_{21} & a_{22} & \cdots & 0 \\ \vdots & \vdots & \ddots & \vdots \\ a_{n1} & 0 & \cdots & 0 \end{vmatrix} = (-1)^{\frac{n(n-1)}{2}} a_{1n}a_{2,n-1}\cdots a_{n1}。$$

3) 两个特殊的拉普拉斯展开式

若 $\boldsymbol{A}$ 和 $\boldsymbol{B}$ 分别是 m 阶和 n 阶矩阵,则

$$\begin{vmatrix} \boldsymbol{A} & * \\ \boldsymbol{0} & \boldsymbol{B} \end{vmatrix} = \begin{vmatrix} \boldsymbol{A} & \boldsymbol{0} \\ * & \boldsymbol{B} \end{vmatrix} = |\boldsymbol{A}||\boldsymbol{B}|;$$

$$\begin{vmatrix} \boldsymbol{0} & \boldsymbol{A} \\ \boldsymbol{B} & * \end{vmatrix} = \begin{vmatrix} * & \boldsymbol{A} \\ \boldsymbol{B} & \boldsymbol{0} \end{vmatrix} = (-1)^{mn}|\boldsymbol{A}||\boldsymbol{B}|。$$

4) 范德蒙行列式

$$D = \begin{vmatrix} 1 & 1 & \cdots & 1 \\ x_1 & x_2 & \cdots & x_n \\ x_1^2 & x_2^2 & \cdots & x_n^2 \\ \cdots & \cdots & \ddots & \cdots \\ x_1^{n-1} & x_2^{n-1} & \cdots & x_n^{n-1} \end{vmatrix} = \prod_{1\leqslant i<j\leqslant n}(x_j - x_i)。$$

注意:关于范德蒙行列式注意两点:

(1) 结果——共 $C_n^2 = \dfrac{n(n-1)}{2}$ 项——后列元素减前列元素的乘积——可正、可负可为零;

(2) 形式——向下按升幂排列。另外也应认识它的变形,例如:

$$\begin{vmatrix} 1 & x_1 & x_1^2 & \cdots & x_1^{n-1} \\ 1 & x_2 & x_2^2 & \cdots & x_2^{n-1} \\ \vdots & \vdots & \vdots & \ddots & \vdots \\ 1 & x_n & x_n^2 & \cdots & x_n^{n-1} \end{vmatrix}, \quad \begin{vmatrix} x_1^{n-1} & x_2^{n-1} & \cdots & x_n^{n-1} \\ \vdots & \vdots & \ddots & \vdots \\ x_1^2 & x_2^2 & \cdots & x_n^2 \\ x_1 & x_2 & \cdots & x_n \\ 1 & 1 & \cdots & 1 \end{vmatrix}$$

等。

向右按升幂排列

向上按升幂排列

对于范德蒙行列式,我们的任务就是利用它计算行列式,因此要牢记范德蒙行列式的形式和结果。

注意： 范德蒙行列式不等于 $0 \Leftrightarrow x_1, \cdots, x_n$ 两两不同。

5. 抽象 n 阶方阵 $\boldsymbol{A}, \boldsymbol{B}$ 行列式公式

(1) 转置阵的行列式——$|\boldsymbol{A}^{\mathrm{T}}| = |\boldsymbol{A}|$；

(2) 数乘的行列式——$|\lambda \boldsymbol{A}| = \lambda^n |\boldsymbol{A}|$；

注意： 强调 $|\lambda \boldsymbol{A}| \neq \lambda |\boldsymbol{A}|$，$\lambda |\boldsymbol{A}|$ 只是用 λ 去乘行列式 $|\boldsymbol{A}|$ 的某一行或列，$|\lambda \boldsymbol{A}|$ 则是用 λ 遍乘 $|\boldsymbol{A}|$ 的每一行或列；

(3) 乘积的行列式——$|\boldsymbol{AB}| = |\boldsymbol{A}| \cdot |\boldsymbol{B}|$。

注意： 虽然 $\boldsymbol{AB} \neq \boldsymbol{BA}$，但 $|\boldsymbol{AB}| = |\boldsymbol{A}| \cdot |\boldsymbol{B}| = |\boldsymbol{B}| \cdot |\boldsymbol{A}|$；

由(3)立即可得乘方的行列式性质：$|\boldsymbol{A}^n| = |\boldsymbol{A}|^n$。

(4) $\boldsymbol{A}^*$ 是 $\boldsymbol{A}$ 的伴随矩阵，则 $|\boldsymbol{A}^*| = |\boldsymbol{A}|^{n-1}$；

(5) 若 $\boldsymbol{A}$ 是 n 阶可逆矩阵，则 $|\boldsymbol{A}^{-1}| = |\boldsymbol{A}|^{-1}$；

注意：一般情况下 $|\boldsymbol{A}+\boldsymbol{B}| \neq |\boldsymbol{A}| + |\boldsymbol{B}|$，$|\boldsymbol{A}-\boldsymbol{B}| \neq |\boldsymbol{A}| - |\boldsymbol{B}|$，$|\lambda \boldsymbol{A}| \neq \lambda |\boldsymbol{A}|$。

例如 $\boldsymbol{A} = (\boldsymbol{\alpha}_1, \boldsymbol{\beta}_1, \boldsymbol{\gamma}_1)$，$\boldsymbol{B} = (\boldsymbol{\alpha}_2, \boldsymbol{\beta}_2, \boldsymbol{\gamma}_2)$，则 $\boldsymbol{A}+\boldsymbol{B} = (\boldsymbol{\alpha}_1+\boldsymbol{\alpha}_2, \boldsymbol{\beta}_1+\boldsymbol{\beta}_2, \boldsymbol{\gamma}_1+\boldsymbol{\gamma}_2)$，

$$
\begin{aligned}
|\boldsymbol{A}+\boldsymbol{B}| &= |\boldsymbol{\alpha}_1+\boldsymbol{\alpha}_2, \boldsymbol{\beta}_1+\boldsymbol{\beta}_2, \boldsymbol{\gamma}_1+\boldsymbol{\gamma}_2| \\
&= |\boldsymbol{\alpha}_1, \boldsymbol{\beta}_1+\boldsymbol{\beta}_2, \boldsymbol{\gamma}_1+\boldsymbol{\gamma}_2| + |\boldsymbol{\alpha}_2, \boldsymbol{\beta}_1+\boldsymbol{\beta}_2, \boldsymbol{\gamma}_1+\boldsymbol{\gamma}_2| \\
&= |\boldsymbol{\alpha}_1, \boldsymbol{\beta}_1, \boldsymbol{\gamma}_1+\boldsymbol{\gamma}_2| + |\boldsymbol{\alpha}_1, \boldsymbol{\beta}_2, \boldsymbol{\gamma}_1+\boldsymbol{\gamma}_2| + |\boldsymbol{\alpha}_2, \boldsymbol{\beta}_1, \boldsymbol{\gamma}_1+\boldsymbol{\gamma}_2| + |\boldsymbol{\alpha}_2, \boldsymbol{\beta}_2, \boldsymbol{\gamma}_1+\boldsymbol{\gamma}_2| \\
&= |\boldsymbol{\alpha}_1, \boldsymbol{\beta}_1, \boldsymbol{\gamma}_1| + |\boldsymbol{\alpha}_1, \boldsymbol{\beta}_1, \boldsymbol{\gamma}_2| + |\boldsymbol{\alpha}_1, \boldsymbol{\beta}_2, \boldsymbol{\gamma}_1| + |\boldsymbol{\alpha}_1, \boldsymbol{\beta}_2, \boldsymbol{\gamma}_2| + \\
&\quad |\boldsymbol{\alpha}_2, \boldsymbol{\beta}_1, \boldsymbol{\gamma}_1| + |\boldsymbol{\alpha}_2, \boldsymbol{\beta}_1, \boldsymbol{\gamma}_2| + |\boldsymbol{\alpha}_2, \boldsymbol{\beta}_2, \boldsymbol{\gamma}_1| + |\boldsymbol{\alpha}_2, \boldsymbol{\beta}_2, \boldsymbol{\gamma}_2|。
\end{aligned}
$$

8.4　典型例题精析

题型 1：行列式的概念及性质

【例 1】（经济类）设 $\boldsymbol{A}$ 和 $\boldsymbol{B}$ 均为 n 阶矩阵 $(n > 1)$，m 是大于 1 的整数，则必有________。

(A) $(\boldsymbol{AB})^{\mathrm{T}} = \boldsymbol{A}^{\mathrm{T}}\boldsymbol{B}^{\mathrm{T}}$　　(B) $(\boldsymbol{AB})^m = \boldsymbol{A}^m\boldsymbol{B}^m$

(C) $|\boldsymbol{AB}^{\mathrm{T}}| = |\boldsymbol{A}^{\mathrm{T}}||\boldsymbol{B}^{\mathrm{T}}|$　　(D) $|\boldsymbol{A}+\boldsymbol{B}| = |\boldsymbol{A}| + |\boldsymbol{B}|$

(E) $|\boldsymbol{A}-\boldsymbol{B}| = |\boldsymbol{A}| - |\boldsymbol{B}|$

【答案】(C)。

【解析】 有转置及矩阵乘法的运算法则可知：$(\boldsymbol{AB})^{\mathrm{T}} = \boldsymbol{B}^{\mathrm{T}}\boldsymbol{A}^{\mathrm{T}}$，故(A)错误；一般来说，矩阵乘法不满足交换律，也即 $\boldsymbol{AB} = \boldsymbol{BA}$ 不一定成立，$(\boldsymbol{AB})^2 = (\boldsymbol{AB})(\boldsymbol{AB})$ 不一定等于 $\boldsymbol{A}^2\boldsymbol{B}^2$，可知(B)错误；在行列式的运算法则中，$|\boldsymbol{A}+\boldsymbol{B}| = |\boldsymbol{A}| + |\boldsymbol{B}|$，$|\boldsymbol{A}-\boldsymbol{B}| = |\boldsymbol{A}| - |\boldsymbol{B}|$ 一般也不成立，可知(D)、(E)错误；由行列式的运算法则可知，$|\boldsymbol{AB}^{\mathrm{T}}| = |\boldsymbol{A}||\boldsymbol{B}^{\mathrm{T}}| = |\boldsymbol{A}^{\mathrm{T}}||\boldsymbol{B}^{\mathrm{T}}|$，故选(C)。

【例 2】（经济类）若 $\begin{vmatrix} a_{11} & a_{12} & a_{13} \\ a_{21} & a_{22} & a_{23} \\ a_{31} & a_{32} & a_{33} \end{vmatrix} = 1$，则 $\begin{vmatrix} a_{11} & a_{13}-3a_{12} & a_{13} \\ a_{21} & a_{23}-3a_{22} & a_{23} \\ a_{31} & a_{33}-3a_{32} & a_{33} \end{vmatrix} =$________。

(A) -3　　(B) -2　　(C) -1　　(D) 0　　(E) 1

【答案】 (A)。

【解析】 $\begin{vmatrix} a_{11} & a_{13}-3a_{12} & a_{13} \\ a_{21} & a_{23}-3a_{22} & a_{23} \\ a_{31} & a_{33}-3a_{32} & a_{33} \end{vmatrix} = \begin{vmatrix} a_{11} & a_{13} & a_{13} \\ a_{21} & a_{23} & a_{23} \\ a_{31} & a_{33} & a_{33} \end{vmatrix} - 3\begin{vmatrix} a_{11} & a_{12} & a_{13} \\ a_{21} & a_{22} & a_{23} \\ a_{31} & a_{32} & a_{33} \end{vmatrix} = 0-3\times1=-3$。

故选(A)。

【例 3】 已知行列式 $\begin{vmatrix} a_{11} & a_{12} & a_{13} \\ a_{21} & a_{22} & a_{23} \\ a_{31} & a_{32} & a_{33} \end{vmatrix} = a$，则 $\begin{vmatrix} a_{31} & 2a_{11}-5a_{21} & 3a_{21} \\ a_{32} & 2a_{12}-5a_{22} & 3a_{22} \\ a_{33} & 2a_{13}-5a_{23} & 3a_{23} \end{vmatrix} =$ ________。

(A) $-6a$　　(B) $6a$　　(C) $-5a$　　(D) $-15a$　　(E) $15a$

【答案】 (B)。

【解析】 $\begin{vmatrix} a_{31} & 2a_{11}-5a_{21} & 3a_{21} \\ a_{32} & 2a_{12}-5a_{22} & 3a_{22} \\ a_{33} & 2a_{12}-5a_{23} & 3a_{23} \end{vmatrix} = \begin{vmatrix} a_{31} & 2a_{11} & 3a_{21} \\ a_{32} & 2a_{12} & 3a_{22} \\ a_{33} & 2a_{13} & 3a_{23} \end{vmatrix} = 6\begin{vmatrix} a_{11} & a_{12} & a_{13} \\ a_{21} & a_{22} & a_{23} \\ a_{31} & a_{32} & a_{33} \end{vmatrix} = 6a$。

故本题应选(B)。

【例 4】 不恒为零的函数 $f(x) = \begin{vmatrix} a_1+x & b_1+x & c_1+x \\ a_2+x & b_2+x & c_2+x \\ a_3+x & b_3+x & c_3+x \end{vmatrix}$ ________。

(A) 没有零点　　(B) 至多有一个零点

(C) 恰有 2 个零点　　(D) 恰有 3 个零点

(E) 恰有 1 个零点

【答案】 (B)。

【解析】 本题考查了行列式的性质。

在 $f(x) = \begin{vmatrix} a_1+x & b_1+x & c_1+x \\ a_2+x & b_2+x & c_2+x \\ a_3+x & b_3+x & c_3+x \end{vmatrix}$ 中，将第 1 列乘 -1 分别加到第 2、3 列上，

得 $f(x) = \begin{vmatrix} a_1+x & b_1-a_1 & c_1-a_1 \\ a_2+x & b_2-a_2 & c_2-a_2 \\ a_3+x & b_3-a_3 & c_3-a_3 \end{vmatrix} = \begin{vmatrix} a_1 & b_1-a_1 & c_1-a_1 \\ a_2 & b_2-a_2 & c_2-a_2 \\ a_3 & b_3-a_3 & c_3-a_3 \end{vmatrix} + x\begin{vmatrix} 1 & b_1-a_1 & c_1-a_1 \\ 1 & b_2-a_2 & c_2-a_2 \\ 1 & b_3-a_3 & c_3-a_3 \end{vmatrix}$。

当 $\begin{vmatrix} 1 & b_1-a_1 & c_1-a_1 \\ 1 & b_2-a_2 & c_2-a_2 \\ 1 & b_3-a_3 & c_3-a_3 \end{vmatrix} = 0$ 时，$f(x)$ 是常数，它没有零点；

当 $\begin{vmatrix} 1 & b_1-a_1 & c_1-a_1 \\ 1 & b_2-a_2 & c_2-a_2 \\ 1 & b_3-a_3 & c_3-a_3 \end{vmatrix} \neq 0$ 时，$f(x)$ 是 x 的一次多项式，它只有一个零点。

故正确选项为(B)。

【例 5】（普研）记行列式 $\begin{vmatrix} x-2 & x-1 & x-2 & x-3 \\ 2x-2 & 2x-1 & 2x-2 & 2x-3 \\ 3x-3 & 3x-2 & 4x-5 & 3x-5 \\ 4x & 4x-3 & 5x-7 & 4x-3 \end{vmatrix}$ 为 $f(x)$，则 $f(x)=0$ 的根的个数为________。

(A) 1　　(B) 2　　(C) 3　　(D) 4　　(E) 5

【答案】(B)。

【解析】问方程 $f(x)$ 有几个根，也就是问 $f(x)$ 是 x 的几次多项式。将第 1 列的 -1 倍依次加至其余各列，有

$$f(x)=\begin{vmatrix} x-2 & 1 & 0 & -1 \\ 2x-2 & 1 & 0 & -1 \\ 3x-3 & 1 & x-2 & -2 \\ 4x & -3 & x-7 & -3 \end{vmatrix} \xlongequal{\text{第2列加至第4列}} \begin{vmatrix} x-2 & 1 & 0 & 0 \\ 2x-2 & 1 & 0 & 0 \\ 3x-3 & 1 & x-2 & -1 \\ 4x & -3 & x-7 & -6 \end{vmatrix}$$

$$=\begin{vmatrix} x-2 & 1 \\ 2x-2 & 1 \end{vmatrix}\cdot\begin{vmatrix} x-2 & -1 \\ x-7 & -6 \end{vmatrix}。$$

可见由拉普拉斯展开式知 $f(x)$ 是 x 的 2 次多项式，故选(B)。

注意：由于行列式中的各项均含有 x，若直接展开式是烦琐的，故一定要先恒等变形；更不要错误地认为 $f(x)$ 一定是 4 次多项式。

【例 6】$\begin{vmatrix} x & 1 & 1 & 2 \\ 1 & x & 1 & -1 \\ 3 & 2 & x & 1 \\ 1 & 1 & 2x & 1 \end{vmatrix}$ 中 x^3 的系数为________。

(A) -1　　(B) 1　　(C) 0　　(D) 2　　(E) -2

【答案】(A)。

【解析】依据为行列式是不同行不同列元素积的代数和。第一行只能取(1, 1)的 x，如取(1, 4)的 2，则划去第一行的一个 x，且由于第三列的两个 x 只能取其一，故不能得到 x^3；(1, 2)的 1 和(1, 3)的 1 均因所在行和列至少有两个 x，也不可能得到 x^3。同理可知，第二行只能取(2, 2)的 x。因此，第一行只能取(1, 1)的 x，第二行只能取(2, 2)的 x，从而含 x^3 只有两项：

(1) 主对角线项：(1, 1)的 $x\to$(2, 2)的 $x\to$(3, 3)的 $x\to$(4, 4)的 1：x^3；

(2) 非主对角线项：(1, 1)的 $x\to$(2, 2)的 $x\to$(3, 4)的 $1\to$(4, 3)的 $2x$：$(-1)^{\tau(1243)}2x^3=-2x^3$；故所求 x^3 的系数为 -1，答案选择(A)。

【例 7】行列式 $\begin{vmatrix} 2 & -1 & x & 2x \\ 1 & 1 & x & -1 \\ 0 & x & 2 & 0 \\ x & 0 & -1 & -x \end{vmatrix}$ 展开式中 x^4 的系数是________。

(A) 2　　(B) -2　　(C) 1　　(D) -1　　(E) 0

【答案】(A)。

【解析】本题考查行列式的展开。

由于行列式的各项元素中关于 x 的最高次数为 1，所以产生 x^4 项的每个元素都应含有 x。

在 $\begin{vmatrix} 2 & -1 & x & 2x \\ 1 & 1 & x & -1 \\ 0 & x & 2 & 0 \\ x & 0 & -1 & -x \end{vmatrix}$ 中按第一列展开中含 x^4 的项只有 $-x\begin{vmatrix} -1 & x & 2x \\ 1 & x & -1 \\ x & 2 & 0 \end{vmatrix}$，在 $\begin{vmatrix} -1 & x & 2x \\ 1 & x & -1 \\ x & 2 & 0 \end{vmatrix}$ 中按第一列展开中含 x^3 项只有 $x\begin{vmatrix} x & 2x \\ x & -1 \end{vmatrix}=-2x^3-x^2$，故系数为 $-1\times(-2)=2$，正确选项为(A)。

题型 2：数字型行列式的计算

【例 8】(普研)四阶行列式 $\begin{vmatrix} a_1 & 0 & 0 & b_1 \\ 0 & a_2 & b_2 & 0 \\ 0 & b_3 & a_3 & 0 \\ b_4 & 0 & 0 & a_4 \end{vmatrix}$ 的值等于________。

(A) $a_1a_2a_3a_4-b_1b_2b_3b_4$　　(B) $a_1a_2a_3a_4+b_1b_2b_3b_4$

(C) $(a_1a_2-b_1b_2)(a_3a_4-b_3b_4)$　　(D) $(a_2a_3-b_2b_3)(a_1a_4-b_1b_4)$

(E) $(a_2a_3+b_2b_3)(a_1a_4+b_1b_4)$

【答案】(D)。

【解析】本题是根据行列式展开定理按照第一行展开计算求解的，也可以按照拉普拉斯展开定理进行计算分析，解答本题有一定的技巧性。

解法 1　按第一行展开，原式 $=a_1\cdot\begin{vmatrix} a_2 & b_2 & 0 \\ b_3 & a_3 & 0 \\ 0 & 0 & a_4 \end{vmatrix}-b_1\cdot\begin{vmatrix} 0 & a_2 & b_2 \\ 0 & b_3 & a_3 \\ b_4 & 0 & 0 \end{vmatrix}=a_1a_4\begin{vmatrix} a_2 & b_2 \\ b_3 & a_3 \end{vmatrix}-b_1b_4\begin{vmatrix} a_2 & b_2 \\ b_3 & a_3 \end{vmatrix}=(a_2a_3-b_2b_3)(a_1a_4-b_1b_4)$。

解法 2　若熟悉拉普拉斯展开式，可通过两列互换，两行互换，把零元素调至行列式的一角，例如：$\begin{vmatrix} a_1 & 0 & 0 & b_1 \\ 0 & a_2 & b_2 & 0 \\ 0 & b_3 & a_3 & 0 \\ b_4 & 0 & 0 & a_4 \end{vmatrix}=-\begin{vmatrix} a_1 & b_1 & 0 & 0 \\ 0 & 0 & b_2 & a_2 \\ 0 & 0 & a_3 & b_3 \\ b_4 & a_4 & 0 & 0 \end{vmatrix}=\begin{vmatrix} a_1 & b_1 & 0 & 0 \\ b_4 & a_4 & 0 & 0 \\ 0 & 0 & a_3 & b_3 \\ 0 & 0 & b_2 & a_2 \end{vmatrix}$，

从而知　$D=\begin{vmatrix} a_1 & b_1 \\ b_4 & a_4 \end{vmatrix}\begin{vmatrix} a_3 & b_3 \\ b_2 & a_2 \end{vmatrix}=(a_2a_3-b_2b_3)(a_1a_4-b_1b_4)$。选(D)。

【例 9】行列式 $\begin{vmatrix} 1 & b & a & b \\ b & 0 & b & a \\ a & b & 1 & b \\ b & a & b & 0 \end{vmatrix}=$________。

(A) $a(a-1)[a(a+1)-2b^2]$　　(B) $a^2(a^2-1)$

(C) $a[a(a+1)-4b^2]$　　(D) $(a-1)[a(a+1)-4b^2]$

(E) $a(a-1)[a(a+1)-4b^2]$

【答案】 (E)。

【解析】 考察行列式性质、展开定理。基本思路：先取含零元素尽可能多的行或列，例如第二行(列)或第四行(列)，利用性质尽可能多消零，再降阶。

$$D \xlongequal{r_2-r_4} \begin{vmatrix} 1 & b & a & b \\ 0 & -a & 0 & a \\ a & b & 1 & b \\ b & a & b & 0 \end{vmatrix} \xlongequal{c_2+c_4} \begin{vmatrix} 1 & 2b & a & b \\ 0 & 0 & 0 & a \\ a & 2b & 1 & b \\ b & a & b & 0 \end{vmatrix} \xlongequal{r_2\text{ 展开}} a(-1)^{2+4}\begin{vmatrix} 1 & 2b & a \\ a & 2b & 1 \\ b & a & b \end{vmatrix}\text{。选(E)。}$$

【例 10】 行列式 $D=\begin{vmatrix} 3 & 1 & -1 & 2 \\ -5 & 1 & 3 & -4 \\ 2 & 0 & 1 & -1 \\ 1 & -5 & 3 & -3 \end{vmatrix}=$_______。

(A) 40　　(B) -40　　(C) 10　　(D) -10　　(E) 20

【答案】 (A)。

【解析】 **解法 1**

$$D=\begin{vmatrix} 3 & 1 & -1 & 2 \\ -5 & 1 & 3 & -4 \\ 2 & 0 & 1 & -1 \\ 1 & -5 & 3 & -3 \end{vmatrix} \xlongequal[\substack{r_2-r_1 \\ r_4+5r_1}]{c_1\leftrightarrow c_2} \begin{vmatrix} 1 & 3 & -1 & 2 \\ 0 & -8 & 4 & -6 \\ 0 & 2 & 1 & -1 \\ 0 & 16 & -2 & 7 \end{vmatrix} \xlongequal{\substack{r_2\div 2 \\ r_2\leftrightarrow r_3}} 2\begin{vmatrix} 1 & 3 & -1 & 2 \\ 0 & 2 & 1 & -1 \\ 0 & -4 & 2 & -3 \\ 0 & 16 & -2 & 7 \end{vmatrix}$$

$$\xlongequal[r_3-8r_1]{r_2+2r_1} 2\begin{vmatrix} 1 & 3 & -1 & 2 \\ 0 & 2 & 1 & -1 \\ 0 & 0 & 4 & -5 \\ 0 & 0 & -10 & 15 \end{vmatrix} \xlongequal[r_4+\frac{1}{2}r_3]{r_4\div 5} 10\begin{vmatrix} 1 & 3 & -1 & 2 \\ 0 & 2 & 1 & -1 \\ 0 & 0 & 4 & -5 \\ 0 & 0 & 0 & \frac{1}{2} \end{vmatrix}=40\text{。}$$

注意：为避免麻烦的分数四则运算，第一步先交换 1、2 两列使得第一行第一列的元素变成 1，这是常用技巧。

解法 2 利用展开定理可以简化行列式的计算。

$$D=\begin{vmatrix} 3 & 1 & -1 & 2 \\ -5 & 1 & 3 & -4 \\ 2 & 0 & 1 & -1 \\ 1 & -5 & 3 & -3 \end{vmatrix} \xlongequal[\substack{r_2-r_1 \\ r_4+5r_1}]{c_1\leftrightarrow c_2} \begin{vmatrix} 1 & 3 & -1 & 2 \\ 0 & -8 & 4 & -6 \\ 0 & 2 & 1 & -1 \\ 0 & 16 & -2 & 7 \end{vmatrix} \xlongequal{\substack{r_2\div 2 \\ r_2\leftrightarrow r_3}} 2\begin{vmatrix} 2 & 1 & -1 \\ -4 & 2 & -3 \\ 16 & -2 & 7 \end{vmatrix}$$

$$\xlongequal[\substack{r_2+2r_2 \\ r_4-8r_2}]{} 4\begin{vmatrix} 1 & \frac{1}{2} & -\frac{1}{2} \\ 0 & 4 & -5 \\ 0 & -10 & 15 \end{vmatrix}=4\begin{vmatrix} 4 & -5 \\ -10 & 15 \end{vmatrix}=40\text{。}$$

【例 11】 5 阶行列式 $\begin{vmatrix} 1 & 2 & 3 & 4 & 5 \\ 2 & 3 & 4 & 5 & 1 \\ 3 & 4 & 5 & 1 & 2 \\ 4 & 5 & 1 & 2 & 3 \\ 5 & 1 & 2 & 3 & 4 \end{vmatrix}=$________。

(A) 1 875　(B) $-1\,875$　(C) 1 075　(D) $-1\,075$　(E) 875

【答案】 (A)。

【解析】 $\begin{vmatrix} 1 & 2 & 3 & 4 & 5 \\ 2 & 3 & 4 & 5 & 1 \\ 3 & 4 & 5 & 1 & 2 \\ 4 & 5 & 1 & 2 & 3 \\ 5 & 1 & 2 & 3 & 4 \end{vmatrix}=\begin{vmatrix} 15 & 2 & 3 & 4 & 5 \\ 15 & 3 & 4 & 5 & 1 \\ 15 & 4 & 5 & 1 & 2 \\ 15 & 5 & 1 & 2 & 3 \\ 15 & 1 & 2 & 3 & 4 \end{vmatrix}=\begin{vmatrix} 15 & 2 & 3 & 4 & 5 \\ 0 & 1 & 1 & 1 & -4 \\ 0 & 1 & 1 & -4 & 1 \\ 0 & 1 & -4 & 1 & 1 \\ 0 & -4 & 1 & 1 & 1 \end{vmatrix}$

$$=15\times\begin{vmatrix} 1 & 1 & 1 & -4 \\ 1 & 1 & -4 & 1 \\ 1 & -4 & 1 & 1 \\ -4 & 1 & 1 & 1 \end{vmatrix}=15\times\begin{vmatrix} -1 & 1 & 1 & -4 \\ -1 & 1 & -4 & 1 \\ -1 & -4 & 1 & 1 \\ -1 & 1 & 1 & 1 \end{vmatrix}$$

$$=15\times\begin{vmatrix} -1 & 0 & 0 & -5 \\ -1 & 0 & -5 & 0 \\ -1 & -5 & 0 & 0 \\ -1 & 0 & 0 & 0 \end{vmatrix}=15\times 125=1\,875。$$故选(A)。

【例 12】 4 阶行列式 $D_4=\begin{vmatrix} 1 & -1 & 1 & x-1 \\ 1 & -1 & x+1 & -1 \\ 1 & x-1 & 1 & -1 \\ x+1 & -1 & 1 & -1 \end{vmatrix}=$________。

(A) $(x-1)^4$　(B) $(x+1)^4$　(C) $2x^4$　(D) $-x^4$　(E) x^4

【答案】 (E)。

【解析】 该行列式特点:行和相等为 x。性质+降阶法。

$$D_4 \xlongequal[\text{提取}]{c_1+c_2+c_3+c_4} x\begin{vmatrix} 1 & -1 & 1 & x-1 \\ 1 & -1 & x+1 & -1 \\ 1 & x-1 & 1 & -1 \\ 1 & -1 & 1 & -1 \end{vmatrix} \xlongequal[c_4+c_1]{\substack{c_2+c_1 \\ c_3-c_1}} x\begin{vmatrix} 1 & 0 & 0 & x \\ 1 & 0 & x & 0 \\ 1 & x & 0 & 0 \\ 1 & 0 & 0 & 0 \end{vmatrix} \xlongequal[\text{展开}]{r_4}$$

$$x(-1)^{4+1}\begin{vmatrix} & & x \\ & x & \\ x & & \end{vmatrix}=x^4。$$故选(E)。

【例 13】 设 a, b, c 是方程 $x^3-2x+4=0$ 的三个根,则行列式 $\begin{vmatrix} a & b & c \\ b & c & a \\ c & a & b \end{vmatrix}$ 的值等于________。

(A) 1 (B) 0 (C) −1 (D) −2 (E) 2

【答案】 (B)。

【解析】 本题是一道综合题,主要考查行列式的性质和二次代数方程根与系数的关系。

解法 1 由 a,b,c 是方程 $x^3-2x+4=0$ 的三个根,有

$x^3-2x+4=(x-a)(x-b)(x-c)=x^3-(a+b+c)x^2+(bc+ac+ab)x-abc=0$,

从而 $a+b+c=0$,于是

$$\begin{vmatrix} a & b & c \\ b & c & a \\ c & a & b \end{vmatrix}=\begin{vmatrix} a+b+c & a+b+c & a+b+c \\ b & c & a \\ c & a & b \end{vmatrix}=(a+b+c)\begin{vmatrix} 1 & 1 & 1 \\ b & c & a \\ c & a & b \end{vmatrix}=0。$$

故正确选项为(B)。

解法 2 方程 $x^3-2x+4=(x+2)(x^2-2x+2)=0$。因 a,b,c 是方程 $x^3-2x+4=0$ 的三个根,不妨设 $a=-2$,则 b,c 应满足 $x^2-2x+2=0$,由二次方程根与方程系数的关系,得 $b+c=-(-2)=2$,因此有 $a+b+c=0$。

$$\begin{vmatrix} a & b & c \\ b & c & a \\ c & a & b \end{vmatrix}=\begin{vmatrix} a+b+c & a+b+c & a+b+c \\ b & c & a \\ c & a & b \end{vmatrix}=(a+b+c)\begin{vmatrix} 1 & 1 & 1 \\ b & c & a \\ c & a & b \end{vmatrix}=0。$$

【例 14】 4 阶行列式 $D_4=\begin{vmatrix} 1 & 1 & 1 & 1 \\ 1 & 2 & 0 & 0 \\ 1 & 0 & 3 & 0 \\ 1 & 0 & 0 & 4 \end{vmatrix}=$________。

(A) 1 (B) 0 (C) −1 (D) −2 (E) 2

【答案】 (D)。

【解析】 $D_4=\begin{vmatrix} 1 & 1 & 1 & 1 \\ 1 & 2 & 0 & 0 \\ 1 & 0 & 3 & 0 \\ 1 & 0 & 0 & 4 \end{vmatrix}=2\cdot3\cdot4\begin{vmatrix} 1 & 1 & 1 & 1 \\ \frac{1}{2} & 1 & 0 & 0 \\ \frac{1}{3} & 0 & 1 & 0 \\ \frac{1}{4} & 0 & 0 & 1 \end{vmatrix}$

$$=2\cdot3\cdot4\begin{vmatrix} 1-\frac{1}{2}-\frac{1}{3}-\frac{1}{4} & 0 & 0 & 0 \\ \frac{1}{2} & 1 & 0 & 0 \\ \frac{1}{3} & 0 & 1 & 0 \\ \frac{1}{4} & 0 & 0 & 1 \end{vmatrix}=2\cdot3\cdot4\cdot\left(1-\frac{1}{2}-\frac{1}{3}-\frac{1}{4}\right)$$

$=-2$。故选(D)。

【例 15】 五阶行列式 $D_5=\begin{vmatrix}4&3&0&0&0\\1&4&3&0&0\\0&1&4&3&0\\0&0&1&4&3\\0&0&0&1&4\end{vmatrix}=$________。

(A) 264　(B) 364　(C) -264　(D) -364　(E) -182

【答案】 (B)。

【解析】 $D_5=\begin{vmatrix}4&3&0&0&0\\1&4&3&0&0\\0&1&4&3&0\\0&0&1&4&3\\0&0&0&1&4\end{vmatrix}=\begin{vmatrix}1&3&0&0&0\\1&4&3&0&0\\0&1&4&3&0\\0&0&1&4&3\\0&0&0&1&4\end{vmatrix}+\begin{vmatrix}3&0&0&0&0\\1&4&3&0&0\\0&1&4&3&0\\0&0&1&4&3\\0&0&0&1&4\end{vmatrix}$

$=1+3D_4=1+3(1+3D_3)=1+3+3^2D_3=1+3+3^2(1+3D_2)$

$=1+3+3^2+3^3D_2=1+3+3^2+3^3(3+D_1)=1+3+3^2+3^3+3^4+3^5$

$=364$。

答案选择(B)。

题型 3: 抽象型行列式的计算

【例 16】 (经济类)已知 $\boldsymbol{A}=(\boldsymbol{\alpha},\boldsymbol{\gamma}_2,\boldsymbol{\gamma}_3,\boldsymbol{\gamma}_4)$,$\boldsymbol{B}=(\boldsymbol{\beta},\boldsymbol{\gamma}_2,\boldsymbol{\gamma}_3,\boldsymbol{\gamma}_4)$ 为四阶方阵,其中 $\boldsymbol{\alpha}$,$\boldsymbol{\beta}$,$\boldsymbol{\gamma}_2$,$\boldsymbol{\gamma}_3$,$\boldsymbol{\gamma}_4$ 均为四维列向量,且已知行列式 $|\boldsymbol{A}|=4$,$|\boldsymbol{B}|=1$,则 $|\boldsymbol{A}+\boldsymbol{B}|=$________。

(A) 5　(B) 10　(C) 20　(D) 40　(E) 30

【答案】 (D)。

【解析】 由行列式性质知:$|\boldsymbol{A}+\boldsymbol{B}|=|\boldsymbol{\alpha}+\boldsymbol{\beta},2\boldsymbol{\gamma}_2,2\boldsymbol{\gamma}_3,2\boldsymbol{\gamma}_4|=8|\boldsymbol{\alpha}+\boldsymbol{\beta},\boldsymbol{\gamma}_2,\boldsymbol{\gamma}_3,\boldsymbol{\gamma}_4|=8(|\boldsymbol{A}|+|\boldsymbol{B}|)=40$,故选(D)。

【例 17】 (普研)设 $\boldsymbol{A}$,$\boldsymbol{B}$ 均为 n 阶方阵,$|\boldsymbol{A}|=2$,$|\boldsymbol{B}|=-3$,则 $|2\boldsymbol{A}^*\boldsymbol{B}^{-1}|=$________。

(A) $\frac{2^{n-1}}{3}$　(B) $-\frac{2^{n-1}}{3}$　(C) $\frac{2^{2n}}{3}$　(D) $-\frac{2^{2n}}{3}$　(E) $-\frac{2^{2n-1}}{3}$

【答案】 (E)。

【解析】 $|2\boldsymbol{A}^*\boldsymbol{B}^{-1}|=|2\cdot2\boldsymbol{A}^{-1}\boldsymbol{B}^{-1}|=|4\boldsymbol{A}^{-1}\boldsymbol{B}^{-1}|=4^n|\boldsymbol{A}^{-1}||\boldsymbol{B}^{-1}|=-\frac{2^{2n-1}}{3}$,答案选择(E)。

【例 18】 (普研)若 $\boldsymbol{\alpha}_1$,$\boldsymbol{\alpha}_2$,$\boldsymbol{\alpha}_3$,$\boldsymbol{\beta}_1$,$\boldsymbol{\beta}_2$ 都是 4 维列向量,且 $|\boldsymbol{\alpha}_1,\boldsymbol{\alpha}_2,\boldsymbol{\alpha}_3,\boldsymbol{\beta}_1|=m$,$|\boldsymbol{\alpha}_1,\boldsymbol{\alpha}_2,\boldsymbol{\beta}_2,\boldsymbol{\alpha}_3|=n$,则 4 阶行列式 $|\boldsymbol{\alpha}_3,\boldsymbol{\alpha}_2,\boldsymbol{\alpha}_1,\boldsymbol{\beta}_1+\boldsymbol{\beta}_2|=$________。

(A) $m+n$　(B) $-(m+n)$　(C) $n-m$　(D) $m-n$　(E) mn

【答案】 (C)。

【解析】 利用行列式的性质,有 $|\boldsymbol{\alpha}_3,\boldsymbol{\alpha}_2,\boldsymbol{\alpha}_1,\boldsymbol{\beta}_1+\boldsymbol{\beta}_2|=|\boldsymbol{\alpha}_3,\boldsymbol{\alpha}_2,\boldsymbol{\alpha}_1,\boldsymbol{\beta}_1|+|\boldsymbol{\alpha}_3,\boldsymbol{\alpha}_2,\boldsymbol{\alpha}_1,\boldsymbol{\beta}_2|=-|\boldsymbol{\alpha}_1,\boldsymbol{\alpha}_2,\boldsymbol{\alpha}_3,\boldsymbol{\beta}_1|-|\boldsymbol{\alpha}_1,\boldsymbol{\alpha}_2,\boldsymbol{\alpha}_3,\boldsymbol{\beta}_2|=-m+|\boldsymbol{\alpha}_1,\boldsymbol{\alpha}_2,\boldsymbol{\beta}_2,\boldsymbol{\alpha}_3|=$

$n-m$，所以应该选(C)。

注意： 作为抽象行列式，本题主要参考行列式的性质。

【例 19】 设三阶矩阵 $\boldsymbol{A}=\begin{bmatrix}\boldsymbol{\alpha}\\2\boldsymbol{\gamma}_2\\3\boldsymbol{\gamma}_3\end{bmatrix}$，$\boldsymbol{B}=\begin{bmatrix}\boldsymbol{\beta}\\\boldsymbol{\gamma}_2\\\boldsymbol{\gamma}_3\end{bmatrix}$，其中 $\boldsymbol{\alpha},\boldsymbol{\beta},\boldsymbol{\gamma}_2,\boldsymbol{\gamma}_3$ 都是三维行向量，且已知 $|\boldsymbol{A}|=18$，$|\boldsymbol{B}|=2$，则 $|\boldsymbol{A}-\boldsymbol{B}|=$________。

(A) 1　　(B) 2　　(C) 3　　(D) 4　　(E) 5

【答案】 (B)。

【解析】 $|\boldsymbol{A}-\boldsymbol{B}|=\begin{vmatrix}\boldsymbol{\alpha}-\boldsymbol{\beta}\\\boldsymbol{\gamma}_2\\2\boldsymbol{\gamma}_3\end{vmatrix}=2\begin{vmatrix}\boldsymbol{\alpha}\\\boldsymbol{\gamma}_2\\\boldsymbol{\gamma}_3\end{vmatrix}-2\begin{vmatrix}\boldsymbol{\beta}\\\boldsymbol{\gamma}_2\\\boldsymbol{\gamma}_3\end{vmatrix}=\begin{vmatrix}\boldsymbol{\alpha}\\2\boldsymbol{\gamma}_2\\\boldsymbol{r}_3\end{vmatrix}-2|\boldsymbol{B}|=\frac{1}{3}\begin{vmatrix}\boldsymbol{\alpha}\\2\boldsymbol{\gamma}_2\\3\boldsymbol{\gamma}_3\end{vmatrix}-2|\boldsymbol{B}|=$ $\frac{1}{3}|\boldsymbol{A}|-2|\boldsymbol{B}|=2$。故选(B)。

【例 20】 设 4 阶矩阵 $\boldsymbol{A}=(\boldsymbol{\alpha},\boldsymbol{\gamma}_1,\boldsymbol{\gamma}_2,\boldsymbol{\gamma}_3)$，$\boldsymbol{B}=(\boldsymbol{\beta},\boldsymbol{\gamma}_1,\boldsymbol{\gamma}_2,\boldsymbol{\gamma}_3)$，$|\boldsymbol{A}|=2$，$|\boldsymbol{B}|=3$，则 $|\boldsymbol{A}+\boldsymbol{B}|=$________。

(A) 64　　(B) 40　　(C) -64　　(D) -40　　(E) -32

【答案】 (B)。

【解析】 $|\boldsymbol{A}+\boldsymbol{B}|=|\boldsymbol{\alpha}+\boldsymbol{\beta},2\boldsymbol{\gamma}_1,2\boldsymbol{\gamma}_2,2\boldsymbol{\gamma}_3|=2\times2\times2\times|\boldsymbol{\alpha}+\boldsymbol{\beta},\boldsymbol{\gamma}_1,\boldsymbol{\gamma}_2,\boldsymbol{\gamma}_3|=8\times(|\boldsymbol{A}|+|\boldsymbol{B}|)=8\times5=40$。故选(B)。

【例 21】 (普研)设 $\boldsymbol{A}$ 是 n 阶矩阵，满足 $\boldsymbol{AA}^{\mathrm{T}}=\boldsymbol{E}$($\boldsymbol{E}$ 是 n 阶单位阵)，$\boldsymbol{A}^{\mathrm{T}}$ 是 $\boldsymbol{A}$ 的转置矩阵，$|\boldsymbol{A}|<0$，则 $|\boldsymbol{A}+\boldsymbol{E}|=$________。

(A) 1　　(B) 0　　(C) -1　　(D) -2　　(E) 2

【答案】 (B)。

【解析】 由矩阵等式 $\boldsymbol{AA}^{\mathrm{T}}=\boldsymbol{E}$ 求抽象矩阵 $\boldsymbol{A}+\boldsymbol{E}$ 的行列式，联想到利用此等式条件，则有两种方法。

解法 1　将 $\boldsymbol{E}=\boldsymbol{AA}^{\mathrm{T}}$ 直接代入要计算的行列式中。

解法 2　"凑"出可利用已知矩阵等式中左端的形式 $\boldsymbol{AA}^{\mathrm{T}}$，再将 $\boldsymbol{AA}^{\mathrm{T}}=\boldsymbol{E}$ 代入计算。

此题可直接代入，根据 $\boldsymbol{AA}^{\mathrm{T}}=\boldsymbol{E}$ 有 $|\boldsymbol{A}+\boldsymbol{E}|=|\boldsymbol{A}+\boldsymbol{AA}^{\mathrm{T}}|=|\boldsymbol{A}(\boldsymbol{E}+\boldsymbol{A}^{\mathrm{T}})|=|\boldsymbol{A}||\boldsymbol{E}+\boldsymbol{A}|=|\boldsymbol{A}||\boldsymbol{A}+\boldsymbol{E}|$，于是 $(1-|\boldsymbol{A}|)\cdot|\boldsymbol{A}+\boldsymbol{E}|=0$，因为 $1-|\boldsymbol{A}|>0$，所以 $|\boldsymbol{A}+\boldsymbol{E}|=0$。故选(B)。

【例 22】 已知 $\boldsymbol{A}$ 是 4 阶矩阵，且 $|\boldsymbol{A}|=a\neq0$，$\boldsymbol{A}^*$ 是 $\boldsymbol{A}$ 的伴随矩阵，$\big||\boldsymbol{A}^*|\boldsymbol{A}\big|=$________。

(A) a^{13}　　(B) 0　　(C) a^{12}　　(D) a^{11}　　(E) a^{14}

【答案】 (A)。

【解析】 因为 $\big||\boldsymbol{A}^*|\boldsymbol{A}\big|=|\boldsymbol{A}^*|^4\cdot|\boldsymbol{A}|$，$\boldsymbol{AA}^*=|\boldsymbol{A}|\boldsymbol{E}$，所以 $|\boldsymbol{A}|\cdot|\boldsymbol{A}^*|=|\boldsymbol{A}|^4$，

$|A^*|=|A|^3$，$||A^*|A|=|A|^{13}=a^{13}$。故选(A)。

题型4： 代数余子式求和

【例23】 (经济类)4阶行列式 $D=\begin{vmatrix}1&0&4&0\\2&-1&-1&2\\0&-6&0&0\\2&4&-1&2\end{vmatrix}$，则第四行各元素代数余子式之和，即 $A_{41}+A_{42}+A_{43}+A_{44}=$________。

(A) -18　　(B) -9　　(C) -6　　(D) -3　　(E) 1

【答案】 (A)。

【解析】 由题意把第四行全部成1，易得 $D'=\begin{vmatrix}1&0&4&0\\2&-1&-1&2\\0&-6&0&0\\1&1&1&1\end{vmatrix}=A_{41}+A_{42}+A_{43}+A_{44}$。

计算 $D'=\begin{vmatrix}1&0&4&0\\2&-1&-1&2\\0&-6&0&0\\1&1&1&1\end{vmatrix}=\begin{vmatrix}1&0&4&0\\0&-1&-9&2\\0&0&54&-12\\0&0&-12&3\end{vmatrix}=-1\cdot(3\times54-(-12)^2)=-18$。故选(A)。

【例24】 已知行列式 $D=\begin{vmatrix}3&0&4&0\\2&2&2&2\\0&-7&0&0\\5&3&-12&134\end{vmatrix}$，则第4行元素的余子式和代数余子式之和为________。

(A) 28　　(B) -28　　(C) -18　　(D) -22　　(E) 22

【答案】 (B)。

【解析】 由代数余子式性质知：行列式最后一行元素不影响所求。

题目要求：$M_{41}+M_{42}+M_{43}+M_{44}+A_{41}+A_{42}+A_{43}+A_{44}=?$

由余子式和代数余子式关系、展开定理得：$M_{41}+M_{42}+M_{43}+M_{44}=-A_{41}+A_{42}-A_{43}+A_{44}$。

$$M_{41}+M_{42}+M_{43}+M_{44}=\begin{vmatrix}3&0&4&0\\2&2&2&2\\0&-7&0&0\\-1&1&-1&1\end{vmatrix}\xlongequal{r_3}(-7)(-1)^{3+2}\begin{vmatrix}3&4&0\\2&2&2\\-1&-1&1\end{vmatrix}$$

$$\xlongequal{r_2+2r_3}7\begin{vmatrix}3&4&0\\0&0&4\\-1&-1&1\end{vmatrix}=7\cdot4\cdot(-1)^{2+3}\begin{vmatrix}3&4\\-1&-1\end{vmatrix}=-28。$$

逆用展开定理：

$$A_{41}+A_{42}+A_{43}+A_{44}=1\cdot A_{41}+1\cdot A_{42}+1\cdot A_{43}+1\cdot A_{44}\xlongequal{\text{逆用展开定理}}\begin{vmatrix}3&0&4&0\\2&2&2&2\\0&-7&0&0\\1&1&1&1\end{vmatrix}\xlongequal{\text{两行比例}}0。$$

注意：基本思路如下：

(1) 确定代数余子式的行(列)；

(2) 观察代数余子式的系数是否为原行列式的某行(列)；

(3) 如果"系数"与"代数余子式"同属一行(列)，则需计算一个新行列式[该行(列)元素换为各个系数]；如果不属同一行(列)，则所求为零。

8.5 过关练习题精练

【习题 1】 计算行列式 $D=\begin{vmatrix}-ab&ac&ae\\bd&-cd&de\\bf&cf&-ef\end{vmatrix}=$________。

(A) $4abcde$　(B) $abcde$　(C) $2abcde$　(D) $-4abcde$　(E) $-abcde$

【答案】 (A)。

【解析】 $D=\begin{vmatrix}-ab&ac&ae\\bd&-cd&de\\bf&cf&-ef\end{vmatrix}=adf\begin{vmatrix}-b&c&e\\b&-c&e\\b&c&-e\end{vmatrix}$

$$=adfbce\begin{vmatrix}-1&1&1\\1&-1&1\\1&1&-1\end{vmatrix}=adfbce\begin{vmatrix}-1&1&1\\0&0&2\\0&2&0\end{vmatrix}$$

$$=-adfbce\begin{vmatrix}-1&1&1\\0&2&0\\0&0&2\end{vmatrix}=4abcde$$。故选(A)。

【习题 2】 行列式 $\begin{vmatrix}246&427&327\\1\,014&543&443\\-342&721&621\end{vmatrix}=$________。

(A) 294×10^5　(B) -294×10^5　(C) -294×10^4　(D) 294×10^6　(E) 294×10^4

【答案】 (B)。

【解析】 $\begin{vmatrix}246&427&327\\1\,014&543&443\\-342&721&621\end{vmatrix}=\begin{vmatrix}1\,000&427&327\\2\,000&543&443\\1\,000&721&621\end{vmatrix}=\begin{vmatrix}1\,000&100&327\\2\,000&100&443\\1\,000&100&621\end{vmatrix}$

$$=10^5\begin{vmatrix}1&1&327\\2&1&443\\1&1&621\end{vmatrix}=10^5\begin{vmatrix}1&1&327\\0&-1&-211\\0&0&294\end{vmatrix}=-294\times10^5$$，答案选择(B)。

【习题 3】 设 $f(x)=\begin{vmatrix} 1 & -1 & 2 & 0 \\ 2 & x & -1 & 1 \\ 0 & -2 & x+1 & 1 \\ -2 & 1 & -3 & 2 \end{vmatrix}$，则 $\frac{\mathrm{d}^2}{\mathrm{d}x^2}f(x)=$________。

(A) 1 (B) 2 (C) 4 (D) -4 (E) -1

【答案】 (C)。

【解析】 只需计算 $f(x)$ 中含 x^2 或更高次的项。显然，这样的项只有 $x(x+1)2=2x^2+2x$。于是，$\frac{\mathrm{d}^2}{\mathrm{d}x^2}f(x)=4$。选(C)。

【习题 4】 $f(x)=\begin{vmatrix} x-3 & a & -1 & 4 \\ 5 & x-8 & 0 & -2 \\ 0 & b & x+1 & 1 \\ 2 & 2 & 1 & x \end{vmatrix}$ 的 x^4 和 x^3 的系数之和为________。

(A) 5 (B) 8 (C) 10 (D) -10 (E) -9

【答案】 (E)。

【解析】 经分析题意，知除对角线上元素乘积之外，其他的项不再含有 x^4 和 x^3。于是要求 x^4 和 x^3 的系数，只要看对角线上元素乘积这一项，把它乘开，得到 x^4 的系数是 1，x^3 前面的系数是 -10，所以两者之和为 -9，答案选择(E)。

【习题 5】 $f(x)=\begin{vmatrix} x-2 & x-1 & x-3 \\ 2x-2 & 2x-1 & 2x-3 \\ 3x-3 & 3x-2 & 3x-5 \end{vmatrix}=0$ 的根为________。

(A) 2 (B) 3 (C) 0 或 3 (D) 0 (E) 1

【答案】 (D)。

【解析】 将行列式的第三列乘以 (-1) 分别加到前两列，得

$$f(x)=\begin{vmatrix} 1 & 2 & x-3 \\ 1 & 2 & 2x-3 \\ 2 & 3 & 3x-5 \end{vmatrix}=\begin{vmatrix} 1 & 2 & x-3 \\ 0 & 0 & x \\ 0 & -1 & x+1 \end{vmatrix}=x,$$

所以 $f(x)=0$ 的根为 $x=0$，故本题应选(D)。

【习题 6】 方程 $\begin{vmatrix} 1 & 1 & 1 & 1 \\ -2 & x & 3 & 1 \\ 2 & 2 & x & 4 \\ 3 & 3 & 4 & x \end{vmatrix}=0$ 的根之和为________。

(A) 7 (B) 4 (C) 1 (D) -2 (E) 3

【答案】 (E)。

【解析】
$$\begin{vmatrix}1&1&1&1\\-2&x&3&1\\2&2&x&4\\3&3&4&x\end{vmatrix}=\begin{vmatrix}1&1&1&1\\0&x+2&5&3\\0&0&x-2&2\\0&0&1&x-3\end{vmatrix}=(x+2)(x-1)(x-4)=0。$$

所以,方程的根为 $x_1=-2$, $x_2=1$, $x_3=4$,故三个根之和为 3,答案选择(E)。

【习题 7】　设 $\begin{vmatrix}a_{11}&a_{12}&a_{13}\\a_{21}&a_{22}&a_{23}\\a_{31}&a_{32}&a_{33}\end{vmatrix}=M\neq 0$,则行列式 $\begin{vmatrix}-2a_{11}&-2a_{12}&-2a_{13}\\-2a_{31}&-2a_{32}&-2a_{33}\\-2a_{21}&-2a_{22}&-2a_{23}\end{vmatrix}=$ ________。

(A) $8M$　　(B) $2M$　　(C) $-2M$　　(D) $-8M$　　(E) 0

【答案】 (A)。

【解析】 本题考查利用行列式的性质计算行列式的值

$$\begin{vmatrix}-2a_{11}&-2a_{12}&-2a_{13}\\-2a_{31}&-2a_{32}&-2a_{33}\\-2a_{21}&-2a_{22}&-2a_{23}\end{vmatrix}=-8\begin{vmatrix}a_{11}&a_{12}&a_{13}\\a_{31}&a_{32}&a_{33}\\a_{21}&a_{22}&a_{23}\end{vmatrix}=8\begin{vmatrix}a_{11}&a_{12}&a_{13}\\a_{21}&a_{22}&a_{23}\\a_{31}&a_{32}&a_{33}\end{vmatrix}=8M。$$

故正确选项为(A)。

【习题 8】 多项式 $p(x)=\begin{vmatrix}a_{11}+x&a_{12}+x&a_{13}+x&a_{14}+x\\a_{21}+x&a_{22}+x&a_{23}+x&a_{24}+x\\a_{31}+x&a_{32}+x&a_{33}+x&a_{34}+x\\a_{41}+x&a_{42}+x&a_{43}+x&a_{44}+x\end{vmatrix}$ 的次数至多是________。

(A) 1　　(B) 2　　(C) 3　　(D) 4　　(E) 5

【答案】 (A)。

【解析】 第 2, 3, 4 行均减去第 1 行:

$$p(x)=\begin{vmatrix}a_{11}+x&a_{12}+x&a_{13}+x&a_{14}+x\\a_{21}-a_{11}&a_{22}-a_{12}&a_{23}-a_{13}&a_{24}-a_{14}\\a_{31}-a_{11}&a_{32}-a_{12}&a_{33}-a_{13}&a_{34}-a_{14}\\a_{41}-a_{11}&a_{42}-a_{12}&a_{43}-a_{13}&a_{44}-a_{14}\end{vmatrix},$$

按第 1 行展开易知: $p(x)$ 至多是 1 次多项式。选择(A)。

【习题 9】 行列式 $D=\begin{vmatrix}3&1&1&1\\1&3&1&1\\1&1&3&1\\1&1&1&3\end{vmatrix}=$ ________。

(A) 10　　(B) 48　　(C) 36　　(D) 24　　(E) 15

【答案】 (B)。

【解析】 它是各列之和相等的行列式，其各列的和等于 6，将各列都加到第 1 列上，再提出公因数 6。$D=6\begin{vmatrix}1&1&1&1\\1&3&1&1\\1&1&3&1\\1&1&1&3\end{vmatrix}\xlongequal[r_4-r_1]{\substack{r_2-r_1\\r_3-r_1}}6\begin{vmatrix}1&1&1&1\\0&2&0&0\\0&0&2&0\\0&0&0&2\end{vmatrix}=48$。故选(B)。

【习题 10】 行列式 $\begin{vmatrix}1+a&1&1&1\\2&2+a&2a&2\\3&3&3+a&3\\4&4&4&4+a\end{vmatrix}=$______。

(A) $10a^3$　(B) $(a+2)a^3$　(C) $(a+5)a^3$　(D) $(a+10)a^3$　(E) a^4

【答案】 (D)。

【解析】 $D_4=\begin{vmatrix}1+a&1&1&1\\2&2+a&2a&2\\3&3&3+a&3\\4&4&4&4+a\end{vmatrix}=\begin{vmatrix}a+10&a+10&a+10&a+10\\2&2+a&2&2\\3&3&3+a&3\\4&4&4&4+a\end{vmatrix}$

$=(a+10)\begin{vmatrix}1&1&1&1\\2&2+a&2&2\\3&3&3+a&3\\4&4&4&4+a\end{vmatrix}=(a+10)\begin{vmatrix}1&1&1&1\\0&a&0&0\\0&0&a&0\\0&0&0&a\end{vmatrix}$

$=(a+10)a^3$。故选(D)。

【习题 11】 行列式 $\begin{vmatrix}2&a&a&a&a\\a&2&a&a&a\\a&a&2&a&a\\a&a&a&2&a\\a&a&a&a&2\end{vmatrix}=$______。

(A) $(4a+2)(2-a)^4$　(B) $(4a+2)(2+a)^4$

(C) $(4a+1)(2-a)^4$　(D) $(a+2)(2-a)^4$

(E) $(2a+3)(2-a)^4$

【答案】 (A)。

【解析】 $\begin{vmatrix}2&a&a&a&a\\a&2&a&a&a\\a&a&2&a&a\\a&a&a&2&a\\a&a&a&a&2\end{vmatrix}=\begin{vmatrix}2+4a&a&a&a&a\\2+4a&2&a&a&a\\2+4a&a&2&a&a\\2+4a&a&a&2&a\\2+4a&a&a&a&2\end{vmatrix}=(2+4a)\begin{vmatrix}1&a&a&a&a\\1&2&a&a&a\\1&a&2&a&a\\1&a&a&2&a\\1&a&a&a&2\end{vmatrix}$

$=(4a+2)\begin{vmatrix}1&a&a&a&a\\0&2-a&0&0&0\\0&0&2-a&0&0\\0&0&0&2-a&0\\0&0&0&0&2-a\end{vmatrix}=(4a+2)(2-a)^4$。故选(A)。

【习题 12】 行列式 $\begin{vmatrix} 2 & 2 & 2 & 2+x \\ 2 & 2 & 2-x & 2 \\ 2 & 2+y & 2 & 2 \\ 2-y & 2 & 2 & 2 \end{vmatrix}=$______。

(A) $-xy^2$　　(B) $-xy$　　(C) $-x^2y$　　(D) x^2y^2　　(E) $-x^2y^2$

【答案】 (E)。

【解析】 将行列式的第 1 行乘以(−1)加至其他各行,则

$$\text{原行列式}=\begin{vmatrix} 2 & 2 & 2 & 2+x \\ 0 & 0 & -x & -x \\ 0 & y & 0 & -x \\ -y & 0 & 0 & -x \end{vmatrix}=-x\begin{vmatrix} 2 & 2 & 0 & x \\ 0 & 0 & -1 & -1 \\ 0 & y & 0 & -x \\ -y & 0 & 0 & -x \end{vmatrix}=-x\begin{vmatrix} 2 & 2 & x \\ 0 & y & -x \\ -y & 0 & -x \end{vmatrix}=$$

$-x^2y^2$。故选(E)。

【习题 13】 $\boldsymbol{A}=\begin{pmatrix} a_{11} & a_{12} & a_{13} \\ a_{21} & a_{22} & a_{23} \\ a_{31} & a_{32} & a_{33} \end{pmatrix}$,则 $|x\boldsymbol{E}-\boldsymbol{A}|$ 的三个根之和等于______。

(A) $a_{12}+a_{23}+a_{31}$　　(B) $a_{11}+2a_{22}+3a_{33}$

(C) $a_{31}+a_{32}+a_{33}$　　(D) $a_{11}+a_{12}+a_{13}$

(E) $a_{11}+a_{22}+a_{33}$

【答案】 (E)。

【解析】 设 $|x\boldsymbol{E}-\boldsymbol{A}|$ 的三个根分别为 x_1, x_2, x_3,则 $|x\boldsymbol{E}-\boldsymbol{A}|=(x-x_1)(x-x_2)(x-x_3)$,接下来我们比较等式两侧二次项的系数:右侧部分二次项的系数为 $-(x_1+x_2+x_3)$,左侧部分二次项的系数为 $-(a_{11}+a_{22}+a_{33})$。因为两边相等,通过比较,即可得出结论。

注意: 本题中的结论我们可以推广到 n 阶行列式的情形。这些对角线上元素的和称为此行列式 $|\boldsymbol{A}|$ 的迹,记为 $\mathrm{tr}(\boldsymbol{A})$。

【习题 14】 行列式 $\begin{vmatrix} a & b & c \\ a^2 & b^2 & c^2 \\ b+c & a+c & a+b \end{vmatrix}=$______。

(A) $(b-a)(c-a)(c-b)$　　(B) $(a+b+c)(c-a)(c-b)$

(C) $(a+b+c)(b-a)(c-b)$　　(D) $(a+b+c)(b-a)(c-a)$

(E) $(a+b+c)(b-a)(c-a)(c-b)$

【答案】 (E)。

【解析】 $$\begin{vmatrix} a & b & c \\ a^2 & b^2 & c^2 \\ b+c & a+c & a+b \end{vmatrix}=\begin{vmatrix} a & b & c \\ a^2 & b^2 & c^2 \\ a+b+c & a+b+c & a+b+c \end{vmatrix}$$

$$=(a+b+c)\begin{vmatrix} a & b & c \\ a^2 & b^2 & c^2 \\ 1 & 1 & 1 \end{vmatrix}=(a+b+c)\begin{vmatrix} 1 & 1 & 1 \\ a & b & c \\ a^2 & b^2 & c^2 \end{vmatrix}$$

$$=(a+b+c)(b-a)(c-a)(c-b)\text{。故选(E)。}$$

【习题 15】 (普研)行列式 $\begin{vmatrix} 1-a & a & 0 & 0 & 0 \\ -1 & 1-a & a & 0 & 0 \\ 0 & -1 & 1-a & a & 0 \\ 0 & 0 & -1 & 1-a & a \\ 0 & 0 & 0 & -1 & 1-a \end{vmatrix}=$________。

(A) $1-a+a^2-a^3+a^4-a^5$ (B) $1+a+a^2-a^3+a^4-a^5$

(C) $1+a+a^2+a^3+a^4+a^5$ (D) $1-a-a^2-a^3-a^4-a^5$

(E) $1+a-a^2+a^3-a^4+a^5$

【答案】 (A)。

【解析】 我们对这道题用 2 种方法加以解答。

解法 1 对第一列展开。把所求的行列式记为 D_5,想要得出与它的低阶的行列式 D_4、D_3 等的递推关系:$D_5=(1-a)A_{11}-A_{21}=(1-a)M_{11}+M_{21}=(1-a)D_4+aD_3$。

类似的,还有 $D_4=(1-a)D_3+aD_2$, $D_3=(1-a)D_2+aD_1$。易知 $D_1=1-a$,$D_2=1-a+a^2$。把上述结果代回递推式,可算出 $D_3=1-a+a^2-a^3$, $D_4=1-a+a^2-a^3+a^4$, $D_5=1-a+a^2-a^3+a^4-a^5$。

解法 2 把行列式的行或列分拆是把行列式分解的办法。

$$D_5=\begin{vmatrix} 1 & a & 0 & 0 & 0 \\ 0 & 1-a & a & 0 & 0 \\ 0 & -1 & 1-a & a & 0 \\ 0 & 0 & -1 & 1-a & a \\ 0 & 0 & 0 & -1 & 1-a \end{vmatrix}+\begin{vmatrix} -a & a & 0 & 0 & 0 \\ -1 & 1-a & a & 0 & 0 \\ 0 & -1 & 1-a & a & 0 \\ 0 & 0 & -1 & 1-a & a \\ 0 & 0 & 0 & -1 & 1-a \end{vmatrix}$$

容易算出 $D_5=D_4+(-a)^5$。类似的,可得出 $D_4=D_3+(-a)^4$, $D_3=D_2+(-a)^3$, $D_2=D_1+(-a)^2$。

易知 $D_1=1-a$,代入上述各式,得出 $D_5=1-a+a^2-a^3+a^4-a^5$。故选(A)。

【习题 16】 设 $\boldsymbol{A}$ 为奇数阶反对称阵(即 $\boldsymbol{A}^{\mathrm{T}}=-\boldsymbol{A}$),则 $|\boldsymbol{A}|=$________。

(A) 1 (B) 0 (C) -1 (D) -2 (E) 2

【答案】 (B)。

【解析】 设 $\boldsymbol{A}$ 的阶数为 n, n 为奇数,由 $\boldsymbol{A}^{\mathrm{T}}=-\boldsymbol{A}$,有 $|\boldsymbol{A}|=|\boldsymbol{A}^{\mathrm{T}}|=|-\boldsymbol{A}|=(-1)^n|\boldsymbol{A}|=-|\boldsymbol{A}|$,所以 $|\boldsymbol{A}|=0$。故选(B)。

【习题 17】 设 $\boldsymbol{A}$ 为三阶方阵,$\boldsymbol{\alpha}_1$, $\boldsymbol{\alpha}_2$, $\boldsymbol{\alpha}_3$ 是三维线性无关的列向量,若 $\boldsymbol{A\alpha}_1=\boldsymbol{\alpha}_1+\boldsymbol{\alpha}_2$, $\boldsymbol{A\alpha}_2=\boldsymbol{\alpha}_2+\boldsymbol{\alpha}_3$, $\boldsymbol{A\alpha}_3=\boldsymbol{\alpha}_3+\boldsymbol{\alpha}_1$,则行列式 $|\boldsymbol{A}|=$________。

(A) 1 (B) 0 (C) -1 (D) -2 (E) 2

【答案】 (E)。

【解析】 **解法 1** 利用分块矩阵,有 $\boldsymbol{A}(\boldsymbol{\alpha}_1, \boldsymbol{\alpha}_2, \boldsymbol{\alpha}_3)=(\boldsymbol{A\alpha}_1, \boldsymbol{A\alpha}_2, \boldsymbol{A\alpha}_3)=(\boldsymbol{\alpha}_1+\boldsymbol{\alpha}_2, \boldsymbol{\alpha}_2+\boldsymbol{\alpha}_3, \boldsymbol{\alpha}_3+\boldsymbol{\alpha}_1)$ 两边取行列式有

$|\boldsymbol{A}||\boldsymbol{\alpha}_1, \boldsymbol{\alpha}_2, \boldsymbol{\alpha}_3| = |\boldsymbol{\alpha}_1+\boldsymbol{\alpha}_2, \boldsymbol{\alpha}_2+\boldsymbol{\alpha}_3, \boldsymbol{\alpha}_3+\boldsymbol{\alpha}_1| = 2|\boldsymbol{\alpha}_1+\boldsymbol{\alpha}_2+\boldsymbol{\alpha}_3, \boldsymbol{\alpha}_2+\boldsymbol{\alpha}_3, \boldsymbol{\alpha}_3+\boldsymbol{\alpha}_1|$

$=2|\boldsymbol{\alpha}_1+\boldsymbol{\alpha}_2+\boldsymbol{\alpha}_3, -\boldsymbol{\alpha}_1, -\boldsymbol{\alpha}_2| = 2|\boldsymbol{\alpha}_3, \boldsymbol{\alpha}_1, \boldsymbol{\alpha}_2| = 2|\boldsymbol{\alpha}_1, \boldsymbol{\alpha}_2, \boldsymbol{\alpha}_3|$,

又因为 $\boldsymbol{\alpha}_1, \boldsymbol{\alpha}_2, \boldsymbol{\alpha}_3$ 线性无关，$|\boldsymbol{\alpha}_1 \quad \boldsymbol{\alpha}_2 \quad \boldsymbol{\alpha}_3| \neq 0$，从而得 $|\boldsymbol{A}|=2$。

解法 2 $\boldsymbol{A}(\boldsymbol{\alpha}_1, \boldsymbol{\alpha}_2, \boldsymbol{\alpha}_3) = (\boldsymbol{\alpha}_1+\boldsymbol{\alpha}_2, \boldsymbol{\alpha}_2+\boldsymbol{\alpha}_3, \boldsymbol{\alpha}_3+\boldsymbol{\alpha}_1) = (\boldsymbol{\alpha}_1, \boldsymbol{\alpha}_2, \boldsymbol{\alpha}_3)\begin{bmatrix}1&0&1\\1&1&0\\0&1&1\end{bmatrix}$。

两边取行列式得：$|\boldsymbol{A}||\boldsymbol{\alpha}_1, \boldsymbol{\alpha}_2, \boldsymbol{\alpha}_3| = |\boldsymbol{\alpha}_1, \boldsymbol{\alpha}_2, \boldsymbol{\alpha}_3|\begin{vmatrix}1&0&1\\1&1&0\\0&1&1\end{vmatrix}$，

又 $|\boldsymbol{\alpha}_1, \boldsymbol{\alpha}_2, \boldsymbol{\alpha}_3| \neq 0$，$|\boldsymbol{A}| = \begin{vmatrix}1&0&1\\1&1&0\\0&1&1\end{vmatrix} = 2$。故选(E)。

【习题 18】 设 $\boldsymbol{A}$ 为三阶实矩阵，且 $a_{ij}=A_{ij}$，$a_{33}=-1$，则 $|\boldsymbol{A}|=$________。

(A) 1　　(B) 0　　(C) -1　　(D) -2　　(E) 2

【答案】 (A)。

【解析】 由 $\boldsymbol{A}\boldsymbol{A}^*=|\boldsymbol{A}|\boldsymbol{E}$，又 $a_{ij}=A_{ij}$，得 $\boldsymbol{A}^*=\boldsymbol{A}^{\mathrm{T}}$。从而有 $|\boldsymbol{A}\boldsymbol{A}^*|=|\boldsymbol{A}\boldsymbol{A}^{\mathrm{T}}|=|\boldsymbol{A}|^2$，$\big||\boldsymbol{A}|\boldsymbol{E}\big|=|\boldsymbol{A}|^3$，所以 $|\boldsymbol{A}|^2=|\boldsymbol{A}|^3$，$|\boldsymbol{A}|^2(|\boldsymbol{A}|-1)=0$。这时 $|\boldsymbol{A}|=0$ 或 $|\boldsymbol{A}|=1$，又将 $|\boldsymbol{A}|$ 按第三行展开得 $|\boldsymbol{A}|=a_{31}A_{31}+a_{32}A_{32}+a_{33}A_{33}=a_{31}^2+a_{32}^2+a_{33}^2>0$，从而 $|\boldsymbol{A}|=1$。故选(A)。

注意： 此例的变化有：① 设 $\boldsymbol{A}$ 为三阶实矩阵，且 $A_{ij}=A_{ij}$，$a_{11}=-1$，求 $|\boldsymbol{A}|$；② 设 $\boldsymbol{A}$ 为三阶实矩阵，且 $A_{ij}=-a_{ij}$，$a_{11}\neq 0$，求 $|\boldsymbol{A}|$；③ 设 $\boldsymbol{A}$ 为 $n(n\geqslant 2)$ 阶非零实矩阵，且 $a_{ij}=A_{ij}$，求 $|\boldsymbol{A}|$。

【习题 19】 设 $\boldsymbol{A}$ 为 3×3 阶方阵，$\boldsymbol{B}$ 为 4×4 阶方阵，$|\boldsymbol{A}|=1$，$|\boldsymbol{B}|=-2$，则 $\big||\boldsymbol{B}|\boldsymbol{A}\big|=$________。

(A) 4　　(B) 0　　(C) -8　　(D) -2　　(E) 2

【答案】 (C)。

【解析】 $\big||\boldsymbol{B}|\boldsymbol{A}\big|=|-2\boldsymbol{A}|=(-2)^3|\boldsymbol{A}|=-8$。故选(C)。

【习题 20】 设 $\boldsymbol{A}$ 为 3×3 阶方阵，$|\boldsymbol{A}|=-2$，把 $\boldsymbol{A}$ 按列分块 $\boldsymbol{A}=(\boldsymbol{A}_1, \boldsymbol{A}_2, \boldsymbol{A}_3)$，则 $|\boldsymbol{A}_3-2\boldsymbol{A}_1, 3\boldsymbol{A}_2, \boldsymbol{A}_1|$ 的值为________。

(A) 4　　(B) 6　　(C) -8　　(D) -2　　(E) 2

【答案】 (B)。

【解析】 原式 $=|\boldsymbol{A}_3, 3\boldsymbol{A}_2, \boldsymbol{A}_1|+|-2\boldsymbol{A}_1, 3\boldsymbol{A}_2, \boldsymbol{A}_1|=-3\times|\boldsymbol{A}_1, \boldsymbol{A}_2, \boldsymbol{A}_3|+(-2)\times 3\times 0=6$。故选(B)。

【习题 21】 $\boldsymbol{A}$ 为 3 阶阵，且 $|\boldsymbol{A}|=\dfrac{1}{8}$，则 $\left|\left(\dfrac{1}{3}\boldsymbol{A}\right)^{-1}-8\boldsymbol{A}^*\right|=$________。

(A) 48　　(B) 64　　(C) -8　　(D) -24　　(E) 24

【答案】 (B)。

【解析】 $\boldsymbol{A}^*=|\boldsymbol{A}|\boldsymbol{A}^{-1}=\frac{1}{8}\boldsymbol{A}^{-1}$，原式$=|3\boldsymbol{A}^{-1}-\boldsymbol{A}^{-1}|=|2\boldsymbol{A}^{-1}|=2^3\cdot\frac{1}{|\boldsymbol{A}|}=64$。故选(B)。

【习题 22】 $\begin{vmatrix} a & b & b & b \\ b & a & b & b \\ b & b & a & b \\ 1 & 2 & 3 & 4 \end{vmatrix}$ 的第四行元素的代数余子式之 $A_{41}+A_{42}+A_{43}+A_{44}=$ ______。

(A) 0　　(B) $(a-b)^3$　　(C) $-(a-b)^3$　　(D) $(a-b)^2$　　(E) 24

【答案】 (B)。

【解析】 代数余子式性质。由于第 4 行代数余子式之和与原行列式第 4 行元素无关，所以逆用展开定理得

$$A_{41}+A_{42}+A_{43}+A_{44}=\begin{vmatrix} a & b & b & b \\ b & a & b & b \\ b & b & a & b \\ 1 & 1 & 1 & 1 \end{vmatrix}\xlongequal[i=1,2,3]{r_i-br_4}\begin{vmatrix} a-b & 0 & 0 & 0 \\ 0 & a-b & 0 & 0 \\ 0 & 0 & a-b & 0 \\ 1 & 1 & 1 & 1 \end{vmatrix}=(a-b)^3$$。故选(B)。

注意：上面行列式最后一行元素恰为代数余子式的系数！

【习题 23】 已知 $\begin{vmatrix} 2 & 4 & 5 & -2 \\ -3 & 7 & 8 & 4 \\ 5 & -9 & -5 & 7 \\ 2 & -5 & 2 & 2 \end{vmatrix}$，则 $-A_{13}-A_{23}+2A_{33}+A_{43}=$ ______。

(A) 0　　(B) 1　　(C) -2　　(D) 9　　(E) 12

【答案】 (D)。

【解析】 $$-A_{13}-A_{23}+2A_{33}+A_{43}=\begin{vmatrix} 2 & 4 & -1 & -2 \\ -3 & 7 & -1 & 4 \\ 5 & -9 & 2 & 7 \\ 2 & -5 & 1 & 2 \end{vmatrix}=\begin{vmatrix} 0 & 0 & -1 & 0 \\ -5 & 15 & -1 & 6 \\ 9 & 5 & 2 & 3 \\ 4 & -1 & 1 & 0 \end{vmatrix}$$

$$=(-1)\times\begin{vmatrix} -5 & 15 & 6 \\ 9 & 5 & 3 \\ 4 & -1 & 0 \end{vmatrix}=(-1)\times\begin{vmatrix} -23 & 5 & 0 \\ 9 & 5 & 3 \\ 4 & -1 & 0 \end{vmatrix}$$

$$=3\times\begin{vmatrix} -23 & 5 \\ 4 & -1 \end{vmatrix}=3\times3=9$$。故选(D)。

【习题 24】 已知行列式 $\begin{vmatrix} a & b & c & d \\ x & -1 & -y & z+1 \\ 1 & -z & x+3 & y \\ y-2 & x+1 & 0 & z+3 \end{vmatrix}$ 的代数余子式 $A_{11}=-9$，$A_{12}=$

3，$A_{13}=-1$，$A_{14}=3$，则 x，y，z 分别为________。

(A) $x=0$，$y=2$，$z=-1$　　(B) $x=0$，$y=3$，$z=1$

(C) $x=0$，$y=1$，$z=-1$　　(D) $x=1$，$y=3$，$z=-1$

(E) $x=0$，$y=3$，$z=-1$

【答案】 (E)。

【解析】 由性质可以得出下面三个等式：

$$\begin{cases}(-9)x+3\times(-1)+(-1)\times(-y)+3\times(z+1)=0\\(-9)+3\times(-z)+(-1)\times(x+3)+3\times y=0\\(-9)(y-2)+3\times(x+1)+3\times(z+3)=0\end{cases}\text{，整理得}$$

$$\begin{cases}9x-y-3z=0\\x-3y+3z=-12\\3x-9y+3z=-30。\end{cases}$$

下面只要解线性方程组即可。写出它的增广矩阵，并用初等行变换化为阶梯形矩阵。

$$\left[\begin{array}{ccc|c}9&-1&-3&0\\1&-3&3&-12\\3&-9&3&-30\end{array}\right]\to\left[\begin{array}{ccc|c}1&-3&3&-12\\9&-1&-3&0\\3&-9&3&-30\end{array}\right]\to\left[\begin{array}{ccc|c}1&-3&3&-12\\0&26&-12&90\\0&0&-6&6\end{array}\right]$$

$$\to\left[\begin{array}{ccc|c}1&-3&0&-9\\0&26&0&78\\0&0&-1&1\end{array}\right]\to\left[\begin{array}{ccc|c}1&0&0&0\\0&1&0&3\\0&0&1&-1\end{array}\right]\text{，解得 } x=0,\ y=3,\ z=-1\text{。故选(E)。}$$

第9章 矩　　阵

9.1 考纲知识点分析及教材必做习题

第九部分　矩阵及其运算					
教材内容	考 点 内 容	考研要求	教材章节	必做例题	精做练习
矩阵	矩阵的概念	理解	§2.1	例1	无
	单位矩阵、数量矩阵、对角矩阵、三角矩阵的定义及性质	了解			
	对称矩阵、反对称矩阵及正交矩阵等的定义和性质	了解			
矩阵的运算	矩阵的线性运算、乘法、转置以及运算规律	掌握	§2.2	例5,例6,例8	P52 习题 1，2，4，5，6
	方阵的幂与方阵乘积的行列式的性质	了解			
逆矩阵	逆矩阵的概念	理解	§2.3	例11～例13	P53 习题 9，14，15，16，17，18，19，20
	逆矩阵的性质	掌握			
	矩阵可逆的充分必要条件	掌握			
	伴随矩阵的概念	理解			
	用伴随矩阵求逆矩阵	会			
矩阵分块法	分块矩阵的概念	了解	§2.5	例17,例18	P55 习题 26，27，28
	分块矩阵的运算法则	了解			

注：参考教材《工程数学线性代数》(同济6版)。

9.2 知识结构网络图

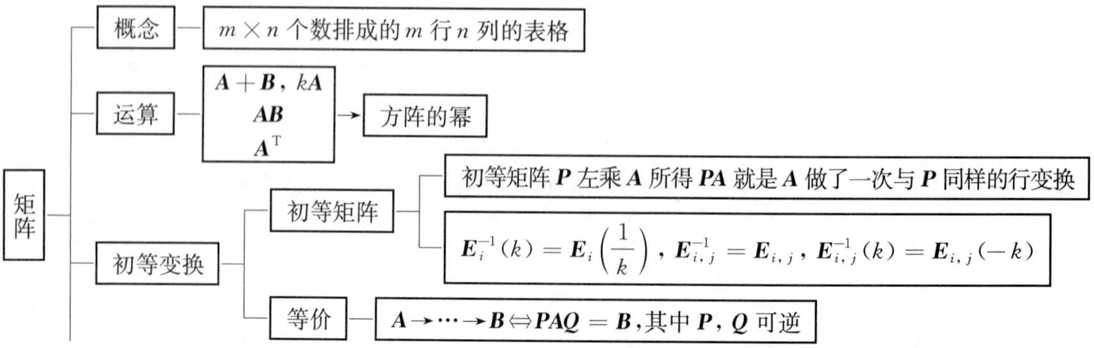

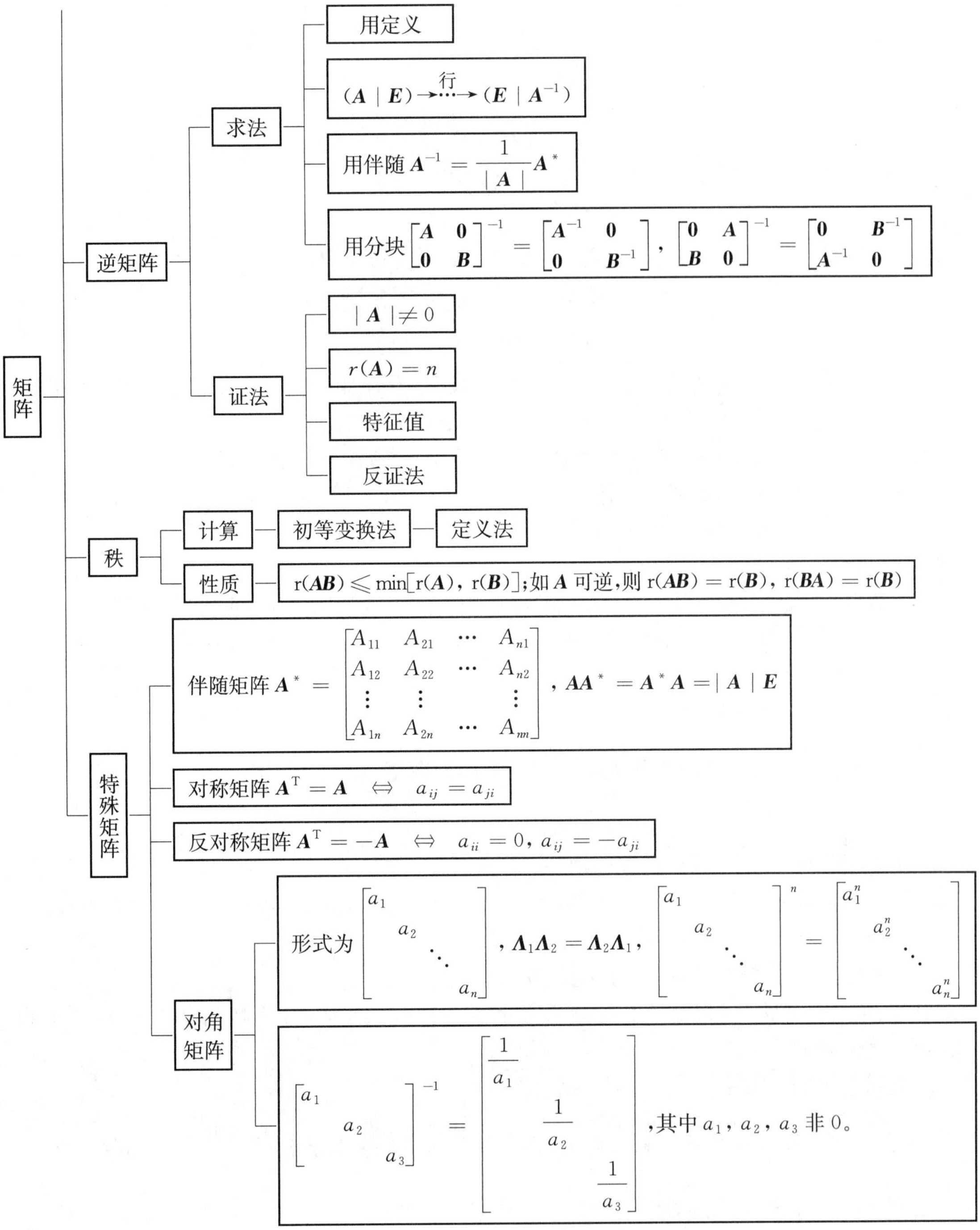

图 9-1　知识结构网络图

9.3　重要概念、定理和公式

1. 矩阵的概念

定义 1　由 $m \times n$ 个数 a_{ij} 排成的 m 行 n 列的数表

$$\begin{matrix} a_{11} & a_{12} & \cdots & a_{1n} \\ a_{21} & a_{22} & \cdots & a_{2n} \\ \vdots & \vdots & \ddots & \vdots \\ a_{m1} & a_{m2} & \cdots & a_{mn} \end{matrix}$$

称为 m 行 n 列矩阵,简称 $m\times n$ 矩阵,记为

$$\boldsymbol{A}=\begin{bmatrix} a_{11} & a_{12} & \cdots & a_{1n} \\ a_{21} & a_{22} & \cdots & a_{2n} \\ \vdots & \vdots & \ddots & \vdots \\ a_{m1} & a_{m2} & \cdots & a_{mn} \end{bmatrix}。$$

这 $m\times n$ 个数称为矩阵$\boldsymbol{A}$ 的元素,也简称为元,元素 a_{ij} 位于矩阵的第 i 行第 j 列,称为矩阵的 (i, j)元,矩阵 $\boldsymbol{A}$ 也常简记为 (a_{ij}),$m\times n$ 矩阵 $\boldsymbol{A}$ 也记为 $\boldsymbol{A}_{m\times n}$ 或 $(a_{ij})_{m\times n}$。

注意:矩阵和行列式不一样!矩阵是一个数表,而行列式是一个实数!

下面介绍下矩阵的几个基本概念:

(1) **实矩阵**:元素均为实数的矩阵。

(2) **复矩阵**:元素中有复数的矩阵。

(3) **方阵**:行数与列数都等于 n 的矩阵称为 n 阶矩阵,或强调称为 n 阶方阵,常记为 $\boldsymbol{A}_n$。

(4) **行矩阵**:只有一行的矩阵 $\boldsymbol{A}=(a_1 \quad a_2 \quad \cdots \quad a_n)$,又称行向量,也记为 $(a_1, a_2, \cdots, a_n)$。

(5) **列矩阵**:只有一列的矩阵 $\boldsymbol{B}=\begin{pmatrix} b_1 \\ b_2 \\ \vdots \\ b_n \end{pmatrix}$,又称**列向量**。

(6) **同型矩阵**:行数相等,列数也相等的矩阵。

(7) **矩阵的相等**:若$\boldsymbol{A}$、$\boldsymbol{B}$ 为同型矩阵,且对应元素相等,即 $a_{ij}=b_{ij}(i=1, 2, \cdots, m; j=1, 2, \cdots, n)$ 就称矩阵 $\boldsymbol{A}$ 与$\boldsymbol{B}$ 相等,记作 $\boldsymbol{A}=\boldsymbol{B}$。

(8) **零矩阵**:元素均为零的矩阵,记为 $\boldsymbol{0}$。

注意:① 不同型的零阵是不相等的。② 我们只研究实矩阵,如不特别申明,今后所提到的矩阵均为实矩阵。

下列概念之间的关系:

$$数\xrightarrow{\text{若干个数组成的有序数组}}(行/列)向量\xrightarrow{\text{若干同维向量组成}}向量组\xrightarrow{\text{行/列向量组}}矩阵。$$

2. 矩阵的运算及其规律

1) 矩阵的加法

定义 2 设有两个 $m\times n$ 矩阵 $A=(a_{ij})$,$B=(b_{ij})$,矩阵

$$\boldsymbol{A}+\boldsymbol{B}=\begin{bmatrix} a_{11}+b_{11} & a_{12}+b_{12} & \cdots & a_{1n}+b_{1n} \\ a_{21}+b_{21} & a_{22}+b_{22} & \cdots & a_{2n}+b_{2n} \\ \vdots & \vdots & \ddots & \vdots \\ a_{m1}+b_{m1} & a_{m2}+b_{m2} & \cdots & a_{mn}+b_{mn} \end{bmatrix}$$

称为矩阵 $\boldsymbol{A}$ 与 $\boldsymbol{B}$ 的和。矩阵的加法运算实质就是对应元素相加。

注意：(1) 同型阵之间才能进行加法运算。

(2) 称矩阵 $-\boldsymbol{A}=(-a_{ij})$ 为矩阵 A 的负阵，利用负矩阵的概念可定义矩阵的减法运算：$\boldsymbol{A}-\boldsymbol{B}=\boldsymbol{A}+(-\boldsymbol{B})$。

(3) 矩阵的加法实际上是转化为实数的加法来定义的，故其运算性质同于实数加法的运算性质。

运算规律：

(1) 交换律：$\boldsymbol{A}+\boldsymbol{B}=\boldsymbol{B}+\boldsymbol{A}$；

(2) 结合律：$(\boldsymbol{A}+\boldsymbol{B})+\boldsymbol{C}=\boldsymbol{A}+(\boldsymbol{B}+\boldsymbol{C})$；

(3) $\boldsymbol{A}+(-\boldsymbol{A})=\boldsymbol{0}$；

(4) $\boldsymbol{A}+\boldsymbol{0}=\boldsymbol{A}$。

2) 数与矩阵相乘

定义 3 $\begin{bmatrix}\lambda a_{11} & \lambda a_{12} & \cdots & \lambda a_{1n}\\ \lambda a_{21} & \lambda a_{22} & \cdots & \lambda a_{2n}\\ \vdots & \vdots & \ddots & \vdots\\ \lambda a_{m1} & \lambda a_{m2} & \cdots & \lambda a_{mn}\end{bmatrix}=\lambda\boldsymbol{A}=\boldsymbol{A}\lambda$。称为数 λ 与矩阵 A 的乘积，记为 λA，或 $A\lambda$。数与矩阵相乘即用数 λ 遍乘矩阵 A 的每一个元素。

注意：数乘行列式与数乘矩阵的区别 $|\lambda\boldsymbol{A}|=\lambda^n|\boldsymbol{A}|$。

运算规律：

(1) 结合律：$(\lambda\mu)\boldsymbol{A}=(\lambda\boldsymbol{A})\mu=\lambda(\mu\boldsymbol{A})$；

(2) 矩阵关于数加法的分配律：$(\lambda+\mu)\boldsymbol{A}=\lambda\boldsymbol{A}+\mu\boldsymbol{A}$；

(3) 数关于矩阵加法的分配律：$\lambda(\boldsymbol{A}+\boldsymbol{B})=\lambda\boldsymbol{A}+\lambda\boldsymbol{B}$。

3) 矩阵与矩阵相乘

定义 4 设是 $\boldsymbol{A}$ 一个 $m\times s$ 矩阵，$\boldsymbol{B}$ 是一个 $s\times n$ 矩阵，记矩阵 $\boldsymbol{A}$ 与 $\boldsymbol{B}$ 的乘积为 $\boldsymbol{AB}=\boldsymbol{C}=(\boldsymbol{c}_{ij})$，其中 $\boldsymbol{C}$ 是一个 $m\times n$ 矩阵，则

$$c_{ij}=a_{i1}b_{1j}+a_{i2}b_{2j}+\cdots+a_{is}b_{sj}=\sum_{k=1}^{s}a_{ik}b_{kj}\quad(i=1,2,\cdots,m;\ j=1,2,\cdots,n)。$$

注意：

(1) 类似于矩阵的加减法，并非任两个矩阵都能相乘，能相乘的关键是：左矩阵的列数=右矩阵的列数。

(2) 注意两个特殊矩阵的乘积结果：

一个 $1\times s$ 的行矩阵与一个 $s\times 1$ 的列矩阵的乘积是一个 1×1 的一阶矩阵，即是一个实数：

$$\begin{bmatrix}a_{11} & a_{12} & \cdots & a_{1s}\end{bmatrix}\begin{bmatrix}b_{11}\\ b_{21}\\ \vdots\\ b_{s1}\end{bmatrix}=a_{11}b_{11}+a_{12}b_{21}+\cdots+a_{1s}b_{s1}；$$

一个 $s\times 1$ 的列矩阵与一个 $1\times s$ 的行矩阵的乘积是一个 $s\times s$ 的 s 阶矩阵：

$$\begin{bmatrix} b_{11} \\ b_{21} \\ \vdots \\ b_{s1} \end{bmatrix} \begin{bmatrix} a_{11} & a_{12} & \cdots & a_{1s} \end{bmatrix} = \begin{bmatrix} b_{11}a_{11} & b_{11}a_{12} & \cdots & b_{11}a_{1s} \\ b_{21}a_{11} & b_{21}a_{12} & \cdots & b_{21}a_{1s} \\ \vdots & \vdots & \ddots & \vdots \\ b_{s1}a_{11} & b_{s1}a_{12} & \cdots & b_{s1}a_{1s} \end{bmatrix}。$$

(3) 类似于数的运算,利用矩阵的乘法可定义矩阵的乘方运算——矩阵的幂:

设 $\boldsymbol{A}$ 是 n 阶方阵,定义 $\boldsymbol{A}^1 = \boldsymbol{A}$, $\boldsymbol{A}^2 = \boldsymbol{A}^1\boldsymbol{A}^1 = \boldsymbol{AA}$, $\cdots$, $\boldsymbol{A}^{k+1} = \boldsymbol{A}^k\boldsymbol{A}^1 = \underbrace{\boldsymbol{AA}\cdots\boldsymbol{A}}_{k+1\text{个}\boldsymbol{A}}$, k 为正整数。

显然只有方阵的幂才有意义。

但是一般地 $(\boldsymbol{AB})^k$ 和 $\boldsymbol{A}^k\boldsymbol{B}^k$ 不一定相等! 例如: $(\boldsymbol{AB})^3 = \boldsymbol{ABABAB}$, $\boldsymbol{A}^3\boldsymbol{B}^3 = \boldsymbol{AAABBB}$。

(4) 矩阵乘法与实数乘法有不同的地方:

① 矩阵乘法不满足交换律,即 $\boldsymbol{AB} \neq \boldsymbol{BA}$。交换相乘顺序可导致不同的结果,或交换后无法相乘。

例如,矩阵 $\boldsymbol{A} = \begin{bmatrix} -2 & 4 \\ 1 & -2 \end{bmatrix}$, $\boldsymbol{B} = \begin{bmatrix} 2 & 4 \\ -3 & -6 \end{bmatrix}$, $\boldsymbol{AB} = \begin{bmatrix} -16 & -32 \\ 8 & 16 \end{bmatrix} \neq \boldsymbol{BA} = \boldsymbol{0}$。

② 有非零的零因子。

上例 $\boldsymbol{A}$, $\boldsymbol{B} \neq \boldsymbol{0}$,但 $\boldsymbol{BA} = \boldsymbol{0}$。由 $\boldsymbol{AB} = \boldsymbol{0}$ 推不出 $\boldsymbol{A} = \boldsymbol{0}$ 或 $\boldsymbol{B} = \boldsymbol{0}$。

③ 不满足消去律。

$\boldsymbol{A} = \begin{bmatrix} 2 & 4 \\ -3 & -6 \end{bmatrix}$, $\boldsymbol{B} = \begin{bmatrix} -1 & 4 \\ 2 & -1 \end{bmatrix}$, $\boldsymbol{C} = \begin{bmatrix} 1 & 0 \\ 1 & 1 \end{bmatrix}$, $\boldsymbol{AB} = \begin{bmatrix} 6 & 4 \\ -9 & -6 \end{bmatrix}$, $\boldsymbol{AC} = \begin{bmatrix} 6 & 4 \\ -9 & -6 \end{bmatrix} \Rightarrow \boldsymbol{AB} = \boldsymbol{AC}$,但 $\boldsymbol{B} \neq \boldsymbol{C}$。

但矩阵乘法与实数乘法仍有不少相同之处。

运算规律:

(1) 结合律: $(\boldsymbol{AB})\boldsymbol{C} = \boldsymbol{A}(\boldsymbol{BC})$;

(2) 数乘结合律: $\lambda(\boldsymbol{AB}) = (\lambda\boldsymbol{A})\boldsymbol{B} = \boldsymbol{A}(\lambda\boldsymbol{B})$;

(3) 分配律。左分配律: $\boldsymbol{A}(\boldsymbol{B}+\boldsymbol{C}) = \boldsymbol{AB}+\boldsymbol{AC}$; 右分配律: $(\boldsymbol{B}+\boldsymbol{C})\boldsymbol{A} = \boldsymbol{BA}+\boldsymbol{CA}$;

(4) 乘单位阵不变: $\boldsymbol{E}_m\boldsymbol{A}_{m\times n} = \boldsymbol{A}_{m\times n}$, $\boldsymbol{A}_{m\times n}\boldsymbol{E}_n = \boldsymbol{A}_{m\times n}$;

(5) 乘方的性质: $\boldsymbol{A}^k\boldsymbol{A}^l = \boldsymbol{A}^{k+l}$; $(\boldsymbol{A}^k)^l = \boldsymbol{A}^{kl}$。

注意: 有了以上定义的所有运算即其性质,在运算可运行的条件下,矩阵就可以类似代数运算进行了,如 $(2\boldsymbol{A}+3\boldsymbol{B})(4\boldsymbol{A}-\boldsymbol{B}) = 8\boldsymbol{A}^2+12\boldsymbol{BA}-2\boldsymbol{AB}-3\boldsymbol{B}^2 = 8\boldsymbol{A}^2+10\boldsymbol{AB}-3\boldsymbol{B}^2$,但要注意乘法无交换律。

4) 矩阵的转置

类似于行列式转置的定义,可以给出矩阵转置的概念。

定义 5 把矩阵 $\boldsymbol{A}$ 的行换成同序号的列得到的新矩阵叫作 $\boldsymbol{A}$ 的转置矩阵,记为 $\boldsymbol{A}^{\mathrm{T}}$。

例如, $\boldsymbol{A} = \begin{bmatrix} 1 & 2 & 0 \\ 3 & -1 & 1 \end{bmatrix}$ 的转置矩阵为 $\boldsymbol{A}^{\mathrm{T}} = \begin{bmatrix} 1 & 3 \\ 2 & -1 \\ 0 & 1 \end{bmatrix}$。

矩阵的转置实际是关于矩阵的一种运算,它满足的运算规律:

(1)(转置再转置)—— $(A^{T})^{T}=A$;
(2)(和的转置)—— $(A+B)^{T}=A^{T}+B^{T}$;
(3)(数乘的转置)—— $(\lambda A)^{T}=\lambda A^{T}$;
(4)(乘积的转置)—— $(AB)^{T}=B^{T}A^{T}$。
注意: 乘积的转置等于转置的交换乘积。

3. 特殊矩阵

设 A 是 n 阶矩阵,则有

(1) **单位阵:** 主对角线元素为 1,其余元素全为 0 的矩阵称为单位阵,记成 E_n(有时 E 记为 I)。

(2) **数量阵:** 数 k 与单位阵 E 的积 kE 称为数量阵。

(3) **对角阵:** 非对角元素都是 0 的矩阵(即任意 $i\neq j$ 恒有 $a_{ij}=0$)称为对角阵,记为 Λ,

$$\Lambda=\begin{pmatrix}\lambda_1 & 0 & \cdots & 0\\ 0 & \lambda_2 & \cdots & 0\\ 0 & 0 & \ddots & 0\\ 0 & 0 & \cdots & \lambda_n\end{pmatrix}\xlongequal{\Delta}\mathrm{diag}(\lambda_1,\lambda_2,\cdots,\lambda_n)。$$

(4) **上(下)三角阵:** 当 $i>j(i<j)$ 时,有 $a_{ij}=0$ 的矩阵称为上(下)三角阵。

(5) **对称阵:** 若 n 阶方阵 A 满足 $A^{T}=A$,即 $a_{ij}=a_{ji}(i, j=1, 2, \cdots, n)$,则称 A 为对称阵。

注意: $(AA^{T})^{T}=AA^{T}$, $(A^{T}A)^{T}=A^{T}A$, $(A+A^{T})^{T}=A+A^{T}$,即任一方阵 A 与它的转值 A^{T} 的乘积与和都是对称阵。但 $A-A^{T}\neq(A-A^{T})^{T}=A^{T}-A=-(A-A^{T})$。

(6) **反对称阵:** 若 n 阶方阵 A 满足 $A^{T}=-A$,即 $a_{ji}=-a_{ij}$,如 $\begin{bmatrix}0 & -2 & 8\\ 2 & 0 & -1\\ -8 & 1 & 0\end{bmatrix}$。

关于反对称阵有两个有用的结论:

① 任一方阵 A 都可以分解成对称阵与反对称阵的和 $\left(A=\frac{1}{2}(A+A^{T})+\frac{1}{2}(A-A^{T})\right)$。

② 奇数阶反对称阵的行列式为零(请自证),即 $\begin{vmatrix}0 & -2 & 8\\ 2 & 0 & -1\\ -8 & 1 & 0\end{vmatrix}=0$。

(7) **初等矩阵:** 单位矩阵经过一次初等变换所得到的矩阵。

(8) **伴随矩阵:** 行列式 $|A|$ 各元素的代数余子式 A_{ij} 构成的矩阵

$$A^{*}=\begin{bmatrix}A_{11} & A_{21} & \cdots & A_{n1}\\ A_{12} & A_{22} & \cdots & A_{n2}\\ \vdots & \vdots & \ddots & \vdots\\ A_{1n} & A_{2n} & \cdots & A_{nn}\end{bmatrix}$$

称为 A 的伴随矩阵。实质是将 A_{ij} 放在 (j, i) 位置上。伴随矩阵有如下的运算性质:

① $AA^{*}=A^{*}A=|A|E$(注意 E 不可缺少),则 $A^{*}=|A|A^{-1}$;

② A^* 可逆⇔A 可逆,且 $(A^*)^{-1}=\frac{1}{|A|}A=(A^{-1})^*(|A|\neq 0)$;

③ $|A^*|=|A|^{n-1}$;

④ $(kA)^*=k^{n-1}A^*$;

⑤ $(A^*)^*=|A|^{n-2}A$。

4. 可逆矩阵

1) 概念

对于 n 阶方阵 A,若存在 n 阶方阵 B,使得

$$AB=BA=E\text{(单位矩阵)},$$

则称矩阵 A 是可逆的,称矩阵 B 是 A 的逆矩阵,记为 $A^{-1}=B$。

注意:(1)(唯一性)若 A 可逆,则 A 的逆阵是唯一的。

(2) 并非每个方阵都是可逆的,如 $A=\begin{bmatrix}1&0\\0&0\end{bmatrix}$,若 A 可逆,设 $A^{-1}=\begin{bmatrix}a&b\\c&d\end{bmatrix}$,

则有 $\begin{bmatrix}1&0\\0&0\end{bmatrix}\begin{bmatrix}a&b\\c&d\end{bmatrix}=\begin{bmatrix}a&b\\0&0\end{bmatrix}=\begin{bmatrix}1&0\\0&1\end{bmatrix}\Rightarrow 0=1$(矛盾),故 A 不可逆。

(3) 如果 A 可逆,则 A 在乘法中有消去律:

$$AB=0\Rightarrow B=0;\ AB=AC\Rightarrow B=C\text{(左消去律)};$$
$$BA=0\Rightarrow B=0;\ BA=CA\Rightarrow B=C\text{(右消去律)}。$$

如果 A 可逆,则 A 在乘法中可移动(化为逆矩阵移到等号另一边):

$$AB=C\Leftrightarrow B=A^{-1}C。$$
$$BA=C\Leftrightarrow B=CA^{-1}。$$

2) n 阶方阵 A 可逆的充分必要条件

定理 n 阶方阵 A 可逆的充要条件是 $|A|\neq 0$,且可逆时 $A^{-1}=\frac{1}{|A|}A^*$。

注意:定理不仅解决了逆阵的存在问题,而且给出了一个求逆阵的方法:$A^{-1}=\frac{1}{|A|}A^*$。

整理 n 阶方阵 A 可逆的充分必要条件如下:

(1) 若存在 B,使得 $AB=E$(或 $BA=E$),则 A 可逆,且 $A^{-1}=B$;

(2) $|A|\neq 0$ 或 A 是非奇异阵,或秩 $r(A)=n$,或 A 的列(行)向量线性无关;

(3) 齐次方程组 $Ax=0$ 只有零解;

(4) 对于 $\forall b$,非齐次线性方程组 $Ax=b$ 总有唯一解;

(5) 存在有限多个初等方阵 $P_1P_2\cdots P_l$,使得 $A=P_1P_2\cdots P_l$。

3) 逆矩阵的运算性质

(1) 可逆阵 A 的逆矩阵仍可逆,且 $(A^{-1})^{-1}=A$;

(2) 数 λ 的逆元与 A 的逆阵的乘积:$\lambda\neq 0$ 时,可逆阵的数乘 λA 仍可逆,且 $(\lambda A)^{-1}=$

$\frac{1}{\lambda}\boldsymbol{A}^{-1}$；

(3) 逆阵的交换积：若 $\boldsymbol{A}$、$\boldsymbol{B}$ 为同阶可逆矩阵，则 $\boldsymbol{AB}$ 仍可逆，且 $(\boldsymbol{AB})^{-1}=\boldsymbol{B}^{-1}\boldsymbol{A}^{-1}$；

(4) 乘方的逆阵等于逆阵的乘方：可逆阵 $\boldsymbol{A}$ 的乘方仍可逆，且 $(\boldsymbol{A}^{m})^{-1}=(\boldsymbol{A}^{-1})^{m}$；

(5) 求逆运算与转置运算可交换：可逆阵 $\boldsymbol{A}$ 的转置仍可逆，且 $(\boldsymbol{A}^{\mathrm{T}})^{-1}=(\boldsymbol{A}^{-1})^{\mathrm{T}}$；

(6) 可逆阵 $\boldsymbol{A}$ 的逆阵的行列式 $|\boldsymbol{A}^{-1}|=\frac{1}{|\boldsymbol{A}|}$，逆阵的行列式等于原阵行列式的倒置。

注意：即使 $\boldsymbol{A}$、$\boldsymbol{B}$ 可逆，但 $(\boldsymbol{A}+\boldsymbol{B})^{-1}\neq\boldsymbol{A}^{-1}+\boldsymbol{B}^{-1}$。

4) 求逆矩阵的方法

解法1 若 $|\boldsymbol{A}|\neq 0$，则 $\boldsymbol{A}^{-1}=\frac{1}{|\boldsymbol{A}|}\boldsymbol{A}^{*}$（主要应用于二阶矩阵和一些含零较多的矩阵中）；

解法2 用定义求 $\boldsymbol{B}$，使得 $\boldsymbol{AB}=\boldsymbol{E}$（或 $\boldsymbol{BA}=\boldsymbol{E}$），则 $\boldsymbol{A}$ 可逆，且 $\boldsymbol{A}^{-1}=\boldsymbol{B}$（主要用于与抽象矩阵的相关题目中）；

解法3 初等变换法 $(\boldsymbol{A}\mid\boldsymbol{E})\xrightarrow{\text{初等行变换}}(\boldsymbol{E}\mid\boldsymbol{A}^{-1})$；

解法4 用分块矩阵

$$\begin{bmatrix}\boldsymbol{A} & \boldsymbol{0}\\ \boldsymbol{0} & \boldsymbol{B}\end{bmatrix}^{-1}=\begin{bmatrix}\boldsymbol{A}^{-1} & \boldsymbol{0}\\ \boldsymbol{0} & \boldsymbol{B}^{-1}\end{bmatrix},\quad \begin{bmatrix}\boldsymbol{0} & \boldsymbol{A}\\ \boldsymbol{B} & \boldsymbol{0}\end{bmatrix}^{-1}=\begin{bmatrix}\boldsymbol{0} & \boldsymbol{B}^{-1}\\ \boldsymbol{A}^{-1} & \boldsymbol{0}\end{bmatrix}。$$

5. 矩阵的初等变换、初等矩阵

1) 定义

(1) **初等变换：**对矩阵施行的下列三种变换称为初等行(列)变换：

① 对换：对换两行(列) $[r_i\leftrightarrow r_j,\ c_i\leftrightarrow c_j]$；

② 数乘：非零数乘以某行(列)所有元素 $[kr_i,\ kc_j]$；

③ 倍加：某行(列)元素同乘以数 k 加到另外一行(列)对应元素上 $[r_i+kr_j,\ c_i+kc_j]$。

(2) **初等阵：**对单位阵施行一次初等变换所得到的矩阵称为初等阵。有如下三种初等阵。

① 对换阵：第 i 行与第 j 行互换(第 i 列与第 j 列互换)；

② 数乘阵：非零数 k 乘第 i 行(非零数 k 乘第 i 列)；

③ 倍加阵：数 k 乘第 j 行加到第 i 行(数 k 乘第 i 列加到第 j 列)。

以三阶为例：

$$\begin{bmatrix}1&0&0\\0&1&0\\0&0&1\end{bmatrix}\xrightarrow{\text{一次初等变换}}\begin{cases}\begin{bmatrix}0&1&0\\1&0&0\\0&0&1\end{bmatrix}=\boldsymbol{E}_{12}, & r_1\leftrightarrow r_2\text{ 或 }c_1\leftrightarrow c_2, \quad \text{对换阵}\\ \begin{bmatrix}1&0&0\\2&1&0\\0&0&1\end{bmatrix}=\boldsymbol{E}_{21}(2), & r_2+2r_1\text{ 或 }c_1+2c_2, \quad \text{倍加阵}\\ \begin{bmatrix}1&0&0\\0&1&0\\0&0&-2\end{bmatrix}=\boldsymbol{E}_{3}(-2), & -2r_3\text{ 或 }-2c_3, \quad \text{数乘阵}\end{cases}$$

注意：对换阵和数乘阵关于行列是对称的，而倍加阵关于行列是不对称的，重点是准确叙述倍加阵对行列的作用。

(3) **等价矩阵**：若对矩阵 $\boldsymbol{A}$ 实行有限次初等变换变成矩阵 $\boldsymbol{B}$，则称矩阵 $\boldsymbol{A}$ 与 $\boldsymbol{B}$ 等价，记作 $\boldsymbol{A}\sim\boldsymbol{B}$。任一 $m\times n$ 矩阵 $\boldsymbol{A}$ 都可以经初等变(行变换和列变换)变成标准形 $\boldsymbol{A}\sim\boldsymbol{F}=\begin{bmatrix}\boldsymbol{E}_r & \boldsymbol{0}\\ \boldsymbol{0} & \boldsymbol{0}\end{bmatrix}_{m\times n}$ 其中 r 就是 $\boldsymbol{A}$ 行阶梯形的非零行的行数。$\boldsymbol{A}$ 的等价标准形是与 $\boldsymbol{A}$ 等价的所有矩阵中最简矩阵。

2) 性质

(1) 设矩阵 $\boldsymbol{A}$ 是一个 $m\times n$ 阵，则有：

对 $\boldsymbol{A}$ 实施一次初等行变换，相当于在 $\boldsymbol{A}$ 的左边乘以相应的 m 阶初等矩阵；

对 $\boldsymbol{A}$ 实施一次初等列变换，相当于在 $\boldsymbol{A}$ 的右边乘以相应的 n 阶初等矩阵。

即行变换 $\Leftrightarrow$ 左乘初等矩阵；列变换 $\Leftrightarrow$ 右乘初等矩阵。

注意：由于初等阵对应初等变换，根据初等变换的性质，即有初等阵的第 2 条基本性质。

(2) 初等矩阵都是可逆的且其逆阵、转置仍为同类型的初等矩阵。

$$\boldsymbol{E}_i^{-1}(k)=\boldsymbol{E}_i\left(\frac{1}{k}\right),\ \boldsymbol{E}_{ij}^{-1}=\boldsymbol{E}_{ij},\ \boldsymbol{E}_{ij}^{-1}(k)=\boldsymbol{E}_{ij}(-k);$$

$$\boldsymbol{E}_i^{\mathrm{T}}(k)=\boldsymbol{E}_i(k),\ \boldsymbol{E}_{ij}^{\mathrm{T}}=\boldsymbol{E}_{ij},\ \boldsymbol{E}_{ij}^{\mathrm{T}}(k)=\boldsymbol{E}_{ji}(k)。$$

(3) 当 $\boldsymbol{A}$ 是可逆矩阵时，则 $\boldsymbol{A}$ 可作一系列初等行变换化成单位阵，即存在初等矩阵 $\boldsymbol{P}_1$，$\boldsymbol{P}_2$，…，$\boldsymbol{P}_N$，使得

$$\boldsymbol{P}_N\cdots\boldsymbol{P}_2\boldsymbol{P}_1\boldsymbol{A}=\boldsymbol{E}。$$

6. 矩阵的秩

1) 秩的概念

定义：设在矩阵 $\boldsymbol{A}$ 中有一个不为 0 的 r 阶子式 $\boldsymbol{D}$，且所有的 $r+1$ 阶子式(若存在的话)均为 0，则称 $\boldsymbol{D}$ 为矩阵 $\boldsymbol{A}$ 的最高阶非零子式，数 r 称为矩阵 $\boldsymbol{A}$ 的秩，记作 $\mathrm{r}(\boldsymbol{A})$ 或 $\mathrm{R}(\boldsymbol{A})$。并规定 $\mathrm{R}(\boldsymbol{0})=0$。

注意：(1) 显然，矩阵 $\boldsymbol{A}$ 的秩就是 $\boldsymbol{A}$ 所有非零子式的最高阶数。只要 $\boldsymbol{A}$ 不是零阵，就有 $\mathrm{R}(\boldsymbol{A})>0$。

(2) k 阶子式概念，在 $m\times n$ 矩阵 $\boldsymbol{A}$ 中，任取 k 行与 k 列，位于这些行列交叉处的这 k^2 个元素，按原位置次序构成的 k 阶行列式，称为矩阵的 k 阶子式。

例如，$\begin{bmatrix}1 & 1 & 0 & -2 & 1 & 4\\ 3 & -2 & 1 & -1 & 0 & 2\\ 2 & -3 & 0 & 1 & -1 & 2\\ 5 & 6 & -4 & 0 & 7 & 9\end{bmatrix}$，有 3 阶子式：$\begin{vmatrix}1 & -2 & 1\\ -3 & 1 & -1\\ 6 & 0 & 7\end{vmatrix}$。

注意：$m\times n$ 矩阵 $\boldsymbol{A}$ 共有 $\mathrm{C}_m^k\mathrm{C}_n^k$ 个 k 阶子式。

秩 $\mathrm{r}(\boldsymbol{A})=r\Leftrightarrow$ 矩阵 $\boldsymbol{A}$ 的最高阶非零子式的阶数是 r。

$\Leftrightarrow$ 矩阵 $\boldsymbol{A}$ 的行阶梯形中非零行向量的个数。

$\Leftrightarrow$ 矩阵 $\boldsymbol{A}$ 的等价标准形中左上角单位阵的阶数。

$\Leftrightarrow$矩阵 $\boldsymbol{A}$ 的行(列)向量组的秩。

注意：

(1) $\mathrm{r}(\boldsymbol{A}) \geqslant r \Leftrightarrow \boldsymbol{A}$ 中至少有一个 r 阶非零子式；

(2) $\mathrm{r}(\boldsymbol{A}) \leqslant r \Leftrightarrow \boldsymbol{A}$ 中所有 $r+1$ 阶子式全为零；

(3) $\mathrm{r}(\boldsymbol{A}) = r \Leftrightarrow \boldsymbol{A}$ 中至少有一个 r 阶非零子式，且所有 $r+1$ 阶子式全为零；

(4) “$\boldsymbol{A}$ 有一个 r 阶子式等于零”是无用信息；而“$\boldsymbol{A}$ 有一个 r 阶子式不等于零”则提供了有用信息：$\mathrm{r}(\boldsymbol{A}) \geqslant r$。

特别地，$\mathrm{r}(\boldsymbol{A}) = 0 \Leftrightarrow \boldsymbol{A} = \boldsymbol{0}$, $\boldsymbol{A} \neq \boldsymbol{0} \Leftrightarrow \mathrm{r}(\boldsymbol{A}) \geqslant 1$。

若 $\boldsymbol{A}$ 是一个 n 阶阵，秩 $\mathrm{r}(\boldsymbol{A}) = n \Leftrightarrow |\boldsymbol{A}| \neq 0 \Leftrightarrow \boldsymbol{A}$ 可逆(非奇异阵)；

秩 $\mathrm{r}(\boldsymbol{A}) < n \Leftrightarrow |\boldsymbol{A}| = 0 \Leftrightarrow \boldsymbol{A}$ 不可逆(奇异阵)；

若 $\boldsymbol{A} \sim \boldsymbol{B}$，则 $\mathrm{r}(\boldsymbol{A}) = \mathrm{r}(\boldsymbol{B})$，即初等变换不改变矩阵的秩。

2) 秩的公式

(1) $0 \leqslant r(\boldsymbol{A}_{m\times n}) \leqslant \min\{m, n\}$；

(2) $\mathrm{r}(\boldsymbol{A}^{-1}) = \mathrm{r}(\boldsymbol{A}) = n$, $\mathrm{r}(\boldsymbol{A}^{\mathrm{T}}) = \mathrm{r}(\boldsymbol{A}) = n$, $\mathrm{r}(k\boldsymbol{A}) = \begin{cases} 0, & k = 0 \\ \mathrm{r}(\boldsymbol{A}), & k \neq 0 \end{cases}$；

(3) $\mathrm{r}(\boldsymbol{A}+\boldsymbol{B}) \leqslant \mathrm{r}(\boldsymbol{A}) + \mathrm{r}(\boldsymbol{B})$；

(4) $\mathrm{r}(\boldsymbol{AB}) \leqslant \min\{\mathrm{r}(\boldsymbol{A}), \mathrm{r}(\boldsymbol{B})\}$(方程组或线性表示)；

(5) 当 $\boldsymbol{P}$, $\boldsymbol{Q}$ 均为可逆阵时，有 $\mathrm{r}(\boldsymbol{A}) = \mathrm{r}(\boldsymbol{PA}) = \mathrm{r}(\boldsymbol{AQ}) = \mathrm{r}(\boldsymbol{PAQ})$［利用(4)］，即初等变换不改变矩阵的秩，乘可逆阵不改变矩阵的秩。

(6) 如 $\boldsymbol{A}_{m\times n}\boldsymbol{B}_{n\times s} = \boldsymbol{0}_{m\times s}$，则 $\mathrm{r}(\boldsymbol{A}) + \mathrm{r}(\boldsymbol{B}) \leqslant n$；

(7) $\mathrm{r}(\boldsymbol{A}^*) = \begin{cases} n, & \mathrm{r}(\boldsymbol{A}_n) = n \\ 1, & \mathrm{r}(\boldsymbol{A}_n) = n-1 \\ 0, & \mathrm{r}(\boldsymbol{A}_n) \leqslant n-2 \end{cases}$；

(8) $\mathrm{r}\begin{bmatrix} \boldsymbol{A} & \boldsymbol{0} \\ \boldsymbol{0} & \boldsymbol{B} \end{bmatrix} = \mathrm{r}(\boldsymbol{A}) + \mathrm{r}(\boldsymbol{B})$。

7. 分块矩阵

1) 分块矩阵的概念

将矩阵用若干纵横直线分成若干个小块，每一小块称为矩阵的子块(或子阵)，以子块为元素形成的矩阵称为分块矩阵。例如

$$\boldsymbol{A} = \begin{bmatrix} a_{11} & a_{12} & a_{13} & a_{14} \\ a_{21} & a_{22} & a_{23} & a_{24} \\ a_{31} & a_{32} & a_{33} & a_{34} \end{bmatrix} = \begin{bmatrix} \boldsymbol{A}_{11} & \boldsymbol{A}_{12} \\ \boldsymbol{A}_{21} & \boldsymbol{A}_{22} \end{bmatrix}, \text{或} \boldsymbol{A} = \begin{bmatrix} \boldsymbol{A}_{11} & \boldsymbol{A}_{12} & \boldsymbol{A}_{13} \\ \boldsymbol{A}_{21} & \boldsymbol{A}_{22} & \boldsymbol{A}_{23} \end{bmatrix},$$

也可称 $\boldsymbol{A}_{ij}$ 为矩阵 $\boldsymbol{A}$ 的 (i, j) 块。

注意： 分块的方式不唯一。

2) 分块矩阵的运算

(1) **线性运算**(加法与数乘)　设矩阵 $\boldsymbol{A}$, $\boldsymbol{B}$ 为同型阵，且分块方式相同，λ, μ 为数，则

$$\lambda\boldsymbol{A} + \mu\boldsymbol{B} = (\lambda\boldsymbol{A}_{ij} + \mu\boldsymbol{B}_{ij}),$$

即对应子块做相应的线性运算。

(2) **乘法运算** 设 $\boldsymbol{A}$ 为 $m\times l$ 矩阵,$\boldsymbol{B}$ 为 $l\times n$ 矩阵,并分块成

$$\boldsymbol{A}=\begin{bmatrix}\boldsymbol{A}_{11} & \cdots & \boldsymbol{A}_{1t}\\ \vdots & \ddots & \vdots\\ \boldsymbol{A}_{s1} & \cdots & \boldsymbol{A}_{st}\end{bmatrix},\ \boldsymbol{B}=\begin{bmatrix}\boldsymbol{B}_{11} & \cdots & \boldsymbol{B}_{1r}\\ \vdots & \ddots & \vdots\\ \boldsymbol{B}_{t1} & \cdots & \boldsymbol{B}_{tr}\end{bmatrix},$$

其中 $\boldsymbol{A}$ 每行子块的列数等于 $\boldsymbol{B}$ 每列子块的行数,则

$$\boldsymbol{AB}=\begin{bmatrix}\boldsymbol{C}_{11} & \cdots & \boldsymbol{C}_{1r}\\ \vdots & \ddots & \vdots\\ \boldsymbol{C}_{s1} & \cdots & \boldsymbol{C}_{sr}\end{bmatrix}=\left(\sum_{k=1}^{t}\boldsymbol{A}_{ik}\boldsymbol{B}_{kj}\right)。$$

注意:分块阵能进行乘法运算的要求两条:① $\boldsymbol{A}$ 的列数$=\boldsymbol{B}$ 的行数;② $\boldsymbol{A}$ 第 i 行子块的列数$=\boldsymbol{B}$ 第 i 列子块的行数。

(3) **转置运算** $\boldsymbol{A}=\begin{bmatrix}\boldsymbol{A}_{11} & \cdots & \boldsymbol{A}_{1t}\\ \vdots & \ddots & \vdots\\ \boldsymbol{A}_{s1} & \cdots & \boldsymbol{A}_{st}\end{bmatrix}$,则 $\boldsymbol{A}^{\mathrm{T}}=\begin{bmatrix}\boldsymbol{A}_{11}^{\mathrm{T}} & \cdots & \boldsymbol{A}_{s1}^{\mathrm{T}}\\ \vdots & \ddots & \vdots\\ \boldsymbol{A}_{1t}^{\mathrm{T}} & \cdots & \boldsymbol{A}_{st}^{\mathrm{T}}\end{bmatrix}$,即大块小块一起转。

注意:(1) 分块矩阵的运算实际上自然地就要求两条:将矩阵的子块视为元素时,矩阵应符合运算的要求;相应的子块间也应符合运算的要求。

(2) 现在根本看不到简化的作用,好像更麻烦。实际上分块的简化作用是体现在特殊的分块阵上。

3) 特殊的分块阵

(1) **分块对角阵** 设 $\boldsymbol{A}$ 为 n 阶(方)阵,若 $\boldsymbol{A}$ 可分块为 $\boldsymbol{A}=\begin{bmatrix}\boldsymbol{A}_1 & & \boldsymbol{0}\\ & \ddots & \\ \boldsymbol{0} & & \boldsymbol{A}_s\end{bmatrix}$,称 $\boldsymbol{A}$ 为分块对角阵。则

① $\boldsymbol{A}^m=\begin{bmatrix}\boldsymbol{A}_1^m & & \boldsymbol{0}\\ & \ddots & \\ \boldsymbol{0} & & \boldsymbol{A}_s^m\end{bmatrix}$;

② $|\boldsymbol{A}|=|\boldsymbol{A}_1|\cdot|\boldsymbol{A}_2|\cdots|\boldsymbol{A}_s|$;

③ $\boldsymbol{A}$ 可逆$\Leftrightarrow\boldsymbol{A}_1,\cdots,\boldsymbol{A}_s$ 可逆,且 $\boldsymbol{A}^{-1}=\begin{bmatrix}\boldsymbol{A}_1^{-1} & & \boldsymbol{0}\\ & \ddots & \\ \boldsymbol{0} & & \boldsymbol{A}_s^{-1}\end{bmatrix}$。

实际上,分块对角阵的运算(加减、数乘、乘法、乘方、转置、行列式和逆阵)就是对其对角线子块做相应运算!

还有一种矩阵的分块形式非常重要,由它可以给出一个线性方程组的多种表达形式,理解掌握不好这些表达形式,会对后面理论的学习造成很大的障碍。

(2) 按行(列)分块及应用。

任一个矩阵 $\boldsymbol{A}_{m\times n}$ 都可按行分块为 $\boldsymbol{A}=\begin{pmatrix}\boldsymbol{\alpha}_1^{\mathrm{T}}\\ \vdots\\ \boldsymbol{\alpha}_m^{T}\end{pmatrix}$(也简称为 $\boldsymbol{A}$ 的行阵),其中 $\boldsymbol{\alpha}_i^{\mathrm{T}}=(a_{i1},$

$a_{i2}, \cdots, a_{in}$) 称为 $\boldsymbol{A}$ 的第 i 个行向量；

类似地，$\boldsymbol{A}_{m\times n}$ 也可按列分块为 $\boldsymbol{A}=(\boldsymbol{a}_1, \boldsymbol{a}_2, \cdots, \boldsymbol{a}_n)$（也简称为 A 的列阵），其中 $\boldsymbol{a}_j=\begin{bmatrix} a_{1j} \\ \vdots \\ a_{mj} \end{bmatrix}$ 称为 $\boldsymbol{A}$ 的第 j 个列向量。

应用 1： 线性方程组

$$\begin{cases} a_{11}x_1+a_{12}x_2+\cdots+a_{1n}x_n=b_1 \\ a_{21}x_1+a_{22}x_2+\cdots+a_{2n}x_n=b_2 \\ \qquad\vdots \\ a_{m1}x_1+a_{m2}x_2+\cdots+a_{mn}x_n=b_m \end{cases}\text{，即 } \boldsymbol{Ax}=\boldsymbol{b}\text{。}$$

其中 $\boldsymbol{A}=\begin{bmatrix} a_{11} & a_{12} & \cdots & a_{1n} \\ a_{21} & a_{22} & \cdots & a_{2n} \\ \vdots & \vdots & \ddots & \vdots \\ a_{m1} & a_{m2} & \cdots & a_{mn} \end{bmatrix}$，$\boldsymbol{b}=\begin{bmatrix} b_1 \\ b_2 \\ \vdots \\ b_m \end{bmatrix}$，$\boldsymbol{x}=\begin{bmatrix} x_1 \\ \vdots \\ x_n \end{bmatrix}$。

记 $\boldsymbol{B}=\begin{bmatrix} a_{11} & a_{12} & \cdots & a_{1n} & b_1 \\ a_{21} & a_{22} & \cdots & a_{2n} & b_2 \\ \vdots & \vdots & \ddots & \vdots & \vdots \\ a_{m1} & a_{m2} & \cdots & a_{mn} & b_m \end{bmatrix}$ 为方程组的增广矩阵，它与非齐次线性方程组构成一一对应，即 $\boldsymbol{B}=(\boldsymbol{A}\mid\boldsymbol{b})=(\boldsymbol{a}_1, \boldsymbol{a}_2, \cdots, \boldsymbol{a}_n\mid\boldsymbol{b})$，推出

可用行阵的运算表示线性方程组运算结果是实数

$$\boldsymbol{Ax}=\boldsymbol{b} \quad\Leftrightarrow\quad \boldsymbol{Ax}=\begin{bmatrix} \boldsymbol{\alpha}_1^{\mathrm{T}} \\ \boldsymbol{\alpha}_2^{\mathrm{T}} \\ \vdots \\ \boldsymbol{\alpha}_m^{\mathrm{T}} \end{bmatrix}\boldsymbol{x}=\boldsymbol{b} \quad\Leftrightarrow\quad \boldsymbol{\alpha}_i^{\mathrm{T}}\boldsymbol{x}=b_i\,(i=1, 2, \cdots, m)$$

可用列阵的运算表示线性方程组

是列向量 $\boldsymbol{a}_1, \cdots, \boldsymbol{a}_n$ 的一个线性运算，运算结果为列向量 $\boldsymbol{b}$，或称 $\boldsymbol{b}$ 可由 $\boldsymbol{a}_1, \cdots, \boldsymbol{a}_n$ 线性表示

$$\Leftrightarrow\quad (\boldsymbol{a}_1, \boldsymbol{a}_2, \cdots, \boldsymbol{a}_n)\begin{bmatrix} x_1 \\ \vdots \\ x_n \end{bmatrix}=\boldsymbol{b} \quad\Leftrightarrow\quad x_1\boldsymbol{a}_1+x_2\boldsymbol{a}_2+\cdots+x_n\boldsymbol{a}_n=\boldsymbol{b}\text{。}$$

应用 2： 在矩阵的乘法表达式中，设 $\boldsymbol{A}$ 为 $m\times s$ 矩阵，$\boldsymbol{B}$ 为 $s\times n$ 矩阵，并将 $\boldsymbol{A}$ 按行、$\boldsymbol{B}$ 按列分块：

$$\boldsymbol{A}=\begin{bmatrix} \boldsymbol{\alpha}_1^{\mathrm{T}} \\ \vdots \\ \boldsymbol{\alpha}_m^{\mathrm{T}} \end{bmatrix}, \ \boldsymbol{B}=(\boldsymbol{b}_1, \cdots, \boldsymbol{b}_n),$$

则 $\boldsymbol{AB}=\begin{bmatrix}\boldsymbol{\alpha}_1^{\mathrm{T}}\\ \vdots \\ \boldsymbol{\alpha}_m^{\mathrm{T}}\end{bmatrix}(\boldsymbol{b}_1, \cdots, \boldsymbol{b}_n)=(\boldsymbol{\alpha}_i^{\mathrm{T}}\boldsymbol{b}_j)=(c_{ij})$，其中

$$c_{ij}=\boldsymbol{\alpha}_i^{\mathrm{T}}\boldsymbol{b}_j=(a_{i1}, \cdots, a_{is})\begin{bmatrix}b_{1j}\\ \vdots \\ b_{sj}\end{bmatrix}=\sum_{k=1}^{s}a_{ik}b_{kj}。$$

应用 3：与对角阵相乘的作用。设 $\boldsymbol{\Lambda}$ 为对角(方)阵，则

$$\boldsymbol{\Lambda}_m\boldsymbol{A}_{m\times n}=\begin{bmatrix}\lambda_1 & & \\ & \ddots & \\ & & \lambda_m\end{bmatrix}\begin{bmatrix}\boldsymbol{\alpha}_1^{\mathrm{T}}\\ \vdots \\ \boldsymbol{\alpha}_m^{\mathrm{T}}\end{bmatrix}=\begin{bmatrix}\lambda_1\boldsymbol{\alpha}_1^{\mathrm{T}}\\ \vdots \\ \lambda_m\boldsymbol{\alpha}_m^{\mathrm{T}}\end{bmatrix}。$$

即用对角阵 $\boldsymbol{\Lambda}$ 左乘 $\boldsymbol{A}\Leftrightarrow$用对角元素分别乘 $\boldsymbol{A}$ 的行向量；

$$\boldsymbol{A}_{m\times n}\boldsymbol{\Lambda}_n=(\boldsymbol{a}_1, \boldsymbol{a}_2, \cdots, \boldsymbol{a}_n)\begin{bmatrix}\lambda_1 & & \\ & \ddots & \\ & & \lambda_n\end{bmatrix}=(\lambda_1\boldsymbol{a}_1, \lambda_2\boldsymbol{a}_2, \cdots, \lambda_n\boldsymbol{a}_n),$$

即用对角阵右乘 $\boldsymbol{A}\Leftrightarrow$用对角元素分别乘 $\boldsymbol{A}$ 的列向量。

9.4 典型例题精析

题型 1: 矩阵的概念与计算

【例 1】 (经济类)设 $\boldsymbol{A}$, $\boldsymbol{B}$ 均为 n 阶矩阵，$\boldsymbol{A}\neq\boldsymbol{0}$ 且 $\boldsymbol{AB}=\boldsymbol{0}$，则下述结论必成立的是________。

(A) $\boldsymbol{BA}=\boldsymbol{0}$　　(B) $\boldsymbol{B}=\boldsymbol{0}$

(C) $(\boldsymbol{A}+\boldsymbol{B})(\boldsymbol{A}-\boldsymbol{B})=\boldsymbol{A}^2-\boldsymbol{B}^2$　　(D) $(\boldsymbol{A}-\boldsymbol{B})^2=\boldsymbol{A}^2-\boldsymbol{BA}+\boldsymbol{B}^2$

(E) 以上选项均错误

【答案】 (D)。

【解析】 因为 $\boldsymbol{AB}=\boldsymbol{0}$，所以 $(\boldsymbol{A}-\boldsymbol{B})^2=(\boldsymbol{A}-\boldsymbol{B})(\boldsymbol{A}-\boldsymbol{B})=\boldsymbol{A}^2-\boldsymbol{AB}-\boldsymbol{BA}+\boldsymbol{B}^2=\boldsymbol{A}^2-\boldsymbol{BA}+\boldsymbol{B}^2$，故选(D)。

【例 2】 (经济类)已知矩阵 $\boldsymbol{A}$, $\boldsymbol{B}$, $\boldsymbol{C}$ 是同阶方阵，下列说法错误的是________。

(A) $\boldsymbol{A}+\boldsymbol{B}=\boldsymbol{B}+\boldsymbol{A}$　　(B) $(\boldsymbol{AB})\boldsymbol{C}=\boldsymbol{A}(\boldsymbol{BC})$

(C) $(\boldsymbol{A}+\boldsymbol{B})\boldsymbol{C}=\boldsymbol{AC}+\boldsymbol{BC}$　　(D) $(\boldsymbol{AB})^2=\boldsymbol{A}^2\boldsymbol{B}^2$

(E) $(\boldsymbol{AB})^{\mathrm{T}}=\boldsymbol{B}^{\mathrm{T}}\boldsymbol{A}^{\mathrm{T}}$

【答案】 (D)。

【解析】 在矩阵运算中，加法的交换律，乘法结合律以及乘法对加法的分配律是成立的。所以(A)、(B)、(C)正确。但注意矩阵的乘法运算不满足交换律，即一般来讲：$\boldsymbol{AB}\neq\boldsymbol{BA}$，因

此，$(\boldsymbol{AB})^2=(\boldsymbol{AB})(\boldsymbol{AB})\neq \boldsymbol{A}^2\boldsymbol{B}^2$。故选(D)。

【例 3】 设 n 维行向量 $\boldsymbol{\alpha}=\left(\frac{1}{2},0,\cdots,0,\frac{1}{2}\right)$，矩阵 $\boldsymbol{A}=\boldsymbol{E}-\boldsymbol{\alpha}^{\mathrm{T}}\boldsymbol{\alpha}$，$\boldsymbol{B}=\boldsymbol{E}+2\boldsymbol{\alpha}^{\mathrm{T}}\boldsymbol{\alpha}$，其中 $\boldsymbol{E}$ 为 n 阶单位矩阵，则 $\boldsymbol{AB}=$________。

(A) $\boldsymbol{0}$　　(B) $-\boldsymbol{E}$　　(C) $\boldsymbol{E}$　　(D) $\boldsymbol{E}+\boldsymbol{\alpha}^{\mathrm{T}}\boldsymbol{\alpha}$　　(E) $\boldsymbol{E}-\boldsymbol{\alpha}^{\mathrm{T}}\boldsymbol{\alpha}$

【答案】 (C)。

【解析】 利用矩阵的分配律、结合律，有

$$\boldsymbol{AB}=(\boldsymbol{E}-\boldsymbol{\alpha}^{\mathrm{T}}\boldsymbol{\alpha})(\boldsymbol{E}+2\boldsymbol{\alpha}^{\mathrm{T}}\boldsymbol{\alpha})=\boldsymbol{E}+2\boldsymbol{\alpha}^{\mathrm{T}}\boldsymbol{\alpha}-\boldsymbol{\alpha}^{\mathrm{T}}\boldsymbol{\alpha}-2\boldsymbol{\alpha}^{\mathrm{T}}(\boldsymbol{\alpha}\boldsymbol{\alpha}^{\mathrm{T}})\boldsymbol{\alpha}=\boldsymbol{E}+\boldsymbol{\alpha}^{\mathrm{T}}\boldsymbol{\alpha}-2\boldsymbol{\alpha}^{\mathrm{T}}(\boldsymbol{\alpha}\boldsymbol{\alpha}^{\mathrm{T}})\boldsymbol{\alpha}$$

由于 $\boldsymbol{\alpha}\boldsymbol{\alpha}^{\mathrm{T}}=\left(\frac{1}{2},0,\cdots,0,\frac{1}{2}\right)\begin{bmatrix}\frac{1}{2}\\0\\\vdots\\0\\\frac{1}{2}\end{bmatrix}=\frac{1}{2}$，故 $\boldsymbol{AB}=\boldsymbol{E}+\boldsymbol{\alpha}^{\mathrm{T}}\boldsymbol{\alpha}-2\times\frac{1}{2}\boldsymbol{\alpha}^{\mathrm{T}}\boldsymbol{\alpha}=\boldsymbol{E}$，所以应选(C)。

注意：当 $\boldsymbol{\alpha}$ 是行向量时，$\boldsymbol{\alpha}\boldsymbol{\alpha}^{\mathrm{T}}$ 是一个数，而 $\boldsymbol{\alpha}^{\mathrm{T}}\boldsymbol{\alpha}$ 是 n 阶矩阵。

【例 4】 设 $\boldsymbol{A}$，$\boldsymbol{B}$ 均为 n 阶方阵，下列命题中正确的是________。

(A) $\boldsymbol{AB}=\boldsymbol{0}\Leftrightarrow\boldsymbol{A}=\boldsymbol{0}$ 或 $\boldsymbol{B}=\boldsymbol{0}$　　(B) $\boldsymbol{AB}\neq\boldsymbol{0}\Leftrightarrow\boldsymbol{A}\neq\boldsymbol{0}$ 且 $\boldsymbol{B}\neq\boldsymbol{0}$

(C) $\boldsymbol{AB}=\boldsymbol{0}\Rightarrow|\boldsymbol{A}|=0$ 或 $|\boldsymbol{B}|=0$　　(D) $\boldsymbol{AB}\neq\boldsymbol{0}\Rightarrow|\boldsymbol{A}|\neq0$ 且 $|\boldsymbol{B}|\neq0$

(E) $\boldsymbol{AB}\neq\boldsymbol{0}\Rightarrow|\boldsymbol{A}|\neq0$ 或 $|\boldsymbol{B}|\neq0$

【答案】 (C)。

【解析】 显然，由行列式乘法公式知：选择(C)。

反例：$\boldsymbol{AB}=\begin{bmatrix}1&1\\-1&-1\end{bmatrix}\begin{bmatrix}1&-1\\-1&1\end{bmatrix}=\begin{bmatrix}0&0\\0&0\end{bmatrix}=\boldsymbol{0}$，但 $\boldsymbol{A}\neq\boldsymbol{0}$，$\boldsymbol{B}\neq\boldsymbol{0}$。

选项(A)：$\boldsymbol{A}=\boldsymbol{0}$ 或 $\boldsymbol{B}=\boldsymbol{0}\Rightarrow\boldsymbol{AB}=\boldsymbol{0}$，但反之不然；

选项(B)：$\boldsymbol{AB}\neq\boldsymbol{0}\Rightarrow\boldsymbol{A}\neq\boldsymbol{0}$ 且 $\boldsymbol{B}\neq\boldsymbol{0}$，但反之不然；

选项(D)：$\boldsymbol{AB}\neq\boldsymbol{0}\nRightarrow|\boldsymbol{A}|=|\boldsymbol{B}|=0$，例如

$\boldsymbol{AB}=\begin{bmatrix}1&1\\-1&-1\end{bmatrix}\begin{bmatrix}1&1\\1&1\end{bmatrix}=\begin{bmatrix}2&2\\-2&-2\end{bmatrix}\neq\boldsymbol{0}$，但 $|\boldsymbol{A}|=|\boldsymbol{B}|=0$；

选项(E)：显然错误。

题型 2：可逆阵的计算与证明

【例 5】 (经济类)确定 k 为何值时，矩阵 $\boldsymbol{A}=\begin{bmatrix}1&0&0\\1&k&0\\0&-1&-1\end{bmatrix}$ 可逆，且逆矩阵 $\boldsymbol{A}^{-1}=$________。

(A) $k=0$, $\boldsymbol{A}^{-1}=\begin{bmatrix}1 & 0 & 0\\ -\frac{1}{k} & \frac{1}{k} & 0\\ \frac{1}{k} & -\frac{1}{k} & 1\end{bmatrix}$　　(B) $k=1$, $\boldsymbol{A}^{-1}=\begin{bmatrix}1 & 0 & 0\\ -\frac{1}{k} & \frac{1}{k} & 0\\ \frac{1}{k} & -\frac{1}{k} & 1\end{bmatrix}$

(C) $k\neq 0$, $\boldsymbol{A}^{-1}=\begin{bmatrix}1 & 0 & 0\\ -\frac{1}{k} & \frac{1}{k} & 0\\ \frac{1}{k} & -\frac{1}{k} & -1\end{bmatrix}$　　(D) $k\neq 1$, $\boldsymbol{A}^{-1}=\begin{bmatrix}1 & 0 & 0\\ -\frac{1}{k} & \frac{1}{k} & 0\\ \frac{1}{k} & -\frac{1}{k} & 1\end{bmatrix}$

(E) $k\neq 0$, $\boldsymbol{A}^{-1}=\begin{bmatrix}1 & 0 & 0\\ -\frac{1}{k} & -\frac{1}{k} & 0\\ \frac{1}{k} & -\frac{1}{k} & 1\end{bmatrix}$

【答案】 (C)。

【解析】 由 $\boldsymbol{A}=\begin{bmatrix}1 & 0 & 0\\ 1 & k & 0\\ 0 & -1 & -1\end{bmatrix}$ 可逆知，$|\boldsymbol{A}|=\begin{vmatrix}1 & 0 & 0\\ 1 & k & 0\\ 0 & -1 & -1\end{vmatrix}=1\times k\times(-1)=-k\neq 0$，

故可知当 $k\neq 0$ 时，$\boldsymbol{A}=\begin{bmatrix}1 & 0 & 0\\ 1 & k & 0\\ 0 & -1 & -1\end{bmatrix}$ 可逆。

下面利用初等行变换计算矩阵 $\boldsymbol{A}$ 的逆矩阵：

$$(\boldsymbol{A}\mid\boldsymbol{E}_3)=\left[\begin{array}{ccc|ccc}1 & 0 & 0 & 1 & 0 & 0\\ 1 & k & 0 & 0 & 1 & 0\\ 0 & -1 & -1 & 0 & 0 & 1\end{array}\right]\to\left[\begin{array}{ccc|ccc}1 & 0 & 0 & 1 & 0 & 0\\ 0 & k & 0 & -1 & 1 & 0\\ 0 & -1 & -1 & 0 & 0 & 1\end{array}\right]$$

$$\to\left[\begin{array}{ccc|ccc}1 & 0 & 0 & 1 & 0 & 0\\ 0 & 1 & 0 & -1/k & 1/k & 0\\ 0 & -1 & -1 & 0 & 0 & 1\end{array}\right]\to\left[\begin{array}{ccc|ccc}1 & 0 & 0 & 1 & 0 & 0\\ 0 & 1 & 0 & -1/k & 1/k & 0\\ 0 & 0 & -1 & -1/k & 1/k & 1\end{array}\right]$$

$$\to\left[\begin{array}{ccc|ccc}1 & 0 & 0 & 1 & 0 & 0\\ 0 & 1 & 0 & -1/k & 1/k & 0\\ 0 & 0 & 1 & 1/k & -1/k & -1\end{array}\right]。$$

则 $\boldsymbol{A}^{-1}=\begin{bmatrix}1 & 0 & 0\\ -1/k & 1/k & 0\\ 1/k & -1/k & -1\end{bmatrix}$。故选(C)

【例 6】 (经济类)n 阶矩阵 $\boldsymbol{A}$ 可逆的充要条件是________。

(A) $\boldsymbol{A}$ 的任意行向量都是非零向量　　(B) 线性方程组 $\boldsymbol{Ax}=\boldsymbol{\beta}$ 有解

(C) $\boldsymbol{A}$ 的任意列向量都是非零向量　　(D) 线性方程组 $\boldsymbol{Ax}=\boldsymbol{0}$ 仅有零解

(E) 以上选项均错误

【答案】 (D)。

【解析】 $\boldsymbol{A}$ 可逆 $\Leftrightarrow$ 存在 $\boldsymbol{AB}=\boldsymbol{E}\Leftrightarrow|\boldsymbol{A}|\neq 0\Leftrightarrow r(\boldsymbol{A})=n\Leftrightarrow\boldsymbol{A}$ 的行(列)向量组线性无关 $\Leftrightarrow$ $\boldsymbol{Ax}=\boldsymbol{0}$ 只有零解。选(D)。

【例 7】 设 $\boldsymbol{A}=\begin{bmatrix}2&2&3\\1&-1&0\\-1&2&1\end{bmatrix}$，则 $\boldsymbol{A}^{-1}=$________。

(A) $\begin{bmatrix}1&-4&-3\\1&-5&-3\\-1&6&4\end{bmatrix}$　　(B) $\begin{bmatrix}1&-4&3\\1&-5&3\\-1&6&4\end{bmatrix}$

(C) $\begin{bmatrix}1&-4&-3\\1&-5&-3\\1&6&4\end{bmatrix}$　　(D) $\begin{bmatrix}1&4&-3\\1&5&-3\\-1&6&4\end{bmatrix}$

(E) $\begin{bmatrix}-1&-4&-3\\-1&-5&-3\\-1&6&4\end{bmatrix}$

【答案】 (A)。

【解析】 **解法 1** (用伴随矩阵求 $\boldsymbol{A}^{-1}$)

$$A_{11}=\begin{vmatrix}-1&0\\2&1\end{vmatrix}=-1,\ A_{12}=-\begin{vmatrix}1&0\\-1&1\end{vmatrix}=-1,\ A_{13}=\begin{vmatrix}1&-1\\-1&2\end{vmatrix}=1,$$

$$A_{21}=-\begin{vmatrix}2&3\\2&1\end{vmatrix}=4,\ A_{22}=\begin{vmatrix}2&3\\-1&1\end{vmatrix}=5,\ A_{23}=-\begin{vmatrix}2&2\\-1&2\end{vmatrix}=-6,$$

$$A_{31}=\begin{vmatrix}2&3\\-1&0\end{vmatrix}=3,\ A_{32}=-\begin{vmatrix}2&3\\1&0\end{vmatrix}=3,\ A_{33}=\begin{vmatrix}2&2\\1&-1\end{vmatrix}=-4。$$

又因 $|\boldsymbol{A}|=\begin{vmatrix}2&2&3\\1&-1&0\\-1&2&1\end{vmatrix}=\begin{vmatrix}1&-1&0\\-1&2&1\\2&2&3\end{vmatrix}=\begin{vmatrix}1&-1&0\\0&1&1\\0&4&3\end{vmatrix}=-1$。

故 $$\boldsymbol{A}^{-1}=\frac{1}{|\boldsymbol{A}|}\boldsymbol{A}^{*}=-\begin{bmatrix}-1&4&3\\-1&5&3\\1&-6&-4\end{bmatrix}=\begin{bmatrix}1&-4&-3\\1&-5&-3\\-1&6&4\end{bmatrix}。$$

解法 2 (用初等行变换求 $\boldsymbol{A}^{-1}$)

$$(\boldsymbol{A}\mid\boldsymbol{E})=\left[\begin{array}{ccc|ccc}2&2&3&1&0&0\\1&-1&0&0&1&0\\-1&2&1&0&0&1\end{array}\right]\to\left[\begin{array}{ccc|ccc}1&-1&0&0&1&0\\-1&2&1&0&0&1\\2&2&3&1&0&0\end{array}\right]\to\left[\begin{array}{ccc|ccc}1&-1&0&0&1&0\\0&1&1&0&1&1\\0&4&3&1&-2&0\end{array}\right]$$

$$\to\left[\begin{array}{ccc|ccc}1&0&0&1&-4&-3\\0&1&0&1&-5&-3\\0&0&1&-1&6&4\end{array}\right]\quad 得\quad \boldsymbol{A}^{-1}=\begin{bmatrix}1&-4&-3\\1&-5&-3\\-1&6&4\end{bmatrix}。$$故选(A)。

【例 8】 已知 $\boldsymbol{A}$，$\boldsymbol{B}$ 均为 n 阶非零矩阵，且 $\boldsymbol{AB}=\boldsymbol{0}$，则________。

(A) $\boldsymbol{A}$, $\boldsymbol{B}$ 中必有一个可逆　　(B) $\boldsymbol{A}$, $\boldsymbol{B}$ 都不可逆

(C) $\boldsymbol{A}$, $\boldsymbol{B}$ 都可逆　　(D) $\boldsymbol{A}$, $\boldsymbol{B}$ 中至少有一个为满秩矩阵

(E) 以上选项均不正确

【答案】 (B)。

【解析】 因 $\boldsymbol{A} \neq \boldsymbol{0}$, $\boldsymbol{B} \neq \boldsymbol{0}$, 由 $\boldsymbol{AB} = \boldsymbol{0}$ 可知：$\boldsymbol{B}$ 的列向量均为方程组 $\boldsymbol{AX} = \boldsymbol{0}$ 的解向量，且 $\boldsymbol{AX} = \boldsymbol{0}$ 有非零解，故必有 $|\boldsymbol{A}| = 0$。类似，$\boldsymbol{A}^{\mathrm{T}}$ 的列向量必是方程组 $\boldsymbol{B}^{\mathrm{T}}\boldsymbol{Y} = \boldsymbol{0}$ 的解向量，且 $\boldsymbol{A}^{\mathrm{T}} \neq \boldsymbol{0}$, 故 $|\boldsymbol{B}^{\mathrm{T}}| = |\boldsymbol{B}| = 0$。$\boldsymbol{A}$, $\boldsymbol{B}$ 都不可逆，本题应选(B)。

【例 9】 设 $\boldsymbol{A}$, $\boldsymbol{B}$, $\boldsymbol{A}+\boldsymbol{B}$, $\boldsymbol{A}^{-1}+\boldsymbol{B}^{-1}$ 均为 n 阶可逆矩阵，则 $(\boldsymbol{A}^{-1}+\boldsymbol{B}^{-1})^{-1}$ 等于________。

(A) $\boldsymbol{A}^{-1}+\boldsymbol{B}^{-1}$　　(B) $\boldsymbol{A}+\boldsymbol{B}$

(C) $\boldsymbol{A}(\boldsymbol{A}+\boldsymbol{B})^{-1}\boldsymbol{B}$　　(D) $(\boldsymbol{A}+\boldsymbol{B})^{-1}$

(E) $\boldsymbol{A}^{-1}+\boldsymbol{B}$

【答案】 (C)。

【解析】 因为 $\boldsymbol{A}$, $\boldsymbol{B}$, $\boldsymbol{A}+\boldsymbol{B}$ 均为可逆，则有

$$\begin{aligned}&(\boldsymbol{A}^{-1}+\boldsymbol{B}^{-1})^{-1} = (\boldsymbol{EA}^{-1}+\boldsymbol{B}^{-1}\boldsymbol{E})^{-1}\\&= (\boldsymbol{B}^{-1}\boldsymbol{BA}^{-1}+\boldsymbol{B}^{-1}\boldsymbol{AA}^{-1})^{-1} = [\boldsymbol{B}^{-1}(\boldsymbol{B}+\boldsymbol{A})\boldsymbol{A}^{-1}]^{-1}\\&= (\boldsymbol{A}^{-1})^{-1}(\boldsymbol{B}+\boldsymbol{A})^{-1}(\boldsymbol{B}^{-1})^{-1} = \boldsymbol{A}(\boldsymbol{A}+\boldsymbol{B})^{-1}\boldsymbol{B}。\end{aligned}$$

故应选(C)。

注意： 一般情况下 $(\boldsymbol{A}+\boldsymbol{B})^{-1} \neq \boldsymbol{A}^{-1}+\boldsymbol{B}^{-1}$, 不要与转置的性质相混淆。

【例 10】 设 $\boldsymbol{A} = \begin{bmatrix}1&0&0\\0&2&0\\0&0&-3\end{bmatrix}$, $\boldsymbol{B} = \begin{bmatrix}3&1&2\\1&2&-1\\-1&0&1\end{bmatrix}$, $\boldsymbol{C}$ 为三阶矩阵，且满足 $(\boldsymbol{B}^{-1}\boldsymbol{A}^{\mathrm{T}})\boldsymbol{C} = 2\boldsymbol{E}$, 则 $\boldsymbol{C}$ 的第 3 列元素为________。

(A) $\left(4, -1, -\dfrac{2}{3}\right)^{\mathrm{T}}$　　(B) $\left(2, -\dfrac{1}{2}, -\dfrac{1}{3}\right)^{\mathrm{T}}$

(C) $(6, -2, 2)^{\mathrm{T}}$　　(D) $\left(1, -\dfrac{1}{4}, -\dfrac{1}{6}\right)^{\mathrm{T}}$

(E) 以上结论均不正确

【答案】 (A)。

【解析】 因 $\boldsymbol{A} = \begin{bmatrix}1&0&0\\0&2&0\\0&0&-3\end{bmatrix}$, 则 $\boldsymbol{A}^{\mathrm{T}} = \begin{bmatrix}1&0&0\\0&2&0\\0&0&-3\end{bmatrix}$, $(\boldsymbol{A}^{\mathrm{T}})^{-1} = \begin{bmatrix}1&0&0\\0&\dfrac{1}{2}&0\\0&0&-\dfrac{1}{3}\end{bmatrix}$。

又因 $(\boldsymbol{B}^{-1}\boldsymbol{A}^{\mathrm{T}})\boldsymbol{C} = 2\boldsymbol{E}$, 则 $\boldsymbol{C} = 2(\boldsymbol{A}^{\mathrm{T}})^{-1}\boldsymbol{B} = \begin{bmatrix}1&0&0\\0&\dfrac{1}{2}&0\\0&0&-\dfrac{1}{3}\end{bmatrix}\begin{bmatrix}6&2&4\\2&4&-2\\-2&0&2\end{bmatrix} =$

$\begin{bmatrix} 6 & 2 & 4 \\ 1 & 2 & -1 \\ \frac{2}{3} & 0 & -\frac{2}{3} \end{bmatrix}$，即 C 的第三列元素为 $\left(4, -1, -\frac{2}{3}\right)^{\mathrm{T}}$，选(A)。

【例 11】（经济类）设 $A = \begin{bmatrix} 0 & 1 & 0 \\ 0 & 0 & 1 \\ 0 & 0 & 0 \end{bmatrix}$，则 $(\boldsymbol{E} - \boldsymbol{A})$ 的逆矩阵为________。

(A) $\begin{bmatrix} 1 & 1 & 1 \\ 0 & 1 & 1 \\ 0 & 0 & 1 \end{bmatrix}$　　(B) $\begin{bmatrix} 1 & 1 & 1 \\ 0 & 1 & 1 \\ 1 & 0 & 1 \end{bmatrix}$

(C) $\begin{bmatrix} 1 & 1 & 1 \\ 0 & 1 & 0 \\ 0 & 0 & 1 \end{bmatrix}$　　(D) $\begin{bmatrix} 1 & 0 & 1 \\ 0 & 1 & 0 \\ 0 & 0 & 1 \end{bmatrix}$

(E) 以上选项均错误

【答案】 (A)。

【解析】 本题考查矩阵的运算与求逆运算，$\boldsymbol{E} - \boldsymbol{A}^3 = (\boldsymbol{E} - \boldsymbol{A})(\boldsymbol{E} + \boldsymbol{A} + \boldsymbol{A}^2) = \boldsymbol{E}$，

$(\boldsymbol{E} - \boldsymbol{A})^{-1} = \boldsymbol{E} + \boldsymbol{A} + \boldsymbol{A}^2 = \begin{bmatrix} 1 & 1 & 1 \\ 0 & 1 & 1 \\ 0 & 0 & 1 \end{bmatrix}$。故选(A)。

【例 12】（经济类）设矩阵 $\boldsymbol{A} = \begin{bmatrix} 1 & 1 & -1 \\ 0 & 1 & 1 \\ 0 & 0 & -1 \end{bmatrix}$，三阶矩阵 $\boldsymbol{B}$ 满足 $\boldsymbol{A}^2 - \boldsymbol{A}\boldsymbol{B} = \boldsymbol{E}$，其中 $\boldsymbol{E}$ 为三阶单位矩阵，则矩阵 $\boldsymbol{B} =$________。

(A) $\begin{bmatrix} 0 & -2 & 1 \\ 0 & 0 & 0 \\ 0 & 0 & 0 \end{bmatrix}$　　(B) $\begin{bmatrix} 0 & 2 & -1 \\ 0 & 0 & 0 \\ 0 & 0 & 0 \end{bmatrix}$

(C) $\begin{bmatrix} 0 & 2 & 1 \\ 0 & 1 & 0 \\ 0 & 0 & 0 \end{bmatrix}$　　(D) $\begin{bmatrix} 0 & 2 & 1 \\ 1 & 0 & 0 \\ 0 & 0 & 1 \end{bmatrix}$

(E) $\begin{bmatrix} 0 & 2 & 1 \\ 0 & 0 & 0 \\ 0 & 0 & 0 \end{bmatrix}$

【答案】 (E)。

【解析】 由题意易得 $|\boldsymbol{A}| \neq 0 \Rightarrow \boldsymbol{A}$ 可逆，$\boldsymbol{A}^2 - \boldsymbol{A}\boldsymbol{B} = \boldsymbol{A}(\boldsymbol{A} - \boldsymbol{B}) = \boldsymbol{E} \Rightarrow \boldsymbol{A}^{-1} = \boldsymbol{A} - \boldsymbol{B}$，

$(\boldsymbol{A} \mid \boldsymbol{E}) = \left[\begin{array}{ccc|ccc} 1 & 1 & -1 & 1 & 0 & 0 \\ 0 & 1 & 1 & 0 & 1 & 0 \\ 0 & 0 & -1 & 0 & 0 & 1 \end{array}\right] = \left[\begin{array}{ccc|ccc} 1 & 0 & 0 & 1 & -1 & -2 \\ 0 & 1 & 0 & 0 & 1 & 1 \\ 0 & 0 & 1 & 0 & 0 & -1 \end{array}\right]$，$\boldsymbol{A}^{-1} = \begin{bmatrix} 1 & -1 & -2 \\ 0 & 1 & 1 \\ 0 & 0 & -1 \end{bmatrix}$，

$$\boldsymbol{B}=\boldsymbol{A}-\boldsymbol{A}^{-1}=\begin{bmatrix}0&2&1\\0&0&0\\0&0&0\end{bmatrix}。$$

【例 13】 (经济类)设矩阵 $\boldsymbol{A}=\begin{bmatrix}1&0&1\\0&2&0\\1&0&1\end{bmatrix}$，且矩阵 $\boldsymbol{X}$ 满足 $\boldsymbol{AX}+\boldsymbol{E}=\boldsymbol{A}^2+\boldsymbol{X}$，则矩阵 $\boldsymbol{X}=$________。

(A) $\begin{bmatrix}2&0&1\\0&3&0\\1&0&2\end{bmatrix}$　　(B) $\begin{bmatrix}1&0&1\\0&3&0\\1&0&2\end{bmatrix}$

(C) $\begin{bmatrix}2&0&1\\0&1&0\\1&0&2\end{bmatrix}$　　(D) $\begin{bmatrix}-2&0&1\\0&3&0\\1&0&-2\end{bmatrix}$

(E) $\begin{bmatrix}2&0&1\\0&-3&0\\-1&0&2\end{bmatrix}$

【答案】 (A)。

【解析】 由 $\boldsymbol{AX}+\boldsymbol{E}=\boldsymbol{A}^2+\boldsymbol{X}$ 可得 $\boldsymbol{AX}-\boldsymbol{X}=\boldsymbol{A}^2-\boldsymbol{E}$，变形可得 $(\boldsymbol{A}-\boldsymbol{E})\boldsymbol{X}=(\boldsymbol{A}-\boldsymbol{E})(\boldsymbol{A}+\boldsymbol{E})$。$\boldsymbol{A}-\boldsymbol{E}=\begin{bmatrix}0&0&1\\0&1&0\\1&0&0\end{bmatrix}$，从而 $\boldsymbol{A}-\boldsymbol{E}$ 可逆，则 $\boldsymbol{X}=(\boldsymbol{A}-\boldsymbol{E})^{-1}(\boldsymbol{A}-\boldsymbol{E})(\boldsymbol{A}+\boldsymbol{E})=\boldsymbol{A}+\boldsymbol{E}=\begin{bmatrix}2&0&1\\0&3&0\\1&0&2\end{bmatrix}$。故选(A)。

【例 14】 设 $\boldsymbol{A}$ 为 n 阶非零矩阵，$\boldsymbol{E}$ 为 n 阶单位矩阵。若 $\boldsymbol{A}^3=\boldsymbol{0}$，则________。

(A) $\boldsymbol{E}-\boldsymbol{A}$ 不可逆，则 $\boldsymbol{E}+\boldsymbol{A}$ 不可逆　　(B) $\boldsymbol{E}-\boldsymbol{A}$ 不可逆，则 $\boldsymbol{E}+\boldsymbol{A}$ 可逆

(C) $\boldsymbol{E}-\boldsymbol{A}$ 可逆，则 $\boldsymbol{E}+\boldsymbol{A}$ 可逆　　(D) $\boldsymbol{E}-\boldsymbol{A}$ 可逆，则 $\boldsymbol{E}+\boldsymbol{A}$ 不可逆

(E) 以上选项均错误

【答案】 (C)。

【解析】 因为 $\boldsymbol{A}^3=\boldsymbol{0}$，故 $\boldsymbol{E}=\boldsymbol{E}\pm\boldsymbol{A}^3=(\boldsymbol{E}\pm\boldsymbol{A})(\boldsymbol{E}\mp\boldsymbol{A}+\boldsymbol{A}^2)$，即分别存在矩阵 $\boldsymbol{E}-\boldsymbol{A}+\boldsymbol{A}^2$ 和 $(\boldsymbol{E}+\boldsymbol{A}+\boldsymbol{A}^2)$ 使

$$(\boldsymbol{E}+\boldsymbol{A})(\boldsymbol{E}-\boldsymbol{A}+\boldsymbol{A}^2)=\boldsymbol{E},$$

$$(\boldsymbol{E}-\boldsymbol{A})(\boldsymbol{E}+\boldsymbol{A}+\boldsymbol{A}^2)=\boldsymbol{E}。$$

可知 $\boldsymbol{E}-\boldsymbol{A}$ 与 $\boldsymbol{E}+\boldsymbol{A}$ 都是可逆的，所以应选(C)。

【例 15】 设矩阵 $\boldsymbol{A}$ 满足 $\boldsymbol{A}^2+\boldsymbol{A}-4\boldsymbol{E}=\boldsymbol{0}$，其中 $\boldsymbol{E}$ 为单位矩阵，则 $(\boldsymbol{A}-\boldsymbol{E})^{-1}=$________。

(A) $\frac{1}{2}(\boldsymbol{A}+2\boldsymbol{E})$ (B) $\boldsymbol{A}+2\boldsymbol{E}$

(C) $\frac{1}{2}(\boldsymbol{A}+\boldsymbol{E})$ (D) $\boldsymbol{A}+\boldsymbol{E}$

(E) $\frac{1}{2}(\boldsymbol{A}-2\boldsymbol{E})$

【答案】 (A)。

【解析】 矩阵 $\boldsymbol{A}$ 的元素没有给出，因此用伴随矩阵或用初等行变换求逆均不行。应当考虑用定义法，因为

$$(\boldsymbol{A}-\boldsymbol{E})(\boldsymbol{A}+2\boldsymbol{E})-2\boldsymbol{E}=\boldsymbol{A}^2+\boldsymbol{A}-4\boldsymbol{E}=\boldsymbol{0},$$

故 $$(\boldsymbol{A}-\boldsymbol{E})(\boldsymbol{A}+2\boldsymbol{E})=2\boldsymbol{E},\text{ 即 }(\boldsymbol{A}-\boldsymbol{E})\cdot\frac{\boldsymbol{A}+2\boldsymbol{E}}{2}=\boldsymbol{E}。$$

得 $$(\boldsymbol{A}-\boldsymbol{E})^{-1}=\frac{1}{2}(\boldsymbol{A}+2\boldsymbol{E})。\text{故选(A)。}$$

【例 16】 设 $\boldsymbol{A}=\begin{bmatrix}1&0&0&0\\-2&3&0&0\\0&-4&5&0\\0&0&-6&7\end{bmatrix}$，$\boldsymbol{E}$ 为 4 阶单位矩阵，且 $\boldsymbol{B}=(\boldsymbol{E}+\boldsymbol{A})^{-1}(\boldsymbol{E}-\boldsymbol{A})$，则 $(\boldsymbol{E}+\boldsymbol{B})^{-1}=$________。

(A) $\begin{bmatrix}1&0&0&0\\-1&2&0&0\\0&-2&3&0\\0&0&-3&4\end{bmatrix}$ (B) $\begin{bmatrix}1&0&0&0\\1&2&0&0\\0&2&3&0\\0&0&3&4\end{bmatrix}$

(C) $\begin{bmatrix}-1&0&0&0\\-1&-2&0&0\\0&-2&-3&0\\0&0&-3&-4\end{bmatrix}$ (D) $\begin{bmatrix}1&0&0&1\\-1&2&0&0\\0&-2&3&0\\0&0&-3&4\end{bmatrix}$

(E) $\begin{bmatrix}1&0&0&0\\-1&2&0&0\\0&2&3&0\\0&0&-3&4\end{bmatrix}$

【答案】 (A)。

【解析】 虽可以由 $\boldsymbol{A}$ 先求出 $(\boldsymbol{E}+\boldsymbol{B})^{-1}$，再做矩阵乘法求出 $\boldsymbol{B}$，最后通过求逆得到 $(\boldsymbol{E}+\boldsymbol{B})^{-1}$，但这种方法计算量太大。

解法 1 若用单位矩阵恒等变形的技巧，我们有

$$\boldsymbol{B}+\boldsymbol{E}=(\boldsymbol{E}+\boldsymbol{A})^{-1}(\boldsymbol{E}-\boldsymbol{A})+\boldsymbol{E}=(\boldsymbol{E}+\boldsymbol{A})^{-1}[(\boldsymbol{E}-\boldsymbol{A})+(\boldsymbol{E}+\boldsymbol{A})]=2(\boldsymbol{E}+\boldsymbol{A})^{-1}。$$

所以 $(\boldsymbol{E}+\boldsymbol{B})^{-1}=[2(\boldsymbol{E}+\boldsymbol{A})^{-1}]^{-1}=\dfrac{1}{2}(\boldsymbol{E}+\boldsymbol{A})=\begin{bmatrix}1&0&0&0\\-1&2&0&0\\0&-2&3&0\\0&0&-3&4\end{bmatrix}$。

解法 2 由 $\boldsymbol{B}=(\boldsymbol{E}+\boldsymbol{A})^{-1}(\boldsymbol{E}-\boldsymbol{A})$，左乘 $\boldsymbol{E}+\boldsymbol{A}$ 得

$$(\boldsymbol{E}+\boldsymbol{A})\boldsymbol{B}=\boldsymbol{E}-\boldsymbol{A}\Rightarrow(\boldsymbol{E}+\boldsymbol{A})\boldsymbol{B}+(\boldsymbol{E}+\boldsymbol{A})=\boldsymbol{E}-\boldsymbol{A}+\boldsymbol{E}+\boldsymbol{A}=2\boldsymbol{E}$$

即有 $(\boldsymbol{E}+\boldsymbol{A})(\boldsymbol{E}+\boldsymbol{B})=2\boldsymbol{E}$，下同解法 1。故选(A)。

【例 17】 设 $\boldsymbol{A}=(a_{ij})$ 为 3 阶非零方阵，且 $a_{ij}=A_{ij}(i,j=1,2,3)$，其中 A_{ij} 为 $|\boldsymbol{A}|$ 的元素 a_{ij} 的代数余子式 $(i,j=1,2,3)$，则 $|\boldsymbol{A}|=$________。

(A) 0　(B) -1　(C) 1　(D) 2　(E) -2

【答案】 (C)。

【解析】 因为 $\boldsymbol{A}$ 为非零矩阵，且 $a_{ij}=A_{ij}(i,j=1,2,3)$，不妨设第一行元素中有非零元素，则由行列式展开定理得：$|\boldsymbol{A}|\overset{r_1\text{展开}}{=\!=\!=}a_{11}A_{11}+a_{12}A_{12}+a_{13}A_{13}=a_{11}^2+a_{12}^2+a_{13}^2>0$，所以 $\boldsymbol{A}$ 可逆。

又因为 $a_{ij}=A_{ij}(i,j=1,2,3)$，即 $\boldsymbol{A}^{\mathrm{T}}=\boldsymbol{A}^*$，所以由 $\boldsymbol{A}\boldsymbol{A}^*=|\boldsymbol{A}|\boldsymbol{E}$ 取行列式得 $|\boldsymbol{A}\boldsymbol{A}^{\mathrm{T}}|=\big||\boldsymbol{A}|\boldsymbol{E}\big|\Rightarrow|\boldsymbol{A}|^2=|\boldsymbol{A}|^3$，注意到 $|\boldsymbol{A}|>0$，所以 $|\boldsymbol{A}|=1$。故选(C)。

注意： 正交矩阵 $\boldsymbol{A}\Leftrightarrow\boldsymbol{A}\boldsymbol{A}^{\mathrm{T}}=\boldsymbol{A}^{\mathrm{T}}\boldsymbol{A}=\boldsymbol{E}\Leftrightarrow\boldsymbol{A}^{\mathrm{T}}=\boldsymbol{A}^{-1}=\dfrac{1}{|\boldsymbol{A}|}\boldsymbol{A}^*=\pm\boldsymbol{A}^*\Leftrightarrow a_{ij}=\pm\boldsymbol{A}_{ij}$。

题型 3：矩阵秩的相关问题

【例 18】 (经济类)设 $\boldsymbol{A}=\begin{bmatrix}1&1&1\\2&2&t\\3&4&5\end{bmatrix}$，且 $\mathrm{r}(\boldsymbol{A})=2$，则 $t=$________。

(A) 2　(B) 1　(C) 0　(D) -1　(E) -2

【答案】 (A)。

【解析】 因为 $\mathrm{r}(\boldsymbol{A})=2$，所以 $|\boldsymbol{A}|=0$ 得 $t=2$。故选(A)。

【例 19】 (经济类)已知矩阵 $\boldsymbol{A}=\begin{bmatrix}1&1&2&k&3\\2&3&5&5&4\\2&2&3&1&4\\1&0&1&1&5\end{bmatrix}$，且 $\mathrm{r}(\boldsymbol{A})=3$，则常数 $k=$________。

(A) 2　(B) -2　(C) 1　(D) -1　(E) 0

【答案】 (A)。

【解析】 $\boldsymbol{A}=\begin{bmatrix}1&0&1&1&5\\2&3&5&5&4\\2&2&3&1&4\\1&1&2&k&3\end{bmatrix}=\begin{bmatrix}1&0&1&1&5\\0&3&3&3&-6\\0&2&1&-1&-6\\0&1&1&k-1&-2\end{bmatrix}=$

$\begin{bmatrix} 1 & 0 & 1 & 1 & 5 \\ 0 & 3 & 3 & 3 & -6 \\ 0 & 0 & -1 & -3 & -2 \\ 0 & 0 & 0 & k-2 & 0 \end{bmatrix}$。由于 $\mathrm{r}(\boldsymbol{A})=3 \Rightarrow k=2$。故选(A)。

【例 20】 (经济类)已知 $\boldsymbol{A}$ 是 $m \times n$ 阶的实矩阵,其秩 $\mathrm{r}<\min\{m, n\}$,则该矩阵________。

(A) 没有等于零的 $r-1$ 阶子式,至少有一个不为零的 r 阶子式

(B) 有不等于零的 r 阶子式,所有 $r+1$ 阶子式全为零

(C) 有等于零的 r 阶子式,没有不等于零的 $r+1$ 子式

(D) 所有 r 阶子式不等于零,所有的 $r+1$ 阶子式全为零

(E) 以上选项均错误

【答案】 (B)。

【解析】 根据矩阵的秩的定义,可知矩阵 $\boldsymbol{A}$ 至少存在一个不等于零的 r 阶子式,所有的 $r+1$ 阶子式全为零,故选(B)。

【例 21】 设矩阵 $\boldsymbol{A}_{m\times n}$ 的秩 $\mathrm{r}(\boldsymbol{A})=m<n$,$\boldsymbol{B}$ 为 n 阶矩阵,则________。

(A) $\boldsymbol{A}$ 的任意 m 阶子式均不为 0　　(B) $\boldsymbol{A}$ 的任意 m 个列向量均线性无关

(C) $|\boldsymbol{A}^{\mathrm{T}}\boldsymbol{A}| \neq 0$　　(D) 当 $\boldsymbol{AB}=\boldsymbol{0}$ 时,必有 $\boldsymbol{B}=\boldsymbol{0}$

(E) 当 $r(\boldsymbol{B})=n$ 时,有 $\mathrm{r}(\boldsymbol{AB})=m$

【答案】 (E)。

【解析】 若 $r(\boldsymbol{A})=m<n$,只能得到 $\boldsymbol{A}$ 中存在一个 m 阶子式不等于零。故(A)不一定成立。

$r(\boldsymbol{A})=m$,只能得到 $\boldsymbol{A}$ 的列向量组中存在 m 个列向量线性无关。故(B)未必成立。

由 $r(\boldsymbol{A})=m<n$ 也不能肯定 $|\boldsymbol{A}^{\mathrm{T}}\boldsymbol{A}| \neq 0$。故(C)不成立。

当 $\boldsymbol{AB}=\boldsymbol{0}$ 时,因 $r(\boldsymbol{A})=m<n$,所以齐次方程组 $\boldsymbol{Ax}=\boldsymbol{0}$ 有非零解。而 $\boldsymbol{B}$ 的列向量就是方程组 $\boldsymbol{Ax}=\boldsymbol{0}$ 的解向量,故 $\boldsymbol{B}$ 不是零矩阵。故(D)错。

对于(E),由已知 $\mathrm{r}(\boldsymbol{B})=n$,所以 $\boldsymbol{B}$ 可逆,$\boldsymbol{B}$ 必可表示为若干个初等矩阵的乘积。因此,$\boldsymbol{B}$ 右乘 $\boldsymbol{A}$,将不改变矩阵 $\boldsymbol{A}$ 的秩,所以 $\mathrm{r}(\boldsymbol{AB})=m$。故本题应选(E)。

【例 22】 设 $\boldsymbol{A}=\begin{bmatrix} -1 & 2 & 3 \\ -3 & 6 & 8 \\ 2 & -4 & t \end{bmatrix}$,且 $r(\boldsymbol{A})=2$,则 $t=$________。

(A) -6　　(B) 6　　(C) 8　　(D) -8　　(E) t 为任何实数

【答案】 (E)。

【解析】 若 $r(\boldsymbol{A})=2$,则行列式 $|\boldsymbol{A}|=0$,由于对任意实数 t,都有 $|\boldsymbol{A}|=0$。故本题应选(E)。

【例 23】 已知矩阵 $\boldsymbol{A}=\begin{bmatrix} 4 & 3 & -6 & 1 \\ -2 & 2 & 3 & 2 \\ -6 & -8 & 9 & t \end{bmatrix}$,秩 $\mathrm{r}(\boldsymbol{A})=2$,则 $t=$________。

(A) -6　　(B) 6　　(C) 8　　(D) -8　　(E) -4

【答案】 (E)。

【解析】 对矩阵 $\boldsymbol{A}$ 进行初等行变换，有 $\boldsymbol{A}=\begin{bmatrix}4 & 3 & -6 & 1\\-2 & 2 & 3 & 2\\-6 & -8 & 9 & t\end{bmatrix}\rightarrow\begin{bmatrix}-2 & 2 & 3 & 2\\0 & 7 & 0 & 5\\0 & 0 & 0 & t+4\end{bmatrix}$，所以，当 $r(\boldsymbol{A})=2$ 时，必有 $t=-4$。故选(E)。

【例 24】 设三阶方阵 $\boldsymbol{A}=\begin{bmatrix}a & 1 & 1\\1 & a & 1\\1 & 1 & a\end{bmatrix}$，则 $r(\boldsymbol{A})=$________。

(A) 当 $a=1$ 时，$r(\boldsymbol{A})=1$　　(B) 当 $a=-2$ 时，$r(\boldsymbol{A})=1$

(C) 当 $a=1$ 时，$r(\boldsymbol{A})=2$　　(D) 当 $a=1$ 时，$r(\boldsymbol{A})=3$

(E) 当 $a=-2$ 时，$r(\boldsymbol{A})=3$

【答案】 (A)。

【解析】 $|\boldsymbol{A}|=\begin{vmatrix}a & 1 & 1\\1 & a & 1\\1 & 1 & a\end{vmatrix}=(a+2)(a-1)^2$。

(Ⅰ) $a\neq 1$，$a\neq -2$ 时，$|\boldsymbol{A}|\neq 0$，得 $r(\boldsymbol{A})=3$；

(Ⅱ) $a=1$，$|\boldsymbol{A}|=0$，$\boldsymbol{A}=\begin{bmatrix}1 & 1 & 1\\1 & 1 & 1\\1 & 1 & 1\end{bmatrix}$，得 $r(\boldsymbol{A})=1$；

(Ⅲ) $a=-2$，$|\boldsymbol{A}|=0$，$\boldsymbol{A}=\begin{bmatrix}-2 & 1 & 1\\1 & -2 & 1\\1 & 1 & -2\end{bmatrix}$，得 $r(\boldsymbol{A})=2$。

或　$\boldsymbol{A}=\begin{bmatrix}a & 1 & 1\\1 & a & 1\\1 & 1 & a\end{bmatrix}\rightarrow\begin{bmatrix}1 & 1 & a\\0 & a-1 & -(a-1)\\0 & 0 & -(a+2)(a-1)\end{bmatrix}$。

综上，答案选择(A)。

【例 25】 设 $\boldsymbol{A}=\begin{bmatrix}1 & -1 & 2\\2 & 1 & -3\\-1 & -2 & 5\end{bmatrix}$，$\boldsymbol{B}=\begin{bmatrix}3 & a & -2\\0 & 5 & a\\0 & 0 & -1\end{bmatrix}$，则 $r(\boldsymbol{AB}-\boldsymbol{A})=$________。

(A) 0　　(B) 1

(C) 2　　(D) 3

(E) 以上结论均不正确

【答案】 (C)。

【解析】 $\boldsymbol{AB}-\boldsymbol{A}=\boldsymbol{A}(\boldsymbol{B}-\boldsymbol{I})$，而矩阵 $\boldsymbol{B}-\boldsymbol{I}=\begin{bmatrix}2 & a & -2\\0 & 4 & a\\0 & 0 & -2\end{bmatrix}$，$\boldsymbol{B}-\boldsymbol{I}$ 可逆，所以 $r(\boldsymbol{AB}-\boldsymbol{A})=r[\boldsymbol{A}(\boldsymbol{B}-\boldsymbol{I})]=r(\boldsymbol{A})$。不难计算 $r(\boldsymbol{A})=2$，故本题应选(C)。

【例 26】 已知 $\boldsymbol{A}=\begin{bmatrix}1\\0\\2\end{bmatrix}\begin{bmatrix}1 & -1 & 0\end{bmatrix}$，$\boldsymbol{B}=\begin{bmatrix}1 & -1 & 2\\2 & a & 1\\-1 & 3 & 0\end{bmatrix}$。若矩阵 $\boldsymbol{AB}+\boldsymbol{B}$ 的秩为 2，则 $a=$________。

(A) -5　　(B) -1　　(C) 1　　(D) 5　　(E) 0

【答案】 (A)。

【解析】 本题考查了矩阵的运算，两个矩阵相乘的性质以及矩阵秩的求法。

$\boldsymbol{AB}+\boldsymbol{B}=(\boldsymbol{A}+\boldsymbol{E})\boldsymbol{B}$，因 $\boldsymbol{A}=\begin{bmatrix}1\\0\\2\end{bmatrix}\begin{bmatrix}1 & -1 & 0\end{bmatrix}=\begin{bmatrix}1 & -1 & 0\\0 & 0 & 0\\2 & -2 & 0\end{bmatrix}$。

故 $|\boldsymbol{A}+\boldsymbol{E}|=\begin{vmatrix}2 & -1 & 0\\0 & 1 & 0\\2 & -2 & 1\end{vmatrix}=2\neq 0$，所以 $\boldsymbol{A}+\boldsymbol{E}$ 可逆，从而 $\mathrm{r}(\boldsymbol{AB}+\boldsymbol{B})=\mathrm{r}(\boldsymbol{B})=2$。而

$\boldsymbol{B}=\begin{bmatrix}1 & -1 & 2\\2 & a & 1\\-1 & 3 & 0\end{bmatrix}\xrightarrow[{[3]+[1]}]{[2]+[1]\times(-2)}\begin{bmatrix}1 & -1 & 2\\0 & a+2 & -3\\0 & 2 & 2\end{bmatrix}$，要使 $\mathrm{r}(\boldsymbol{B})=2$，需第二、第三行成比例，即 $\dfrac{a+2}{2}=\dfrac{-3}{2}$，从而 $a=-5$，故正确答案选(A)。

【例 27】 设 $\boldsymbol{A}$ 是 $m\times n$ 矩阵，$\boldsymbol{B}$ 是 $n\times m$ 矩阵，则________。

(A) 当 $m>n$ 时，必有 $|\boldsymbol{AB}|\neq 0$　　(B) 当 $m>n$ 时，必有 $|\boldsymbol{AB}|=0$

(C) 当 $n>m$ 时，必有 $|\boldsymbol{AB}|\neq 0$　　(D) 当 $n>m$ 时，必有 $|\boldsymbol{AB}|=0$

(E) 以上结论均错误

【答案】 (B)。

【解析】 因为 $\boldsymbol{AB}$ 为 $m\times m$ 矩阵，当 $m>n$ 时，由 $\mathrm{r}(\boldsymbol{AB})\leqslant\min\{\mathrm{r}(\boldsymbol{A}),\ \mathrm{r}(\boldsymbol{B})\}\leqslant n<m$ 知：$|\boldsymbol{AB}|=0$。选择(B)。

注意：① $\mathrm{r}(\boldsymbol{AB})\leqslant\min\{\mathrm{r}(\boldsymbol{A}),\ \mathrm{r}(\boldsymbol{B})\}$；② $|\boldsymbol{A}_n|=0\Leftrightarrow\mathrm{r}(\boldsymbol{A})<n$；③ $\boldsymbol{A}_{m\times n}\boldsymbol{B}_{n\times s}=\boldsymbol{C}_{m\times s}$。

【例 28】 设 $\boldsymbol{A}$，$\boldsymbol{B}$ 均为 n 阶非零阵，且 $\boldsymbol{AB}=\boldsymbol{O}$，则 $\boldsymbol{A}$，$\boldsymbol{B}$ 的秩为________。

(A) 必有一个等于零　　(B) 都小于 n

(C) 一个小于 n，一个等于 n　　(D) 都等于 n

(E) 以上选项均错误

【答案】 (B)。

【解析】 由于 $\boldsymbol{A}$，$\boldsymbol{B}$ 均为非零阵，所以其秩都大于零。排除(A)。又如果 $\boldsymbol{A}$，$\boldsymbol{B}$ 中有一个可逆，则由 $\boldsymbol{AB}=\boldsymbol{0}$ 可得另一个必为零阵 $\boldsymbol{0}$，此与均非零阵不符，故 $\boldsymbol{A}$，$\boldsymbol{B}$ 均不可逆，即其秩都小于 n，排除(C)、(D)。故选择(B)。

【例 29】 设 $\boldsymbol{A}$ 为 $m\times n$ 矩阵，$\boldsymbol{B}$ 为 $n\times m$ 矩阵，$\boldsymbol{E}$ 为 m 阶单位矩阵。若 $\boldsymbol{AB}=\boldsymbol{E}$，则________。

(A) $r(\boldsymbol{A})=m$, $r(\boldsymbol{B})=m$
(B) $r(\boldsymbol{A})=m$, $r(\boldsymbol{B})=n$
(C) $r(\boldsymbol{A})=n$, $r(\boldsymbol{B})=m$
(D) $r(\boldsymbol{A})=n$, $r(\boldsymbol{B})=n$
(E) 以上选项均错误

【答案】 (A)。

【分析】 由已知得，$r(\boldsymbol{AB})=r(\boldsymbol{E})=m$，因为 $r(\boldsymbol{AB})\leqslant \min(r(\boldsymbol{A}), r(\boldsymbol{B}))$，故

$$r(\boldsymbol{A})\geqslant m,\ r(\boldsymbol{B})\geqslant m。$$

又因 $\boldsymbol{A}$ 为 $m\times n$ 矩阵，$\boldsymbol{B}$ 为 $n\times m$ 矩阵，则有 $r(\boldsymbol{A})\leqslant m$，$r(\boldsymbol{B})\leqslant m$，故 $r(\boldsymbol{A})=r(\boldsymbol{B})=m$。故选(A)。

【例 30】 设 $\boldsymbol{A}=\begin{bmatrix}1&-1\\2&0\\3&1\end{bmatrix}$，$\boldsymbol{B}=\begin{bmatrix}1&1&0\\2&3&1\end{bmatrix}$，则必有________。

(A) $\boldsymbol{AB}=\boldsymbol{BA}$
(B) $\boldsymbol{AB}=\boldsymbol{B}^{\mathrm{T}}\boldsymbol{A}^{\mathrm{T}}$
(C) $|\boldsymbol{BA}|=-8$
(D) $|\boldsymbol{AB}|=0$
(E) $\boldsymbol{AB}=\boldsymbol{A}^{\mathrm{T}}\boldsymbol{B}^{\mathrm{T}}$

【答案】 (D)。

【解析】 本题考察矩阵的乘法，行列式的性质。

解法 1 因 $\boldsymbol{AB}$ 是 3×3 矩阵，$r(\boldsymbol{AB})\leqslant\min\{r(\boldsymbol{A}), r(\boldsymbol{B})\}=2$，所以 $|\boldsymbol{AB}|=0$。

解法 2 $\boldsymbol{AB}$ 是 3×3 矩阵，$\boldsymbol{BA}$ 是 2×2 矩阵，所以不选(A)。

$$|\boldsymbol{AB}|=\begin{vmatrix}-1&-2&-1\\2&2&0\\5&6&1\end{vmatrix}\xlongequal{[3]+[1]}\begin{vmatrix}-1&-2&-1\\2&2&0\\4&4&0\end{vmatrix}=0。选(D)。$$

题型 4：伴随矩阵、分块矩阵

【例 31】 (经济类)矩阵 $\boldsymbol{A}=\begin{bmatrix}1&2&0\\3&4&0\\0&0&5\end{bmatrix}$ 的伴随矩阵 $\boldsymbol{A}^*=$________。

(A) $\begin{bmatrix}20&10&0\\15&5&0\\0&0&-2\end{bmatrix}$
(B) $\begin{bmatrix}20&10&0\\15&5&0\\0&0&2\end{bmatrix}$
(C) $\begin{bmatrix}-20&-10&0\\-15&-5&0\\0&0&-2\end{bmatrix}$
(D) $\begin{bmatrix}20&-10&0\\15&5&0\\0&0&-2\end{bmatrix}$
(E) $\begin{bmatrix}20&-10&0\\-15&5&0\\0&0&-2\end{bmatrix}$

【答案】 (E)。

【解析】 **第一步，锁定目标：**$\boldsymbol{AA}^*=|\boldsymbol{A}|\boldsymbol{E}\Rightarrow\boldsymbol{A}^*=|\boldsymbol{A}|\boldsymbol{A}^{-1}$；

第二步,求行列式: $|\boldsymbol{A}|=\begin{vmatrix}1&2&0\\3&4&0\\0&0&5\end{vmatrix}=\begin{vmatrix}1&2\\3&4\end{vmatrix}\times 5=-10$;

第三步,求逆矩阵: $\begin{bmatrix}1&2&0&1&0&0\\3&4&0&0&1&0\\0&0&5&0&0&1\end{bmatrix}\xrightarrow{\text{行初等变换}}\begin{bmatrix}1&0&0&-2&1&0\\0&1&0&\frac{3}{2}&-\frac{1}{2}&0\\0&0&1&0&0&\frac{1}{5}\end{bmatrix}$,

故 $\boldsymbol{A}^{-1}=\begin{bmatrix}-2&1&0\\\frac{3}{2}&-\frac{1}{2}&0\\0&0&\frac{1}{5}\end{bmatrix}$;

第四步,求伴随矩阵: $\boldsymbol{A}^*=|\boldsymbol{A}|\boldsymbol{A}^{-1}=\begin{bmatrix}20&-10&0\\-15&5&0\\0&0&-2\end{bmatrix}$,选(E)。

【例 32】 (普研)设 $\boldsymbol{A}=\begin{bmatrix}1&0&0\\2&2&0\\3&4&5\end{bmatrix}$,$\boldsymbol{A}^*$ 是 $\boldsymbol{A}$ 的伴随矩阵,则 $(\boldsymbol{A}^*)^{-1}=$________。

(A) $\frac{1}{5}\begin{bmatrix}1&0&0\\2&2&0\\3&4&5\end{bmatrix}$　　(B) $-\frac{1}{10}\begin{bmatrix}1&0&0\\2&2&0\\3&4&5\end{bmatrix}$

(C) $\frac{1}{10}\begin{bmatrix}1&0&0\\2&2&0\\3&4&5\end{bmatrix}$　　(D) $\frac{1}{10}\begin{bmatrix}1&0&0\\1&2&0\\3&4&5\end{bmatrix}$

(E) $\frac{1}{10}\begin{bmatrix}1&2&3\\0&2&4\\0&0&5\end{bmatrix}$

【答案】 (C)。

【解析】 由 $\boldsymbol{A}\boldsymbol{A}^*=|\boldsymbol{A}|\boldsymbol{E}$ 有 $\frac{\boldsymbol{A}}{|\boldsymbol{A}|}\boldsymbol{A}^*=\boldsymbol{E}$,故 $(\boldsymbol{A}^*)^{-1}=\frac{\boldsymbol{A}}{|\boldsymbol{A}|}$,现有 $|\boldsymbol{A}|=10$,所以

$$(\boldsymbol{A}^*)^{-1}=\frac{1}{10}\begin{bmatrix}1&0&0\\2&2&0\\3&4&5\end{bmatrix}\text{。故选(C)。}$$

注意: 要知道关系式 $(\boldsymbol{A}^*)^{-1}=(\boldsymbol{A}^{-1})^*=\frac{\boldsymbol{A}}{|\boldsymbol{A}|}$,在已知矩阵 $\boldsymbol{A}$ 的情况下,只要求出行列式 $|\boldsymbol{A}|$ 的值,也就可以求出 $(\boldsymbol{A}^*)^{-1}$ 或者 $(\boldsymbol{A}^{-1})^*$。

【例 33】 已知 $\boldsymbol{A}=\begin{bmatrix}\begin{array}{c|cccc} & 1 & & & \\ & & 2 & & \\ & & & \ddots & \\ & & & & n-1 \\ \hline n & & & & \end{array}\end{bmatrix}$，则 $(\boldsymbol{A}^*)^{-1}=$______。

(A) $\dfrac{(-1)^n}{n!}\boldsymbol{A}$　　(B) $\dfrac{(-1)^{n-1}}{(n-1)!}\boldsymbol{A}$

(C) $\dfrac{(-1)^{n-1}}{n!}\boldsymbol{A}$　　(D) $\dfrac{(-1)^n}{(n-1)!}\boldsymbol{A}$

(E) $\dfrac{(-1)^{n-1}}{(n+1)!}\boldsymbol{A}$

【答案】 (C)。

【解析】 由 $|\boldsymbol{A}|=(-1)^{1\times(n-1)}n!=(-1)^{n-1}n!\neq 0$，且 $\boldsymbol{A}^*=|\boldsymbol{A}|\boldsymbol{A}^{-1}$。

由逆阵性质得 $(\boldsymbol{A}^*)^{-1}=(|\boldsymbol{A}|\boldsymbol{A}^{-1})^{-1}=\dfrac{1}{|\boldsymbol{A}|}\boldsymbol{A}=\dfrac{1}{(-1)^{n-1}n!}\boldsymbol{A}=\dfrac{(-1)^{n-1}}{n!}\boldsymbol{A}$。

【拓展】 $\boldsymbol{A}^{-1}=\begin{bmatrix}\begin{array}{c|cccc} & 1 & & & \\ & & 2 & & \\ & & & \ddots & \\ & & & & n-1 \\ \hline n & & & & \end{array}\end{bmatrix}^{-1}=\begin{bmatrix}\begin{array}{cccc|c} & & & & \frac{1}{n} \\ \hline 1 & & & & \\ & \frac{1}{2} & & & \\ & & \ddots & & \\ & & & \frac{1}{n-1} & \end{array}\end{bmatrix}$；

$|\boldsymbol{A}|$ 的所有元素的代数余子式之和，即 $\boldsymbol{A}^*=|\boldsymbol{A}|\boldsymbol{A}^{-1}$ 的所有元素之和为

$$\sum_{i=1}^{n}\sum_{j=1}^{n}A_{ij}=(-1)^{n-1}n!\sum_{k=1}^{n}\frac{1}{k};$$

$|\boldsymbol{A}|$ 的第 j 行元素的代数余子式之和，即 $\boldsymbol{A}^*=|\boldsymbol{A}|\boldsymbol{A}^{-1}$ 的第 j 列元素之和为

$$\sum_{i=1}^{n}A_{ij}=\frac{(-1)^{n-1}n!}{j}(j=1,2,\cdots,n)。$$

【例 34】 设 $\boldsymbol{A}$ 为四阶非零方阵，其伴随矩阵 $\boldsymbol{A}^*$ 的秩 $r(\boldsymbol{A}^*)=0$，则秩 $r(\boldsymbol{A})=$______。

(A) 1 或 2　　(B) 1 或 3　　(C) 2 或 3　　(D) 3 或 4　　(E) 2 或 4

【答案】 (A)。

【解析】 $\boldsymbol{A}$ 为四阶方阵，故 $\boldsymbol{A}^*$ 的元素为矩阵 $\boldsymbol{A}$ 的三阶子式，由 $r(\boldsymbol{A}^*)=0$ 知 $\boldsymbol{A}^*$ 的元素都为 0，故 $\boldsymbol{A}$ 的任意一个三阶子式为 0，由矩阵秩的定义知 $r(\boldsymbol{A})<3$，故正确选项为(A)。

【例 35】　A^* 是 $A=\begin{bmatrix}1&1&0\\0&1&1\\1&0&1\end{bmatrix}$ 的伴随矩阵，若三阶矩阵 X 满足 $A^*X=A$，则 X 的第三行的行向量是________。

(A) (2, 1, 1)　　(B) (1, 2, 1)

(C) $\left(1,\ \frac{1}{2},\ \frac{1}{2}\right)$　　(D) $\left(\frac{1}{2},\ \frac{1}{2},\ 1\right)$

(E) $\left(\frac{1}{2},\ 1,\ \frac{1}{2}\right)$

【答案】 (C)。

【解析】 本题考查了伴随矩阵的概念，矩阵及其伴随矩阵的关系，以及矩阵的乘法运算。

因 $A=\begin{bmatrix}1&1&0\\0&1&1\\1&0&1\end{bmatrix}$，所以 $|A|=2$，从而 A 可逆，由 $A^*=|A|A^{-1}=2A^{-1}$，有 $(A^*)^{-1}=\frac{A}{2}$，又由题设 $A^*X=A$，得 $(A^*)^{-1}A^*X=(A^*)^{-1}A$，于是

$$X=\frac{A^2}{2}=\frac{1}{2}\begin{bmatrix}1&1&0\\0&1&1\\1&0&1\end{bmatrix}\begin{bmatrix}1&1&0\\0&1&1\\1&0&1\end{bmatrix}=\begin{bmatrix}*&*&*\\*&*&*\\1&\frac{1}{2}&\frac{1}{2}\end{bmatrix}$$，故正确选项为(C)。

【例 36】　设 $A=\begin{bmatrix}0&1&0&0\\0&0&\frac{1}{2}&0\\0&0&0&\frac{1}{3}\\\frac{1}{4}&0&0&0\end{bmatrix}$，求 $|A|$ 中所有元素的代数余子式之和 $\sum_{i=1}^{4}\sum_{j=1}^{4}A_{ij}$ 为________。

(A) $\frac{5}{6}$　　(B) $-\frac{5}{6}$　　(C) $-\frac{5}{12}$　　(D) $\frac{5}{12}$　　(E) $-\frac{5}{3}$

【答案】 (C)。

【解析】 $|A|=\begin{vmatrix}\mathbf{0}&A_1\\A_2&\mathbf{0}\end{vmatrix}=(-1)^3|A_1||A_2|=(-1)\times\frac{1}{6}\times\frac{1}{4}=-\frac{1}{24}\neq 0$，

其中 $A_1=\begin{bmatrix}1&0&0\\0&\frac{1}{2}&0\\0&0&\frac{1}{3}\end{bmatrix}$，$A_2=\left(\frac{1}{4}\right)$。因 A 可逆，故 $A^*=|A|A^{-1}$。

又 $A^{-1}=\begin{pmatrix}\mathbf{0} & A_2^{-1}\\ A_1^{-1} & \mathbf{0}\end{pmatrix}=\begin{pmatrix}0&0&0&4\\1&0&0&0\\0&2&0&0\\0&0&3&0\end{pmatrix}$，从而 $A^*=|A|A^{-1}=-\dfrac{1}{24}\begin{pmatrix}0&0&0&4\\1&0&0&0\\0&2&0&0\\0&0&3&0\end{pmatrix}$。

因此有 $\sum\limits_{i=1}^{4}\sum\limits_{j=1}^{4}A_{ij}=-\dfrac{1}{24}(1+2+3+4)=-\dfrac{10}{24}=-\dfrac{5}{12}$，答案选择(C)。

【例 37】 (普研 2002)设 A，B 为 n 阶矩阵，A^*，B^* 分别为 A，B 对应的伴随矩阵，分块矩阵 $C=\begin{bmatrix}A & \mathbf{0}\\ \mathbf{0} & B\end{bmatrix}$，则 C 的伴随矩阵 $C^*=$________。

(A) $\begin{bmatrix}|A|A^* & \mathbf{0}\\ \mathbf{0} & |B|B^*\end{bmatrix}$　　(B) $\begin{bmatrix}|B|B^* & \mathbf{0}\\ \mathbf{0} & |A|A^*\end{bmatrix}$

(C) $\begin{bmatrix}|A|B^* & \mathbf{0}\\ \mathbf{0} & |B|A^*\end{bmatrix}$　　(D) $\begin{bmatrix}|B|A^* & \mathbf{0}\\ \mathbf{0} & |A|B^*\end{bmatrix}$

(E) 以上选项均错误

【答案】 (D)。

【解析】 由于 $C^*=|C|C^{-1}=\begin{vmatrix}A & \mathbf{0}\\ \mathbf{0} & B\end{vmatrix}\begin{bmatrix}A & \mathbf{0}\\ \mathbf{0} & B\end{bmatrix}^{-1}=|A||B|\begin{bmatrix}A^{-1} & \mathbf{0}\\ \mathbf{0} & B^{-1}\end{bmatrix}=\begin{bmatrix}|A||B|A^{-1} & \mathbf{0}\\ \mathbf{0} & |A||B|B^{-1}\end{bmatrix}$，故应选(D)。

题型 5: 方阵幂与行列式的计算

【例 38】 (经济类)已知 AB 为三阶方阵，且 $|A|=-1$，$|B|=2$，$|2(A^{\mathrm{T}}B^{-1})^2|=$________。

(A) -1　　(B) 1　　(C) -2　　(D) 2　　(E) 0

【答案】 (D)。

【解析】 $|2(A^{\mathrm{T}}B^{-1})^2|=2^3|A^{\mathrm{T}}B^{-1}|^2=8[|A^{\mathrm{T}}||B^{-1}|]^2=8\left(-1\times\dfrac{1}{2}\right)^2=2$。故选(D)。

【例 39】 (经济类)已知 A 是 3 阶矩阵，且 $|A|=-3$，A^{T} 是 A 的转置矩阵，则 $\left|\dfrac{1}{2}A^{\mathrm{T}}\right|=$________。

(A) $\dfrac{3}{2}$　　(B) $-\dfrac{3}{2}$　　(C) $\dfrac{3}{8}$　　(D) $-\dfrac{3}{8}$　　(E) $-\dfrac{3}{4}$

【答案】 (D)。

【解析】 $\left|\dfrac{1}{2}A^{\mathrm{T}}\right|=\left(\dfrac{1}{2}\right)^3|A^{\mathrm{T}}|=\left(\dfrac{1}{2}\right)^3|A|=-\dfrac{3}{8}$，故选(D)。

【例 40】 (普研)已知 $\boldsymbol{\alpha}=(1,2,3)$，$\boldsymbol{\beta}=\left(1,\dfrac{1}{2},\dfrac{1}{3}\right)$，设 $A=\boldsymbol{\alpha}^{\mathrm{T}}\boldsymbol{\beta}$，其中 $\boldsymbol{\alpha}^{\mathrm{T}}$ 是 $\boldsymbol{\alpha}$ 的转

置，则 $A^n=$________。

(A) $3^{n+1}\begin{bmatrix}1 & \frac{1}{2} & \frac{1}{3}\\ 2 & 1 & \frac{2}{3}\\ 3 & \frac{3}{2} & 1\end{bmatrix}$　　(B) $3^{n}\begin{bmatrix}1 & \frac{1}{2} & \frac{1}{3}\\ 2 & 1 & \frac{2}{3}\\ 3 & \frac{3}{2} & 1\end{bmatrix}$

(C) $\begin{bmatrix}1 & \frac{1}{2} & \frac{1}{3}\\ 2 & 1 & \frac{2}{3}\\ 3 & \frac{3}{2} & 1\end{bmatrix}$　　(D) $3^{n-1}\begin{bmatrix}1 & \frac{1}{2} & 1\\ 2 & 1 & 2\\ 3 & \frac{3}{2} & 1\end{bmatrix}$

(E) $3^{n-1}\begin{bmatrix}1 & \frac{1}{2} & \frac{1}{3}\\ 2 & 1 & \frac{2}{3}\\ 3 & \frac{3}{2} & 1\end{bmatrix}$

【答案】 (E)。

【解析】 矩阵乘法有结合律，$\boldsymbol{\beta\alpha}^{\mathrm{T}}=\left(1,\ \frac{1}{2},\ \frac{1}{3}\right)\begin{bmatrix}1\\2\\3\end{bmatrix}=3$(是一个数)。

而 $\boldsymbol{A}=\boldsymbol{\alpha}^{\mathrm{T}}\boldsymbol{\beta}=\begin{bmatrix}1\\2\\3\end{bmatrix}\left(1,\ \frac{1}{2},\ \frac{1}{3}\right)=\begin{bmatrix}1 & \frac{1}{2} & \frac{1}{3}\\ 2 & 1 & \frac{2}{3}\\ 3 & \frac{3}{2} & 1\end{bmatrix}$ (是三阶矩阵)，于是

$$\boldsymbol{A}^n=(\boldsymbol{\alpha}^{\mathrm{T}}\boldsymbol{\beta})(\boldsymbol{\alpha}^{\mathrm{T}}\boldsymbol{\beta})\cdots(\boldsymbol{\alpha}^{\mathrm{T}}\boldsymbol{\beta})=\boldsymbol{\alpha}^{\mathrm{T}}(\boldsymbol{\beta\alpha}^{\mathrm{T}})(\boldsymbol{\beta\alpha}^{\mathrm{T}})\cdots(\boldsymbol{\beta\alpha}^{\mathrm{T}})\boldsymbol{\beta}=3^{n-1}\boldsymbol{\alpha}^{\mathrm{T}}\boldsymbol{\beta}=3^{n-1}\begin{bmatrix}1 & \frac{1}{2} & \frac{1}{3}\\ 2 & 1 & \frac{2}{3}\\ 3 & \frac{3}{2} & 1\end{bmatrix}。$$

故选(E)。

注意：$\boldsymbol{\alpha}^{\mathrm{T}}\boldsymbol{\beta}$ 是 3 阶矩阵，而 $\boldsymbol{\beta\alpha}^{\mathrm{T}}$ 是 1 阶矩阵，是一个数。

【例 41】 (普研)设 $\boldsymbol{A}=\begin{bmatrix}1 & 0 & 1\\ 0 & 2 & 0\\ 1 & 0 & 1\end{bmatrix}$，而 $n\geqslant 2$ 为正整数，则 $\boldsymbol{A}^n-2\boldsymbol{A}^{n-1}=$________。

(A) $\boldsymbol{E}$　　(B) $2\boldsymbol{E}$　　(C) $\boldsymbol{0}$　　(D) $-2\boldsymbol{E}$　　(E) $-\boldsymbol{E}$

【答案】 (C)。

【解析】 由于 $\boldsymbol{A}^n-2\boldsymbol{A}^{n-1}=(\boldsymbol{A}-2\boldsymbol{E})\boldsymbol{A}^{n-1}$，而 $(\boldsymbol{A}-2\boldsymbol{E})=\begin{bmatrix}-1&0&1\\0&0&0\\1&0&-1\end{bmatrix}$，易见 $(\boldsymbol{A}-2\boldsymbol{E})\boldsymbol{A}=\boldsymbol{0}$，从而 $\boldsymbol{A}^n-2\boldsymbol{A}^{n-1}=\boldsymbol{0}$。故选(C)。

注意：由于 $\boldsymbol{A}^2=\begin{bmatrix}1&0&1\\0&2&0\\1&0&1\end{bmatrix}\begin{bmatrix}1&0&1\\0&2&0\\1&0&1\end{bmatrix}=2\boldsymbol{A}$，利用数学归纳法也容易得出 $\boldsymbol{A}^n-2\boldsymbol{A}^{n-1}=\boldsymbol{0}$。

【例 42】 设 $\boldsymbol{A}=\begin{bmatrix}2&1&0&0\\0&2&0&0\\0&0&3&9\\0&0&1&3\end{bmatrix}$，则 $\boldsymbol{A}^n=$________。

(A) $\begin{bmatrix}2^n&n\cdot2^{n-1}&0&0\\0&n\cdot2^n&0&0\\0&0&3\cdot6^{n-1}&9\cdot6^{n-1}\\0&0&6^{n-1}&3\cdot6^{n-1}\end{bmatrix}$　　(B) $\begin{bmatrix}2^n&n\cdot2^{n-1}&0&0\\0&2^n&0&0\\0&0&3\cdot6^{n-1}&9\cdot6^{n-1}\\0&0&1&1\end{bmatrix}$

(C) $\begin{bmatrix}2^n&2^{n-1}&0&0\\0&2^n&0&0\\0&0&3\cdot6^{n-1}&9\cdot6^{n-1}\\0&0&6^{n-1}&3\cdot6^{n-1}\end{bmatrix}$　　(D) $\begin{bmatrix}2^n&n\cdot2^{n-1}&0&0\\0&2^n&0&0\\0&0&6^{n-1}&6^{n-1}\\0&0&6^{n-1}&3\cdot6^{n-1}\end{bmatrix}$

(E) $\begin{bmatrix}2^n&n\cdot2^{n-1}&0&0\\0&2^n&0&0\\0&0&3\cdot6^{n-1}&9\cdot6^{n-1}\\0&0&6^{n-1}&3\cdot6^{n-1}\end{bmatrix}$

【答案】 (E)。

【解析】 由分块矩阵知 $\boldsymbol{A}=\begin{bmatrix}\boldsymbol{B}&\boldsymbol{0}\\\boldsymbol{0}&\boldsymbol{C}\end{bmatrix}$，其中 $\boldsymbol{B}=\begin{bmatrix}2&1\\0&2\end{bmatrix}$，$\boldsymbol{C}=\begin{bmatrix}3&9\\1&3\end{bmatrix}$。得 $\boldsymbol{A}^n=\begin{bmatrix}\boldsymbol{B}^n&\boldsymbol{0}\\\boldsymbol{0}&\boldsymbol{C}^n\end{bmatrix}$。

又 $\boldsymbol{B}=\begin{bmatrix}2&0\\0&2\end{bmatrix}+\begin{bmatrix}0&1\\0&0\end{bmatrix}=2\boldsymbol{E}+\boldsymbol{P}$，得 $\boldsymbol{B}^n=(2\boldsymbol{E}+\boldsymbol{P})^n=(2\boldsymbol{E})^n+n(2\boldsymbol{E})^{n-1}\boldsymbol{P}=\begin{bmatrix}2^n&n2^{n-1}\\0&2^n\end{bmatrix}$。

而 $\begin{bmatrix}3&9\\1&3\end{bmatrix}$ 的秩为 1，有 $\begin{bmatrix}3&9\\1&3\end{bmatrix}^n=6^{n-1}\begin{bmatrix}3&9\\1&3\end{bmatrix}$，从而 $\boldsymbol{A}^n=\begin{bmatrix}2^n&n\cdot2^{n-1}&0&0\\0&2^n&0&0\\0&0&3\cdot6^{n-1}&9\cdot6^{n-1}\\0&0&6^{n-1}&3\cdot6^{n-1}\end{bmatrix}$。

故选(E)。

【例 43】 设 $\boldsymbol{A}=\begin{bmatrix} k & 1 & 0 \\ 0 & k & 1 \\ 0 & 0 & k \end{bmatrix}$，则 $\boldsymbol{A}^n(n\in\mathbf{N})=$________。

(A) $k^n\begin{bmatrix} k^2 & nk & \dfrac{n(n-1)}{2} \\ & k^2 & nk \\ & & k^2 \end{bmatrix}$

(B) $k^{n+1}\begin{bmatrix} k^2 & nk & \dfrac{n(n-1)}{2} \\ & k^2 & nk \\ & & k^2 \end{bmatrix}$

(C) $k^{n-1}\begin{bmatrix} k^2 & nk & \dfrac{n(n-1)}{2} \\ & k^2 & nk \\ & & k^2 \end{bmatrix}$

(D) $k^{n+2}\begin{bmatrix} k^2 & nk & \dfrac{n(n-1)}{2} \\ & k^2 & nk \\ & & k^2 \end{bmatrix}$

(E) $k^{n-2}\begin{bmatrix} k^2 & nk & \dfrac{n(n-1)}{2} \\ & k^2 & nk \\ & & k^2 \end{bmatrix}$

【答案】 (E)。

【解析】 因 $\boldsymbol{A}=k\boldsymbol{E}+\boldsymbol{B}$，$\boldsymbol{B}=\begin{bmatrix} 0 & 1 & 0 \\ 0 & 0 & 1 \\ 0 & 0 & 0 \end{bmatrix}$，得 $\boldsymbol{B}^2=\begin{bmatrix} 0 & 0 & 1 \\ 0 & 0 & 0 \\ 0 & 0 & 0 \end{bmatrix}$，$\boldsymbol{B}^l=\boldsymbol{0}(l\geqslant 3)$，于是，由"牛顿二项式"(这里具备可交换条件)，得

$$\boldsymbol{A}^n=(k\boldsymbol{E}+\boldsymbol{B})^n=(k\boldsymbol{E})^n+n(k\boldsymbol{E})^{n-1}\boldsymbol{B}+\frac{n(n-1)}{2!}(k\boldsymbol{E})^{n-2}\boldsymbol{B}^2+\cdots+\boldsymbol{B}^n$$

$$=k^n\boldsymbol{E}+nk^{n-1}\boldsymbol{B}+\frac{n(n-1)}{2!}k^{n-2}\boldsymbol{B}^2=k^{n-2}\begin{bmatrix} k^2 & nk & \dfrac{n(n-1)}{2} \\ & k^2 & nk \\ & & k^2 \end{bmatrix}。$$

题型 6：解矩阵方程

【例 44】 (经济类)设矩阵 $\boldsymbol{A}=\begin{bmatrix} 2 & 1 \\ -1 & 2 \end{bmatrix}$，$\boldsymbol{E}$ 为单位阵，$\boldsymbol{BA}=\boldsymbol{B}+2\boldsymbol{E}$，则 $\boldsymbol{B}=$________。

(A) $\begin{pmatrix} 1 & 1 \\ 1 & 1 \end{pmatrix}$

(B) $\begin{pmatrix} -1 & 1 \\ 1 & 1 \end{pmatrix}$

(C) $\begin{pmatrix} 1 & 1 \\ -1 & 1 \end{pmatrix}$

(D) $\begin{pmatrix} 1 & -1 \\ 1 & 1 \end{pmatrix}$

(E) $\begin{pmatrix} -1 & -1 \\ -1 & -1 \end{pmatrix}$

【答案】 (D)。

【解析】 $BA=B+2E\Rightarrow B(A-E)=2E\Rightarrow B=2(A-E)^{-1}$，$A-E=\begin{bmatrix}1&1\\-1&1\end{bmatrix}$，

$(A-E)^{-1}=\dfrac{1}{2}\begin{bmatrix}1&-1\\1&1\end{bmatrix}$，得 $B=\begin{bmatrix}1&-1\\1&1\end{bmatrix}$，故答案选(D)。

【例 45】 设 A，B 均为 n 阶矩阵，且 $(AB)^2=E$，则下列命题中不成立的是________。

(A) $(BA)^{-1}=BA$　　(B) $AB=E$

(C) $r(A)=r(B)$　　(D) $B^{-1}=ABA$

(E) $r(AB)=r(B)$

【答案】 (B)。

【解析】 由 $(AB)^2=E$，得 $|(AB)^2|=|A|^2\cdot|B|^2=|E|=1$，所以 A，B 都可逆，故 $r(A)=r(B)=n$。选项(C)正确。又由 $(AB)^2=E$，有 $ABAB=E$。两边左乘 A^{-1} 得 $BAB=A^{-1}$；两边再右乘 A，得 $BABA=E$，即 $(BA)^{-1}=BA$。故选项(A)正确。再由 $ABAB=E$ 两边右乘 B^{-1}，得 $B^{-1}=ABA$。故选项(D)正确。

本题只有选项(B)不正确。实际上，设 $A=E$，$B=-E$，则 $(AB)^2=(-E)^2=E$，但 $AB=-E$。因为 A 可逆所以(E)选项成立。故本题应选(B)。

【例 46】 已知 $A=\begin{bmatrix}2&-1\\0&3\\-2&1\end{bmatrix}$，$B=\begin{bmatrix}3&0&0\\2&3&0\\3&2&3\end{bmatrix}$，并且 $BX=A+2X$，则矩阵 X 为________。

(A) $\begin{bmatrix}2&1\\-4&3\\0&-6\end{bmatrix}$　　(B) $\begin{bmatrix}2&-1\\4&5\\0&-6\end{bmatrix}$

(C) $\begin{bmatrix}2&1\\-4&5\\0&6\end{bmatrix}$　　(D) $\begin{bmatrix}2&-1\\-4&5\\0&6\end{bmatrix}$

(E) $\begin{bmatrix}2&-1\\-4&5\\0&-6\end{bmatrix}$

【答案】 (E)。

【解析】 由 $BX=A+2X$，得 $(B-2E)X=A$。又 $B-2E=\begin{bmatrix}1&0&0\\2&1&0\\3&2&1\end{bmatrix}$，

由 $|B-2E|=1\neq 0$ 可知，$B-2E$ 可逆，且可求得 $(B-2E)^{-1}=\begin{bmatrix}1&0&0\\-2&1&0\\1&-2&1\end{bmatrix}$。

所以 $X=(B-2E)^{-1}A=\begin{bmatrix}1&0&0\\-2&1&0\\1&-2&1\end{bmatrix}\begin{bmatrix}2&-1\\0&3\\-2&1\end{bmatrix}=\begin{bmatrix}2&-1\\-4&5\\0&-6\end{bmatrix}$。故选(E)。

【例47】 已知 $A=\begin{bmatrix}3&0&0\\2&1&0\\-3&4&6\end{bmatrix}$，$B=\begin{bmatrix}2&-1&1\\1&-2&0\end{bmatrix}$，且 $XA+2B-2X=0$，则矩阵 $X=$________。

(A) $\begin{bmatrix}\frac{5}{2}&-4&-\frac{1}{2}\\6&-4&0\end{bmatrix}$　　(B) $\begin{bmatrix}\frac{5}{2}&4&-\frac{1}{2}\\6&4&0\end{bmatrix}$

(C) $\begin{bmatrix}\frac{5}{2}&-4&1\\6&-4&0\end{bmatrix}$　　(D) $\begin{bmatrix}\frac{5}{2}&-1&-\frac{1}{2}\\6&-1&0\end{bmatrix}$

(E) $\begin{bmatrix}\frac{5}{2}&1&-\frac{1}{2}\\6&1&0\end{bmatrix}$

【答案】 (A)。

【解析】 $XA+2B-2X=0$，有 $X(A-2E)=-2B$。

$$A-2E=\begin{bmatrix}1&0&0\\2&-1&0\\-3&4&4\end{bmatrix}，|A-2E|=-4\neq 0。$$

所以，$|A-2E|$ 可逆。$X=-2B(A-2E)^{-1}=-2\begin{bmatrix}2&-1&1\\1&-2&0\end{bmatrix}\begin{bmatrix}1&0&0\\2&-1&0\\-\frac{5}{4}&1&\frac{1}{4}\end{bmatrix}=$ $\begin{bmatrix}\frac{5}{2}&-4&-\frac{1}{2}\\6&-4&0\end{bmatrix}$。故选(A)。

【例49】 已知 $A=\begin{bmatrix}0&-1&1\\0&-1&-2\\-1&1&1\end{bmatrix}$，矩阵 X 满足 $XA^{-1}=A^*+X$，其中 A^* 是 A 的伴随矩阵，则 $X=$________。

(A) $\begin{bmatrix}-1&-\frac{1}{2}&-2\\-1&-\frac{1}{2}&1\\1&-1&-1\end{bmatrix}$　　(B) $\begin{bmatrix}-1&\frac{1}{2}&-2\\-1&\frac{1}{2}&1\\1&1&-1\end{bmatrix}$

(C) $\begin{bmatrix}1&\frac{1}{2}&2\\1&\frac{1}{2}&1\\1&1&1\end{bmatrix}$　　(D) $\begin{bmatrix}-1&-\frac{1}{2}&2\\-1&-\frac{1}{2}&1\\1&-1&-1\end{bmatrix}$

(E) $\begin{bmatrix} -1 & -\frac{1}{2} & -2 \\ -1 & -\frac{1}{2} & 1 \\ 1 & 1 & 1 \end{bmatrix}$

【答案】 (A)。

【解析】 在 $XA^{-1}=A^{*}+X$ 两边右乘A，得 $X=|A|E+XA$，则 $X(E-A)=|A|E$。

因为 $|A|=-3$，且 $(E-A)^{-1}=\begin{bmatrix} 1 & 1 & -1 \\ 0 & 2 & 2 \\ 1 & -1 & 0 \end{bmatrix}^{-1}=\begin{bmatrix} \frac{1}{3} & \frac{1}{6} & \frac{2}{3} \\ \frac{1}{3} & \frac{1}{6} & -\frac{1}{3} \\ -\frac{1}{3} & \frac{1}{3} & \frac{1}{3} \end{bmatrix}$，所以

$$X=|A|(E-A)^{-1}=\begin{bmatrix} -1 & -\frac{1}{2} & -2 \\ -1 & -\frac{1}{2} & 1 \\ 1 & -1 & -1 \end{bmatrix}$$。故选(A)。

【例 50】 已知 $A=\begin{bmatrix} 0 & 1 & 0 \\ 0 & 0 & 1 \\ 0 & 0 & 0 \end{bmatrix}$，$B$ 为三阶矩阵，满足 $A^2B=A+AB$，$B=$________。

(A) $\begin{bmatrix} a & b & c \\ 0 & -1 & -1 \\ 0 & 0 & -1 \end{bmatrix}$　　(B) $\begin{bmatrix} a & b & c \\ 0 & -1 & 1 \\ 0 & 0 & -1 \end{bmatrix}$

(C) $\begin{bmatrix} a & b & c \\ 0 & 1 & -1 \\ 0 & 0 & -1 \end{bmatrix}$　　(D) $\begin{bmatrix} a & b & c \\ 0 & 1 & 1 \\ 0 & 0 & 1 \end{bmatrix}$

(E) $\begin{bmatrix} a & b & c \\ 0 & -1 & -1 \\ 0 & 0 & 2 \end{bmatrix}$

【答案】 (A)。

【解析】 不妨设 $B=\begin{bmatrix} b_{11} & b_{12} & b_{13} \\ b_{21} & b_{22} & b_{23} \\ b_{31} & b_{32} & b_{33} \end{bmatrix}$，由题意可得：$(A^2-A)B=\begin{bmatrix} b_{31}-b_{21} & b_{32}-b_{22} & b_{33}-b_{23} \\ -b_{31} & -b_{32} & -b_{33} \\ 0 & 0 & 0 \end{bmatrix}$，得 $b_{31}-b_{21}=0$，$b_{33}=b_{23}$，$b_{32}=b_{22}+1$，$b_{31}=0$，$b_{32}=0$，$b_{33}=-1$，求出 $b_{21}=b_{31}=b_{32}=0$，$b_{22}=b_{33}=b_{23}=-1$。

最后求出 $\boldsymbol{B}=\begin{bmatrix} a & b & c \\ 0 & -1 & -1 \\ 0 & 0 & -1 \end{bmatrix}$，$a$，$b$，$c$ 为任意实数。故选(A)。

【例 51】 $\boldsymbol{A}=\begin{bmatrix} 2 & 1 \\ 1 & 2 \end{bmatrix}$，$\boldsymbol{B}$ 为 2 阶矩阵，且满足 $\boldsymbol{AB}=\boldsymbol{B}$，则 $\boldsymbol{B}=$______。

(A) $\begin{bmatrix} 2 & -2 \\ -3 & 3 \end{bmatrix}$　　(B) $\begin{bmatrix} -1 & 2 \\ 2 & -1 \end{bmatrix}$

(C) $\begin{bmatrix} k_1 & k_2 \\ -k_2 & -k_1 \end{bmatrix}$　　(D) $\begin{bmatrix} k_1 & -k_2 \\ -k_1 & k_2 \end{bmatrix}$

(E) 以上结论均不正确(其中 k_1，k_2 为任意常数)

【答案】 (D)。

【解析】 由 $\boldsymbol{AB}=\boldsymbol{B}$，即 $(\boldsymbol{A}-\boldsymbol{E})\boldsymbol{B}=\boldsymbol{0}$。$\boldsymbol{B}$ 的每列都是齐次线性方程组 $(\boldsymbol{A}-\boldsymbol{E})\boldsymbol{X}=\boldsymbol{0}$ 的解，解方程组 $(\boldsymbol{A}-\boldsymbol{E})\boldsymbol{X}=\boldsymbol{0}$。得 $\begin{bmatrix} 1 & 1 \\ 1 & 1 \end{bmatrix}\begin{bmatrix} x_1 \\ x_2 \end{bmatrix}=\begin{bmatrix} 0 \\ 0 \end{bmatrix}$ (系数矩阵不可逆，有无穷多解)，得 $x_1+x_2=0$，通解为 $\boldsymbol{X}=k[1,-1]^{\mathrm{T}}$。$\boldsymbol{B}$ 的每列与 $[1,-1]^{\mathrm{T}}$ 成正比符合这一条件的选项只有(D)。

【例 52】 设矩阵 $\boldsymbol{A}$ 的伴随矩阵 $\boldsymbol{A}^*=\begin{bmatrix} 1 & 0 & 0 & 0 \\ 0 & 1 & 0 & 0 \\ 1 & 0 & 1 & 0 \\ 0 & -3 & 0 & 8 \end{bmatrix}$，且 $\boldsymbol{ABA}^{-1}=\boldsymbol{BA}^{-1}+3\boldsymbol{E}$，其中 $\boldsymbol{E}$ 为 4 阶单位阵，则矩阵 $\boldsymbol{B}=$______。

(A) $\begin{bmatrix} 6 & 0 & 0 & 0 \\ 0 & 6 & 0 & 0 \\ 6 & 0 & 6 & 0 \\ 0 & 3 & 0 & 1 \end{bmatrix}$　　(B) $\begin{bmatrix} 1 & 0 & 0 & 0 \\ 0 & 1 & 0 & 0 \\ 6 & 0 & 1 & 0 \\ 0 & 3 & 0 & -1 \end{bmatrix}$

(C) $\begin{bmatrix} 6 & 0 & 0 & 0 \\ 0 & 6 & 0 & 0 \\ 0 & 0 & 6 & 0 \\ 0 & 3 & 0 & -1 \end{bmatrix}$　　(D) $\begin{bmatrix} 6 & 0 & 0 & 0 \\ 0 & 6 & 0 & 0 \\ 1 & 0 & 6 & 0 \\ 0 & 1 & 0 & -1 \end{bmatrix}$

(E) $\begin{bmatrix} 6 & 0 & 0 & 0 \\ 0 & 6 & 0 & 0 \\ 6 & 0 & 6 & 0 \\ 0 & 3 & 0 & -1 \end{bmatrix}$

【答案】 (E)。

【解析】

解法 1: 充分变换和利用已知条件，只求一个逆阵。

由 $|\boldsymbol{A}^*|=|\boldsymbol{A}|^{n-1}$，有 $|\boldsymbol{A}|^3=8$，得 $|\boldsymbol{A}|=2$，用 $\boldsymbol{A}$ 右乘矩阵方程的两边，得 $\boldsymbol{AB}-\boldsymbol{B}=3\boldsymbol{A}$。

用 $\boldsymbol{A}^*$ 左乘两边得 $\boldsymbol{A}^*\boldsymbol{AB}-\boldsymbol{A}^*\boldsymbol{B}=3\boldsymbol{A}^*\boldsymbol{A}$，$2\boldsymbol{EB}-\boldsymbol{A}^*\boldsymbol{B}=6\boldsymbol{E}$，$(2\boldsymbol{E}-\boldsymbol{A}^*)\boldsymbol{B}=6\boldsymbol{E}$，

于是 $2\boldsymbol{E}-\boldsymbol{A}^*$ 可逆，得 $\boldsymbol{B}=6(2\boldsymbol{E}-\boldsymbol{A}^*)^{-1}$，计算得 $\boldsymbol{B}=\begin{bmatrix}6&0&0&0\\0&6&0&0\\6&0&6&0\\0&3&0&-1\end{bmatrix}$。

解法 2： 按常规思路，须求两个逆阵。

同解法 1 有 $\boldsymbol{AB}-\boldsymbol{B}=3\boldsymbol{A}$，即 $\boldsymbol{B}=3(\boldsymbol{A}-\boldsymbol{E})^{-1}\boldsymbol{A}$。

由 $\boldsymbol{AA}^*=|\boldsymbol{A}|\boldsymbol{E}$ 有 $\boldsymbol{A}=|\boldsymbol{A}|(\boldsymbol{A}^*)^{-1}=2(\boldsymbol{A}^*)^{-1}$。得 $\boldsymbol{A}=\begin{bmatrix}2&0&0&0\\0&2&0&0\\-2&0&2&0\\0&\frac{3}{4}&0&\frac{1}{4}\end{bmatrix}$。

于是 $(\boldsymbol{A}-\boldsymbol{E})^{-1}=\begin{bmatrix}1&0&0&0\\0&1&0&0\\-2&0&1&0\\0&\frac{3}{4}&0&\frac{-3}{4}\end{bmatrix}^{-1}=\begin{bmatrix}1&0&0&0\\0&1&0&0\\2&0&1&0\\0&1&0&\frac{-4}{3}\end{bmatrix}\Rightarrow\boldsymbol{B}=3(\boldsymbol{A}-\boldsymbol{E})^{-1}\boldsymbol{A}=$

$\begin{bmatrix}6&0&0&0\\0&6&0&0\\6&0&6&0\\0&3&0&-1\end{bmatrix}$。故选(E)。

注意： ① 矩阵线性运算和乘法运算的运算律；② $\boldsymbol{A}^{-1}=\frac{1}{|\boldsymbol{A}|}\boldsymbol{A}^*$，$|\boldsymbol{A}^*|=|\boldsymbol{A}|^{n-1}$；③ 下三角阵及其逆依旧为下三角行列式；④ 初等行变换求逆阵；⑤“左乘 $\boldsymbol{A}^{-1}$，右乘 $\boldsymbol{A}$”简化计算。

【例 53】 (普研)设矩阵 $\boldsymbol{A}$，$\boldsymbol{B}$ 满足 $\boldsymbol{A}^*\boldsymbol{BA}=2\boldsymbol{BA}-8\boldsymbol{E}$，其中 $\boldsymbol{A}=\begin{bmatrix}1&0&0\\0&-2&0\\0&0&1\end{bmatrix}$，$\boldsymbol{E}$ 为单位矩阵，$\boldsymbol{A}^*$ 为 $\boldsymbol{A}$ 的伴随矩阵，则 $\boldsymbol{B}=$________。

(A) $\begin{bmatrix}1&0&0\\0&4&0\\0&0&2\end{bmatrix}$　　(B) $\begin{bmatrix}-2&0&0\\0&-4&0\\0&0&-2\end{bmatrix}$

(C) $\begin{bmatrix}2&0&0\\0&1&0\\0&0&2\end{bmatrix}$　　(D) $\begin{bmatrix}2&0&0\\0&4&0\\0&0&2\end{bmatrix}$

(E) $\begin{bmatrix}2&0&0\\0&-4&0\\0&0&2\end{bmatrix}$

【答案】 (E)。

【解析】 先化简矩阵方程，将已知矩阵方程左乘 $\boldsymbol{A}$ 右乘 $\boldsymbol{A}^{-1}$ 有 $\boldsymbol{A}(\boldsymbol{A}^*\boldsymbol{BA})\boldsymbol{A}^{-1}=$

$\boldsymbol{A}(2\boldsymbol{BA})\boldsymbol{A}^{-1}-\boldsymbol{A}(8\boldsymbol{E})\boldsymbol{A}^{-1}$，并利用 $\boldsymbol{AA}^*=|\boldsymbol{A}|\boldsymbol{E}$ 及本题中 $|\boldsymbol{A}|=-2$，则 $\boldsymbol{B}+\boldsymbol{AB}=4\boldsymbol{E}$。

得　$\boldsymbol{B}=4(\boldsymbol{E}+\boldsymbol{A})^{-1}=4\begin{bmatrix}2&0&0\\0&-1&0\\0&0&2\end{bmatrix}^{-1}=\begin{bmatrix}2&0&0\\0&-4&0\\0&0&2\end{bmatrix}$。故选(E)。

9.5　过关练习题精练

【习题 1】　在 $(x_1\quad x_2\quad x_3)\begin{bmatrix}1&0&-2\\2&4&-1\\0&-3&5\end{bmatrix}\begin{bmatrix}x_1\\x_2\\x_3\end{bmatrix}$ 的展开式中，x_2x_3 项的系数是________。

(A) 3　　(B) 2　　(C) -2　　(D) -4　　(E) 0

【答案】　(D)。

【解析】　$(x_1\quad x_2\quad x_3)\begin{bmatrix}1&0&-2\\2&4&-1\\0&-3&5\end{bmatrix}\begin{bmatrix}x_1\\x_2\\x_3\end{bmatrix}=(x_1+2x_2,4x_2-3x_3,-2x_1-x_2+5x_3)\cdot$

$\begin{bmatrix}x_1\\x_2\\x_3\end{bmatrix}=\cdots+(-3-1)x_2x_3+\cdots=-4x_2x_3+\cdots$，故正确选项为(D)。

【习题 2】　设 $\boldsymbol{\beta}$ 是三维列向量，$\boldsymbol{\beta}^{\mathrm{T}}$ 是 $\boldsymbol{\beta}$ 的转置，若 $\boldsymbol{\beta\beta}^{\mathrm{T}}=\begin{bmatrix}1&-1&-2\\-1&1&2\\-2&2&4\end{bmatrix}$，$\boldsymbol{\beta}^{\mathrm{T}}\boldsymbol{\beta}=$ ________。

(A) 4　　(B) 6　　(C) 8　　(D) 12　　(E) 18

【答案】　(B)。

【解析】　设 $\boldsymbol{\beta}=\begin{bmatrix}a\\b\\c\end{bmatrix}$，则 $\boldsymbol{\beta}^{\mathrm{T}}=(a,b,c)$，$\boldsymbol{\beta\beta}^{\mathrm{T}}=\begin{bmatrix}a\\b\\c\end{bmatrix}(a,b,c)=\begin{bmatrix}a^2&ab&ac\\ba&b^2&bc\\ca&cb&c^2\end{bmatrix}=$

$\begin{bmatrix}1&-1&-2\\-1&1&2\\-2&2&4\end{bmatrix}$，从而 $\boldsymbol{\beta}^{\mathrm{T}}\boldsymbol{\beta}=(a\quad b\quad c)\begin{bmatrix}a\\b\\c\end{bmatrix}=a^2+b^2+c^2=1+1+4=6$，故正确选项为(B)。

【习题 3】　已知 $\boldsymbol{A}=\begin{bmatrix}1&&\\&2&\\&&3\end{bmatrix}$，$\boldsymbol{B}=\begin{bmatrix}1&&\\&1&0\\&3&1\end{bmatrix}$，则 $(\boldsymbol{AB})^{-1}=$________。

(A) $\begin{bmatrix}1&&\\&\frac{1}{2}&\\&-\frac{3}{2}&\frac{1}{3}\end{bmatrix}$　　(B) $\begin{bmatrix}1&&\\&\frac{1}{2}&\\&&1\end{bmatrix}$

(C) $\begin{bmatrix} 1 & & \\ & \frac{1}{2} & \\ & \frac{3}{2} & 1 \end{bmatrix}$　　(D) $\begin{bmatrix} 1 & & \\ & 1 & \\ & -3 & 1 \end{bmatrix}$

(E) $\begin{bmatrix} 1 & & \\ & -\frac{1}{2} & \\ & -\frac{3}{2} & 1 \end{bmatrix}$

【答案】 (A)。

【解析】 注意 $\boldsymbol{B}$ 是初等阵,故由初等阵逆、性质和对角阵逆得

$$(\boldsymbol{AB})^{-1}=\boldsymbol{B}^{-1}\boldsymbol{A}^{-1}=\begin{bmatrix} 1 & & \\ & 1 & 0 \\ & -3 & 1 \end{bmatrix}\begin{bmatrix} 1 & & \\ & \frac{1}{2} & \\ & & \frac{1}{3} \end{bmatrix}=\begin{bmatrix} 1 & & \\ & \frac{1}{2} & \\ & -\frac{3}{2} & \frac{1}{3} \end{bmatrix}$$ 。故选(A)。

【习题 4】 设 $\boldsymbol{A}=\begin{bmatrix} 1 & 2 & -2 \\ 0 & 3 & 0 \\ 0 & 0 & -1 \end{bmatrix}$, $\boldsymbol{B}=\begin{bmatrix} 1 & 0 & 0 \\ 0 & -2 & 0 \\ 0 & 0 & 3 \end{bmatrix}$,则 $(\boldsymbol{AB})^{-1}=$________。

(A) $\begin{bmatrix} 0 & -2/3 & -2 \\ 0 & 1/6 & 0 \\ 0 & 0 & -1/3 \end{bmatrix}$　　(B) $\begin{bmatrix} 0 & 2/3 & 2 \\ 0 & -1/6 & 0 \\ 0 & 0 & -1/3 \end{bmatrix}$

(C) $\begin{bmatrix} 0 & -2/3 & 2 \\ 0 & -1/6 & 1 \\ 0 & 0 & 1/3 \end{bmatrix}$　　(D) $\begin{bmatrix} 0 & 2/3 & 2 \\ 0 & 1/6 & 0 \\ 0 & 0 & 1/3 \end{bmatrix}$

(E) $\begin{bmatrix} 0 & -2/3 & -2 \\ 0 & -1/6 & 0 \\ 0 & 0 & -1/3 \end{bmatrix}$

【答案】 (E)。

【解析】 因为 $(\boldsymbol{AB})^{-1}=\boldsymbol{B}^{-1}\boldsymbol{A}^{-1}$,而 $\boldsymbol{A}^{-1}=\begin{bmatrix} 1 & -2/3 & -2 \\ 0 & 1/3 & 0 \\ 0 & 0 & -1 \end{bmatrix}$, $\boldsymbol{B}^{-1}=\begin{bmatrix} 1 & 0 & 0 \\ 0 & -1/2 & 0 \\ 0 & 0 & 1/3 \end{bmatrix}$。

所以 $(\boldsymbol{AB})^{-1}=\begin{bmatrix} 1 & 0 & 0 \\ 0 & -1/2 & 0 \\ 0 & 0 & 1/3 \end{bmatrix}\begin{bmatrix} 1 & -2/3 & -2 \\ 0 & 1/3 & 0 \\ 0 & 0 & -1 \end{bmatrix}=\begin{bmatrix} 0 & -2/3 & -2 \\ 0 & -1/6 & 0 \\ 0 & 0 & -1/3 \end{bmatrix}$。故选(E)。

【习题 5】　设 $A=\begin{bmatrix}1&0&0\\0&-2&0\\0&0&3\end{bmatrix}$，$B=\begin{bmatrix}1&2&1\\0&1&2\\-1&1&2\end{bmatrix}$，又 $C=(B^{-1}A)^{T}$，则 C^{-1} 中的第 2 行第 3 列的元素为________。

(A) 1　　(B) $-\dfrac{1}{2}$

(C) $\dfrac{1}{3}$　　(D) 3

(E) 以上结论均不正确

【答案】　(C)。

【解析】　$C=(B^{-1}A)^{T}\Rightarrow C^{-1}=(A^{-1}B)^{T}$。

$A^{-1}=\begin{bmatrix}1&&\\&-\dfrac{1}{2}&\\&&\dfrac{1}{3}\end{bmatrix}$，所以，$C^{-1}=(A^{-1}B)^{T}=\begin{bmatrix}1&0&-\dfrac{1}{3}\\2&\dfrac{1}{2}&\dfrac{1}{3}\\1&-1&\dfrac{2}{3}\end{bmatrix}$。$C^{-1}$ 的第 2 行第 3 列为 $\dfrac{1}{3}$。答案选择(C)。

【习题 6】　对任意的 n 阶矩阵 A，B，C，若 $ABC=E$（E 是单位矩阵），则下列 5 式中：

① $ABC=E$　　② $BCA=E$　　③ $BAC=E$

④ $CBA=E$　　⑤ $CAB=E$

恒成立的有________个。

(A) 1　　(B) 2　　(C) 3　　(D) 4　　(E) 5

【答案】　(B)。

【解析】　由于矩阵 A，B，C 均为 n 阶矩阵，因此 BC 和 AB 也为 n 阶方阵。根据矩阵乘法的结合律，由 $ABC=E$ 有 $A(BC)=E$ 和 $(AB)C=E$，后两个式子表明 $A^{-1}=BC$ 和 $C^{-1}=AB$，因此有 $BCA=E$ 和 $CAB=E$ 即②和⑤成立。故正确选项为(B)。

注意： 对于 n 阶矩阵 A，B，一般 $AB\neq BA$，例如 $A=\begin{bmatrix}1&2\\0&1\end{bmatrix}$，$B=\begin{bmatrix}2&1\\1&0\end{bmatrix}$，$AB=\begin{bmatrix}4&1\\1&0\end{bmatrix}$，$BA=\begin{bmatrix}2&5\\1&2\end{bmatrix}$。因此(Ⅰ)，(Ⅲ)，(Ⅳ)都不成立。

【习题 7】　已知 A，B 为三阶方阵，且满足 $2A^{-1}B=B-4E$，其中 E 为三阶单位阵，若 $B=\begin{bmatrix}1&-2&0\\1&2&0\\0&0&2\end{bmatrix}$，则矩阵 $A=$________。

(A) $\begin{bmatrix}0&-2&0\\-1&-1&-2\\0&0&-2\end{bmatrix}$　　(B) $\begin{bmatrix}0&2&0\\-1&1&2\\0&0&2\end{bmatrix}$

(C) $\begin{bmatrix} 0 & 2 & 0 \\ -1 & -1 & 2 \\ 0 & 0 & 2 \end{bmatrix}$　　(D) $\begin{bmatrix} 0 & 2 & 0 \\ 1 & 1 & 2 \\ 0 & 0 & 2 \end{bmatrix}$

(E) $\begin{bmatrix} 0 & 2 & 0 \\ -1 & -1 & -2 \\ 0 & 0 & -2 \end{bmatrix}$

【答案】 (E)。

【解析】 由等式 $2\boldsymbol{A}^{-1}\boldsymbol{B}=\boldsymbol{B}-4\boldsymbol{E}$，两边左乘 $\boldsymbol{A}$，得 $2\boldsymbol{B}=\boldsymbol{AB}-4\boldsymbol{A}\Rightarrow \boldsymbol{AB}-4\boldsymbol{A}-2\boldsymbol{B}=\boldsymbol{0}$，$(\boldsymbol{A}-2\boldsymbol{E})(\boldsymbol{B}-4\boldsymbol{E})=8\boldsymbol{E}$ 即 $(\boldsymbol{A}-2\boldsymbol{E})\left[\dfrac{\boldsymbol{B}-4\boldsymbol{E}}{8}\right]=\boldsymbol{E}$，得 $\boldsymbol{A}-2\boldsymbol{E}$ 可逆，且 $(\boldsymbol{A}-2\boldsymbol{E})^{-1}=\dfrac{1}{8}(\boldsymbol{B}-4\boldsymbol{E})$。则 $\boldsymbol{A}(\boldsymbol{B}-4\boldsymbol{E})=2\boldsymbol{B}\Rightarrow \boldsymbol{A}=2\boldsymbol{B}(\boldsymbol{B}-4\boldsymbol{E})^{-1}$。

又 $(\boldsymbol{B}-4\boldsymbol{E})^{-1}=\begin{bmatrix} -\dfrac{1}{4} & \dfrac{1}{4} & 0 \\ -\dfrac{1}{8} & -\dfrac{3}{8} & 0 \\ 0 & 0 & -\dfrac{1}{2} \end{bmatrix}\Rightarrow \boldsymbol{A}=\begin{bmatrix} 0 & 2 & 0 \\ -1 & -1 & -2 \\ 0 & 0 & -2 \end{bmatrix}$。故选(E)。

【习题 8】 已知 $\boldsymbol{A}$ 为 n 阶矩阵，$\boldsymbol{E}$ 为 n 阶单位阵，且 $(\boldsymbol{A}-\boldsymbol{E})^2=3(\boldsymbol{A}+\boldsymbol{E})^2$，则________。

① $\boldsymbol{A}$ 可逆　② $\boldsymbol{A}+\boldsymbol{E}$ 可逆　③ $\boldsymbol{A}+2\boldsymbol{E}$ 可逆　④ $\boldsymbol{A}+3\boldsymbol{E}$ 可逆

以上结论中正确的有________。

(A) 一个　　(B) 两个

(C) 三个　　(D) 四个

(E) 全部错误

【答案】 (D)。

【解析】 利用矩阵可逆的性质易得：$\boldsymbol{A}$，$\boldsymbol{A}+\boldsymbol{E}$，$\boldsymbol{A}+2\boldsymbol{E}$，$\boldsymbol{A}+3\boldsymbol{E}$ 均可逆，所以选(D)。

【习题 9】 (普研)设矩阵 $\boldsymbol{A}_{m\times n}$ 的秩 $r(\boldsymbol{A})=m<n$，$\boldsymbol{E}_m$ 为 m 阶单位矩阵，下述结论中正确的是________。

(A) $\boldsymbol{A}$ 的任意 m 个列向量必线性无关

(B) $\boldsymbol{A}$ 的任意一个 m 阶子式不等于零

(C) 若矩阵 $\boldsymbol{B}$ 满足 $\boldsymbol{BA}=\boldsymbol{0}$ 则 $\boldsymbol{B}=\boldsymbol{0}$

(D) $\boldsymbol{A}$ 通过初等行变换，必可以化为 $(\boldsymbol{E}_m,\ \boldsymbol{0})$ 形式

(E) 以上选项均错误

【答案】 (C)。

【解析】 $\mathrm{r}(\boldsymbol{A})=m$ 表示 $\boldsymbol{A}$ 中有 m 个列向量线性无关，有 m 阶子式不等于零，并不是任意的，因此(A)，(B)均不正确。

经初等变换可把 $\boldsymbol{A}$ 化成标准形，一般应当既有初等行变换也有初等列变换，只用一种不一定能化为标准形，例如 $\begin{bmatrix} 0 & 1 & 0 \\ 0 & 0 & 1 \end{bmatrix}$，只用初等行变换就不能化成 $(\boldsymbol{E}_2,\ \boldsymbol{0})$ 形式，故(D)不

正确。

关于(C)，由 $BA=0$ 知，$r(B)+r(A)\leqslant m$，又 $r(A)=m$，从而 $r(B)\leqslant 0$，按定义又有 $r(B)\geqslant 0$，于是 $r(B)=0$，即 $B=0$。故选(C)。

【习题 10】 (普研)设矩阵 $A=\begin{bmatrix}k&1&1&1\\1&k&1&1\\1&1&k&1\\1&1&1&k\end{bmatrix}$ 的秩 $r(A)=3$，则 $k=$________。

(A) 1　　(B) 0　　(C) -3　　(D) 3　　(E) -1

【答案】 (C)。

【解析】 由于 $\mathrm{r}(A)=3$，所以

$$|A|=\begin{vmatrix}k&1&1&1\\1&k&1&1\\1&1&k&1\\1&1&1&k\end{vmatrix}=(k+3)\begin{vmatrix}1&1&1&1\\1&k&1&1\\1&1&k&1\\1&1&1&k\end{vmatrix}=(k+3)\begin{vmatrix}1&1&1&1\\0&k-1&0&0\\0&0&k-1&0\\0&0&0&k-1\end{vmatrix}$$

$$=(k+3)(k-1)^3=0。$$

显然，当 $k=1$ 时，$\mathrm{r}(A)=1$；故只有 $k=-3$。选择(C)。

【习题 11】 已知五阶矩阵 $A=\begin{bmatrix}2&a&a&a&a\\a&2&a&a&a\\a&a&2&a&a\\a&a&a&2&a\\a&a&a&a&2\end{bmatrix}$，且 $r(A)=4$，则 a 必为________。

(A) -2　　(B) $-\dfrac{1}{2}$　　(C) $\dfrac{1}{2}$　　(D) 2　　(E) 0

【答案】 (B)。

【解析】 $$|A|=(4a+2)\begin{vmatrix}1&a&a&a&a\\1&2&a&a&a\\1&a&2&a&a\\1&a&a&2&a\\1&a&a&a&a\end{vmatrix}=(4a+2)\begin{vmatrix}1&a&a&a&a\\0&2-a&0&0&0\\0&0&2-a&0&0\\0&0&0&2-a&0\\0&0&0&0&2-a\end{vmatrix},$$

$$=(4a+2)(2-a)^4=0$$

所以 $a=-\dfrac{1}{2}$ 或 $a=2$(舍)，答案选择(B)。

【习题 12】 已知 $A=\begin{pmatrix}1&2&3&4\\2&3&4&5\\3&4&5&6\\4&5&6&7\end{pmatrix}$，$B=\begin{pmatrix}0&-1&2&4\\0&2&0&1\\0&0&3&-1\\0&0&0&4\end{pmatrix}$，则矩阵 $BA+2A$ 的秩

为________。

(A) 1　　(B) 2　　(C) 3　　(D) 4　　(E) 0

【答案】 (B)。

【解析】 $\mathrm{r}(\boldsymbol{BA}+2\boldsymbol{A})=\mathrm{r}[(\boldsymbol{B}+2\boldsymbol{E})\boldsymbol{A}]$。

又因 $\boldsymbol{B}+2\boldsymbol{E}=\begin{bmatrix}2&-1&2&4\\0&4&0&1\\0&0&5&-1\\0&0&0&6\end{bmatrix}$ 得 $\boldsymbol{B}+2\boldsymbol{E}$ 可逆,故 $\mathrm{r}(\boldsymbol{BA}+2\boldsymbol{A})=\mathrm{r}(\boldsymbol{A})$。

又因 $\boldsymbol{A}=\begin{bmatrix}1&2&3&4\\2&3&4&5\\3&4&5&6\\4&5&6&7\end{bmatrix}\to\begin{bmatrix}1&2&3&4\\1&1&1&1\\1&1&1&1\\1&1&1&1\end{bmatrix}$,得 $\mathrm{r}(\boldsymbol{A})=2$。$\Rightarrow\mathrm{r}(\boldsymbol{BA}+2\boldsymbol{A})=2$。故选(B)。

【习题 13】 设 $\boldsymbol{A}=\begin{bmatrix}2&3&4\\6&t&2\\4&6&3\end{bmatrix}$,$\boldsymbol{B}=\begin{bmatrix}1\\3\\0\end{bmatrix}\begin{bmatrix}2&3&4\end{bmatrix}$,且 $r(\boldsymbol{A}+\boldsymbol{AB})=2$,则 $t=$________。

(A) 1　　(B) 2　　(C) 3　　(D) 4　　(E) 0

【答案】 (B)。

【解析】 $\boldsymbol{A}+\boldsymbol{AB}=\boldsymbol{A}(\boldsymbol{E}+\boldsymbol{B})$,且 $\boldsymbol{E}+\boldsymbol{B}=\boldsymbol{E}+\begin{bmatrix}1\\3\\0\end{bmatrix}\begin{bmatrix}2&3&4\end{bmatrix}=\begin{bmatrix}1&&\\&1&\\&&1\end{bmatrix}+\begin{bmatrix}2&3&4\\6&9&12\\0&0&0\end{bmatrix}=$

$\begin{bmatrix}3&3&4\\6&10&12\\0&0&1\end{bmatrix}$,$|\boldsymbol{E}+\boldsymbol{B}|=\begin{vmatrix}3&3&4\\6&10&12\\0&0&1\end{vmatrix}=\begin{vmatrix}3&3\\6&10\end{vmatrix}\neq 0$,即 $\boldsymbol{E}+\boldsymbol{B}$ 可逆。

得 $\mathrm{r}(\boldsymbol{A}+\boldsymbol{AB})=\mathrm{r}[\boldsymbol{A}(\boldsymbol{E}+\boldsymbol{B})]=\mathrm{r}(\boldsymbol{A})=2$。下面,计算 $\boldsymbol{A}$ 的行列式为零或作初等变换均可。

如 $\begin{bmatrix}2&3&4\\6&t&2\\4&6&3\end{bmatrix}\xrightarrow[r_3-2r_1]{r_2-3r_1}\begin{bmatrix}2&3&4\\0&t-9&-10\\0&0&-5\end{bmatrix}$,知当 $t=9$ 时,$\mathrm{r}(\boldsymbol{A})=2$。

【习题 14】 矩阵 $\boldsymbol{A}=\begin{bmatrix}1&1&1&1\\0&-1&1&b\\2&a&3&4\\3&1&5&7\end{bmatrix}$ 的秩不可能为________。

(A) 1　　(B) 2

(C) 3　　(D) 4

(E) 2 或 3 或 4

【答案】 (A)。

【解析】 只是求秩,讨论参数,可以同时用行、列变换。

$$\boldsymbol{A}\xrightarrow[\text{参数 } a \text{ 后移,再作行变换会方便些}]{c_2\leftrightarrow c_3}\begin{bmatrix}1&1&1&1\\0&1&-1&b\\2&3&a&4\\3&5&1&7\end{bmatrix}\xrightarrow[r_4-3r_1]{r_3-2r_1}\begin{bmatrix}1&1&1&1\\0&1&-1&b\\0&1&a-2&2\\0&2&-2&4\end{bmatrix}$$

$$\xrightarrow[r_4-2r_2]{r_3-r_2}\begin{bmatrix}1&1&1&1\\0&1&-1&b\\0&0&a-1&2-b\\0&0&0&4-2b\end{bmatrix}=\boldsymbol{B}。$$

故 (1) 当 $a\neq 1$ 且 $b\neq 2$ 时,$\boldsymbol{B}$ 有 4 个非零行,$\mathrm{r}(\boldsymbol{A})=4$;

(2) 当 $a=1$ 且 $b=2$ 时,$\boldsymbol{B}$ 有 2 个非零行,$\mathrm{r}(\boldsymbol{A})=2$;

(3) 当 $a\neq 1$ 且 $b=2$ 时,$\boldsymbol{B}$ 有 3 个非零行,$\mathrm{r}(\boldsymbol{A})=3$;

(4) 当 $a=1$ 且 $b\neq 2$ 时,$\boldsymbol{B}$ 有 3 个非零行,$\mathrm{r}(\boldsymbol{A})=3$。

所以选(A)。

【习题 15】 n 阶矩阵 $\boldsymbol{A}=\begin{bmatrix}a&1&1&\cdots&1\\1&a&1&\cdots&1\\1&1&a&\cdots&1\\\vdots&\vdots&\vdots&\ddots&1\\1&1&1&\cdots&a\end{bmatrix}$ 的秩不可能为________。

(A) 1　　(B) $n-1$

(C) n　　(D) 0

(E) n 或 $n-1$

【答案】 (B)。

【解析】 这题与上题都是求含参数矩阵秩的问题,上题用初等变换,本题用行列式

$$|\boldsymbol{A}|=\begin{vmatrix}a&1&1&\cdots&1\\1&a&1&\cdots&1\\1&1&a&\cdots&1\\\vdots&\vdots&\vdots&\ddots&\vdots\\1&1&1&\cdots&a\end{vmatrix}=(a+n-1)(a-1)^{n-1}。$$

当 $a\neq 1-n$ 且 $a\neq 1$ 时,$|\boldsymbol{A}|\neq 0$,即 $\mathrm{r}(\boldsymbol{A})=n$;

当 $a=1$ 时,$\boldsymbol{A}=\begin{bmatrix}1&1&1&\cdots&1\\1&1&1&\cdots&1\\\vdots&\vdots&\vdots&\ddots&\vdots\\1&1&1&\cdots&1\end{bmatrix}$,$\mathrm{r}(\boldsymbol{A})=1$;

当 $a=1-n$ 时,因为

$$A_{11}=\begin{vmatrix}a&1&\cdots&1\\1&a&\cdots&1\\\vdots&\vdots&\ddots&\vdots\\1&1&\cdots&a\end{vmatrix}_{n-1}=(a+n-2)(a-1)^{n-2}=(-1)^{n-1}n^{n-2}\neq 0,$$

所以，$r(\boldsymbol{A})=n-1$。综合得

$$r(\boldsymbol{A})=\begin{cases}n, & a\neq 1-n,1\\ n-1, & a=1-n\\ 1, & a=1\end{cases}$$ 。故选(B)。

注意：这类题也可以向量组或方程组形式出题。例如：

(1) 确定 a，b 的值，使向量组 $\begin{bmatrix}1\\0\\2\\3\end{bmatrix}$，$\begin{bmatrix}1\\-1\\a\\1\end{bmatrix}$，$\begin{bmatrix}1\\1\\3\\5\end{bmatrix}$，$\begin{bmatrix}1\\b\\4\\7\end{bmatrix}$ ① 线性相关；② 线性无关；③ 当向量组秩为 2 时，求其一个最大无关组，并将其余向量用最大无关组线性表示；

(2) 确定 a，b 的值，使得齐次线性方程组 $\begin{cases}x_1+x_2+x_3+x_4=0\\ -x_2+x_3+bx_4=0\\ 2x_1+ax_2+3x_3+4x_4=0\\ 3x_1+x_2+5x_3+7x_4=0\end{cases}$ ① 只有零解；② 有非零解，并求其通解。

【习题 16】 已知 $\boldsymbol{A}=\begin{bmatrix}2&1&1\\0&1&1\\0&0&1\end{bmatrix}$。$\boldsymbol{A}^*$ 是 $\boldsymbol{A}$ 的伴随矩阵，则 $(\boldsymbol{A}^*)^{-1}=$________。

(A) $\begin{bmatrix}2&1&1\\0&1&1\\0&0&1\end{bmatrix}$

(B) $\begin{bmatrix}4&-1&-1\\0&1&-1\\0&0&1\end{bmatrix}$

(C) $\begin{bmatrix}1&\frac{1}{2}&\frac{1}{2}\\0&\frac{1}{2}&\frac{1}{2}\\0&0&\frac{1}{2}\end{bmatrix}$

(D) $\begin{bmatrix}-1&\frac{1}{2}&\frac{1}{2}\\0&-\frac{1}{2}&-\frac{1}{2}\\0&0&-\frac{1}{2}\end{bmatrix}$

(E) 以上结论均不正确

【答案】 (C)。

【解析】 因为 $\boldsymbol{AA}^*=|\boldsymbol{A}|\boldsymbol{I}$，所以，当 $\boldsymbol{A}$ 可逆时，$(\boldsymbol{A}^*)^{-1}=\frac{1}{|\boldsymbol{A}|}\boldsymbol{A}$。而 $|\boldsymbol{A}|=2$。所以

$$(\boldsymbol{A}^*)^{-1}=\frac{1}{2}\boldsymbol{A}=\begin{bmatrix}1&\frac{1}{2}&\frac{1}{2}\\0&\frac{1}{2}&\frac{1}{2}\\0&0&\frac{1}{2}\end{bmatrix}$$，故本题应选(C)。

【习题 17】 设矩阵 $\boldsymbol{A}$ 的伴随矩阵 $\boldsymbol{A}^*=\begin{bmatrix}1&0&0&0\\0&1&0&0\\1&0&1&0\\0&-3&0&8\end{bmatrix}$，且 $\boldsymbol{ABA}^{-1}=\boldsymbol{BA}^{-1}+3\boldsymbol{E}$，其中 $\boldsymbol{E}$ 是 4 阶单位矩阵，矩阵 $\boldsymbol{B}$ 为________。

(A) $\begin{bmatrix}6&0&0&0\\0&6&0&0\\1&0&6&0\\0&3&0&-1\end{bmatrix}$ (B) $\begin{bmatrix}6&0&0&0\\0&6&0&0\\1&0&6&0\\0&3&0&1\end{bmatrix}$

(C) $\begin{bmatrix}6&0&0&0\\0&6&0&0\\1&0&6&0\\0&1&0&1\end{bmatrix}$ (D) $\begin{bmatrix}-6&0&0&0\\0&-6&0&0\\1&0&-6&0\\0&3&0&-1\end{bmatrix}$

(E) $\begin{bmatrix}6&0&0&0\\0&6&0&0\\-1&0&6&0\\0&-3&0&-1\end{bmatrix}$

【答案】 (A)。

【解析】 由 $|\boldsymbol{A}^*|=|\boldsymbol{A}|^{n-1}$，有 $|\boldsymbol{A}|^3=8$，得 $|\boldsymbol{A}|=2$，$\boldsymbol{A}$ 是可逆矩阵，用右乘矩阵方程的两端，有 $(\boldsymbol{A}-\boldsymbol{E})\boldsymbol{B}=3\boldsymbol{A}$。因为 $\boldsymbol{A}^*\boldsymbol{A}=\boldsymbol{AA}^*=|\boldsymbol{A}|\boldsymbol{E}$，用 $\boldsymbol{A}^*$ 左乘上式的两端，并把 $|\boldsymbol{A}|=2$ 代入，有 $(2\boldsymbol{E}-\boldsymbol{A}^*)\boldsymbol{B}=6\boldsymbol{E}$。于是 $\boldsymbol{B}=6(2\boldsymbol{E}-\boldsymbol{A}^*)^{-1}$。

因为 $2\boldsymbol{E}-\boldsymbol{A}^*=\begin{bmatrix}1&0&0&0\\0&1&0&0\\-1&0&1&0\\0&3&0&-6\end{bmatrix}$，则 $(2\boldsymbol{E}-\boldsymbol{A}^*)^{-1}=\begin{bmatrix}1&0&0&0\\0&1&0&0\\1&0&1&0\\0&\frac{1}{2}&0&-\frac{1}{6}\end{bmatrix}$。

因此 $\boldsymbol{B}=\begin{bmatrix}6&0&0&0\\0&6&0&0\\1&0&6&0\\0&3&0&-1\end{bmatrix}$。

【习题 18】 设 A 为 5 阶方阵，则 $\mathrm{r}[(\boldsymbol{A}^*)^*]=$________。

(A) 1 (B) 0 (C) 5 (D) 2 (E) 5 或 0

【答案】 (E)。

【解析】 当 $n=5$ 时，虽然可以有 $\mathrm{r}(\boldsymbol{A})=5$、4、3、2、1、0，但只能有 $\mathrm{r}(\boldsymbol{A}^*)=5$、1、0，得

$$\mathrm{r}[(\boldsymbol{A}_5^*)^*]=\begin{cases}5, & \mathrm{r}(\boldsymbol{A}^*)=5(\Leftrightarrow r(\boldsymbol{A})=5)\\1, & \mathrm{r}(\boldsymbol{A}^*)=4(\text{不可能})\\0, & \mathrm{r}(\boldsymbol{A}^*)<4(\text{只能是 }1,0)\end{cases}\Rightarrow\begin{cases}5, & \mathrm{r}(\boldsymbol{A})=5\\0, & \mathrm{r}(\boldsymbol{A})<5\end{cases}$$

故选(E)。

【习题 19】 设 A 是 3 阶方阵，A^* 是 A 的伴随阵，$|A|=\frac{1}{2}$，行列式 $|(3A)^{-1}-2A^*|=$ ________。

(A) $-\frac{16}{27}$　(B) $\frac{16}{27}$　(C) $-\frac{8}{27}$　(D) $\frac{8}{27}$　(E) $-\frac{16}{9}$

【答案】 (A)。

【解析】 因为 $(3A)^{-1}=\frac{1}{3}A^{-1}$，$A^*=|A|A^{-1}=\frac{1}{2}A^{-1}$，所以

$$|(3A)^{-1}-2A^*|=\left|\frac{1}{3}A^{-1}-2\cdot\frac{1}{2}A^{-1}\right|=\left|\left(-\frac{2}{3}\right)A^{-1}\right|=\left(-\frac{2}{3}\right)^3\frac{1}{|A|}=-\frac{8}{27}\cdot 2=-\frac{16}{27}$$

。故选(A)。

【习题 20】 设 $A^2-BA=I$，其中 $A=\begin{bmatrix}1&-1&0\\0&1&-1\\0&0&1\end{bmatrix}$ 则 $B=$ ________。

(A) $\begin{bmatrix}0&2&1\\0&0&2\\0&0&0\end{bmatrix}$　(B) $-\begin{bmatrix}0&2&1\\0&0&2\\0&0&0\end{bmatrix}$

(C) $\begin{bmatrix}1&2&1\\0&1&2\\0&0&1\end{bmatrix}$　(D) $-\begin{bmatrix}1&2&1\\0&1&2\\0&0&1\end{bmatrix}$

(E) 以上结论均不正确

【答案】 (B)。

【解析】 由 $A^2-BA=I$，得 $BA=A^2-I$，又已知 $A=\begin{bmatrix}1&-1&0\\0&1&-1\\0&0&1\end{bmatrix}$，则 $|A|\neq 0$，故 A 可逆。求得 $A^{-1}=\begin{bmatrix}1&1&1\\0&1&1\\0&0&1\end{bmatrix}$，故 $B=(A^2-I)A^{-1}=A-A^{-1}=\begin{bmatrix}1&-1&0\\0&1&-1\\0&0&1\end{bmatrix}-\begin{bmatrix}1&1&1\\0&1&1\\0&0&1\end{bmatrix}=\begin{bmatrix}0&-2&-1\\0&0&-2\\0&0&0\end{bmatrix}$。故选(B)。

故应选(B)。

【习题 21】 已知 $A=\begin{bmatrix}1&2&-3\\0&1&2\\0&0&1\end{bmatrix}$ 和 $B=\begin{bmatrix}1&2&0\\0&1&2\\0&0&1\end{bmatrix}$ 满足 $(2E-A^{-1}B)C^{\mathrm{T}}=A^{-1}$，则矩阵 $C=$ ________。

(A) $\begin{bmatrix}1&0&0\\2&1&0\\10&2&1\end{bmatrix}$　　(B) $\begin{bmatrix}1&0&0\\-2&1&0\\10&-2&1\end{bmatrix}$

(C) $\begin{bmatrix}-1&0&0\\-2&-1&0\\-10&-2&-1\end{bmatrix}$　　(D) $\begin{bmatrix}1&0&0\\2&1&0\\-10&2&1\end{bmatrix}$

(E) $\begin{bmatrix}1&0&0\\2&1&0\\10&-2&1\end{bmatrix}$

【答案】 (B)。

【解析】 在 $(2\boldsymbol{E}-\boldsymbol{A}^{-1}\boldsymbol{B})\boldsymbol{C}^{\mathrm{T}}=\boldsymbol{A}^{-1}$ 两边左乘 $\boldsymbol{A}$，得 $(2\boldsymbol{A}-\boldsymbol{B})\boldsymbol{C}^{\mathrm{T}}=\boldsymbol{E}$。

$(2\boldsymbol{A}-\boldsymbol{B})=\begin{bmatrix}1&2&-6\\0&1&2\\0&0&1\end{bmatrix}$ 可逆，且 $(2\boldsymbol{A}-\boldsymbol{B})^{-1}=\begin{bmatrix}1&-2&10\\0&1&-2\\0&0&1\end{bmatrix}$，所以 $\boldsymbol{C}^{\mathrm{T}}=(2\boldsymbol{A}-\boldsymbol{B})^{-1}$。

$\boldsymbol{C}=[(2\boldsymbol{A}-\boldsymbol{B})^{-1}]^{\mathrm{T}}=\begin{bmatrix}1&0&0\\-2&1&0\\10&-2&1\end{bmatrix}$。

【习题 22】 已知 $\boldsymbol{A}=\boldsymbol{BC}$，其中 $\boldsymbol{B}=\begin{bmatrix}1\\2\\1\end{bmatrix}$，$\boldsymbol{C}=[2,\ -1,\ 2]$，则 $\boldsymbol{A}^n=$________。

(A) $\boldsymbol{A}^n=2^n\boldsymbol{A}$　　(B) $\boldsymbol{A}^n=2^{n+1}\boldsymbol{A}$

(C) $\boldsymbol{A}^n=2^{n-2}\boldsymbol{A}$　　(D) $\boldsymbol{A}^n=2^{n+2}\boldsymbol{A}$

(E) $\boldsymbol{A}^n=2^{n-1}\boldsymbol{A}$

【答案】 (E)。

【解析】 $\boldsymbol{A}=\boldsymbol{BC}=\begin{bmatrix}2&-1&2\\4&-2&4\\2&-1&2\end{bmatrix}$，$\boldsymbol{A}^2=(\boldsymbol{BC})(\boldsymbol{BC})=\boldsymbol{B}(\boldsymbol{CB})\boldsymbol{C}=2(\boldsymbol{BC})=2\boldsymbol{A}$。

$\boldsymbol{A}^3=\boldsymbol{A}^2\cdot\boldsymbol{A}=(2\boldsymbol{A})\boldsymbol{A}=2\boldsymbol{A}^2=2^2\boldsymbol{A}\Rightarrow\boldsymbol{A}^n=2^{n-1}\boldsymbol{A}$。

用数学归纳法证明：

当 $n=2$ 时，$\boldsymbol{A}^2=2\boldsymbol{A}$，结论成立。

假设对 $n-1$ 时结论成立，下证对 n 也成立。

$\boldsymbol{A}^n=\boldsymbol{A}^{n-1}\boldsymbol{A}=(2^{n-2}\boldsymbol{A})\boldsymbol{A}=2^{n-2}(\boldsymbol{A}^2)=2^{n-1}\boldsymbol{A}$。

由归纳原理，结论成立，从而 $\boldsymbol{A}^n=2^{n-1}\boldsymbol{A}$。故选(E)。

【习题 23】 (2000－1－MBA－24)已知 $\boldsymbol{\alpha}=(1,\ -2,\ 3)^{\mathrm{T}}$，$\boldsymbol{\beta}=\left(1,\ -\frac{1}{2},\ \frac{1}{3}\right)^{\mathrm{T}}$。设 $\boldsymbol{A}=\boldsymbol{\alpha\beta}^{\mathrm{T}}$，则 $\boldsymbol{A}^6=$________。

(A) $3^5\begin{bmatrix}1 & \frac{1}{2} & \frac{1}{3}\\ -2 & 1 & \frac{2}{3}\\ 3 & -\frac{3}{2} & 1\end{bmatrix}$　　(B) $-3^5\begin{bmatrix}1 & \frac{1}{2} & \frac{1}{3}\\ 2 & 1 & \frac{2}{3}\\ 3 & \frac{3}{2} & 1\end{bmatrix}$

(C) $3^5\begin{bmatrix}1 & \frac{1}{2} & \frac{1}{3}\\ 2 & 1 & \frac{2}{3}\\ 3 & \frac{3}{2} & 1\end{bmatrix}$　　(D) $3^4\begin{bmatrix}1 & -\frac{1}{2} & \frac{1}{3}\\ -2 & 1 & -\frac{2}{3}\\ 3 & -\frac{3}{2} & 1\end{bmatrix}$

(E) $3^5\begin{bmatrix}1 & -\frac{1}{2} & \frac{1}{3}\\ -2 & 1 & -\frac{2}{3}\\ 3 & -\frac{3}{2} & 1\end{bmatrix}$

【答案】 (E)。

【解析】 因为$\boldsymbol{\alpha}^{\mathrm{T}}\boldsymbol{\beta}=[1,\ -2,\ 3]\begin{bmatrix}1\\ -\frac{1}{2}\\ \frac{1}{3}\end{bmatrix}=3$,得

$$\boldsymbol{A}=\boldsymbol{\alpha\beta}^{\mathrm{T}}=\begin{bmatrix}1\\ -2\\ 3\end{bmatrix}\left[1,\ -\frac{1}{2},\ \frac{1}{3}\right]=\begin{bmatrix}1 & -\frac{1}{2} & \frac{1}{3}\\ -2 & 1 & -\frac{2}{3}\\ 3 & \frac{3}{2} & 1\end{bmatrix}。$$

所以$\boldsymbol{A}^6=(\boldsymbol{\alpha\beta}^{\mathrm{T}})(\boldsymbol{\alpha\beta}^{\mathrm{T}})(\boldsymbol{\alpha\beta}^{\mathrm{T}})(\boldsymbol{\alpha\beta}^{\mathrm{T}})(\boldsymbol{\alpha\beta}^{\mathrm{T}})(\boldsymbol{\alpha\beta}^{\mathrm{T}})$

$=\boldsymbol{\alpha}(\boldsymbol{\beta}^{\mathrm{T}}\boldsymbol{\alpha})(\boldsymbol{\beta}^{\mathrm{T}}\boldsymbol{\alpha})(\boldsymbol{\beta}^{\mathrm{T}}\boldsymbol{\alpha})(\boldsymbol{\beta}^{\mathrm{T}}\boldsymbol{\alpha})(\boldsymbol{\beta}^{\mathrm{T}}\boldsymbol{\alpha})\boldsymbol{\beta}^{\mathrm{T}}$

$=3^5\boldsymbol{\alpha\beta}^{\mathrm{T}}$

$=3^5\boldsymbol{A}$。

即$\boldsymbol{A}^6=3^5\begin{bmatrix}1 & -\frac{1}{2} & \frac{1}{3}\\ -2 & 1 & -\frac{2}{3}\\ 3 & -\frac{3}{2} & 1\end{bmatrix}$。故选(E)。

【习题 24】　设 $\boldsymbol{A}=\begin{bmatrix}0 & -1 & 0\\1 & 0 & 0\\0 & 0 & -1\end{bmatrix}$，$\boldsymbol{B}=\boldsymbol{P}^{-1}\boldsymbol{AP}$，其中 $\boldsymbol{P}$ 为三阶逆阵，则 $\boldsymbol{B}^{2004}-2\boldsymbol{A}^2=$ ________。

(A) $\begin{bmatrix}3 & 0 & 0\\0 & 3 & 0\\0 & 0 & -1\end{bmatrix}$　　(B) $-\begin{bmatrix}3 & 0 & 0\\0 & 3 & 0\\0 & 0 & -1\end{bmatrix}$

(C) $\begin{bmatrix}3 & 0 & 0\\0 & 1 & 0\\0 & 0 & -1\end{bmatrix}$　　(D) $\begin{bmatrix}3 & 0 & 0\\0 & -1 & 0\\0 & 0 & -1\end{bmatrix}$

(E) $\begin{bmatrix}-3 & 0 & 0\\0 & 1 & 0\\0 & 0 & -1\end{bmatrix}$

【答案】 (A)。

【解析】 由 $\boldsymbol{B}=\boldsymbol{P}^{-1}\boldsymbol{AP}$ 得 $\boldsymbol{B}^{2004}=\boldsymbol{P}^{-1}\boldsymbol{A}^{2004}\boldsymbol{P}$ 又 $\boldsymbol{A}^2=\begin{bmatrix}0 & -1 & 0\\1 & 0 & 0\\0 & 0 & -1\end{bmatrix}^2=\begin{bmatrix}-1 & 0 & 0\\0 & -1 & 0\\0 & 0 & 1\end{bmatrix}\Rightarrow$

$\boldsymbol{A}^{2004}=(\boldsymbol{A}^2)^{1002}=\boldsymbol{E}$，故 $\boldsymbol{B}^{2004}-2\boldsymbol{A}^2=\boldsymbol{E}-2\boldsymbol{A}^2=\begin{bmatrix}3 & 0 & 0\\0 & 3 & 0\\0 & 0 & -1\end{bmatrix}$。故选(A)。

【习题 25】　已知 $\boldsymbol{X}=\boldsymbol{AX}+\boldsymbol{B}$，其中 $\boldsymbol{A}=\begin{pmatrix}0 & 1 & 0\\-1 & 1 & 1\\-1 & 0 & -1\end{pmatrix}$，$\boldsymbol{B}=\begin{pmatrix}1 & -1\\2 & 0\\5 & -3\end{pmatrix}$，矩阵 $\boldsymbol{X}=$ ________。

(A) $\begin{pmatrix}3 & -1\\2 & 0\\1 & -1\end{pmatrix}$　　(B) $\begin{pmatrix}3 & 1\\2 & 0\\1 & 1\end{pmatrix}$

(C) $\begin{pmatrix}-3 & -1\\2 & 0\\-1 & -1\end{pmatrix}$　　(D) $\begin{pmatrix}-3 & 1\\-2 & 0\\-1 & 1\end{pmatrix}$

(E) $\begin{pmatrix}-3 & 1\\2 & 0\\1 & -1\end{pmatrix}$

【答案】 (A)。

【解析】 由 $\boldsymbol{X}=\boldsymbol{AX}+\boldsymbol{B}$ 得 $(\boldsymbol{E}-\boldsymbol{A})\boldsymbol{X}=\boldsymbol{B}$，而 $\boldsymbol{E}-\boldsymbol{A}=\begin{bmatrix}1 & -1 & 0\\1 & 0 & -1\\1 & 0 & 2\end{bmatrix}$，得

$$(\boldsymbol{E}-\boldsymbol{A})^{-1}=\begin{bmatrix}0 & 2/3 & 1/3\\-1 & 2/3 & 1/3\\0 & -1/3 & 1/3\end{bmatrix},$$

故 $X=(E-A)^{-1}B=\begin{bmatrix}0 & 2/3 & 1/3\\ -1 & 2/3 & 1/3\\ 0 & -1/3 & 1/3\end{bmatrix}\begin{bmatrix}1 & -1\\ 2 & 0\\ 5 & -3\end{bmatrix}=\begin{bmatrix}3 & -1\\ 2 & 0\\ 1 & -1\end{bmatrix}$。选(A)。

【习题 26】 (1999-普研)已知 $AB-B=A$，其中 $B=\begin{bmatrix}1 & -2 & 0\\ 2 & 1 & 0\\ 0 & 0 & 2\end{bmatrix}$，则 $A=$________。

(A) $\begin{bmatrix}-1 & \frac{1}{2} & 0\\ \frac{1}{2} & -1 & 0\\ 0 & 0 & -2\end{bmatrix}$
(B) $\begin{bmatrix}1 & \frac{1}{2} & 0\\ \frac{1}{2} & -1 & 0\\ 0 & 0 & 2\end{bmatrix}$

(C) $\begin{bmatrix}1 & -\frac{1}{2} & 0\\ -\frac{1}{2} & -1 & 0\\ 0 & 0 & 2\end{bmatrix}$
(D) $\begin{bmatrix}1 & \frac{1}{2} & 0\\ \frac{1}{2} & 1 & 0\\ 0 & 0 & 2\end{bmatrix}$

(E) $\begin{bmatrix}-1 & -\frac{1}{2} & 0\\ -\frac{1}{2} & -1 & 0\\ 0 & 0 & -2\end{bmatrix}$

【答案】 (C)。

【解析】 由 $AB-B=A$ 得 $AB-A=B$，即 $A(B-E)=B$。又 $B-E=\begin{bmatrix}0 & -2 & 0\\ 2 & 0 & 0\\ 0 & 0 & 1\end{bmatrix}$ 可逆，得

$$A=B(B-E)^{-1}=\begin{bmatrix}1 & -2 & 0\\ 2 & 1 & 0\\ 0 & 0 & 2\end{bmatrix}\begin{bmatrix}0 & -\frac{1}{2} & 0\\ -\frac{1}{2} & 0 & 0\\ 0 & 0 & 1\end{bmatrix}=\begin{bmatrix}1 & -\frac{1}{2} & 0\\ -\frac{1}{2} & -1 & 0\\ 0 & 0 & 2\end{bmatrix}。选(C)。$$

注意： 求 $(B-E)^{-1}$ 时，方法有多种，若熟悉分类 $\begin{bmatrix}A & 0\\ 0 & B\end{bmatrix}^{-1}=\begin{bmatrix}A^{-1} & 0\\ 0 & B^{-1}\end{bmatrix}$ 及 2 阶矩阵求逆法就可直接写出 $(B-E)^{-1}$。

【习题 27】 (MBA 2002)已知 $A=\begin{bmatrix}1 & 0 & -1\\ 0 & 1 & 0\\ 0 & 0 & 1\end{bmatrix}$，$B=\begin{bmatrix}1 & 1 & 1\\ 0 & 0 & 1\\ 1 & 0 & 0\end{bmatrix}$，$C$ 为三阶矩阵，且满足 $ACA+BAC=3E-ACB-BCB$，则矩阵 $C=$________。

(A) $\begin{bmatrix}-\frac{1}{3} & -\frac{2}{3} & \frac{5}{3}\\ \frac{5}{3} & \frac{1}{3} & -\frac{7}{3}\\ -\frac{2}{3} & \frac{5}{3} & \frac{1}{3}\end{bmatrix}$　　(B) $\begin{bmatrix}\frac{1}{3} & \frac{2}{3} & \frac{5}{3}\\ \frac{5}{3} & \frac{1}{3} & \frac{7}{3}\\ \frac{2}{3} & \frac{5}{3} & \frac{1}{3}\end{bmatrix}$

(C) $\begin{bmatrix}-\frac{1}{3} & -\frac{2}{3} & -\frac{5}{3}\\ -\frac{5}{3} & -\frac{1}{3} & -\frac{7}{3}\\ -\frac{2}{3} & -\frac{5}{3} & -\frac{1}{3}\end{bmatrix}$　　(D) $\begin{bmatrix}-\frac{1}{3} & -\frac{2}{3} & -\frac{5}{3}\\ \frac{5}{3} & -\frac{1}{3} & -\frac{7}{3}\\ -\frac{2}{3} & \frac{5}{3} & \frac{1}{3}\end{bmatrix}$

(E) $\begin{bmatrix}-\frac{1}{3} & -\frac{2}{3} & \frac{5}{3}\\ -\frac{5}{3} & \frac{1}{3} & -\frac{7}{3}\\ -\frac{2}{3} & \frac{5}{3} & -\frac{1}{3}\end{bmatrix}$

【答案】 (A)。

【解析】 由 $\boldsymbol{ACA}+\boldsymbol{BCA}=3\boldsymbol{E}-\boldsymbol{ACB}-\boldsymbol{BCB}$，得 $\boldsymbol{AC}(\boldsymbol{A}+\boldsymbol{B})+\boldsymbol{BC}(\boldsymbol{A}+\boldsymbol{B})=3\boldsymbol{E}$，

即 $(\boldsymbol{A}+\boldsymbol{B})\boldsymbol{C}(\boldsymbol{A}+\boldsymbol{B})=3\boldsymbol{E}$，所以 $\boldsymbol{C}=3[(\boldsymbol{A}+\boldsymbol{B})^{-1}]^2=\begin{bmatrix}-\frac{1}{3} & -\frac{2}{3} & \frac{5}{3}\\ \frac{5}{3} & \frac{1}{3} & -\frac{7}{3}\\ -\frac{2}{3} & \frac{5}{3} & \frac{1}{3}\end{bmatrix}$。

故选(A)。

【习题 28】 (MBA 2003)已知 $\boldsymbol{A}=\begin{bmatrix}2 & 0 & 1\\ 0 & 3 & 0\\ 2 & 0 & 2\end{bmatrix}$，$\boldsymbol{B}=\begin{bmatrix}1 & & \\ & -1 & \\ & & 3\end{bmatrix}$，若 $\boldsymbol{X}$ 满足 $\boldsymbol{AX}+2\boldsymbol{B}=\boldsymbol{BA}+2\boldsymbol{X}$，则 $\boldsymbol{X}^4=$________。

(A) $\begin{bmatrix}0 & 0 & 0\\ 1 & 0 & 0\\ 0 & 0 & 2\end{bmatrix}$　　(B) $\begin{bmatrix}0 & 0 & 0\\ 0 & 1 & 0\\ 0 & 0 & 1\end{bmatrix}$

(C) $\begin{bmatrix}1 & 0 & 0\\ 0 & 1 & 0\\ 0 & 0 & 1\end{bmatrix}$　　(D) $\begin{bmatrix}1 & 0 & 0\\ 0 & -1 & 0\\ 0 & 0 & 1\end{bmatrix}$

(E) $\begin{bmatrix}0 & 0 & 0\\ 0 & 2 & 0\\ 0 & 0 & 2\end{bmatrix}$

【答案】 (B)。

【解析】 本题考点为矩阵求解。

根据题意有 $\boldsymbol{AX}+2\boldsymbol{B}=\boldsymbol{BA}+2\boldsymbol{X}\Rightarrow\boldsymbol{AX}-2\boldsymbol{X}=\boldsymbol{BA}-2\boldsymbol{B}\Rightarrow(\boldsymbol{A}-2\boldsymbol{E})\boldsymbol{X}=\boldsymbol{B}(\boldsymbol{A}-2\boldsymbol{E})$

$\Rightarrow\boldsymbol{X}=(\boldsymbol{A}-2\boldsymbol{E})^{-1}\boldsymbol{B}(\boldsymbol{A}-2\boldsymbol{E})$。$\boldsymbol{A}-2\boldsymbol{E}=\begin{bmatrix}0&0&1\\0&1&0\\2&0&0\end{bmatrix}$，$(\boldsymbol{A}-2\boldsymbol{E})^{-1}=\begin{bmatrix}0&0&\frac{1}{2}\\0&1&0\\1&0&0\end{bmatrix}$。

$$\begin{aligned}\boldsymbol{X}^4&=(\boldsymbol{A}-2\boldsymbol{E})^{-1}\boldsymbol{B}^4(\boldsymbol{A}-2\boldsymbol{E})\\&=\begin{bmatrix}0&0&\frac{1}{2}\\0&1&0\\1&0&0\end{bmatrix}\begin{bmatrix}1^4&&\\&(-1)^4&\\&&0\end{bmatrix}\begin{bmatrix}0&0&1\\0&1&0\\2&0&0\end{bmatrix}=\begin{bmatrix}0&0&0\\0&1&0\\0&0&1\end{bmatrix}。\end{aligned}$$

答案选择(B)。

【习题 29】 (普研 1995)设 3 阶方阵 $\boldsymbol{A}$，$\boldsymbol{B}$ 满足 $\boldsymbol{A}^{-1}\boldsymbol{BA}=6\boldsymbol{A}+\boldsymbol{BA}$，且 $\boldsymbol{A}=\begin{bmatrix}1/3&0&0\\0&1/4&0\\0&0&1/7\end{bmatrix}$，则 $\boldsymbol{B}=$________。

(A) $\begin{bmatrix}0&0&0\\1&0&0\\0&0&2\end{bmatrix}$　　(B) $\begin{bmatrix}3&0&0\\0&2&0\\0&0&1\end{bmatrix}$

(C) $\begin{bmatrix}3&0&0\\0&1&0\\0&0&1\end{bmatrix}$　　(D) $\begin{bmatrix}1&0&0\\0&-1&0\\0&0&1\end{bmatrix}$

(E) $\begin{bmatrix}0&0&0\\0&2&0\\0&0&2\end{bmatrix}$

【答案】 (B)。

【解析】 因为 $\boldsymbol{A}^{-1}\boldsymbol{BA}=6\boldsymbol{A}+\boldsymbol{BA}$，所以右乘 $\boldsymbol{A}^{-1}$ 得：$\boldsymbol{A}^{-1}\boldsymbol{B}=6\boldsymbol{E}+\boldsymbol{B}$，即 $(\boldsymbol{A}^{-1}-\boldsymbol{E})\boldsymbol{B}=6\boldsymbol{E}$，从而，$\boldsymbol{B}=6(\boldsymbol{A}^{-1}-\boldsymbol{E})^{-1}$。

显然，$\boldsymbol{A}^{-1}=\begin{bmatrix}3&&\\&4&\\&&7\end{bmatrix}$，$\boldsymbol{A}^{-1}-\boldsymbol{E}=\begin{bmatrix}2&&\\&3&\\&&6\end{bmatrix}$，$(\boldsymbol{A}^{-1}-\boldsymbol{E})^{-1}=\begin{bmatrix}1/2&&\\&1/3&\\&&1/6\end{bmatrix}$，

则 $\boldsymbol{B}=\begin{bmatrix}3&&\\&2&\\&&1\end{bmatrix}$。故选(B)。

【习题 30】 已知 $\boldsymbol{A}\begin{bmatrix}1&1&1\\0&1&1\\1&0&1\end{bmatrix}=\begin{bmatrix}1&2&3\\4&5&6\end{bmatrix}$，则 $\boldsymbol{A}=$________。

(A) $\begin{bmatrix}0 & 1 & 1\\3 & 2 & 1\end{bmatrix}$　　(B) $\begin{bmatrix}0 & 2 & 1\\3 & 1 & 1\end{bmatrix}$

(C) $\begin{bmatrix}0 & 1 & 1\\3 & 1 & 1\end{bmatrix}$　　(D) $\begin{bmatrix}0 & 2 & 1\\1 & 2 & 1\end{bmatrix}$

(E) $\begin{bmatrix}0 & 2 & 1\\3 & 2 & 1\end{bmatrix}$

【答案】 (E)。

【解析】 **方法 1**　逆阵。$|\boldsymbol{B}|=\begin{vmatrix}1 & 1 & 1\\0 & 1 & 1\\1 & 0 & 1\end{vmatrix}=1\neq 0\Rightarrow \boldsymbol{B}$ 可逆，且 $\boldsymbol{B}^{-1}=\begin{bmatrix}1 & -1 & 0\\1 & 0 & -1\\-1 & 1 & 1\end{bmatrix}$，

于是，$\boldsymbol{A}=\begin{bmatrix}1 & 2 & 3\\4 & 5 & 6\end{bmatrix}\boldsymbol{B}^{-1}=\begin{bmatrix}1 & 2 & 3\\4 & 5 & 6\end{bmatrix}\begin{bmatrix}1 & -1 & 0\\1 & 0 & -1\\-1 & 1 & 1\end{bmatrix}=\begin{bmatrix}0 & 2 & 1\\3 & 2 & 1\end{bmatrix}$。

方法 2　初等列变换。$\begin{bmatrix}1 & 1 & 1\\0 & 1 & 1\\1 & 0 & 1\\\hline 1 & 2 & 3\\4 & 5 & 6\end{bmatrix}\xrightarrow[c_2-c_1]{c_3-c_2}\begin{bmatrix}1 & 0 & 0\\0 & 1 & 0\\1 & -1 & 1\\\hline 1 & 1 & 1\\4 & 1 & 1\end{bmatrix}\xrightarrow[c_2+c_3]{c_1-c_3}\begin{bmatrix}1 & 0 & 0\\0 & 1 & 0\\0 & 0 & 1\\\hline 0 & 2 & 1\\3 & 2 & 1\end{bmatrix}$，得

$\boldsymbol{A}=\begin{bmatrix}0 & 2 & 1\\3 & 2 & 1\end{bmatrix}$。故选(E)。

第 10 章　矩阵的初等变换与线性方程组

10.1　考纲知识点分析及必做习题

第十部分　矩阵的初等变换与线性方程组					
教材内容	考 点 内 容	考研要求	教材章节	必做例题	精做练习
矩阵的初等变换	初等变换的概念	了解	§ 3.1/ § 3.2	引例，例 1～例 7	P77 习题三：1，2，3，4，5，6
	初等矩阵的概念	了解			
	矩阵等价的概念	了解			
	用初等变换法求矩阵的逆矩阵和秩的方法	掌握			
线性方程组的解	用克拉默法则解线性方程组	会	§ 3.3	例 10～例 13	P78 习题三：13，14，15，17，18，19；P112 习题四：21，22，26，27，28，29，31，32，33
	非齐次线性方程组有解和无解的判定方法	掌握			
	齐次线性方程组的基础解系的概念	理解			
	齐次线性方程组的基础解系和通解的求法	掌握			
	非齐次线性方程组的解的结构及通解的概念	理解			
	初等行变换求解线性方程组的方法	掌握			

注：教材参考《工程数学线性代数》(同济 6 版)。

10.2　知识结构网络图

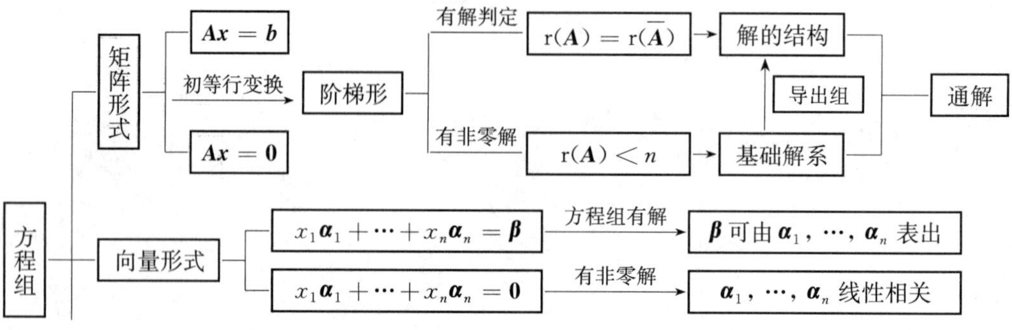

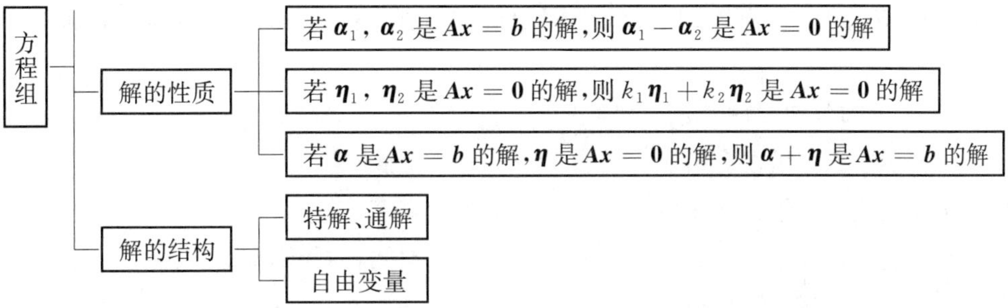

图 10 - 1　知识结构网络图

10.3　重要概念、定理和公式

1. 线性方程组的三种表达形式

1) 一般形式

$$\begin{cases} a_{11}x_1+a_{12}x_2+\cdots+a_{1n}x_n=b_1 \\ a_{21}x_1+a_{22}x_2+\cdots+a_{2n}x_n=b_2 \\ \qquad\vdots \\ a_{m1}x_1+a_{m2}x_2+\cdots+a_{mn}x_n=b_m \end{cases} \tag{$*$}$$

当 $b_1=b_2=\cdots=b_m=0$ 时,称为齐次线性方程组。

2) 矩阵形式

设 $$\boldsymbol{A}=\begin{bmatrix} a_{11} & a_{12} & \cdots & a_{1n} \\ a_{21} & a_{22} & \cdots & a_{2n} \\ \vdots & \cdots & \cdots & \vdots \\ a_{m1} & a_{m2} & \cdots & a_{mn} \end{bmatrix},\ \boldsymbol{X}=\begin{bmatrix} x_1 \\ x_2 \\ \vdots \\ x_n \end{bmatrix},\ \boldsymbol{b}=\begin{bmatrix} b_1 \\ b_2 \\ \vdots \\ b_m \end{bmatrix},$$

则式($*$)可表为 $\boldsymbol{A}x=\boldsymbol{b}$(或 $\boldsymbol{Ax}=\boldsymbol{0}$)。

3) 向量形式

设 $$\boldsymbol{\alpha}_1=\begin{bmatrix} a_{11} \\ a_{22} \\ \vdots \\ a_{m1} \end{bmatrix},\ \boldsymbol{\alpha}_2=\begin{bmatrix} a_{12} \\ a_{22} \\ \vdots \\ a_{m2} \end{bmatrix},\ \cdots,\ \boldsymbol{\alpha}_n=\begin{bmatrix} a_{1n} \\ a_{2n} \\ \vdots \\ a_{mn} \end{bmatrix},\ \boldsymbol{\beta}=\begin{bmatrix} b_1 \\ b_2 \\ \vdots \\ b_m \end{bmatrix}$$

则式($*$)可表示为 $x_1\boldsymbol{\alpha}_1+x_2\boldsymbol{\alpha}_2+\cdots+x_n\boldsymbol{\alpha}_n=\boldsymbol{\beta}$(或 $x_1\boldsymbol{\alpha}_1+x_2\boldsymbol{\alpha}_2+\cdots+x_n\boldsymbol{\alpha}_n=\boldsymbol{0}$)。

2. 齐次线性方程组

1) 解与解空间

解向量: $\boldsymbol{X}=\begin{bmatrix} x_1 \\ x_2 \\ \vdots \\ x_n \end{bmatrix}\in\mathbf{R}^n$, 满足 $\boldsymbol{AX}=\boldsymbol{0}$ 的 $\boldsymbol{X}$ 称为齐次线性方程组的一个解向量。

解空间：$\boldsymbol{AX}=\mathbf{0}$ 的所有解的集合，对于线性运算封闭，称为一个向量空间，亦即称为 $\boldsymbol{AX}=\mathbf{0}$ 的解空间。

2）齐次线性方程组解的性质

（1）齐次线性方程组恒有解；

（2）齐次线性方程组任两个解的线性组合仍为其解；

（3）齐次线性方程组所有解的集合构成一个向量空间，称为解空间。

3）齐次线性方程组的通解

（1）基础解系：齐次线性方程组解空间的基称为一个基础解系；

（2）基础解系所含向量的个数 $=n-R(\boldsymbol{A})$。其中 n 为未知量的个数。$\boldsymbol{A}$ 为齐次线性方程组的系数矩阵；

（3）通解：齐次线性方程组 $\boldsymbol{AX}=\mathbf{0}$ 的任一解均可表为其基础解系的线性组合，即

$$\boldsymbol{\eta}=k_1\boldsymbol{\eta}_1+k_2\boldsymbol{\eta}_2+\cdots+k_{n-r}\boldsymbol{\eta}_{n-r},$$

其中 $\mathrm{r}(\boldsymbol{A})=r$，$\boldsymbol{\eta}_1, \boldsymbol{\eta}_2, \cdots, \boldsymbol{\eta}_{n-r}$ 为基础解系。

3. 非齐次线性方程组

1）$\boldsymbol{AX}=\boldsymbol{b}$ 有解的充要条件

$\boldsymbol{AX}=\boldsymbol{b}$ 有解 $\Leftrightarrow R(\boldsymbol{A})=R(\bar{\boldsymbol{A}})$

$\Leftrightarrow$ 向量 $\boldsymbol{\beta}$ 可由向量组 $\boldsymbol{\alpha}_1, \boldsymbol{\alpha}_2, \cdots, \boldsymbol{\alpha}_n$ 线性表示

$\Leftrightarrow \boldsymbol{\alpha}_1, \boldsymbol{\alpha}_2, \cdots, \boldsymbol{\alpha}_n$ 与 $\boldsymbol{\alpha}_1, \boldsymbol{\alpha}_2, \cdots, \boldsymbol{\alpha}_n, \boldsymbol{\beta}$ 等价

2）$\boldsymbol{AX}=\boldsymbol{b}$ 的解的性质

（1）$\boldsymbol{\alpha}, \boldsymbol{\beta}$ 为 $\boldsymbol{AX}=\boldsymbol{b}$ 的解，则 $\boldsymbol{\alpha}-\boldsymbol{\beta}$ 为 $\boldsymbol{AX}=\mathbf{0}$ 的解。

（2）设 $\boldsymbol{\eta}$ 是 $\boldsymbol{AX}=\mathbf{0}$ 的解，$\boldsymbol{\gamma}$ 是 $\boldsymbol{AX}=\boldsymbol{b}$ 的解，则 $\boldsymbol{AX}=\boldsymbol{b}$ 的任一解 $\boldsymbol{\alpha}=\boldsymbol{\gamma}+\boldsymbol{\eta}$。

（3）设 $\boldsymbol{\alpha}_1, \boldsymbol{\alpha}_2, \cdots, \boldsymbol{\alpha}_s$ 为 $\boldsymbol{AX}=\boldsymbol{b}$ 的解，则 $k_1\boldsymbol{\alpha}_1+\cdots+k_s\boldsymbol{\alpha}_s(k_1+k_2+\cdots+k_s=1)$ 仍为 $\boldsymbol{AX}=\boldsymbol{b}$ 的解。

3）非齐次线性方程组解的判定

（1）设 $\boldsymbol{AX}=\boldsymbol{b}$。$\mathrm{r}(\boldsymbol{A})\neq\mathrm{r}(\bar{\boldsymbol{A}})$ 时，$\boldsymbol{AX}=\boldsymbol{b}$ 无解。

（2）$r=\mathrm{r}(\boldsymbol{A})=\mathrm{r}(\bar{\boldsymbol{A}})$ 时有解，在有解时：$r<n$ 有无穷多解，$r=n$ 有唯一解。

4）解的结构

$\boldsymbol{\alpha}$ 为 $\boldsymbol{AX}=\boldsymbol{b}$ 的任一解，则 $\boldsymbol{\alpha}=\boldsymbol{r}_0+k_1\boldsymbol{\eta}_1+k_2\boldsymbol{\eta}_2+\cdots+k_{n-r}\boldsymbol{\eta}_{n-r}$，

其中 $\boldsymbol{r}_0$ 为 $\boldsymbol{AX}=\boldsymbol{b}$ 的一个特解，$\boldsymbol{\eta}_1, \boldsymbol{\eta}_2, \cdots, \boldsymbol{\eta}_{n-r}$ 为 $\boldsymbol{AX}=\mathbf{0}$ 的基础解系，这时 $R(\boldsymbol{A})=R(\bar{\boldsymbol{A}})=r$。

4. $\boldsymbol{AX}=\boldsymbol{b}$ 与 $\boldsymbol{AX}=\mathbf{0}$ 的解之间的关系

$\boldsymbol{AX}=\boldsymbol{b}$ 有无穷多解 $\Rightarrow \boldsymbol{AX}=\mathbf{0}$ 有非零解；

$\boldsymbol{AX}=\boldsymbol{b}$ 有唯一解 $\Rightarrow \boldsymbol{AX}=\mathbf{0}$ 只有零解。

10.4　典型例题精析

题型 1：矩阵的初等变换

【例 1】 化简矩阵 $\begin{bmatrix}0&1&0\\1&0&0\\0&0&1\end{bmatrix}^{2007}\begin{bmatrix}1&2&3\\4&5&6\\7&8&9\end{bmatrix}\begin{bmatrix}0&1&0\\1&0&0\\0&0&1\end{bmatrix}^{2006}$ 的结果为_______。

(A) $\begin{bmatrix}4&5&6\\1&2&3\\7&8&9\end{bmatrix}$　　(B) $\begin{bmatrix}4&4&6\\1&3&3\\7&8&9\end{bmatrix}$

(C) $\begin{bmatrix}4&5&6\\1&2&1\\0&1&0\end{bmatrix}$　　(D) $\begin{bmatrix}1&5&6\\1&2&3\\2&1&2\end{bmatrix}$

(E) 以上选项均错误

【答案】 (A)。

【解析】 令 $\boldsymbol{P}=\begin{bmatrix}0&1&0\\1&0&0\\0&0&1\end{bmatrix}$，则 $\boldsymbol{P}^{2007}=\boldsymbol{P}$，$\boldsymbol{P}^{2006}=\boldsymbol{E}$，得原式 $=\begin{bmatrix}4&5&6\\1&2&3\\7&8&9\end{bmatrix}$。故选(A)。

【例 2】 (普研)已知 $\boldsymbol{A}=\begin{bmatrix}a_{11}&a_{12}&a_{13}\\a_{21}&a_{22}&a_{23}\\a_{31}&a_{32}&a_{33}\end{bmatrix}$，$\boldsymbol{B}=\begin{bmatrix}a_{21}&a_{22}&a_{23}\\a_{11}&a_{12}&a_{13}\\a_{31}+a_{11}&a_{32}+a_{12}&a_{33}+a_{13}\end{bmatrix}$，

$\boldsymbol{P}_1=\begin{bmatrix}0&1&0\\1&0&0\\0&0&1\end{bmatrix}$，$\boldsymbol{P}_2=\begin{bmatrix}1&0&0\\0&1&0\\1&0&1\end{bmatrix}$，则 $\boldsymbol{B}=$_______。

(A) $\boldsymbol{AP}_1\boldsymbol{P}_2=\boldsymbol{B}$　　(B) $\boldsymbol{AP}_2\boldsymbol{P}_1=\boldsymbol{B}$

(C) $\boldsymbol{P}_1\boldsymbol{P}_2\boldsymbol{A}=\boldsymbol{B}$　　(D) $\boldsymbol{P}_2\boldsymbol{P}_1\boldsymbol{A}=\boldsymbol{B}$

(E) $\boldsymbol{P}_2\boldsymbol{AP}_1=\boldsymbol{B}$

【答案】 (C)。

【解析】 由观察知：元素列标没有变化，即由 $\boldsymbol{A}$ 到 $\boldsymbol{B}$ 做了两次行变换，排除(A)、(B)；$\boldsymbol{A}$ 中“第一行加到第三行”得 $\boldsymbol{P}_2\boldsymbol{A}=\begin{bmatrix}a_{11}&a_{12}&a_{13}\\a_{21}&a_{22}&a_{23}\\a_{31}+a_{11}&a_{32}+a_{12}&a_{33}+a_{13}\end{bmatrix}$，排除(D)；再“对换第一行与第二行”得 $\boldsymbol{P}_1\boldsymbol{P}_2\boldsymbol{A}=\boldsymbol{B}$，故选择(C)。

【例 3】 (普研 2001)设 $\boldsymbol{A}=\begin{bmatrix}a_{11}&a_{12}&a_{13}&a_{14}\\a_{21}&a_{22}&a_{23}&a_{24}\\a_{31}&a_{32}&a_{33}&a_{34}\\a_{41}&a_{42}&a_{43}&a_{44}\end{bmatrix}$，$\boldsymbol{B}=\begin{bmatrix}a_{14}&a_{13}&a_{12}&a_{11}\\a_{24}&a_{23}&a_{22}&a_{21}\\a_{34}&a_{33}&a_{32}&a_{31}\\a_{44}&a_{43}&a_{42}&a_{41}\end{bmatrix}$，

$$P_1=\begin{bmatrix}0&0&0&1\\0&1&0&0\\0&0&1&0\\1&0&0&0\end{bmatrix},\ P_2=\begin{bmatrix}1&0&0&0\\0&0&1&0\\0&1&0&0\\0&0&0&1\end{bmatrix}$$，且 A 可逆，则 $B^{-1}=$________。

(A) $A^{-1}P_1P_2$　(B) $P_1A^{-1}P_2$　(C) $P_1P_2A^{-1}$　(D) $P_2A^{-1}P_1$　(E) P_2A^{-1}

【答案】 (C)。

【解析】 由 A 到 B 只做列变换：$c_1\leftrightarrow c_4$，$c_2\leftrightarrow c_3$；从列变换角度看 P_1，P_2，故只能有两种可能：$B=AP_1P_2$ 或 $B=AP_2P_1$。求逆得 $B^{-1}=P_2^{-1}P_1^{-1}A^{-1}\xlongequal{\text{初等阵的逆}}P_2P_1A^{-1}$，$B^{-1}=P_1^{-1}P_2^{-1}A^{-1}\xlongequal{\text{初等阵的逆}}P_1P_2A^{-1}$，故选择(C)。

注意：① 初等阵右乘矩阵=矩阵做列变换；② 初等阵的逆为同类型初等阵。

【例 4】 设 A 为 $n(n\geqslant 2)$ 阶可逆阵，交换 A 的第 1 行与第 2 行得矩阵 B，A^*、B^* 分别 A、B 的伴随矩阵，则________。

(A) 交换 A^* 的第 1 列与第 2 列得 B^*　(B) 交换 A^* 的第 1 行与第 2 行得 B^*

(C) 交换 A^* 的第 1 列与第 2 列得 $-B^*$　(D) 交换 A^* 的第 1 行与第 2 行得 $-B^*$

(E) 以上选项均错误

【答案】 (C)。

【解析】 **解法 1**　因为交换 A 的第 1、2 行得矩阵 B，所以 $B=E_{12}A$，其中 E_{12} 是对换第 1、2 行的初等阵。又因 A 可逆，而初等阵 E_{12} 可逆且 $E_{12}^{-1}=E_{12}$。$B^*=(E_{12}A)^*=A^*E_{12}^*=A^*\cdot|E_{12}|E_{12}^{-1}=A^*\cdot(-1)E_{12}=-A^*E_{12}$，即 $A^*E_{12}=-B^*$。于是，交换 A^* 的第 1 列与第 2 列得 $-B^*$。

解法 2　利用伴随矩阵与逆矩阵的关系，$A^*=|A|A^{-1}$，$B=\begin{bmatrix}0&1&0\\1&0&0\\0&0&1\end{bmatrix}A$。

$$B^*=|B|B^{-1}=\begin{vmatrix}0&1&0\\1&0&0\\0&0&1\end{vmatrix}|A|A^{-1}\begin{bmatrix}0&1&0\\1&0&0\\0&0&1\end{bmatrix}^{-1}=-|A|A^{-1}\begin{bmatrix}0&1&0\\1&0&0\\0&0&1\end{bmatrix}=$$

$$-A^*\begin{bmatrix}0&1&0\\1&0&0\\0&0&1\end{bmatrix}$$。故答案选择(C)。

【例 5】 设 $A=\begin{bmatrix}a_{11}&a_{12}&a_{13}\\a_{21}&a_{22}&a_{23}\\a_{31}&a_{32}&a_{33}\end{bmatrix}$，$B=\begin{bmatrix}a_{11}&a_{12}&3a_{11}+a_{13}\\a_{21}&a_{22}&3a_{21}+a_{23}\\a_{31}&a_{32}&3a_{31}+a_{33}\end{bmatrix}$，$|A|=2$，则 $|A^*B|=$________。

(A) -6　(B) 6　(C) 8　(D) -8　(E) -4

【答案】 (C)。

【解析】 由 A 做列变换 c_3+3c_1 得 B，即 $B=AE_{13}(3)$，$E_{13}(3)=\begin{bmatrix}1&0&3\\0&1&0\\0&0&1\end{bmatrix}$。于是，

$|A^*B|=|A^*||B|=|A|^{3-1}|A||E_{13}(3)|=|A|^3=8$。故选(C)。

题型 2：齐次线性方程组

【例 6】（经济类）下列选项中是齐次线性方程组 $\begin{cases}x_1+2x_2+x_3-x_4=0\\3x_1+6x_2-x_3-3x_4=0\\5x_1+10x_2+x_3-5x_4=0\end{cases}$ 的基础解系的是________。

(A) $\eta_1=(1,1,1,1)$，$\eta_2=(1,0,0,0)$

(B) $\eta_1=(1,-1,1,-1)$，$\eta_2=(1,0,0,0)$

(C) $\eta_1=(-2,1,0,0)$，$\eta_2=(1,0,0,1)$

(D) $\eta_1=(-2,1,0,0)$，$\eta_2=(1,0,0,0)$

(E) $\eta_1=(1,1,1,-1)$，$\eta_2=(1,0,0,1)$

【答案】（C）。

【解析】对系数矩阵做初等行变换得

$$A=\begin{bmatrix}1&2&1&-1\\3&6&-1&-3\\5&10&1&-5\end{bmatrix}\to\begin{bmatrix}1&2&1&-1\\0&0&-4&0\\0&0&-4&0\end{bmatrix}\to\begin{bmatrix}1&2&1&-1\\0&0&1&0\\0&0&0&0\end{bmatrix}\to\begin{bmatrix}1&2&0&-1\\0&0&1&0\\0&0&0&0\end{bmatrix}。$$

$r(A)=2$，故此方程组的基础解系含解向量的个数为 $4-2=2$。选 x_2，x_4 为自由未知数。令 $(x_2,x_4)^T=(1,0)^T$，可求得 $\boldsymbol{\eta}_1=(-2,1,0,0)^T$；令 $(x_2,x_4)^T=(0,1)^T$，可求得 $\boldsymbol{\eta}_2=(1,0,0,1)^T$，$\boldsymbol{\eta}_1$，$\boldsymbol{\eta}_2$ 是此方程组的基础解系，显然答案选择(C)。

【例 7】（经济类）设 $A=\begin{bmatrix}1&2&1&2\\0&1&1&1\\1&1&0&1\end{bmatrix}$，则齐次线性方程组 $Ax=\mathbf{0}$ 的基础解系为________。

(A) $k_1\begin{bmatrix}1\\-1\\1\\0\end{bmatrix}+k_2\begin{bmatrix}0\\-1\\0\\1\end{bmatrix}$

(B) $k_1\begin{bmatrix}1\\1\\1\\0\end{bmatrix}+k_2\begin{bmatrix}0\\-1\\0\\1\end{bmatrix}$

(C) $k_1\begin{bmatrix}1\\-1\\1\\0\end{bmatrix}+k_2\begin{bmatrix}0\\1\\0\\1\end{bmatrix}$

(D) $k_1\begin{bmatrix}-1\\-1\\-1\\0\end{bmatrix}+k_2\begin{bmatrix}0\\-1\\0\\-1\end{bmatrix}$

(E) $k_1\begin{bmatrix}1\\-1\\1\\0\end{bmatrix}+k_2\begin{bmatrix}1\\-1\\-1\\1\end{bmatrix}$

【答案】（A）。

【解析】 $A \to \begin{bmatrix} 1 & 0 & -1 & 0 \\ 0 & 1 & 1 & 1 \\ 0 & 0 & 0 & 0 \end{bmatrix}$ 可知 $\boldsymbol{Ax}=\boldsymbol{0}$ 的基础解系为 $x=k_1\begin{bmatrix} 1 \\ -1 \\ 1 \\ 0 \end{bmatrix}+k_2\begin{bmatrix} 0 \\ -1 \\ 0 \\ 1 \end{bmatrix}$。故选(A)。

【例 8】 (经济类)若齐次线性方程组 $\begin{cases} kx_1+x_2+x_3=0, \\ x_1+kx_2+x_3=0, \\ x_1+x_2+kx_3=0 \end{cases}$ 有非零解,则 k 的所有可能取值为________。

(A) 0 或 1　　(B) 1 或 2　　(C) 0 或 2　　(D) 1 或 -2　　(E) -2 或 3

【答案】 (D)。

【解析】 由题意可得系数行列式:

$$\begin{vmatrix} k & 1 & 1 \\ 1 & k & 1 \\ 1 & 1 & k \end{vmatrix}=\begin{vmatrix} k+2 & 1 & 1 \\ k+2 & k & 1 \\ k+2 & 1 & k \end{vmatrix}=(k+2)\begin{vmatrix} 1 & 1 & 1 \\ 1 & k & 1 \\ 1 & 1 & k \end{vmatrix}=(k+2)\begin{vmatrix} 1 & 1 & 1 \\ 0 & k-1 & 0 \\ 0 & 0 & k-1 \end{vmatrix}$$
$$=(k+2)(k-1)^2=0。$$

由克莱默法则知系数行列式为 0,则易得 $k=1$ 或 $k=-2$。故选(D)。

【例 9】 (经济类)已知齐次线性方程组 $\begin{cases} 3x_1+(a+2)x_2+4x_3=0 \\ 5x_1+ax_2+(a+5)x_3=0 \\ x_1-x_2+2x_3=0 \end{cases}$ 有非零解,则参数 a 的值为________。

(A) -5 或 3　　(B) 4 或 3　　(C) 3 或 5　　(D) 2 或 4　　(E) 0 或 2

【答案】 (A)。

【解析】 $\begin{vmatrix} 3 & a+2 & 4 \\ 5 & a & a+5 \\ 1 & -1 & 2 \end{vmatrix}=\begin{vmatrix} 1 & -1 & 2 \\ 3 & a+2 & 4 \\ 5 & a & a+5 \end{vmatrix}=\begin{vmatrix} 1 & -1 & 2 \\ 0 & a+5 & -2 \\ 0 & a+5 & a-5 \end{vmatrix}=(a+5)(a-3)=0$,得 $a=-5$ 或 $a=3$。故选(A)。

【例 10】 (普研)设 $\boldsymbol{A}$ 是 $m\times n$ 矩阵,$\boldsymbol{B}$ 是 $n\times m$ 矩阵,则线性方程组 $(\boldsymbol{AB})\boldsymbol{x}=\boldsymbol{0}$,有________。

(A) 当 $n>m$ 时仅有零解　　(B) 当 $n>m$ 时必有非零解

(C) 当 $m>n$ 时仅有零解　　(D) 当 $m>n$ 时必有非零解

(E) 以上选项均错误

【答案】 (D)。

【解析】 $\boldsymbol{AB}$ 是 m 阶矩阵,那么 $\boldsymbol{ABx}=\boldsymbol{0}$ 仅有零解的充分必要条件是 $r(\boldsymbol{AB})=m$,又因 $r(\boldsymbol{AB})\leqslant r(\boldsymbol{B})\leqslant \min(m,n)$。故当 $m>n$ 时,必有 $r(\boldsymbol{AB})\leqslant \min(m,n)=n<m$,所以应当选(D)。

【例 11】（普研）设 $\boldsymbol{A}$ 是 n 阶矩阵，$\boldsymbol{a}$ 是 n 维列向量，若 $\mathrm{r}\begin{bmatrix}\boldsymbol{A} & \boldsymbol{a}\\ \boldsymbol{a}^{\mathrm{T}} & \boldsymbol{0}\end{bmatrix}=\mathrm{r}(\boldsymbol{A})$，则线性方程组________。

(A) $\boldsymbol{Ax}=\boldsymbol{a}$ 必有无穷多解　　(B) $\boldsymbol{Ax}=\boldsymbol{a}$ 必有唯一解

(C) $\begin{bmatrix}\boldsymbol{A} & \boldsymbol{a}\\ \boldsymbol{a}^{\mathrm{T}} & \boldsymbol{0}\end{bmatrix}\begin{bmatrix}x\\ y\end{bmatrix}=\boldsymbol{0}$ 仅有零解　　(D) $\begin{bmatrix}\boldsymbol{A} & \boldsymbol{a}\\ \boldsymbol{a}^{\mathrm{T}} & \boldsymbol{0}\end{bmatrix}\begin{bmatrix}x\\ y\end{bmatrix}=\boldsymbol{0}$ 必有非零解

(E) 以上选项均错误

【答案】(D)。

【解析】因为“$\boldsymbol{Ax}=\boldsymbol{0}$ 仅有零解”与“$\boldsymbol{Ax}=\boldsymbol{0}$ 必有非零解”这两个命题必然有一对一错，不可能两个命题同时正确，也不可能两个命题同时错误。所以本题应当从(C)或(D)入手，由于 $\begin{bmatrix}\boldsymbol{A} & \boldsymbol{a}\\ \boldsymbol{a}^{\mathrm{T}} & \boldsymbol{0}\end{bmatrix}$ 是 $n+1$ 阶矩阵，$\boldsymbol{A}$ 是 n 阶矩阵，故必有 $\mathrm{r}\begin{bmatrix}\boldsymbol{A} & \boldsymbol{a}\\ \boldsymbol{a}^{\mathrm{T}} & \boldsymbol{0}\end{bmatrix}=\mathrm{r}(\boldsymbol{A})\leqslant n<n+1$，因此(D)正确。

【例 12】齐次线性方程组 $\begin{cases}x_1+2x_2+3x_3+4x_4=0\\ 2x_1+3x_2+4x_3+5x_4=0\\ 3x_1+4x_2+5x_3+6x_4=0\\ 4x_1+5x_2+6x_3+7x_4=0\end{cases}$ 的基础解系是________。

(A) $(-3,0,1,0)^{\mathrm{T}},(2,-3,0,1)^{\mathrm{T}}$　　(B) $(1,-2,1,0)^{\mathrm{T}},(2,0,-3,1)^{\mathrm{T}}$

(C) $(2,-3,0,1)^{\mathrm{T}},(4,-6,0,2)^{\mathrm{T}}$　　(D) $(-3,4,1,-2)^{\mathrm{T}},(3,-5,1,1)^{\mathrm{T}}$

(E) $(1,0,1,0)^{\mathrm{T}},(2,1,0,1)^{\mathrm{T}},(1,0,1,1)^{\mathrm{T}}$

【答案】(D)。

【解析】对系数矩阵进行初等行变换有

$$\boldsymbol{A}=\begin{bmatrix}1&2&3&4\\2&3&4&5\\3&4&5&6\\4&5&6&7\end{bmatrix}\to\begin{bmatrix}1&2&3&4\\0&1&2&3\\0&0&0&0\\0&0&0&0\end{bmatrix}\to\begin{bmatrix}1&0&-1&-2\\0&1&2&3\\0&0&0&0\\0&0&0&0\end{bmatrix}。$$

故(D)即为所选。

【例 13】设 $\boldsymbol{A}=\begin{bmatrix}1&2&3\\0&1&1\\a&b&c\end{bmatrix}$，且 $\mathrm{r}(\boldsymbol{A})=2$，则 $\boldsymbol{A}^*\boldsymbol{X}=\boldsymbol{0}$ 的通解是________。

(A) $k_1\begin{pmatrix}1\\0\\a\end{pmatrix}$　　(B) $k_1\begin{pmatrix}2\\1\\b\end{pmatrix}$

(C) $k_1\begin{pmatrix}3\\1\\c\end{pmatrix}$　　(D) $k_1\begin{pmatrix}1\\0\\a\end{pmatrix}+k_2\begin{pmatrix}2\\1\\b\end{pmatrix}$

(E) 以上结论都不正确 (k_1, k_2 为任意常数)

【答案】 (D)。

【解析】 因为 $r(\boldsymbol{A})=2$, 则 $|\boldsymbol{A}|=0$, $r(\boldsymbol{A}^*)=1$。因此有 $\boldsymbol{A}^*\boldsymbol{A}=|\boldsymbol{A}|\boldsymbol{E}=0$, $\boldsymbol{A}$ 的各列为 $\boldsymbol{A}^*\boldsymbol{X}=\boldsymbol{0}$ 的解向量,而 $\boldsymbol{A}^*\boldsymbol{X}=\boldsymbol{0}$ 的基础解系应包括两个解向量。从 $\boldsymbol{A}=\begin{bmatrix}1&2&3\\0&1&1\\a&b&c\end{bmatrix}$ 可知, $\boldsymbol{A}$ 的第 1 列与第 2 列线性无关,所以它们构成 $\boldsymbol{A}^*\boldsymbol{X}=\boldsymbol{0}$ 的基础解系。故选(D)。

题型 3: 非齐次线性方程组

【例 14】 (经济类)若线性方程组 $\begin{cases}x_1-2x_2+3x_3=1\\2x_1-4x_2+kx_3=3\end{cases}$ 无解,则 $k=$________。

(A) 6 (B) 4 (C) 3 (D) 2 (E) 0

【答案】 (A)。

【解析】 对增广矩阵做初等行变换得 $\begin{bmatrix}1&-2&3&1\\2&-4&k&3\end{bmatrix}\to\begin{bmatrix}1&-2&3&1\\0&0&k-6&1\end{bmatrix}$。由于线性方程组无解,可知最后一个方程必为矛盾方程 $0x_1+0x_2+0x_3=1$, 可知 $k=6$, 故选(A)。

【例 15】 (经济类)求线性方程组 $\begin{cases}x_1+x_2+4x_3=4\\x_1-x_2+2x_3=-4\\-x_1+4x_2+x_3=16\end{cases}$ 的通解为________。

(A) $\begin{bmatrix}3+k\\5+k\\1-2k\end{bmatrix}$ (B) $\begin{bmatrix}3+3k\\5+2k\\1-2k\end{bmatrix}$

(C) $\begin{bmatrix}3+3k\\2+k\\-1-k\end{bmatrix}$ (D) $\begin{bmatrix}3+3k\\5+k\\-1-k\end{bmatrix}$

(E) $\begin{bmatrix}3+3k\\5+k\\1-2k\end{bmatrix}$

【答案】 (D)。

【解析】 第一步,对增广矩阵做初等变换: $(\boldsymbol{A}\mid\boldsymbol{\beta})=\left[\begin{array}{ccc:c}1&1&4&4\\1&-1&2&-4\\-1&4&1&16\end{array}\right]\to$

$\left[\begin{array}{ccc|c}1&0&3&0\\0&1&1&4\\0&0&0&0\end{array}\right]$;

第二步,求方程组的通解: $r(\boldsymbol{A})=2\Rightarrow 3-r(\boldsymbol{A})=1$, 导出组的一个基础解系为 $\xi=\begin{bmatrix}3\\1\\-1\end{bmatrix}$;

方程组的一个特解为 $\boldsymbol{\eta}=\begin{bmatrix}3\\5\\-1\end{bmatrix}$，通解为 $\boldsymbol{\eta}+k\boldsymbol{\xi}=\begin{bmatrix}3+3k\\5+k\\-1-k\end{bmatrix}$ $(k\in\mathbf{R})$。故选(D)。

【例 16】 (经济类)方程组 $\begin{cases}x_1+x_2+x_3=1\\3x_1+3x_2+4x_3=2\\2x_1+2x_2+2x_3=2\end{cases}$ 的解的情况为________。

(A) 唯一解　　(B) 无解

(C) 无穷解　　(D) 有 2 个不同的解

(E) 无法确定

【答案】 (C)。

【解析】 系数矩阵 $\boldsymbol{A}=\begin{bmatrix}1&1&1\\3&3&4\\2&2&2\end{bmatrix}$，右端项 $\boldsymbol{b}=\begin{bmatrix}1\\2\\2\end{bmatrix}$，$(\boldsymbol{A},\boldsymbol{b})=\begin{bmatrix}1&1&1&1\\3&3&4&2\\2&2&2&2\end{bmatrix}\rightarrow$

$\begin{bmatrix}1&1&1&1\\0&0&1&-1\\0&0&0&0\end{bmatrix}$，则 $\mathrm{r}(\boldsymbol{A})=\mathrm{r}(\boldsymbol{A},\boldsymbol{b})=2<3$，故 $\boldsymbol{Ax}=\boldsymbol{b}$ 有无穷多解，选(C)。

【例 17】 (经济类)线性方程组 $\begin{cases}x_1+x_2+x_3+x_4=0\\x_2+2x_3+2x_4=1\\-x_2+(a-3)x_3-2x_4=b\\3x_1+2x_2+x_3+ax_4=-1\end{cases}$ 有无穷多解，则 a，b 为________。

(A) $a=1$，$b=-1$　　(B) $a=-1$，$b=-1$

(C) $a=1$，$b=1$　　(D) $a=2$，$b=-1$

(E) $a=1$，$b=-2$

【答案】 (A)。

【解析】 对系数矩阵 $\boldsymbol{A}$ 作初等行变换化为阶梯形矩阵：

$$\left[\begin{array}{cccc|c}1&1&1&1&0\\0&1&2&2&1\\0&-1&a-3&-2&b\\3&2&1&a&-1\end{array}\right]\rightarrow\left[\begin{array}{cccc|c}1&1&1&1&0\\0&1&2&2&1\\0&0&a-1&0&b+1\\0&0&0&a-1&0\end{array}\right]$$

当 $a=1$，$b=-1$ 时，有无穷多解。

题型 4：解的性质与结构

【例 18】 (经济类)设 γ_1，γ_2 是线性方程组 $\boldsymbol{Ax}=\boldsymbol{\beta}$ 的两个不同的解，η_1，η_2 是导出组 $\boldsymbol{Ax}=\boldsymbol{0}$ 的一个基础解系，C_1，C_2 是两个任意常数，则 $\boldsymbol{Ax}=\boldsymbol{\beta}$ 的通解是________。

(A) $C_1\boldsymbol{\eta}_1+C_2(\boldsymbol{\eta}_1-\boldsymbol{\eta}_2)+\dfrac{\boldsymbol{\gamma}_1-\boldsymbol{\gamma}_2}{2}$　　(B) $C_1\boldsymbol{\eta}_1+C_2(\boldsymbol{\eta}_1-\boldsymbol{\eta}_2)+\dfrac{\boldsymbol{\gamma}_1+\boldsymbol{\gamma}_2}{2}$

(C) $C_1\boldsymbol{\eta}_1+C_2(\boldsymbol{\gamma}_1-\boldsymbol{\gamma}_2)+\dfrac{\boldsymbol{\gamma}_1-\boldsymbol{\gamma}_2}{2}$　　(D) $C_1\boldsymbol{\eta}_1+C_2(\boldsymbol{\gamma}_1-\boldsymbol{\gamma}_2)+\dfrac{\boldsymbol{\gamma}_1+\boldsymbol{\gamma}_2}{2}$

(E) $C_1\boldsymbol{\eta}_1+C_2\boldsymbol{\gamma}_1+\dfrac{\boldsymbol{\gamma}_1+\boldsymbol{\gamma}_2}{2}$

【答案】 (B)。

【解析】 $\boldsymbol{\eta}_1$, $\boldsymbol{\eta}_2$ 是导出组 $\boldsymbol{Ax}=\boldsymbol{0}$ 的一个基础解系,则 $\boldsymbol{\eta}_1$, $\boldsymbol{\eta}_1-\boldsymbol{\eta}_2$ 线性无关,为 $\boldsymbol{Ax}=\boldsymbol{0}$ 的一个基础解系。$\boldsymbol{\gamma}_1$, $\boldsymbol{\gamma}_2$ 是线性方程组 $\boldsymbol{Ax}=\boldsymbol{\beta}$ 的两个不同的解,则 $\dfrac{\boldsymbol{\gamma}_1+\boldsymbol{\gamma}_2}{2}$ 为线性方程组 $\boldsymbol{Ax}=\boldsymbol{\beta}$ 的解。根据非齐次线性方程解的结构,故选(B)。注意(D)选项无法验证 $\boldsymbol{\eta}_1$, $\boldsymbol{\gamma}_1-\boldsymbol{\gamma}_2$ 线性无关。

【例 19】 $\boldsymbol{\alpha}_1=(-1,1,-1,0)^{\mathrm{T}}$, $\boldsymbol{\alpha}_2=(2,0,-1,2)^{\mathrm{T}}$, $\boldsymbol{\alpha}_3=(2,-2,0,0)^{\mathrm{T}}$, $\boldsymbol{\alpha}_4=(0,-2,1,-2)^{\mathrm{T}}$ 则齐次方程组 $\begin{cases}x_1+x_2-x_4=0\\2x_3+x_4=0\end{cases}$ 的一个基础解系是________。

(A) $\boldsymbol{\alpha}_1$, $\boldsymbol{\alpha}_2$　　(B) $\boldsymbol{\alpha}_1$, $\boldsymbol{\alpha}_3$　　(C) $\boldsymbol{\alpha}_3$, $\boldsymbol{\alpha}_4$　　(D) $\boldsymbol{\alpha}_2$, $\boldsymbol{\alpha}_3$, $\boldsymbol{\alpha}_4$

(E) 以上结论均不正确

【答案】 (C)。

【解析】 齐次方程组 $\begin{cases}x_1+x_2-x_4=0\\2x_3+x_4=0\end{cases}$ 的系数矩阵 $\boldsymbol{A}=\begin{bmatrix}1&1&0&-1\\0&0&2&1\end{bmatrix}$, $\mathrm{r}(\boldsymbol{A})=2$,所以 $\boldsymbol{AX}=\boldsymbol{0}$ 的基础解系应包含两个线性无关的解向量,选项(D)排除。又因 $\boldsymbol{\alpha}_1$ 不满足方程组 $\boldsymbol{AX}=\boldsymbol{0}$,而 $\boldsymbol{\alpha}_2$, $\boldsymbol{\alpha}_3$, $\boldsymbol{\alpha}_4$ 满足方程组 $\boldsymbol{AX}=\boldsymbol{0}$,所以选项(A)、(B)应排除。而 $\boldsymbol{\alpha}_3$, $\boldsymbol{\alpha}_4$ 不成比例,即线性无关,因此构成 $\boldsymbol{AX}=\boldsymbol{0}$ 的基础解系。答案选择(C)。

【例 20】 已知 $\boldsymbol{X}_1=(0,1,0)^{\mathrm{T}}$, $\boldsymbol{X}_2=(-3,2,2)^{\mathrm{T}}$ 是方程组 $\begin{cases}x_1-x_2+2x_3=-1\\3x_1+x_2+4x_3=1\\ax_1+bx_2+cx_3=d\end{cases}$ 的两个解,则此方程组的一般解为________。

(A) $\begin{bmatrix}0\\2\\1\end{bmatrix}+c\begin{bmatrix}3\\-1\\-2\end{bmatrix}$　　(B) $\begin{bmatrix}1\\2\\-1\end{bmatrix}+c\begin{bmatrix}3\\-1\\-2\end{bmatrix}$

(C) $\begin{bmatrix}0\\1\\0\end{bmatrix}+c\begin{bmatrix}3\\1\\2\end{bmatrix}$　　(D) $\begin{bmatrix}0\\1\\0\end{bmatrix}+c\begin{bmatrix}3\\-1\\-2\end{bmatrix}$

(E) $\begin{bmatrix}0\\1\\0\end{bmatrix}+c\begin{bmatrix}3\\1\\-2\end{bmatrix}$

【答案】 (D)。

【解析】 已知方程组可记为 $\boldsymbol{AX}=\boldsymbol{b}$,由于 $\boldsymbol{X}_1$, $\boldsymbol{X}_2$ 是方程组的两个解,所以 $\mathrm{r}(\boldsymbol{A})=\mathrm{r}(\boldsymbol{Ab})<3$,又增广矩阵 $(\boldsymbol{Ab})$ 中,已有二阶子式 $\begin{vmatrix}1&-1\\3&1\end{vmatrix}=4\neq0$,所以 $\mathrm{r}(\boldsymbol{A}\mid\boldsymbol{b})\geqslant2$。由此可

知 $\mathrm{r}(\boldsymbol{A})=\mathrm{r}(\boldsymbol{Ab})=2$，方程组 $\boldsymbol{AX}=\boldsymbol{b}$ 的导出组 $\boldsymbol{AX}=\boldsymbol{0}$ 的基础解系中应含 $3-2=1$ 个解向量。因为 $\boldsymbol{X}_1-\boldsymbol{X}_2=(3,-1,-2)^{\mathrm{T}}\neq 0$ 是 $\boldsymbol{AX}=\boldsymbol{0}$ 的解，也是其基础解系，故方程组 $\boldsymbol{AX}=\boldsymbol{b}$ 的全部解 $\boldsymbol{X}=\boldsymbol{X}_1+c(\boldsymbol{X}_1-\boldsymbol{X}_3)=\begin{pmatrix}0\\1\\0\end{pmatrix}+c\begin{pmatrix}3\\-1\\-2\end{pmatrix}$（$c$ 为任意常数）。

【例 21】 （普研）设 $\boldsymbol{a}_1$，$\boldsymbol{a}_2$，$\boldsymbol{a}_3$ 是四元非齐次线性方程组 $\boldsymbol{Ax}=\boldsymbol{b}$ 的三个解向量，且 $r(\boldsymbol{A})=3$，$\boldsymbol{a}_1=(1,2,3,4)^{\mathrm{T}}$，$\boldsymbol{a}_2+\boldsymbol{a}_3=(0,1,2,3)^{\mathrm{T}}$，$c$ 表示任意常数，则线性方程组 $\boldsymbol{Ax}=\boldsymbol{b}$ 的通解 $\boldsymbol{x}=$________。

(A) $\begin{bmatrix}1\\2\\3\\4\end{bmatrix}+c\begin{bmatrix}1\\1\\1\\1\end{bmatrix}$　(B) $\begin{bmatrix}1\\2\\3\\4\end{bmatrix}+c\begin{bmatrix}0\\1\\2\\3\end{bmatrix}$　(C) $\begin{bmatrix}1\\2\\3\\4\end{bmatrix}+c\begin{bmatrix}2\\3\\4\\5\end{bmatrix}$　(D) $\begin{bmatrix}1\\2\\3\\4\end{bmatrix}+c\begin{bmatrix}3\\4\\5\\6\end{bmatrix}$

(E) 以上选项均错误

【答案】 (C)。

【解析】 方程组 $\boldsymbol{Ax}=\boldsymbol{b}$ 有解，应搞清解的结构。由于 $n-\mathrm{r}(\boldsymbol{A})=4-3=1$，所以通解形式为 $\boldsymbol{a}+k\boldsymbol{\eta}$，其中 $\boldsymbol{a}$ 是特解，$\boldsymbol{\eta}$ 是导出组 $\boldsymbol{Ax}=\boldsymbol{0}$ 的基础解系，现在特解可取为 $\boldsymbol{a}_1$，下面应找出 $\boldsymbol{Ax}=\boldsymbol{0}$ 的一个非零解：$\boldsymbol{Aa}_i=\boldsymbol{b}$，有 $\boldsymbol{A}[2\boldsymbol{a}_1-(\boldsymbol{a}_2+\boldsymbol{a}_3)]=0$，即 $2\boldsymbol{a}_1-(\boldsymbol{a}_2+\boldsymbol{a}_3)=(2,3,4,5)^{\mathrm{T}}$ 是 $\boldsymbol{Ax}=\boldsymbol{0}$ 的一个非零解。故应选(C)。

题型 5：关于两个方程组解的讨论

【例 22】 $\boldsymbol{A}$ 是四阶矩阵，设 $\boldsymbol{A}=(\boldsymbol{\alpha}_1,\boldsymbol{\alpha}_2,\boldsymbol{\alpha}_3,\boldsymbol{\alpha}_4)$，其中向量组 $\boldsymbol{\alpha}_2$，$\boldsymbol{\alpha}_3$，$\boldsymbol{\alpha}_4$ 线性无关，且 $\boldsymbol{\alpha}_1=3\boldsymbol{\alpha}_2-2\boldsymbol{\alpha}_3$ 则线性齐次方程组 $\boldsymbol{AX}=\boldsymbol{0}$ ________。

(A) 有非零解，且通解为 $\boldsymbol{X}=k(1,-3,2,0)^{\mathrm{T}}$（$k$ 为任意常数）

(B) 有非零解，且通解为 $\boldsymbol{X}=k(1,3,-2)^{\mathrm{T}}$（$k$ 为任意常数）

(C) 有非零解，且通解为 $\boldsymbol{X}=k(1,-2,3,1)^{\mathrm{T}}$（$k$ 为任意常数）

(D) 只有零解

(E) 以上结论均不正确

【答案】 (A)。

【解析】 由于向量组 $\boldsymbol{\alpha}_2$，$\boldsymbol{\alpha}_3$，$\boldsymbol{\alpha}_4$ 线性无关，且 $\boldsymbol{\alpha}_1$ 可由 $\boldsymbol{\alpha}_2$，$\boldsymbol{\alpha}_3$，$\boldsymbol{\alpha}_4$ 线性表示，则 $\mathrm{r}(\boldsymbol{\alpha}_1,\boldsymbol{\alpha}_2,\boldsymbol{\alpha}_3,\boldsymbol{\alpha}_4)=3$，则 $\mathrm{r}(\boldsymbol{A})=3$，故线性齐次方程组 $\boldsymbol{AX}=\boldsymbol{0}$ 有非零解，其基础解系包括 $4-3=1$ 个解向量，又 $\boldsymbol{\alpha}_1=3\boldsymbol{\alpha}_2-2\boldsymbol{\alpha}_3$，即 $\boldsymbol{\alpha}_1-3\boldsymbol{\alpha}_2+2\boldsymbol{\alpha}_3+0\boldsymbol{\alpha}_4=\boldsymbol{0}$，得 $(\boldsymbol{\alpha}_1,\boldsymbol{\alpha}_2,\boldsymbol{\alpha}_3,\boldsymbol{\alpha}_4)\begin{bmatrix}1\\-3\\2\\0\end{bmatrix}=0$，而 $\boldsymbol{A}=(\boldsymbol{\alpha}_1,\boldsymbol{\alpha}_2,\boldsymbol{\alpha}_3,\boldsymbol{\alpha}_4)$，故 $\boldsymbol{X}=\begin{bmatrix}1\\-3\\2\\0\end{bmatrix}$，即 $\boldsymbol{X}=\begin{bmatrix}1\\-3\\2\\0\end{bmatrix}$ 为方程组 $\boldsymbol{AX}=\boldsymbol{0}$ 的一个非零解，由方程

组 $\boldsymbol{AX}=\mathbf{0}$ 得通解为 $\boldsymbol{X}=k(1,-3,2,0)^{\mathrm{T}}$($k$ 为任意常数),故应选(A)。

【例 23】 已知 4 阶方阵 $\boldsymbol{A}=(\boldsymbol{\alpha}_1,\boldsymbol{\alpha}_2,\boldsymbol{\alpha}_3,\boldsymbol{\alpha}_4)$,$\boldsymbol{\alpha}_1,\boldsymbol{\alpha}_2,\boldsymbol{\alpha}_3,\boldsymbol{\alpha}_4$ 均为 4 维列向量,其中 $\boldsymbol{\alpha}_2,\boldsymbol{\alpha}_3,\boldsymbol{\alpha}_4$ 线性无关,$\boldsymbol{\alpha}_1=2\boldsymbol{\alpha}_2-\boldsymbol{\alpha}_3$,如果 $\boldsymbol{\beta}=\boldsymbol{\alpha}_1+\boldsymbol{\alpha}_2+\boldsymbol{\alpha}_3+\boldsymbol{\alpha}_4$,则线性方程组 $\boldsymbol{Ax}=\boldsymbol{\beta}$ 的通解为________。

(A) $\begin{bmatrix}0\\3\\2\\1\end{bmatrix}+k\begin{bmatrix}-1\\-2\\1\\0\end{bmatrix}$　　(B) $\begin{bmatrix}0\\3\\0\\1\end{bmatrix}+k\begin{bmatrix}-1\\-2\\1\\0\end{bmatrix}$

(C) $\begin{bmatrix}0\\3\\0\\1\end{bmatrix}+k\begin{bmatrix}1\\2\\1\\0\end{bmatrix}$　　(D) $\begin{bmatrix}0\\3\\0\\1\end{bmatrix}+k\begin{bmatrix}1\\-2\\1\\0\end{bmatrix}$

(E) $\begin{bmatrix}0\\0\\0\\1\end{bmatrix}+k\begin{bmatrix}1\\-2\\1\\0\end{bmatrix}$

【答案】 (D)。

【解析】 将 $\boldsymbol{Ax}=\boldsymbol{\beta}$ 写成向量形式,然后利用向量的知识求之。

令 $x=\begin{bmatrix}x_1\\x_2\\x_3\\x_4\end{bmatrix}$,$\boldsymbol{Ax}=(\boldsymbol{\alpha}_1,\boldsymbol{\alpha}_2,\boldsymbol{\alpha}_3,\boldsymbol{\alpha}_4)\begin{bmatrix}x_1\\x_2\\x_3\\x_4\end{bmatrix}=\boldsymbol{\beta}$。

即 $x_1\boldsymbol{\alpha}_1+x_2\boldsymbol{\alpha}_2+x_3\boldsymbol{\alpha}_3+x_4\boldsymbol{\alpha}_4=\boldsymbol{\beta}$,将 $\boldsymbol{\alpha}_1=2\boldsymbol{\alpha}_2-\boldsymbol{\alpha}_3$ 代入整理得

$$\begin{aligned}x_1(2\boldsymbol{\alpha}_2-\boldsymbol{\alpha}_3)+x_2\boldsymbol{\alpha}_2+x_3\boldsymbol{\alpha}_3+x_4\boldsymbol{\alpha}_4&=\boldsymbol{\alpha}_1+\boldsymbol{\alpha}_2+\boldsymbol{\alpha}_3+\boldsymbol{\alpha}_4\\&=2\boldsymbol{\alpha}_2-\boldsymbol{\alpha}_3+\boldsymbol{\alpha}_2+\boldsymbol{\alpha}_3+\boldsymbol{\alpha}_4\\&=3\boldsymbol{\alpha}_2+\boldsymbol{\alpha}_4。\end{aligned}$$

移项合并得 $(2x_1+x_2-3)\boldsymbol{\alpha}_2+(-x_1+x_3)\boldsymbol{\alpha}_2+(x_4-1)\boldsymbol{\alpha}_4=\mathbf{0}$。

由 $\boldsymbol{\alpha}_2,\boldsymbol{\alpha}_3,\boldsymbol{\alpha}_4$ 线性关系得 $\begin{cases}2x_1+x_2-3=0\\-x_1+x_3=0\\x_4=1\end{cases}$,解此线性方程组,通解为 $\begin{bmatrix}0\\3\\0\\1\end{bmatrix}+k\begin{bmatrix}1\\-2\\1\\0\end{bmatrix}$。

故选(D)。

【例 24】 (普研) 设 $\boldsymbol{A}$ 为 n 阶实矩阵,$\boldsymbol{A}^{\mathrm{T}}$ 是 $\boldsymbol{A}$ 的转置矩阵,则对于线性方程组(1):$\boldsymbol{AX}=\mathbf{0}$ 和(2):$\boldsymbol{A}^{\mathrm{T}}\boldsymbol{AX}=\mathbf{0}$,必有________。

(A) (2)的解是(1)的解,(1)的解也是(2)的解

(B) (2)的解是(1)的解,但(1)的解不是(2)的解

(C) (1)的解不是(2)的解,(2)的解也不是(1)的解

(D) (1)的解是(2)的解，但(2)的解不是(1)的解

(E) (1)的解与(2)的解之间的关系无法确定

【答案】 (A)。

【解析】 若 η 是(1)的解，则 $\boldsymbol{A\eta}=\mathbf{0}$，那么 $(\boldsymbol{A}^{\mathrm{T}}\boldsymbol{A})\boldsymbol{\eta}=\boldsymbol{A}^{\mathrm{T}}(\boldsymbol{A\eta})=\boldsymbol{A}^{\mathrm{T}}\mathbf{0}=\mathbf{0}$，即 $\boldsymbol{\eta}$ 是(2)的解。若 $\boldsymbol{a}$ 是(2)的解，有 $\boldsymbol{A}^{\mathrm{T}}\boldsymbol{Aa}=\mathbf{0}$，用 $\boldsymbol{a}^{\mathrm{T}}$ 左乘得：$\boldsymbol{a}^{\mathrm{T}}\boldsymbol{A}^{\mathrm{T}}\boldsymbol{Aa}=\mathbf{0}$，即 $(\boldsymbol{Aa})^{\mathrm{T}}\boldsymbol{Aa}=\mathbf{0}$。

亦即 $\boldsymbol{Aa}$ 自己的内积 $(\boldsymbol{Aa},\boldsymbol{Aa})=\mathbf{0}$，故必有 $\boldsymbol{Aa}=\mathbf{0}$，即 $\boldsymbol{a}$ 是(1)的解。所以(1)与(2)同解，故应选(A)。

注意： 若 $\boldsymbol{a}=(a_1, a_2, \cdots, a_n)^{\mathrm{T}}$，则 $\boldsymbol{a}^{\mathrm{T}}\boldsymbol{a}=a_1^2+a_2^2+\cdots+a_n^2\geqslant 0$，可见 $\boldsymbol{a}^{\mathrm{T}}\boldsymbol{a}=0\Leftrightarrow\boldsymbol{a}=\mathbf{0}$，而 $\boldsymbol{a}^{\mathrm{T}}\boldsymbol{a}>0\Leftrightarrow\boldsymbol{a}\neq\mathbf{0}$。本题有 43%的考生选(D)，说明这些考生不会用左乘 $\boldsymbol{a}^{\mathrm{T}}$ 的方法由 $\boldsymbol{A}^{\mathrm{T}}\boldsymbol{Aa}=\mathbf{0}$ 推导出 $\boldsymbol{Aa}=\mathbf{0}$。

【例 25】 已知线性方程组：

$$(1)\begin{cases}x_1+x_2+x_3=1\\3x_1+5x_2+x_3=7\end{cases},\quad(2)\begin{cases}2x_1+3x_2+ax_3=4\\2x_1+4x_2+(a-1)x_3=b+4\end{cases}。$$

方程组(1)与方程组(2)有相同的解，则 a，b 为何值________。

(A) $a=1$，$b=2$　　(B) $a=-2$，$b=1$

(C) $a=-1$，$b=2$　　(D) $a=2$，$b=1$

(E) $a=2$，$b=2$

【答案】 (A)。

【解析】 因为方程组(1)与方程组(2)有相同的解。

求组(1)的解 $\left[\begin{array}{ccc|c}1&1&1&1\\3&5&1&7\end{array}\right]\to\left[\begin{array}{ccc|c}1&1&1&1\\0&2&-2&4\end{array}\right]\to\left[\begin{array}{ccc|c}1&0&2&-1\\0&1&-1&2\end{array}\right]$。

组(1)和组(2)的通解为 $\begin{bmatrix}-1\\2\\0\end{bmatrix}+k\begin{bmatrix}-2\\1\\1\end{bmatrix}$，$k$ 为任意常数，然后用特解 $\begin{bmatrix}-1\\2\\0\end{bmatrix}$ 代入组(2)的第二个方程，求得 $b=2$，用 $\begin{bmatrix}-2\\1\\1\end{bmatrix}$ 代入 $2x_1+3x_2+ax_3=0$，得 $a=1$。故选(A)。

【例 26】 (普研)设 4 元线性齐次方程组(1)为

$$\begin{cases}x_1+x_2=0\\x_2-x_4=0\end{cases},$$

又已知某线性齐次方程组(2)的通解为 $k_1(0, 1, 1, 0)+k_2(-1, 2, 2, 1)$。问线性方程组(1)和(2)的非零公共解为________。

(A) $k(1, -1, -1, -1)$　　(B) $k(1, 1, 1, 1)$

(C) $k(1, 1, 1, -1)$　　(D) $k(1, 1, -1, -1)$

(E) $k_1(1, 1, -1, 1)$

【答案】 (A)。

【解析】 方程组(1)与方程组(2)有非零公共解。将组(2)的通解 $x_1=-k_2$，$x_2=k_1+2k_2$，$x_3=k_1+2k_2$，$x_4=k_2$ 代入方程组(1)，则 $\begin{cases}-k_2+k_1+2k_2=0\\k_1+2k_2-k_2=0\end{cases}\Rightarrow k_1=-k_2$。当 $k_1=-k_2\neq 0$ 时，$k_1(0,1,1,0)+k_2(-1,2,2,1)=k_1(1,-1,-1,-1)$ 是组(1)与组(2)的非零公共解，故答案选择(A)。

【例 27】 设有两个 4 元齐次线性方程组

$$(1)\begin{cases}x_1+x_2=0\\x_2-x_4=0\end{cases};\ (2)\begin{cases}x_1-x_2+x_3=0\\x_2-x_3+x_4=0\end{cases}$$

试问方程组(1)和方程组(2)的非零的公共解为________。

(A) $k_2(1,1,2,1)^{\mathrm{T}}$　　(B) $k_2(-1,-1,2,1)^{\mathrm{T}}$

(C) $k_2(-1,1,2,1)^{\mathrm{T}}$　　(D) $k_2(-1,1,-2,1)^{\mathrm{T}}$

(E) $k_2(-1,1,2,-1)^{\mathrm{T}}$

【答案】 (C)。

【解析】 把组(Ⅰ)与组(Ⅱ)联立起来直接求解，令

$$\boldsymbol{A}=\begin{bmatrix}1&1&0&0\\0&1&0&-1\\1&-1&1&0\\0&1&-1&1\end{bmatrix}\to\begin{bmatrix}1&1&0&0\\0&1&0&-1\\0&0&1&-2\\0&0&0&0\end{bmatrix}\to\begin{bmatrix}1&0&0&1\\0&1&0&-1\\0&0&1&-2\\0&0&0&0\end{bmatrix}$$

由 $n-\mathrm{r}(\boldsymbol{A})=4-3=1$，基础解系为 $(-1,1,2,1)^{\mathrm{T}}$，从而组(1)与组(2)的全部公共解为 $k(-1,1,2,1)^{\mathrm{T}}$，(k 为任意实数)。故选(C)。

【例 28】 方程组 $\begin{cases}ax_1+x_2+x_3=a^3\\x_1+ax_2+x_3=a\end{cases}$ 与方程组 $\begin{cases}ax_1+x_2+x_3=1,\\(a+1)x_1+(a+1)x_2+2x_3=a+1,\\x_1+x_2+ax_3=a^2。\end{cases}$ 同解，则 $a=$________。

(A) -1　　(B) -2　　(C) 1　　(D) -3　　(E) 0

【答案】 (C)。

【解析】 考察第二个线性方程组的系数行列式

$$\begin{vmatrix}a&1&1\\a+1&a+1&2\\1&1&a\end{vmatrix}=\begin{vmatrix}a&1&1\\1&a&1\\1&1&a\end{vmatrix}=(a+2)(a-1)^2。$$

当 $a\neq 1$ 且 $a\neq -2$ 时，系数行列式不为零。第二个方程组有唯一解，而此时第一个方程组的系数矩阵和增广矩阵的秩都是 2，所以有无穷多解，不合题意，舍去。

当 $a=1$ 时，这两个方程组同解，通解为

$$\boldsymbol{X}=k_1\begin{bmatrix}1\\-1\\0\end{bmatrix}+k_2\begin{bmatrix}1\\0\\-1\end{bmatrix}+\begin{bmatrix}1\\0\\0\end{bmatrix},\ k_1,\ k_2\ \text{为任意常数。}$$

当 $a=-2$ 时，由第一个方程组的导数矩阵的秩和增广阵的秩都是 2，知该方程组有无穷多解。而由

$$\left[\begin{array}{ccc|c}-2 & 1 & 1 & 1\\ -1 & -1 & 2 & -1\\ 1 & 1 & -2 & 4\end{array}\right]\to\left[\begin{array}{ccc|c}-2 & 1 & 1 & 1\\ -1 & -1 & 2 & -1\\ 0 & 0 & 0 & 3\end{array}\right]\to\left[\begin{array}{ccc|c}-1 & -1 & 2 & -1\\ 0 & 3 & -3 & 3\\ 0 & 0 & 0 & 3\end{array}\right]$$

知第二个方程组的系数矩阵的秩不等于增广阵的秩，该方程组无解，不符合题意，舍去。

故答案选择(C)。

10.5　过关练习题精练

【习题 1】 设 $\boldsymbol{A}$ 为 3 阶矩阵，将 $\boldsymbol{A}$ 的第 2 行加到第 1 行得 $\boldsymbol{B}$，再将 $\boldsymbol{B}$ 的第 1 列的 -1 倍加到第 2 列得 $\boldsymbol{C}$，记 $\boldsymbol{P}=\begin{bmatrix}1 & 1 & 0\\ 0 & 1 & 0\\ 0 & 0 & 1\end{bmatrix}$，则________。

(A) $\boldsymbol{C}=\boldsymbol{P}^{-1}\boldsymbol{A}\boldsymbol{P}$　　(B) $\boldsymbol{C}=\boldsymbol{P}\boldsymbol{A}\boldsymbol{P}^{-1}$

(C) $\boldsymbol{C}=\boldsymbol{P}^{\mathrm{T}}\boldsymbol{A}\boldsymbol{P}$　　(D) $\boldsymbol{C}=\boldsymbol{P}\boldsymbol{A}\boldsymbol{P}^{\mathrm{T}}$

(E) 以上选项均错误

【答案】 (B)。

【解析】 由初等变换与初等矩阵之间关系知，$\boldsymbol{PA}=\boldsymbol{B}$，$\boldsymbol{B}\begin{bmatrix}1 & -1 & 0\\ 0 & 1 & 0\\ 0 & 0 & 1\end{bmatrix}=\boldsymbol{C}$，

得 $\boldsymbol{C}=\boldsymbol{PA}\begin{pmatrix}1 & -1 & 0\\ 0 & 1 & 0\\ 0 & 0 & 1\end{pmatrix}=\boldsymbol{PAP}^{-1}$，故选(B)。

【习题 2】 齐次线性方程组 $\begin{cases}x_1+2x_2-x_4=0\\ x_2+x_3=0\\ x_2+x_3+x_4=0\end{cases}$ 的一般解(全部解)是________。

(A) $x_1=2c,\ x_2=c,\ x_3=-c,\ x_4=0$

(B) $x_1=-2c,\ x_2=c,\ x_3=c,\ x_4=0$

(C) $x_1=-2c,\ x_2=3c,\ x_3=-c,\ x_4=0$

(D) $x_1=-2c,\ x_2=c,\ x_3=-c,\ x_4=0$

(E) $x_1=2c,\ x_2=3c,\ x_3=-3c,\ x_4=0$

【答案】 (D)。

【解析】 对方程组的系数矩阵施以初等行变换：

$$\begin{bmatrix}1 & 2 & 0 & -1\\ 0 & 1 & 1 & 0\\ 0 & 1 & 1 & 1\end{bmatrix}\to\begin{bmatrix}1 & 2 & 0 & 0\\ 0 & 1 & 1 & 0\\ 0 & 0 & 0 & 1\end{bmatrix},$$

得原方程组的同解方程组$\begin{cases}x_1=-2x_2\\x_3=-x_2\\x_4=0\end{cases}$，即方程组的全部解为$\begin{cases}x_1=-2c\\x_2=c\\x_3=-c\\x_4=0\end{cases}$ (c为任意常数)。

故选(D)。

【习题3】 已知$\boldsymbol{A}$为4×5矩阵，$\boldsymbol{\xi}_1$，$\boldsymbol{\xi}_2$是$\boldsymbol{AX}=\boldsymbol{0}$的一组基础解系，则________。

(A) $\boldsymbol{\xi}_1-\boldsymbol{\xi}_2$，$\boldsymbol{\xi}_1+2\boldsymbol{\xi}_2$也是$\boldsymbol{AX}=\boldsymbol{0}$的一组基础解系

(B) $k(\boldsymbol{\xi}_1+\boldsymbol{\xi}_2)$是$\boldsymbol{AX}=\boldsymbol{0}$的通解

(C) $k\boldsymbol{\xi}_1+\boldsymbol{\xi}_2$是$\boldsymbol{AX}=\boldsymbol{0}$的通解

(D) $\boldsymbol{\xi}_1-\boldsymbol{\xi}_2$，$\boldsymbol{\xi}_2-\boldsymbol{\xi}_1$也是$\boldsymbol{AX}=\boldsymbol{0}$的一组基础解系

(E) 以上选项均错误

【答案】 (A)。

【解析】 若$\boldsymbol{\xi}_1-\boldsymbol{\xi}_2$，$\boldsymbol{\xi}_1+2\boldsymbol{\xi}_2$为$\boldsymbol{AX}=\boldsymbol{0}$的基础解，$k_1(\boldsymbol{\xi}_1-\boldsymbol{\xi}_2)+k_2(\boldsymbol{\xi}_1+2\boldsymbol{\xi}_2)=\boldsymbol{0}$。因为$\boldsymbol{\xi}_1$，$\boldsymbol{\xi}_2$线性无关，$(k_1+k_2)\boldsymbol{\xi}_1+(-k_1+2k_2)\boldsymbol{\xi}_2=\boldsymbol{0}$。

有$k_1=0$，$k_2=0$。所以$\boldsymbol{\xi}_1-\boldsymbol{\xi}_2$，$\boldsymbol{\xi}_1+2\boldsymbol{\xi}_2$是基础解系。故(A)为正确答案。

【习题4】 设矩阵$\boldsymbol{A}=\begin{bmatrix}1&2&3\\2&t&1\\-1&3&2\\-2&1&-1\end{bmatrix}$，且方程组$\boldsymbol{AX}=\boldsymbol{0}$有非零解，则$t=$________。

(A) 4 (B) -4 (C) -1 (D) 1 (E) 0

【答案】 (C)。

【解析】 齐次线性方程组$\boldsymbol{AX}=\boldsymbol{0}$有非零解，则$\mathrm{r}(\boldsymbol{A})<3$。对$\boldsymbol{A}$施以初等行变换

$$\boldsymbol{A}=\begin{bmatrix}1&2&3\\2&t&1\\-1&3&2\\-2&1&-1\end{bmatrix}\to\begin{bmatrix}1&2&3\\0&t-4&-5\\0&5&5\\0&5&5\end{bmatrix}\to\begin{bmatrix}1&2&3\\0&1&1\\0&t+1&0\\0&0&0\end{bmatrix}。$$

当$\mathrm{r}(\boldsymbol{A})<3$时，必有$t=-1$，故本题应选(C)。

【习题5】 若线性方程组$\begin{bmatrix}1&1&a\\1&-1&2\\-1&a&1\end{bmatrix}\begin{bmatrix}x\\y\\z\end{bmatrix}=\begin{bmatrix}0\\0\\0\end{bmatrix}$有无穷多解，则$a=$________。

(A) 1或4 (B) 1或-4 (C) -1或4 (D) -1或-4 (E) 0或1

【答案】 (C)。

【解析】 本题考查齐次线性方程组有非零解的条件和简单行列式求值。

解法1 方程组$\begin{bmatrix}1&1&a\\1&-1&2\\-1&a&1\end{bmatrix}\begin{bmatrix}x\\y\\z\end{bmatrix}=\begin{bmatrix}0\\0\\0\end{bmatrix}$有无穷多解，则其系数矩阵的行列式等于零，

即 $\begin{vmatrix} 1 & 1 & a \\ 1 & -1 & 2 \\ -1 & a & 1 \end{vmatrix} \xrightarrow[{[3]+[1]}]{{[2]+[1]\times(-1)}} \begin{vmatrix} 1 & 1 & a \\ 0 & -2 & 2-a \\ 0 & a+1 & a+1 \end{vmatrix} = (a+1)\begin{vmatrix} -2 & 2-a \\ 1 & 1 \end{vmatrix} = (a+1)\cdot$ $(a-4)=0$。所以 $a=-1$ 或 $a=4$。

解法 2　本题也可以从系数矩阵的秩考虑，为使方程组 $\begin{bmatrix} 1 & 1 & a \\ 1 & -1 & 2 \\ -1 & a & 1 \end{bmatrix}\begin{bmatrix} x \\ y \\ z \end{bmatrix} = \begin{bmatrix} 0 \\ 0 \\ 0 \end{bmatrix}$ 有无穷多解，需取 a，使得系数矩阵 $\begin{bmatrix} 1 & 1 & a \\ 1 & -1 & 2 \\ -1 & a & 1 \end{bmatrix}$ 的秩小于未知量的个数 3。

$$\begin{bmatrix} 1 & 1 & a \\ 1 & -1 & 2 \\ -1 & a & 1 \end{bmatrix} \xrightarrow{[1]\leftrightarrow[2]} \begin{bmatrix} 1 & -1 & 2 \\ 1 & 1 & a \\ -1 & a & 1 \end{bmatrix} \xrightarrow[{[3]+[1]}]{{[2]+[1]\times(-1)}} \begin{bmatrix} 1 & -1 & 2 \\ 0 & 2 & a-2 \\ 0 & a-1 & 3 \end{bmatrix},$$

要使 $\begin{bmatrix} 1 & -1 & 2 \\ 0 & 2 & a-2 \\ 0 & a-1 & 3 \end{bmatrix}$ 的秩小于 3，必须 $\dfrac{2}{a-1}=\dfrac{a-2}{3}$，即 $(a-4)(a+1)=0$，所以 $a=-1$ 或 $a=4$。故选(C)。

【**习题 6**】　齐次线性方程组 $\begin{cases} x_1+x_2 \quad\quad +x_5=0 \\ x_1+x_2-x_3 \quad\quad =0 \\ \quad\quad x_3+x_4+x_5=0 \\ x_1+x_2+x_3 \quad\quad +x_5=0 \end{cases}$ 的一个基础解系为________。

(A) $(-1, 1, 0, 1, 0)^T$　　(B) $(1, 1, 0, 0, 0)^T$

(C) $(-1, 1, 0, 0, 2)^T$　　(D) $(-1, 1, 0, 0, 0)^T$

(E) $(-1, 1, 0, 0, 1)^T$

【**答案**】　(D)。

【**解析**】　对方程组的系数矩阵施以初等行变换：

$$\boldsymbol{A}=\begin{bmatrix} 1 & 1 & 0 & 0 & 1 \\ 1 & 1 & -1 & 0 & 0 \\ 0 & 0 & 1 & 1 & 1 \\ 1 & 1 & 1 & 0 & 1 \end{bmatrix} \to \begin{bmatrix} 1 & 1 & 0 & 0 & 1 \\ 0 & 0 & -1 & 0 & -1 \\ 0 & 0 & 1 & 1 & 1 \\ 0 & 0 & 1 & 0 & 0 \end{bmatrix} \to \begin{bmatrix} 1 & 1 & 0 & 0 & 1 \\ 0 & 0 & 1 & 0 & 1 \\ 0 & 0 & 0 & 1 & 0 \\ 0 & 0 & 0 & 0 & -1 \end{bmatrix} \to \begin{bmatrix} 1 & 1 & 0 & 0 & 0 \\ 0 & 0 & 1 & 0 & 0 \\ 0 & 0 & 0 & 1 & 0 \\ 0 & 0 & 0 & 0 & 1 \end{bmatrix}$$

原方程组的同解方程组为 $\begin{cases} x_1=-x_2 \\ x_3=0 \\ x_4=0 \\ x_5=0 \end{cases}$。

令自由未知量 $x_2=1$，则原方程组的一个基础解系为 $(-1, 1, 0, 0, 0)^T$，故答案选择(D)。

【习题 7】 齐次线性方程组 $\boldsymbol{AX}=\boldsymbol{0}$ 为 $\begin{cases}x_1+x_2+x_3=0\\x_1+tx_2+x_3=0\\x_1+x_2+tx_3=0\end{cases}$，若存在三阶非零矩阵 $\boldsymbol{B}$，使 $\boldsymbol{AB}=\boldsymbol{0}$，则_______。

(A) $t=-2$ 且 $|\boldsymbol{B}|=0$　　(B) $t=-2$ 且 $|\boldsymbol{B}|\neq 0$

(C) $t=1$ 且 $|\boldsymbol{B}|\neq 0$　　(D) $t=1$ 且 $|\boldsymbol{B}|=0$

(E) 以上选项均错误

【答案】 (D)。

【解析】

$\boldsymbol{A}=\begin{bmatrix}1&1&1\\1&t&1\\1&1&t\end{bmatrix}$，由 $\boldsymbol{B}\neq\boldsymbol{0}$ 而 $\boldsymbol{AB}=\boldsymbol{0}$ 即 $\boldsymbol{AX}=\boldsymbol{0}$ 有非零解，得 $|\boldsymbol{A}|=0$。

又因 $|\boldsymbol{A}|=\begin{vmatrix}1&1&1\\0&t-1&0\\0&0&t-1\end{vmatrix}=(t-1)^2=0\Rightarrow t=1$，因为 $\boldsymbol{A}\neq\boldsymbol{0}$，$\boldsymbol{B}$ 不可逆，所以 $|\boldsymbol{B}|=0$。

答案选择(D)。

【习题 8】 设 $\begin{cases}(2-\lambda)x_1+2x_2-2x_3=1\\2x_1+(5-\lambda)x_2-4x_3=2\\-2x_1-4x_2+(5-\lambda)x_3=-\lambda-1\end{cases}$，已知此方程组无解，则 λ 为_______。

(A) 1　　(B) -4　　(C) 4　　(D) 0　　(E) 10

【答案】 (E)。

【解析】 $|\boldsymbol{A}|=\begin{vmatrix}2-\lambda&2&-2\\2&5-\lambda&-4\\-2&-4&5-\lambda\end{vmatrix}=-(\lambda-1)^2(\lambda-10)$。

当 $\lambda\neq 1$ 且 $\lambda\neq 0$ 时，$r(\boldsymbol{A})=r(\bar{\boldsymbol{A}})=3=n$，有唯一解。

当 $\lambda=1$ 时，

$\bar{\boldsymbol{A}}=\begin{bmatrix}1&2&-2&1\\2&4&-4&2\\-2&-4&4&-2\end{bmatrix}\rightarrow\begin{bmatrix}1&2&-2&1\\0&0&0&0\\0&0&0&0\end{bmatrix}$。$\mathrm{r}(\boldsymbol{A})=\mathrm{r}(\bar{\boldsymbol{A}})=1<3$ 有无穷多解。

当 $\lambda=10$ 时，$\bar{\boldsymbol{A}}=\begin{bmatrix}-8&2&2&-1\\2&-5&-4&2\\-2&-4&-5&11\end{bmatrix}\rightarrow\begin{bmatrix}1&-\frac{1}{2}&0&0\\0&1&1&0\\0&0&0&1\end{bmatrix}$。

这里 $\mathrm{r}(\boldsymbol{A})=2$，$\mathrm{r}(\bar{\boldsymbol{A}})=3$，$\mathrm{r}(\boldsymbol{A})\neq\mathrm{r}(\bar{\boldsymbol{A}})$ 故无解，答案选择(E)。

【习题 9】 线性方程组 $\begin{cases}x_1+x_2+2x_3-x_4=1\\x_1-x_2-2x_3-7x_4=3\\x_2+ax_3+4x_4=1\\x_1+x_2+2x_3+2x_4=7\end{cases}$，则 a 为_______时有无穷多解。

(A) 1　　(B) 2　　(C) 3　　(D) 4　　(E) 5

【答案】 (B)。

【解析】 对方程组的系数增广矩阵施以初等行变换：

$$(\boldsymbol{A}\mid\boldsymbol{b})=\left[\begin{array}{cccc|c}1&1&2&-1&1\\1&-1&-2&-7&3\\0&1&a&4&1\\1&1&2&2&7\end{array}\right]\to\left[\begin{array}{cccc|c}1&1&2&-1&1\\0&-2&-4&-6&2\\0&1&a&4&2\\0&0&0&3&6\end{array}\right]$$

$$\to\left[\begin{array}{cccc|c}1&1&2&-1&1\\0&1&2&3&-1\\0&0&a-2&1&2\\0&0&0&1&2\end{array}\right]。$$

所以，当时 $a=2$，$\mathrm{r}(\boldsymbol{A})=\mathrm{r}(\boldsymbol{A}\mid\boldsymbol{b})=3<4$，方程组有无穷多解。故选(B)。

【习题 10】 已知线性方程组 $\begin{cases}x_1+x_2+tx_3=4\\x_1-x_2+2x_3=-4\\-x_1+tx_2+x_3=t^2\end{cases}$ 有无穷多解，则 t 的值为________。

(A) 1　　(B) 2　　(C) 3　　(D) 4　　(E) 5

【答案】 (D)。

【解析】 对方程组的增广矩阵施以初等行变换：

$$(\boldsymbol{A}\mid\boldsymbol{b})=\left[\begin{array}{ccc|c}1&1&t&4\\1&-1&2&-4\\-1&t&1&t^2\end{array}\right]\to\left[\begin{array}{ccc|c}1&1&t&4\\0&-2&2-t&-8\\0&t+1&t+1&t^2+4\end{array}\right]$$

$$\to\left[\begin{array}{ccc|c}1&1&t&4\\0&-2&2-t&-8\\0&0&-(t-4)(t+1)/2&t(t-4)\end{array}\right]。$$

由此可知，当 $t=4$ 时，$\mathrm{r}(\boldsymbol{A})=\mathrm{r}(\boldsymbol{A}\mid\boldsymbol{b})=2<3$。方程组有无穷多解。

【习题 11】 三阶矩阵 $\boldsymbol{A}$ 的秩 $r(\boldsymbol{A})=1$，$\boldsymbol{\eta}_1=(-1,\ 3,\ 0)^{\mathrm{T}}$，$\boldsymbol{\eta}_2=(2,\ -1,\ 1)^{\mathrm{T}}$，$\boldsymbol{\eta}_3=(5,\ 0,\ k)^{\mathrm{T}}$ 是方程组 $\boldsymbol{Ax}=\boldsymbol{0}$ 的三个解向量，则常数 $k=$________。

(A) -2　　(B) -1　　(C) 2　　(D) 3　　(E) 5

【答案】 (D)。

【解析】 本题考查齐次线性方程组解的结构。

解法 1 因 $\mathrm{r}(\boldsymbol{A})=1$，所以 $\boldsymbol{Ax}=\boldsymbol{0}$ 的基础解系含有两个线性无关的解向量，因而 $\boldsymbol{\eta}_1$，$\boldsymbol{\eta}_2$，$\boldsymbol{\eta}_3$ 线性相关，而 $(\boldsymbol{\eta}_1,\ \boldsymbol{\eta}_2,\ \boldsymbol{\eta}_3)=\begin{bmatrix}-1&2&5\\3&-1&0\\0&1&k\end{bmatrix}\to\begin{bmatrix}-1&2&5\\0&5&15\\0&1&k\end{bmatrix}$，从而有 $\dfrac{5}{1}=\dfrac{15}{k}$，即 $k=3$。

解法 2 由 $\boldsymbol{\eta}_1=(-1,\ 3,\ 0)^T$，$\boldsymbol{\eta}_2=(2,\ -1,\ 1)^T$，$\boldsymbol{\eta}_3=(5,\ 0,\ k)^T$ 线性相关，从而 $\begin{vmatrix} -1 & 2 & 5 \\ 3 & -1 & 0 \\ 0 & 1 & k \end{vmatrix}=15-5k=0$，解得 $k=3$。故正确选项为(D)。

【习题 12】 当 a_1，a_2，a_3 满足什么条件时，方程组

$$\begin{cases} x_1-x_2=a_1 \\ x_2-x_3=a_2 \\ -x_1+x_3=a_3 \end{cases}$$

有解？

(A) $a_1+a_2+a_3=0$　　(B) $a_1+a_2+a_3=1$

(C) $a_1+a_2+a_3=-1$　　(D) $a_1=a_2=a_3$

(E) $a_1+a_2+a_3=-2$

【答案】 (A)。

【解析】 $$(\boldsymbol{A}\mid\boldsymbol{\beta})=\begin{bmatrix} 1 & -1 & 0 & a_1 \\ 0 & 1 & -1 & a_2 \\ -1 & 0 & 1 & a_3 \end{bmatrix}\longrightarrow\begin{bmatrix} 1 & -1 & 0 & a_1 \\ 0 & 1 & -1 & a_2 \\ 0 & -1 & 1 & a_1+a_3 \end{bmatrix}\longrightarrow$$

$$\left[\begin{array}{ccc|c} 1 & -1 & 0 & a_1 \\ 0 & 1 & -1 & a_2 \\ 0 & 0 & 0 & a_1+a_2+a_3 \end{array}\right]\longrightarrow\left[\begin{array}{ccc|c} 1 & 0 & -1 & a_1+a_2 \\ 0 & 1 & -1 & a_2 \\ 0 & 0 & 0 & a_1+a_2+a_3 \end{array}\right]。$$

所以当 $a_1+a_2+a_3=0$ 时，$r(\boldsymbol{A})=r(\boldsymbol{A}\mid\boldsymbol{\beta})=2$，原方程组有解。故选(A)。

【习题 13】 当 a 等于________时，方程组

$$\begin{cases} ax_1+x_2+x_3=1 \\ (a+1)x_1+(a+1)x_2+2x_3=2 \\ (2a+1)x_1+3x_2+(a+2)x_3=3 \end{cases}$$

无解。

(A) -2　　(B) -1　　(C) 2　　(D) 3　　(E) 5

【答案】 (A)。

【解析】 $$|\boldsymbol{A}|=\begin{vmatrix} a & 1 & 1 \\ a+1 & a+1 & 2 \\ 2a+1 & 3 & a+2 \end{vmatrix}\xlongequal[r_3-2r_1]{r_2-r_1}\begin{vmatrix} a & 1 & 1 \\ 1 & a & 1 \\ 1 & 1 & a \end{vmatrix}=(a+2)(a-1)^2。$$

当 $a=-2$ 时，

$$(\boldsymbol{A}\mid\boldsymbol{\beta})=\left[\begin{array}{ccc|c} -2 & 1 & 1 & 1 \\ -1 & -1 & 2 & 2 \\ -3 & 3 & 0 & 3 \end{array}\right]\longrightarrow\left[\begin{array}{ccc|c} 1 & 1 & -2 & -2 \\ 0 & 3 & -3 & -3 \\ 0 & 6 & -6 & -3 \end{array}\right]\longrightarrow\left[\begin{array}{ccc|c} 1 & 1 & -2 & -2 \\ 0 & 1 & -1 & -1 \\ 0 & 0 & 0 & 3 \end{array}\right]。$$

因为 $\mathrm{r}(\boldsymbol{A})=2\neq\mathrm{r}(\boldsymbol{A}\mid\boldsymbol{\beta})=3$，所以原方程组无解。

第 11 章　向量组的线性相关性

11.1　考纲知识点分析及必做习题

第十一部分　向量组的线性相关性					
教材内容	考 点 内 容	考研要求	教材章节	必做例题	精做练习
向量组及其线性组合	向量的概念	了解	§ 4.1	例 1～例 2	P109 习题 1，2
	向量的加法及数乘运算法则	掌握			
	向量的线性组合与线性表示	理解			
向量组的线性相关性	线性相关、线性无关的概念	理解	§ 4.2	例 5，例 6	P110 习题 3，4，9，10，11
	向量组线性相关、线性无关的有关性质及判别法	掌握			
向量组的秩	向量组的极大线性无关组的概念	理解	§ 4.3	例 9，例 10	P110 习题 12，13，14，15
	求向量组的极大线性无关组及秩	会			
	向量组等价的概念	理解			
	矩阵的秩与其行(列)向量组的秩之间的关系	理解			

注：教材参考《工程数学线性代数》(同济 6 版)。

11.2　知识结构网络图

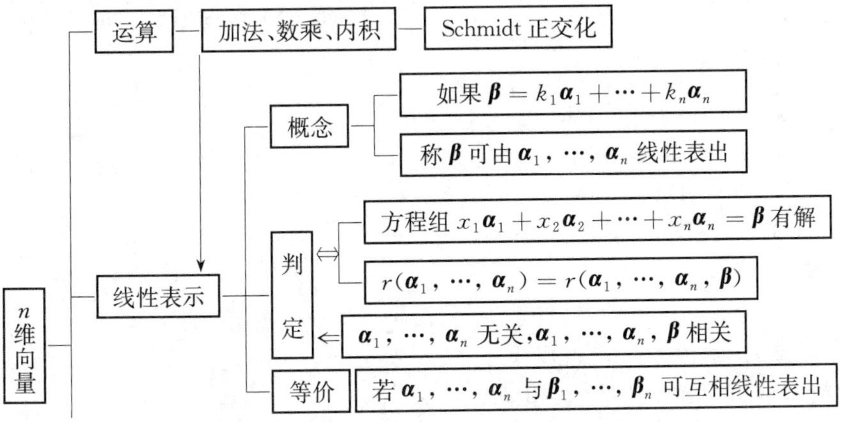

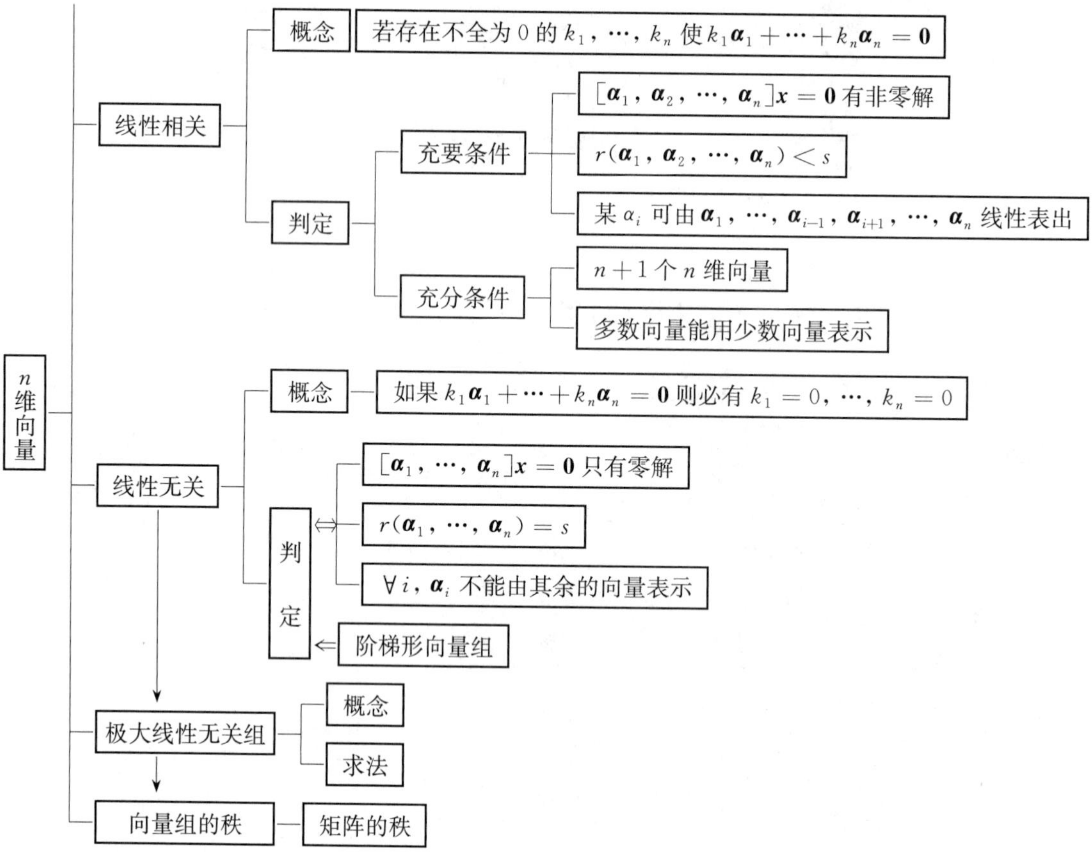

图 11-1 知识结构网络

11.3 重要概念、定理和公式

1. n 维向量

(1) **定义 1** 称 n 个实数 $a_1, a_2, \cdots, a_n$ 组成的一个有序数组 $\boldsymbol{\alpha}=(a_1, a_2, \cdots, a_n)$ 为实数集 $\mathbf{R}$ 上的 n 维向量。$a_i \in \mathbf{R}$ 称为 $\boldsymbol{\alpha}$ 的第 i 个分量,分量的个数称为 $\boldsymbol{\alpha}$ 的维数。

(2) 零向量:分量全是 0 的向量称为零向量,记为 $\mathbf{0}$。

(3) 行向量与列向量:写成一行 $\boldsymbol{\alpha}=(a_1, a_2, \cdots, a_n)$ 的向量称为行向量。写成一列 $\boldsymbol{\alpha}=(a_1, a_2\cdots, a_n)^{\mathrm{T}}$ 的向量称为列向量。

2. 向量的线性运算

1) 向量的相等

n 维向量 $\boldsymbol{\alpha}=(a_1, a_2, \cdots, a_n)$,$\boldsymbol{\beta}=(b_1, b_2, \cdots, b_n)$,若 $a_i=b_i(i=1, 2, \cdots, n)$,则称 $\boldsymbol{\alpha}$ 与 $\boldsymbol{\beta}$ 相等,记为 $\boldsymbol{\alpha}=\boldsymbol{\beta}$。

2) 向量的加法

(1) **定义 2** 设 $\boldsymbol{\alpha}=(a_1, a_2, \cdots, a_n)$,$\boldsymbol{\beta}=(b_1, b_2, \cdots, b_n)$ 则称 $(a_1+b_1, a_2+b_2, \cdots a_n+b_n)$ 为向量 $\boldsymbol{\alpha}$ 与 $\boldsymbol{\beta}$ 的和,记为 $\boldsymbol{\alpha}+\boldsymbol{\beta}=(a_1+b_1, a_2+b_2, \cdots, a_n+b_n)$。

(2) 负向量与减法。

称 $-\boldsymbol{\alpha}=(-a_1, -a_2, \cdots, -a_n)$ 为向量 $\boldsymbol{\alpha}$ 的负向量，称 $\boldsymbol{\alpha}-\boldsymbol{\beta}=\boldsymbol{\alpha}+(-\boldsymbol{\beta})=(a_1-b_1, a_2-b_2, \cdots, a_n-b_n)$ 为 $\boldsymbol{\alpha}$ 减 $\boldsymbol{\beta}$。

(3) 运算规律。

① 交换律：$\boldsymbol{\alpha}+\boldsymbol{\beta}=\boldsymbol{\beta}+\boldsymbol{\alpha}$；② 结合律：$(\boldsymbol{\alpha}+\boldsymbol{\beta})+\boldsymbol{\gamma}=\boldsymbol{\alpha}+(\boldsymbol{\beta}+\boldsymbol{\gamma})$。

3) 数与向量的乘法

(1) 定义：$\boldsymbol{\alpha}=(a_1, a_2, \cdots, a_n)$，$k\in\mathbf{R}$，则称 $(ka_1, ka_2, \cdots, ka_n)$ 为数 k 与向量 $\boldsymbol{\alpha}$ 的乘积，记为 $k\boldsymbol{\alpha}=(ka_1, ka_2, \cdots, ka_n)$。

(2) 运算规律。

① $k(\boldsymbol{\alpha}+\boldsymbol{\beta})=k\boldsymbol{\alpha}+k\boldsymbol{\beta}$；

② $(k+l)\boldsymbol{\alpha}=k\boldsymbol{\alpha}+l\boldsymbol{\alpha}$；

③ $(kl)\boldsymbol{\alpha}=k(l\boldsymbol{\alpha})$。

3. 向量组的线性相关与线性无关

1) 向量的线性组合(线性表示)

对向量组 $\boldsymbol{\alpha}_1, \boldsymbol{\alpha}_2, \cdots, \boldsymbol{\alpha}_s$ 和 $\boldsymbol{\beta}$，若存在一组数 $k_1, k_2, \cdots, k_s$，使得 $\boldsymbol{\beta}=k_1\boldsymbol{\alpha}_1+\cdots+k_s\boldsymbol{\alpha}_s$，则称 $\boldsymbol{\beta}$ 是 $\boldsymbol{\alpha}_1, \boldsymbol{\alpha}_2, \cdots, \boldsymbol{\alpha}_s$ 的一个线性组合，或称 $\boldsymbol{\beta}$ 可由 $\boldsymbol{\alpha}_1, \boldsymbol{\alpha}_2, \cdots, \boldsymbol{\alpha}_s$ 线性表示。

2) 向量组的等价

(1) **定义 3**　若向量组 $\boldsymbol{\alpha}_1, \boldsymbol{\alpha}_2, \cdots, \boldsymbol{\alpha}_s$ 的每一个向量都可由向量组 $\boldsymbol{\beta}_1, \boldsymbol{\beta}_2, \cdots, \boldsymbol{\beta}_t$ 线性表示，且向量组 $\boldsymbol{\beta}_1, \cdots, \boldsymbol{\beta}_t$ 的每一个向量也可以由向量组 $\boldsymbol{\alpha}_1, \boldsymbol{\alpha}_2, \cdots, \boldsymbol{\alpha}_s$ 线性表示，则称两个向量组等价。

(2) 性质。

① 反身性：向量组 $\boldsymbol{\alpha}_1, \boldsymbol{\alpha}_2, \cdots, \boldsymbol{\alpha}_s$ 与自身等价；

② 对称性：若向量 $\boldsymbol{\alpha}_1, \cdots, \boldsymbol{\alpha}_s$ 与向量组 $\boldsymbol{\beta}_1, \cdots, \boldsymbol{\beta}_t$ 等价，则向量组 $\boldsymbol{\beta}_1, \cdots, \boldsymbol{\beta}_t$ 与向量组 $\boldsymbol{\alpha}_1, \cdots, \boldsymbol{\alpha}_s$ 等价；

③ 传递性：向量组 $\boldsymbol{A}=(\boldsymbol{\alpha}_1, \cdots, \boldsymbol{\alpha}_s)$ 与向量组 $\boldsymbol{B}=(\boldsymbol{\beta}_1, \cdots, \boldsymbol{\beta}_t)$ 等价，且向量组 $\boldsymbol{B}$ 与向量组 $\boldsymbol{C}=(\boldsymbol{\gamma}_1, \boldsymbol{\gamma}_2, \cdots, \boldsymbol{\gamma}_n)$ 等价，则向量组 $\boldsymbol{A}$ 与向量组 $\boldsymbol{C}$ 等价。

3) 向量的线性相关与线性无关

(1) **定义 4**　对 n 维向量 $\boldsymbol{\alpha}_1, \boldsymbol{\alpha}_2, \cdots, \boldsymbol{\alpha}_s$，若存在一组不全为零的数 $k_1, k_2, \cdots, k_s$，使 $k_1\boldsymbol{\alpha}_1+\cdots+k_s\boldsymbol{\alpha}_s=0$，则称向量组 $\boldsymbol{\alpha}_1, \boldsymbol{\alpha}_2, \cdots, \boldsymbol{\alpha}_s$ 线性相关。否则，称 $\boldsymbol{\alpha}_1, \boldsymbol{\alpha}_2, \cdots, \boldsymbol{\alpha}_s$ 线性无关。

(2) 性质。

① 向量组 $\boldsymbol{\alpha}_1, \boldsymbol{\alpha}_2, \cdots, \boldsymbol{\alpha}_s$ 线性相关的充要条件是其中存在一个向量可由其余向量线性表示。

② 向量组 $\boldsymbol{\alpha}_1, \boldsymbol{\alpha}_2, \cdots, \boldsymbol{\alpha}_s$ 线性无关，且 $\boldsymbol{\alpha}_1, \boldsymbol{\alpha}_2, \cdots, \boldsymbol{\alpha}_s, \boldsymbol{\beta}$ 线性相关，则 $\boldsymbol{\beta}$ 可唯一地由 $\boldsymbol{\alpha}_1, \boldsymbol{\alpha}_2, \cdots, \boldsymbol{\alpha}_s$ 线性表示。

③ 对 n 维向量 $\boldsymbol{\alpha}_1, \boldsymbol{\alpha}_2, \cdots, \boldsymbol{\alpha}_m$，若 $m>n$，则 $\boldsymbol{\alpha}_1, \boldsymbol{\alpha}_2, \cdots, \boldsymbol{\alpha}_m$ 必线性相关。

④ 向量组 $\boldsymbol{\alpha}_1, \boldsymbol{\alpha}_2, \cdots, \boldsymbol{\alpha}_s$ 线性无关，则其中任一部分向量组必线性无关。

⑤ 向量组的部分组线性相关，则此向量组必线性相关。

⑥ 线性无关的向量组的每个向量都添加 m 个分量后仍线性无关。

⑦ 若向量组 $\boldsymbol{\alpha}_1, \boldsymbol{\alpha}_2, \cdots, \boldsymbol{\alpha}_s$ 线性无关,且可由 $\boldsymbol{\beta}_1, \boldsymbol{\beta}_2, \cdots, \boldsymbol{\beta}_t$ 线性表示,则为有 $s \leqslant t$。(若 $s > t$,则 $\boldsymbol{\alpha}_1, \cdots, \boldsymbol{\alpha}_s$ 为线性相关)

4. 向量组的秩与矩阵的秩

1) 向量组的极大无关组

设向量组 $\boldsymbol{\alpha}_1, \boldsymbol{\alpha}_2, \cdots, \boldsymbol{\alpha}_s$ 的部分组 $\boldsymbol{\alpha}_{i1}, \boldsymbol{\alpha}_{i2}, \cdots, \boldsymbol{\alpha}_{ir}$ 满足条件:

(1) $\boldsymbol{\alpha}_{i1}, \boldsymbol{\alpha}_{i2}, \cdots, \boldsymbol{\alpha}_{ir}$ 线性无关;

(2) $\boldsymbol{\alpha}_1, \boldsymbol{\alpha}_2, \cdots, \boldsymbol{\alpha}_s$ 中的任一向量均可由它们线性表示,则称向量组 $\boldsymbol{\alpha}_{i1}, \boldsymbol{\alpha}_{i2}, \cdots, \boldsymbol{\alpha}_{ir}$ 为向量组 $\boldsymbol{\alpha}_1, \boldsymbol{\alpha}_2, \cdots, \boldsymbol{\alpha}_s$ 的一个极大无关组。

2) 向量组的秩

向量组的极大无关组所含向量的个数称为向量组的秩,记为 $\mathrm{r}(\boldsymbol{\alpha}_1, \boldsymbol{\alpha}_2, \cdots, \boldsymbol{\alpha}_s)$。

3) 矩阵的秩

矩阵 $\boldsymbol{A}$ 中存在一个 r 阶子式不为零,而所有 $r+1$ 阶子式全为零,则称矩阵的秩为 r,记为 $\mathrm{r}(\boldsymbol{A}) = r$。

4) 矩阵的秩与向量组的秩的关系

矩阵的秩=它的行向量组的秩=它的列向量组的秩。

5) 等价的向量组的性质

(1) 等价的向量组有相同的秩;

(2) 等价的线性无关的向量组含向量的个数相等;

(3) 向量组与它的极大无关组等价;

(4) 向量组 $\boldsymbol{A} = (\boldsymbol{\alpha}_1, \cdots \boldsymbol{\alpha}_s)$ 与 $\boldsymbol{B} = (\boldsymbol{\beta}_1, \cdots \boldsymbol{\beta}_t)$ 等价的充要条件是 $\mathrm{r}(\boldsymbol{A}) = \mathrm{r}(\boldsymbol{B}) = \mathrm{r}(\boldsymbol{C})$,其中 $\boldsymbol{C}^{\mathrm{T}} = (\boldsymbol{\alpha}_1 \cdots \boldsymbol{\alpha}_s, \boldsymbol{\beta}_1, \cdots \boldsymbol{\beta}_t)$。

6) 矩阵秩的不等式

(1) $\mathrm{r}(\boldsymbol{A} + \boldsymbol{B}) \leqslant \mathrm{r}(\boldsymbol{A}) + \mathrm{r}(\boldsymbol{B})$;

(2) $\mathrm{r}(\boldsymbol{AB}) \leqslant \min\{\mathrm{r}(\boldsymbol{A}), \mathrm{r}(\boldsymbol{B})\}$;

(3) 若 $\boldsymbol{A}, \boldsymbol{B}$ 中有一个是可逆阵,则 $\mathrm{r}(\boldsymbol{AB}) = \mathrm{r}(\boldsymbol{A})$($\boldsymbol{B}$ 可逆) 或 $\mathrm{r}(\boldsymbol{AB}) = \mathrm{r}(\boldsymbol{B})$($\boldsymbol{A}$ 可逆)。

11.4 典型例题精析

题型 1: 线性组合(线性表示)

【例 1】 (经济类)设线性无关的向量组 $\boldsymbol{\alpha}_1, \boldsymbol{\alpha}_2, \boldsymbol{\alpha}_3, \boldsymbol{\alpha}_4$ 可由向量组 $\boldsymbol{\beta}_1, \boldsymbol{\beta}_2, \cdots, \boldsymbol{\beta}_s$ 线性表示,则必有________。

(A) $\boldsymbol{\beta}_1, \boldsymbol{\beta}_2, \cdots, \boldsymbol{\beta}_s$ 线性相关　　(B) $\boldsymbol{\beta}_1, \boldsymbol{\beta}_2, \cdots, \boldsymbol{\beta}_s$ 线性无关

(C) $s \geqslant 4$　　(D) $s<4$

(E) 以上选项均错误

【答案】 (C)。

【解析】 由定理可知:若向量组 $\boldsymbol{\alpha}_1, \boldsymbol{\alpha}_2, \cdots, \boldsymbol{\alpha}_t$ 可以由向量组 $\boldsymbol{\beta}_1, \boldsymbol{\beta}_2, \cdots, \boldsymbol{\beta}_s$ 线性表出,且 $\boldsymbol{\alpha}_1, \boldsymbol{\alpha}_2, \cdots, \boldsymbol{\alpha}_t$ 线性无关,则有 $t \leqslant s$。故选(C)。

【例 2】（经济类）已知向量 $\boldsymbol{\alpha}_1=(1,2,1)^{\mathrm{T}}$，$\boldsymbol{\alpha}_2=(2,3,a)^{\mathrm{T}}$，$\boldsymbol{\alpha}_3=(1,a+2,-2)^{\mathrm{T}}$，$\boldsymbol{\beta}_1=(1,-1,a)^{\mathrm{T}}$，$\boldsymbol{\beta}_2=(1,3,4)^{\mathrm{T}}$，且 $\boldsymbol{\beta}_1$ 不能由 $\boldsymbol{\alpha}_1,\boldsymbol{\alpha}_2,\boldsymbol{\alpha}_3$ 线性表示，$\boldsymbol{\beta}_2$ 可以由 $\boldsymbol{\alpha}_1,\boldsymbol{\alpha}_2,\boldsymbol{\alpha}_3$ 线性表示，参数 a 的值为________。

(A) 0　　(B) -1　　(C) $-\dfrac{3}{2}$　　(D) -2　　(E) 3

【答案】(B)。

【解析】 $(\boldsymbol{\alpha}_1,\ \boldsymbol{\alpha}_2,\ \boldsymbol{\alpha}_3\ |\ \boldsymbol{\beta}_2,\ \boldsymbol{\beta}_1)=\left[\begin{array}{ccc|cc}1&2&1&1&1\\2&3&a+2&3&-1\\1&a&-2&4&a\end{array}\right]\rightarrow$

$$\left[\begin{array}{ccc|cc}1&2&1&1&1\\0&-1&a&1&1\\0&0&a(a-2)-3&a+1&5-2a\end{array}\right]。$$

当 $a=-1$ 时，$\mathrm{r}(\boldsymbol{\alpha}_1,\boldsymbol{\alpha}_2,\boldsymbol{\alpha}_3,\boldsymbol{\beta}_2)=\mathrm{r}(\boldsymbol{\alpha}_1,\boldsymbol{\alpha}_2,\boldsymbol{\alpha}_3)<3$，$\boldsymbol{\beta}_2$ 可以由 $\boldsymbol{\alpha}_1,\boldsymbol{\alpha}_2,\boldsymbol{\alpha}_3$ 线性表示。$\mathrm{r}(\boldsymbol{\alpha}_1,\boldsymbol{\alpha}_2,\boldsymbol{\alpha}_3)\neq\mathrm{r}(\boldsymbol{\alpha}_1,\boldsymbol{\alpha}_2,\boldsymbol{\alpha}_3,\boldsymbol{\beta}_1)$，即 $\boldsymbol{\beta}_1$ 不能由 $\boldsymbol{\alpha}_1,\boldsymbol{\alpha}_2,\boldsymbol{\alpha}_3$ 线性表示，故 $a=-1$。所以选(B)。

【例 3】（普研）设向量组 $\boldsymbol{\alpha}_1=(a,2,10)^{\mathrm{T}}$，$\boldsymbol{\alpha}_2=(-2,1,5)^{\mathrm{T}}$，$\boldsymbol{\alpha}_3=(-1,1,4)^{\mathrm{T}}$，$\boldsymbol{\beta}=(1,b,c)^{\mathrm{T}}$，已知 $\boldsymbol{\beta}$ 不能由 $\boldsymbol{\alpha}_1,\boldsymbol{\alpha}_2,\boldsymbol{\alpha}_3$ 线性表出，则 a,b,c 满足________。

(A) $a=-4$，$3b-c\neq1$　　(B) $a=4$，$3b-c\neq1$

(C) $a=-4$，$3b-c\neq0$　　(D) $a=4$，$3b-c\neq0$

(E) $a=-2$，$3b-c\neq-1$

【答案】(A)。

【解析】 $\boldsymbol{\beta}$ 能否由 $\boldsymbol{\alpha}_1,\boldsymbol{\alpha}_2,\boldsymbol{\alpha}_3$ 线性表出等价于方程组 $x_1\boldsymbol{\alpha}_1+x_2\boldsymbol{\alpha}_2+x_3\boldsymbol{\alpha}_3=\boldsymbol{\beta}$ 是否有解。通常将增广矩阵做初等变化来讨论。本题是三个方程三个未知数，因而也可以从系数行列式讨论。

故设 $x_1\boldsymbol{\alpha}_1+x_2\boldsymbol{\alpha}_2+x_3\boldsymbol{\alpha}_3=\boldsymbol{\beta}$，系数行列式 $|A|=|\boldsymbol{\alpha}_1,\boldsymbol{\alpha}_2,\boldsymbol{\alpha}_3|=\begin{vmatrix}a&-2&-1\\2&1&1\\10&5&4\end{vmatrix}=-a-4$。

当 $a=-4$ 时，对增广矩阵初等行变换，有

$$\bar{\boldsymbol{A}}=\left[\begin{array}{ccc|c}-4&-2&-1&1\\2&1&1&b\\10&5&4&c\end{array}\right]\rightarrow\left[\begin{array}{ccc|c}2&1&1&b\\0&0&1&2b+1\\0&0&-1&-5b+c\end{array}\right]\rightarrow\left[\begin{array}{ccc|c}2&1&1&b\\0&0&1&2b+1\\0&0&0&3b-c-1\end{array}\right]。$$

故当 $3b-c-1\neq0$ 时，$\mathrm{r}(\boldsymbol{A})=2$，$\mathrm{r}(\bar{\boldsymbol{A}})=3$，方程组无解，即 $\boldsymbol{\beta}$ 不能由 $\boldsymbol{\alpha}_1,\boldsymbol{\alpha}_2,\boldsymbol{\alpha}_3$ 线性表示。故选(A)。

【例 4】 若向量组 $\boldsymbol{\alpha},\boldsymbol{\beta},\boldsymbol{\gamma}$ 线性无关；$\boldsymbol{\alpha},\boldsymbol{\beta},\boldsymbol{\delta}$ 线性相关，则________。

(A) $\boldsymbol{\alpha}$ 必可由 $\boldsymbol{\beta},\boldsymbol{\gamma},\boldsymbol{\delta}$ 线性表示　　(B) $\boldsymbol{\beta}$ 必不可由 $\boldsymbol{\alpha},\boldsymbol{\gamma},\boldsymbol{\delta}$ 线性表示

(C) $\boldsymbol{\delta}$ 必可由 $\boldsymbol{\alpha},\boldsymbol{\beta},\boldsymbol{\gamma}$ 线性表示　　(D) $\boldsymbol{\delta}$ 必不可由 $\boldsymbol{\alpha},\boldsymbol{\beta},\boldsymbol{\gamma}$ 线性表示

(E) 以上选项均错误

【答案】 (C)。

【解析】 **解法1** 因为 $\boldsymbol{\alpha}, \boldsymbol{\beta}, \boldsymbol{\gamma}$ 线性无关,故 $\boldsymbol{\alpha}, \boldsymbol{\beta}$ 线性无关,又 $\boldsymbol{\alpha}, \boldsymbol{\beta}, \boldsymbol{\delta}$ 线性相关,即存在不全为零的一组常数 k_1, k_2, k_3,使得

$$k_1\boldsymbol{\alpha}+k_2\boldsymbol{\beta}+k_3\boldsymbol{\delta}=\mathbf{0}\ (*),$$

且其中必有 $k_3\neq 0$。否则 $k_3=0$,则有 k_1, k_2 不全为零,使 $k_1\boldsymbol{\alpha}+k_2\boldsymbol{\beta}=\mathbf{0}$,这与 $\boldsymbol{\alpha}, \boldsymbol{\beta}$ 线性无关矛盾,故必有 $k_3\neq 0$,于是由式($*$)可得

$$\boldsymbol{\delta}=-\frac{k_1}{k_3}\boldsymbol{\alpha}-\frac{k_2}{k_3}\boldsymbol{\beta}+0\boldsymbol{\gamma}。$$

即 $\boldsymbol{\delta}$ 可由 $\boldsymbol{\alpha}, \boldsymbol{\beta}, \boldsymbol{\gamma}$ 线性表示,故(C)正确。

解法2 因为 $\boldsymbol{\alpha}, \boldsymbol{\beta}, \boldsymbol{\delta}$ 线性相关,故 $\boldsymbol{\alpha}, \boldsymbol{\beta}, \boldsymbol{\gamma}, \boldsymbol{\delta}$ 线性相关,即存在不全为零的数 k_1, k_2, k_3, k_4,使得

$$k_1\boldsymbol{\alpha}+k_2\boldsymbol{\beta}+k_3\boldsymbol{\gamma}+k_4\boldsymbol{\delta}=\mathbf{0}\ (**),$$

且其中必有 $k_4\neq 0$,否则 $k_4=0$,则有 k_1, k_2, k_3 不全为零,使 $k_1\boldsymbol{\alpha}+k_2\boldsymbol{\beta}+k_3\boldsymbol{\gamma}=\mathbf{0}$。

这与 $\boldsymbol{\alpha}, \boldsymbol{\beta}, \boldsymbol{\gamma}$ 线性无关矛盾,故必有 $k_4\neq 0$,于是从式($**$)可得 $\boldsymbol{\delta}=-\frac{k_1}{k_4}\boldsymbol{\alpha}-\frac{k_2}{k_4}\boldsymbol{\beta}-\frac{k_3}{k_4}\boldsymbol{\gamma}$。即 $\boldsymbol{\delta}$ 可由 $\boldsymbol{\alpha}, \boldsymbol{\beta}, \boldsymbol{\gamma}$ 线性表示,故(C)正确。

题型2: 线性相关、线性无关

【例5】 (经济类)向量组 $\boldsymbol{\alpha}_1=(t, 2, 1)^{\mathrm{T}}$, $\boldsymbol{\alpha}_2=(2, t, 0)^{\mathrm{T}}$, $\boldsymbol{\alpha}_3=(1, -1, 1)^{\mathrm{T}}$ 线性相关,则 t 为________。

(A) 3, −2 (B) 1, −2 (C) 3, 2 (D) −3, −2 (E) −1, −2

【答案】 (A)。

【解析】 本题考查的是向量与矩阵的关系,矩阵的秩、矩阵初等行变换及线性方程组的求解。令 $\boldsymbol{A}=\begin{bmatrix} t & 2 & 1 \\ 2 & t & -1 \\ 1 & 0 & 1 \end{bmatrix}\rightarrow\begin{bmatrix} 1 & 0 & 1 \\ 2 & t & -1 \\ t & 2 & 1 \end{bmatrix}\rightarrow\begin{bmatrix} 1 & 0 & 1 \\ 0 & t & -3 \\ 0 & 2 & 1-t \end{bmatrix}$, $|\boldsymbol{A}|=t(1-t)-(-3)\cdot 2=0\Rightarrow t=3, -2$。故选(A)。

【例6】 (经济类)设向量组 $\boldsymbol{\alpha}_1, \boldsymbol{\alpha}_2, \boldsymbol{\alpha}_3$ 线性无关,若 $\boldsymbol{\beta}_1=\boldsymbol{\alpha}_1+2\boldsymbol{\alpha}_2$, $\boldsymbol{\beta}_2=2\boldsymbol{\alpha}_2+k\boldsymbol{\alpha}_3$, $\boldsymbol{\beta}_3=3\boldsymbol{\alpha}_3+2\boldsymbol{\alpha}_1$ 线性相关,则常数 k 的值为________。

(A) 0 (B) 1 (C) $-\frac{3}{2}$ (D) −2 (E) 3

【答案】 (C)。

【解析】 设 $x_1\boldsymbol{\beta}_1+x_2\boldsymbol{\beta}_2+x_3\boldsymbol{\beta}_3=\mathbf{0}$,即 $x_1(\boldsymbol{\alpha}_1+2\boldsymbol{\alpha}_2)+x_2(2\boldsymbol{\alpha}_2+k\boldsymbol{\alpha}_3)+x_3(3\boldsymbol{\alpha}_3+2\boldsymbol{\alpha}_1)=\mathbf{0}$,整理得 $(x_1+2x_3)\boldsymbol{\alpha}_1+(2x_1+2x_2)\boldsymbol{\alpha}_2+(kx_2+3x_3)\boldsymbol{\alpha}_3=\mathbf{0}$,因为向量组 $\boldsymbol{\alpha}_1, \boldsymbol{\alpha}_2, \boldsymbol{\alpha}_3$ 线性无关,所以

$$\begin{cases}x_1+2x_3=0\\2x_1+2x_2=0\\kx_2+3x_3=0\end{cases}。$$

因为 $\boldsymbol{\beta}_1=\boldsymbol{\alpha}_1+2\boldsymbol{\alpha}_2$，$\boldsymbol{\beta}_2=2\boldsymbol{\alpha}_2+k\boldsymbol{\alpha}_3$，$\boldsymbol{\beta}_3=3\boldsymbol{\alpha}_3+2\boldsymbol{\alpha}_1$ 线性相关，所以齐次方程组有非零解，$\begin{vmatrix}1&0&2\\2&2&0\\0&k&3\end{vmatrix}=2(3+2k)=0$，所以 $k=-\dfrac{3}{2}$。故选(C)。

【例 7】 (经济类)设向量组 $\boldsymbol{\alpha}_1$，$\boldsymbol{\alpha}_2$，$\boldsymbol{\alpha}_3$ 线性相关，$\boldsymbol{\alpha}_1$，$\boldsymbol{\alpha}_2$，$\boldsymbol{\alpha}_4$ 线性无关，则有________。

(A) $\boldsymbol{\alpha}_1$ 必可由 $\boldsymbol{\alpha}_2$，$\boldsymbol{\alpha}_3$，$\boldsymbol{\alpha}_4$ 线性表达　　(B) $\boldsymbol{\alpha}_2$ 必可由 $\boldsymbol{\alpha}_1$，$\boldsymbol{\alpha}_3$，$\boldsymbol{\alpha}_4$ 线性表达

(C) $\boldsymbol{\alpha}_3$ 必可由 $\boldsymbol{\alpha}_1$，$\boldsymbol{\alpha}_2$，$\boldsymbol{\alpha}_4$ 线性表达　　(D) $\boldsymbol{\alpha}_4$ 必可由 $\boldsymbol{\alpha}_1$，$\boldsymbol{\alpha}_2$，$\boldsymbol{\alpha}_3$ 线性表达

(E) 以上选项均错误

【答案】 (C)。

【解析】 由于 $\boldsymbol{\alpha}_1$，$\boldsymbol{\alpha}_2$，$\boldsymbol{\alpha}_4$ 线性无关，从而 $\boldsymbol{\alpha}_1$，$\boldsymbol{\alpha}_2$ 线性无关；又因为 $\boldsymbol{\alpha}_1$，$\boldsymbol{\alpha}_2$，$\boldsymbol{\alpha}_3$ 线性相关，从而 $\boldsymbol{\alpha}_3$ 必可由 $\boldsymbol{\alpha}_1$，$\boldsymbol{\alpha}_2$ 线性表达，从而可由 $\boldsymbol{\alpha}_1$，$\boldsymbol{\alpha}_2$，$\boldsymbol{\alpha}_4$ 线性表达，故选(C)。

【例 8】 设 $\boldsymbol{\alpha}_1=\begin{bmatrix}0\\0\\c_1\end{bmatrix}$，$\boldsymbol{\alpha}_2=\begin{bmatrix}0\\1\\c_2\end{bmatrix}$，$\boldsymbol{\alpha}_3=\begin{bmatrix}1\\-1\\c_3\end{bmatrix}$，$\boldsymbol{\alpha}_4=\begin{bmatrix}-1\\1\\c_4\end{bmatrix}$，其中 c_1，c_2，c_3，c_4 为任意常数，则下列向量组线性相关的是________。

(A) $\boldsymbol{\alpha}_1$，$\boldsymbol{\alpha}_2$，$\boldsymbol{\alpha}_3$　　(B) $\boldsymbol{\alpha}_1$，$\boldsymbol{\alpha}_2$，$\boldsymbol{\alpha}_4$

(C) $\boldsymbol{\alpha}_1$，$\boldsymbol{\alpha}_3$，$\boldsymbol{\alpha}_4$　　(D) $\boldsymbol{\alpha}_2$，$\boldsymbol{\alpha}_3$，$\boldsymbol{\alpha}_4$

(E) 以上都线性无关

【答案】 (C)。

【解析】 由于 $|\boldsymbol{\alpha}_1,\boldsymbol{\alpha}_3,\boldsymbol{\alpha}_4|=\begin{vmatrix}0&1&-1\\0&-1&1\\c_1&c_2&c_3\end{vmatrix}=c_1\begin{vmatrix}1&-1\\-1&1\end{vmatrix}=0$，可知线性相关，故选(C)。

【例 9】 设向量组 $\boldsymbol{\alpha}_1$，$\boldsymbol{\alpha}_2$，$\boldsymbol{\alpha}_3$ 线性无关，则下列向量组线性相关的是________。

(A) $\boldsymbol{\alpha}_1-\boldsymbol{\alpha}_2$，$\boldsymbol{\alpha}_2-\boldsymbol{\alpha}_3$，$\boldsymbol{\alpha}_3-\boldsymbol{\alpha}_1$　　(B) $\boldsymbol{\alpha}_1+\boldsymbol{\alpha}_2$，$\boldsymbol{\alpha}_2+\boldsymbol{\alpha}_3$，$\boldsymbol{\alpha}_3+\boldsymbol{\alpha}_1$

(C) $\boldsymbol{\alpha}_1-2\boldsymbol{\alpha}_2$，$\boldsymbol{\alpha}_2-2\boldsymbol{\alpha}_3$，$\boldsymbol{\alpha}_3-2\boldsymbol{\alpha}_1$　　(D) $\boldsymbol{\alpha}_1+2\boldsymbol{\alpha}_2$，$\boldsymbol{\alpha}_2+2\boldsymbol{\alpha}_3$，$\boldsymbol{\alpha}_3+2\boldsymbol{\alpha}_1$

(E) 以上选项均错误

【答案】 (A)。

【解析】 (A)正确，由 $\boldsymbol{\alpha}_1$，$\boldsymbol{\alpha}_2$，$\boldsymbol{\alpha}_3$ 线性无关，若 $\boldsymbol{\beta}_1$，$\boldsymbol{\beta}_2$，$\boldsymbol{\beta}_3$ 可由 $\boldsymbol{\alpha}_1$，$\boldsymbol{\alpha}_2$，$\boldsymbol{\alpha}_3$ 线性表示，即存在 3 阶矩阵 $\boldsymbol{A}$，使

$$(\boldsymbol{\beta}_1,\boldsymbol{\beta}_2,\boldsymbol{\beta}_3)=(\boldsymbol{\alpha}_1,\boldsymbol{\alpha}_2,\boldsymbol{\alpha}_3)\boldsymbol{A},$$

则 $\boldsymbol{\beta}_1$，$\boldsymbol{\beta}_2$，$\boldsymbol{\beta}_3$ 线性相(无)关的充要条件是 $|\boldsymbol{A}|=\mathbf{0}(\neq\mathbf{0})$ 由已知条件有

(A)：$(\boldsymbol{\alpha}_1-\boldsymbol{\alpha}_2,\ \boldsymbol{\alpha}_2-\boldsymbol{\alpha}_3,\ \boldsymbol{\alpha}_3-\boldsymbol{\alpha}_1)=(\boldsymbol{\alpha}_1,\ \boldsymbol{\alpha}_2,\ \boldsymbol{\alpha}_3)\begin{bmatrix}1&0&-1\\-1&1&0\\0&-1&1\end{bmatrix}$，$|\boldsymbol{A}_1|=\begin{vmatrix}1&0&-1\\-1&1&0\\0&-1&1\end{vmatrix}=0$；

(B)：$(\boldsymbol{\alpha}_1+\boldsymbol{\alpha}_2,\ \boldsymbol{\alpha}_2+\boldsymbol{\alpha}_3,\ \boldsymbol{\alpha}_3+\boldsymbol{\alpha}_1)=(\boldsymbol{\alpha}_1,\ \boldsymbol{\alpha}_2,\ \boldsymbol{\alpha}_3)\begin{bmatrix}1&0&1\\1&1&0\\0&1&1\end{bmatrix}$，$|\boldsymbol{A}_2|=\begin{vmatrix}1&0&1\\1&1&0\\0&1&1\end{vmatrix}=2\neq0$；

(C)：$(\boldsymbol{\alpha}_1-2\boldsymbol{\alpha}_2,\ \boldsymbol{\alpha}_2-2\boldsymbol{\alpha}_3,\ \boldsymbol{\alpha}_3-2\boldsymbol{\alpha}_1)=(\boldsymbol{\alpha}_1,\ \boldsymbol{\alpha}_2,\ \boldsymbol{\alpha}_3)\begin{bmatrix}1&0&-2\\-2&1&0\\0&-2&1\end{bmatrix}$，$|\boldsymbol{A}_3|=\begin{vmatrix}1&0&-2\\-2&1&0\\0&-2&1\end{vmatrix}=-7\neq0$；

(D)：$(\boldsymbol{\alpha}_1+2\boldsymbol{\alpha}_2,\ \boldsymbol{\alpha}_2+2\boldsymbol{\alpha}_3,\ \boldsymbol{\alpha}_3+2\boldsymbol{\alpha}_1)=(\boldsymbol{\alpha}_1,\ \boldsymbol{\alpha}_2,\ \boldsymbol{\alpha}_3)\begin{bmatrix}1&0&2\\2&1&0\\0&2&1\end{bmatrix}$，$|\boldsymbol{A}_4|=\begin{vmatrix}1&0&2\\2&1&0\\0&2&1\end{vmatrix}=9\neq0$。

4 个行列式中仅 $|\boldsymbol{A}_1|=0$，故选(A)。

注意：当然易见 $(\boldsymbol{\alpha}_1-\boldsymbol{\alpha}_2)+(\boldsymbol{\alpha}_2-\boldsymbol{\alpha}_3)+(\boldsymbol{\alpha}_3-\boldsymbol{\alpha}_1)=\boldsymbol{0}$，故 $\boldsymbol{\alpha}_1-\boldsymbol{\alpha}_2,\ \boldsymbol{\alpha}_2-\boldsymbol{\alpha}_3,\ \boldsymbol{\alpha}_3-\boldsymbol{\alpha}_1$ 线性相关，所以直接选(A)，但是这种方法不具有一般性。

【例 10】 已知 $\boldsymbol{\alpha}_1,\ \boldsymbol{\alpha}_2,\ \boldsymbol{\alpha}_3$ 线性无关，当常数 $m,\ k$ 满足________时，向量组 $k\boldsymbol{\alpha}_2-\boldsymbol{\alpha}_1,\ m\boldsymbol{\alpha}_3-\boldsymbol{\alpha}_2,\ \boldsymbol{\alpha}_1-\boldsymbol{\alpha}_3$ 线性相关。

(A) $km=-1$　(B) $km=-2$　(C) $km=1$　(D) $km=-3$　(E) $km=0$

【答案】 (C)。

【解析】 设 $\lambda_1(k\boldsymbol{\alpha}_2-\boldsymbol{\alpha}_1)+\lambda_2(m\boldsymbol{\alpha}_3-\boldsymbol{\alpha}_2)+\lambda_3(\boldsymbol{\alpha}_1-\boldsymbol{\alpha}_3)=\boldsymbol{0}$。

即 $(\lambda_3-\lambda_1)\boldsymbol{\alpha}_1+(\lambda_1 k-\lambda_2)\boldsymbol{\alpha}_2+(\lambda_2 m-\lambda_3)\boldsymbol{\alpha}_3=\boldsymbol{0}$，由 $\boldsymbol{\alpha}_1,\ \boldsymbol{\alpha}_2,\ \boldsymbol{\alpha}_3$ 线性无关知

$$\begin{cases}-\lambda_1+\lambda_3=0\\k\lambda_1-\lambda_2=0\\m\lambda_2-\lambda_3=0\end{cases}。$$

其系数矩阵的行列式

$$D=\begin{vmatrix}-1&0&1\\k&-1&0\\0&m&-1\end{vmatrix}=km-1。$$

当 $D=km-1=0$，即 $km=1$ 时，向量组线性相关。故选(C)。

【例 11】 设有任意两个 m 维向量组 $\boldsymbol{a}_1, \boldsymbol{a}_2, \cdots \boldsymbol{a}_m$ 和 $\boldsymbol{b}_1, \boldsymbol{b}_2, \cdots, \boldsymbol{b}_m$，若存在两组不全为零的数 $l_1, l_2, \cdots, l_m$ 和 $k_1, k_2, \cdots, k_m$，使 $(l_1+k_1)\boldsymbol{a}_1+\cdots+(l_m+k_m)\boldsymbol{a}_m+(l_1-k_1)\boldsymbol{b}_1+\cdots+(l_m-k_m)\boldsymbol{b}_m=\boldsymbol{0}$，则________。

(A) $\boldsymbol{a}_1, \boldsymbol{a}_2, \cdots \boldsymbol{a}_m$ 和 $\boldsymbol{b}_1, \boldsymbol{b}_2, \cdots, \boldsymbol{b}_m$ 都线性相关

(B) $\boldsymbol{a}_1, \boldsymbol{a}_2, \cdots \boldsymbol{a}_m$ 和 $\boldsymbol{b}_1, \boldsymbol{b}_2, \cdots, \boldsymbol{b}_m$ 都线性无关

(C) $\boldsymbol{a}_1+\boldsymbol{b}_1, \cdots, \boldsymbol{a}_m+\boldsymbol{b}_m, \boldsymbol{a}_1-\boldsymbol{b}_1, \cdots, \boldsymbol{a}_m-\boldsymbol{b}_m$ 线性无关

(D) $\boldsymbol{a}_1+\boldsymbol{b}_1, \cdots, \boldsymbol{a}_m+\boldsymbol{b}_m, \boldsymbol{a}_1-\boldsymbol{b}_1, \cdots, \boldsymbol{a}_m-\boldsymbol{b}_m$ 线性相关

(E) 以上选项均错误

【答案】 (D)。

【分析】 本题考察对向量组线性相关、线性无关概念的理解，若向量组 $\boldsymbol{g}_1, \boldsymbol{g}_2, \cdots, \boldsymbol{g}_n$ 线性无关，即若 $x_1\boldsymbol{g}_1+x_2\boldsymbol{g}_2+\cdots+x_n\boldsymbol{g}_n=\boldsymbol{0}$，必有 $x_1=0, x_2=0, \cdots, x_n=0$，既然 $l_1, l_2, \cdots, l_m$ 和 $k_1, k_2, \cdots, k_m$ 不全为零，由此推不出向量组线性无关，故排除(B)，(C)。

一般情况下，对于 $k_1\boldsymbol{a}_1+k_2\boldsymbol{a}_2+\cdots+k_s\boldsymbol{a}_s+l_1\boldsymbol{b}_1+l_2\boldsymbol{b}_2+\cdots+l_t\boldsymbol{a}_t=\boldsymbol{0}$ 不能保证 $k_1\boldsymbol{a}_1+k_2\boldsymbol{a}_2+\cdots+k_s\boldsymbol{a}_s=\boldsymbol{0}$ 和 $l_1\boldsymbol{b}_1+l_2\boldsymbol{b}_2+\cdots+l_t\boldsymbol{a}_t=\boldsymbol{0}$，故(A)不正确。由已知条件有，$(l_1+k_1)\boldsymbol{a}_1+\cdots+(l_m+k_m)\boldsymbol{a}_m+(l_1-k_1)\boldsymbol{b}_1+\cdots+(l_m-k_m)\boldsymbol{b}_m=\boldsymbol{0}$，又 $l_1, l_2, \cdots, l_m$ 和 $k_1, k_2, \cdots, k_m$，故 $\boldsymbol{a}_1+\boldsymbol{b}_1, \cdots, \boldsymbol{a}_m+\boldsymbol{b}_m, \boldsymbol{a}_1-\boldsymbol{b}_1, \cdots, \boldsymbol{a}_m-\boldsymbol{b}_m$ 线性相关，故选(D)。

【例 12】 已知 n 维向量组 $\boldsymbol{a}_1, \boldsymbol{a}_2, \boldsymbol{a}_3, \boldsymbol{a}_4, \boldsymbol{a}_5$，其中向量组 $\boldsymbol{a}_1, \boldsymbol{a}_2, \boldsymbol{a}_3, \boldsymbol{a}_4$ 线性无关，则________。

(A) 向量组 $\boldsymbol{a}_1, \boldsymbol{a}_2, \boldsymbol{a}_3, \boldsymbol{a}_4, \boldsymbol{a}_5$ 线性无关

(B) 向量组 $\boldsymbol{a}_1-\boldsymbol{a}_2, \boldsymbol{a}_2-\boldsymbol{a}_3, \boldsymbol{a}_3-\boldsymbol{a}_4, \boldsymbol{a}_4-\boldsymbol{a}_1$ 线性无关

(C) 向量组 $\boldsymbol{a}_1+\boldsymbol{a}_2, \boldsymbol{a}_2+\boldsymbol{a}_3, \boldsymbol{a}_3+\boldsymbol{a}_4, \boldsymbol{a}_4+\boldsymbol{a}_1$ 线性无关

(D) 向量组 $\boldsymbol{a}_1+\boldsymbol{a}_2, \boldsymbol{a}_2+\boldsymbol{a}_3, \boldsymbol{a}_3+\boldsymbol{a}_1$ 线性无关

(E) 以上选项均错误

【答案】 (D)。

【解析】 向量组 $\boldsymbol{a}_1, \boldsymbol{a}_2, \boldsymbol{a}_3, \boldsymbol{a}_4$ 线性无关，但此向量组只是 $\boldsymbol{a}_1, \boldsymbol{a}_2, \boldsymbol{a}_3, \boldsymbol{a}_4, \boldsymbol{a}_5$ 一个部分组。选项(A)未必成立。因为 $(\boldsymbol{a}_1-\boldsymbol{a}_2)+(\boldsymbol{a}_2-\boldsymbol{a}_3)+(\boldsymbol{a}_3-\boldsymbol{a}_4)+(\boldsymbol{a}_4-\boldsymbol{a}_1)=\boldsymbol{0}$，所以向量组 $\boldsymbol{a}_1-\boldsymbol{a}_2, \boldsymbol{a}_2-\boldsymbol{a}_3, \boldsymbol{a}_3-\boldsymbol{a}_4, \boldsymbol{a}_4-\boldsymbol{a}_1$ 线性相关，选项(B)不成立。

又因 $(\boldsymbol{a}_1+\boldsymbol{a}_2)-(\boldsymbol{a}_2+\boldsymbol{a}_3)+(\boldsymbol{a}_3+\boldsymbol{a}_4)-(\boldsymbol{a}_4+\boldsymbol{a}_1)=\boldsymbol{0}$，所以向量组 $\boldsymbol{a}_1+\boldsymbol{a}_2, \boldsymbol{a}_2+\boldsymbol{a}_3, \boldsymbol{a}_3+\boldsymbol{a}_4, \boldsymbol{a}_4+\boldsymbol{a}_1$ 线性相关，选项(C)不成立。故本题应选(D)。

【例 13】 已知 n 维向量组 $\boldsymbol{\alpha}_1, \boldsymbol{\alpha}_2, \boldsymbol{\alpha}_3$ 线性无关，$\boldsymbol{\beta}_1$ 可由 $\boldsymbol{\alpha}_1, \boldsymbol{\alpha}_2, \boldsymbol{\alpha}_3$ 线性表示，$\boldsymbol{\beta}_2$ 不能由 $\boldsymbol{\alpha}_1, \boldsymbol{\alpha}_2, \boldsymbol{\alpha}_3$ 线性表示，则下列结论不正确的是________。

(A) 向量组 $\boldsymbol{\alpha}_1, \boldsymbol{\alpha}_2, \boldsymbol{\alpha}_3, \boldsymbol{\beta}_1$ 线性相关　(B) 向量组 $\boldsymbol{\alpha}_1, \boldsymbol{\alpha}_2, \boldsymbol{\alpha}_3, \boldsymbol{\beta}_2$ 线性无关

(C) 向量组 $\boldsymbol{\alpha}_1, \boldsymbol{\alpha}_2, \boldsymbol{\alpha}_3, \boldsymbol{\beta}_1, \boldsymbol{\beta}_2$ 线性相关　(D) 向量组 $\boldsymbol{\alpha}_1, \boldsymbol{\alpha}_2, \boldsymbol{\alpha}_3, \boldsymbol{\beta}_1-\boldsymbol{\beta}_2$ 线性相关

(E) 向量组 $\boldsymbol{\alpha}_1, \boldsymbol{\alpha}_2, \boldsymbol{\alpha}_3, \boldsymbol{\beta}_1+\boldsymbol{\beta}_2$ 线性无关

【答案】 (D)。

【解析】 本题中，(A)(B)(C) 三项显然是正确的，现考查(D)。

因已知向量组 $\boldsymbol{\alpha}_1, \boldsymbol{\alpha}_2, \boldsymbol{\alpha}_3$ 线性无关，如果向量组 $\boldsymbol{\beta}_1-\boldsymbol{\beta}_2=k_1\boldsymbol{\alpha}_1+k_2\boldsymbol{\alpha}_2+k_3\boldsymbol{\alpha}_3$ (*)，又已知 $\boldsymbol{\beta}_1$ 可由 $\boldsymbol{\alpha}_1, \boldsymbol{\alpha}_2, \boldsymbol{\alpha}_3$ 线性表示，设 $\boldsymbol{\beta}_1=l_1\boldsymbol{\alpha}_1+l_2\boldsymbol{\alpha}_2+l_3\boldsymbol{\alpha}_3$ 代入式(*)，得 $\boldsymbol{\beta}_2=(l_1-k_1)\boldsymbol{\alpha}_1+$

$(l_2-k_2)\boldsymbol{\alpha}_2+(l_3-k_3)\boldsymbol{\alpha}_3$。这与已知$\boldsymbol{\beta}_2$不能由$\boldsymbol{\alpha}_1, \boldsymbol{\alpha}_2, \boldsymbol{\alpha}_3$线性表示矛盾,所以向量组$\boldsymbol{\alpha}_1, \boldsymbol{\alpha}_2, \boldsymbol{\alpha}_3, \boldsymbol{\beta}_1-\boldsymbol{\beta}_2$线性无关。因此结论(E)正确,而结论(D)不正确。故答案选择(D)。

【例 14】 (普研)设向量组$\boldsymbol{a}_1, \boldsymbol{a}_2, \boldsymbol{a}_3$线性无关,则下列向量组中线性无关的是________。

(A) $\boldsymbol{a}_1+\boldsymbol{a}_2, \boldsymbol{a}_2+\boldsymbol{a}_3, \boldsymbol{a}_3-\boldsymbol{a}_1$

(B) $\boldsymbol{a}_1+\boldsymbol{a}_2, \boldsymbol{a}_2+\boldsymbol{a}_3, \boldsymbol{a}_1+2\boldsymbol{a}_2+\boldsymbol{a}_3$

(C) $\boldsymbol{a}_1+2\boldsymbol{a}_2, 2\boldsymbol{a}_2+3\boldsymbol{a}_3, 3\boldsymbol{a}_3+\boldsymbol{a}_1$

(D) $\boldsymbol{a}_1+\boldsymbol{a}_2+\boldsymbol{a}_3, 2\boldsymbol{a}_1-3\boldsymbol{a}_2+22\boldsymbol{a}_3, 3\boldsymbol{a}_1+5\boldsymbol{a}_2-5\boldsymbol{a}_3$

(E) $\boldsymbol{a}_1-\boldsymbol{a}_2, \boldsymbol{a}_2+\boldsymbol{a}_3, \boldsymbol{a}_3+\boldsymbol{a}_1$

【答案】 (C)。

【分析】 这一类题目,最好把观察法与$(\boldsymbol{b}_1, \boldsymbol{b}_2, \boldsymbol{b}_3)=(\boldsymbol{a}_1, \boldsymbol{a}_2, \boldsymbol{a}_3)\boldsymbol{C}$相结合。

对于(A):$(\boldsymbol{a}_1+\boldsymbol{a}_2)-(\boldsymbol{a}_2+\boldsymbol{a}_3)+(\boldsymbol{a}_3-\boldsymbol{a}_1)=\boldsymbol{0}$;

对于(B):$(\boldsymbol{a}_1+\boldsymbol{a}_2)+(\boldsymbol{a}_2+\boldsymbol{a}_3)-(\boldsymbol{a}_1+2\boldsymbol{a}_2+\boldsymbol{a}_3)=\boldsymbol{0}$;

对于(E):$(\boldsymbol{a}_1-\boldsymbol{a}_2)+(\boldsymbol{a}_2+\boldsymbol{a}_3)-(\boldsymbol{a}_3+\boldsymbol{a}_1)=\boldsymbol{0}$,易知(A),(B),(E)均线性相关;

对于(C):简单加加减减都不得0,就不应该继续观察下去,而应立即转为计算行列式,由$|\boldsymbol{C}|=\begin{vmatrix}1&0&1\\2&2&0\\0&3&3\end{vmatrix}=12\neq 0$,知应选(C)。(假如$|\boldsymbol{C}|=0$则说明$\boldsymbol{C}$线性相关,那么用排除法可知(D)线性无关)。

【评注】 本题系数较复杂,单纯用观察法是困难的,要知道$(\boldsymbol{b}_1, \boldsymbol{b}_2, \boldsymbol{b}_3)=(\boldsymbol{a}_1, \boldsymbol{a}_2, \boldsymbol{a}_3)\boldsymbol{C}$这一技巧。

【例 15】 (普研)设向量组Ⅰ:$\boldsymbol{\alpha}_1, \boldsymbol{\alpha}_2, \cdots, \boldsymbol{\alpha}_r$可由向量组Ⅱ:$\boldsymbol{\beta}_1, \boldsymbol{\beta}_2, \cdots, \boldsymbol{\beta}_s$线性表示。下列命题正确的是________。

(A) 若向量组Ⅰ线性无关,则$r\leqslant s$ (B) 若向量组Ⅰ线性相关,则$r>s$

(C) 若向量组Ⅱ线性无关,则$r\leqslant s$ (D) 若向量组Ⅱ线性相关,则$r>s$

(E) 以上选项均错误

【答案】 (A)。

【解析】 **解法 1** 因向量组 Ⅰ:$\boldsymbol{\alpha}_1, \boldsymbol{\alpha}_2, \cdots, \boldsymbol{\alpha}_r$可由$\boldsymbol{\beta}_1, \boldsymbol{\beta}_2, \cdots, \boldsymbol{\beta}_s$线性表示,故有$k_{ij}$,使

$$\boldsymbol{\alpha}_j=k_{1j}\boldsymbol{\beta}_1+\cdots+k_{ij}\boldsymbol{\beta}_i+\cdots+k_{sj}\boldsymbol{\beta}_s,\text{其中 } i=1, 2, \cdots, s;\ j=1, 2, \cdots, r,$$

即
$$\begin{cases}\boldsymbol{\alpha}_1=k_{11}\boldsymbol{\beta}_1+\cdots+k_{i1}\boldsymbol{\beta}_i+\cdots+k_{s1}\boldsymbol{\beta}_s\\ \qquad\vdots\\ \boldsymbol{\alpha}_j=k_{1j}\boldsymbol{\beta}_1+\cdots+k_{ij}\boldsymbol{\beta}_i+\cdots+k_{sj}\boldsymbol{\beta}_s\\ \qquad\vdots\\ \boldsymbol{\alpha}_r=k_{1r}\boldsymbol{\beta}_1+\cdots+k_{ir}\boldsymbol{\beta}_i+\cdots+k_{sr}\boldsymbol{\beta}_s\text{。}\end{cases}$$

不妨将各向量视为列向量,于是有

$$(\boldsymbol{\alpha}_1, \cdots, \boldsymbol{\alpha}_j, \cdots, \boldsymbol{\alpha}_r)=(\boldsymbol{\beta}_1, \cdots, \boldsymbol{\beta}_i, \cdots, \boldsymbol{\beta}_s)\begin{bmatrix} k_{11} & \cdots & k_{1j} & \cdots & k_{1r} \\ \vdots & \ddots & \vdots & \ddots & \vdots \\ k_{i1} & \cdots & k_{ij} & \cdots & k_{ir} \\ \vdots & \ddots & \vdots & \ddots & \vdots \\ k_{s1} & \cdots & k_{sj} & \cdots & k_{sr} \end{bmatrix}。$$

矩阵的秩为

$$\mathrm{r}(\boldsymbol{\alpha}_1, \cdots, \boldsymbol{\alpha}_j, \cdots, \boldsymbol{\alpha}_r) \leqslant r\begin{bmatrix} k_{11} & \cdots & k_{1j} & \cdots & k_{1r} \\ \vdots & \ddots & \vdots & \ddots & \vdots \\ k_{i1} & \cdots & k_{ij} & \cdots & k_{ir} \\ \vdots & \ddots & \vdots & \ddots & \vdots \\ k_{s1} & \cdots & k_{sj} & \cdots & k_{sr} \end{bmatrix} \leqslant s。$$

因为向量组 $(\boldsymbol{\alpha}_1, \cdots\boldsymbol{\alpha}_j, \cdots, \boldsymbol{\alpha}_r)$ 线性无关，由向量组线性无关的矩阵判别法知 $\mathrm{r}(\boldsymbol{\alpha}_1, \cdots\boldsymbol{\alpha}_j, \cdots, \boldsymbol{\alpha}_r)=r$，所以 $r \leqslant s$，故选(A)。

解法 2　不妨设向量组Ⅰ，Ⅱ为 n 维向量组。

记 $\boldsymbol{A}=(\boldsymbol{\alpha}_1, \cdots, \boldsymbol{\alpha}_j, \cdots, \boldsymbol{\alpha}_r)$，$\boldsymbol{B}=(\boldsymbol{\beta}_1, \cdots, \boldsymbol{\beta}_i, \cdots, \boldsymbol{\beta}_s)$，$\boldsymbol{K}=(k_{ij})_{s\times r}$。

由向量组Ⅰ可由向量组Ⅱ线性表示，故 $\boldsymbol{A}=\boldsymbol{BK}$。

由矩阵乘积秩的公式有 $\mathrm{r}(\boldsymbol{A}) \leqslant \mathrm{r}(\boldsymbol{K}) \leqslant \min\{r, s\} \leqslant s$。

因为 $\boldsymbol{\alpha}_1, \cdots, \boldsymbol{\alpha}_j, \cdots, \boldsymbol{\alpha}_r$ 线性无关，所以 $\mathrm{r}(\boldsymbol{A})=r$，于是 $r \leqslant s$，故选(A)。

注意：① 涉及两个向量组线性表示时，写成矩阵形式后，利用矩阵判别法或矩阵乘积秩的结论，就可使问题一目了然。

② 当向量组Ⅰ可由向量组Ⅱ线性表示时，本题的另一种说法是若 $r>s$，则向量组Ⅰ必线性相关。

【例 16】（普研）设 $\boldsymbol{\alpha}_1, \boldsymbol{\alpha}_2, \cdots, \boldsymbol{\alpha}_s$ 均为 n 维列向量，$\boldsymbol{A}$ 是 $m\times n$ 矩阵，下列选项正确的是________。

(A) 若 $\boldsymbol{\alpha}_1, \boldsymbol{\alpha}_2, \cdots, \boldsymbol{\alpha}_s$ 线性相关，则 $\boldsymbol{A\alpha}_1, \boldsymbol{A\alpha}_2, \cdots, \boldsymbol{A\alpha}_s$ 线性相关

(B) 若 $\boldsymbol{\alpha}_1, \boldsymbol{\alpha}_2, \cdots, \boldsymbol{\alpha}_s$ 线性相关，则 $\boldsymbol{A\alpha}_1, \boldsymbol{A\alpha}_2, \cdots, \boldsymbol{A\alpha}_s$ 线性无关

(C) 若 $\boldsymbol{\alpha}_1, \boldsymbol{\alpha}_2, \cdots, \boldsymbol{\alpha}_s$ 线性无关，则 $\boldsymbol{A\alpha}_1, \boldsymbol{A\alpha}_2, \cdots, \boldsymbol{A\alpha}_s$ 线性相关

(D) 若 $\boldsymbol{\alpha}_1, \boldsymbol{\alpha}_2, \cdots, \boldsymbol{\alpha}_s$ 线性无关，则 $\boldsymbol{A\alpha}_1, \boldsymbol{A\alpha}_2, \cdots, \boldsymbol{A\alpha}_s$ 线性无关

(E) 以上选项均错误

【答案】　(A)。

【解析】　由 $\boldsymbol{\alpha}_1, \boldsymbol{\alpha}_2, \cdots, \boldsymbol{\alpha}_s$ 线性相关，故存在不全为零的常数 $k_1, k_2, \cdots, k_s$，使

$$k_1\boldsymbol{\alpha}_1+k_2\boldsymbol{\alpha}_2+\cdots+k_s\boldsymbol{\alpha}_s=\boldsymbol{0}。$$

上式左乘 $\boldsymbol{A}$ 应有 $k_1(\boldsymbol{A\alpha}_1)+k_2(\boldsymbol{A\alpha}_2)+\cdots+k_s(\boldsymbol{A\alpha}_s)=\boldsymbol{0}$，这说明 $\boldsymbol{A\alpha}_1, \boldsymbol{A\alpha}_2, \cdots, \boldsymbol{A\alpha}_s$ 线性相关，故选(A)，因此(B) 错误。

若 $\boldsymbol{\alpha}_1, \boldsymbol{\alpha}_2, \cdots, \boldsymbol{\alpha}_s$ 线性无关，则 $\boldsymbol{A\alpha}_1, \boldsymbol{A\alpha}_2, \cdots, \boldsymbol{A\alpha}_s$ 的线性相关性不确定，视 $\boldsymbol{A}$ 的情况而定

取 $\boldsymbol{\alpha}_1=\begin{bmatrix}1\\0\\0\end{bmatrix}$，$\boldsymbol{\alpha}_2=\begin{bmatrix}0\\1\\0\end{bmatrix}$，$\boldsymbol{\alpha}_3=\begin{bmatrix}0\\0\\1\end{bmatrix}$，显然 $\boldsymbol{\alpha}_1$，$\boldsymbol{\alpha}_2$，$\boldsymbol{\alpha}_3$ 线性无关。

若取 $\boldsymbol{A}=\begin{bmatrix}1&0&0\\0&1&0\\0&0&1\end{bmatrix}$，则 $\boldsymbol{A\alpha}_1=\begin{bmatrix}1\\0\\0\end{bmatrix}$，$\boldsymbol{A\alpha}_2=\begin{bmatrix}0\\1\\0\end{bmatrix}$，$\boldsymbol{A\alpha}_3=\begin{bmatrix}0\\0\\1\end{bmatrix}$，
显然 $\boldsymbol{\alpha}_1$，$\boldsymbol{\alpha}_2$，$\boldsymbol{\alpha}_3$ 线性无关,因此(C) 错误。

若取 $\boldsymbol{A}=\begin{bmatrix}1&0&1\\0&1&0\end{bmatrix}$，则 $\boldsymbol{A\alpha}_1=\begin{bmatrix}1\\0\end{bmatrix}$，$\boldsymbol{A\alpha}_2=\begin{bmatrix}0\\1\end{bmatrix}$，$\boldsymbol{A\alpha}_3=\begin{bmatrix}1\\0\end{bmatrix}$，
显然，$\boldsymbol{A\alpha}_1$，$\boldsymbol{A\alpha}_2$，$\boldsymbol{A\alpha}_3$ 线性相关,因此(D) 错误。

【例 17】 (普研)设 $\boldsymbol{\alpha}_1$，$\boldsymbol{\alpha}_2$，$\boldsymbol{\alpha}_3$ 均为三维向量,则对任意常数 k，l，向量组 $\boldsymbol{\alpha}_1+k\boldsymbol{\alpha}_3$，$\boldsymbol{\alpha}_2+l\boldsymbol{\alpha}_3$ 线性无关是向量 $\boldsymbol{\alpha}_1$，$\boldsymbol{\alpha}_2$，$\boldsymbol{\alpha}_3$ 线性无关的________。

(A) 必要非充分条件　　(B) 充分非必要条件

(C) 充分必要条件　　(D) 既非充分也非必要条件

(E) 以上选项均错误

【答案】 (A)。

【解析】 $(\boldsymbol{\alpha}_1+k\boldsymbol{\alpha}_3\quad \boldsymbol{\alpha}_2+l\boldsymbol{\alpha}_3)=(\boldsymbol{\alpha}_1\quad \boldsymbol{\alpha}_2\quad \boldsymbol{\alpha}_3)\begin{bmatrix}1&0\\0&1\\k&l\end{bmatrix}\Leftrightarrow$ 记 $\boldsymbol{A}=(\alpha_1+k\alpha_3\quad \alpha_2+l\alpha_3)$，

$\boldsymbol{B}=(\boldsymbol{\alpha}_1\quad \boldsymbol{\alpha}_2\quad \boldsymbol{\alpha}_3)$，$\boldsymbol{C}=\begin{bmatrix}1&0\\0&1\\k&l\end{bmatrix}$，若 $\boldsymbol{\alpha}_1$，$\boldsymbol{\alpha}_2$，$\boldsymbol{\alpha}_3$ 线性无关,则 $\mathrm{r}(\boldsymbol{A})=\mathrm{r}(\boldsymbol{BC})=\mathrm{r}(\boldsymbol{C})=2$，
故 $\boldsymbol{\alpha}_1+k\boldsymbol{\alpha}_3$，$\boldsymbol{\alpha}_2+l\boldsymbol{\alpha}_3$ 线性无关。

举反例：令 $\boldsymbol{\alpha}_3=0$，则 $\boldsymbol{\alpha}_1$，$\boldsymbol{\alpha}_2$ 线性无关,但此时 $\boldsymbol{\alpha}_1$，$\boldsymbol{\alpha}_2$，$\boldsymbol{\alpha}_3$ 却线性相关。综上所述,对任意常数 k，l，向量 $\boldsymbol{\alpha}_1+k\boldsymbol{\alpha}_3$，$\boldsymbol{\alpha}_2+l\boldsymbol{\alpha}_3$ 线性无关是向量 $\boldsymbol{\alpha}_1$，$\boldsymbol{\alpha}_2$，$\boldsymbol{\alpha}_3$ 线性无关的必要非充分条件,故选(A)。

题型 3：两向量组等价的证明

【例 18】 (普研)设 $\boldsymbol{A}$，$\boldsymbol{B}$，$\boldsymbol{C}$ 均为 n 阶矩阵,若 $\boldsymbol{AB}=\boldsymbol{C}$,且 $\boldsymbol{B}$ 可逆,则________。

(A) 矩阵 $\boldsymbol{C}$ 的行向量组与矩阵 $\boldsymbol{A}$ 的行向量组等价

(B) 矩阵 $\boldsymbol{C}$ 的列向量组与矩阵 $\boldsymbol{A}$ 的列向量组等价

(C) 矩阵 $\boldsymbol{C}$ 的行向量组与矩阵 $\boldsymbol{B}$ 的行向量组等价

(D) 矩阵 $\boldsymbol{C}$ 的列向量组与矩阵 $\boldsymbol{B}$ 的列向量组等价

(E) 以上选项均错误

【答案】 (B)。

【解析】 将 $\boldsymbol{A}$，$\boldsymbol{C}$ 按列分块，$\boldsymbol{A}=(\boldsymbol{\alpha}_1,\cdots,\boldsymbol{\alpha}_n)$，$\boldsymbol{C}=(\boldsymbol{\gamma}_1,\cdots,\boldsymbol{\gamma}_n)$。

由于 $\boldsymbol{AB}=\boldsymbol{C}$，故 $(\boldsymbol{\alpha}_1,\cdots,\boldsymbol{\alpha}_n)\begin{pmatrix}b_{11}&\cdots&b_{1n}\\\vdots&\cdots&\vdots\\b_{n1}&\cdots&b_{nn}\end{pmatrix}=(\boldsymbol{\gamma}_1,\cdots,\boldsymbol{\gamma}_n)$，即 $\boldsymbol{\gamma}_1=b_{11}\boldsymbol{\alpha}_1+\cdots+$

$b_{n1}\boldsymbol{\alpha}_n$，$\boldsymbol{\gamma}_i=\cdots$，$\boldsymbol{\gamma}_n=b_{1n}\boldsymbol{\alpha}_1+\cdots+b_{nn}\boldsymbol{\alpha}_n$，即 $\boldsymbol{C}$ 的列向量组可由 $\boldsymbol{A}$ 的列向量线性表示。

由于 $\boldsymbol{B}$ 可逆，故 $\boldsymbol{A}=\boldsymbol{C}\boldsymbol{B}^{-1}$，$\boldsymbol{A}$ 的列向量组可由 $\boldsymbol{C}$ 的列向量组线性表示，选(B)。

【例 19】 （普研）向量组 $\boldsymbol{\alpha}_1=(1,1,a)^{\mathrm{T}}$，$\boldsymbol{\alpha}_2=(1,a,1)^{\mathrm{T}}$，$\boldsymbol{\alpha}_3=(a,1,1)^{\mathrm{T}}$ 可由向量组 $\boldsymbol{\beta}_1=(1,1,a)^{\mathrm{T}}$，$\boldsymbol{\beta}_2=(-2,a,4)^{\mathrm{T}}$，$\boldsymbol{\beta}_3=(-2,a,a)^{\mathrm{T}}$ 线性表示，但向量组 $\boldsymbol{\beta}_1$，$\boldsymbol{\beta}_2$，$\boldsymbol{\beta}_3$ 不能由向量组 $\boldsymbol{\alpha}_1$，$\boldsymbol{\alpha}_2$，$\boldsymbol{\alpha}_3$ 线性表示，则常数 $a=$________。

(A) -1　　(B) 0　　(C) 1　　(D) 2　　(E) 4

【答案】 (C)。

【解析】 记 $\boldsymbol{A}=(\boldsymbol{\alpha}_1,\boldsymbol{\alpha}_2,\boldsymbol{\alpha}_3)$，$\boldsymbol{B}=(\boldsymbol{\beta}_1,\boldsymbol{\beta}_2,\boldsymbol{\beta}_3)$，由于 $\boldsymbol{\beta}_1$，$\boldsymbol{\beta}_2$，$\boldsymbol{\beta}_3$ 不能由 $\boldsymbol{\alpha}_1$，$\boldsymbol{\alpha}_2$，$\boldsymbol{\alpha}_3$ 线性表示，故秩 $\mathrm{r}(\boldsymbol{A})<3$，从而 $|\boldsymbol{A}|=-(a-1)^2(a+2)=0$，所以 $a=1$ 或 $a=-2$。

当 $a=1$ 时，$\boldsymbol{\alpha}_1=\boldsymbol{\alpha}_2=\boldsymbol{\alpha}_3=\boldsymbol{\beta}_1=(1,1,1)^{\mathrm{T}}$，故 $\boldsymbol{\alpha}_1$，$\boldsymbol{\alpha}_2$，$\boldsymbol{\alpha}_3$ 可由 $\boldsymbol{\beta}_1$，$\boldsymbol{\beta}_2$，$\boldsymbol{\beta}_3$ 线性表示，但 $\boldsymbol{\beta}_2=(-2,1,4)^{\mathrm{T}}$ 不能由 $\boldsymbol{\alpha}_1$，$\boldsymbol{\alpha}_2$，$\boldsymbol{\alpha}_3$ 线性表示，所以 $a=1$ 符合题意。

当 $a=-2$ 时，由于

$$(\boldsymbol{B}\mid\boldsymbol{A})=\left[\begin{array}{ccc|ccc}1&-2&-2&1&1&-2\\1&-2&-2&1&-2&1\\-2&4&-2&-2&1&1\end{array}\right]\rightarrow\left[\begin{array}{ccc|ccc}1&-2&-2&1&1&-2\\0&0&-6&0&3&-3\\0&0&0&0&-3&3\end{array}\right],$$

考虑线性方程组 $\boldsymbol{B}\boldsymbol{x}=\boldsymbol{\alpha}_2$，因为秩 $\mathrm{r}(\boldsymbol{B})=2$，秩 $\mathrm{r}(\boldsymbol{B}\boldsymbol{\alpha}_2)=3$，所以方程组 $\boldsymbol{B}\boldsymbol{x}=\boldsymbol{\alpha}_2$ 无解，即 $\boldsymbol{\alpha}_2$ 不能由 $\boldsymbol{\beta}_1$，$\boldsymbol{\beta}_2$，$\boldsymbol{\beta}_3$ 线性表示，与题设矛盾。因此 $a=1$。故选(C)。

【例 20】 设向量组 $\boldsymbol{A}=(\boldsymbol{\alpha}_1,\boldsymbol{\alpha}_2,\boldsymbol{\alpha}_3)$，$\boldsymbol{B}=(\boldsymbol{\beta}_1,\boldsymbol{\beta}_2,\boldsymbol{\beta}_3)$，其中 $\boldsymbol{\alpha}_1=(1,0,2)^{\mathrm{T}}$，$\boldsymbol{\alpha}_2=(1,1,3)^{\mathrm{T}}$，$\boldsymbol{\alpha}_3=(1,-1,a+2)^{\mathrm{T}}$，其中 $\boldsymbol{\beta}_1=(1,2,a+3)^{\mathrm{T}}$，$\boldsymbol{\beta}_2=(2,1,a+6)^{\mathrm{T}}$，$\boldsymbol{\beta}_3=(2,1,a+4)^{\mathrm{T}}$，向量组 $\boldsymbol{A}$ 与 $\boldsymbol{B}$ 等价，则 a 不为________。

(A) -1　　(B) -2　　(C) 1　　(D) -3　　(E) 0

【答案】 (A)。

【解析】 令 $\boldsymbol{C}=(\alpha_1,\alpha_2,\alpha_3,\beta_1,\beta_2,\beta_3)=\begin{bmatrix}1&1&1&1&2&2\\0&1&-1&2&1&1\\2&3&a+2&a+3&a+6&a+4\end{bmatrix}$。

对 $\boldsymbol{C}$ 做初等行变换得

$$\boldsymbol{C}\longrightarrow\begin{bmatrix}1&0&2&-1&1&1\\0&1&-1&2&1&1\\0&0&a+1&a-1&a+1&a-1\end{bmatrix}。$$

当 $a\neq-1$ 时，α_1，α_2，α_3 线性无关，则 $\mathrm{r}(\boldsymbol{A})=\mathrm{r}(\boldsymbol{C})=3$ 知 $\boldsymbol{A}$ 与 $\boldsymbol{C}$ 等价，同理可计算出 $\mathrm{r}(\boldsymbol{B})=3=\mathrm{r}(\boldsymbol{C})$ 知 $\boldsymbol{B}$ 与 $\boldsymbol{C}$ 等价，故有 $\mathrm{r}(\boldsymbol{A})=\mathrm{r}(\boldsymbol{C})=\mathrm{r}(\boldsymbol{B})$，即 $\boldsymbol{A}$ 与 $\boldsymbol{B}$ 等价。

题型 4：向量组的极大无关组

【例 21】 （普研）设向量组 $\boldsymbol{\alpha}_1=(1,1,1,3)^{\mathrm{T}}$，$\boldsymbol{\alpha}_2=(-1,-3,5,1)^{\mathrm{T}}$，$\boldsymbol{\alpha}_3=(3,2,-1,p+2)^{\mathrm{T}}$，$\boldsymbol{\alpha}_4=(-2,-6,10,p)^{\mathrm{T}}$，$p$ 为何值时，该向量组线性相关________。

(A) -1　　(B) 2　　(C) 1　　(D) 3　　(E) 0

【答案】 (B)。

【解析】 对矩阵$(\boldsymbol{\alpha}_1, \boldsymbol{\alpha}_2, \boldsymbol{\alpha}_3, \boldsymbol{\alpha}_4, \boldsymbol{\alpha})$做初等行变换:

$$\begin{bmatrix}1 & -1 & 3 & -2\\ 1 & -3 & 2 & -6\\ 1 & 5 & -1 & 10\\ 3 & 1 & p+2 & p\end{bmatrix} \to \begin{bmatrix}1 & -1 & 3 & -2\\ 0 & -2 & -1 & -4\\ 0 & 6 & -4 & 12\\ 0 & 4 & p-7 & p+6\end{bmatrix} \to \begin{bmatrix}1 & -1 & 3 & -2\\ 0 & -2 & -1 & -4\\ 0 & 0 & -7 & 0\\ 0 & 0 & p-9 & p-2\end{bmatrix} \to$$

$$\begin{bmatrix}1 & -1 & 3 & -2\\ 0 & -2 & -1 & -4\\ 0 & 0 & 1 & 0\\ 0 & 0 & 0 & p-2\end{bmatrix}。$$

当$p=2$时,向量组$\boldsymbol{\alpha}_1, \boldsymbol{\alpha}_2, \boldsymbol{\alpha}_3, \boldsymbol{\alpha}_4$线性相关。此时,向量组的秩等于3,$\boldsymbol{\alpha}_1, \boldsymbol{\alpha}_2, \boldsymbol{\alpha}_3$(或$\boldsymbol{\alpha}_1, \boldsymbol{\alpha}_3, \boldsymbol{\alpha}_4$)为其一个极大线性无关组。

注意: 列向量做行变换$\boldsymbol{A}=(\boldsymbol{\alpha}_1, \boldsymbol{\alpha}_2, \boldsymbol{\alpha}_3, \boldsymbol{\alpha}_4) \to \boldsymbol{B}=(\boldsymbol{\beta}_1, \boldsymbol{\beta}_2, \boldsymbol{\beta}_3, \boldsymbol{\beta}_4)$,那么在阶梯形矩阵$\boldsymbol{B}$中,每行第一个不为$\boldsymbol{0}$的列对应的就是$\boldsymbol{\alpha}_1, \boldsymbol{\alpha}_2, \boldsymbol{\alpha}_3, \boldsymbol{\alpha}_4$的一个极大线性无关组。即若$\boldsymbol{\beta}_1, \boldsymbol{\beta}_2, \boldsymbol{\beta}_3$是$\boldsymbol{\beta}_1, \boldsymbol{\beta}_2, \boldsymbol{\beta}_3, \boldsymbol{\beta}_4$的极大线性无关组,则$\boldsymbol{\alpha}_1, \boldsymbol{\alpha}_2, \boldsymbol{\alpha}_3$是$\boldsymbol{\alpha}_1, \boldsymbol{\alpha}_2, \boldsymbol{\alpha}_3, \boldsymbol{\alpha}_4$的极大线性无关组。

题型5: 向量组的秩

【例22】 已知n维向量组$(\boldsymbol{\alpha}_1, \boldsymbol{\alpha}_2, \boldsymbol{\alpha}_3)$(Ⅰ),$(\boldsymbol{\alpha}_1, \boldsymbol{\alpha}_2, \boldsymbol{\alpha}_3, \boldsymbol{\alpha}_4)$(Ⅱ),$(\boldsymbol{\alpha}_1, \boldsymbol{\alpha}_2, \boldsymbol{\alpha}_3, \boldsymbol{\alpha}_5)$(Ⅲ),并且r(Ⅰ)=r(Ⅱ)=3,r(Ⅲ)=4,则$\mathrm{r}(\boldsymbol{\alpha}_1, \boldsymbol{\alpha}_2, \boldsymbol{\alpha}_3, 2\boldsymbol{\alpha}_4-\boldsymbol{\alpha}_5)=$________。

(A) 1　　(B) 2　　(C) 4　　(D) 3　　(E) 5

【答案】 (C)。

【解析】 由r(Ⅰ)=3知向量组$\boldsymbol{\alpha}_1, \boldsymbol{\alpha}_2, \boldsymbol{\alpha}_3$线性无关。又r(Ⅱ)=3,则$\boldsymbol{\alpha}_1, \boldsymbol{\alpha}_2, \boldsymbol{\alpha}_3, \boldsymbol{\alpha}_4$线性相关,所以$\boldsymbol{\alpha}_4$可由$\boldsymbol{\alpha}_1, \boldsymbol{\alpha}_2, \boldsymbol{\alpha}_3$线性表示,设$\boldsymbol{\alpha}_4=k_1\boldsymbol{\alpha}_1+k_2\boldsymbol{\alpha}_2+k_3\boldsymbol{\alpha}_3$。设$\boldsymbol{\alpha}_1, \cdots, \boldsymbol{\alpha}_5$均为$n$维列向量,则对矩阵$(\boldsymbol{\alpha}_1, \boldsymbol{\alpha}_2, \boldsymbol{\alpha}_3, 2\boldsymbol{\alpha}_4-\boldsymbol{\alpha}_5)=\left(\boldsymbol{\alpha}_1, \boldsymbol{\alpha}_2, \boldsymbol{\alpha}_3, 2\sum_{i=1}^{3}k_i\boldsymbol{\alpha}_i-\boldsymbol{\alpha}_5\right)$施以初等列变换可化为$(\boldsymbol{\alpha}_1, \boldsymbol{\alpha}_2, \boldsymbol{\alpha}_3, \boldsymbol{\alpha}_5)$,由已知r(Ⅲ)=4,所以$\mathrm{r}(\boldsymbol{\alpha}_1, \boldsymbol{\alpha}_2, \boldsymbol{\alpha}_3, 2\boldsymbol{\alpha}_4-\boldsymbol{\alpha}_5)=4$。故选(C)。

【例23】 设矩阵$\boldsymbol{A}=\begin{bmatrix}1 & -2 & 2\\ -2 & 6 & x\\ 3 & 0 & -6\end{bmatrix}$,三阶矩阵$\boldsymbol{B}\neq\boldsymbol{0}$,且满足$\boldsymbol{AB}=\boldsymbol{0}$,则________。

(A) $x=-8$, $\mathrm{r}(\boldsymbol{B})=1$　　(B) $x=-8$, $\mathrm{r}(\boldsymbol{B})=2$

(C) $x=8$, $\mathrm{r}(\boldsymbol{B})=1$　　(D) $x=8$, $\mathrm{r}(\boldsymbol{B})=2$

(E) $x=8$, $\mathrm{r}(\boldsymbol{B})=3$

【答案】 (A)。

【解析】 本题考查齐次线性方程组有非零解的充要条件及齐次线性方程组解的结构,$\boldsymbol{B}\neq\boldsymbol{0}$而$\boldsymbol{AB}=\boldsymbol{0}$,所以,$\boldsymbol{AX}=\boldsymbol{0}$有非零解,从而一定有$\mathrm{r}(\boldsymbol{A})<3$。

$$A=\begin{bmatrix}1&-2&2\\-2&6&x\\3&0&-6\end{bmatrix}\xrightarrow[{[3]+[1]\times(-3)}]{[2]+[1]\times(2)}\begin{bmatrix}1&-2&2\\0&2&x+4\\0&6&-12\end{bmatrix}\xrightarrow{[3]\times\left(\frac{1}{6}\right)}\begin{bmatrix}1&-2&2\\0&2&x+4\\0&1&-2\end{bmatrix}。$$

当 $\frac{2}{1}=\frac{x+4}{-2}$，即 $x=-8$ 时，$r(\boldsymbol{A})=2<3$。此时 $\boldsymbol{AX}=\boldsymbol{0}$ 的基础解系中含 $3-2=1$ 个解向量，$\boldsymbol{B}$ 的列向量都是 $\boldsymbol{AX}=\boldsymbol{0}$ 的解，因此 $\boldsymbol{B}$ 的秩等于 1。故正确选项为(A)。

【例 24】（普研）已知向量组 $\boldsymbol{\beta}_1=\begin{bmatrix}0\\1\\-1\end{bmatrix}$，$\boldsymbol{\beta}_2=\begin{bmatrix}a\\2\\1\end{bmatrix}$，$\boldsymbol{\beta}_3=\begin{bmatrix}b\\1\\0\end{bmatrix}$ 与向量组 $\boldsymbol{\alpha}_1=\begin{bmatrix}1\\2\\-3\end{bmatrix}$，$\boldsymbol{\alpha}_2=\begin{bmatrix}3\\0\\1\end{bmatrix}$，$\boldsymbol{\alpha}_3=\begin{bmatrix}9\\6\\-7\end{bmatrix}$ 具有相同的秩，且 $\boldsymbol{\beta}_3$ 可由 $\boldsymbol{\alpha}_1$，$\boldsymbol{\alpha}_2$，$\boldsymbol{\alpha}_3$ 线性表示，则 a，b 的值为________。

(A) $a=10$，$b=15$　　(B) $a=9$，$b=3$

(C) $a=15$，$b=5$　　(D) $a=12$，$b=4$

(E) $a=21$，$b=7$

【答案】（C）。

【解析】 因 $\boldsymbol{\beta}_3$ 可由 $\boldsymbol{\alpha}_1$，$\boldsymbol{\alpha}_2$，$\boldsymbol{\alpha}_3$ 线性表示，故线性方程组 $\begin{bmatrix}1&3&9\\2&0&6\\-3&1&-7\end{bmatrix}\begin{bmatrix}x_1\\x_2\\x_3\end{bmatrix}=\begin{bmatrix}b\\1\\0\end{bmatrix}$ 有解。

对增广矩阵施行初等变换：

$$\left[\begin{array}{ccc|c}1&3&9&b\\2&0&6&1\\-3&1&-7&0\end{array}\right]\to\left[\begin{array}{ccc|c}1&3&9&b\\0&-6&-12&1-2b\\0&10&20&3b\end{array}\right]$$

$$\to\left[\begin{array}{ccc|c}1&3&9&b\\0&1&2&\dfrac{2b-1}{6}\\0&1&2&\dfrac{3b}{10}\end{array}\right]\to\left[\begin{array}{ccc|c}1&3&9&b\\0&1&2&\dfrac{2b-1}{6}\\0&0&0&\dfrac{3b}{10}-\dfrac{2b-1}{6}\end{array}\right]$$

由非齐次线性方程组有解的条件知 $\frac{3b}{10}-\frac{2b-1}{6}=0$，得 $b=5$。

又 $\boldsymbol{\alpha}_1$ 和 $\boldsymbol{\alpha}_2$ 线性无关，$\boldsymbol{\alpha}_3=3\boldsymbol{\alpha}_1+2\boldsymbol{\alpha}_2$，所以向量组 $\boldsymbol{\alpha}_1$，$\boldsymbol{\alpha}_2$，$\boldsymbol{\alpha}_3$ 的秩为 2。

由题设知向量组 $\boldsymbol{\beta}_1$，$\boldsymbol{\beta}_2$，$\boldsymbol{\beta}_3$ 的秩也为 2，从而 $\begin{vmatrix}0&a&5\\1&2&1\\-1&1&0\end{vmatrix}=0$，解之得 $a=15$。

注意：本题亦可由秩相等 $r(\boldsymbol{\beta}_1,\boldsymbol{\beta}_2,\boldsymbol{\beta}_3)=r(\boldsymbol{\alpha}_1,\boldsymbol{\alpha}_2,\boldsymbol{\alpha}_3)$ 及 $r(\boldsymbol{\alpha}_1,\boldsymbol{\alpha}_2,\boldsymbol{\alpha}_3)=2$ 入手知

$|\boldsymbol{\beta}_1, \boldsymbol{\beta}_2, \boldsymbol{\beta}_3| = \begin{vmatrix} 0 & a & b \\ 1 & 2 & 1 \\ -1 & 1 & 0 \end{vmatrix} = 0 \Rightarrow a = 3b$ 再因 $\boldsymbol{\beta}_3$ 可由 $\boldsymbol{\alpha}_1, \boldsymbol{\alpha}_2, \boldsymbol{\alpha}_3$ 线性表示,从而可用 $\boldsymbol{\alpha}_1, \boldsymbol{\alpha}_2$ 线性表示,则 $\boldsymbol{\alpha}_1, \boldsymbol{\alpha}_2, \boldsymbol{\beta}_3$ 线性相关,于是由 $\begin{vmatrix} 1 & 3 & b \\ 2 & 0 & 1 \\ -3 & 1 & 0 \end{vmatrix} = 0$,求出 b,最后由 $a = 3b$ 求出 a。

11.5 过关练习题精练

【习题 1】 已知向量 $\boldsymbol{\alpha}_1=(1, 2, -1, 3)^{\mathrm{T}}$, $\boldsymbol{\alpha}_2=(2, 5, t, 8)^{\mathrm{T}}$, $\boldsymbol{\alpha}_3=(-1, 0, 3, 1)^{\mathrm{T}}$, $\boldsymbol{\beta}=(1, t, t^2-5, 7)^{\mathrm{T}}$,若 $\boldsymbol{\beta}$ 可由向量组 $\boldsymbol{\alpha}_1, \boldsymbol{\alpha}_2, \boldsymbol{\alpha}_3$ 线性表示,则 t 为________。

(A) -1　(B) 0　(C) 1　(D) 2　(E) 4

【答案】 (E)。

【解析】 设 $\boldsymbol{\beta}=k_1\boldsymbol{\alpha}_1+k_2\boldsymbol{\alpha}_2+k_3\boldsymbol{\alpha}_3$。记矩阵 $\bar{\boldsymbol{A}}=(\boldsymbol{\alpha}_1 \quad \boldsymbol{\alpha}_2 \quad \boldsymbol{\alpha}_3 \quad \boldsymbol{\beta})$。对矩阵 $\bar{\boldsymbol{A}}$ 施以初等行变换:

$$\bar{\boldsymbol{A}}=\begin{bmatrix} 1 & 2 & -1 & 1 \\ 2 & 5 & 0 & t \\ -1 & t & 3 & t^2-5 \\ 3 & 8 & 1 & 7 \end{bmatrix} \to \begin{bmatrix} 1 & 2 & -1 & 1 \\ 0 & 1 & 2 & t-2 \\ 0 & t+2 & 2 & t^2-4 \\ 0 & 2 & 4 & 4 \end{bmatrix} \to \begin{bmatrix} 1 & 2 & -1 & 1 \\ 0 & 1 & 2 & t-2 \\ 0 & 0 & -2(t+1) & 0 \\ 0 & 0 & 0 & -2(t-4) \end{bmatrix}。$$

由上面最后一个矩阵可知:当 $t=4$ 时,$\boldsymbol{\beta}$ 可由向量组 $\boldsymbol{\alpha}_1, \boldsymbol{\alpha}_2, \boldsymbol{\alpha}_3$ 线性表示。故选(E)。

【习题 2】 (普研)已知 $\boldsymbol{\alpha}_1=(1, 4, 0, 2)^{\mathrm{T}}$, $\boldsymbol{\alpha}_2=(2, 7, 1, 3)^{\mathrm{T}}$, $\boldsymbol{\alpha}_3=(0, 1, -1, a)^{\mathrm{T}}$, $\boldsymbol{\beta}=(3, 10, b, 4)^{\mathrm{T}}$,则________时,$\boldsymbol{\beta}$ 不能由 $\boldsymbol{\alpha}_1, \boldsymbol{\alpha}_2, \boldsymbol{\alpha}_3$ 线性表示。

(A) $a=1, b=2$　(B) $a=1, b\neq 3$

(C) $a\in\mathbf{R}, b\neq 2$　(D) $a=2, b=2$

(E) $a=0, b\neq 3$

【答案】 (C)。

【解析】 设 $x_1\boldsymbol{\alpha}_1+x_2\boldsymbol{\alpha}_2+x_3\boldsymbol{\alpha}_3=\boldsymbol{\beta}$。因为对 $(\boldsymbol{\alpha}_1, \boldsymbol{\alpha}_2, \boldsymbol{\alpha}_3 \mid \boldsymbol{\beta})$ 做初等行变换有

$$\left[\begin{array}{ccc|c} 1 & 2 & 0 & 3 \\ 4 & 7 & 1 & 10 \\ 0 & 1 & -1 & b \\ 2 & 3 & a & 4 \end{array}\right] \to \left[\begin{array}{ccc|c} 1 & 2 & 0 & 3 \\ 0 & -1 & 1 & -2 \\ 0 & 1 & -1 & b \\ 0 & -1 & a & -2 \end{array}\right] \to \left[\begin{array}{ccc|c} 1 & 2 & 0 & 3 \\ 0 & -1 & 1 & -2 \\ 0 & 0 & a-1 & 0 \\ 0 & 0 & 0 & b-2 \end{array}\right],$$

所以当 $b\neq 2$ 时,线性方程组 $(\boldsymbol{\alpha}_1, \boldsymbol{\alpha}_2, \boldsymbol{\alpha}_3)\boldsymbol{x}=\boldsymbol{\beta}$ 无解,此时 $\boldsymbol{\beta}$ 不能由 $\boldsymbol{\alpha}_1, \boldsymbol{\alpha}_2, \boldsymbol{\alpha}_3$ 线性表示。故选(C)。

【习题 3】 设向量 $\boldsymbol{\alpha}_1=(1, 3, 6, 2)^{\mathrm{T}}$, $\boldsymbol{\alpha}_2=(2, 1, 2, -1)^{\mathrm{T}}$, $\boldsymbol{\alpha}_3=(1, -1, a, -2)^{\mathrm{T}}$ 线性

无关，则________。

(A) $a \neq 2$　　(B) $a \neq 1$　　(C) $a \neq 2$　　(D) $a \neq -2$　　(E) $a \neq 4$

【答案】(D)。

【解析】设矩阵 $\boldsymbol{A}=(\boldsymbol{\alpha}_1, \boldsymbol{\alpha}_2, \boldsymbol{\alpha}_3)$，若 $\boldsymbol{\alpha}_1, \boldsymbol{\alpha}_2, \boldsymbol{\alpha}_3$ 线性无关，则 $r(\boldsymbol{A})=3$，对 $\boldsymbol{A}$ 施以初等行变换

$$\boldsymbol{A}=\begin{bmatrix}1 & 2 & 1\\ 3 & 1 & -1\\ 6 & 2 & a\\ 2 & -1 & -2\end{bmatrix}\rightarrow\begin{bmatrix}1 & 2 & 1\\ 0 & -5 & -4\\ 0 & -10 & a-6\\ 0 & -5 & -4\end{bmatrix}\rightarrow\begin{bmatrix}1 & 2 & 1\\ 0 & -5 & -4\\ 0 & 0 & a+2\\ 0 & 0 & 0\end{bmatrix}。$$

由此可知 $a \neq -2$ 时，$r(\boldsymbol{A})=3$。因此选(D)。

【习题 4】已知 n 维向量组 $\boldsymbol{\alpha}_1, \boldsymbol{\alpha}_2, \cdots, \boldsymbol{\alpha}_m$ 线性无关$(m>2)$，则________。

(A) 对任何一组数 $k_1, k_2, \cdots, k_m$，都有 $k_1\boldsymbol{\alpha}_1+k_2\boldsymbol{\alpha}_2+\cdots+k_m\boldsymbol{\alpha}_m=\boldsymbol{0}$

(B) $m<n$

(C) $\boldsymbol{\alpha}_1, \boldsymbol{\alpha}_2, \cdots, \boldsymbol{\alpha}_m$ 中少于 m 个向量构成的向量组均成线性相关

(D) 对任一 n 维向量 $\boldsymbol{\beta}$，有向量组 $\boldsymbol{\alpha}_1, \boldsymbol{\alpha}_2, \cdots, \boldsymbol{\alpha}_m, \boldsymbol{\beta}$ 线性相关

(E) $\boldsymbol{\alpha}_1, \boldsymbol{\alpha}_2, \cdots, \boldsymbol{\alpha}_m$ 中任意两个向量均线性无关

【答案】(E)。

【解析】由 $\boldsymbol{\alpha}_1, \boldsymbol{\alpha}_2, \cdots, \boldsymbol{\alpha}_m$ 线性无关，则其任一部分组线性无关。向量组中任意两个向量均线性无关，故本题应选(E)。

【习题 5】向量组 $\boldsymbol{\alpha}_1=(1, 2, 3, 4)^{\mathrm{T}}$，$\boldsymbol{\alpha}_2=(3, 4, 5, 6)^{\mathrm{T}}$，$\boldsymbol{\alpha}_3=(5, 6, 5, 8)^{\mathrm{T}}$，$\boldsymbol{\alpha}_4=(4, 3, 2, 1)^{\mathrm{T}}$，则向量组 $\boldsymbol{\alpha}_1, \boldsymbol{\alpha}_2, \boldsymbol{\alpha}_3, \boldsymbol{\alpha}_4$ 的秩为________。

(A) 3　　(B) 0　　(C) 1　　(D) 2　　(E) 4

【答案】(A)。

【解析】设 $\boldsymbol{A}=(\boldsymbol{\alpha}_1, \boldsymbol{\alpha}_2, \boldsymbol{\alpha}_3, \boldsymbol{\alpha}_4)$ 对 $\boldsymbol{A}$ 施以初等行变换。

$$\boldsymbol{A}=\begin{bmatrix}1 & 3 & 5 & 4\\ 2 & 4 & 6 & 3\\ 3 & 5 & 5 & 2\\ 4 & 6 & 8 & 1\end{bmatrix}\rightarrow\begin{bmatrix}1 & 3 & 5 & 4\\ 0 & -2 & -4 & -5\\ 0 & -4 & -10 & -10\\ 0 & -6 & -12 & -15\end{bmatrix}\rightarrow\begin{bmatrix}1 & 3 & 5 & 4\\ 0 & 2 & 4 & 5\\ 0 & 0 & -2 & 0\\ 0 & 0 & 0 & 0\end{bmatrix}。$$

由最后一个矩阵可知，$r(\boldsymbol{A})=3$。所以向量组 $\boldsymbol{\alpha}_1, \boldsymbol{\alpha}_2, \boldsymbol{\alpha}_3, \boldsymbol{\alpha}_4$ 的秩为 3。故选(A)。

【习题 6】已知四维列向量 $\boldsymbol{\alpha}_1=(1, 0, 2, 3)$，$\boldsymbol{\alpha}_2=(1, 1, 3, a)$，$\boldsymbol{\alpha}_3=(1, -1, 1, 1)$，$\boldsymbol{\alpha}_4=(1, 2, 6, 7)$，当向量组 $\boldsymbol{\alpha}_1, \boldsymbol{\alpha}_2, \boldsymbol{\alpha}_3, \boldsymbol{\alpha}_4$ 线性相关时，则 a 为________。

(A) 5　　(B) 0　　(C) 1　　(D) 3　　(E) 7

【答案】(A)。

【解析】设矩阵 $\boldsymbol{A}=(\boldsymbol{\alpha}_1, \boldsymbol{\alpha}_2, \boldsymbol{\alpha}_3, \boldsymbol{\alpha}_4)$，对 $\boldsymbol{A}$ 施以初等行变化，化为阶梯形矩阵，

$$A=\begin{bmatrix}1&1&1&1\\0&1&-1&2\\2&3&1&6\\3&a&1&7\end{bmatrix}\rightarrow\begin{bmatrix}1&1&1&1\\0&1&-1&2\\0&1&-1&4\\0&a-3&-2&4\end{bmatrix}\rightarrow\begin{bmatrix}1&1&1&1\\0&1&-1&2\\0&0&0&2\\0&0&a-5&10-2a\end{bmatrix}\xrightarrow{a=5}$$

$$\begin{bmatrix}1&1&1&1\\0&1&-1&2\\0&0&0&2\\0&0&0&0\end{bmatrix}$$

所以,当 $a=5$ 时,$\boldsymbol{\alpha}_1$, $\boldsymbol{\alpha}_2$, $\boldsymbol{\alpha}_3$, $\boldsymbol{\alpha}_4$ 线性相关。故选(A)。

【习题 7】 已知向量组 $\boldsymbol{\alpha}_1$, $\boldsymbol{\alpha}_2$, $\boldsymbol{\alpha}_3$ 线性无关,向量组 $\boldsymbol{\alpha}_1+a\boldsymbol{\alpha}_2$, $\boldsymbol{\alpha}_1+2\boldsymbol{\alpha}_2+\boldsymbol{\alpha}_3$, $a\boldsymbol{\alpha}_1-\boldsymbol{\alpha}_3$ 线性相关,则 $a=$________。

(A) 1 或者 3　　(B) 0 或者 1　　(C) 1 或者−2　　(D) 1 或者 2　　(E) 1 或者−4

【答案】 (C)。

【解析】 由 $\begin{vmatrix}1&1&a\\a&2&0\\0&1&-1\end{vmatrix}=\begin{vmatrix}1&a+1&a\\a&2&0\\0&0&-1\end{vmatrix}=a^2+a-2=0$,知 $a=1$ 或 $a=-2$。故选(C)。

【习题 8】 若 $\boldsymbol{\alpha}$, $\boldsymbol{\beta}$, $\boldsymbol{\gamma}$ 线性无关,而向量 $\boldsymbol{\alpha}+2\boldsymbol{\beta}$, $2\boldsymbol{\beta}+k\boldsymbol{\gamma}$, $3\boldsymbol{\gamma}+\boldsymbol{\alpha}$ 线性相关,则 $k=$________。

(A) 3　　(B) 2　　(C) −2　　(D) −3　　(E) 1

【答案】 (D)。

【解析】 本题主要考查向量组的线性相关性和线性无关性。

解法 1 考虑 $x_1(\boldsymbol{\alpha}+2\boldsymbol{\beta})+x_2(2\boldsymbol{\beta}+k\boldsymbol{\gamma})+x_3(3\boldsymbol{\gamma}+\boldsymbol{\alpha})=0$,
即 $(x_1+x_3)\boldsymbol{\alpha}+(2x_1+2x_2)\boldsymbol{\beta}+(kx_2+3x_3)\boldsymbol{\gamma}=0$。

因 $\boldsymbol{\alpha}$, $\boldsymbol{\beta}$, $\boldsymbol{\gamma}$ 线性无关,所以

$$\begin{cases}x_1+x_3=0\\2x_1+2x_2=0。\\kx_2+3x_3=0\end{cases}$$

又由向量组 $\boldsymbol{\alpha}+2\boldsymbol{\beta}$, $2\boldsymbol{\beta}+k\boldsymbol{\gamma}$, $3\boldsymbol{\gamma}+\boldsymbol{\alpha}$ 线性相关,所以有 x_1, x_2, x_3 不全为 0,故齐次线性方程组 $\begin{cases}x_1+x_3=0\\2x_1+2x_2=0\\kx_2+3x_3=0\end{cases}$ 有非零解,因而 $\begin{vmatrix}1&0&1\\2&2&0\\0&k&3\end{vmatrix}=6+2k=0$,解得 $k=-3$。

解法 2 $(\boldsymbol{\alpha}+2\boldsymbol{\beta},\ 2\boldsymbol{\beta}+k\boldsymbol{\gamma},\ 3\boldsymbol{\gamma}+\boldsymbol{\alpha})=(\boldsymbol{\alpha},\ \boldsymbol{\beta},\ \boldsymbol{\gamma})\begin{bmatrix}1&0&1\\2&2&0\\0&k&3\end{bmatrix}$。

由题设,$\boldsymbol{\alpha}$, $\boldsymbol{\beta}$, $\boldsymbol{\gamma}$ 线性无关,向量 $\boldsymbol{\alpha}+2\boldsymbol{\beta}$, $2\boldsymbol{\beta}+k\boldsymbol{\gamma}$, $3\boldsymbol{\gamma}+\boldsymbol{\alpha}$ 线性相关,可得矩阵 $(\boldsymbol{\alpha},\ \boldsymbol{\beta},\ \boldsymbol{\gamma})$ 的

秩等于 3，矩阵 $(\boldsymbol{\alpha}+2\boldsymbol{\beta},\ 2\boldsymbol{\beta}+k\boldsymbol{\gamma},\ 3\boldsymbol{\gamma}+\boldsymbol{\alpha})$ 的秩小于 3，因此矩阵 $\begin{bmatrix}1&0&1\\2&2&0\\0&k&3\end{bmatrix}$ 的秩必小于 3[否则，矩阵 $(\boldsymbol{\alpha}+2\boldsymbol{\beta},\ 2\boldsymbol{\beta}+k\boldsymbol{\gamma},\ 3\boldsymbol{\gamma}+\boldsymbol{\alpha})$ 的秩等于 3]，从而有 $\begin{vmatrix}1&0&1\\2&2&0\\0&k&3\end{vmatrix}=0$，解得 $k=-3$。

解法 3　特殊值代入法。

把看作 $\boldsymbol{\alpha},\boldsymbol{\beta},\boldsymbol{\gamma}$ 三维单位向量，$\boldsymbol{\alpha}=\begin{bmatrix}1\\0\\0\end{bmatrix}$，$\boldsymbol{\beta}=\begin{bmatrix}0\\1\\0\end{bmatrix}$，$\boldsymbol{\gamma}=\begin{bmatrix}0\\0\\1\end{bmatrix}$，则

$$\boldsymbol{\alpha}+2\boldsymbol{\beta}=\begin{bmatrix}1\\2\\0\end{bmatrix},\ 2\boldsymbol{\beta}+k\boldsymbol{\gamma}=\begin{bmatrix}0\\2\\k\end{bmatrix},\ 3\boldsymbol{\gamma}+\boldsymbol{\alpha}=\begin{bmatrix}1\\0\\3\end{bmatrix}。$$

因向量组 $\boldsymbol{\alpha}+2\boldsymbol{\beta},\ 2\boldsymbol{\beta}+k\boldsymbol{\gamma},\ 3\boldsymbol{\gamma}+\boldsymbol{\alpha}$ 线性相关，所以 $\begin{vmatrix}1&2&0\\0&2&k\\1&0&3\end{vmatrix}=0$，解得 $k=-3$。

故正确选项为(D)。

【习题 9】　已知向量组 $\boldsymbol{\alpha}_1=(1,\ 0,\ 5,\ 2)^{\mathrm{T}}$，$\boldsymbol{\alpha}_2=(3,\ -2,\ 3,\ -4)^{\mathrm{T}}$，$\boldsymbol{\alpha}_3=(-1,\ 1,\ t,\ 3)^{\mathrm{T}}$，$\boldsymbol{\alpha}_4=(-2,\ 1,\ -4,\ 1)^{\mathrm{T}}$ 线性相关，则 $t=$________。

(A) 3　　(B) 2　　(C) 0　　(D) 1　　(E) 任意实数

【答案】　(E)。

【解析】　由初等行变换得

$$\begin{bmatrix}1&0&5&2\\3&-2&3&-4\\-1&1&t&3\\-2&1&-4&1\end{bmatrix}\to\begin{bmatrix}1&0&5&2\\0&-2&-12&-10\\0&1&t+5&5\\0&1&6&5\end{bmatrix}\to\begin{bmatrix}1&0&5&2\\0&1&6&5\\0&1&t+5&5\\0&0&0&0\end{bmatrix}\to\begin{bmatrix}1&0&5&2\\0&1&6&5\\0&0&t-1&0\\0&0&0&0\end{bmatrix}。$$

当 $t=1$ 时，向量组的秩为 2；当 $t\neq 1$ 时，向量组的秩为 3；所以 t 为任意实数。故选(E)。

【习题 10】　设 $\boldsymbol{A}$ 为 4×5 矩阵，且 $\boldsymbol{A}$ 的行向量组线性无关，则________。

(A) $\boldsymbol{A}$ 的任意 4 个向量组线性无关；

(B) 方程组 $\boldsymbol{Ax}=\boldsymbol{b}$ 有无穷多解；

(C) 方程组 $\boldsymbol{Ax}=\boldsymbol{b}$ 的增广矩阵 $\bar{\boldsymbol{A}}$ 的任意 4 个列向量构成的向量组线性无关；

(D) $\boldsymbol{A}$ 的任意一个 4 阶子式不等于零。

(E) 以上选项均错误

【答案】　(B)。

【解析】　由向量组的秩与矩阵的秩之间的关系及线性方程组有解的判别知(B)正确。

【习题 11】 已知

$$\boldsymbol{\alpha}_1=\begin{pmatrix}1\\0\\2\\3\end{pmatrix},\ \boldsymbol{\alpha}_2=\begin{pmatrix}1\\1\\3\\5\end{pmatrix},\ \boldsymbol{\alpha}_3=\begin{pmatrix}1\\-1\\a+2\\1\end{pmatrix},\ \boldsymbol{\alpha}_4=\begin{pmatrix}1\\2\\4\\a+8\end{pmatrix},\ \boldsymbol{\beta}=\begin{pmatrix}1\\1\\b+3\\5\end{pmatrix},$$

则问:a, b 为何值时,$\boldsymbol{\beta}$ 不能表示为 $\boldsymbol{\alpha}_1$, $\boldsymbol{\alpha}_2$, $\boldsymbol{\alpha}_3$, $\boldsymbol{\alpha}_4$ 的线性组合。

(A) $a=-1$, $b\neq 0$

(B) $a=1$, $b\neq 0$

(C) $a=-2$, $b\neq 0$

(D) $a=2$, $b\neq 0$

(E) $a=-1$, $b\neq 1$

【答案】 (A)。

【解析】 $\boldsymbol{\beta}$ 不能表示为 $\boldsymbol{\alpha}_1$, $\boldsymbol{\alpha}_2$, $\boldsymbol{\alpha}_3$, $\boldsymbol{\alpha}_4$ 的线性组合的充要条件是非齐次方程组 $x_1\boldsymbol{\alpha}_1+x_2\boldsymbol{\alpha}_2+x_3\boldsymbol{\alpha}_3+x_4\boldsymbol{\alpha}_4=\boldsymbol{\beta}$ 无解,$\boldsymbol{\beta}$ 可唯一表示为 $\boldsymbol{\alpha}_1$, $\boldsymbol{\alpha}_2$, $\boldsymbol{\alpha}_3$, $\boldsymbol{\alpha}_4$ 的线性组合的充要条件是非齐次方程组 $x_1\boldsymbol{\alpha}_1+x_2\boldsymbol{\alpha}_2+x_3\boldsymbol{\alpha}_3+x_4\boldsymbol{\alpha}_4=\boldsymbol{\beta}$ 有唯一解。

$$\boldsymbol{B}=(\boldsymbol{\alpha}_1,\boldsymbol{\alpha}_2,\boldsymbol{\alpha}_3,\boldsymbol{\alpha}_4\mid\boldsymbol{\beta})=\left[\begin{array}{cccc|c}1&1&1&1&1\\0&1&-1&2&1\\2&3&a+2&4&b+3\\3&5&1&a+8&5\end{array}\right]\to$$

$$\left[\begin{array}{cccc|c}1&1&1&1&1\\0&1&-1&2&1\\0&1&a&2&b+1\\0&2&-2&a+5&2\end{array}\right]\to\left[\begin{array}{cccc|c}1&1&1&1&1\\0&1&-1&2&1\\0&0&a+1&0&b\\0&0&0&a+1&0\end{array}\right]。$$

当 $a=-1$, $b\neq 0$ 时,$R(\boldsymbol{\alpha}_1,\boldsymbol{\alpha}_2,\boldsymbol{\alpha}_3,\boldsymbol{\alpha}_4)=2\leqslant \mathrm{r}(\boldsymbol{B})=3$,此时 $\boldsymbol{\beta}$ 不能表示为 $\boldsymbol{\alpha}_1$, $\boldsymbol{\alpha}_2$, $\boldsymbol{\alpha}_3$, $\boldsymbol{\alpha}_4$ 的线性组合。

2021年396经济类专业学位联考
综合能力数学试题

一、数学基础：第1～35小题，每小题2分，共70分。下列每题给出的五个选项中，只有一个选项是最符合试题要求的。

1. $\lim\limits_{x \to 0} \dfrac{e^{6x}-1}{\ln(1+3x)}=$(　　)。

(A) 0　　(B) $\dfrac{1}{2}$　　(C) 2　　(D) 3　　(E) 6

2. 设函数 $f(x)$ 满足 $\lim\limits_{x \to x_0} f(x)=1$，则下列结论中不可能成立的是(　　)。

(A) $f(x_0)=1$　　(B) $f(x_0)=2$

(C) 在 x_0 附近恒有 $f(x)>\dfrac{1}{2}$　　(D) 在 x_0 附近恒有 $f(x)<\dfrac{3}{2}$

(E) 在 x_0 附近恒有 $f(x)<\dfrac{2}{3}$

3. $\lim\limits_{x \to 0}(x^2+x+e^x)^{\frac{1}{x}}=$(　　)。

(A) 0　　(B) 1　　(C) $\sqrt{e}$　　(D) e　　(E) e^2

4. 已知 $f(x)=e^{x-1}+ax$，$g(x)=\ln x^b$，$h(x)=\sin \pi x$，当 $x \to 1$ 时，$f(x)$ 为 $g(x)$ 的高阶无穷小，$g(x)$ 与 $h(x)$ 是等价无穷小，则(　　)。

(A) $a=-1,\ b=\pi$　　(B) $a=-1,\ b=-\pi$

(C) $a=\pi-1,\ b=\pi$　　(D) $a=\pi-1,\ b=-\pi$

(E) $a=1,\ b=\pi$

5. 设函数 $f(x)$ 可导且 $f(0)=0$，若 $\lim\limits_{x \to \infty} xf\left(\dfrac{1}{2x+3}\right)=1$，则 $f'(0)=$(　　)。

(A) 1　　(B) 2　　(C) 3　　(D) 4　　(E) 6

6. 已知直线 $y=kx$ 是曲线 $y=e^x$ 的切线，则对应切点的坐标为(　　)。

(A) $(1,\ e)$　　(B) $(e,\ 1)$　　(C) $(e,\ e^e)$　　(D) $(ke,\ e^{ke})$　　(E) $(k,\ e^k)$

7. 方程 $x^5-5x+1=0$ 的不同实根个数为(　　)。

(A) 1　　(B) 2　　(C) 3　　(D) 4　　(E) 5

8. 设函数 $y=y(x)$ 由方程 $x\cos y+y-2=0$ 确定，则 $y'=$(　　)。

(A) $\dfrac{\sin y}{x\cos y-1}$　　(B) $\dfrac{\cos y}{x\sin y-1}$

(C) $\dfrac{\sin y}{x\cos y+1}$　　(D) $\dfrac{\cos y}{x\sin y+1}$

(E) $\dfrac{\sin y}{x\sin y-1}$

9. 已知函数 $f(x)=\begin{cases}1+x^2, & x\leqslant 0\\ 1-\cos x, & x>0\end{cases}$，则以下结论中不正确的是(　　)。

(A) $\lim\limits_{x\to 0^+} f(x)=0$　　(B) $\lim\limits_{x\to 0^+} f'(x)=0$

(C) $\lim\limits_{x\to 0^-} f'(x)=0$　　(D) $f'_+(0)=0$

(E) $f'_-(0)=0$

10. 已知函数 $f(x)$ 可导，且 $f(1)=1$，$f'(1)=2$，设 $g(x)=f(f(1+3x))$，则 $g'(0)=$(　　)。

(A) 2　(B) 3　(C) 4　(D) 6　(E) 12

11. 设函数 $f(x)$满足 $f(x+\Delta x)-f(x)=2x\Delta x+o(\Delta x)(\Delta x\to 0)$，则 $f(3)-f(1)$(　　)。

(A) 4　(B) 6　(C) 8　(D) 9　(E) 12

12. 设函数 $f(x)$满足 $\int e^{-x}f(x)dx=xe^{-x}+C$，则$\int f(x)dx=$(　　)。

(A) $e^{-x}+xe^{-x}$　　(B) $e^{-x}+xe^{-x}+C$

(C) $x-\dfrac{x^2}{2}$　　(D) $x-\dfrac{x^2}{2}+C$

(E) $x+\ln x+C$

13. $\int_{-1}^{1}(x^3\cos x+x^2e^{x^3})dx=$(　　)。

(A) 0　(B) $\dfrac{e-e^{-1}}{3}$　(C) $\dfrac{e^{-1}-e}{3}$　(D) $\dfrac{e-e^{-1}}{2}$　(E) $\dfrac{e^{-1}-e}{2}$

14. 设函数 $F(x)$和 $G(x)$都是 $f(x)$的原函数，则以下结论中不正确的是(　　)。

(A) $\int f(x)dx=F(x)+C$　　(B) $\int f(x)dx=G(x)+C$

(C) $\int f(x)dx=\dfrac{F(x)+G(x)}{2}+C$　　(D) $\int f(x)dx=\dfrac{F(x)+2G(x)}{3}+C$

(E) $\int f(x)dx=F(x)+G(x)+C$

15. $\int_{-1}^{1}\dfrac{x+1}{x^2+2x+2}dx=$(　　)。

(A) $\ln 2$　(B) $\ln 4$　(C) $\ln 5$　(D) $\dfrac{1}{2}\ln 5$　(E) $\dfrac{1}{2}\ln\dfrac{5}{2}$

16. $\lim\limits_{x\to 0}\dfrac{\int_0^{x^2}(e^{t^2}-1)dt}{x^6}=$(　　)。

(A) 0　(B) ∞　(C) $\dfrac{1}{6}$　(D) $\dfrac{1}{3}$　(E) $\dfrac{1}{2}$

17. 设平面有界区域 D 由曲线 $y=x\sqrt{|x|}$ 与 x 轴和直线 $x=a$ 围成，若 D 绕 x 轴旋转所成的旋转体的体积等于 4π，则 $a=$(　　)。

(A) 2　(B) -2　(C) 2 或 -2　(D) 4　(E) 4 或 -4

18. 设 $I=\int_0^1 x\ln 2\mathrm{d}x$，$J=\int_0^1(\mathrm{e}^x-1)\mathrm{d}x$，$K=\int_0^1\ln(1+x)\mathrm{d}x$，则（　　）。

(A) $I<J<K$
(B) $I<K<J$
(C) $K<I<J$
(D) $K<J<I$
(E) $J<I<K$

19. 已知函数 $f(x, y)=\ln(1+x^2+3y^2)$，则在点(1, 1)处（　　）。

(A) $\frac{\partial f}{\partial x}=\frac{\partial f}{\partial y}$
(B) $\frac{\partial f}{\partial x}=3\frac{\partial f}{\partial y}$
(C) $3\frac{\partial f}{\partial x}=\frac{\partial f}{\partial y}$
(D) $\frac{\partial f}{\partial x}=\sqrt{3}\frac{\partial f}{\partial y}$
(E) $\sqrt{3}\frac{\partial f}{\partial x}=\frac{\partial f}{\partial y}$

20. 已知函数 $f(x, y)=xy\mathrm{e}^{x^2}$，则 $x\frac{\partial f}{\partial x}-y\frac{\partial f}{\partial y}=$（　　）。

(A) 0
(B) $f(x, y)$
(C) $2xf(x, y)$
(D) $2x^2f(x, y)$
(E) $2yf(x, y)$

21. 设函数 $z=z(x, y)$ 由方程 $xyz+\mathrm{e}^{x+2y+3z}=1$ 确定，则 $\mathrm{d}z\,|_{(0,0)}=$（　　）。

(A) $\mathrm{d}x+\mathrm{d}y$
(B) $-\mathrm{d}x-\mathrm{d}y$
(C) $\frac{1}{2}\mathrm{d}x+\mathrm{d}y$
(D) $-\frac{1}{2}\mathrm{d}x-\mathrm{d}y$
(E) $-\frac{1}{3}\mathrm{d}x-\frac{2}{3}\mathrm{d}y$

22. 已知函数 $f(x, y)=x^2+2xy+2y^2-6y$，则（　　）。

(A) $(3, -3)$是 $f(x, y)$的极大值点
(B) $(3, -3)$是 $f(x, y)$的极小值点
(C) $(-3, 3)$是 $f(x, y)$的极大值点
(D) $(-3, 3)$是 $f(x, y)$的极小值点
(E) $f(x, y)$没有极值点

23. 设 3 阶矩阵 $\boldsymbol{A}$，$\boldsymbol{B}$ 均可逆，则 $(\boldsymbol{A}^{-1}\boldsymbol{B}^{-1}\boldsymbol{A})^{-1}=$（　　）。

(A) $\boldsymbol{A}^{-1}\boldsymbol{B}\boldsymbol{A}^{-1}$
(B) $\boldsymbol{A}^{-1}\boldsymbol{B}^{-1}\boldsymbol{A}^{-1}$
(C) $\boldsymbol{A}\boldsymbol{B}^{-1}\boldsymbol{A}^{-1}$
(D) $\boldsymbol{A}^{-1}\boldsymbol{B}\boldsymbol{A}$
(E) $\boldsymbol{A}\boldsymbol{B}\boldsymbol{A}^{-1}$

24. 设行列式 $D=\begin{vmatrix} a_{11} & a_{12} & a_{13} \\ a_{21} & a_{22} & a_{23} \\ a_{31} & a_{32} & a_{33} \end{vmatrix}$，$M_{ij}$ 是 D 中元素 a_{ij} 的余子式，A_{ij} 是 D 中元素 a_{ij} 的代数余子式，则满足 $M_{ij}=A_{ij}$ 的数组(M_{ij}, A_{ij})至少有（　　）。

(A) 1 组　(B) 2 组　(C) 3 组　(D) 4 组　(E) 5 组

25. $\begin{vmatrix} j & m & w \\ m & w & j \\ w & j & m \end{vmatrix}=$（　　）。

(A) $jmw-j^3-m^3-w^3$
(B) $j^3+m^3+w^3-jmw$

(C) $3jmw-j^3-m^3-w^3$　　(D) $j^3+m^3+w^3-3jmw$

(E) $jmw-3j^3-3m^3-3w^3$

26. 已知矩阵 $\boldsymbol{A}=\begin{pmatrix}1 & -1\\ 2 & 3\end{pmatrix}$，$\boldsymbol{E}$ 为 2 阶单位矩阵，则 $\boldsymbol{A}^2-4\boldsymbol{A}+3\boldsymbol{E}=($　　)。

(A) $\begin{pmatrix}0 & 2\\ 2 & 0\end{pmatrix}$　(B) $\begin{pmatrix}0 & -2\\ -2 & 0\end{pmatrix}$　(C) $\begin{pmatrix}2 & 0\\ 0 & 2\end{pmatrix}$　(D) $\begin{pmatrix}-2 & 0\\ 0 & -2\end{pmatrix}$　(E) $\begin{pmatrix}-2 & 0\\ 0 & 2\end{pmatrix}$

27. 设向量组 $\boldsymbol{\alpha}_1, \boldsymbol{\alpha}_2, \boldsymbol{\alpha}_3$ 线性无关，则以下向量组中线性相关的是(　　)。

(A) $\boldsymbol{\alpha}_1+\boldsymbol{\alpha}_2, \boldsymbol{\alpha}_2+\boldsymbol{\alpha}_3, \boldsymbol{\alpha}_3+\boldsymbol{\alpha}_1$　　(B) $\boldsymbol{\alpha}_1-\boldsymbol{\alpha}_2, \boldsymbol{\alpha}_2-\boldsymbol{\alpha}_3, \boldsymbol{\alpha}_3-\boldsymbol{\alpha}_1$

(C) $\boldsymbol{\alpha}_1+2\boldsymbol{\alpha}_2, \boldsymbol{\alpha}_2+2\boldsymbol{\alpha}_3, \boldsymbol{\alpha}_3+2\boldsymbol{\alpha}_1$　　(D) $\boldsymbol{\alpha}_1-2\boldsymbol{\alpha}_2, \boldsymbol{\alpha}_2-2\boldsymbol{\alpha}_3, \boldsymbol{\alpha}_3-2\boldsymbol{\alpha}_1$

(E) $2\boldsymbol{\alpha}_1+\boldsymbol{\alpha}_2, 2\boldsymbol{\alpha}_2+\boldsymbol{\alpha}_3, 2\boldsymbol{\alpha}_3+\boldsymbol{\alpha}_1$

28. 设 $\boldsymbol{A}=\begin{bmatrix}a_{11} & a_{12} & a_{13}\\ a_{21} & a_{22} & a_{23}\end{bmatrix}$，$\boldsymbol{B}=\begin{bmatrix}b_{11} & b_{12}\\ b_{21} & b_{22}\\ b_{31} & b_{32}\end{bmatrix}$，若 $\boldsymbol{AB}=\begin{pmatrix}1 & 0\\ 2 & 1\end{pmatrix}$，则齐次线性方程组 $\boldsymbol{Ax}=\boldsymbol{0}$ 和 $\boldsymbol{By}=\boldsymbol{0}$ 的线性无关解向量的个数分别为(　　)。

(A) 0 和 0　(B) 1 和 0　(C) 0 和 1　(D) 2 和 0　(E) 1 和 2

29. 若齐次线性方程组 $\begin{cases}2x_1+x_2+3x_3=0\\ ax_1+3x_2+4x_3=0\end{cases}$ 和 $\begin{cases}x_1+2x_2+x_3=0\\ x_1+bx_2+2x_3=0\end{cases}$ 有公共的非零解，则(　　)。

(A) $a=2, b=-1$　　(B) $a=-3, b=-1$

(C) $a=3, b=1$　　(D) $a=3, b=-1$

(E) $a=-1, b=3$

30. 设随机变量 X 的密度函数为 $f(x)=\begin{cases}Ax^2, & 0<x<1\\ 0, & \text{其他}\end{cases}$ (其中 A 为常数)，则 $P\left\{X\leqslant\frac{1}{2}\right\}=($　　)。

(A) $\frac{1}{16}$　(B) $\frac{1}{8}$　(C) $\frac{3}{16}$　(D) $\frac{1}{4}$　(E) $\frac{1}{2}$

31. 设随机变量 X, Y 分别为正态分布：$X\sim N(\mu, 4)$，$Y\sim N(\mu, 9)$，记 $p=P(X\leqslant\mu-2)$，$q=P(Y\geqslant\mu+3)$，则(　　)。

(A) 对任何实数 μ，均有 $p=q$　　(B) 对任何实数 μ，均有 $p>q$

(C) 对任何实数 μ，均有 $p<q$　　(D) 仅对某些实数 μ，有 $p>q$

(E) 仅对某些实数 μ，有 $p<q$

32. 设相互独立的随机变量 X, Y 具有相同的分布律，且 $P(X=0)=\frac{1}{2}$，$P(X=1)=\frac{1}{2}$，则 $P(X+Y=1)=($　　)。

(A) $\frac{1}{8}$　(B) $\frac{1}{4}$　(C) $\frac{1}{2}$　(D) $\frac{3}{4}$　(E) $\frac{4}{5}$

33. 设 A, B 是随机事件，且 $P(A)=0.5$，$P(B)=0.3$，$P(A\cup B)=0.6$，若 $\overline{B}$ 表示 B 的对立事件，则 $P(\overline{AB})=($　　)。

(A) 0.2　(B) 0.3　(C) 0.4　(D) 0.5　(E) 0.6

34. 设随机变量 X 服从区间$[-3, 2]$上的均匀分布,随机变量 $Y=\begin{cases}1, & X\geqslant 0,\\ -1, & X<0,\end{cases}$ 则 $DY=$(　　)。

(A) $\frac{1}{5}$　(B) $\frac{1}{25}$　(C) $\frac{24}{25}$　(D) 1　(E) $\frac{26}{25}$

35. 设随机变量 X 的概率分布律为

X	-1	1	2	3
P	0.7	a	b	0.1

若 $EX=0$,则 $DX=$(　　)。

(A) 1.4　(B) 1.8　(C) 2.4　(D) 2.6　(E) 3

2021 年 396 经济类专业学位联考综合能力数学试题　参考详解

1.【答案】（C）。

【解析】依题得 $\lim\limits_{x\to 0}\dfrac{e^{6x}-1}{\ln(1+3x)}=\lim\limits_{x\to 0}\dfrac{6x}{3x}=2$。

2.【答案】（E）。

【解析】由极限与函数值无关，故（A），（B）选项是可能成立的，不选；对于（C），（D），（E）选项只需要根据极限的定义：$|f(x)-A|<\varepsilon$，取 $\varepsilon=\dfrac{1}{2}$，易得 $|f(x)-1|<\dfrac{1}{2}$，有 $\dfrac{1}{2}<f(x)<\dfrac{3}{2}$，故（C），（D）选项完全可能成立，再取 $\varepsilon=\dfrac{1}{3}$，易得 $|f(x)-1|<\dfrac{1}{3}$，有 $\dfrac{2}{3}<f(x)<\dfrac{4}{3}$，故（E）是不可能成立的。实际上，因为 $\lim\limits_{x\to x_0}f(x)=1$，必定存在 $x_1\in\mathring{U}(x_0,\delta)$，使得 $f(x)>\dfrac{2}{3}$，综上所述：答案选择（E）。

3.【答案】（E）。

【解析】$\lim\limits_{x\to 0}(x^2+x+e^x)^{\frac{1}{x}}=\lim\limits_{x\to 0}e^{\ln(x^2+x+e^x)^{\frac{1}{x}}}=e^{\lim\limits_{x\to 0}e^{\frac{\ln(x^2+x+e^x)}{x}}}=e^{\lim\limits_{x\to 0}e^{\frac{2x+1+e^x}{1}}}=e^2$。

4.【答案】（B）。

【解析】先根据等价替换理论化简：$f(x)=e^{x-1}+ax\sim x-1+o(x-1)+ax=(a+1)x-1+o(x-1)$，$g(x)=\ln x^b=b\ln x\sim b(x-1)$，$h(x)=\sin\pi x=\sin(\pi-\pi x)\sim-\pi(x-1)$，由 $f(x)$ 为 $g(x)$ 的高阶无穷小，故 $a=-1$，又 $g(x)$ 与 $h(x)$ 是等价无穷小，故：$b=-\pi$，答案选择（B）。

5.【答案】（B）。

【解析】由 $\lim\limits_{x\to\infty}xf\left(\dfrac{1}{2x+3}\right)=\lim\limits_{x\to\infty}\dfrac{f\left(\dfrac{1}{2x+3}\right)-f(0)}{\dfrac{1}{2x+3}}\;\dfrac{x}{2x+3}=\dfrac{1}{2}f'(0)$，且 $\lim\limits_{x\to\infty}xf\left(\dfrac{1}{2x+3}\right)=1$，故 $\dfrac{1}{2}f'(0)=1$，即 $f'(0)=2$，答案选择（B）。

6.【答案】（A）。

【解析】设切点坐标为 (x_0,e^{x_0})，则由在切点处函数值和导数值均相同得 $\begin{cases}kx_0=e^{x_0}\\k=e^{x_0}\end{cases}$。

解得 $x_0=1$，故切点坐标为 $(1,e)$。

7.【答案】 (C)。

【解析】 令 $f(x)=x^5-5x+1$，则 $f'(x)=5x^4-5=5(x^2+1)(x+1)(x-1)$。

令 $f'(x)=0$ 得 $x=\pm1$，列表讨论如下：

x	$(-\infty,-1)$	-1	$(-1,1)$	1	$(1,+\infty)$
$f'(x)$	$+$	0	$-$	0	$+$
$f(x)$	↗	5	↘	-3	↗

又 $f(-\infty)=-\infty$，$f(+\infty)=+\infty$，且函数在区间内连续，根据零点存在原理得

$f(x)=x^5-5x+1$ 在 $(-\infty,-1)$，$(-1,1)$ 和 $(1,+\infty)$ 均存在零点，由函数单调性可知每个单调区间得零点唯一，故方程 $x^5-5x+1=0$ 的实根个数为 3。故选(C)。

8.【答案】 (B)。

【解析】 方程两边对 x 求导得 $\cos y+x(-\sin y)y'+y'=0$，解得 $y'=\dfrac{\cos y}{x\sin y-1}$。故选(B)。

9.【答案】 (D)。

【解析】 由 $\lim\limits_{x\to0^+}\dfrac{f(x)-f(0)}{x-0}=\lim\limits_{x\to0^+}\dfrac{1-\cos x-1}{x-0}=\infty$，得 $f'_+(0)$ 不存在。故选(D)。

10.【答案】 (E)。

【解析】 $g'(0)=[f(f(1+3x))]'|_{x=0}=3f'(f(1))\cdot f'(1)=3\cdot2\cdot2=12$。故选(E)。

11.【答案】 (C)。

【解析】 因为 $f(x+\Delta x)-f(x)=2x\Delta x+o(\Delta x)$，所以根据微分的定义，$f'(x)=2x$，故 $f(x)=\int 2x\,\mathrm{d}x=x^2+C$，$f(3)-f(1)=9-1=8$，故选(C)。

12.【答案】 (D)。

【解析】 $\int \mathrm{e}^{-x}f(x)\mathrm{d}x=x\mathrm{e}^{-x}+C$，则 $\mathrm{e}^{-x}f(x)=\mathrm{e}^{-x}-x\mathrm{e}^{-x}$，所以 $f(x)=1-x$，则 $\int f(x)\mathrm{d}x=x-\dfrac{x^2}{2}+C$，故选(D)。

13.【答案】 (B)。

【解析】 $\int_{-1}^{1}(x^3\cos x+x^2\mathrm{e}^{x^3})\mathrm{d}x=\int_{-1}^{1}x^3\cos x\,\mathrm{d}x+\int_{-1}^{1}x^2\mathrm{e}^{x^3}\mathrm{d}x$，

观察到积分区间为对称区间，其中 $x^3\cos x$ 为奇函数，则 $\int_{-1}^{1}x^3\cos x\,\mathrm{d}x=0$，

$\int_{-1}^{1}(x^3\cos x+x^2\mathrm{e}^{x^3})\mathrm{d}x=\int_{-1}^{1}x^2\mathrm{e}^{x^3}\mathrm{d}x=\dfrac{1}{3}\int_{-1}^{1}\mathrm{e}^{x^3}\mathrm{d}x^3=\dfrac{1}{3}\mathrm{e}^{x^3}\Big|_{-1}^{1}=\dfrac{\mathrm{e}-\mathrm{e}^{-1}}{3}$，故选(B)。

14.【答案】 (E)。

【解析】 由题知 $F(x)$ 和 $G(x)$ 都是 $f(x)$ 的原函数，故排除(A)，(B)。

此外 $\dfrac{F(x)+G(x)}{2}$ 和 $\dfrac{F(x)+2G(x)}{3}$ 是 $f(x)$ 的原函数，排除(C)，(D)，故选(E)。

15.【答案】 (D)。

【解析】 $\int_{-1}^{1}\dfrac{x+1}{x^2+2x+2}\mathrm{d}x=\dfrac{1}{2}\int_{-1}^{1}\dfrac{\mathrm{d}(x^2+2x+2)}{x^2+2x+2}=\dfrac{1}{2}\ln(x^2+2x+2)\Big|_{-1}^{1}=$ $\dfrac{1}{2}\ln 5$，故选(D)。

16.【答案】 (D)。

【解析】 $\lim\limits_{x\to 0}\dfrac{\int_0^{x^2}(\mathrm{e}^{t^2}-1)\mathrm{d}t}{x^6}\xlongequal{\text{洛必达法则}}\lim\limits_{x\to 0}\dfrac{(\mathrm{e}^{x^4}-1)\cdot 2x}{6x^5}=\lim\limits_{x\to 0}\dfrac{2x^5}{6x^5}=\dfrac{1}{3}$，故选(D)。

17.【答案】 (C)。

【解析】 由题知 $y=x\sqrt{|x|}=\begin{cases}x\sqrt{x}, & x\geqslant 0\\ x\sqrt{-x}, & x<0\end{cases}$，所以

$a>0$ 时，由 $V_x=\int_0^a\pi(x\sqrt{x})^2\mathrm{d}x=\pi\int_0^a x^3\mathrm{d}x=\dfrac{\pi}{4}a^4=4\pi$，得 $a^4=16$，即 $a=2$；

$a<0$ 时，由 $V_x=\int_a^0\pi(x\sqrt{-x})^2\mathrm{d}x=\pi\int_a^0 x^2(-x)\mathrm{d}x=\dfrac{\pi}{4}a^4=4\pi$，得 $a^4=16$，即 $a=-2$。

所以 $a=2$ 或 $a=-2$，故选(C)。

18.【答案】 (B)。

【解析】 只需比较三个被积函数的大小，由 $x>0$ 时，$\ln(1+x)<x<\mathrm{e}^x-1$，又 $0<\ln 2<1$，则 $x\ln 2<\mathrm{e}^x-1$ 一定成立，所以 $I<J$。下面先比较 I 和 K 的大小：

计算可得 $I=\int_0^1 x\ln 2\mathrm{d}x=\ln 2\dfrac{x^2}{2}\Big|_0^1=\dfrac{1}{2}\ln 2$，$J=\int_0^1(\mathrm{e}^x-1)\mathrm{d}x=(\mathrm{e}^x-x)\Big|_0^1=\mathrm{e}-2$。

$K=\int_0^1\ln(1+x)\mathrm{d}x=x\ln(1+x)\Big|_0^1-\int_0^1\dfrac{x}{1+x}\mathrm{d}x=\ln 2-\int_0^1\dfrac{(x+1)-1}{1+x}\mathrm{d}x=\ln 2-$ $[x-\ln(1+x)]\Big|_0^1=2\ln 2-12\ln 2-1-\dfrac{1}{2}\ln 2=\dfrac{3}{2}\ln 2-1=\ln 2^{\frac{3}{2}}-\ln\mathrm{e}>0$，$2\ln 2-1-(\mathrm{e}-2)=2\ln 2-\mathrm{e}+1<0$，所以 $I<K<J$，故选(B)。

19.【答案】 (C)。

【解析】 由于 $\dfrac{\partial f}{\partial x}=\dfrac{2x}{1+x^2+3y^2}$，$\dfrac{\partial f}{\partial y}=\dfrac{6y}{1+x^2+3y^2}$，所以 $\dfrac{\partial f}{\partial x}\Big|_{(1,1)}=\dfrac{2}{5}$，$\dfrac{\partial f}{\partial x}\Big|_{(1,1)}=\dfrac{6}{5}$，于是 $3\dfrac{\partial f}{\partial x}=\dfrac{\partial f}{\partial y}$，故选(C)。

20.【答案】 (D)。

【解析】 由于 $\dfrac{\partial f}{\partial x}=y\mathrm{e}^{x^2}+2x^2y\mathrm{e}^{x^2}$，$\dfrac{\partial f}{\partial y}=x\mathrm{e}^{x^2}$，所以

$x\dfrac{\partial f}{\partial x}-y\dfrac{\partial f}{\partial y}=x(y\mathrm{e}^{x^2}+2x^2y\mathrm{e}^{x^2})-xy\mathrm{e}^{x^2}=2x^3y\mathrm{e}^{x^2}=2x^2f(x,y)$，故选(D)。

21.【答案】 (E)。

【解析】 将 $x=y=0$ 代入题设方程得，$z=0$。

令 $F(x,y,z)=xyz+\mathrm{e}^{x+2y+3z}-1$，则

$F'_x=yz+\mathrm{e}^{x+2y+3z}$，$F'_y=xz+2\mathrm{e}^{x+2y+3z}$，$F'_z=xy+3\mathrm{e}^{x+2y+3z}$，

则 $\left.\frac{\partial z}{\partial x}\right|_{(0,0)}=-\left.\frac{F'_x}{F'_z}\right|_{(0,0)}=-\frac{1}{3}$，$\left.\frac{\partial z}{\partial y}\right|_{(0,0)}=-\left.\frac{F'_y}{F'_z}\right|_{(0,0)}=-\frac{2}{3}$，

有 $\mathrm{d}z\,|_{(0,0)}=-\frac{1}{3}\mathrm{d}x-\frac{2}{3}\mathrm{d}y$，故选(E)。

22.**【答案】** (D)。

【解析】 由 $\begin{cases}f'_x=2x+2y=0\\ f'_y=2x+4y-6=0\end{cases}$，得驻点 $(-3,3)$，$f''_{xx}=2$，$f''_{xy}=2$，$f''_{yy}=4$。

在驻点$(-3,3)$处，$A=2$，$B=2$，$C=4$，此时 $AC-B^2>0$，且 $A>0$，故$(-3,3)$是 $f(x,y)$ 的极小值点，故选(D)。

23.**【答案】** (D)。

【解析】 $(\boldsymbol{A}^{-1}\boldsymbol{B}^{-1}\boldsymbol{A})^{-1}=\boldsymbol{A}^{-1}(\boldsymbol{B}^{-1})^{-1}(\boldsymbol{A}^{-1})^{-1}=\boldsymbol{A}^{-1}\boldsymbol{B}\boldsymbol{A}$，故选(D)。

24.**【答案】** (E)。

【解析】 已知 $M_{ij}=(-1)^{i+j}A_{ij}(i,j=1,2,3)$，则满足 $M_{ij}=A_{ij}$ 时，$i+j$ 为偶数，所以满足 $M_{ij}=A_{ij}$ 的数组(M_{ij},A_{ij})至少有 5 组，故选(E)。

25.**【答案】** (C)。

【解析】 利用行列式定义 $\begin{vmatrix}j&m&w\\m&w&j\\w&j&m\end{vmatrix}=jmw+jmw+jmw-w^3-m^3-j^3$

$=3jmw-w^3-m^3-j^3$，故选(C)。

26.**【答案】** (D)。

【解析】
$$\begin{aligned}A^2-4A+3E&=(A-E)(A-3E)\\&=\begin{pmatrix}0&-1\\2&2\end{pmatrix}\begin{pmatrix}-2&-1\\2&0\end{pmatrix}\\&=\begin{pmatrix}-2&0\\0&-2\end{pmatrix}\end{aligned}$$
，故选(D)。

27.**【答案】** (B)。

【解析】 $(\alpha_1-\alpha_2)+(\alpha_2-\alpha_3)+(\alpha_3-\alpha_1)=0$，故 $\alpha_1-\alpha_2$，$\alpha_2-\alpha_3$，$\alpha_3-\alpha_1$ 线性相关，故选(B)。

28.**【答案】** (B)。

【解析】 由题意 $\boldsymbol{A}_{2\times3}\boldsymbol{B}_{3\times2}=\begin{pmatrix}1&0\\2&1\end{pmatrix}$，故 $\mathrm{r}(\boldsymbol{A}_{2\times3}\boldsymbol{B}_{3\times2})=\mathrm{r}\begin{pmatrix}1&0\\2&1\end{pmatrix}=2$，

$2=\mathrm{r}(\boldsymbol{A}_{2\times3}\boldsymbol{B}_{3\times2})\leqslant\mathrm{r}(\boldsymbol{A}_{2\times3})\leqslant2\Rightarrow\mathrm{r}(\boldsymbol{A}_{2\times3})=2$。

同理 $2=\mathrm{r}(\boldsymbol{A}_{2\times3}\boldsymbol{B}_{3\times2})\leqslant\mathrm{r}(\boldsymbol{B}_{3\times2})\leqslant2\Rightarrow\mathrm{r}(\boldsymbol{B}_{3\times2})=2$。

因此齐次方程组 $\boldsymbol{Ax}=\boldsymbol{0}$ 的无关解向量的个数为 $3-\mathrm{r}(\boldsymbol{A}_{2\times3})=3-1=1$。

齐次方程组 $\boldsymbol{By}=\boldsymbol{0}$ 的无关解向量的个数为 0，故选(B)。

29.**【答案】** (D)。

【解析】 两方程组有公共的非零解，即 $\begin{cases}2x_1+x_2+3x_3=0\\ax_1+3x_2+4x_3=0\\x_1+2x_2+x_3=0\\x_1+bx_2+2x_3=0\end{cases}$ 有非零解，则系数矩阵的

秩小于 3。

$$\begin{pmatrix}2&1&3\\a&3&4\\1&2&1\\1&b&2\end{pmatrix}\to\begin{pmatrix}1&2&1\\a&3&4\\2&1&3\\1&b&2\end{pmatrix}\to\begin{pmatrix}1&2&1\\0&3-2a&4-a\\0&-3&1\\0&b-2&1\end{pmatrix}\to\begin{pmatrix}1&2&1\\0&1&-\frac{1}{3}\\0&3-2a&4-a\\0&b-2&1\end{pmatrix}\to$$

$$\begin{pmatrix}1&2&1\\0&1&-\frac{1}{3}\\0&0&\frac{4-a}{3-2a}+\frac{1}{3}\\0&0&\frac{1}{b-2}+\frac{1}{3}\end{pmatrix}，所以\begin{cases}\frac{4-a}{3-2a}+\frac{1}{3}=0\\\frac{1}{b-2}+\frac{1}{3}=0\end{cases}，得\begin{cases}a=3\\b=-1\end{cases}，故选(D)。$$

30.【答案】 (B)。

【解析】 由密度函数的归一性知 $\int_{-\infty}^{+\infty}f(x)\mathrm{d}x=1$，即

$$\int_{-\infty}^{+\infty}f(x)\mathrm{d}x=\int_0^1 Ax^2\mathrm{d}x=\frac{A}{3}x^3\Big|_0^1=\frac{A}{3}=1,$$

$A=3$。

$$P\left\{X\leqslant\frac{1}{2}\right\}=\int_0^{\frac{1}{2}}3x^2\mathrm{d}x=x^3\Big|_0^{\frac{1}{2}}=\frac{1}{8}，故选(B)。$$

31.【答案】 (A)。

【解析】 由已知 $X\sim N(\mu,4)$，$Y\sim N(\mu,9)$，则

$\frac{X-\mu}{2}\sim N(0,1)$，$\frac{Y-\mu}{3}\sim N(0,1)$。

$$p=P(X\leqslant\mu-2)=P\left(\frac{X-\mu}{2}\leqslant\frac{\mu-2-\mu}{2}\right)=P\left(\frac{X-\mu}{2}\leqslant-1\right)=\Phi(-1)。$$

$$q=P(Y\geqslant\mu+3)=P\left(\frac{Y-\mu}{3}\geqslant\frac{\mu+3-\mu}{3}\right)=P\left(\frac{Y-\mu}{3}\geqslant1\right)=1-\Phi(1)=\Phi(-1)。$$

因 $p=q$，故选(A)。

32.【答案】 (C)。

【解析】 由已知，得

$P(X+Y=1)=P(X=1,Y=0)+P(X=0,Y=1)=P(X=1)\cdot P(Y=0)+P(X=0)\cdot P(Y=1)=\frac{1}{2}\cdot\frac{1}{2}+\frac{1}{2}\cdot\frac{1}{2}=\frac{1}{2}$。

故选(C)。

33.【答案】 (B)。

【解析】 由 $P(A\cup B)=P(A)+P(B)-P(AB)$，即 $0.6=0.5+0.3-P(AB)$，得 $P(AB)=0.2$，故 $P(A\overline{B})=P(A)-P(AB)=0.5-0.2=0.3$，故选(B)。

34.【答案】 (C)。

【解析】　$P\{Y=1\}=P\{X\geqslant 0\}=\dfrac{2-0}{2-(-3)}=\dfrac{2}{5}$,则 Y 的概率分布为

Y	-1	1
P	$\dfrac{3}{5}$	$\dfrac{2}{5}$

于是 $EY=-1\cdot\dfrac{3}{5}+1\cdot\dfrac{2}{5}=-\dfrac{1}{5}$, $EY^2=(-1)^2\cdot\dfrac{3}{5}+1^2\cdot\dfrac{2}{5}=1$。

则 $DY=EY^2-(EY)^2=1-\left(-\dfrac{1}{5}\right)^2=\dfrac{24}{25}$。故选(C)。

35.**【答案】**　(C)。

【解析】　由已知可得 $0.7+a+b+0.1=1$, $-0.7+a+2b+0.3=0$,从而解得 $a=0$, $b=0.2$,所以 $DX=E(X^2)-E^2(X)=E(X^2)=0.7+a+4b+0.9=2.4$,故选(C)。

2022年396经济类专业学位联考综合能力数学试题

一、数学基础：第1～35小题，每小题2分，共70分。下列每题给出的五个选项中，只有一个选项是最符合试题要求的。

1. $\lim\limits_{x \to -\infty} x\sin\dfrac{2}{x} =$（　　）。

(A) -2　　(B) $-\dfrac{1}{2}$　　(C) 0　　(D) $\dfrac{1}{2}$　　(E) 2

2. 设实数 a、b 满足 $\lim\limits_{x \to -1}\dfrac{3x^2+ax+b}{x+1}=4$，则（　　）。

(A) $a=7, b=4$　　(B) $a=10, b=7$

(C) $a=4, b=7$　　(D) $a=10, b=6$

(E) $a=2, b=3$

3. 已知 a、b 为实数，且 $a \neq 0$，若函数 $f(x)=\begin{cases}\dfrac{1-e^x}{ax}, & x>0 \\ b, & x \leqslant 0\end{cases}$ 在 $x=0$ 处连续，则 $ab=$（　　）。

(A) 2　　(B) 1　　(C) $\dfrac{1}{2}$　　(D) 0　　(E) -1

4. 已知函数 $f(x)=\sqrt{1+x}-1$，$g(x)=\ln\dfrac{1+x}{1-x^2}$，$h(x)=2^x-1$，$w(x)=\dfrac{\sin^2 x}{x}$，在 $x \to 0$ 时，与 x 等价的无穷小量是（　　）。

(A) $g(x)$，$w(x)$　　(B) $f(x)$，$h(x)$

(C) $g(x)$，$h(x)$　　(D) $f(x)$，$g(x)$

(E) $h(x)$，$w(x)$

5. 曲线 $y=\dfrac{x\sqrt{x}}{\sqrt{3}}(0 \leqslant x \leqslant 4)$ 的长度为（　　）。

(A) 14　　(B) 16　　(C) $\dfrac{7}{2}$　　(D) $\dfrac{56}{9}$　　(E) $\dfrac{64}{9}$

6. 已知 $f(x)$ 可导，且 $f(0)=1$，$f'(0)=-1$，则 $\lim\limits_{x \to 0}\dfrac{3^x[1-f(x)]}{x}=$（　　）。

(A) -1　　(B) 1　　(C) $-\ln 3$　　(D) $\ln 3$　　(E) 0

7. 已知 $f(x)$ 可导且 $f'(0)=3$，设 $g(x)=f(4x^2+2x)$，则 $\mathrm{d}g\big|_{x=0}=$（　　）。

(A) 0　(B) $2\mathrm{d}x$　(C) $3\mathrm{d}x$　(D) $4\mathrm{d}x$　(E) $6\mathrm{d}x$

8. 已知函数 $f(x)=\begin{cases}\dfrac{\sin x}{x}, & x\neq 0\\ 1, & x=0\end{cases}$，则 $f'(0)+f'(1)=$(　　)。

(A) $\cos 1-\sin 1$　(B) $\sin 1-\cos 1$

(C) $\cos 1+\sin 1$　(D) $1+\cos 1-\sin 1$

(E) $1+\sin 1-\cos 1$

9. 设函数 $y=f(x)$ 由 $y+x\mathrm{e}^{xy}=1$ 确定，则曲线 $y=f(x)$ 在 $(0, f(0))$ 处的切线方程是(　　)。

(A) $x+y=1$　(B) $x+y=-1$

(C) $x-y=1$　(D) $x-y=-1$

(E) $2x+y=1$

10. 函数 $f(x)=(x^2-3)\mathrm{e}^x$ 的(　　)。

(A) 最大值是 $6\mathrm{e}^{-3}$　(B) 最小值是 $-2\mathrm{e}$

(C) 递减区间是 $(-\infty, 0)$　(D) 递增区间是 $(0, +\infty)$

(E) 凹区间是 $(0, +\infty)$

11. 设连续函数 $f(x)$ 满足 $\int_0^{2x} f(t)\mathrm{d}t=\mathrm{e}^x-1$，则 $f(1)=$(　　)。

(A) e　(B) $\dfrac{\mathrm{e}}{2}$　(C) $\sqrt{\mathrm{e}}$　(D) $\dfrac{\mathrm{e}^2}{2}$　(E) $\dfrac{\sqrt{\mathrm{e}}}{2}$

12. 设 $I=\int_0^{\pi}\mathrm{e}^{\sin x}\cos^2 x\,\mathrm{d}x$，$J=\int_0^{\pi}\mathrm{e}^{\sin x}\cos^3 x\,\mathrm{d}x$，$K=\int_0^{\pi}\mathrm{e}^{\sin x}\cos^4 x\,\mathrm{d}x$，则(　　)。

(A) $I<J<K$　(B) $K<J<I$

(C) $K<I<J$　(D) $J<I<K$

(E) $J<K<I$

13. $\int_{\frac{1}{2}}^{1}\dfrac{1}{x^3}\mathrm{e}^{\frac{1}{x}}\mathrm{d}x=$(　　)。

(A) e^2　(B) $-\mathrm{e}^2$　(C) $\dfrac{\sqrt{\mathrm{e}}}{2}$　(D) $2\mathrm{e}-\sqrt{\mathrm{e}}$　(E) $3\mathrm{e}^2-2\mathrm{e}$

14. 设函数 $f(x)$ 的一个原函数为 $x\sin x$，则 $\int_0^{\pi}xf(x)\mathrm{d}x=$(　　)。

(A) 0　(B) 1　(C) $-\pi$　(D) π　(E) 2π

15. 已知变量 y 关于 x 的变化率等于 $\dfrac{10}{(x+1)^2}+1$，当 x 从1变化到9时，y 的改变量为(　　)。

(A) 8　(B) 10　(C) 12　(D) 14　(E) 16

16. 设平面有界区域 D 由曲线 $y=\sin x\,(0\leqslant x\leqslant 2\pi)$ 与 x 轴围成，则 D 绕 x 轴旋转所成旋转体的体积为(　　)。

(A) $\dfrac{\pi}{2}$　(B) π　(C) $\dfrac{\pi^2}{2}$　(D) π^2　(E) 4π

17. 设非负函数 $f(x)$ 二阶可导,且 $f''(x)>0$,则(　　)。

(A) $\int_0^2 f(x)\mathrm{d}x < f(0)+f(2)$　　(B) $\int_0^2 f(x)\mathrm{d}x < f(0)+f(1)$

(C) $\int_0^2 f(x)\mathrm{d}x < f(1)+f(2)$　　(D) $2f(1) > f(0)+f(2)$

(E) $2f(1)=f(0)+f(2)$

18. 已知函数 $f(u)$ 可导,设 $z=f(y-x)+\sin x+\mathrm{e}^y$,则 $\left.\frac{\partial z}{\partial x}\right|_{(0,1)}+\left.\frac{\partial z}{\partial y}\right|_{(0,1)}=$ (　　)。

(A) 1　　(B) e+1　　(C) e−1　　(D) π−e　　(E) π+e

19. 已知函数 $f(x,y)=\begin{cases}\dfrac{x|y|}{\sqrt{x^2+y^2}}, & (x,y)\neq(0,0)\\ 0, & (x,y)=(0,0)\end{cases}$ 在点 (0, 0) 处给出以下结论:① $f(x,y)$ 连续;② $\frac{\partial f}{\partial x}$ 存在,$\frac{\partial f}{\partial y}$ 不存在;③ $\frac{\partial f}{\partial x}=0$,$\frac{\partial f}{\partial y}=0$;④ $\mathrm{d}f=0$。下列选项中正确的是(　　)。

(A) ①　　(B) ②　　(C) ①②　　(D) ①③　　(E) ①③④

20. 已知函数 $f(x,y)=x^2+2y^2+2xy+x+y$,则(　　)。

(A) $f\left(-\frac{1}{2},0\right)$ 是极大值　　(B) $f\left(0,\frac{1}{2}\right)$ 是极大值

(C) $f\left(-\frac{1}{2},0\right)$ 是极小值　　(D) $f\left(0,-\frac{1}{2}\right)$ 是极小值

(E) $f(0,0)$ 是极小值

21. 已知函数 $f(u,v)$ 具有二阶连续偏导数,且 $\left.\frac{\partial f}{\partial v}\right|_{(0,1)}=2$,$\left.\frac{\partial^2 f}{\partial u^2}\right|_{(0,1)}=3$,设 $g(x)=f(\sin x,\cos x)$,则 $\left.\frac{\mathrm{d}^2 g}{\mathrm{d}x^2}\right|_{x=0}=$ (　　)。

(A) 1　　(B) 2　　(C) 3　　(D) 4　　(E) 5

22. 设 $\begin{vmatrix}a_{11} & a_{12}\\ a_{21} & a_{22}\end{vmatrix}=M$,$\begin{vmatrix}b_{11} & b_{12}\\ b_{21} & b_{22}\end{vmatrix}=N$,则(　　)。

(A) 当 $a_{ij}=2b_{ij}(i,j=1,2)$ 时,$M=2N$

(B) 当 $a_{ij}=2b_{ij}(i,j=1,2)$ 时,$M=4N$

(C) 当 $M=N$ 时,$a_{ij}=b_{ij}(i,j=1,2)$

(D) 当 $M=2N$ 时,$a_{ij}=2b_{ij}(i,j=1,2)$

(E) 当 $M=4N$ 时,$a_{ij}=2b_{ij}(i,j=1,2)$

23. 已知 $f(x)=\begin{vmatrix}1 & -2 & 1\\ -1 & 4 & x\\ 1 & -8 & x^2\end{vmatrix}$,则 $f(x)=0$ 的根为(　　)。

(A) $x_1=-1,\ x_2=1$　　(B) $x_1=1,\ x_2=-2$

(C) $x_1=1,\ x_2=2$　　(D) $x_1=-1,\ x_2=2$

(E) $x_1=-1$，$x_2=-2$

24. 设 $\boldsymbol{A}=\begin{pmatrix}a_{11} & a_{12}\\ a_{21} & a_{22}\end{pmatrix}$，其中 $a_{ij}\in\{1,2,3\}(i,j=1,2)$，若对 $\boldsymbol{A}$ 施以交换两行的初等变换，再施以交换两列的初等变换，得到的矩阵仍为 $\boldsymbol{A}$，则这样的矩阵共有(　　)个。

(A) 3　　(B) 4　　(C) 6　　(D) 9　　(E) 12

25. $\begin{bmatrix}0 & 0 & 1\\ 0 & 1 & 0\\ 1 & 0 & 0\end{bmatrix}\begin{bmatrix}a_{11} & a_{12}\\ a_{21} & a_{22}\\ a_{31} & a_{32}\end{bmatrix}\begin{bmatrix}1 & k\\ 0 & 1\end{bmatrix}=$(　　)。

(A) $\begin{bmatrix}a_{31}+ka_{32} & a_{32}\\ a_{21}+ka_{22} & a_{22}\\ a_{11}+ka_{12} & a_{12}\end{bmatrix}$　　(B) $\begin{bmatrix}ka_{31}+a_{32} & a_{32}\\ ka_{21}+a_{22} & a_{22}\\ ka_{11}+a_{12} & a_{12}\end{bmatrix}$

(C) $\begin{bmatrix}a_{31} & ka_{31}+a_{32}\\ a_{21} & ka_{21}+a_{22}\\ a_{11} & ka_{11}+a_{12}\end{bmatrix}$　　(D) $\begin{bmatrix}a_{31} & a_{31}+ka_{32}\\ a_{21} & a_{21}+ka_{22}\\ a_{11} & a_{11}+ka_{12}\end{bmatrix}$

(E) $\begin{bmatrix}a_{31}+ka_{21} & a_{32}+ka_{22}\\ a_{21} & a_{22}\\ a_{11} & a_{12}\end{bmatrix}$

26. 已知 $\boldsymbol{\alpha}_1$，$\boldsymbol{\alpha}_2$，$\boldsymbol{\alpha}_3$，$\boldsymbol{\alpha}_4$ 是 3 维向量组，若向量组 $\boldsymbol{\alpha}_1+\boldsymbol{\alpha}_2$，$\boldsymbol{\alpha}_2+\boldsymbol{\alpha}_3$，$\boldsymbol{\alpha}_3+\boldsymbol{\alpha}_4$ 线性无关，则向量组 $\boldsymbol{\alpha}_1$，$\boldsymbol{\alpha}_2$，$\boldsymbol{\alpha}_3$，$\boldsymbol{\alpha}_4$ 的秩为(　　)。

(A) 0　　(B) 1　　(C) 2　　(D) 3　　(E) 4

27. 设 k 为实数，若向量组 $(1,3,1)$，$(-1,k,0)$，$(-k,2,k)$ 线性相关，则 $k=$(　　)。

(A) -2 或 $-\frac{1}{2}$　　(B) -2 或 $\frac{1}{2}$

(C) 2 或 $-\frac{1}{2}$　　(D) 2 或 $\frac{1}{2}$

(E) 2 或 -2

28. 设矩阵 $\boldsymbol{A}=\begin{pmatrix}a & 1 & 1\\ 1 & a & 1\\ 1 & 1 & a\end{pmatrix}$，① 当 $a=1$ 时，$\boldsymbol{Ax}=\boldsymbol{0}$ 的基础解系中含有 1 个向量；② 当 $a=-2$ 时，$\boldsymbol{Ax}=\boldsymbol{0}$ 的基础解系中含有 1 个向量；③ 当 $a=1$ 时，$\boldsymbol{Ax}=\boldsymbol{0}$ 的基础解系中含有 2 个向量；④ 当 $a=-2$ 时，$\boldsymbol{Ax}=\boldsymbol{0}$ 的基础解系中含有 2 个向量。

其中所有结论正确的序号是(　　)。

(A) ①　　(B) ②　　(C) ①②　　(D) ②③　　(E) ③④

29. 已知甲、乙、丙三人的 3 分球投篮命中率分别是 $\frac{1}{3}$，$\frac{1}{4}$，$\frac{1}{5}$，若甲、乙、丙每人各投 1 次 3 分球，则有人投中的概率为(　　)。

(A) 0.4　　(B) 0.5　　(C) 0.6　　(D) 0.7　　(E) 0.8

30. 设随机变量 X 的密度函数 $f(x)=\begin{cases}2e^{-2x}, & x\geqslant 0\\ 0, & x<0\end{cases}$，记 $a=P(X>11\mid X>1)$，$b=P(X>20\mid X>10)$，$c=P(X>100\mid X>90)$，则(　　)。

(A) $a>b>c$　　(B) $a=c>b$

(C) $c>a=b$　　(D) $a=b=c$

(E) $b>a=c$

31. 设随机变量 X，Y 独立同分布，且 $P(X=0)=\dfrac{1}{3}$，$P(X=1)=\dfrac{2}{3}$，则 $P(XY=0)=$(　　)。

(A) 0　　(B) $\dfrac{4}{9}$　　(C) $\dfrac{5}{9}$　　(D) $\dfrac{2}{3}$　　(E) $\dfrac{7}{9}$

32. 已知随机事件 A，B 满足 $P(B\mid A)=\dfrac{1}{2}$，$P(A\mid B)=\dfrac{1}{3}$，$P(AB)=\dfrac{1}{8}$，则 $P(A\cup B)=$(　　)。

(A) $\dfrac{1}{4}$　　(B) $\dfrac{3}{8}$　　(C) $\dfrac{1}{2}$　　(D) $\dfrac{5}{8}$　　(E) $\dfrac{3}{4}$

33. 设随机变量 X 服从正态分布：$X\sim N(2,9)$，若 $P(X\leqslant -1)=a$，则 $P(X\geqslant 5)=$(　　)。

(A) $1-a$　　(B) $\dfrac{1}{5}a$　　(C) $\dfrac{1}{2}a$　　(D) a　　(E) $2a$

34. 在工作日上午 10:00 到 11:00 之间，假设某医院的就诊人数服从期望为 5 的泊松分布，则该时段就诊人数不少于 2 的概率为(　　)。

(A) $2e^{-5}$　　(B) $4e^{-5}$　　(C) $5e^{-5}$　　(D) $1-4e^{-5}$　　(E) $1-6e^{-5}$

35. 设随机变量 X 服从区间 $[-1,1]$ 上的均匀分布，若 $Y=X^3$，则 $D(Y)=$(　　)。

(A) $\dfrac{1}{14}$　　(B) $\dfrac{1}{7}$　　(C) $\dfrac{3}{14}$　　(D) $\dfrac{5}{14}$　　(E) $\dfrac{3}{7}$

2022 年 396 经济类专业学位联考综合能力
数学试题　参考详解

1.【答案】（E）。

【解析】 $\lim\limits_{x\to-\infty} x\sin\dfrac{2}{x}=2\lim\limits_{x\to-\infty}\dfrac{\sin\dfrac{2}{x}}{\dfrac{2}{x}}=2\times 1=2$，选择(E)。

2.【答案】（B）。

【解析】 由分母趋于 0，且整体极限存在，所以分子必定趋于 0，故 $3-a+b=0$，根据洛必达法则可知 $\lim\limits_{x\to-1}\dfrac{3x^2+ax+b}{x+1}=\lim\limits_{x\to-1}6x+a=4$，也就是 $a=10$，故 $b=7$，故选择(B)。

3.【答案】（E）。

【解析】 由题意知在 $x=0$ 处连续，则 $\lim\limits_{x\to0^+}f(x)=f(0)=b$，

而 $\lim\limits_{x\to0^+}f(x)=\lim\limits_{x\to0^+}\dfrac{1-e^x}{ax}=\lim\limits_{x\to0^+}\dfrac{-x}{ax}=-\dfrac{1}{a}$，所以 $ab=-1$，答案选择(E)。

4.【答案】（A）。

【解析】 由题意：当 $x\to0$ 时，$f(x)=\sqrt{1+x}-1\sim\dfrac{x}{2}$；

$g(x)=\ln\dfrac{1+x}{1-x^2}=\ln\dfrac{1}{1-x}=-\ln(1-x)\sim x$；

$h(x)=2^x-1\sim x\ln 2$；

$w(x)=\dfrac{\sin^2 x}{x}\sim x$；

显然答案选择(A)。

5.【答案】（D）。

【解析】 由弧长公式 $s=\int_0^4 ds=\int_0^4\sqrt{1+(y')^2}\,dx=\int_0^4\sqrt{1+\dfrac{3x}{4}}\,dx=\dfrac{4}{3}\int_0^4\sqrt{1+\dfrac{3x}{4}}$ $d\left(1+\dfrac{3x}{4}\right)$，

故 $s=\dfrac{4}{3}\cdot\dfrac{2}{3}\cdot\left(1+\dfrac{3x}{4}\right)^{\frac{3}{2}}\Big|_0^4=\dfrac{8}{9}\cdot(8-1)=\dfrac{56}{9}$，答案选择(D)。

6.【答案】（B）。

【解析】 $\lim\limits_{x\to0}\dfrac{3^x[1-f(x)]}{x}=\lim\limits_{x\to0}3^x\cdot\lim\limits_{x\to0}\dfrac{[1-f(x)]}{x}=-\lim\limits_{x\to0}\dfrac{f(x)-f(0)}{x-0}=$

$-f'(0)=1$，故答案选择(B)。

7.【答案】(E)。

【解析】 $\mathrm{d}g\,|_{x=0}=g'(x)\,|_{x=0}\mathrm{d}x=f'(4x^2+2x)\cdot(8x+2)\,|_{x=0}\mathrm{d}x=2f'(0)\mathrm{d}x=6\mathrm{d}x$，故答案选择(E)。

8.【答案】(A)。

【解析】 $f'(0)=\lim\limits_{x\to 0}\dfrac{f(x)-f(0)}{x-0}=\lim\limits_{x\to 0}\dfrac{\dfrac{\sin x}{x}-1}{x-0}=\lim\limits_{x\to 0}\dfrac{\sin x-x}{x^2}=0$，当 $x\neq 0$ 时，$f'(x)=\dfrac{x\cos x-\sin x}{x^2}$，所以 $f'(1)=f'(x)\,|_{x=1}=\left.\dfrac{x\cos x-\sin x}{x^2}\right|_{x=1}=\cos 1-\sin 1$，答案选择(A)。

9.【答案】(A)。

【解析】 等式两端关于 x 求导：$y'+\mathrm{e}^{xy}+x\mathrm{e}^{xy}(y+xy')=0$，代入 $x=0$，易得 $f'(0)=-1$，且 $f(0)=1$，所以切线方程为 $y-f(0)=f'(0)(x-0)$，即 $x+y=1$，答案选择(A)。

10.【答案】(B)。

【解析】 对 $f(x)$ 求导可得 $f'(x)=(x^2+2x-3)\mathrm{e}^x=(x-1)(x+3)\mathrm{e}^x$，显然(C)、(D)错误，$f(x)$ 在 $(-\infty,-3)$，$(1,+\infty)$ 上单调递增，在 $(-3,1)$ 上单调递减，由于 $\lim\limits_{x\to+\infty}f(x)=+\infty$，故无最大值，$\lim\limits_{x\to-\infty}f(x)=0$，且 $f(1)=-2\mathrm{e}$，所以为最小值，同时 $f''(x)=(x^2+4x-1)\mathrm{e}^x$，显然(E)错误，所以答案选择(B)。

11.【答案】(E)。

【解析】 等式两端关于 x 求导：$2f(2x)=\mathrm{e}^x$，代入 $x=\dfrac{1}{2}$，$f(1)=\dfrac{\sqrt{\mathrm{e}}}{2}$，答案选择(E)。

12.【答案】(E)。

【解析】 首先由换元法知：$J=\int_0^{\pi}\mathrm{e}^{\sin x}\cos^3 x\,\mathrm{d}x=\int_{-\frac{\pi}{2}}^{\frac{\pi}{2}}\mathrm{e}^{\cos x}\sin^3 x\,\mathrm{d}x=0$ 且 I 和 K 的被积函数均大于 0，所以 J 最小，又因为 $\mathrm{e}^{\sin x}\cos^2 x\geqslant\mathrm{e}^{\sin x}\cos^4 x$，所以 $K<I$，故 $J<K<I$，答案选择(E)。

13.【答案】(A)。

【解析】 $\int_{\frac{1}{2}}^{1}\dfrac{1}{x^3}\mathrm{e}^{\frac{1}{x}}\,\mathrm{d}x=-\int_{\frac{1}{2}}^{1}\dfrac{1}{x}\mathrm{e}^{\frac{1}{x}}\,\mathrm{d}\left(\dfrac{1}{x}\right)=-\int_2^1 t\mathrm{e}^t\,\mathrm{d}t=\int_1^2 t\mathrm{e}^t\,\mathrm{d}t=(t-1)\mathrm{e}^t\Big|_1^2=\mathrm{e}^2$，答案选择(A)。

14.【答案】(C)。

【解析】 由题意：$\int f(x)\mathrm{d}x=x\sin x$，则 $f(x)=\sin x+x\cos x$，代入 $\int_0^{\pi}xf(x)\mathrm{d}x$，则

$$\int_0^{\pi}x[\sin x+x\cos x]\mathrm{d}x=\int_0^{\pi}x\sin x\,\mathrm{d}x+\int_0^{\pi}x^2\cos x\,\mathrm{d}x=\int_0^{\pi}x\sin x\,\mathrm{d}x+\int_0^{\pi}x^2\mathrm{d}(\sin x)$$

$$\int_0^{\pi}x\sin x\,\mathrm{d}x+x^2\sin x\Big|_0^{\pi}-\int_0^{\pi}\sin x\,\mathrm{d}x^2=-\int_0^{\pi}x\sin x\,\mathrm{d}x=\int_0^{\pi}x\,\mathrm{d}(\cos x)$$

$=\left[x\cos x\Big|_0^{\pi}-\int_0^{\pi}\cos x\,\mathrm{d}x\right]=-\pi$，答案选择(C)。

15.【答案】(C)。

【解析】 由题意 $\frac{dy}{dx}=\frac{10}{(x+1)^2}+1$，所以 $y=\int \frac{10}{(x+1)^2}+1dx=-\frac{10}{x+1}+x$，故 $y(9)-y(1)=9-1-(1-5)=12$，答案选择(C)。

16.**【答案】** (D)。

【解析】 由题意知 $V=\int_0^{2\pi}\pi y^2(x)dx=\pi\int_0^{2\pi}\sin^2 x dx=4\pi\int_0^{\frac{\pi}{2}}\sin^2 x dx=4\pi\cdot\frac{1}{2}\cdot\frac{\pi}{2}=\pi^2$，故答案选择(D)。

17.**【答案】** (A)。

【解析】 解法 1　由题意易知 $f(x)$ 是一个凹函数，答案显然选择(A)，可以通过反例排除其他选项，比如取 $f(x)=x^2$，则(B)、(D)、(E)均可排除，取 $f(x)=e^{-x}$ 可排除(C)。

解法 2　几何法。

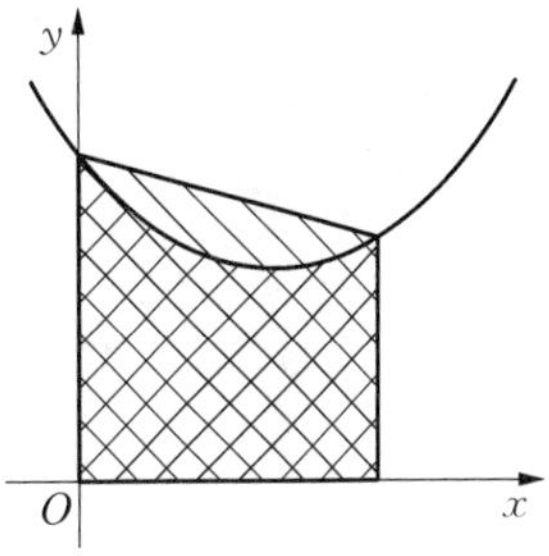

$\int_0^2 f(x)dx=S_{曲}$

$f(0)+f(2)=S_{梯}$

$S_{曲}<S_{梯}$

$\int_0^2 f(x)dx<f(0)+f(2)$

故答案选择(A)。

18.**【答案】** (B)。

【解析】 取 $f=0$，则 $z=\sin x+e^y$，所以 $\left.\frac{\partial z}{\partial x}\right|_{(0,1)}=\cos x\,|_{(0,1)}=1$，$\left.\frac{\partial z}{\partial y}\right|_{(0,1)}=e^y\,|_{(0,1)}=e$，答案选择(B)。

19.**【答案】** (D)。

【解析】 首先验证①：由 $0\leqslant\lim\limits_{\substack{x\to0\\y\to0}}\left|\frac{x|y|}{\sqrt{x^2+y^2}}\right|\leqslant\lim\limits_{\substack{x\to0\\y\to0}}|x|\cdot\lim\limits_{\substack{x\to0\\y\to0}}\frac{x|y|}{\sqrt{x^2+y^2}}\leqslant\lim\limits_{\substack{x\to0\\y\to0}}|x|=0$，故 $f(x,y)$ 连续，又 $\frac{\partial f}{\partial x}=\lim\limits_{x\to0}\frac{f(x,0)-f(0,0)}{x-0}=0$，$\frac{\partial f}{\partial y}=\lim\limits_{y\to0}\frac{f(0,y)-f(0,0)}{y-0}=0$，故②错误，③正确。注意④成立的前提是函数可微分，但是这里 $f(x,y)$ 是不可微分的，所以④错误，答案选择(D)。

20.**【答案】** (C)。

【解析】 $\begin{cases}f'_x=2x+2y+1=0\\f'_y=4y+2x+1=0\end{cases}$，两式求差，易得 $x=-\frac{1}{2}$，$y=0$，又 $\begin{cases}A=f''_{xx}=2\\B=f''_{xy}=2\\C=f''_{yy}=4\end{cases}$，所以 $B^2-AC=-4<0$ 且 $A>0$，所以 $f\left(-\frac{1}{2},0\right)$ 是极小值，答案选择(C)。

21.**【答案】** (A)。

【解析】 $\frac{dg(x)}{dx}=f'_u\cos x-f'_v\sin x$，

$\frac{d^2g(x)}{dx^2}=[f''_{uu}\cos x-f''_{uv}\sin x]\cos x-f'_u\sin x-\sin x[f''_{vu}\cos x-f''_{vv}\sin x]-f'_v\cos x$，

代入 $x=0$,则 $\left.\dfrac{d^2g(x)}{dx^2}\right|_{x=0}=f''_{uu}-f'_v=3-2=1$,答案选择(A)。

22.【答案】 (B)。

【解析】 当 $a_{ij}=2b_{ij}(i, j=1, 2)$ 时,$M=\begin{vmatrix} a_{11} & a_{12} \\ a_{21} & a_{22} \end{vmatrix}=\begin{vmatrix} 2b_{11} & 2b_{12} \\ 2b_{21} & 2b_{22} \end{vmatrix}=2\times 2\begin{vmatrix} b_{11} & b_{12} \\ b_{21} & b_{22} \end{vmatrix}=4N$。

答案选择(B)。

23.【答案】 (E)。

【解析】 由范德蒙行列式结果形式易得 $f(x)=\begin{vmatrix} 1 & -2 & 1 \\ -1 & 4 & x \\ 1 & -8 & x^2 \end{vmatrix}=(x+2)(x+1)(-2+1)=0$,

显然两根为 $x_1=-1$, $x_2=-2$,故答案选择(E)。

【注】 若令第一列和第三列相等,第二列和第三列相等,则秒杀,选择(E)。

24.【答案】 (D)。

【解析】 $\begin{pmatrix} a_{11} & a_{12} \\ a_{21} & a_{22} \end{pmatrix}$ 经过题意初等变换之后变为 $\begin{pmatrix} a_{22} & a_{21} \\ a_{12} & a_{11} \end{pmatrix}$,只需保证 $a_{11}=a_{22}$, $a_{12}=a_{21}$ 即可,所以取 $a_{11}=a_{22}=i$, $a_{12}=a_{21}=j(i, j=1, 2, 3)$,显然这样的矩阵共有 9 个,答案选择(D)。

25.【答案】 (C)。

【解析】 $\begin{bmatrix} 0 & 0 & 1 \\ 0 & 1 & 0 \\ 1 & 0 & 0 \end{bmatrix}\begin{bmatrix} a_{11} & a_{12} \\ a_{21} & a_{22} \\ a_{31} & a_{32} \end{bmatrix}\begin{bmatrix} 1 & k \\ 0 & 1 \end{bmatrix}=\begin{bmatrix} a_{31} & a_{32} \\ a_{21} & a_{22} \\ a_{11} & a_{12} \end{bmatrix}\begin{bmatrix} 1 & k \\ 0 & 1 \end{bmatrix}=\begin{bmatrix} a_{31} & ka_{31}+a_{32} \\ a_{21} & ka_{21}+a_{22} \\ a_{11} & ka_{11}+a_{12} \end{bmatrix}$,答案选择(C)。

26.【答案】 (D)。

【解析】 由于 $\alpha_1+\alpha_2$, $\alpha_2+\alpha_3$, $\alpha_3+\alpha_4$ 线性无关,则原向量组必定至少有 3 个线性无关的向量(否则必定有 $\alpha_1+\alpha_2$, $\alpha_2+\alpha_3$, $\alpha_3+\alpha_4$ 线性相关),而向量组的秩必定不大于其维数,所以 $r(\alpha_1, \alpha_2, \alpha_3, \alpha_4)=3$,答案选择(D)。

27.【答案】 (B)。

【解析】 由于是 3 个 3 维向量,所以构造为行列式进行求解。

$$\begin{vmatrix} 1 & -1 & -k \\ 3 & k & 2 \\ 1 & 0 & k \end{vmatrix}=\begin{vmatrix} 1 & -1 & -2k \\ 3 & k & 2-3k \\ 1 & 0 & 0 \end{vmatrix}=\begin{vmatrix} -1 & -2k \\ k & 2-3k \end{vmatrix}=2k^2+3k-2=(k+2)(2k-1)=0$$,所以 k 的取值为 -2 或 $\dfrac{1}{2}$,答案选择(B)。

28.【答案】 (D)。

【解析】 当 $a=1$ 时,$r(A)=1$,所以 $\boldsymbol{Ax}=\boldsymbol{0}$ 的基础解系中含有 $3-r(A)=2$ 个向量,
当 $a=-2$ 时,$r(A)=2$,所以 $\boldsymbol{Ax}=\boldsymbol{0}$ 的基础解系中含有 $3-r(A)=1$ 个向量,
故答案选择(D)。

29.【答案】（C）。

【解析】 $P(A\cup B\cup C)=P(\overline{\overline{A}\cap\overline{B}\cap\overline{C}})=1-P(\overline{A}\cap\overline{B}\cap\overline{C})=1-P(\overline{A})P(\overline{B})P(\overline{C})$。

$P(\overline{A})P(\overline{B})P(\overline{C})=\frac{2}{3}\cdot\frac{3}{4}\cdot\frac{4}{5}=0.4$，所以 $P(A\cup B\cup C)=1-0.4=0.6$，答案选择(C)。

【注】 若用对立事件“一个都不投中”来计算，则相对简单，秒杀，选择(C)。

30.【答案】（D）。

【解析】 $a=P(X>11\mid X>1)=\frac{P(X>11,\ X>1)}{P(X>1)}=\frac{P(X>11)}{P(X>1)}=\frac{e^{-22}}{e^{-2}}=e^{-20}$，

$b=P(X>20\mid X>10)=\frac{P(X>20,X>10)}{P(X>10)}=\frac{P(X>20)}{P(X>10)}=\frac{e^{-40}}{e^{-20}}=e^{-20}$，

$c=P(X>100\mid X>90)=\frac{P(X>100,X>90)}{P(X>90)}=\frac{P(X>100)}{P(X>90)}=\frac{e^{-200}}{e^{-180}}=e^{-20}$。

答案选择(D)。

【注】 本题若用指数分布的“无记忆”性质，秒杀，直接得出结果为(D)。

31.【答案】（C）。

【解析】 由独立同分布可知：$P(X=0,\ Y=0)=P(X=0)P(Y=0)=\frac{1}{3}\times\frac{1}{3}=\frac{1}{9}$，

$P(X=0,\ Y=1)=P(X=0)P(Y=1)=\frac{1}{3}\times\frac{2}{3}=\frac{2}{9}$，

$P(X=1,\ Y=0)=P(X=1)P(Y=0)=\frac{2}{3}\times\frac{1}{3}=\frac{2}{9}$，

$P(X=1,\ Y=1)=P(X=1)P(Y=1)=\frac{2}{3}\times\frac{2}{3}=\frac{4}{9}$。

$P(XY=0)=P(X=0,\ Y=0)+P(X=1,\ Y=0)+P(X=0,\ Y=1)=\frac{5}{9}$，答案选择(C)。

32.【答案】（C）。

【解析】 由 $P(B\mid A)=\frac{P(AB)}{P(A)}=\frac{1}{2}$，$P(AB)=\frac{1}{8}$，得 $P(A)=\frac{1}{4}$，$P(A\mid B)=\frac{P(AB)}{P(B)}=\frac{1}{3}$，易得 $P(B)=\frac{3}{8}$，故 $P(A\cup B)=P(A)+P(B)-P(AB)=\frac{1}{2}$，答案选择(C)。

33.【答案】（D）。

【解析】 $P(X\geqslant 5)=P\left(\frac{X-2}{3}\geqslant\frac{5-2}{3}\right)=1-\Phi(1)=\Phi(-1)$，

$P(X\leqslant -1)=P\left(\frac{X-2}{3}\leqslant\frac{-1-2}{3}\right)=\Phi(-1)=a$，所以答案选择(D)。

34.【答案】（E）。

【解析】 泊松分布律：$P(X=k)=\dfrac{\lambda^k}{k!}e^{-\lambda}(k=0,1,2,\cdots)$，由题意知$\lambda=5$，所以

$P(X=k)=\dfrac{5^k}{k!}e^{-5}(k=0,1,2,\cdots)$，故$P(X\geqslant 2)=1-P(X<2)=1-P(X=0)-P(X=1)$，

$P(X\geqslant 2)=1-e^{-5}-5e^{-5}=1-6e^{-5}$，故答案选择(E)。

35.【答案】 (B)。

【解析】 $D(Y)=E(Y^2)-E^2(Y)$，$E(Y)=E(X^3)=\int_{-1}^{1}x^3\cdot\dfrac{1}{2}dx=0$，

$E(Y^2)=E(X^6)=\int_{-1}^{1}x^6\cdot\dfrac{1}{2}dx=\dfrac{1}{7}$，故$D(Y)=\dfrac{1}{7}$，答案选择(B)。